M. Flemming · S. Roth

Faserverbundbauweisen
Eigenschaften

Springer-Verlag Berlin Heidelberg GmbH

http://www.springer.de/engine-de/

Manfred Flemming · Siegfried Roth

Faserverbundbauweisen
Eigenschaften

mechanische, konstruktive, thermische,
elektrische, ökologische, wirtschaftliche Aspekte

Mit 200 Abbildungen

 Springer

Prof. em.Dr.-Ing. E.h. Dr.-Ing. Manfred Flemming
Garwiedenweg 24
88677 Markdorf
Mitglied der Schweizerischen Akademie der Technischen Wissenschaften.
Ehemaliger Leiter des Strukturbereiches der Firma Dornier.
Ehemaliger Leiter des Institutes für Konstruktion und Bauweisen
der Eidgenössischen Technischen Hochschule Zürich.

Dipl.-Ing. (FH) Siegfried Roth
Tobelstraße 17
88682 Salem
Ehemaliger Leiter der Bauweisenabteilung der Firma Dornier.

ISBN 978-3-540-00636-7   ISBN 978-3-642-55468-1 (eBook)
DOI 10.1007/978-3-642-55468-1

Bibliografische Information der Deutschen Bibliothek

Die Deutsche Bibliothek verzeichnet diese Publikation in der Deutschen Nationalbibliografie; detaillierte bibliografische Daten sind im Internet über http://dnb.ddb.de abrufbar.

Dieses Werk ist urheberrechtlich geschützt. Die dadurch begründeten Rechte, insbesondere die der Übersetzung, des Nachdrucks, des Vortrags, der Entnahme von Abbildungen und Tabellen, der Funksendung, der Mikroverfilmung oder Vervielfältigung auf anderen Wegen und der Speicherung in Datenverarbeitungsanlagen, bleiben, auch bei nur auszugsweiser Verwertung, vorbehalten. Eine Vervielfältigung dieses Werkes oder von Teilen dieses Werkes ist auch im Einzelfall nur in den Grenzen der gesetzlichen Bestimmungen des Urheberrechtsgesetzes der Bundesrepublik Deutschland vom 9. September 1965 in der jeweils geltenden Fassung zulässig. Sie ist grundsätzlich vergütungspflichtig. Zuwiderhandlungen unterliegen den Strafbestimmungen des Urheberrechtsgesetzes.

http://www.springer.de

© Springer-Verlag Berlin Heidelberg 2003
Ursprünglich erschienen bei Springer-Verlag Berlin Heidelberg New York 2003

Die Wiedergabe von Gebrauchsnamen, Handelsnamen, Warenbezeichnungen usw. in diesem Buch berechtigt auch ohne besondere Kennzeichnung nicht zu der Annahme, dass solche Namen im Sinne der Warenzeichen- und Markenschutz-Gesetzgebung als frei zu betrachten wären und daher von jedermann benutzt werden dürften. Sollte in diesem Werk direkt oder indirekt auf Gesetze, Vorschriften oder Richtlinien (z. B. DIN, VDI, VDE) Bezug genommen oder aus ihnen zitiert worden sein, so kann der Verlag keine Gewähr für die Richtigkeit, Vollständigkeit oder Aktualität übernehmen. Es empfiehlt sich, gegebenenfalls für die eigenen Arbeiten die vollständigen Vorschriften oder Richtlinien in der jeweils gültigen Fassung hinzuzuziehen.

Einbandgestaltung: Struve & Partner, Heidelberg
Satz: Digitale Druckvorlage der Autoren
Gedruckt auf säurefreiem Papier   62/3020/M - 5 4 3 2 1 0

*Dieses Buch widmen wir
unseren Frauen Christa und Gabriele
sowie unseren Eltern Kurt und Gertrud Flemming
und Helmut und Gerda Roth*

Vorwort

Das vorliegende Buch reiht sich ein in die bereits bisher von den Autoren im Springerverlag veröffentlichten drei Bücher über Faserverbundbauweisen.

Im ersten Buch [1] wurden die Werkstoffe, also die Fasern und die die Fasern verbindenden Materialien, die sogenannten Matrizes, behandelt. Neben den wichtigen Glas-, Kohlenstoff- und Aramidfasern beschreibt das Buch auch weitere polymere Fasersysteme, Naturfasern, Keramikfasern und Sondertypen wie z. B. Hohlfasern. Die Beschreibung der Matrizes beinhaltet schwerpunktmässig die polymeren Systeme. Neben Polyester-, Phenol- und Epoxidharzen werden Hochtemperatursysteme wie Polyimide und Bismaleinimide diskutiert. Selbstverständlich umfasst dieses erste Buch auch die thermoplastischen Polymere sowie die keramischen und metallischen Systeme.

Das zweite Buch [2] der Faserverbundbauweisen mit dem Untertitel „Halbzeuge und Bauweisen" behandelt Halbzeugformen. Solche Halbzeuge, wie z. B. Profile, Bleche usw. sind aus dem Metallbereich bekannt. In der Faserverbundtechnik reicht dieser Begriff jedoch viel weiter, seine Vielfalt ist bedeutend grösser. Er umfasst die Fasergewebe, Schnittmatten, Vliese, Gewirke, Geflechte, Gestricke, weitere 2- und 3-dimensionale Textilien sowie sogenannte Preformlinge und Prepregs. Der zweite Schwerpunkt dieses Buches bezieht sich auf die Erklärung der unterschiedlichsten Bauweisen, wie z. B. Differential-, Integral- und Sandwichbauweisen und deren Kombinationen anhand vieler praktischer Beispiele.

Der Inhalt des dritten Buches [3] mit dem Untertitel „Fertigungsverfahren mit duroplastischer Matrix" bezieht sich auf die genaue Beschreibung und Anwendung der Fertigungstechniken im Rahmen der Faserverbundbauweisen. Hierzu gehören z. B. das Nasslaminieren, die Autoklavtechnik, die Wickeltechnik sowie Injektions- und Pressverfahren.

Sämtliche Bücher beziehen sich prinzipiell auf Faserverbunde mit gerichteten Fasern, also auf gezielt anisotrop ausgelegte Strukturen, wodurch hohe Festigkeiten, Steifigkeiten und somit gewichtsoptimale Strukturen erreichbar sind. Auch die sehr wichtigen Fähigkeiten zur Grosserienfertigung und zur Kosteneffektivität werden nicht ausser Acht gelassen.

Im vorliegenden und damit vierten Buch werden nun die wichtigsten unterschiedlichen Eigenschaften der Faserverbunde behandelt und damit rundet dieses Buch den gesamten Bereich der Faserverbunde mit gerichteten Fasern ab. Behandelt werden mechanische (statisch, dynamisch), temperaturabhängige, chemische, elektrische, konstruktive und wirtschaftliche Eigenschaften. Auch mit der Streuung und Qualitätssicherung, dem Recycling, dem Brand- und Stabilitätsverhalten sowie dem Crash- und Ermüdungsverhalten befasst sich das vierte Buch im Rahmen der Faserverbundtechnologie. Viele bisher unveröffentlichte Ergebnisse werden, meist durch Beispiele erklärt, im Buch dargestellt. Interessant sind auch die elektrischen Eigenschaften und die Möglichkeiten mit aktiven Funktionsbauweisen im Gegensatz zu den passiven, denn diese Phänomene erweitern die Einsatzmöglichkeiten ganz beträchtlich. Zum Thema der aktiven Bauweisen existiert übrigens ein weiteres, im Springerverlag erschienenes Buch [4], welches die hier erwähnten vier Bücher zusätzlich ergänzt.

Das Ziel aller dieser Faserverbundbauweisenbücher ist es, einen Gesamtüberblick über das Gebiet zu geben, das Verständnis hierzu zu fördern und die Zusammenhänge zu erklären, damit die Faserverbundbauweisen nicht nur in der Luft- und Raumfahrt, sondern auch auf anderen Gebieten, wie z. B. in der Kraftfahrzeugtechnik, in Grossanwendungen ihren Einzug halten und damit Innovationen erzielt werden. Es ist erfreulich, dass es gerade auf dem Kraftfahrzeugsektor hierzu sehr beachtliche Ansätze gibt.

So bereitet sich z. B. die Firma BMW auf den Serieneinsatz von CFK im Karosseriebau vor. Diese Firma arbeitet mit Hochdruck an der Kohlefaserverbundtechnologie, um gegenüber Stahl und Aluminium ein wesentlich geringeres Karosseriegewicht zu erhalten. Um die Festigkeits- und Steifigkeitsforderungen, verbunden mit einem vorbildlichen Crashverhalten, zu erreichen, eignen sich die Kohlefasern besonders gut, wie man u.a. auch aus dem Rennfahrzeugbau weiss. Bezüglich der Materialkosten sieht BMW Einsparungsmöglichkeiten gegenüber den bisherigen Kosten. Der Einsatz von Kohlefasern erlaubt u. a. die Reduktion der Anzahl von Bauteilen an einer Karosserie. Beispielsweise können grossflächige Bauteile, die aus Stahlblech und Aluminium so nicht herstellbar sind, nach Meinung von BMW mit der Faserverbundtechnik hergestellt werden [6]. Die Firma beweist dies auch, wie aus Abb. 1 von einer CFK-Seitenwand und Abb. 2 einer KFZ-Bodenstruktur aus CFK zu erkennen ist.

Abb. 1 CFK-Seitenwand

Vorwort

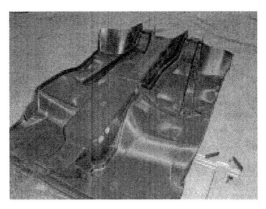

Abb. 2 CFK-Bodenstruktur eines Kraftfahrzeuges

In diesen exzellenten Bauteilen sind bereits sämtliche Anschlüsse integriert. Der Leichtbau eröffnet hier völlig neue Möglichkeiten, den Kraftstoffverbrauch zu reduzieren und damit die Umwelt zu schonen und preiswerter zu fahren. Selbstverständlich muss auch die Fertigung verbunden mit den Bauweisen die im Kraftfahrzeugbau übliche Serienfertigungstauglichkeit nachweisen und zwar bei vorgegebenen Kosten.

Für derartige Entwicklungen ist natürlich die Kenntnis der in den vier Faserverbundbüchern enthaltenen und zusammenhängend dargestellten Erfahrungen erforderlich. So hoffen die Autoren dieser vier Bücher, dass sich in naher Zukunft weitere Erfolge hochtechnologischer Produkte anbahnen.

Das vorliegende Buch, verfasst von Autoren, die viele Jahre im Bereich der Faserverbundbauweisen an zahlreichen Projekten in der Industrie und Hochschule tätig waren, dient sowohl als Lehr- als auch als Nachschlagewerk für das stetig wachsende Gebiet der Faserverbundbauweisen.

Unser Dank gilt in besonderem Masse Herrn Dr. A. Kunz für die Erstellung des gesamten Buches auf dem Datenträger sowie seine Mithilfe bei der Erstellung von Kapitel 16, Herrn Prof. Dr. P. Ermanni und Herrn Prof. Dr. M. Meier für die finanzielle Unterstützung bei der Abfassung dieses Buches, Herrn Dipl.-Ing. P. Pippig für seine Mitarbeit beim Korrekturlesen und inhaltlichen Überprüfen des gesamten Buches, Herrn Prof. Dr. habil. Dr. E. Wintermantel für die gemeinsame Erstellung von Kapitel 2, Herrn Prof. Dr. G. Ziegmann für die Hilfe zur Erstellung von Kapitel 8, Herrn Dr. habil. W. Elspass bei der Mithilfe zur Erstellung von Kapitel 3, 4 und 15, Herrn Dr. G. Kress für die Hilfe bei der Erstellung von Kapitel 6, Herrn Dr. T. Flemming für die Abfassung von Kapitel 7, Herrn Dipl.-Ing. W. Uhse für seine Mithilfe bei der Erstellung von Kapitel 9. Alle genannten Personen haben wesentlich am Gelingen des vorliegenden Buches über die Eigenschaften von Faserverbunden beigetragen.

Zürich, im Winter 2002   M. Flemming
                                                                                                                S. Roth

Literaturverzeichnis zum Vorwort

[1] Flemming, M., Ziegmann, G., Roth, S.: Faserverbundbauweisen, Fasern und Matrices, Springer Verlag, Berlin, Heidelberg, 1995, ISBN 3-540-58645-8
[2] Flemming, M., Ziegmann, G., Roth, S.: Faserverbundbauweisen, Halbzeuge und Bauweisen, Springer Verlag, Berlin, Heidelberg, 1996, ISBN 3-540-60616-5
[3] Flemming, M., Ziegmann, G., Roth, S.: Faserverbundbauweisen, Fertigungsverfahren mit duroplastischer Matrix, Springer Verlag, Berlin, Heidelberg, 1999, ISBN 3-540-61659-4
[4] Elspass, W., Flemming, M.: Aktive Funktionsbauweisen - Eine Einführung in die Struktronik, Springer Verlag, Berlin, Heidelberg, 1998, ISBN 3-540-63743-5
[5] BMW-Group, Pressemitteilungen Juni 2001
[6] Journal Automobilentwicklung, Januar 2001

Übersicht zum vorliegenden Buch

Keine Werkstoffgruppe hat derartig viele Variationsmöglichkeiten bezüglich ihrer Eigenschaften wie die der Faserverbunde. Dies ergibt sich einerseits aus den unterschiedlichen Kombinationsmöglichkeiten der Faser- und Matrixtypen und andererseits aus den Möglichkeiten des schichtweisen Aufbaus dieser Verbunde.

Damit ein Überblick gewonnen werden kann, welche Gebiete in den einzelnen Kapiteln dieses Buches behandelt worden sind, sollen zunächst kurze Erläuterungen hierzu gegeben werden.

Im Kapitel 1 wird ein Überblick über die prinzipiellen Werkstoffeigenschaften vermittelt. Die Grenzen der Materialgruppen werden an den vier sogenannten Paradoxen erläutert. Das sind grundlegende Aussagen über die Werkstoffe, aus denen die Möglichkeiten aber auch deren Grenzen hervorgehen.

Verbundwerkstoffe sind der Natur abgeschaut. Fast alle natürlich lebenden Strukturen sind Faserverbunde. Dies wird an einigen Beispielen im Kapitel 2 dargestellt. Vergleiche von Gesetzen und Strukturen zwischen Natur und Technik werden hier in anschaulicher Weise mitgeteilt. Es wird gezeigt, nach welchen Kriterien die Natur bzw. die Technik ihre Strukturen aufbaut.

Um die Zusammenhänge der Eigenschaften der Faserverbunde in der Tiefe zu verstehen, muss man deren mechanische Zusammenhänge kennen. Deshalb wird in Kapitel 3 die anisotrope Theorie der dünnwandigen Laminate in übersichtlicher Weise hergeleitet. Es wird begonnen mit der orthotropen Scheibe, aus der sich dann durch Übereinanderschichten die Gleichungen für die Verformungen und Spannungen der anisotropen Platte erstellen lassen. Wichtig ist es auch, die Annahmen zu kennen, die bei dieser Theorie getroffen werden müssen, um bei der Entwicklung von Faserverbundstrukturen keine Fehler zu machen.

Bei der Herleitung der anisotropen Laminattheorie entsteht die sogenannte ABD-Matrix. Hierbei ist die Untermatrix A für die Dehnungen und die Untermatrix D für die Biegungen und Verdrehungen zuständig. Bei anisotropen Strukturen sind diese Verformungen im Gegensatz zu isotropen Strukturen miteinander gekoppelt und hierfür ist die Untermatrix B zuständig. Welche Wirkung die einzelnen Elemente der B-Untermatrix bewirken, wird im Kapitel 4 aufgezeigt anhand verschieden aufgebauter Laminate. Hiermit wird ein gutes Verständnis der Wirkungsweise von Faserverbunden erzielt.

Es ist immer sinnvoll, eine Theorie anhand einiger Beispiele kennenzulernen. Im Kapitel 5 werden daher zwei Beispiele Schritt für Schritt durchgerechnet und zwar das einer ebenen Platte und das einer Kardanwelle. In bestimmten Fällen kann die Analyse eines Faserverbundes vereinfacht werden, vor allem für die Grobdimensionierung. Das Beispiel der ebenen Platte zeigt, dass hierbei auch recht gute Ergebnisse erreichbar sind. Oft ist es schwierig, bei der Vielzahl von Möglichkeiten zum Aufbau eines Faserverbundes den besten Kompromiss zu finden. Das Beispiel der Kardanwelle zeigt, wie dabei vorgegangen werden sollte.

Um letztendlich dimensionieren zu können, benötigt man Festigkeitshypothesen, von denen es mehrere mit unterschiedlicher Genauigkeit und unterschiedlichem Anwendungsaufwand gibt. Diese werden in Kapitel 6 erklärt. Man steht vor der Frage, welche anzuwenden ist, um ein Bauteil auszudimensionieren. Diese Problematik wird ausführlich erläutert geklärt.

Das vorliegende Buch berichtet nicht über Faserverbundstrukturen, deren Fasern bezüglich ihrer Richtung willkürlich angeordnet sind, sondern über jene mit gerichteten Fasern in jeder Schicht, denn nur so lassen sich die ausgezeichneten Eigenschaften der Faserverbunde erreichen. Diese gerichteten Fasern können als Langfasern (das ist der Hauptanwendungsfall) oder als pro Schicht gerichtete Kurzfasern im Faserverbund enthalten sein. Kapitel 7 berichtet über die Festigkeitseigenschaften sowohl bei statischer als auch bei dynamischer Belastung. Darüber hinaus wird auch noch der Vergleich zwischen Lang- und Kurzfaseranwendungen bezüglich der Festigkeit, Steifigkeit und Fertigung durchgeführt.

In Kapitel 8 wird zunächst auf die historische Entwicklung von Werkstoffen eingegangen. Danach wird erklärt, wie sich die einzelnen Anteile beim Faserverbund, also die Faser, die Matrix und die Bindung zwischen beiden aufeinander auswirken. Diese Interaktionen sind mikro- und makromechanisch erklärbar. Das Verständnis dieser Vorgänge hilft dem Konstrukteur, die richtige Kombination zu wählen. Hierbei gilt es, faser- oder matrixspezifische Probleme zu erkennen. Wenn im Kapitel 3 hauptsächlich von makromechanischen Ansätzen ausgegangen wurde, sind es im Kapitel 8 mikromechanische Ansätze, die der Erklärung verschiedener Phänomene dienen. Hierbei spielt die Anisotropie der Kohlefaser im Vergleich zur isotropen Glasfaser eine ganz bedeutende Rolle. Insgesamt sind diese Eigenschaften auch temperaturabhängig und unterliegen auch wirtschaftlichen Aspekten.

Bei zahlreichen Strukturen sind nicht nur die statischen Eigenschaften von Wichtigkeit, sondern auch die dynamischen. Der Ermüdungsfestigkeit von Faserverbunden muss daher eine grosse Bedeutung beigemessen werden. Diese wird im Kapitel 9 behandelt. Allgemein kann gesagt werden, dass Faserverbunde auch diesbezüglich den Metallen überlegen sind. In Kapitel 9 werden sowohl die halbempirische Theorie zur Abschätzung der Ermüdung als auch sehr viele Versuchsergebnisse aufgeführt. Auch auf die Schädigungsmechanismen wird ausführlich eingegangen. Zum besseren Verständnis werden

Berechnungsbeispiele wiedergegeben. Auch die Berücksichtigung der Streuung der Ergebnisse wird beschrieben. Zum Schluss werden noch weitere Abschätzungsverfahren kurz erklärt.

Das Klima, in dem eine Struktur ihre Aufgaben durchführen muss, kann sehr unterschiedlich sein. Die Matrixwerkstoffe binden unterschiedlich viel Wasser molekular. Diese Feuchtigkeitsaufnahme ist u. a. abhängig von der Umgebungstemperatur. Die Eigenschaften der Matrix werden dadurch beeinflusst. Diese Problematik wird mit vielen Versuchsergebnissen in Kapitel 10 ausführlich behandelt. Sie ist sehr wichtig beim Einsatz von Faserverbunden.

Kapitel 11 befasst sich mit der Charakterisierung der thermomechanischen Eigenschaften. Hierbei ist die Glasübergangstemperatur der Matrix von grosser Bedeutung. Auch Vorschrifften zur Bestimmung dieser Temperatur müssen beachtet werden. Verschiedene Werkstoffe unterschiedlicher Lieferanten werden diesbezüglich miteinander verglichen, woraus sich die Unterschiede deutlich erkennen lassen. Der Verlauf der Schubmodulkurve ermöglicht eine gute Abschätzung des thermomechanischen Verhaltens. Oft sind Strukturen im Laufe ihres Einsatzes Stossbelastungen ausgesetzt, ohne dass gleich ein Crash eintritt. Im Kapitel 11 wird diesbezüglich der Einfluss von Schädigungen auf das Restfestigkeitsverhalten erläutert. Die Kenntnis der Korrelation zwischen verschiedenen Werkstoffen und deren Eigenschaften ist bedeutend, um Zusammenhänge verstehen zu lernen.

In Kapitel 12 wird das Gebiet der Schadenstoleranz behandelt. Es wird beschrieben, wie sich die vielfältigen Verbundkombinationen bezüglich unterschiedlicher, eventuell zu erwartender Schäden verhalten. Diese Eigenschaften sind bei Faserverbunden stark durch verschiedene Auslegungen beeinflussbar. Das Verhalten nach einem erlittenen Schaden weicht stark von dem der Metalle ab. Das betrifft sowohl die Schadensentstehung bei der Fertigung als auch die Schäden im Betrieb. Der Einfluss der verschiedenen Kerbformen auf das Schädigungsverhalten wird mit Hilfe vieler Versuchsergebnisse erklärt. Kapitel 12 beschreibt die Ursachen und die Auswirkungen von Schäden im Verbund bei Verwendung unterschiedlicher Systeme.

Sämtliche Ergebnisse unterliegen einer gewissen Streuung. Ziel ist es, diese klein zu halten. Dieses Thema wird in Kapitel 13 behandelt. Die Vielzahl der möglichen Eigenschaften von Faserverbunden führt diesbezüglich zu einem Problem, denn alle müssen abgesichert sein, um zu einer einwandfreien Dimensionierung von Faserverbundstrukturen zu kommen. Die Qualifikation eines Faserverbundwerkstoffes ist daher sehr umfangreich. Es muss nach Wegen gesucht werden, diese zu minimieren, vor allem auch aus der Tatsache heraus, dass für eine bestimmte Struktur (Fahrzeug, Flugzeug) meist zwei oder drei Systeme von verschiedenen Herstellern zur Verfügung stehen müssen, um nicht von einem Hersteller abhängig zu sein. In Kapitel 13 wird diese Problematik u. a. auch nach statistischen Gesichtspunkten erklärt und an einigen wichtigen Systemen demonstriert. Darüber hinaus werden Vorgehensweisen erläutert, den beträchtlichen, diesbezüglichen Versuchsaufwand zu reduzieren und damit Geld und kostbare Zeit bei der Entwicklung zu sparen. Statistische Vorgehensweisen führen zu einer im Kapitel 13 beschriebenen Kurzqualifikation.

Die Frage des Recyclings darf bei der Entwicklung neuer Strukturen nicht vergessen werden, besonders dann nicht, wenn die Strukturen Grosserienprodukte darstellen. Kapitel 14 gibt eine Übersicht über die Recyclingprozesse und beschreibt u. a. auch die Möglichkeiten für Faserverbunde, besonders für Kohlefaserverbunde. Im Vordergrund stehen dabei unterschiedliche Recyclingprozesse, nämlich mechanische, chemische und thermische. Je nach Faser- und Matrixsystem unterscheiden sich die Recyclingmöglichkeiten.

Da Faserverbundstrukturen Schichtstrukturen darstellen, ergibt sich die Möglichkeit, neben den optimalen Gestaltungsmöglichkeiten zwischen oder in die Schichten andere Werkstoffe oder Mikrostrukturen zu integrieren, z. B. andere aktive Werkstoffe oder Strukturen, mit denen zusätzliche Funktionen, wie z. B. Verformungen oder Bewegungen erzeugt werden können. Dieses hochmoderne Gebiet der Struktronik wird in Kapitel 15 behandelt und durch Beispiele ergänzt.

Eng verknüpft mit Kapitel 15 ist Kapitel 16, in dem die elektrischen Eigenschaften von Faserverbunden erklärt werden. Hierüber ist bislang relativ wenig veröffentlicht, obwohl sich hieraus weitere Anwendungsmöglichkeiten zur Multifunktionalität von Faserverbunden ergeben. Es ist das Ziel, immer mehr physikalische Eigenschaften auf immer engerem Raum unterzubringen. Verbundwerkstoffe ermöglichen eine weite Palette vom elektrischen Leiter bis hin zum Isolator. Eine wichtige Rolle spielt die Möglichkeit der Abschirmung und der Absorption. Ziel von Kapitel 16 ist es, einen Konstruktionswerkstoff als Faserverbund bezüglich seiner elektrischen Eigenschaften zu modifizieren, ohne dass sich die mechanischen Eigenschaften wesentlich verändern.

Für bestimmte Strukturen, insbesondere Kraftfahrzeuge, ist das Crashverhalten von grosser Bedeutung. Es lässt sich theoretisch ausserordentlich schlecht erfassen. Kapitel 17 behandelt dieses Gebiet. Wie aus dem Motorsport bekannt, eignen sich Faserverbunde besonders gut diesbezüglich, denn fast alle Karosserien der Formel-1-Rennwagen bestehen aus Faserverbunden. In Kapitel 17 wird die Crashproblematik bezüglich der strukturellen Auslegung mit Faserverbunden erläutert und es werden Versagensformen, Energieabsorptionen und anderes beschrieben. Allgemeine Konstruktionsrichtlinien werden gegeben. Auch auf die Crashsimulation, ihre Bedeutung und ihre Grenzen wird eingegangen.

In Kapitel 18 werden einige Besonderheiten unterschiedlichster Art erläutert, so z. B. die verbesserte Tragflügelstreckung durch den Einsatz von CFK, das Brandverhalten von CFK-Strukturen, die Korrosionseigenschaften von Faserverbunden, das Wärmeausdehnungsverhalten von CFK-Verbunden, die Blitzschutzeigenschaften und die elektrostatische Auflading sowie die Wärmedämmung und Wärmeleitung von Faserverbunden.

Übersicht zum vorliegenden Buch

Es ist sehr wichtig, Aussagen über das Langzeitverhalten von Faserverbundstrukturen zu haben. Obwohl hier von vornherein mit guten Ergebnissen zu rechnen ist, werden in Kapitel 19 Versuchsergebnisse wiedergegeben, die diese Annahme bestätigen, die aber auch gewisse Einschränkungen bzw. Vorsichtsmassnahmen behandeln.

Kohlefaserverstärkte Strukturen sind relativ spröde im Vergleich zu Metallen und vor allem plastizieren sie nicht. Bei ausgebeulten, metallischen Strukturen hilft oft ein Plastizieren des Werkstoffes an den meist belasteten Stellen. Für Faserverbunde sind relativ wenig Versuchsergebnisse diesbezüglich bekannt, deshalb sind die in Kapitel 20 präsentierten Beulergebnisse von besonderer Bedeutung. Wie genau lässt sich das Beulen theoretisch vorausbestimmen, wie lange hält eine Struktur aus Kohlefaserverbund noch nach dem Beulen der Strukturen? Das sind die Fragen, die für versteifte und unversteifte Platten mit vielen Variationen, z. B. des Laminataufbaus in Kapitel 20 beantwortet werden. Auch auf die theoretische Behandlung des Problems wird eingegangen, um vernünftige Voraussagen machen zu können.

Die Übersicht zeigt, wie umfangreich die Palette der Eigenschaften und der damit verbundenen Ergebnisse ist. Dies ist aber auch eine Aussage über die vielen Möglichkeiten, die mit Faserverbunden zu erreichen sind. Dieses Buch soll hierzu viele Anregungen und Lösungen vermitteln, damit derartige Strukturen in der Zukunft häufigere Anwendung finden.

Inhaltsverzeichnis

1	**Einführung**	1
1.1	Werkstoffgruppen	1
1.2	Die vier Paradoxe	1
1.3	Grundsätzliche Werkstoffeigenschaften, Dimensionen und Abkürzungen	6
1.4	Literaturverzeichnis zu Kapitel 1	9
2	**Analogien zwischen Faserverbunden der Natur und Technik**	11
2.1	Knochenstrukturen	11
	2.1.1 Culmanns Erkenntnis und moderne Berechnungstechnik von Naturstrukturen	12
	2.1.2 Krafteinleitungsbereich/Kraftübertragungsbereich	13
	2.1.3 Adaption der Struktur an veränderte Lastfälle (Strukturwandel durch Änderung der Umgebung)	13
	2.1.4 Spannungsniveaus	15
	2.1.5 Histologischer Auf- und Umbau der Knochenstruktur (feingewebliche Untersuchungsergebnisse)	15
	2.1.6 Das Wolffsche Gesetz der Transformation des Knochens	17
	2.1.7 Ossäre Strukturanalyse, Finite-Element-Methoden (FEM); invasive und nicht-invasive Messtechniken	17
2.2	Hohlträger	21
	2.2.1 Der Stachel	22
	2.2.2 Der Strohhalm	22
2.3	Technische Erläuterungen zum Leichtbau von Hohlträgern	22
2.4	Schichtstrukturen	25
	2.4.1 Die natürliche, feste Schichtstruktur	25
	2.4.2 Die technische Schichtstruktur	26
2.5	Literaturverzeichnis zu Kapitel 2	28

3 Die Theorie zur Berechnung dünnwandiger Laminate .. 31

- 3.1 Grundlegende Bemerkungen 31
- 3.2 Die Spannungs-Dehnungskoeffizienten in matrizieller Darstellung 36
- 3.3 Koordinatentransformation 39
- 3.4 Berücksichtigung von Temperatur und Feuchte 41
- 3.5 Spannungs-Dehnungsbeziehungen für den ebenen Spannungszustand 43
- 3.6 Die Berechnung relativ dünnwandiger Laminate 47
  - 3.6.1 Spannungs-Dehnungsverlauf im Laminat 48
- 3.7 Resultierende Laminatkräfte und -momente 50
- 3.8 Temperaturlasten 54
- 3.9 Berechnung von Strukturen mit dickwandigen Laminaten 55
- 3.10 Literaturverzeichnis zu Kapitel 3 56

4 Die Deformation anisotroper Laminate und die Bedeutung der Kopplungsmatrix B 57

- 4.1 Klassisches orthotropes, symmetrisches Laminat 57
- 4.2 Pseudo-orthotropes, symmetrisches Laminat 59
- 4.3 Balancierter, unsymmetrischer Winkelverbund 60
- 4.4 Unsymmetrischer Kreuzverbund 61
- 4.5 Symmetrisches, klassisches Laminat 63
- 4.6 Allgemeiner anisotroper Laminataufbau 64
- 4.7 Literaturverzeichnis zu Kapitel 4 66

5 Berechnungsbeispiele 67

- 5.1 Berechnungsbeispiel eines ebenen Laminates 67
- 5.2 Vereinfachte Formalismen zur Abschätzung der elastischen Eigenschaften, Spannungen und Festigkeiten von Faserverbunden 77
  - 5.2.1 Definition von einfachen Formalismen zur groben Vordimensionierung von faserverstärkten Kunststoffen 80
- 5.3 Berechnungsbeispiel Kardanwelle 88
  - 5.3.1 Aufgabenstellung 88
  - 5.3.2 Lösungskonzept 89
  - 5.3.3 Laminatbelastung 90
  - 5.3.4 Berechnung der Spannungen und einer vorläufigen Festigkeit 91

Inhaltsverzeichnis

	5.3.5	Frequenzberechnung	95
	5.3.6	Die numerische Berechnung einer aus Faserverbundwerkstoffen gewickelten Kardanwelle	96
5.4		Literaturverzeichnis zu Kapitel 5	109

6 Festigkeitshypothesen - Festigkeitsberechnungen 111

6.1	Festigkeitshypothesen für Metalle		111
	6.1.1	Normalspannungshypothese	111
	6.1.2	Schubspannungshypothese	112
	6.1.3	Gestaltänderungsenergiehypothese	112
	6.1.4	Vergleich der Gestaltänderungsenergiehypothese mit der Schubspannungshypothese	113
6.2	Festigkeitskriterien für unidirektional verstärkte Faserverbundwerkstoffe		113
	6.2.1	Vorbemerkungen	113
	6.2.2	Kriterium der maximalen Spannungen	115
	6.2.3	Tsai-Hill-Pauschalkriterium	117
	6.2.4	Tsai-Wu Pauschalkriterium in Tensorform	121
	6.2.5	Die Bruchtyp-Kriterien von Puck aus dem Jahre 1969	122
	6.2.6	Kriterium von Hashin	124
		6.2.6.1 Spannungs-Invarianten	124
		6.2.6.2 Vorgehensweise von Hashin	127
	6.2.7	Neue Theorie des Zwischenfaserbruchs von Puck	132
		6.2.7.1 Grundsätzliche Vorüberlegungen	132
		6.2.7.2 Beanspruchungsarten des UD-Verbundes, Festigkeiten und Bruchwiderstände der Wirkebene	134
		6.2.7.3 Ausprägungen von Zwischenfaserbrüchen	137
		6.2.7.4 Puck's Bruchhypothese	139
		6.2.7.5 Das Längsschnitt-Modell von Puck für den Master Bruchkörper	139
		6.2.7.6 Zwischenfaserbruch-Bedingungen für kombinierte σ_2, τ_{12} - Beanspruchung	148
	6.2.8	Bewertung der neueren Zwischenfaserbruchkriterien	151
	6.2.9	Empfehlungen zu den unterschiedlichen Hypothesen und der Dimensionierung von Laminaten	153
6.3	Literaturverzeichnis zu Kapitel 6		154

7 Vergleich der mechanischen Eigenschaften zwischen gerichteten kurz- und langfaserverstärkten Thermoplasten 157

7.1 Anforderungen an einen leistungsfähigen Kurzfaserverbundwerkstoff 157
    7.1.1 Anforderungen an die Matrix 158
    7.1.2 Anforderungen und Eigenschaften der unterschiedlichen Fasermaterialien 159
    7.1.3 Eigenschaften der ausgewählten Einzelkomponenten 162
        7.1.3.1 Kenndaten und Eigenschaften von Polyetherimid (PEI) 162
7.2 Gerichtete Kurzfasermaterialien 163
7.3 Herstellung der Kurzfaserprepregs und der daraus gefertigten Laminatplatten 164
7.4 Vergleich der mechanischen Kennwerte zwischen lang- und kurzfaserverstärkten Thermoplasten (PEI) 165
    7.4.1 Faservolumengehalt der hergestellten Kurz- und Langfaserproben 165
    7.4.2 Vergleich der ermittelten mechanischen Kenngrössen 166
7.5 Problematik bei der Vorhersage von mechanischen Kennwerten bei Kurzfaserverbundwerkstoffen 170
    7.5.1 Modellansätze zu statischen Festigkeits- und Steifigkeitsvorhersagen an Kurzfaserverbundstrukturen 170
    7.5.2 Vergleich einiger Spannungskonzentrationsfaktoren 177
    7.5.3 Vergleich der vorhergesagten Steifigkeiten und Festigkeiten in Faserlängsrichtung an dem UD-Verbund CFK/PEI 179
7.6 Untersuchungen zum Ermüdungsverhalten an gekerbten lang- und kurzfaserverstärkten Thermoplasten 183
    7.6.1 Versuchsprogramm 183
    7.6.2 Auswertung der Ermüdungsversuche 185
        7.6.2.1 Untersuchung der aufgetretenen Schadensformen 185
        7.6.2.2 Auswirkungen der Schäden auf das Festigkeits- bzw. Steifigkeitsverhalten .. 191

Inhaltsverzeichnis   XXI

		7.6.2.3	Unterschiede im Ermüdungsverhalten zwischen kurz- und langfaserverstärkten Thermoplasten	197
	7.6.3		Verwendung der Ergebnisse für Vorhersagen zum Ermüdungsverhalten	201
7.7			Optische Ganzfeldverschiebungsmessungen an FVW zur Überprüfung von FEM-Schadensmodellen	204
7.8			Unterschiede im Umformverhalten zwischen kurz- und langfaserverstärkten Thermoplasten	205
	7.8.1		Umformmechanismen	205
	7.8.2		Unterschiede im Umformverhalten zwischen lang- und kurzfaserverstärktem PEI	206
7.9			Weitere Thermoplasteigenschaften	207
7.10			Liste der verwendeten Symbole und Indizes	208
7.11			Literaturverzeichnis zu Kapitel 7	209

8 Mechanische, temperaturabhängige und wirtschaftliche Eigenschaften von Faserverbundwerkstoffen 213

8.1			Kurzer Überblick über die Bedeutung der Werkstoffe generell	213
8.2			Spezifische mechanische Eigenschaften von Faserverbundwerkstoffen	218
	8.2.1		Faserspezifische Probleme bei faserverstärkten Kunststoffen	222
	8.2.2		Matrixspezifische Probleme bei faserverstärkten Kunststoffen	229
	8.2.3		Haftfestigkeit und Verbindungsmechanismus zwischen Faser und Harz	242
		8.2.3.1	Nichtoxidative Verfahren	244
		8.2.3.2	Oxidative Verfahren	244
	8.2.4		Einfluss der Verstärkungsfasern auf die Eigenschaften unidirektionaler Verbunde quer zur Faserrichtung	258
8.3			Literaturverzeichnis zu Kapitel 8	263

9 Das Ermüdungsverhalten von Faserverbunden bei dynamischer Belastung 267

9.1	Schädigungsmechanismen bei dynamischer Belastung ...	270
9.2	Untersuchung des Ermüdungsverhaltens	272
9.3	Die Anwendung des Haigh-Schaubildes aus Ergebnissen von Einstufenversuchen	275

		9.3.1	Erläuterungen zu CFK-Haighdiagrammen	275
		9.3.2	Streuung und Überlebenswahrscheinlichkeit	280
	9.4	\multicolumn{2}{l	}{Bestimmung der Ermüdungsfestigkeit beliebig gestalteter und belasteter Faserverbundstrukturen}	282
		9.4.1	Ermüdungsfestigkeit bei Mehrfachbelastungen	283
			9.4.1.1 Der Betriebsfestigkeitsversuch nach Gassner	283
			9.4.1.2 Versuche mit Zufallsfolgen	287
		9.4.2	Rechnerische Lebensdauerabschätzung nach dem Verfahren von Palmgren-Miner	287
			9.4.2.1 Die Palmgren-Miner-Regel (elementare Miner-Regel)	287
			9.4.2.2 Die Relativ-Miner-Regel	289
			9.4.2.3 Beispiele	291
		9.4.3	Weitere Modelle zur Bestimmung der Ermüdungsfestigkeit bei Mehrstufenbelastung	293
	9.5	\multicolumn{2}{l	}{Kurze Beschreibung von weiteren Lebensdauerhypothesen}	294
		9.5.1	Das Strength-Degredation-Modell	295
		9.5.2	Die Percent-Failure-Regel	296
		9.5.3	Das Marco-Starkey-Modell	297
		9.5.4	Das Fatigue-Modulus-Konzept	298
		9.5.5	Das Restfestigkeits-/Steifigkeitsmodell	302
	9.6	\multicolumn{2}{l	}{Literaturverzeichnis zu Kapitel 9}	302

10 Der Einfluss von feuchtwarmen Klima auf die Laminateigenschaften ... 305

	10.1	Temperatur-/Feuchtigkeitseinflüsse	305
	10.2	Auswirkungen auf die Festigkeit	314
	10.3	Literaturverzeichnis zu Kapitel 10	319

11 Korrelationsbetrachtungen ... 321

	11.1	\multicolumn{2}{l	}{Korrelation zwischen Glasübergangstemperatur und mechanischen Eigenschaften}	321
	11.2	\multicolumn{2}{l	}{Korrelation zwischen Compression after Impact (CAI) und verschiedenen Eigenschaften}	326
		11.2.1	Erklärungen zum F-Test	350
	11.3	\multicolumn{2}{l	}{Literaturverzeichnis zu Kapitel 11}	332

12 Schadenstoleranz von Faserverbund-Werkstoffen und -bauteilen ... 333

12.1 Beschreibung der Ursachen und Auswirkungen von Fehlstellen in Faserverbundwerkstoffen ... 341
12.2 Betriebsschäden ... 343
12.3 Möglichkeiten zur Verbesserung des Schadensverhaltens . 345
    12.3.1 Möglichkeiten bezüglich des Werkstoffes ... 345
    12.3.2 Möglichkeiten bezüglich der konstruktiven Gestaltung ... 351
12.4 Einfluss verschiedener Kerbformen auf das Zugfestigkeitsverhalten von multidirektionalen CFK-Laminaten ... 353
    12.4.1 Untersuchungsergebnisse aus der Zugfestigkeit ungekerbter CFK-Proben ... 356
    12.4.2 Restzugfestigkeit gekerbter Proben ... 359
    12.4.3 Zusammenfassende Erläuterungen ... 361
    12.4.4 Kerbeinflusszahlen von gekerbten Proben beider Laminate ... 365
12.5 Literaturverzeichnis ... 368

13 Streuungsverhalten von Faserverbundwerkstoffen 371

13.1 Voraussetzungen zur Auswertung der ermittelten Kennwerte ... 374
    13.1.1 Prepregsystem Code 69/T300 ... 375
    13.1.2 Prepregsystem Fiberite 976/T300 ... 375
    13.1.3 Prepregsystem Narmco 5245C/T800 ... 375
    13.1.4 Prepregsystem Krempel U214/HTA7 ... 375
    13.1.5 Prepregsystem Ciba 6376/T400 ... 375
    13.1.6 Kennwertauswertung ... 375
13.2 Einfluss der Probengeometrien auf die Laminatkennwerte und die Dimensionierung sowie die statistische Erfassung der Daten ... 382
13.3 Möglichkeiten zur Reduzierung des Versuchsaufwandes für eine Qualifikation 390
13.4 Beschreibung des Verfahrens zur Abschätzung des Werkstoffverhaltens und einer Kurzqualifikationsmöglichkeit ... 392

13.5	Zusätzliche Einflüsse auf ein eigenschaftstypisches Streuungsverhalten von physikalischen und mechanischen Kennwerten..................................	395
13.6	Gesetzmässigkeiten des Streuungsverhaltens..........	396
	13.6.1 Vorgehensweise zur Untersuchung des Streuungsverhaltens......................	396
	13.6.2 Begriffserklärungen zur Festlegung von geeigneten statistischen Methoden für die Faserverbundtechnik......................	403
13.7	Beurteilung des Streuungsverhaltens der Faserverbundsysteme Fiberite 976/T300 und Code 69/T300...................................	406
13.8	Bewertung des Streuungsverhaltens der wichtigsten Festigkeiten...................................	413
13.9	Untersuchung der Übertragbarkeit der Fasereigenschaften auf die Verbundeigenschaften am Beispiel der Zugfestigkeit..................................	414
13.10	Literaturverzeichnis zu Kapitel 13..................	424

14 Recycling von Faserverbundwerkstoffen und Bauteilen 427

14.1	Recyclingverfahren............................	428
14.2	Abfälle aus faserverstärkten Kunststoffen.............	430
14.3	Weitere Bemerkungen zur Entsorgung von Kunststoffen .	433
	14.3.1 Entsorgung von Fluor-Chlor-Kohlenwasserstoffen (FCKW)...............	433
	14.3.2 Weitere Entsorgungstendenzen von Kunststoffen und Faserverbunden durch Verbrennung.......	434
14.4	Literaturverzeichnis zu Kapitel 14..................	435

15 Aktive Funktionswerkstoffe und -bauweisen 437

15.1	Beispiele für aktive Werkstoffe und Funktionsbauweisen	437
15.2	Aktuelle Beispiele zur Anwendung aktiver Funktionsbauweisen............................	439
15.3	Aktive Werkstoffe und Funktionsbauweisen...........	440
	15.3.1 Wirkungsweise piezoelektrischer Werkstoffe...	440
	15.3.2 Piezoelektrische Polymere und ihre Anwendung in Faserverbunden......................	441
	15.3.3 Elektrostriktive Materialien und ihre Bedeutung für Faserverbunde.......................	443
	15.3.4 Magnetostriktive Materialien................	444

Inhaltsverzeichnis

	15.3.5 Formgedächtnislegierungen und ihre Bedeutung für Faserverbunde	444
15.4	Die mechanische Interaktion zwischen aktiven Elementen und Faserverbundstrukturen	445
15.5	Konstruktive Gestaltungs- und Fertigungsgesichtspunkte bei aktiven Faserverbundfunktionsbauweisen	447
15.6	Literaturverzeichnis zu Kapitel 15	449

16 Die elektrischen Eigenschaften von Faserverbunden und modifizierten Matrices 453
16.1 Einführung 453
16.2 Beschreibung und theoretische Herleitung der eingesetzten Messverfahren 457
    16.2.1 Ermittlung des Durchgangswiderstandes für Gleichspannungen nach IEC 93 460
    16.2.2 Ermittlung des spezifischen Widerstandes nach der 4-Elektroden-Methode 462
    16.2.3 Ermittlung des Oberflächenwiderstandes 463
    16.2.4 Ermittlung der Dielektrizitätszahl für Frequenzen bis 15 MHz 465
    16.2.5 Ermittlung der Permeabilitätszahl für Frequenzen bis 15 MHz 468
    16.2.6 Ermittlung der Permittivität und Permeabilität für Frequenzen über 500 MHz 471
        16.2.6.1 Allgemeine Herleitung der Materialparameter aus der Wellengleichung 471
        16.2.6.2 Materialvermessung unter Zuhilfenahme der S-Parameter 474
        16.2.6.3 Einfluss der Probendicke auf das Messergebnis 476
        16.2.6.4 Einfluss der Probenposition im Hohlleiter auf das Messergebnis 476
16.3 Erstellung der Versuchsaufbauten und Probenkörper 478
    16.3.1 Versuchsaufbau zur Messung des Durchgangswiderstandes nach IEC 93 479
    16.3.2 Versuchsaufbau zur Messung des spezifischen Widerstandes nach der 4-Elektroden-Methode ... 481
    16.3.3 Versuchsaufbau zur Messung des Oberflächenwiderstandes 482

	16.3.4	Versuchsaufbau zur Messung der Dielektrizitätszahlen für Frequenzen unter 15 MHz	483
	16.3.5	Versuchsaufbau zur Messung der Permeabilitätszahlen für Frequenzen unter 15 MHz	484
	16.3.6	Versuchsaufbau zur Messung der Permeabilität und Permittivität für Frequenzen über 500 MHz	486
16.4		Auswertung der durchgeführten Versuche	487
	16.4.1	Messergebnisse des elektrischen Durchgangswiderstandes nach IEC 93	487
	16.4.2	Messergebnisse des elektrischen Durchgangswiderstandes nach der 4-Elektroden-Methode	493
	16.4.3	Messergebnisse des elektrischen Oberflächenwiderstandes	494
	16.4.4	Messergebnisse der Dielektrizitätszahlen für Frequenzen unter 15 MHz	495
		16.4.4.1 Kohlenstofffüllung	495
		16.4.4.2 Graphitfüllung	497
		16.4.4.3 CKF-Füllung	499
		16.4.4.4 Eisenfüllung	500
	16.4.5	Messergebnisse der Permeabilitätszahlen für Frequenzen unter 15 MHz	501
		16.4.5.1 Kohlenstofffüllung, Graphitfüllung, CKF-Füllung	501
		16.4.5.2 Eisenfüllung	501
	16.4.6	Messergebnisse der Materialparameter μ und ε für Frequenzen über 500 MHz	505
		16.4.6.1 Kohlenstofffüllung	507
		16.4.6.2 Graphitfüllung	508
		16.4.6.3 Kohlekurzfaser-Füllung	509
		16.4.6.4 Eisenfüllung	511
	16.4.7	Der Einfluss von Glasfasern auf die Permittivität	512
16.5		Umsetzung der Messergebnisse auf reale Strukturen	515
16.6		Literaturverzeichnis zu Kapitel 16	519

17 Crashverhalten von CFK-Werkstoffen und CFK-Strukturen — 523

- 17.1 Einführung zum Crashverhalten von CFK-Proben und CFK-Strukturen — 523
- 17.2 Grundlegende Betrachtungen zum Crash- und Energieabsorptionsverhalten von Faserverbundwerkstoffen — 529
- 17.3 Untersuchungen zum Crash-Verhalten von Busstrukturen aus Faserverbunden — 530
- 17.4 Grundlegende Begriffe und Aussagen für die Konstruktion von mittragenden Crash-Strukturen — 531
  - 17.4.1 Einführung — 531
  - 17.4.2 Ertragbare, spezifische Energieabsorption — 532
  - 17.4.3 Allgemeine Aussagen zur Konstruktion von Crash-Strukturen — 533
- 17.5 Crash-Simulation von Faserverbundbauteilen — 536
  - 17.5.1 Einleitung — 536
  - 17.5.2 Erläuterungen zur Berechnung des Crash-Vorganges — 536
  - 17.5.3 Erklärungen zu Crash-Simulationsprogrammen — 538
- 17.6 Literaturverzeichnis zu Kapitel 17 — 539

18 Weitere Kriterien und Einsatzmöglichkeiten bei Verwendung von kohlefaserverstärkten Kunststoffen — 543

- 18.1 Verbesserte Tragflügelstreckungen durch den Einsatz von CFK — 543
- 18.2 Brandverhalten und Feuerfestigkeit von CFK-Strukturen — 544
  - 18.2.1 Richtlinien und Anforderungen zum Brandverhalten — 544
  - 18.2.2 Möglichkeiten zur Verbesserung des Brandverhaltens — 547
- 18.3 Korrosionsverhaltenseigenschaften — 548
- 18.4 Wärmeausdehnungsverhalten von C-Fasern und CFK-Verbunden — 551
- 18.5 Blitzschutzeigenschaften und Schutz gegen elektrostatische Aufladung — 552
- 18.6 Wärmedämmung und Wärmeleitung durch den Einsatz von C-Fasern — 556
- 18.7 Literaturverzeichnis zu Kapitel 18 — 558

19 Untersuchungen zum Langzeitverhalten von CFK-Komponenten 559

19.1 Bauteil-Auswahl-Kriterien 560
19.2 Langzeiterprobungs-Ergebnisse 562
19.3 Zusammenfassende Beurteilung 566
19.4 Literaturverzeichnis zu Kapitel 19 566

20 Das Beulverhalten und die Tragfähigkeit im Nachbeulbereich 569

20.1 Einleitung 569
20.2 Zur Geometrie der Versuchsteile 569
20.3 Der Vergleich zwischen Theorie und Versuch 575
20.4 Theoretische Grundlagen 584
    20.4.1 Die Stabilitätsgrenze der versteiften, anisotropen Platte 584
    20.4.2 Lösung des Beulproblems für das in 20.4.1 definierte Beispiel 586
        20.4.2.1 Geometrie und charakteristische Daten der Platte 586
        20.4.2.2 Bestimmung des Membranspannungszustandes und des Elastizitätsgesetzes .. 589
        20.4.2.3 Wahl eines geeigneten Verformungsansatzes für w und Integration der Formänderungsarbeiten 591
        20.4.2.4 Differenzierung der Arbeiten nach den Konstanten des Verformungsansatzes und Konstituierung sowie Lösung des Eigenwertproblems 593
    20.4.3 Zusammenfassung und Ausblick 596
    20.4.4 Die Berücksichtigung der Stringertorsion 597
20.5 Schlussbemerkungen 597
20.6 Literaturverzeichnis zu Kapitel 20 599

Sachwortverzeichnis 601

1 Einführung

1.1 Werkstoffgruppen

Unter Verbundwerkstoffen versteht man aus verschiedenen Komponenten zusammengesetzte Werkstoffe. Es ist einleuchtend, dass die Eigenschaften der einzelnen Komponenten und deren Interface die der Verbunde massgeblich bestimmt. Daraus ergibt sich zwingend die Notwendigkeit, die Eigenschaften der Komponenten und deren Begrenzungen genau zu kennen.

Nach [1.1] gibt es nur drei Werkstoffgruppen, die in unserer Gesellschaft eine Rolle spielen:
- die metallischen Werkstoffe
- die anorganischen nichtmetallischen Werkstoffe
- die organischen, makromolekularen Werkstoffe (Thermoplaste, Duromere, Aramide)

In den echten „refraktorischen" nichtmetallischen Werkstoffen ist die Bindung hauptsächlich eine kovalente Atombindung. Sie ist sehr fest, 2 bis 10 eV, d. h. 200 bis 1000 kJ/mol. Ausserdem ist diese Bindung spezifisch gerichtet („gerichtete Valenzen"). Die Folgen sind: hohe Schmelztemperatur und hohe Steifigkeit, Festigkeit und Härte. Die Dichte ist relativ niedrig, weil die Atommassen im allgemeinen niedrige Werte haben.

1.2 Die vier Paradoxe

In Abb. 1.1 aus [1.1] sind die wichtigsten Eigenschaften der drei Werkstoffgruppen gegenübergestellt. Ihre Eigenschaftsspektren sind sehr verschieden, was im wesentlichen auf die Art und Kraft der Bindungen zwischen den Atomen und Molekülen zurückzuführen ist.

WERKSTOFFE		DICHTE ρ (g/cm³)	SCHMELZPUNKT T_M (°C)	MODUL E (GPa)	HÄRTE MOHS
ORGANISCHE MAKROMOLE- KULARE STOFFE	THERMOPLASTE	1 - 1.5	100 - 200 (300)	1 - 3	0.5 - 1.5
	DUROMERE (VERNETZT)	1 - 1.5	keinen (verkohlen > 360 °C)	3 - 5	1.5 - 2.5
METALLE	"PLASTISCHE" METALLE	7 - 20 Ausnahme: Mg 1.75 Al 2.7	200 - 1600	15 - 2000	1.5 - 5
	REFRAKTORISCHE METALLE	6 - 25 Ausnahme: Ti 4.5	1200 - 3400	100 - 500	4 - 7
ANORGANISCHE NICHT-METALLE	SILIKAT- GLÄSER	ca. 2.5	700 - 1500	60 - 100	5 - 6
	REFRAKTORISCHE NICHTMETALLE	2 - 4	1500 - 3800	100 - 2000	7 - 10

Abb. 1.1 Materialeigenschaften der drei einheitlichen Werkstoffgruppen Metalle, anorganische, nichtmetallische Werkstoffe und organische, makromolekulare Werkstoffe [1.1]

Die Grenzen der drei Materialgruppen und die Möglichkeiten der aus ihnen erzeugten Verbundwerkstoffe werden nach [1.1] an vier Paradoxen erläutert: Das erste Paradoxon betrifft die festen Stoffe. Es wurde 1923 von Fritz Zwicky [1.2] entdeckt und lautet:

- „Die wirkliche Festigkeit eines festen Stoffes ist sehr viel niedriger als die theoretisch berechnete"

Abb. 1.2 zeigt einige Beispiele für theoretische und experimentell ermittelte Festigkeiten von Werkstoffen. Das Paradoxon hat sich für alle festen Stoffe als gültig erwiesen. Davon ausgenommen sind die Whisker. Es sind fadenförmige Einkristalle, die erst um 1960 entdeckt wurden.

1. Einführung

SUBSTANZ	FESTIGKEIT in GPa	
	Theoretisch	Praktisch
NaCl	2	0.005
Glas	11	0.05
Be	18	0.4
Aluminium	3.8	0.6
Stahl	11	1.4

Abb. 1.2 Einige Beispiele für theoretische und experimentelle Festigkeiten von Werkstoffen [1.1], [1.2]

Das zweite Paradoxon bezieht sich auf die Faserform. Entdeckt wurde es in den zwanziger Jahren von A.A. Griffith [1.3]. Es bedeutet:
- „Ein Werkstoff in Faserform hat eine vielfach grössere Festigkeit als dasselbe Material in anderer Form. Je dünner die Faser ist, desto grösser ist die Festigkeit."

Abb. 1.3 bestätigt dieses Paradoxon. Es zeigt die Festigkeit von Glas als Funktion des Faserdurchmessers [1.4].

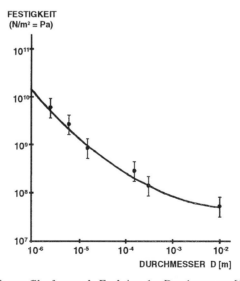

Abb. 1.3 Zugfestigkeit von Glasfasern als Funktion des Durchmessers [1.1, 1.3, 1.11]

FASER (gestreckt)	FESTIGKEIT in GPa		
	Faser	Massives Material	Theoretisch möglich
Al	0.8	0.6	3.8
Be	1.7	0.4	18
Ti	1.9	1.2	5.7
Cu	3.0	1.2	6.2
B	3.4	(0.3)	17
Fe	4.1	1.4	11.2
Polyethen (HD)	1.0	0.03	25
Polyamid 6.6	0.85	0.08	25
Aramid	3.0	—	25
Kohlenstoff	3.0	(0.1)	35
Glas	4.0	(0.1)	11
Al_2O_3	1.6	0.2	26

Abb. 1.4 Festigkeit von Fasern im Vergleich mit massivem Material und der theoretisch möglichen Festigkeit [1.1, 1.11]

Abb. 1.4 zeigt die Festigkeiten für Fasern und massive Werkstoffe aus demselben Material.
Das dritte Paradoxon betrifft die Messlänge der Fasern und besagt:

- „Die gemessene Festigkeit einer Faser ist umso grösser, je kleiner die Messlänge ist."

Die Abb. 1.5 zeigt dieses Paradoxon anhand von Glas-, Kohlenstoff- und Aluminiumoxidfasern [1.1, 1.5, 1.6, 1.7, 1.8, 1.11].

1. Einführung 5

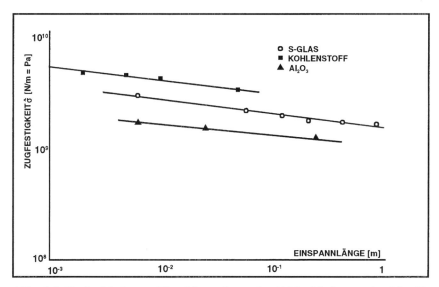

Abb. 1.5 Zugfestigkeit von Verstärkungsfasern in Abhängigkeit von der Messlänge (Einspannlänge) [1.1, 1.5, 1.6, 1.7, 1.8, 1.11]

Die Paradoxe zwei und drei hängen miteinander zusammen, worauf weiter unten nochmals näher eingegangen wird.

Das vierte Paradoxon bezieht sich auf Zwei-Phasensysteme. G. Slayter [1.8] hat es 1962 formuliert:

- „In einem Composite-Material kann die Verbundstruktur als Ganzes Spannungen ertragen, die die schwächere zerbrechen würde, während von der stärksten Komponente ein viel höherer Prozentsatz der theoretischen Festigkeit realisiert werden kann, als wenn sie allein beansprucht würde."

Im Zusammenhang mit den vier Paradoxen scheinen einige Hinweise interessant, die besagen, dass nicht nur die Zugfestigkeit mit abnehmendem Faserdurchmesser zunimmt, sondern auch der E-Modul.

Ziel der zusammengesetzten Werkstoffe bzw. Verbundwerkstoffe ist es, dass man aus wenigstens zwei unterschiedlichen Stoffen (Komponenten) als Summenwirkung verbesserte Verbundeigenschaften erzielt, die mit den einzelnen Komponenten alleine nicht erreicht werden können [1.9].

Das Ganze ist also mehr als die Summe der Teile.

Die o.g. vier Paradoxe können alle auf dieselbe Ursache, nämlich auf Strukturfehler (Imperfektionen) des festen Stoffes zurückgeführt werden [1.1].

Mittlerweile weiss man, dass alle Feststoffe Fehler besitzen und diese das Verhalten aller Materialgruppen unter Belastung massgeblich mitbestimmen.

Die Eigenschaften der Verbundwerkstoffe werden ausschliesslich durch die verstärkende Komponente, im allgemeinen eine Faser und eine zu verstärkende Bettungsmasse sowie durch die Verbindung (Haftung) dieser beiden Komponenten bestimmt. Dazu kommen Einflüsse auf die Eigenschaften durch unvermeidbare Imperfektionen und die Umwelt wie z.B. Temperatur, Medien, Strahlung, Witterung und vor allem Kombinationen dieser Einflussfaktoren.

1.3 Grundsätzliche Werkstoffeigenschaften, Dimensionen und Abkürzungen

WERKSTOFFE		ρ (g/cm³)	E (GPa)	σ (GPa)	E/(ρg) (km)	σ/(ρg) (km)	Tm (°C)
METALL-FÄDEN	STAHL (0.9% C)	7.8	200	4.1	2600	55	1530
	Ni-Cr-Stahl 18/8	7.9	200	2.1	2500	27	1430
	ALUMINIUM	2.8	75	0.6	2700	24	660
	WOLFRAM	19.3	350	3.8	1800	20	3400
	TITAN	4.5	115	1.9	2500	41	1660
	MOLYBDÄN	10.2	370	2.1	3600	21	2620
FASERN UND GARNE	HT-CELLULOSE	1.5	25	0.75	500	50	—
	HT-POLYAMID	1.14	8.5	0.83	730	74	265
	HT-POLYESTER	1.38	22	1.0	1600	72	280
	HT-ARAMID	1.44	100	3.6	7000	250	> 500
	HM-ARAMID	1.45	125	2.8	8500	190	> 500
	E-GLAS	2.5	70	2.0	2800	80	—
	S-GLAS	2.5	85	3.0	3400	120	—
	M-GLAS	2.9	110	3.5	3800	120	—
	HT-KOHLENSTOFF	1.7	210	3.2	12500	180	3550
	HM-KOHLENSTOFF	1.8	440	2.0	24500	110	3550
	Al_2O_3	4.0	380	2.0	9500	50	2050
	B	2.5	400	3.5	16000	140	2300
	BN	2.25	280	2.0	12500	90	3000
	SiC	3.2	200	3.2	7000	100	2700
	ASBEST	2.5	180	11.75	7200	70	—
WHISKER	Al_2O_3	4.0	400	15	10000	375	2050
	B	2.3	350	3.5	15000	150	2300
	B_4C	2.5	450	6.7	18000	270	2350
	Be	1.8	300	1.7	16000	93	1250
	C	2.2	1000	2.0	45000	900	3550
	Fe	7.8	200	11.0	2600	140	1540
	Si	2.3	180	7.5	8000	325	1450
	SiC	3.2	840	20	27000	350	2700
	WC	15.8	700	—	4400	—	2200

Abb. 1.6 Eigenschaften von faserförmigen Verstärkungsfasern [1.1, 1.11]

1. Einführung

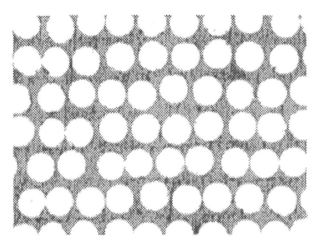

Abb. 1.7 Querschliffbild eines unidirektionalen Borfaser-Laminates [1.1, 1.11]

Bei fast allen Verbundwerkstoffen ist die verstärkende Komponente eine Faser mit einem kleinen Durchmesser zwischen 5 und 200 µm. Die aus heutiger Sicht wichtigsten Verstärkungsfasern sind in [1.10] umfassend beschrieben. Die Bettungsmassen als zweite Komponente werden auch Matrices genannt, weil die eingebetteten Fasern im Querschliffbild (Abb. 1.7) einer Matrize gleichen. Die wichtigsten Matrices sind duromere und thermoplastische Kunststoffe, die ebenfalls in [1.10] umfassend beschrieben sind. Dazu kommen Metalle und Keramiken.

In Abb. 1.8 sind die gängigsten Matrices und ihre Gebrauchstemperaturen zusammengestellt. Durch die Vielzahl der Verstärkungsfasertypen und der Matrices (Abb. 1.6 und Abb. 1.8) ergibt sich eine grosse Anzahl möglicher Verbundwerkstoffe, wobei natürlich nicht jede denkbare Kombination aus Faser und Matrix Sinn macht. Die richtige bzw. günstige Zusammensetzung richtet sich hauptsächlich nach den gestellten Anforderungen und den verfolgten Zielgrössen.

Der einfachste Faserverbundwerkstoff besteht aus zwei Komponenten, einer Faser und einer Matrix. Verbunde aus mehreren Fasertypen aber auch Matrices sind heute Standard. Dann spricht man von Funktions-, Kombinations- und Gradientenwerkstoffen (siehe Kapitel 15, 16, 17).

Bei fast allen Verbundwerkstoffen ist zur Übertragung der Spannungen von der Matrix auf die Verstärkungsfaser eine gute Haftung zwischen den Komponenten erforderlich. Hierzu gibt es jedoch Ausnahmen, so ist bei bestimmten faserverstärkten Keramiken aus bestimmten Gründen eine Haftung zwischen den Komponenten unerwünscht.

MATRIX		MAXIMALE GEBRAUCHS-TEMPERATUR (°C)
THERMOPLASTE	POLYPROPYLEN	70
	POLYAMID 6.6	140
	POLY(BUTYLEN TEREPHTHALAT)	140
	POLYSULFON	150
	POLY(ETHER-IMIDE)	200
	POLY(AMIDE-IMIDE)	260
	POLYETHERKETON	> 300
	POLYETHERETHERKETON	> 300
DUROMERE (REAKTIONS-HARZE)	UNGESÄTTIGTE POLYESTER	95
	VINYL-ESTER	95
	EPOXY	175
	POLYIMIDE	315

Abb. 1.8 Maximale Gebrauchstemperaturen von einigen Thermoplasten und Duromeren

Im vorliegenden Buch enthalten die Abbildungen unterschiedliche Bezeichnungen (Dimensionen). Deshalb sind in Abb. 1.9 die Umrechnungsfaktoren angegeben. In der Kunststofftechnik sind viele Abkürzungen üblich. Abb. 1.10 aus [1.12] gibt hierzu einen Überblick.

$$1 \text{ kp/cm}^2 = 0{,}0981 \text{ N/mm}^2$$
$$1 \text{ kp/mm}^2 = 9{,}81 \text{ N/mm}^2$$
$$1 \text{ N/mm}^2 = 10{,}19 \text{ kp/cm}^2$$
$$1 \text{ N/mm}^2 = 1 \text{ MPa}$$

Abb. 1.9 Umrechnungen der Dimensionen

1. Einführung

ABS	Acrylnitril-Butadien-Styrol	PETP	Polyäthylenterephtalat
AMMA	Acrylnitril-Methylmethacrylat	PF	Phenolformaldehyd
CA	Celluloseacetat	PIB	Polyisobutylen
CAB	Celluloseacetatbutyrat	PMMA	Polymethylmethacrylat
EP	Epoxid	POM	Polyoxymethylen, Polyformaldehyd (ein Polyacetal)
		PP	Polypropylen
MF	Melaninformaldehyd	PS	Polystyrol
PA	Polyamid PA6, PA 66, PA 610, PA 66/610, PA 6/12, (Schreibweise der Polyamide nach DIN 7728)	PTFE	Polytetrafluoräthylen
		PUR	Polyurethan
		PVC	Polyvinylchlorid
		PVCC	Chloriertes Polyvinylchlorid
PBTP	Polybutylenerephthalat	PVDF	Polyvinylidenfluorid
PC	Polycarbonat	PVDC	Polyvinylidenchlorid
PE	Polyäthylen	PVF	Polyvinylfluorid
		SAN	Styrol-Acrylnitril
LD-PE	Polyäthylen niedriger Dichte	SB	Styrol-Butadien
HD-PE	Polyäthylen hoher Dichte	SMS	Styrol-α-Methylstyrol
PEC	Chloriertes Polyäthylen	UF	Harnstoffformaldehyd
		UP	Ungesättigte Polyester

Abb. 1.10 Kurzzeichen für Kunststoffe

1.4 Literaturverzeichnis zu Kapitel 1

[1.1] van Krevelen, D.W.: Verbundwerkstoffe (Composites); 22. Internationale Chemiefasertagung für die Textilindustrie; Dornbirn/Österreich; 8.-10. Juni 1983
[1.2] Zwicky, Fr.: Proc. Nat. Acad. Sci. 15 (1929); 253-259, 816-822
[1.3] Griffith, A.A.: Philos. Trans. Roy. Soc. 221A (1920); 163-198
[1.4] Carmann, P.C.: Chemical Constitution and Properties of Engineering Material; London (1994), p. 511
[1.5] Dow, N.F. and Rosen, B.W.; NASA CR 207; April 1965

[1.6] Hughes, J.D.H., Moreley, H. and Jackson, E.E.: J. Phys. D., Appl. Phys. Volume 13 (1980), 921-936

[1.7] Hartman, H. und Nußbaum, H.J.: Neues über Aluminiumoxidfaserverstärkte Verbundstoffe, Vortrag 20. Internat. Chemiefasertagung; Dornbirn/Österreich (1981)

[1.8] Slayter, G.: Two Phase Materials; Scientific American; Vol. 206, January 1962; 124-134

[1.9] Fitzer, E.: Neue Entwicklungen für Faserverbundwerkstoffe; Handbuch für neue Systeme; Hrsg. Demat Exposition Managing; Vulkan-Verlag Essen (1992)

[1.10] Flemming, M., Ziegmann, G., Roth, S.: Faserverbundbauweisen, Fasern und Matrices; Springer-Verlag Heidelberg; (1995)

[1.11] Ashton, J.E., Halpin, J.C., Petit, P.H.: Primer on Composite Materials: Analysis, Technomic Publishing; 750 Summer St., Stanford Conn. 06901, (1969)

[1.12] Kohlenstoff- und aramidfaserverstärkte Kunststoffe; VDI-Verlag GmbH; Düsseldorf; ISBN 3-18-404027-5; (1977)

Die Forschungsberichte der ETH Zürich und der Fa. Dornier liegen den Verfassern vor.

2 Analogien zwischen Faserverbunden der Natur und Technik

Fast alle Strukturen der lebenden Natur bestehen aus Faserverbunden. Die Natur ist in der Lage, diese „automatisch" hinsichtlich vieler Eigenschaften zu optimieren. Aus den vielen Beispielen werden für dieses Buch nur drei typische Strukturen, stellvertretend für die vielen anderen, ausgesucht und beschrieben.

2.1 Knochenstrukturen

Am Beispiel des Knochens soll zunächst erklärt werden, wie die Natur die Probleme ihrer optimalen Strukturen gelöst hat. Sie ist einen ganz anderen Weg als die Technik gegangen. Während in der Technik hauptsächlich isotrope Materialien, z. B. Metalle, Verwendung gefunden haben, finden sich in der lebenden Natur anisotrope Werkstoffe, d. h. Faserwerkstoffe mit gerichteten Eigenschaften (Abb. 2.1.1).

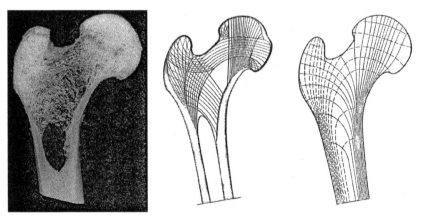

Abb. 2.1.1 Schnittbild und Knochenbälkchenverlauf entsprechend den Kraftflüssen

2.1.1 Culmanns Erkenntnis [2.1] und moderne Berechnungstechnik von Naturstrukturen [2.2] [2.3] [2.6]

Es zeigt sich, dass in den Naturstrukturen die Faserrichtungen wie die Kraftflüsse verlaufen: Sie entsprechen genau den Richtungen der Hauptspannungen (Abb. 2.1.1). Diese Zusammenhänge entdeckte Culmann, der erste Statik-Professor der ETH Zürich. Das heisst, dass an dieser Hochschule die Grundprinzipien für die Übertragung der Erkenntnisse aus natürlichen Strukturen in die moderne Fasertechnik und auch in die Biomechanik festgelegt wurden.

Ungefähr im Jahr 1970 wurden erstmals nach einer Idee von M. Flemming (Abb. 2.1.1 und Abb. 2.1.6) Berechnungen eines Knochens mit den damals neu entwickelten Volumenelementen der Finiten-Element-Methode durchgeführt [2.2]. Diese Elementtypen waren eigentlich für die Berechnung von dickwandigen technischen Strukturen entwickelt worden. Für die damals verfügbaren Computer war dies eine grosse Aufgabe. Auch die damals ohne CAD-Hilfen zu idealisierende Struktur des Knochens zum Rechenmodell berührte die Grenze des Möglichen. Hinzu kam die schwierige Bestimmung der Werkstoffkennwerte in den verschiedenen Bereichen des Knochens. Diese erste derartige Berechnung wird heute auf sämtliche Knochen angewendet. Die Berechnung des Oberschenkelknochens (Abb. 2.1.2 und Abb. 2.1.6) war damals aufwendiger als die Berechnungen, die im Flugzeugbau in dieser Zeit durchgeführt wurden.

Durch die dreidimensionalen Ergebnisse liessen sich wesentlich mehr Details gegenüber den Erfahrungen, die Culmann gemacht hatte, erkennen und die Zusammenhänge zwischen Implantaten und lebenden Knochenstrukturen konnten erfasst werden.

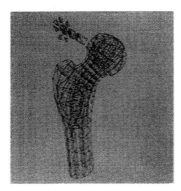

Abb. 2.1.2 Finite Element Modell des Femur

2.1.2 Krafteinleitungsbereich / Kraftübertragungsbereich

Das Femur stellt nach der Morphologie-Klassifikation einen Röhrenknochen dar. Wie in allen lasttragenden oder kraftübertragenden Naturstrukturen lässt sich hier am oberen und unteren Ende des Röhrenknochens ein Krafteinleitungsbereich (Spongiosa-Struktur) und im mittleren Abschnitt ein Kraftübertragungsbereich (Kortikalis-Struktur) unterscheiden.

Im Krafteinleitungsbereich mit der Spongiosa-Struktur des Femur herrscht eine komplizierte, dreidimensionale Faserstruktur vor, die als Bälkchen bezeichnet werden. Wie erwähnt, verlaufen diese Bälkchen in Richtung der Hauptspannungen, resultierend aus den maximalen äusseren Belastungen. Das bedeutet, dass die Fasern an den räumlich gegenseitigen Anschlussstellen senkrecht aufeinander stehen. Dies war wahrscheinlich Culmanns wichtigste Erkenntnis [2.1]. Nach der Definition der Hauptspannungen verschwinden in diesen Richtungen die Schubspannungen. Da die Fasern hauptsächlich nur Längsspannungen übertragen können, hat die Natur so die optimale Übertragungsart beliebiger äusserer Lasten gefunden.

Dieses Einteilungsprinzip eines Krafteinleitungsbereichs und eines meist grösseren Kraftübertragungsbereichs ist in technischen Konstruktionen ebenfalls eingehalten. Viele technische Bauteile, z. B. die Pleuelstangen eines Kraftfahrzeugmotors, beinhalten dieses Prinzip, welches durch ihre geometrische Form zum Ausdruck kommt. Die Natur versteht diese Auslegungstechnik seit Jahrtausenden perfekt bis hin zur „automatischen" Fertigung.

2.1.3 Adaption der Struktur an veränderte Lastfälle (Strukturwandel durch Änderung der Umgebung) [2.3] [2.4]

Es drängt sich die wichtige Frage auf, ob die Auslegung dieser Struktur zufällig oder nach einem festen Programm erfolgt oder ob es während des Aufbaus von natürlichen Strukturen Regelmechanismen gibt. Unter der Annahme, dass es solche Regelmechanismen gibt, entsteht die Frage, woran diese sich erkennen lassen. Am besten lässt sich diese Fragestellung am hochbelasteten Knochen, z. B. dem des Oberschenkels, studieren.

Es ist bekannt, dass die durch einen Bruch oder eine Fraktur, entstandene Bruchenden des Knochens wieder zusammenwachsen können. Wäre die Knochenstruktur fest vorgegeben, so würde die gleiche Faserverbundstruktur wie vor dem Bruch entstehen.

In manchen Fällen konnte bei der Operation die korrekte Stellung der Knochenfragmente nicht erreicht werden. Wäre die innere Struktur des

Knochens fest vorgegeben, so könnten in diesem Fall die Kräfte nach dem Zusammenwachsen nicht mehr übertragen werden, da die Hauptspannungen nicht mehr mit der Bälkchenstruktur übereinstimmen. Aus den Schnitten derart zusammengewachsener Knochenstrukturen (Abb. 2.1.3) erkennt man, dass der Knochen in der Lage ist, seine Faserstruktur zu ändern und zwar so, dass der neugewachsene Faserverlauf in einer relativ kurzen Zeit wieder dem in der neuen Position sich ergebenden Hauptspannungsverlauf in Folge der äusseren Kräfte entspricht.

Abb. 2.1.3 zeigt einen Fall aus dem Hüftbereich, in dem sich die knöcherne Struktur mit dem Bälkchenverlauf auf einen veränderten inneren Kraftflussverlauf eingestellt hat.

Der Vergleich mit Abb. 2.1.1 zeigt eine deutlich veränderte Faserstruktur entsprechend dem neuen Kraftflussverlauf. Damit ist bewiesen, dass im Knochen ein Aufbau- und Umbau-Regelmechanismus wirksam wird. Die Natur ist damit der Technik weit überlegen.

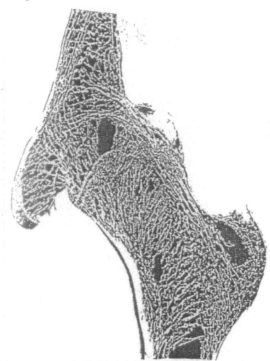

Abb. 2.1.3 Schnitt durch ein Femur-Becken-Präparat. Durch krankhafte Prozesse hat eine Verknöcherung der Gelenkflächen stattgefunden (Ankylose) [2.4] und der Faserverlauf hat sich neu angepasst.

2.1.4 Spannungsniveaus [2.3] [2.4]

Ausser der den Hauptspannungen entsprechend verlaufenden Bälkchen, auch Trabekel genannt, zeigt sich in Bereichen grossen Kraftflusses eine wesentlich dichtere Bälkchenstruktur als in Bereichen mit geringerem Kraftfluss. Durch dieses Strukturprinzip kann das in der Struktur herrschende Spannungsniveau gesteuert werden. Bereiche, die wenig Kraft zu übertragen haben, enthalten wenig Fasern. Wo ein hoher Kraftfluss zu übertragen ist, finden sich zahlreiche Fasern. Bereiche, die bei einer Umstellung des Spannungsverlaufes nicht mehr von Bedeutung sind, werden abgebaut. Dieses Strukturprinzip der Regelung der Spannungsniveaus lässt sich aus den Abbildungen Abb. 2.1.1 und Abb. 2.1.3 ebenfalls erkennen. Beide genannten Strukturprinzipien, das der Strukturauslegung entsprechend den Spannungsrichtungen und jenes der Spannungsregulierung wird von der natürlichen Struktur „automatisch" geregelt.

2.1.5 Histologischer Auf- und Umbau der Knochenstruktur (feingewebliche Untersuchungsergebnisse) [2.3] [2.5] [2.15]

Die bisher beschriebenen Knochenstrukturen sind mit blossem Auge sichtbar. Allein aus Knochenschnitten, die makroskopisch betrachtet werden, lassen sich die oben genannten Strukturprinzipien erkennen. Jede dieser makroskopisch erkennbaren Strukturen ist jedoch aus Unterstrukturen aufgebaut, die mit dem Lichtmikroskop erkannt werden können. Diese wiederum bestehen aus kleinsten funktionellen Einheiten, den Ultrastrukturen, die mit Hilfe des Elektronenmikroskops dargestellt werden.

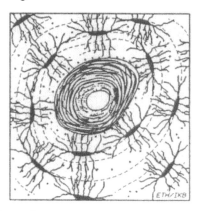

Abb. 2.1.4 Knöcherne Ultrastruktur

2. Analogien zwischen Faserverbunden der Natur und Technik

Die in Abb. 2.1.4 gezeigte Ultrastruktur des Knochenaufbaus, die den Knochen eines Erwachsenen bildet, ist die lasttragende Struktur des Skeletts. Durch die wechselnden Lastfälle wird der Knochen durch An- oder Abbau umgestaltet. Verantwortlich für dieses Phänomen sind die für An- und Abbau des Knochens verantwortlichen Zellen, die Osteoblasten und Osteoklasten. Aus dieser Betrachtung wird nochmals deutlich, dass es sich bei Knochenstrukturen um Faserverbundstrukturen handelt. Die Osteoblasten und Osteoklasten sind integrierte Funktionselemente ähnlich wie in Kapitel 15 beschrieben.

Abb. 2.1.4 zeigt eine schematische Darstellung der knöchernen Ultrastruktur. Im Lamellenknochen sind die kleinsten funktionellen Einheiten, die Osteone, als rundliche Gebilde von ca. ¼ mm Durchmesser zu erkennen. Sie bestehen aus einem zentralen Blutgefäss, das durch einen Bindegewebsmantel weich in der Knochenstruktur gelagert ist und aus zirkular angeordneten Lamellen aus harter Knochensubstanz. Dieses Osteon ist noch im Wachstum begriffen. Im ausgewachsenen Zustand wird das Bindegewebe durch Knochen ersetzt. Diejenigen Zellen, welche die Knochensubstanz abscheiden, heissen Osteozyten. Sie sind mit radial verlaufenden Ausläufern zirkular angeordnet [2.3].

Ein Osteon hat etwa 10 mm Länge und ist in Richtung der Bälkchenlängsachse angeordnet. Es nimmt damit axial Druck und Zug auf.

Osteoblasten (aufbauende Knochenzellen): Sie scheiden zunächst eine Knochensubstanz ab, die aus Glycoproteinen und aus Proteoglycanen (Verbindungen von Eiweissen mit einem Kohlenhydratanteil) besteht. Danach kommt Kollagen, das zu Kollagenfibrillen, den Bausteinen der kollagenen Faser, aggregiert. Durch Anreicherung von Kalzium und organischem Phosphat erfolgt eine Ausfällung von Kalziumphosphat, das sich entsprechend der molekularen Struktur der Kollagenfibrillen anlagert. Es liegt dann in Form von Hydroxylapatit, dem Hauptanteil der harten Knochensubstanz, vor.

Osteoklasten (abbauende Knochenzellen): Dies sind Zellen, die eine eigene Beweglichkeit besitzen und Knochensubstanz systematisch abbauen können. Die Wirksamkeit von Osteoklasten entspricht der von 100 Osteoblasten. Ihre Funktion steht mit derjenigen der knochenaufbauenden Zellen zunächst im Gleichgewicht. Im Alter dagegen überwiegt der Knochenabbau und damit eine Ausdünnung der Knochenstruktur verbunden mit geringerer mechanischer Festigkeit und erhöhter Bruchanfälligkeit.

Eine besonders hohe Umbaurate findet sich in der Spongiosa, also im dreidimensionalen Netzwerk. In der Kompakta, der harten wandständigen Knochensubstanz des Kraftübertragungsbereiches (Kortikalis), beträgt die Umbaurate nur 1/3 des Spongioseumbaus.

2. Analogien zwischen Faserverbunden der Natur und Technik

2.1.6 Das Wolffsche Gesetz der Transformation des Knochens [2.4]

Julius Wolff, Professor der Chirurgie an der Universität zu Berlin, 1892:
„Es ist demnach unter dem Gesetze der Transformation der Knochen dasjenige Gesetz zu verstehen, nach welchem im Gefolge primärer Abänderungen der Form und Inanspruchnahme, oder auch bloss der Inanspruchnahme der Knochen, bestimmte, nach mathematischen Regeln eintretende Umwandlungen der inneren Architectur und ebenso bestimmte, denselben mathematischen Regeln folgende secundäre Umwandlungen der äusseren Form der betreffenden Knochen sich vollziehen."

In seinem Werk führt Wolff aus, dass sich der Knochen beim Unterschreiten eines von der Natur vorgegebenen Spannungsbereiches solange abbaut, bis die Spannung wieder im vorgegebenen Bereich liegt. Bei Überschreitung dieses Spannungsbereiches tritt der umgekehrte Prozess ein. Hierbei kann es vorkommen, dass eine Konvergenz nicht erreichbar ist und damit wird der Knochen nach einer gewissen Zeit versagen. Die Natur versucht also sowohl zu niedrige als auch zu hohe Spannungsniveaus aufzubauen bzw. abzubauen.

Unabhängig von den besseren technischen Möglichkeiten, die in der heutigen Forschung genutzt werden können, hat das Wolffsche Gesetz der Transformation des Knochens unverändert Gültigkeit und darüber hinaus durch die Implantatchirurgie neue Aktualität erlangt. Wolffs Ausführungen tragen zu einem grundsätzlichen Verständnis des Knochenumbaus bei und stellen ausserdem ein glänzendes Zeugnis des wissenschaftlichen Bemühens und Erkenntnisgewinns im zu Ende gehenden 19. Jahrhundert dar.

Es hat sich gezeigt, dass im Blutgefässystem eine ähnliche Strukturmodifikation bei Änderung der Umgebungsbedingungen eintreten kann wie im Knochen. Auch dort kann ein Bälkchensystem, ein Trabekelsystem, vorgefunden werden zur Stabilisierung der Struktur [2.5] [2.7] [2.8] [2.15].

2.1.7 Ossäre Strukturanalyse, Finite-Element-Methode (FEM); invasive und nicht-invasive Messtechniken [2.2] [2.3]

Die Finiten-Element-Methoden geben uns ein wichtiges Hilfsmittel zur genauen Erfassung der Spannungen, darunter auch der Hauptspannungen, nach Grösse und Richtung.

Trotz einer sorgfältigen Definition des Rechenmodells muss jedoch eingeräumt werden, dass eine Reihe von Faktoren, welche die natürliche Struktur ebenfalls prägen, nur näherungsweise erfasst werden können und die Rechnung somit nicht einen vollkommen identischen Zustand mit der natürlichen Struktur erzeugt, sondern einen approximativen.

Zu diesen Faktoren zählt die Muskulatur, die an unterschiedlichen topografisch-anatomischen Orten angreift und durch Zug an den äussersten Knochenschichten Kräfte in die Struktur einleitet. Eine natürliche Gegebenheit ist, dass die unterschiedlichen Einzelmuskeln nicht simultan aktiv sind, sondern sich nach einem komplizierten Aktionsmuster sukzessiv in kleinen Gruppen oder einzeln kontrahieren und damit zu unterschiedlichen Zeiten an verschiedenen Stellen unterschiedlich grosse Zugkräfte ausüben. Nur durch eine solche wechselnde Gruppierung aktiver Muskeln mit unterschiedlichen Ansatzpunkten, die sich jeweils nur unterschiedlich stark und in einer Richtung, nämlich in Muskelfaserlängsrichtung kontrahieren können, ist ein fein abgestimmtes Bewegungsausmass möglich.

Ein weiterer, schwer zu erfassender Faktor, der die Berechnung erheblich beeinflusst, stellt die Messung der Materialkonstanten an unterschiedlichen Orten des Knochens dar. Diese Kennwerte sind sowohl interindividuell verschieden als auch innerhalb eines Knochens eines Individuums. Es hat sich gezeigt, dass erhebliche regionale Unterschiede des Elastizitätsmoduls und anderer Werte innerhalb eines Femur herrschen, was natürlich stark von der örtlichen Bälkchendichte und -richtung abhängt (Abb. 2.1.5). In [2.12] wurden an kleinen, in den einzelnen Bereichen herausgeschnittenen Proben mit einer speziellen, eigens dafür entwickelten Messvorrichtung die Elastizitätsmoduli und Festigkeiten gemessen und in [2.2] wurden diese in die FEM-Berechnung eingeführt.

Da sich die knöcherne Struktur eines Menschen im Lauf seines Lebens im Zug eines Alterungsprozesses, wie oben beschrieben, ändert, ebenso auch durch Erkrankung des Knochens selbst oder durch Immobilisation, kommen zusätzliche Variablen ins Berechnungsbeispiel.

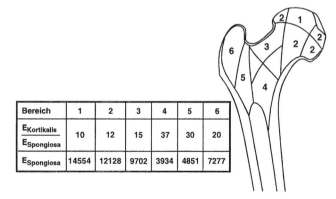

Bereich	1	2	3	4	5	6
$E_{Kortikalis} / E_{Spongiosa}$	10	12	15	37	30	20
$E_{Spongiosa}$	14554	12128	9702	3934	4851	7277

Abb. 2.1.5 Regional variable Elastizitätskennwerte des menschlichen Femurs [2.2] [2.12]

2. Analogien zwischen Faserverbunden der Natur und Technik 19

Es ist wichtig, diese Faktoren zu kennen, jedoch auch zu wissen, dass die moderne Messtechnik (darunter die mittels energiereicher Strahlung ermittelten Geometrie- und Dichtewerte) Eingangswerte für die Berechnung zu liefern vermag, die hinreichend genau für die Adaption technischer an natürliche Strukturen sind.

Menschliche Kortikalis:
- Zugfestigkeit 100 N/mm2
- Scherfestigkeit 80 N/mm2
- E-Modul bis 20000N/mm2

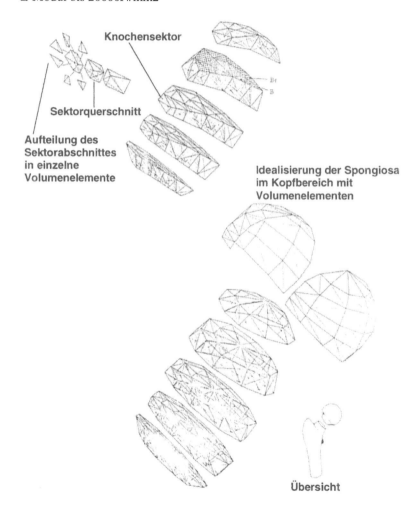

Abb. 2.1.6 Volumenelementeinteilung [2.2]

2. Analogien zwischen Faserverbunden der Natur und Technik

Es steht fest, dass mit grossem apparativen Aufwand diejenigen Werkstoffkennwerte des Knochens ermittelt werden können, welche für eine Finite-Element-Rechnung erforderlich sind. Die gelieferten Ergebnisse stimmen näherungsweise mit den im lebenden Knochen herrschenden Verhältnissen überein. Es kann jedoch auch gesagt werden, dass die Kraftflüsse nicht zu sensibel auf gewisse Änderungen solcher Werte reagieren.

Aus der grossen Anzahl möglicher Lastfälle am Oberschenkelknochen werden der Einbeinstand nach Pauwels [2.9] und der Zweibeinstand als typische Fälle betrachtet [2.2].

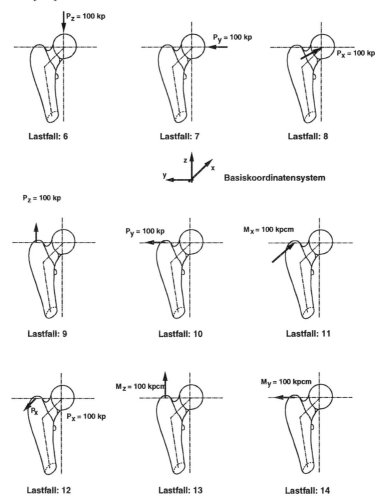

Abb. 2.1.7 Einheitslastfälle [2.2]

2. Analogien zwischen Faserverbunden der Natur und Technik 21

Ein Überblick lässt sich durch die Betrachtung von Einheitslastfällen (Abb. 2.1.7) gewinnen. Mit diesen können durch Vervielfachung und Überlagerung später die wichtigsten, tatsächlich auftretenden Lastfälle und die daraus entstehenden inneren Beanspruchungen ermittelt werden.

Das Rechenmodell wird am besten durch Volumenelemente in verschiedenen Schnittebenen aufgebaut (Abb. 2.1.6). Die am Hüftgelenk (Kugelgelenk) angreifende Kraft muss kinematisch äquivalent verteilt angesetzt werden, um die natürliche Beanspruchung der Bälkchenstruktur richtig zu erfassen.

Zusammenfassend kann festgestellt werden, dass die Kraftflüsse im Knochen mit relativer Genauigkeit erfasst werden können, dass jedoch zur Präzisierung der Ergebnisse und der möglichst nahen Angleichung an in-vivo-Bedingungen sowie zur Automatisierung noch umfassende Forschungsarbeiten erforderlich sind. Die modernen CA-Technologien leisten dazu einen erheblichen Beitrag.

Unter Anwendung aller beschriebenen Mittel kann erkannt werden, nach welchen Spannungskriterien die Natur ihre Strukturen auslegt. Diese Erkenntnis ist eine wichtige Voraussetzung für die Entwicklung neuer technischer Systeme, darunter vorrangig solcher, die zur Behandlung von Erkrankungen des Menschen eingesetzt werden.

Die aus der Analyse natürlicher Strukturen gewonnenen Erfahrungen und die Übertragung natürlicher Strukturprinzipien in Konstruktionen stellt einen Qualitätsgewinn im Rahmen der Optimierung dar und führt zur Eröffnung neuer Forschungs- und Produktionsbereiche.

So empfiehlt sich die Herstellung von Endoprothesen aus Faserverbunden, die sich dadurch auszeichnen, dass sie, wie in FEM-Berechnungen nachgewiesen, wesentlich geringere Spannungskonzentrationen am Übergang zwischen technischer Struktur und natürlicher Struktur aufweisen und damit dem Wolffschen Transformationsgesetz besser gehorchen. Ausserdem verursachen sie keinen so grossen Röntgenschatten wie die Metalle, d. h. das Zusammenwachsen von technischer und natürlicher Struktur kann besser beobachtet werden.

2.2 Hohlträger

Eine weitere Gruppe natürlicher Strukturen in der Natur stellen die Hohlträger dar. Sie gibt es in einer grossen Vielfalt auch in der Technik. In der Natur finden wir sie sowohl bei den Tieren als auch bei Pflanzen [2.10].

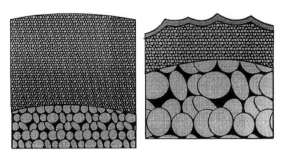

Abb. 2.2.1 Links: Schnitt durch den Stachel des Ameisenigels; Rechts: Schnitt durch den Stachel des Igeltanrek (Echinops telfairi) [2.10]

2.2.1 Der Stachel [2.10] [2.3]

Viele Tiere sind zum Selbstschutz mit einem Stachel ausgerüstet. Bei seinem Einsatz, meist in einer Notlage des Tieres, wird er nicht nur auf Zug oder Druck beansprucht, sondern vor allem auch auf Biegung. Er darf dabei nicht brechen und deshalb besitzt er in Bezug auf seinen Leichtbau eine typische Geometrie. Beispiele aus der Natur finden wir bei den Bienen, den Igeln (Abb. 2.2.1), aber auch bei den kraftübertragenden Teilen der Knochenstrukturen (s. Abschn.2.1).

2.2.2 Der Strohhalm

Auch in der Botanik werden viele Pflanzen durch starken Wind sehr hoch mit Biegebeanspruchungen belastet. Ohne eine bestimmte Auslegung von der Natur würden diese sehr schnell brechen. Hierzu gehören sämtliche Getreidearten, die ihre relativ schweren Ähren zusätzlich zu den Sturmbelastungen zu tragen haben. Viele andere Beispiele bietet die Botanik bei den Blumenpflanzen und Sträuchern, wo z. B. wie beim Holunder auch noch ein schaumartiges Mark in der Hohlröhre vorhanden ist, welches u.a. auch eine wichtige Tragfunktion bei geringstem Gewicht ausübt und auf die wir im nächsten Abschnitt zu sprechen kommen.

2.3 Technische Erläuterungen zum Leichtbau von Hohlträgern

Eine wichtige Eigenschaft von Strukturen, sowohl in der Natur als auch in der Technik, ist deren Steifigkeit bei geringem Gewicht und hoher Festigkeit.

2. Analogien zwischen Faserverbunden der Natur und Technik

Die diesbezügliche Steifigkeit ist bei Zug- und Druckbeanspruchungen durch das Produkt E·F ausgedrückt, wobei E den Elastizitätsmodul und F die lasttragende Fläche darstellen. Bei Biegebeanspruchungen besteht die Steifigkeit, also die Fähigkeit, sich bei Biegebelastungen möglichst wenig durchzubiegen, aus dem Produkt E·I, wobei I das Trägheitsmoment des biegebelasteten Trägers darstellt. Während E eine Werkstoffkenngrösse darstellt, sind F und I Werte, die durch die Geometrie des lasttragenden Querschnittes beeinflussbar sind.

Bezüglich des E-Moduls kommt man zum Gewichtsoptimum, wenn man die optimalen Werkstoffeigenschaften so viel wie möglich in lasttragender Richtung einsetzt. Dies ist am besten durch hochgradig anisotrope Werkstoffe, also Faserverbundwerkstoffe, möglich, was von der Natur, aber auch immer häufiger von der Technik genutzt wird. Die Fasern müssen also in Richtung der inneren Kraftflüsse (s. Abb. 2.1.1) der Teile gelegt werden. Dies gilt sowohl für den Stachel (Abb. 2.2.1) als auch für den Strohhalm wie auch für sämtliche weitere Strukturen in der Natur (z. B. Bäume) und muss auch in der Technik berücksichtigt werden.

Für das die Biegesteifigkeit stark beeinflussende Trägheitsmoment I gilt für kreisrunde Strukturen die Formel:

$$I = \frac{\pi(D^4 - d^4)}{64} \tag{2.1}$$

Aus dieser Formel ist klar ersichtlich, dass der lasttragende Querschnitt mit seinem Durchmesser in der vierten Potenz auf die Grösse des Trägheitsmoments eingeht. Der innere Teil der Struktur mit relativ kleinerem Durchmesser trägt also einen relativ kleinen Anteil bei der Biegekraftübertragung. Je grösser die kraftübertragenden Querschnittsteile nach aussen an die Struktur verlegt werden, desto leichter wird die Struktur bei vorgegebener Durchbiegung b, wie aus den Gleichungen 2.1 und 2.2 zu erkennen ist. Die Gleichung 2.2 gilt für die Durchbiegung b des einseitig eingespannten, gleichmässig querbelasteten (q) Balkens, z. B. für einen Fall, wie er beim sturmbelasteten Getreidehalm vorhanden ist.

$$b = \frac{q \cdot L^4}{8 \cdot E \cdot I} \tag{2.2}$$

Abb. 2.3.1 zeigt die Ergebnisse aus Gleichung 2.1, also die Trägheitsmomente, mehrerer Hohlkörper mit unterschiedlichen Wandstärken. Im Vergleich mit den zugehörigen Flächen, aus denen das Gewicht der Struktur berechnet werden kann, zeigt sich, dass der Querschnitt (also das Gewicht) mit abnehmender Wandstärke viel schneller abnimmt als das Trägheitsmoment.

Nach Abb. 2.3.1 ist der Querschnitt z. B. bei einem Rohr mit einer Bohrung von 60 mm bei einem Aussendurchmesser von 100 mm um ca. 36 % gegenüber dem Vollquerschnitt gesunken, während das Trägheitsmoment beim gleichen Rohr nur ca. 13 % gegenüber dem Vollquerschnitt abgenommen hat, also praktisch die gesamte Biegung noch aufnehmen kann. Je gewichtsoptimaler die jeweiligen Hohlstrukturen bezüglich einer vorgegebenen Belastung ausgeführt werden, desto dünnwandiger werden diese. Dabei kann es, obwohl die Biegebruchspannung noch nicht erreicht ist, zu einem örtlichen Beulen der Wand und damit zu einem Knicken der gesamten Hohlstruktur kommen. In der Technik wird dies durch örtliche Längsaussteifungen und Queraussteifungen an den dünnwandigen Strukturen (z. B. bei Flügeln und Rümpfen von Flugzeugen) verhindert, ausserdem durch einen möglichst grossen E-Modul in Längsrichtung.

Eine weitere Möglichkeit gibt die Verwendung von Sandwichschalen, bei denen zwischen zwei sehr dünnen Metall- oder Faserverbundschalen ein sogenannter Kern aus Waben (wie Bienenwaben) oder Schaumstoff angebracht wird, der die dünne Schale am Ausbeulen hindert. Abb. 2.2.1 zeigt u.a. den schaumartigen, sehr leichten Kern, der die Aussenschale abstützt und damit ein frühzeitiges Beulen der Aussenschale nach innen verhindert. Eine ähnliche Auslegung kennen wir auch, wie bereits erwähnt, aus der Botanik beim Holunder. Eine zusätzliche örtliche Aussteifung der Struktur gegen Beulen bzw. Knicken entsteht durch Profilierung der Aussenschale. Auch dies hat die Natur erkannt, wie aus Abb. 2.2.1 rechts erkennbar ist.

Die Technik hat diese Prinzipien der Natur abgeschaut, denn das Beulen wird auch dort durch einen innen liegenden, leichten Schaum oder zusätzlich durch Profilierung der Aussenkontur verhindert.

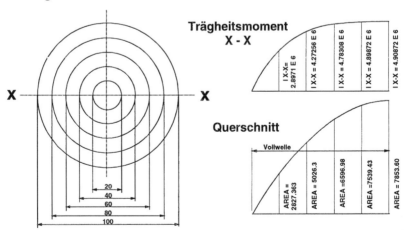

Abb. 2.3.1 Hohlwelle mit unterschiedlichen Wandstärken, Flächenquerschnitt und Trägheitsmoment [2.3]

2.4 Schichtstrukturen [2.3] [2.6] [2.10]

Als drittes Beispiel soll ein häufig wiederkehrender Fall der Natur diskutiert werden, welches die Mehrkomponentenschichtwerkstoffe betrifft. Wir finden es in Form von Schalenkomponenten bei den Deckpanzern der Insekten, der sogenannten Kutikula (Abb. 2.4.1), wieder.

2.4.1 Die natürliche, feste Schichtstruktur [2.10]

Auf den ersten Blick erkennt man, dass es sich um einen Mehrschichtverbund handelt [2.10]. Die unterste Schicht ist aus senkrecht stehenden, nebeneinander liegenden Zellen gebildet. Sie stellt das die Kutikula bildende Epithel dar. Diese sogenannte Basalmembran bildet eine unterste feste Schicht des Panzers. Auf ihr baut sich die bezüglich ihrer natürlichen Aufgabe aus mehreren Schichten bestehende Kutikula-Schale auf (s. Abb. 2.4.1).

Das unterste Laminat wird als Endokutikula bezeichnet. Es besteht aus mehreren Faserverbundschichten, wobei die einzelnen Schichten jeweils vorgegebene Richtungen haben können, beim Hirschkäfer z. B. 60°. Die Fasern dieser Schichten ergeben sich aus vielen hintereinander, vernetzten fadenförmig angeordneten Mizellen aus dem natürlichen Werkstoff Chitin. Eine Mizelle ist ein aus vielen Molekülen besonderer vorgegebener Ordnung vernetztes Gebilde. Viele so gebildete, parallel nebeneinander liegende Fäden nennt man einen Balken. In der Technik würden wir dazu den Begriff Roving verwenden. Der Grundwerkstoff dieses Gebildes, das Chitin, ist ein stickstoffhaltiges Polysaccharid. Damit die Fasern einer Schicht nun eine in sich tragende, ebene Struktur bilden, wird durch Stoffwechselvorgänge ein stark reaktionsfähiges Material, das Orthochinon, gebildet, welches die benachbarten Fasern miteinander verbindet. In der Technik spricht man dann von einer Matrix. Die so vernetzten Schichten tragen den Namen Sklerotin, was in der Technik dem Laminat entspricht.

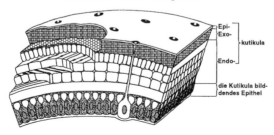

Abb. 2.4.1 Zeichnung einer Insektenkutikula [2.10]

Die äussere Schicht der Kutikula, die sogenannte Exokutikula, wird stark räumlich sklerotisiert und enthält keine Fasern. Sie dient als relativ harte Schutzschicht, die der Erosion des natürlichen Mehrschichtverbundes entgegenwirken soll. Tiere mit derartigen Schalenpanzern müssen ja oft in einer Umgebung leben, die sich aus relativ abrasiven Materialien und Gegenständen zusammensetzt.

Die äusserste, sehr dünne Schicht, die Epikutikula, ist nur etwa vier Tausendstel Millimeter dick und enthält aus ganz bestimmten Gründen kein Chitin. Fast alle Materialwerkstoffe nehmen mehr oder weniger Wasser auf. Oft sind es bis zu zwei Prozent. Diese Wasseraufnahme ist nicht erwünscht, denn sie verschlechtert die Materialeigenschaften. Ganz verheerend kann es werden, wenn Säuren in den Verbund eindringen können. Die Natur hat deshalb dafür gesorgt, dass so etwas nicht passieren kann, indem sie diese Epikutikula, die aus Wachs, also aus Paraffinen und Estern bestehende Schicht, über das natürliche Laminat gelegt hat. Wachs ist jedoch wiederum sehr erosionsempfindlich und daher liegt über der Wachsschicht nochmals eine hauchdünne, zementartige Schicht.

Das ganze ist ein wahrlich raffinierter Aufbau. Damit ist es aber noch nicht genug. Sämtliche Mehrschichtverbunde neigen bei örtlichen Stossbelastungen mehr oder weniger zu Delaminationen, d. h. zur Ablösung der Schichten voneinander, die sich durch weitere Belastungen ausbreiten können und somit nach und nach die Eigenschaften verschlechtern, vor allem die Festigkeit. Die Natur löst dieses Problem, indem sie senkrecht zur Schalenebene Querverbindungen in grosser Zahl anordnet (s. Abb. 2.4.1). Diese Querverbindungen sind hohl und dienen unter anderem zur Versorgung des Laminats, vor allem der Aussenschichten. Viele dieser Querkanäle sind mit hochfesten Chitinfäden ausgefüllt und stellen eine hochwertige, zusätzliche Verstärkung der Schichten, z. B. gegen Delamination, dar. In der Technik nennen wir solche Maschinenelemente Niete bzw. Hohlniete. Von der Natur wurde damit ein in jeder Beziehung dreidimensionaler, gegenüber allen möglichen Beanspruchungsarten widerstandsfähiger Faserverbund gebildet.

2.4.2 Die technische Schichtstruktur [2.3]

Die Verfasser dieses Buches haben in mehreren Büchern der Faserverbundtechnik die Werkstoffe [2.11], die Halbzeuge und Bauweisen [2.6] und die Fertigungstechniken [2.13] von Faserverbunden behandelt. Diese Bücher zeigen, wie vielschichtig und schwierig es ist, das gesamte Gebiet zu überblicken und zu beherrschen.

2. Analogien zwischen Faserverbunden der Natur und Technik 27

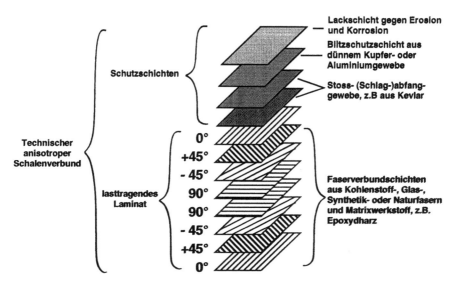

Abb. 2.4.2 Technischer Mehrschichtverbund

Auch in der Technik werden die Faserverbunde immer raffinierter. Sie werden aus Einzelschichten (s. Abb. 2.4.2) unidirektional, als Gewebe oder Gestrick zusammengesetzt zu einem Gelege. Ausgehärtet nennt man dies ein Laminat. Es werden je nach gewünschter Eigenschaft, z. B. Stossunempfindlichkeit, unterschiedliche Schichtwerkstoffe, Faserrichtungen und Bauweisen verwendet. Abb. 2.4.2 zeigt das Schema einer Schalenbauweise. Die Fasern werden dem Kraftfluss entsprechend in unterschiedliche Richtungen gelegt. Als äusserste Schicht werden, wie in der Natur, Schutzschichten gegen Wasseraufnahme, Chemikalien, Erosion, Korrosion und als Blitzschutz angebracht (s. Abb. 2.4.2). In die Schichten können Substanzen für zusätzliche Eigenschaften eingebracht werden, z. B. zur Absorption von elektromagnetischen Wellen [2.16]. Es werden aktive Werkstoffe in Faserverbunde eingearbeitet, um zusätzliche Effekte in die Strukturen, beispielsweise Bewegungen, einzubringen (Kapitel 15) [2.14]. Es werden grosse Anstrengungen unternommen, um für bestimmte Anwendungen, z. B. für Implantate, die technischen Strukturen mit den natürlichen biokompatibel zu machen [2.5] [2.15]. Natur und Technik gehen diesbezüglich sehr ähnliche Wege. Die Natur hat diese Schichtverbunde jedoch schon vor sehr langer Zeit entwickelt.

Manche Eigenschaften der Natur wird die Technik zunächst nicht erreichen, z. B. das automatische Wachsen und die Selbstreparatur. In anderen Bereichen, wie Festigkeit und Steifigkeit, überbietet die Technik die Natur. Das liegt vor allem daran, dass wir in der Technik mit höheren Temperaturen bei der Herstellung der Fasern und Laminate arbeiten können, während die Natur in einem sehr kleinen, relativ niedrigen Temperaturbereich die Strukturen herstellen muss.

Wenn man Abb. 2.4.1 mit Abb. 2.4.2 vergleicht, erkennt man deutlich den ähnlichen Aufbau der Faserverbundstruktur. Man bemerkt dabei auch, wie die Techniker von der Natur lernen können, erfolgreiche Strukturen zu entwickeln.

Im unteren Teil der Abb. 2.4.2 sind die krafttragenden Teile der Struktur mit unterschiedlichen Faserrichtungen zu sehen. Sie entsprechen der in Abb. 2.4.1 gezeigten Endokutikula. Darüber liegen die Schutzschichten, die verschiedenen Zwecken dienen und davon abhängig einen unterschiedlichen Aufbau haben. Auch hierüber stimmen Abb. 2.4.1 und Abb. 2.4.2 im Prinzip überein.

Viele weitere interessante Vergleiche zwischen natürlichen und technischen Strukturen könnten noch gebracht werden. Im Rahmen des hier vorliegenden Buches, in dem es um die Eigenschaften technischer Faserverbundwerkstoffe geht, sollen diese drei Beispiele stellvertretend für alle anderen genügen.

Im Rahmen der ökologischen und ökonomischen Anstrengungen werden sich die Faserverbunde im Laufe der Zeit immer mehr in der Technik durchsetzen, vor allem bei sich bewegenden Strukturen, also z. B. im Kraftfahrzeugbau.

2.5 Literaturverzeichnis zu Kapitel 2

[2.1]   Culmann, K., Vorlesung über Ingenieurkunde, ETH Zürich; 1872

[2.2]   Flemming, M., Scholten, R., Röhrle, H., Schuld, A., Engelhard, E., Kraftflussberechnungen in Knochenstrukturen. Bericht der Fa. Dornier und der orthopädischen Uni-Klinik Frankfurt für das Bundesministerium für Bildung und Wissenschaft. Forschungsbericht NTO 4, 1972

[2.3]   Flemming, M., Wintermantel, E., Naturanaloge Konstruktionen, Bauweisen und medizinische Implantate. Vorlesungsskript ETH-Zürich, Institut für Konstruktion und Bauweisen. 1996

[2.4]   Wolff, I., Das Gesetz der Transformation der Knochen. Berlin, Verlag Hirschwald , 1892

[2.5]   Wintermantel, E., Ha, Suk-woo, Biokompatible Werkstoffe und Bauweisen, Implantate für Medizin und Umwelt. Springer Verlag Heidelberg, 1998

[2.6]   Flemming, M., Ziegmann, G., Roth, S., Faserverbundbauweisen, Halbzeuge und Bauweisen, Springerverlag Berlin-Heidelberg, 1996 ISBN 3-540-61659-5

[2.7]   Wintermantel, E., The Thermic Vascular Anastomosis (TVA). A new nonsuture method, I. History, Instruments and Microsurgical technique. Acta Neurochir.(Wien) 56(1981) 5-24

2. Analogien zwischen Faserverbunden der Natur und Technik

[2.8] Wintermantel, E., The Thermic Vascular Anastomosis (TVA), IV. Analysis by Scanning Electron Microscopy. Acta Neurochir. (Wien) 67 (1983), 139-153

[2.9] Pauwels, F., Atlas zur Biomechanik der gesunden und kranken Hüfte. Springer Verlag, Berlin, 1973

[2.10] Nachtigall, W., Phantasie der Schöpfung, Hoffmann und Campe-Verlag, Hamburg, 1974

[2.11] Flemming, M., Ziegmann, G., Roth, S., Faserverbundbauweisen, Fasern und Matrices. Springer Verlag Berlin-Heidelberg, 1995, ISBN 3-540-58645-8

[2.12] Dörner, H.; Steifigkeit und Festigkeit von Knochenbereichen; TU Stuttgart; 1972

[2.13] Flemming, M., Ziegmann, G., Roth, S.; Faserverbundbauweisen, Fertigungsverfahren mit Duroplastischer Matrix, Springer Verlag Berlin-Heidelberg, ISBN 3-540-61659-4

[2.14] Elspass, W., Flemming, M.; Aktive Funktionsbauweisen - Eine Einführung in die Struktronik; Springer-Verlag, Berlin, Heidelberg; 1998; ISBN 3-540-63743-5

[2.15] wie [2.5], jedoch 2. überarbeitete Auflage

[2.16] Kunz, A.; Charakterisierung und Beeinflussung multifunktionaler Eigenschaften von Konstruktionswerkstoffen; Dissertation 12756 ETH Zürich; 1998

[2.17] Sigolotto, C.; Untersuchungen zum elastomechanischen Verhalten von menschlichen Knochengeweben; Dissertation TU Stuttgart, Institut für Flugzeugbau; 2000

Die Forschungsberichte der ETH Zürich und der Fa. Dornier liegen den Verfassern vor.

3 Die Theorie zur Berechnung dünnwandiger Laminate

3.1 Grundlegende Bemerkungen

Zunächst sollen einige Grundlagen zur Terminologie der Faserverbundwerkstoffe erläutert werden.

Die üblichen Werkstoffe wie Metalle und Kunststoffe sind zumindest makroskopisch gesehen homogen und isotrop.

Im Gegensatz dazu sind Faserverbundwerkstoffe entweder homogen orthotrop, homogen anisotrop, heterogen orthotrop, heterogen anisotrop oder quasi isotrop. Der Begriff orthotrop ist eine Wortkombination aus orthogonal und isotrop. Orthogonal bedeutet rechtwinklig.

Ein Werkstoff ist homogen, wenn dessen Eigenschaften an jedem Punkt gleich sind und er ist ausserdem isotrop, wenn er nach allen Richtungen hin gleiche Eigenschaften hat [3.1].

Das bedeutet: Die Eigenschaften eines homogenen isotropen Werkstoffes sind weder eine Funktion des Ortes noch der Orientierung. Das heisst, die Eigenschaften bleiben unabhängig von dem Koordinatensystem in beliebigen Punkten konstant. Daraus resultiert: Die Materialeigenschaften sind in allen Ebenen durch einen Punkt konstant. Deshalb sind in homogen isotropen Werkstoffen alle Ebenen durch einen Punkt im Hinblick auf die Materialeigenschaften gleich. Ein Werkstoff ist orthotrop, wenn er drei senkrecht aufeinander stehende Symmetrieebenen besitzt (Abb. 3.1.1). Bei einem anisotropen Material findet sich überhaupt keine Symmetrieebene für die Eigenschaften. Man erwartet deshalb für anisotrope und orthotrope Werkstoffe eine Änderung der Materialkonstanten in einem Punkt, wenn das Koordinatensystem in diesem Punkt gedreht wird.

3. Die Theorie zur Berechnung dünnwandiger Laminate

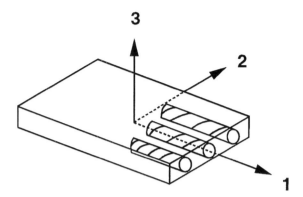

Abb. 3.1.1 Unidirektionale Einzelschicht

Normalerweise sind Faserverbundwerkstoffe Schichtwerkstoffe oder synonyme Laminate, die aus mehreren Schichten aufgebaut sind. Im einfachsten Fall besteht die Einzelschicht aus parallel in eine Matrix eingebetteten endlosen Verstärkungsfasern, wie es Abb. 3.1.2 zeigt.

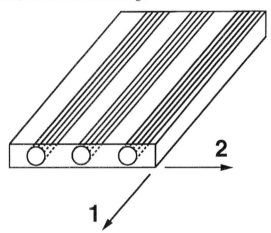

Abb. 3.1.2 Unidirektionale Einzelschicht aus parallel in eine Matrix eingebetteten Verstärkungsfasern

3. Die Theorie zur Berechnung dünnwandiger Laminate 33

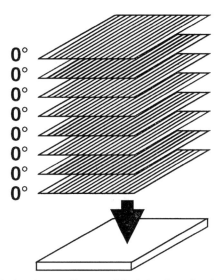

Abb. 3.1.3 Schematisch dargestelltes unidirektionales Laminat, aufgebaut aus unidirektionalen Einzelschichten

Diese Einzelschichten, auch Tapes genannt, werden entweder in gleicher Richtung zu einem unidirektionalen Laminat (Abb. 3.1.3) oder in unterschiedlichen Richtungen zu einem multidirektionalen Laminat geschichtet (Abb. 3.1.4).

Ganz offensichtlich sind sowohl die unidirektionale Einzelschicht als auch das unidirektionale Laminat orthotrop. Das multidirektionale Laminat ist dann orthotrop, wenn es hinsichtlich der Materialeigenschaften 3 senkrecht aufeinander stehenden Symmetrieebenen besitzt, was nach Abb. 3.1.4 offensichtlich der Fall ist.

Die Hauptachsen 1,2 der unidirektionalen Einzelschicht und des unidirektionalen Laminates liegen parallel und senkrecht zur Faser (Abb. 3.1.2). Bei den nachfolgend angestellten Betrachtungen in Kapitel 3 und 4 über orthotrope und anisotrope Faserverbunde wird davon ausgegangen, dass alle Belastungen in der Ebene wirksam werden, d. h. wir beschränken uns auf den ebenen Spannungszustand.

Es wird noch, wie in der Elastizitätstheorie üblich, vorausgesetzt, dass die Resultierenden der Belastungen, aus denen sich die Mittelspannungen berechnen, auf die Mittelebene ($z = 0$) des Mehrschichtenverbundes bezogen sind.

Für die Berechnung des Mehrschichtenverbundes wird ausserdem vorausgesetzt, dass alle Schichten ohne Schlupf miteinander verbunden sind, also die diesbezügliche Kompatibilitätsbedingung erfüllt ist.

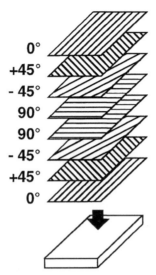

Abb. 3.1.4 Schematisch dargestelltes multidirektionales Laminat, aufgebaut aus unidirektionalen Einzelschichten

Für den ebenen Spannungszustand reduzieren sich die Spannungen auf σ_{11}, σ_{22} und τ_{12}.

Die Herleitung der Gleichungen zur analytischen Behandlung dünnwandiger Laminate soll hier in kurzer Form behandelt werden. Sie ist in zahlreichen Büchern, z. B. [3.1], [3.2], [3.6] nachlesbar.

In den vorliegenden Kapiteln 3, 4 und 5 wird vor allem auf die Anwendung und das Verständnis der Theorie zur Spannungs- und Verformungsberechnung von Faserverbundstrukturen eingegangen. Composites mit gerichteten Kurz- oder Langfasern sind fast immer aus übereinander angeordneten Schichten aufgebaut. In einer einzelnen dünnen Schicht (meist ca. 0,125 mm) liegen die Fasern in einem definierten Bereich unidirektional oder bei Verwendung von Geweben rechtwinklig zueinander. Zwischen diesen Fasern liegt die die Fasern verbindende Matrix, ein Duroplast oder ein Thermoplast.

Manche Theorien versuchen die Mikrostruktur, also die einzelne Faser und die umgebende Matrix, zu behandeln [3.2] (siehe auch Kapitel 8). Die Mikromechanik beschreibt das Zusammenspiel von Faser und Harz. Ihr Ziel ist es, aus den unterschiedlichen Materialeigenschaften der beiden Materialkomponenten quasi homogene Materialeigenschaften für die Faserschicht zu berechnen. Keine dieser heute bekannten Theorien liefert eine kontinuumsmechanisch exakte Lösung. Die einzelnen Beiträge versuchen vielmehr, durch mehr oder weniger einfache Ersatzmodelle auf das Schichtverhalten zu schliessen.

3. Die Theorie zur Berechnung dünnwandiger Laminate

Ein bekanntes, mikromechanisches Modell ist das Zylindermodell von Z. Hashin. Hashin postuliert, dass sich eine Faserverbundschicht aus lauter Zylindern zusammensetzen lässt. Ein einziger Zylinder kann somit als repräsentativer Baustein für das Zusammenspiel Faser-Matrix betrachtet werden. Es ist naheliegend, den Baustein als Zusammensetzung eines Zylinders, welcher die Faser, und eines Hohlzylinders, der die Matrix darstellt, zu betrachten. Das Verhältnis der Bausteinquerschnittsfläche zur Faserzylinderquerschnittsfläche ist gleich dem Faservolumenanteil. Dieser soll in der ganzen Schicht möglichst konstant sein. Damit nun eine Schicht aus lauter Zylindern als Kontinuum betrachtet werden darf, müssen Zylinder mit unendlich kleinen Radien zugelassen werden. Im Modell von Hashin treten somit unendlich dünne Fasern auf, was der Realität widerspricht.

Für die Dimensionierung eignet sich jedoch mehr eine Theorie, bei der die Fasern und die Matrix mit ihren Eigenschaften über die Fläche verschmiert angenommen werden. Eine derartige Schicht stellt demnach theoretisch eine Scheibe dar, denn sie kann senkrecht zu ihrer Ebene keine Kräfte, also auch keine Biegung aufnehmen. Bei der Betrachtung nicht isotroper Werkstoffe wird in der Literatur meist eine verkürzte Indizierung verwendet, die hier aus Abb. 3.1.5 entnommen werden kann.

Vergleich Tensorindizierung - verkürzte Indizierung

Spannungen		Dehnungen	
Tensor	verkürzt	Tensor	verkürzt
σ_{11}	σ_1	ε_{11}	ε_1
σ_{22}	σ_2	ε_{22}	ε_2
σ_{33}	σ_3	ε_{33}	ε_3
$\tau_{23} = \sigma_{23}$	σ_4	$\gamma_{23} = 2\varepsilon_{23}$	ε_4
$\tau_{13} = \sigma_{13}$	σ_5	$\gamma_{13} = 2\varepsilon_{13}$	ε_5
$\tau_{12} = \sigma_{12}$	σ_6	$\gamma_{12} = 2\varepsilon_{12}$	ε_6

Abb. 3.1.5 Vergleich der unterschiedlichen Indizierungen [3.2]

3.2 Die Spannungs-Dehnungskoeffizienten in matrizieller Darstellung [3.1] [3.2] [3.3] [3.6]

Die linearelastische Spannungs-Dehungsbeziehung in matrizieller Schreibweise lautet:

$$\begin{Bmatrix} \sigma_1 \\ \sigma_2 \\ \sigma_3 \\ \sigma_4 \\ \sigma_5 \\ \sigma_6 \end{Bmatrix} = \begin{bmatrix} C_{11} & C_{12} & C_{13} & C_{14} & C_{15} & C_{16} \\ C_{21} & C_{22} & C_{23} & C_{24} & C_{25} & C_{26} \\ C_{31} & C_{32} & C_{33} & C_{34} & C_{35} & C_{36} \\ C_{41} & C_{42} & C_{43} & C_{44} & C_{45} & C_{46} \\ C_{51} & C_{52} & C_{53} & C_{54} & C_{55} & C_{56} \\ C_{61} & C_{62} & C_{63} & C_{64} & C_{65} & C_{66} \end{bmatrix} \begin{Bmatrix} \varepsilon_1 \\ \varepsilon_2 \\ \varepsilon_3 \\ \varepsilon_4 \\ \varepsilon_5 \\ \varepsilon_6 \end{Bmatrix} \quad (3.1)$$

Die C-Matrix ist hierbei eine die Spannungen und Dehnungen verbindende Matrix mit werkstoffabhängigen Konstanten. Sind die Materialeigenschaften eines Werkstoffes in drei orthogonalen Ebenen symmetrisch, spricht man von einem orthotropen Material, welches sich durch neun voneinander unabhängige Konstanten beschreiben lässt.

$$[C]_{orthotrop} = \begin{bmatrix} C_{11} & C_{12} & C_{13} & 0 & 0 & 0 \\ C_{12} & C_{22} & C_{23} & 0 & 0 & 0 \\ C_{13} & C_{23} & C_{33} & 0 & 0 & 0 \\ 0 & 0 & 0 & C_{44} & 0 & 0 \\ 0 & 0 & 0 & 0 & C_{55} & 0 \\ 0 & 0 & 0 & 0 & 0 & C_{66} \end{bmatrix} \quad (3.2)$$

Im Gegensatz zum anisotropen Material treten beim orthotropen Werkstoff keine Kopplungen zwischen den Normalspannungen σ_1, σ_2, σ_3 und den Schubdehnungen bzw. ε_4, ε_5, ε_6 auf.

Entsprechend existieren auch keine Kopplungen zwischen den Schubspannungen und den Längsdehnungen. Gleichung (3.1) lässt sich auch in einer Dehnungs-Spannungsbeziehung schreiben und lautet dann für den orthotropen Fall:

3. Die Theorie zur Berechnung dünnwandiger Laminate

$$\begin{Bmatrix} \varepsilon_1 \\ \varepsilon_2 \\ \varepsilon_3 \\ \varepsilon_4 \\ \varepsilon_5 \\ \varepsilon_6 \end{Bmatrix} = \begin{bmatrix} S_{11} & S_{12} & S_{13} & 0 & 0 & 0 \\ S_{12} & S_{22} & S_{23} & 0 & 0 & 0 \\ S_{13} & S_{23} & S_{33} & 0 & 0 & 0 \\ 0 & 0 & 0 & S_{44} & 0 & 0 \\ 0 & 0 & 0 & 0 & S_{55} & 0 \\ 0 & 0 & 0 & 0 & 0 & S_{66} \end{bmatrix} \begin{Bmatrix} \sigma_1 \\ \sigma_2 \\ \sigma_3 \\ \sigma_4 \\ \sigma_5 \\ \sigma_6 \end{Bmatrix} \quad (3.3)$$

Diese Darstellung hat den Vorteil, dass die Koeffizienten nur von Materialkonstanten, dem Elastizitätsmodul E und dem Schubmodul G abhängig sind und zum Teil zusätzlich noch von der Querkontraktionszahl v_{ij}. Diese Konstanten lassen sich im Versuch relativ einfach messen. Die Elemente der Nachgiebigkeitsmatrix [S] können für ein orthotropes Material wie folgt ausgedrückt werden:

$$[S_{ij}] = \begin{bmatrix} \dfrac{1}{E_1} & -\dfrac{v_{21}}{E_2} & -\dfrac{v_{31}}{E_3} & 0 & 0 & 0 \\ -\dfrac{v_{12}}{E_1} & \dfrac{1}{E_2} & -\dfrac{v_{32}}{E_3} & 0 & 0 & 0 \\ -\dfrac{v_{13}}{E_1} & -\dfrac{v_{23}}{E_2} & \dfrac{1}{E_3} & 0 & 0 & 0 \\ 0 & 0 & 0 & \dfrac{1}{G_{23}} & 0 & 0 \\ 0 & 0 & 0 & 0 & \dfrac{1}{G_{13}} & 0 \\ 0 & 0 & 0 & 0 & 0 & \dfrac{1}{G_{12}} \end{bmatrix} \quad (3.4)$$

Mit
E_1, E_2, E_3 = Elastizitätsmodul in 1, 2 und 3-Richtung
G_{23}, G_{13}, G_{12} = Schubmodul in der 2-3, 1-3 bzw. 1-2 Ebene
v_{ij} = Querdehnungszahl

$$v_{ij} = -\frac{\varepsilon_j}{\varepsilon_i} \text{ für } \sigma_j = \sigma \text{ und alle anderen Spannungen gleich Null.}$$

3. Die Theorie zur Berechnung dünnwandiger Laminate

Da [S] analog zur Steifigkeitsmatrix [C] symmetrisch ist, gilt:

$$\frac{\nu_{ij}}{E_i} = \frac{\nu_{ji}}{E_j} \quad ; \; i,j = 1, 2, 3 \tag{3.5}$$

Es müssen also nur drei der insgesamt sechs Querdehnungszahlen von vornherein bekannt sein.
Aus dem Vergleich der Matrizengleichungen (3.1) und (3.3) ergibt sich:

$$[C] = [S]^{-1} \tag{3.6}$$

Die Elemente der [C]-Matrix ergeben sich durch die Inversion von [S] zu:

$$C_{11} = \frac{1 - \nu_{23}\nu_{32}}{E_2 E_3 \Delta} \tag{3.7}$$

$$C_{12} = \frac{\nu_{21} + \nu_{31}\nu_{23}}{E_2 E_3 \Delta} = \frac{\nu_{12} + \nu_{32}\nu_{13}}{E_1 E_3 \Delta} \tag{3.8}$$

$$C_{13} = \frac{\nu_{31} + \nu_{21}\nu_{32}}{E_2 E_3 \Delta} = \frac{\nu_{13} + \nu_{12}\nu_{23}}{E_1 E_2 \Delta} \tag{3.9}$$

$$C_{22} = \frac{1 - \nu_{13}\nu_{31}}{E_1 E_3 \Delta} \tag{3.10}$$

$$C_{23} = \frac{\nu_{32} + \nu_{12}\nu_{31}}{E_1 E_3 \Delta} = \frac{\nu_{23} + \nu_{21}\nu_{13}}{E_1 E_2 \Delta} \tag{3.11}$$

$$C_{33} = \frac{1 - \nu_{12}\nu_{21}}{E_1 E_2 \Delta} \tag{3.12}$$

$$C_{44} = G_{23} \tag{3.13}$$

$$C_{55} = G_{13} \tag{3.14}$$

3. Die Theorie zur Berechnung dünnwandiger Laminate

$$C_{66} = G_{12} \qquad (3.15)$$

mit

$$\Delta = \frac{1 - \nu_{12}\nu_{21} - \nu_{23}\nu_{32} - \nu_{31}\nu_{13} - 2\nu_{21}\nu_{32}\nu_{13}}{E_1 E_2 E_3} \qquad (3.16)$$

3.3 Koordinatentransformation [3.1] [3.2] [3.3] [3.6]

In einer beliebigen Struktur, in der einzelne Schichten mit gerichteten Fasern übereinander angeordnet sind, können die Fasern in jeder Schicht eine andere Richtung einnehmen, abhängig von den Belastungen, die am Bauteil auftreten. Wir müssen daher die Spannungen vom bisher verwendeten Laminat-Bezugskoordinatensystem 1,2,3 (siehe Abb. 3.3.1) auf ein in der Ebene beliebiges anderes Koordinatensystem $\overline{1}, \overline{2}, \overline{3}$ umrechnen, wobei die senkrecht zur Ebene 1,2 vorhandene Achse 3 mit der Achse $\overline{3}$ zusammenfällt (siehe Abb. 3.3.1). Aus dem Kräftegleichgewicht am ebenen Element ergibt sich die Transformation der Spannungen vom globalen Koordinatensystem $\overline{1}, \overline{2}, \overline{3}$ wie in Gleichung (3.17) dargestellt mit der Transformationsmatrix [T], in der c und s für cos φ und sin φ stehen.

$$\begin{Bmatrix} \sigma_1 \\ \sigma_2 \\ \sigma_3 \\ \sigma_4 \\ \sigma_5 \\ \sigma_6 \end{Bmatrix} = \begin{bmatrix} c^2 & s^2 & 0 & 0 & 0 & 2cs \\ s^2 & c^2 & 0 & 0 & 0 & -2cs \\ 0 & 0 & 1 & 0 & 0 & 0 \\ 0 & 0 & 0 & c & -s & 0 \\ 0 & 0 & 0 & s & c & 0 \\ -cs & cs & 0 & 0 & 0 & c^2 - s^2 \end{bmatrix} \begin{Bmatrix} \overline{\sigma}_1 \\ \overline{\sigma}_2 \\ \overline{\sigma}_3 \\ \overline{\sigma}_4 \\ \overline{\sigma}_5 \\ \overline{\sigma}_6 \end{Bmatrix} \qquad (3.17)$$

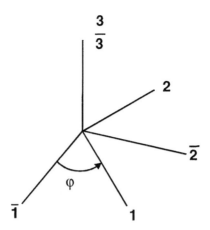

Abb. 3.3.1 Bezugskoordinatensystem und globales Koordinatensystem

Abgekürzt lautet die Gleichung (3.17):

$$\{\sigma\}_{1,2,3} = [T]\{\overline{\sigma}\}_{\overline{1},\overline{2},\overline{3}} \qquad (3.18)$$

bzw.

$$\{\overline{\sigma}\}_{\overline{1},\overline{2},\overline{3}} = [T]^{-1}\{\sigma\}_{1,2,3} \qquad (3.19)$$

Für die Inverse $[T]^{-1}$ der Transformationsmatrix gilt auch die Beziehung

$$[T]^{-1}_\varphi = [T]_{-\varphi} \qquad (3.20)$$

Die Transformationsmatrix [T] kann auch für die Dehnungen angesetzt werden. Setzt man für die Schubdehnungen die ingenieurmässig gemessenen und gebräuchlichen Werte in der Berechnung an, so gilt:

$$\gamma_{ij} = 2\varepsilon_{ij} \; ; \; i \neq j \qquad (3.21)$$

Durch die sogenannte Reutermatrix [R] wird die Gleichung (3.21) berücksichtigt. Die Reutermatrix ist eine Diagonalmatrix mit folgenden Werten:

3. Die Theorie zur Berechnung dünnwandiger Laminate

$$[R] = \begin{bmatrix} 1 & \cdot & \cdot & \cdot & \cdot & \cdot \\ \cdot & 1 & \cdot & \cdot & \cdot & \cdot \\ \cdot & \cdot & 1 & \cdot & \cdot & \cdot \\ \cdot & \cdot & \cdot & 2 & \cdot & \cdot \\ \cdot & \cdot & \cdot & \cdot & 2 & \cdot \\ \cdot & \cdot & \cdot & \cdot & \cdot & 2 \end{bmatrix} \qquad (3.22)$$

In der verkürzten Notation resultiert damit für die Transformationsvorschrift der Ingenieurdehnungen

$$\begin{Bmatrix} \varepsilon_1 \\ \varepsilon_2 \\ \varepsilon_3 \\ \varepsilon_4 \\ \varepsilon_5 \\ \varepsilon_6 \end{Bmatrix} = [R][T][R]^{-1} \begin{Bmatrix} \overline{\varepsilon}_1 \\ \overline{\varepsilon}_2 \\ \overline{\varepsilon}_3 \\ \overline{\varepsilon}_4 \\ \overline{\varepsilon}_5 \\ \overline{\varepsilon}_6 \end{Bmatrix} \qquad (3.23)$$

Die Beziehung kann noch etwas kompakter geschrieben werden, da

$$[R][T][R]^{-1} = [T]^{-T} \qquad (3.24)$$

gleich der transponierten inversen Transformationsmatrix ist.

3.4 Berücksichtigung von Temperatur und Feuchte [3.1] [3.2] [3.3] [3.6]

Wird ein elastisch homogenes Kontinuum, welches keinen äusseren Zwängen unterworfen ist, gleichmässig um die Temperaturdifferenz ΔT erwärmt, so stellt sich der Dehnungszustand

$$\varepsilon_{ij} = \alpha_{ij} \Delta T \qquad (3.25)$$

ein mit dem Wärmeausdehnungskoeffizienten α_{ij} (siehe Abb. 3.4.1) [3.5]. Dieser kann über weite Temperaturbereiche als konstant angenommen werden.

Die Spannung σ_{ij} eines durch Kräfte und Temperatur beaufschlagten Laminates erhält man somit durch die Beziehung

$$\{\sigma\}=[C](\{\epsilon\}-\Delta T\{\alpha\}) \qquad (3.26)$$

Laminate haben die häufig nicht erwünschte Eigenschaft, Feuchte aufzunehmen und zwar im ungünstigsten Fall bis zu 2% ihres Gewichtes. Damit kann eine geringfügige Quellung verbunden sein. Ist der Quellkoeffizient bekannt und das Quellverhalten linear, so kann dies in gleicher Weise mit in die Berechnung einbezogen werden. In der Praxis wird dieser Einfluss jedoch meist vernachlässigt, da nur Matrixmaterialien mit wenig Feuchteaufnahme Verwendung finden. Bei der praktischen Anwendung von Faserverbundstrukturen sollte streng darauf geachtet werden (durch Vorversuche), dass keine Matrixwerkstoffe verwendet werden, die stark feuchteempfindlich sind [3.4].

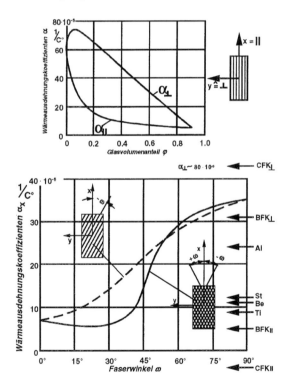

Abb. 3.4.1 Wärmeausdehnungskoeffizienten unterschiedlicher Werkstoffe [3.7] x = Richtung der Beanspruchung; Kurvenverläufe für GFK mit 50% FVG

3. Die Theorie zur Berechnung dünnwandiger Laminate

In Abb. 3.4.1 sind die Wärmeausdehnungskoeffizienten in Abhängigkeit vom Glasfaservolumenanteil und vom Faserwinkel angegeben. Ferner sind die Wärmeausdehnungskoeffizienten verschiedener Werkstoffe eingetragen. Es fällt u. a. der sehr extrem unterschiedliche Ausdehnungskoeffizient für die anisotrope Kohlefaser in Längs- und Querrichtung auf.

3.5 Spannungs-Dehnungsbeziehungen für den ebenen Spannungszustand [3.1] [3.2] [3.3] [3.6]

Wie bereits unter 3.1 ausführlich erklärt, betrachten wir zunächst nur eine Schicht, die wir als orthotrope Scheibe annehmen können (Abb. 3.1.1)

Den ebenen Spannungszustand erhält man aus dem dreidimensionalen orthotropen Dehnungs-Spannnungszustand (Gleichung (3.3)), indem man die in Richtung der Achse 3 wirkenden Spannungen zu Null setzt, d. h.

$$\sigma_3 = 0; \quad \sigma_4 = 0; \quad \sigma_5 = 0 \tag{3.27}$$

Dies in die dreidimensionalen orthotropen Dehnungsbeziehungen eingesetzt führt für die orthotrope Scheibe zu folgenden Dehnungen.

$$\varepsilon_3 = S_{13}\sigma_1 + S_{23}\sigma_2 \; ; \; \varepsilon_4 = 0 \; ; \; \varepsilon_5 = 0 \tag{3.28}$$

Die Dehnungs-Spannungs-Beziehungen reduzieren sich damit für den ebenen Spannungszustand auf

$$\begin{Bmatrix} \varepsilon_1 \\ \varepsilon_2 \\ \varepsilon_6 \end{Bmatrix} = \begin{bmatrix} S_{11} & S_{12} & 0 \\ S_{12} & S_{22} & 0 \\ 0 & 0 & S_{66} \end{bmatrix} \begin{Bmatrix} \sigma_1 \\ \sigma_2 \\ \sigma_6 \end{Bmatrix} \tag{3.29}$$

mit:

$$S_{11} = \frac{1}{E_1} \tag{3.30}$$

$$S_{12} = -\frac{\nu_{12}}{E_1} = -\frac{\nu_{21}}{E_2} \tag{3.31}$$

$$S_{22} = \frac{1}{E_2} \qquad (3.32)$$

$$S_{66} = \frac{1}{G_{12}} \qquad (3.33)$$

Für die Spannungs-Dehnungs-Beziehung ergibt sich durch Inversion

$$\begin{Bmatrix} \sigma_1 \\ \sigma_2 \\ \sigma_6 \end{Bmatrix} = \begin{bmatrix} Q_{11} & Q_{12} & 0 \\ Q_{12} & Q_{22} & 0 \\ 0 & 0 & Q_{66} \end{bmatrix} \begin{Bmatrix} \varepsilon_1 \\ \varepsilon_2 \\ \varepsilon_6 \end{Bmatrix} \qquad (3.34)$$

wobei die Elemente Q_{ij} der Matrix [Q] reduzierte Steifigkeiten genannt werden.

$$Q_{11} = \frac{S_{22}}{S_{11}S_{22} - S_{12}^2} \qquad (3.35)$$

$$Q_{12} = -\frac{S_{12}}{S_{11}S_{22} - S_{12}^2} \qquad (3.36)$$

$$Q_{22} = \frac{S_{11}}{S_{11}S_{22} - S_{12}^2} \qquad (3.37)$$

$$Q_{66} = \frac{1}{S_{66}} \qquad (3.38)$$

Setzt man die Elastizitätskonstanten ein, so erhält man für die Steifigkeitskoeffizienten Q_{ij}

$$Q_{11} = \frac{E_1}{1 - \nu_{12}\nu_{21}} \qquad (3.39)$$

3. Die Theorie zur Berechnung dünnwandiger Laminate

$$Q_{12} = \frac{\nu_{12} E_2}{1-\nu_{12}\nu_{21}} = \frac{\nu_{21} E_1}{1-\nu_{12}\nu_{21}} \tag{3.40}$$

$$Q_{22} = \frac{E_2}{1-\nu_{12}\nu_{21}} \tag{3.41}$$

$$Q_{66} = G_{12} \tag{3.42}$$

Die Transformation der Spannungen vom Materialhauptachsensystem ins globale Koordinatensystem reduziert sich für den ebenen Fall auf

$$\begin{Bmatrix} \overline{\sigma_1} \\ \overline{\sigma_2} \\ \overline{\sigma_6} \end{Bmatrix} = \begin{bmatrix} \cos^2\varphi & \sin^2\varphi & -2\sin\varphi\cos\varphi \\ \sin^2\varphi & \cos^2\varphi & 2\sin\varphi\cos\varphi \\ \sin\varphi\cos\varphi & -\sin\varphi\cos\varphi & \cos^2\varphi - \sin^2\varphi \end{bmatrix} \begin{Bmatrix} \sigma_1 \\ \sigma_2 \\ \sigma_6 \end{Bmatrix} \tag{3.43}$$

beziehungsweise

$$\{\overline{\sigma}\}_{\overline{1},\overline{2}} = [T]^{-1} \{\sigma\}_{1,2} \tag{3.44}$$

Bei der Transformation der Dehnungen kommt noch die Reutermatrix hinzu (Gleichung (3.22)), welche sich auf

$$[R] = \begin{bmatrix} 1 & \cdot & \cdot \\ \cdot & 1 & \cdot \\ \cdot & \cdot & 2 \end{bmatrix} \tag{3.45}$$

reduziert. Ausgehend von der Spannungs-Dehnungs-Beziehung im Materialhauptachsensystem kann nun die Spannungs-Dehnungs-Beziehung im globalen Koordinatensystem ausgedrückt durch die lokalen Steifigkeiten Q_{ij} hergeleitet werden.

$$\{\sigma\}_{1,2} = [Q]\{\varepsilon\}_{1,2} \tag{3.46}$$

$$[T]^{-1}\{\sigma\}_{1,2} = [T]^{-1}[Q]\{\varepsilon\}_{1,2} \tag{3.47}$$

Der Ausdruck auf der linken Seite des Gleichheitszeichens ist gleich den Spannungen $\{\epsilon\}_{\bar{1},\bar{2}}$ im Globalsystem. Es verbleiben auf der rechten Seite noch die Dehnungen im lokalen System. Sie sind mit den Dehnungen im globalen Koordinatensystem über die Beziehung

$$\{\epsilon\}_{1,2} = [T]^{-T}\{\epsilon\}_{\bar{1},\bar{2}} \qquad (3.48)$$

verknüpft. Damit resultiert für die Spannungs-Dehnungs-Beziehung im Globalsystem

$$\{\sigma\}_{\bar{1},\bar{2}} = [T]^{-1}[Q][T]^{-T}\{\epsilon\}_{\bar{1},\bar{2}} \qquad (3.49)$$

Der Term $[T]^{-1}[Q][T]^{-T}$ wird üblicherweise mit $[\overline{Q}]$ abgekürzt. Die Elemente $\overline{Q}_{ij}$ der Matrix $[\overline{Q}]$ sind die transformierten reduzierten Steifigkeiten. Die globale Steifigkeitsmatrix $[\overline{Q}]$ besitzt im allgemeinen sechs von Null verschiedene Elemente, welche sich jedoch nach wie vor aus den vier unabhängigen Materialkennwerten E_1, E_2, G_{12} und ν_{12} berechnen lassen. Ausgedrückt mit Hilfe der reduzierten Steifigkeiten Q_{11}, Q_{12}, Q_{22} und Q_{66} gelten die folgenden Beziehungen:

$$\overline{Q}_{11} = Q_{11}\cos^4\varphi + 2(Q_{12} + 2Q_{66})\sin^2\varphi\cos^2\varphi + Q_{22}\sin^4\varphi \qquad (3.50)$$

$$\overline{Q}_{12} = (Q_{11} + Q_{22} - 4Q_{66})\sin^2\varphi\cos^2\varphi + Q_{12}(\sin^4\varphi + \cos^4\varphi) \qquad (3.51)$$

$$\overline{Q}_{22} = Q_{11}\sin^4\varphi + 2(Q_{12} + 2Q_{66})\sin^2\varphi\cos^2\varphi + Q_{22}\cos^4\varphi \qquad (3.52)$$

$$\overline{Q}_{16} = (Q_{11} - Q_{12} - 2Q_{66})\sin\varphi\cos^3\varphi + (Q_{12} - Q_{22} + 2Q_{66})\sin^3\varphi\cos\varphi \qquad (3.53)$$

$$\overline{Q}_{26} = (Q_{11} - Q_{12} - 2Q_{66})\sin^3\varphi\cos\varphi + (Q_{12} - Q_{22} + 2Q_{66})\sin\varphi\cos^3\varphi \qquad (3.54)$$

$$\overline{Q}_{66} = (Q_{11} + Q_{22} - 2Q_{12} - 2Q_{66})\sin^2\varphi\cos^2\varphi + Q_{66}(\sin^4\varphi + \cos^4\varphi) \qquad (3.55)$$

3. Die Theorie zur Berechnung dünnwandiger Laminate

3.6 Die Berechnung relativ dünnwandiger Laminate [3.1] [3.2] [3.3] [3.6]

Faserverbundstrukturen bestehen grösstenteils aus relativ dünnwandigen Laminaten. Beispiele hierzu sind Satelliten- und Flugzeugstrukturen, Kraftfahrzeugkarosserien, Rohre, Schiffsbeplankungen, Sportgeräte usw. Es gilt demnach nunmehr die Forderung, die Theorie der anisotropen Scheibe in eine auch Biegung und Torsion aufnehmende Plattentheorie zu überführen, indem man die beliebig gerichteten Scheiben im richtigen Abstand von der Plattenmittelebene übereinander anordnet. Dazu werden in der klassischen Laminattheorie [3.1] [3.2], auch Mehrschichttheorie genannt, folgende übliche Vereinfachungen und Annahmen eingeführt:

1. Das Laminat ist dünn gegenüber der zu dimensionierenden Struktur (h « a,b).
2. Linear-elastisches Material, kleine Dehnungen.
3. Die einzelnen Faserschichten sind "perfekt" miteinander verbunden, d. h. die Verschiebungen an den Schichtgrenzen sind kontinuierlich. Die einzelnen Schichten können also nicht gleiten.
4. Die Querschnitte bleiben unter Belastung eben und normal bezüglich der Mittelebene (Kirchhoff'sche Hypothese für Platten).

$$\gamma_{xz} = \gamma_{yz} = 0 \qquad (3.56)$$

d. h. der Verbund verhält sich schubstarr!
5. Die Dicke h des Laminates bleibt konstant, d. h. ein ε in z-Richtung entsteht immer nur durch Querkontraktion aus ε_x und ε_y.

3.6.1 Spannungs-Dehnungsverlauf im Laminat

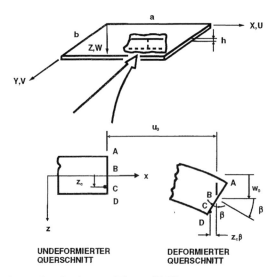

Abb. 3.6.1 Deformation in der x-z-Ebene [3.2]

Die Verschiebung des Punktes B in der Abb. 3.6.1 beträgt in x-Richtung u_0. Durch die Gültigkeit der Kirchhoff'schen Hypothese kann die Verschiebung u_c wie folgt ausgedrückt werden (das im Abschnitt 3.3 gewählte globale Koordinatensystem $\overline{1}, \overline{2}, \overline{3}$ entspricht dem xyz-Koordinatensystem dieses Abschnitts; siehe Abb. 3.6.1):

$$u_c = u_0 - z_c \beta \quad (3.57)$$

wobei ß der Steigung in x-Richtung entspricht, d. h.

$$\beta = \frac{\partial w_0}{\partial x} \quad (3.58)$$

Damit resultiert für die Verschiebung u eines beliebigen Punktes P mit Abstand z von der Laminatmittelebene (nach Abb. 3.6.1):

$$u = u_0 - z \frac{\partial w_0}{\partial x} \quad (3.59)$$

3. Die Theorie zur Berechnung dünnwandiger Laminate

Analog kann für die Verschiebung v in y-Richtung geschrieben werden:

$$v = v_0 - z \frac{\partial w_0}{\partial y} \qquad (3.60)$$

Durch die Kirchhoffsche Hypothese reduziert sich die Anzahl der Verformungskomponenten für das Laminat auf drei, nämlich ε_x, ε_y und γ_{xy}. Für kleine Dehnungen und linear elastisches Material sind die Terme in Funktion der Verschiebung wie folgt definiert:

$$\varepsilon_x = \frac{\partial u}{\partial x} = \frac{\partial u_0}{\partial x} - z \frac{\partial^2 w_0}{\partial x^2} \qquad (3.61)$$

$$\varepsilon_y = \frac{\partial v}{\partial y} = \frac{\partial v_0}{\partial y} - z \frac{\partial^2 w_0}{\partial y^2} \qquad (3.62)$$

$$\gamma_{xy} = \frac{\partial u}{\partial y} + \frac{\partial v}{\partial x} = \frac{\partial u_0}{\partial y} + \frac{\partial v_0}{\partial x} - 2z \frac{\partial^2 w_0}{\partial x \partial y} \qquad (3.63)$$

Abgekürzt kann für die Dehnungen in einem beliebigen Querschnittspunkt geschrieben werden,

$$\begin{Bmatrix} \varepsilon_x \\ \varepsilon_y \\ \gamma_{xy} \end{Bmatrix} = \begin{Bmatrix} \varepsilon_x^0 \\ \varepsilon_y^0 \\ \gamma_{xy}^0 \end{Bmatrix} + z \begin{Bmatrix} \kappa_x \\ \kappa_y \\ \kappa_{xy} \end{Bmatrix} \qquad (3.64)$$

mit

$$\begin{Bmatrix} \varepsilon_x^0 \\ \varepsilon_y^0 \\ \gamma_{xy}^0 \end{Bmatrix} = \begin{Bmatrix} \dfrac{\partial u_0}{\partial x} \\ \dfrac{\partial v_0}{\partial y} \\ \dfrac{\partial u_0}{\partial y} + \dfrac{\partial v_0}{\partial x} \end{Bmatrix} \qquad (3.65)$$

für Dehnungen der Mittelebene und

$$\begin{Bmatrix} \kappa_x \\ \kappa_y \\ \kappa_{xy} \end{Bmatrix} = - \begin{Bmatrix} \dfrac{\partial^2 w_0}{\partial x^2} \\ \dfrac{\partial^2 w_0}{\partial y^2} \\ 2\dfrac{\partial^2 w_0}{\partial x \partial y} \end{Bmatrix} \qquad (3.66)$$

für die Krümmungen. Die Spannungs-Dehnungs-Beziehung lautet für die k-te Schicht im Globalsystem

$$\{\sigma\}_x = [\overline{Q}]_k \{\epsilon\}_k \qquad (3.67)$$

Durch Einsetzen der Beziehung für die Dehnungen ergibt sich

$$\begin{Bmatrix} \sigma_x \\ \sigma_y \\ \tau_{xy} \end{Bmatrix}_k = \begin{bmatrix} \overline{Q}_{11} & \overline{Q}_{12} & \overline{Q}_{16} \\ \overline{Q}_{12} & \overline{Q}_{22} & \overline{Q}_{26} \\ \overline{Q}_{16} & \overline{Q}_{26} & \overline{Q}_{66} \end{bmatrix}_k \left(\begin{Bmatrix} \epsilon_x^0 \\ \epsilon_y^0 \\ \gamma_{xy}^0 \end{Bmatrix} + z \begin{Bmatrix} \kappa_x \\ \kappa_y \\ \kappa_{xy} \end{Bmatrix} \right) \qquad (3.68)$$

Da die Elemente $\overline{Q}_{ij}$ der globalen Steifigkeitsmatrix $[\overline{Q}]_k$ von Schicht zu Schicht variieren können, muss der Verlauf der Spannungen über den Querschnitt im Gegensatz zu den Dehnungen nicht linear sein! Bei Änderung der Faserrichtung von Schicht zu Schicht ergibt sich ein Sprung im Spannungsverlauf über die Dicke des Querschnitts.

3.7 Resultierende Laminatkräfte und -momente [3.1] [3.2] [3.3] [3.6]

Die resultierenden Kräfte und Momente, welche am Laminat wirken, ergeben sich durch Integration der Schichtspannungen über die Laminatdicke. Für die Kräfte N_i und Momente M_i gilt:

3. Die Theorie zur Berechnung dünnwandiger Laminate 51

$$N_i = \int_{-\frac{t}{2}}^{\frac{t}{2}} \sigma_i \, dz \quad i=1,2,6 \tag{3.69}$$

$$M_i = \int_{-\frac{t}{2}}^{\frac{t}{2}} \sigma_i \, z \, dz \quad i=1,2,6 \tag{3.70}$$

Die Integrale ergeben Kräfte und Momente pro Länge, wie in Abb. 3.7.1 verdeutlicht.
Ausgeschrieben lauten die Gleichungen für die Kräfte und Momente:

$$\begin{Bmatrix} N_x \\ N_y \\ N_{xy} \end{Bmatrix} = \int_{-\frac{t}{2}}^{\frac{t}{2}} \begin{Bmatrix} \sigma_x \\ \sigma_y \\ \tau_{xy} \end{Bmatrix}_k dz = \sum_{k=1}^{N} \int_{z_{k-1}}^{z_k} \begin{Bmatrix} \sigma_x \\ \sigma_y \\ \tau_{xy} \end{Bmatrix}_k dz \tag{3.71}$$

$$\begin{Bmatrix} M_x \\ M_y \\ M_{xy} \end{Bmatrix} = \int_{-\frac{t}{2}}^{\frac{t}{2}} \begin{Bmatrix} \sigma_x \\ \sigma_y \\ \tau_{xy} \end{Bmatrix}_k z \, dz = \sum_{k=1}^{N} \int_{z_{k-1}}^{z_k} \begin{Bmatrix} \sigma_x \\ \sigma_y \\ \tau_{xy} \end{Bmatrix}_k z \, dz \tag{3.72}$$

wobei z_k und z_{k-1} gemäss der Abb. 3.7.2 definiert sind.

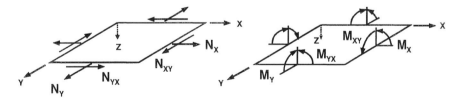

Abb. 3.7.1 Linienkräfte und Momente am ebenen Laminat [3.2]

Mit Hilfe der Gleichung (3.68) und auf Grund der Tatsache, dass die Dehnungen der Mittelebene $\varepsilon_x^0, \varepsilon_y^0, \gamma_{xy}^0$ und die Krümmungen $\kappa_x, \kappa_y,$ und κ_{xy} keine Funktion von z sind, können die Gleichungen für die Kräfte und Momente umgeformt werden zu

$$\begin{Bmatrix} N_x \\ N_y \\ N_{xy} \end{Bmatrix} = \begin{bmatrix} A_{11} & A_{12} & A_{16} \\ A_{12} & A_{22} & A_{26} \\ A_{16} & A_{26} & A_{66} \end{bmatrix} \begin{Bmatrix} \varepsilon_x^0 \\ \varepsilon_y^0 \\ \gamma_{xy}^0 \end{Bmatrix} + \begin{bmatrix} B_{11} & B_{12} & B_{16} \\ B_{12} & B_{22} & B_{26} \\ B_{16} & B_{26} & B_{66} \end{bmatrix} \begin{Bmatrix} \kappa_x \\ \kappa_y \\ \kappa_{xy} \end{Bmatrix} \quad (3.73)$$

$$\begin{Bmatrix} M_x \\ M_y \\ M_{xy} \end{Bmatrix} = \begin{bmatrix} B_{11} & B_{12} & B_{16} \\ B_{12} & B_{22} & B_{26} \\ B_{16} & B_{26} & B_{66} \end{bmatrix} \begin{Bmatrix} \varepsilon_x^0 \\ \varepsilon_y^0 \\ \gamma_{xy}^0 \end{Bmatrix} + \begin{bmatrix} D_{11} & D_{12} & D_{16} \\ D_{12} & D_{22} & D_{26} \\ D_{16} & D_{26} & D_{66} \end{bmatrix} \begin{Bmatrix} \kappa_x \\ \kappa_y \\ \kappa_{xy} \end{Bmatrix} \quad (3.74)$$

wobei

$$A_{ij} = \sum_{k=1}^{n} \left(\overline{Q}_{ij}\right)_k (z_k - z_{k-1}) \quad (3.75)$$

$$B_{ij} = \frac{1}{2} \sum_{k=1}^{n} \left(\overline{Q}_{ij}\right)_k (z_k^2 - z_{k-1}^2) \quad (3.76)$$

$$D_{ij} = \frac{1}{3} \sum_{k=1}^{n} \left(\overline{Q}_{ij}\right)_k (z_k^3 - z_{k-1}^3) \quad (3.77)$$

Die Elemente A_{ij} werden Dehnungssteifigkeiten, die Elemente B_{ij} Kopplungssteifigkeiten und die D_{ij} Krümmungssteifigkeiten genannt. Das Auftreten der Elemente B_{ij} deutet an, dass Kopplungen zwischen Krümmung und Dehnung in einem Laminat auftreten. Eine reine Membranbelastung kann also zu Krümmungen führen und umgekehrt eine Momentenbelastung zu einer Dehnung der Mittelebene. Mit speziellen Lageaufbauten können solche Kopplungen zum Teil oder gar ganz vermieden werden (siehe Kapitel 4).

3. Die Theorie zur Berechnung dünnwandiger Laminate 53

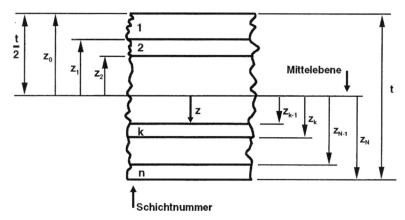

Abb. 3.7.2 Geometrie eines Laminates mit n Schichten [3.2]

Die verteilten Membrankräfte {N} und die verteilten Momente {M} können nun zu einem Vektor zusammengefasst werden, ebenso die Dehnungen der Mittelebene $\{\varepsilon^0\}$ und die Krümmungen $\{\kappa\}$. Aus den beiden Beziehungen (3.73) und (3.74) entsteht dadurch eine einzige Gleichung:

$$\begin{Bmatrix} N_x \\ N_y \\ N_{xy} \\ M_x \\ M_y \\ M_{xy} \end{Bmatrix} = \begin{bmatrix} A_{11} & A_{12} & A_{16} & B_{11} & B_{12} & B_{16} \\ A_{12} & A_{22} & A_{26} & B_{12} & B_{22} & B_{26} \\ A_{16} & A_{26} & A_{66} & B_{16} & B_{26} & B_{66} \\ B_{11} & B_{12} & B_{16} & D_{11} & D_{12} & D_{16} \\ B_{12} & B_{22} & B_{26} & D_{12} & D_{22} & D_{26} \\ B_{16} & B_{26} & B_{66} & D_{16} & D_{26} & D_{66} \end{bmatrix} \begin{Bmatrix} \varepsilon_x^0 \\ \varepsilon_y^0 \\ \gamma_{xy}^0 \\ \kappa_x \\ \kappa_y \\ \kappa_{xy} \end{Bmatrix} \quad (3.78)$$

Die Matrix mit den Plattensteifigkeiten ([A], [B], [D]-Matrizen) wird üblicherweise ABD-Matrix genannt. Sie beschreibt das Verhalten eines Laminates in der Mehrschichtentheorie vollständig, ist positiv definit und damit invertierbar.

Oft wäre es wünschenswert, das Verhalten eines Laminates nicht mit der ABD-Matrix zu beschreiben, sondern wie für die einzelnen Faserschichten auch für das Laminat die Konstanten E_x, E_y, G_{xy} und ν_{xy} direkt zu verwenden. Dies ist nur in Ausnahmefällen möglich, da mit diesen vier Konstanten nur unidirektionale Laminate direkt beschrieben werden können. Für symmetrische und balancierte Laminate ist es zur Vereinfachung zum Beispiel sinnvoll, mit Ersatzwerten zu arbeiten (siehe Beispiel in Kapitel 5).

3.8 Temperaturlasten [3.1] [3.2] [3.3] [3.6]

Aus dem Abschnitt 3.4 "Berücksichtigung von Temperatur und Feuchte" ist das verallgemeinerte Hook'sche Gesetz bekannt.

$$\{\sigma_T\} = [C_T](\{\epsilon\} - \Delta T\{\alpha\}) \tag{3.79}$$

Die Terme $C_x \alpha_x \Delta T$ sind die Temperaturspannungen, falls die totalen Dehnungen Null sind (Laminat fest eingespannt). Für den ebenen Spannungszustand einer orthotropen Faserschicht im Materialhauptachsensystem reduziert sich die Gleichung (3.79) auf:

$$\begin{Bmatrix} \sigma_1 \\ \sigma_2 \\ \tau_{12} \end{Bmatrix} = \begin{bmatrix} Q_{11} & Q_{12} & 0 \\ Q_{12} & Q_{22} & 0 \\ 0 & 0 & Q_{66} \end{bmatrix} \begin{Bmatrix} \epsilon_1 - \alpha_1 \Delta T \\ \epsilon_2 - \alpha_2 \Delta T \\ \gamma_{12} \end{Bmatrix} \tag{3.80}$$

Im globalen Koordinatensystem resultiert daraus für die k-te Schicht

$$\begin{Bmatrix} \sigma_x \\ \sigma_y \\ \tau_{xy} \end{Bmatrix}_k = \begin{bmatrix} \overline{Q}_{11} & \overline{Q}_{12} & \overline{Q}_{16} \\ \overline{Q}_{12} & \overline{Q}_{22} & \overline{Q}_{26} \\ \overline{Q}_{16} & \overline{Q}_{26} & \overline{Q}_{66} \end{bmatrix}_k \begin{Bmatrix} \epsilon_x - \alpha_x \Delta T \\ \epsilon_y - \alpha_y \Delta T \\ \gamma_{xy} - \alpha_{xy} \Delta T \end{Bmatrix}_k \tag{3.81}$$

α_{xy} stellt einen Wärmescherungskoeffizienten dar. Wie bei den mechanischen Spannungen können die Temperaturspannungen über die Lagendicken aufintegriert werden, und man erhält verteilte Temperaturkräfte und -momente.

$$\begin{Bmatrix} N_x^T \\ N_y^T \\ N_{xy}^T \end{Bmatrix} = \int \begin{bmatrix} \overline{Q}_{11} & \overline{Q}_{12} & \overline{Q}_{16} \\ \overline{Q}_{12} & \overline{Q}_{22} & \overline{Q}_{26} \\ \overline{Q}_{16} & \overline{Q}_{26} & \overline{Q}_{66} \end{bmatrix}_k \begin{Bmatrix} \alpha_x \\ \alpha_y \\ \alpha_{xy} \end{Bmatrix}_k \Delta T \, dz \tag{3.82}$$

$$\begin{Bmatrix} M_x^T \\ M_y^T \\ M_{xy}^T \end{Bmatrix} = \int \begin{bmatrix} \overline{Q}_{11} & \overline{Q}_{12} & \overline{Q}_{16} \\ \overline{Q}_{12} & \overline{Q}_{22} & \overline{Q}_{26} \\ \overline{Q}_{16} & \overline{Q}_{26} & \overline{Q}_{66} \end{bmatrix}_k \begin{Bmatrix} \alpha_x \\ \alpha_y \\ \alpha_{xy} \end{Bmatrix}_k \Delta T \, z \, dz \tag{3.83}$$

3. Die Theorie zur Berechnung dünnwandiger Laminate

Mit Gleichung (3.82) und (3.83) sind die Schnittkräfte aus der Temperatur berechenbar. Falls die Wärmeausdehnungskoeffizienten α_x, α_y und α_{xy} für das Laminat unbekannt sind, lassen sich diese einfach ermitteln:

1.) Messung der Temperaturlasten $N_x^T, N_y^T, N_{xy}^T, M_x^T, M_y^T, M_{xy}^T$

2.) Auflösen der Gleichung

$$\left\{ \begin{matrix} N^T \\ M^T \end{matrix} \right\} = \begin{bmatrix} A & B \\ B & D \end{bmatrix} \left\{ \begin{matrix} \varepsilon^0 \\ \kappa \end{matrix} \right\} \quad (3.84)$$

nach ε^0 und κ durch Multiplikation mit der inversen ABD-Matrix.

$$\alpha_x = \varepsilon^0_{x(\Delta T)} / \Delta T \quad (3.85)$$

$$\alpha_y = \varepsilon^0_{y(\Delta T)} / \Delta T \quad (3.86)$$

$$\alpha_{xy} = \gamma^0_{xy(\Delta T)} / \Delta T \quad (3.87)$$

Für das Quellen eines Verbundes infolge Feuchte wird analog den Temperaturbeaufschlagungen vorgegangen, siehe auch Abschnitt 3.4. Es sei jedoch nochmals darauf hingewiesen, dass vor Benutzung eines Harzes dessen Quellverhalten und der damit verbundenen Festigkeitsabnahme überprüft werden muss, damit keine unerwünschten Probleme entstehen.

3.9 Berechnung von Strukturen mit dickwandigen Laminaten

Für dickwandige Laminate müssen die getroffenen Annahmen für den ebenen Spannungszustand fallen gelassen werden, d. h. die Einflüsse in z-Richtung müssen in die Herleitung der Gleichungen einbezogen werden. Die Aufstellung dieser Gleichungen soll hier nicht wiedergegeben werden.

Natürlich werden komplizierte Faserverbundstrukturen in der Praxis mit finiten Elementen berechnet. Die geeigneten anisotropen finiten Elemente sind in vielen, auf dem Markt befindlichen FEM-Programmen vorhanden. Es ist jedoch für den Benutzer wichtig, den grundsätzlichen Aufbau der anisotropen Berechnungsmethodik zu kennen.

In der Praxis haben Laminate in z-Richtung keine Fasern, sondern nur den Matrixwerkstoff, z. B. Epoxydharz, mit seiner geringen Festigkeit. Es können daher in einzelnen Fällen Probleme auftreten, die aus der Theorie dünnwandiger Laminate infolge der dort getroffenen Annahmen (ebener Spannungszustand) gar nicht berechnet werden können. Sie äussern sich z. B. in Delaminationen oder gar Brüchen. Für derartige Fälle müssen dreidimensionale Berechnungen durchgeführt werden (z. B. bei Klebeverbindungen), die Richtung 3 (s. Abb. 3.3.1) zumindest örtlich berücksichtigen).

3.10 Literaturverzeichnis zu Kapitel 3

[3.1] Ashton, J.E., Halpin, J.C., Petit, P.H.; Primer on Composite Materials; Analysis, Technomic Publishing; 750 Summer St., Stanford Conn. 06901, 1969

[3.2] Jones, R.M.; Mechanics of Composite Materials; Edwards Brothers, Ann Arbor, MI 1998 USA; ISBN 1-56032712X

[3.3] Hashin, Z.; Journal of Applied Mechanics; Vol. 46, p. 543-550; 1979

[3.4] Vinson, J.R.; Advanced Composite Materials - Environmental Effects; ASTM Special Technical Publication 658, ASTM 1977

[3.5] Schneider, W.; Kunststoffe; Band 61 1971; VFW-Fokker

[3.6] Flemming, M., Elspass, W.; Strukturanalyse, Vorlesungsskript; Institut

für Konstruktion und Bauweisen, ETH Zürich; 1991

[3.7] Flemming, M.; Entwicklung und Anwendungsmöglichkeit von Bauweisen aus faserverstärkten Kunststoffen; 7. Jahrestagung der Deutschen Gesellschaft für Luft- und Raumfahrt e.V., Kiel; 17.-19. September 1974; Vortrag Nr. 74-117

Die Forschungsberichte der ETH Zürich und der Fa. Dornier liegen den Verfassern vor.

4 Die Deformation anisotroper Laminate und die Bedeutung der Kopplungsmatrix B [4.1]

Die Kopplungsmatrix B [4.1] ergibt sich bei der Herleitung der Laminattheorie als Untermatrix der ABD Matrix (siehe Kapitel 3). Diese B-Matrix verbindet bei nichtsymmetrischen Faserverbunden die translatorischen Verformungen mit den Krümmungen und umgekehrt, eine Eigenschaft, die nur anisotrope Werkstoffe zeigen. Sobald jedoch ein Laminat über seine Dicke symmetrisch ist, werden sämtliche Koeffizienten der B-Matrix Null. Das bedeutet, dass, wie bei isotropen Materialien, die translativen Verformungen von den Krümmungen entkoppelt sind.

Durch diesen Koppelungseffekt können in bestimmten Konstruktionen aus dem Werkstoff heraus Forderungen an die Struktur erfüllt werden, die mit isotropen Werkstoffen so nicht erreicht werden können, z. B. die Verformungscharakteristik eines Flügels. Es können aber auch, z. B. bei der Fertigung, unerwartete Schwierigkeiten entstehen.

Um diese Möglichkeiten dem Konstrukteur verständlicher zu machen, werden im Folgenden einige der von den einzelnen Koeffizienten der B-Matrix bewirkten Koppelungseffekte kurz beschrieben und bildlich für anisotrope Laminate dargestellt. Die Belastungen entsprechenden Definitionen der Abbildung 3.7.1.

4.1 Klassisches orthotropes, symmetrisches Laminat [4.1]

In Abb. 4.1.1 liegt ein klassisches orthotropes, symmetrisches Laminat vor. Es besteht daher keine Dehn-Biege-Kopplung. Die Elemente der B-Matrix sind Null. A_{16} und A_{26}, D_{16} und D_{26} sind ebenfalls Null, weil bei einer orthotropen Faserrichtung mit $y = 0°$ und $90°$ die Werte für $\overline{Q}_{16}$ und $\overline{Q}_{26} = 0$ sind (siehe Abb. 4.1.2).

Bei einer Belastung N_x erfolgt dementsprechend nur eine Dehnung und bei einem Biegemoment M_x nur eine Biegung um die X-Achse (nach Definition von Abb. 3.7.1).

4. Die Deformation anisotroper Laminate und die Bedeutung der Kopplungsmatrix B [4.1]

0°
90°
90°
0°

0°
0°
90°
90°
0°
0°

Abb. 4.1.1 Typischer Laminataufbau

Für die Steifigkeitsmatrix des Laminates gilt:

$$\begin{Bmatrix} N_x \\ N_y \\ N_{xy} \\ M_x \\ M_y \\ M_{xy} \end{Bmatrix} = \begin{bmatrix} A_{11} & A_{12} & 0 & 0 & 0 & 0 \\ A_{12} & A_{22} & 0 & 0 & 0 & 0 \\ 0 & 0 & A_{66} & 0 & 0 & 0 \\ 0 & 0 & 0 & D_{11} & D_{12} & 0 \\ 0 & 0 & 0 & D_{12} & D_{22} & 0 \\ 0 & 0 & 0 & 0 & 0 & D_{66} \end{bmatrix} \begin{Bmatrix} \varepsilon_x^0 \\ \varepsilon_y^0 \\ \gamma_{xy}^0 \\ \kappa_x \\ \kappa_y \\ \kappa_{xy} \end{Bmatrix} \quad (4.1)$$

Der Laminataufbau zeigt das folgende Verformungsverhalten:

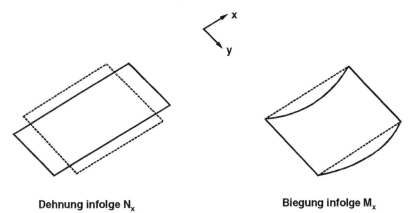

Dehnung infolge N_x   **Biegung infolge M_x**

Abb. 4.1.2 Verformungsverhalten eines klassisch orthotropen Laminates

4. Die Deformation anisotroper Laminate und die Bedeutung der
   Kopplungsmatrix B [4.1]

4.2 Pseudo-orthotropes, symmetrisches Laminat [4.1]

Im Falle von Abb. 4.2.1 handelt es sich um ein symmetrisches, pseudo-orthotropes Laminat. Da der Laminataufbau wiederum symmetrisch ist, werden alle Koeffizienten der B-Matrix zu Null. Die D-Matrix ist jedoch voll besetzt, wodurch sich infolge eines Biegemoments M_x eine Biegung und eine Torsion ergibt, während z. B. ein N_x lediglich eine Dehnung in x-Richtung und eine entsprechende Querkontraktion in y-Richtung erzeugt. Es gibt demnach keine Dehn- bzw. Scherkopplungen, denn A_{16} und A_{26} sind Null (siehe Abb. 4.2.2).

Für die Steifigkeitsmatrix des Laminates gilt:

$$\begin{Bmatrix} N_x \\ N_y \\ N_{xy} \\ M_x \\ M_y \\ M_{xy} \end{Bmatrix} = \begin{bmatrix} A_{11} & A_{12} & 0 & 0 & 0 & 0 \\ A_{12} & A_{22} & 0 & 0 & 0 & 0 \\ 0 & 0 & A_{66} & 0 & 0 & 0 \\ 0 & 0 & 0 & D_{11} & D_{12} & D_{16} \\ 0 & 0 & 0 & D_{12} & D_{22} & D_{26} \\ 0 & 0 & 0 & D_{16} & D_{26} & D_{66} \end{bmatrix} \begin{Bmatrix} \varepsilon_x^0 \\ \varepsilon_y^0 \\ \gamma_{xy}^0 \\ \kappa_x \\ \kappa_y \\ \kappa_{xy} \end{Bmatrix} \quad (4.2)$$

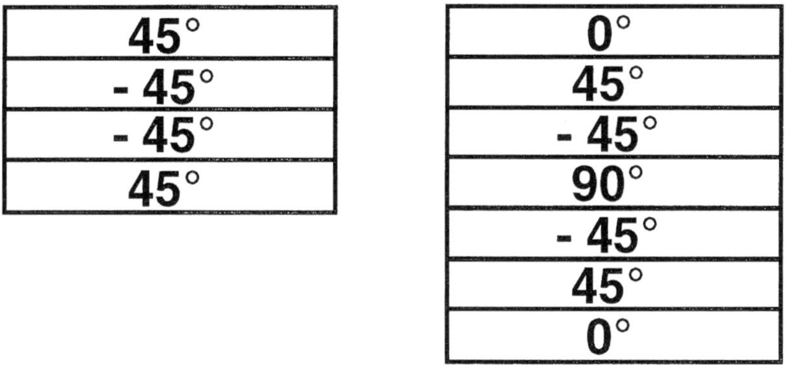

45°
-45°
-45°
45°

0°
45°
-45°
90°
-45°
45°
0°

Abb. 4.2.1 Typischer Laminataufbau

Der Laminataufbau zeigt das folgende Verformungsverhalten:

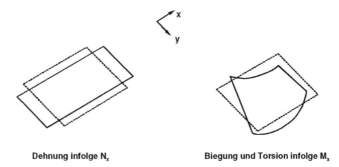

Abb. 4.2.2 Verformungsverhalten eines pseudo-orthotropen, symmetrischen Laminates

4.3 Balancierter, unsymmetrischer Winkelverbund [4.1]

Für den in Abb. 4.3.1 dargestellten balancierten, unsymmetrischen Winkelverbund werden die Koeffizienten B_{16} und B_{26} ungleich Null. Ein Laminat ist balanciert, wenn es für jede Lage mit der Orientierung $+\alpha$ eine andere mit der Orientierung $-\alpha$ gibt. Ein balanciertes Laminat besitzt keine Dehn-Scher-Kopplungen: die Elemente A_{16} und A_{26} sind Null. Infolge einer Zugbeanspruchung N_x in x-Richtung erfolgt wie zu erwarten eine Dehnung des Laminates und zusätzlich auch noch eine Verdrillung. Ein Biegemoment M_x verursacht nicht nur eine Biegeverformung, sondern zusätzlich noch eine Schubverzerrung. Ein N_{xy} verursacht hier keine Torsion und ein N_x und N_y keine Biegung (siehe Abb. 4.3.2).

Verwendet man derartige Laminate, so muss man beachten, dass schon bei der Fertigung mit den dabei auftretenden Temperaturen ungewollte, eingeprägte Verformungen der Panele entstehen können. Dies gilt besonders für sehr dünnwandige Laminate. In der Struktur des Bauteils kann man diese durch Aussteifungen teilweise verhindern, allerdings nur durch davon abhängige, dem Bauteil eingeprägte Spannungen.

60°
- 60°

0°
60°
- 60°
0°

Abb. 4.3.1 Typischer Aufbau von Laminaten mit unsymmetrischem Winkelverbund

4. Die Deformation anisotroper Laminate und die Bedeutung der Kopplungsmatrix B [4.1]

Der Laminataufbau zeigt das folgende Verformungsverhalten:

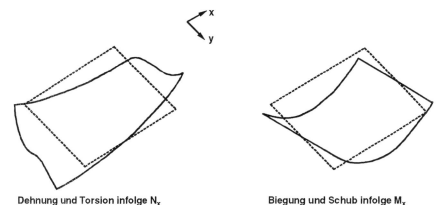

Dehnung und Torsion infolge N_x Biegung und Schub infolge M_x

Abb. 4.3.2 Verformungsverhalten von Laminaten mit unsymmetrischem Winkelverbund

Für die Steifigkeitsmatrix des Laminates gilt:

$$\begin{Bmatrix} N_x \\ N_y \\ N_{xy} \\ M_x \\ M_y \\ M_{xy} \end{Bmatrix} = \begin{bmatrix} A_{11} & A_{12} & 0 & 0 & 0 & B_{16} \\ A_{12} & A_{22} & 0 & 0 & 0 & B_{26} \\ 0 & 0 & A_{66} & B_{16} & B_{26} & 0 \\ 0 & 0 & B_{16} & D_{11} & D_{12} & 0 \\ 0 & 0 & B_{26} & D_{12} & D_{22} & 0 \\ B_{16} & B_{26} & 0 & 0 & 0 & D_{66} \end{bmatrix} \begin{Bmatrix} \varepsilon_x^0 \\ \varepsilon_y^0 \\ \gamma_{xy}^0 \\ \kappa_x \\ \kappa_y \\ \kappa_{xy} \end{Bmatrix} \quad (4.3)$$

4.4 Unsymmetrischer Kreuzverbund [4.1]

Der sogenannte unsymmetrische Kreuzverbund ist in Abb. 4.4.1 gezeigt. Er enthält lediglich 0°- und 90°-Schichten. Er kann praktisch keine Schubspannungen aufnehmen, da ihm Fasern in ± 45° Richtung fehlen. Eventuell doch vorhandener Schub muss allein vom Matrixmaterial aufgenommen werden, welches jedoch hierfür wegen deren geringer Festigkeit vollkommen ungeeignet ist. In der Matrix treten daher selbst bei geringer Schubspannung frühzeitig Risse auf, die zu grossen Streuungen bei den Festigkeiten im gesamten Laminat führen können.

4. Die Deformation anisotroper Laminate und die Bedeutung der Kopplungsmatrix B [4.1]

Bei einem derartigen Kreuzverbund werden die Koeffizienten A_{16} und A_{26} sowie D_{16} und D_{26} zu Null, weil bei y = 0° und y = 90° die Werte für $\overline{Q}_{16}$ und $\overline{Q}_{26}$ = Null sind.

Für die Steifigkeitsmatrix des Laminates gilt:

$$\begin{Bmatrix} N_x \\ N_y \\ N_{xy} \\ M_x \\ M_y \\ M_{xy} \end{Bmatrix} = \begin{bmatrix} A_{11} & A_{12} & 0 & B_{11} & 0 & 0 \\ A_{12} & A_{22} & 0 & 0 & B_{22} & 0 \\ 0 & 0 & A_{66} & 0 & 0 & 0 \\ B_{11} & 0 & 0 & D_{11} & D_{12} & 0 \\ 0 & B_{22} & 0 & D_{12} & D_{22} & 0 \\ 0 & 0 & 0 & 0 & 0 & D_{66} \end{bmatrix} \begin{Bmatrix} \varepsilon_x^0 \\ \varepsilon_y^0 \\ \gamma_{xy}^0 \\ \kappa_x \\ \kappa_y \\ \kappa_{xy} \end{Bmatrix} \quad (4.4)$$

Wie aus der ABD-Matrix zu erkennen ist, verursacht N_x eine Dehnung in X- und Y-Richtung und zusätzlich eine Biegung um die X-Achse. Ein Biegemoment verursacht eine Dehnung in X-Richtung sowie eine Krümmung um die X- und Y-Achse (siehe Abb. 4.4.2).

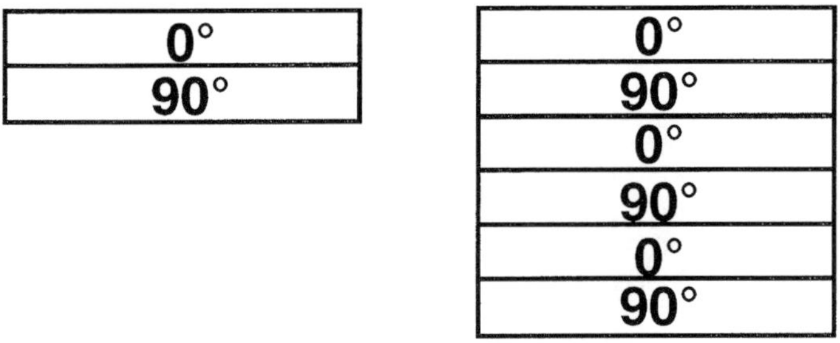

Abb. 4.4.1 Typischer Laminataufbau für Laminate mit unsymmetrischem Kreuzverbund

Der Laminataufbau zeigt das folgende Verformungsverhalten:

4. Die Deformation anisotroper Laminate und die Bedeutung der Kopplungsmatrix B [4.1]

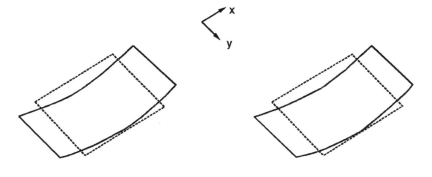

Biegung und Dehnung infolge N_x Biegung und Dehnung infolge M_x

Abb. 4.4.2 Verformungsverhalten für Laminate mit unsymmetrischen Kreuzverbund

4.5   Symmetrisches, klassisches Laminat [4.1]

Ein sehr häufig verwendetes Gelege stellt das in Abb. 4.5.1 gezeigte symmetrische, klassische Laminat dar. Da es symmetrisch ist, wird die B-Matrix nur mit Nullen belegt während die A- und D-Matrizes voll besetzt sind. Durch die nur mit Nullen besetzte B-Matrix sind Dehnungen und Krümmungen nicht gekoppelt, d. h. N_x verursacht Dehnung und Schub und M_x verursacht Biegung und Torsion. Für die anderen Schnittgrössen (Dynamen) gilt Entsprechendes. Auch durch diese Laminatkombination können für den Konstrukteur interessante gewollte Verformungseinflüsse entstehen (siehe Abb. 4.5.2).

0°
45°
45°
0°

-45°
0°
90°
0°
-45°

Abb. 4.5.1 Typischer Aufbau für ein symmetrisches, klassisches Laminat

Der Laminataufbau zeigt das folgende Verformungsverhalten:

4. Die Deformation anisotroper Laminate und die Bedeutung der Kopplungsmatrix B [4.1]

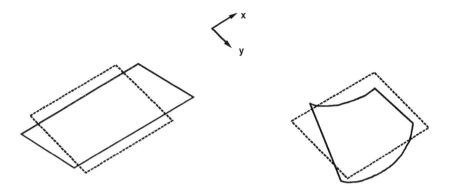

Dehnung und Schub infolge N_x Biegung und Torsion infolge M_x

Abb. 4.5.2 Verformungsverhalten des Laminates mit klassischem, symmetrischem Aufbau

Für die Steifigkeitsmatrix des Laminates gilt:

$$\begin{Bmatrix} N_x \\ N_y \\ N_{xy} \\ M_x \\ M_y \\ M_{xy} \end{Bmatrix} = \begin{bmatrix} A_{11} & A_{12} & A_{16} & 0 & 0 & 0 \\ A_{12} & A_{22} & A_{26} & 0 & 0 & 0 \\ A_{16} & A_{26} & A_{66} & 0 & 0 & 0 \\ 0 & 0 & 0 & D_{11} & D_{12} & D_{16} \\ 0 & 0 & 0 & D_{12} & D_{22} & D_{26} \\ 0 & 0 & 0 & D_{16} & D_{26} & D_{66} \end{bmatrix} \begin{Bmatrix} \varepsilon_x^0 \\ \varepsilon_y^0 \\ \gamma_{xy}^0 \\ \kappa_x \\ \kappa_y \\ \kappa_{xy} \end{Bmatrix} \quad (4.5)$$

4.6 Allgemeiner anisotroper Laminataufbau [4.1]

Der in Abb. 4.6.1 gezeigte Laminataufbau ist weder symmetrisch noch balanciert. Daher sind sämtliche Koeffizienten der ABD-Matrix ungleich Null. Das bedeutet, dass eine N_x-Belastung sämtliche möglichen Verformungen auslöst, also Dehnung, Schub, Biegung und Torsion. Entsprechendes gilt für eine Momentenbelastung um die X-Achse (M_x), durch die ebenfalls Dehnung, Schub, Biegung und Torsion entstehen. Ein derartiges Laminat ist in der Praxis unüblich (siehe Abb. 4.6.2).

4. Die Deformation anisotroper Laminate und die Bedeutung der Kopplungsmatrix B [4.1]

0°
90°
45°

0°
45°
-45°
45°
90°
0°

Abb. 4.6.1 Typischer Laminataufbau für allgemeine anisotrope Laminate

Für die Steifigkeitsmatrix des Laminates gilt:

$$\begin{Bmatrix} N_x \\ N_y \\ N_{xy} \\ M_x \\ M_y \\ M_{xy} \end{Bmatrix} = \begin{bmatrix} A_{11} & A_{12} & A_{16} & B_{11} & B_{12} & B_{16} \\ A_{12} & A_{22} & A_{26} & B_{12} & B_{22} & B_{26} \\ A_{16} & A_{26} & A_{66} & B_{16} & B_{26} & B_{66} \\ B_{11} & B_{12} & B_{16} & D_{11} & D_{12} & D_{16} \\ B_{12} & B_{22} & B_{26} & D_{12} & D_{22} & D_{26} \\ B_{16} & B_{26} & B_{66} & D_{16} & D_{26} & D_{66} \end{bmatrix} \begin{Bmatrix} \varepsilon_x^0 \\ \varepsilon_y^0 \\ \gamma_{xy}^0 \\ \kappa_x \\ \kappa_y \\ \kappa_{xy} \end{Bmatrix} \quad (4.6)$$

Der Laminataufbau zeigt das folgende Verformungsverhalten:

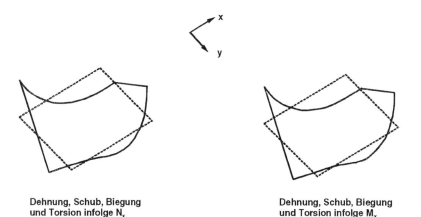

Dehnung, Schub, Biegung und Torsion infolge N_x

Dehnung, Schub, Biegung und Torsion infolge M_x

Abb. 4.6.2 Verformungsverhalten des Laminates mit allgemeinem anisotropen Aufbau

4.7 Literaturverzeichnis zu Kapitel 4

[4.1] Elspass, W.; Strukturanalyse Vorlesungsskript über Strukturanalyse, Institut für Konstruktion und Bauweisen der ETH Zürich, 1991

Die Forschungsberichte der ETH Zürich und der Fa. Dornier liegen den Verfassern vor.

5 Berechnungsbeispiele

Im Kapitel 5 sollen zwei Berechnungsbeispiele gegeben werden, um die Anwendung der Theorie (Kapitel 3 und 4) zu erläutern. Es werden ferner vereinfachte Formeln angegeben, die in einzelnen Fällen verwendet werden können.

Selbstverständlich werden in der Praxis derartige Berechnungen mit dem Computer durchgeführt. Da jedoch anders als bei den Metallen die Faserverbundwerkstoffkennwerte durch die Faserrichtungen, den Fasergehalt und -typ vom Konstrukteur festgelegt werden und die Fertigung [5.15] und der Preis sowie das Gewicht ebenfalls wesentlich beeinflusst werden können, ist es wichtig, die Entstehung der Werkstoffkennwerte sowie der davon abhängigen Grössen genau zu kennen. Wir haben uns daher entschlossen, diese von Hand und nicht mit dem Computer hier beispielhaft durchzuführen.

5.1 Berechnungsbeispiel eines ebenen Laminates

Für die Grundkonstanten des unidirektionalen Verbundes gilt die folgende Symbolik:

$\parallel$	parallel zur Faserrichtung
$\perp$	senkrecht zur Faserrichtung
$\frac{\perp}{\parallel}$	senkrecht, parallel bei Schub
$\perp\parallel$	Dehnung, Verformung, Festigkeit, Elastizität $\perp$ zur Faserrichtung infolge einer Kraft $\parallel$ zur Faserrichtung.

Es werden die folgenden Werte zur Berechnung angenommen:

$E_\parallel$	=	200 000 N/mm²	(E_{11})
$E_\perp$	=	6300 N/mm²	(E_{22})
$G_{\frac{\perp}{\parallel}}$	=	5300 N/mm²	(G_{12})
$\nu_{\perp\parallel}$	=	0,349	(ν_{12})

5. Berechnungsbeispiele

Annahme von Grundkonstanten

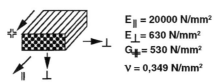

$E_{\parallel} = 20000$ N/mm²
$E_{\perp} = 630$ N/mm²
$G_{+} = 530$ N/mm²
$\nu = 0{,}349$ N/mm²

Abb. 5.1.1 Grundkonstanten

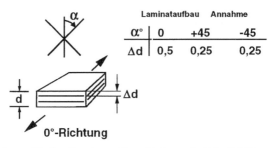

Laminataufbau Annahme			
$\alpha°$	0	+45	-45
Δd	0,5	0,25	0,25

Abb. 5.1.2 Annahmen für den Laminataufbau (siehe auch Abb. 5.1.3)

Der Laminataufbau ist in Abb. 5.1.2 und Abb. 5.1.3 dargestellt.
Für eine Spannungsanalyse (siehe Kapitel 3, Gleichung 3.34) gilt:

$$\begin{bmatrix} \sigma_1 \\ \sigma_2 \\ \tau_{12} \end{bmatrix}_k = \begin{bmatrix} Q_{11} & Q_{12} & 0 \\ Q_{12} & Q_{22} & 0 \\ 0 & 0 & 2Q_{66} \end{bmatrix}_k \begin{bmatrix} \varepsilon_1 \\ \varepsilon_2 \\ 0.5\gamma_{12} \end{bmatrix}_k \quad (5.1)$$

mit:

$$Q_{11} = \frac{E_{11}}{1-\nu_{12}\nu_{21}} \quad (5.2)$$

$$Q_{22} = \frac{E_{22}}{1-\nu_{12}\nu_{21}} \quad (5.3)$$

$$Q_{12} = \frac{\nu_{21} E_{11}}{1-\nu_{12}\gamma_{21}} = \frac{\nu_{12} E_{22}}{1-\nu_{12}\nu_{21}} \quad (5.4)$$

5. Berechnungsbeispiele

$$Q_{66} = G_{12} \tag{5.5}$$

$$Q_{16} = Q_{26} = 0 \tag{5.6}$$

Weiterhin gilt:

$$\nu_{21} E_{11} = \nu_{12} E_{22} \tag{5.7}$$

$$1 - \nu_{12} \nu_{21} = 1 - \nu_{21} \frac{E_{11}}{E_{22}} \nu_{21} \tag{5.8}$$

$$1 - 0{,}349 \cdot \frac{6300}{200000} \cdot 0{,}349 = 0{,}996 \tag{5.9}$$

$$Q_{11} = \frac{200000}{0{,}996} = 200803{,}2 \frac{N}{mm^2} \tag{5.10}$$

$$Q_{22} = \frac{6300}{0{,}996} = 6325{,}3 \frac{N}{mm^2} \tag{5.11}$$

$$Q_{12} = \frac{0{,}349 \cdot 6300}{0{,}996} = 2207{,}5 \frac{N}{mm^2} \tag{5.12}$$

$$Q_{66} = 5300 \frac{N}{mm^2} \tag{5.13}$$

Nach Gleichung (5.1) gilt:
Für 0°:

$$\begin{bmatrix} \sigma_1 \\ \sigma_2 \\ \tau_{12} \end{bmatrix}_{0°} = \begin{bmatrix} 200803{,}2 & 2207{,}5 & 0 \\ 2207{,}5 & 6325{,}3 & 0 \\ 0 & 0 & 2 \cdot 5300 \end{bmatrix}_{0°} \cdot \begin{bmatrix} \varepsilon_1 \\ \varepsilon_2 \\ 0{,}5 \cdot \gamma_{12} \end{bmatrix} \tag{5.14}$$

Für +45° gilt:

$$\begin{aligned}\overline{Q}_{11} &= Q_{11} \cdot \cos^4\alpha + \\ &+ 2(Q_{12}+2Q_{66})\sin^2\alpha \cdot \cos^2\alpha + \\ &+ Q_{22}\cdot \sin^4\alpha \\ &= [200803{,}2 + 2(2207{,}5+2\cdot 5300)+6325{,}3]0{,}25 \\ &= 58185{,}9 \frac{N}{mm^2}\end{aligned} \quad (5.15)$$

$$\begin{aligned}\overline{Q}_{22} &= Q_{11}\cdot \sin^4\alpha + 2(Q_{12}+2Q_{66})\sin^2\alpha\cdot\cos^2\alpha + Q_{22}\cdot\cos^4\alpha \\ &= 58185{,}9\frac{N}{mm^2}\end{aligned} \quad (5.16)$$

$$\begin{aligned}\overline{Q}_{12} &= (Q_{11}+Q_{22}-4Q_{66})\sin^2\alpha\cdot\cos^2\alpha + Q_{12}\left(\sin^4\alpha+\cos^4\alpha\right) \\ &= 47585{,}9\frac{N}{mm^2}\end{aligned} \quad (5.17)$$

$$\begin{aligned}\overline{Q}_{66} &= (Q_{11}+Q_{22}-2Q_{12}-2Q_{66})\sin^2\alpha\cdot\cos^2\alpha + \\ &+ Q_{66}\left(\sin^4\alpha+\cos^4\alpha\right) \\ &= 50678{,}4\frac{N}{mm^2}\end{aligned} \quad (5.18)$$

$$\begin{aligned}\overline{Q}_{16}=\overline{Q}_{26} &= (Q_{11}-Q_{12}-2Q_{66})\sin\alpha\cdot\cos^3\alpha + \\ &+ (Q_{12}-Q_{22}+2Q_{66})\sin^3\alpha\cdot\cos\alpha \\ &= 48619{,}5\frac{N}{mm^2}\end{aligned} \quad (5.19)$$

Die gesuchten Spannungen lassen sich berechnen über:

5. Berechnungsbeispiele

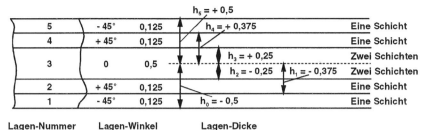

Abb. 5.1.3 Zugrundeliegender Laminataufbau

$$\begin{bmatrix} \sigma_x \\ \sigma_y \\ \tau_{xy} \end{bmatrix}_k = \begin{bmatrix} \overline{Q}_{11} & \overline{Q}_{12} & \overline{Q}_{16} \\ \overline{Q}_{12} & \overline{Q}_{22} & \overline{Q}_{26} \\ \overline{Q}_{16} & \overline{Q}_{26} & \overline{Q}_{66} \end{bmatrix}_k \cdot \begin{bmatrix} \varepsilon_x \\ \varepsilon_y \\ \gamma_{xy} \end{bmatrix}_k \quad (5.20)$$

Für $\alpha = -45°$ gilt:

$$\sin \alpha \cdot \cos^3 \alpha = -0,25$$
$$\sin^3 \alpha \cdot \cos \alpha = -0,25 \quad (5.21)$$

Somit unterscheiden sich durch den Faserwinkel $\alpha = +45°$ und $\alpha = -45°$ nur die Elemente $\overline{Q}_{16}$ und $\overline{Q}_{26}$ in ihrem Vorzeichen. Ein Querschnitt durch das zu berechnende Laminat zeigt Abb. 5.1.3. Nach Gleichung 3.75 gilt:

$$A_{ij} = \sum_{k=1}^n \left(\overline{Q}_{ij}\right)_k \cdot (h_k - h_{k-1}) \quad (5.22)$$

Schicht-Nr.	$\overline{Q}_{11}$	$\overline{Q}_{22}$	$\overline{Q}_{12}$	$\overline{Q}_{16}$	$\overline{Q}_{26}$	$\overline{Q}_{66}$
1	58185,9	58185,9	47585,9	-48619,5	-48619,5	50678,4
2	58185,9	58185,9	47585,9	48619,5	48619,5	50678,4
3	200803,2	6325,3	2207,5	0	0	5300
4	58185,9	58185,9	47585,9	48619,5	48619,5	50678,4
5	58185,9	58185,9	47585,9	-48619,5	-48619,5	50678,4

Abb. 5.1.4 Berechnete A_{ij}

Nach Gleichung 3.78 gilt:

$$[N]=[A]\cdot[\varepsilon^0]+[B]\cdot[K] \quad (5.23)$$

$$[A]=\begin{bmatrix} A_{11} & A_{12} & A_{16} \\ A_{12} & A_{22} & A_{26} \\ A_{16} & A_{26} & A_{66} \end{bmatrix} \quad (5.24)$$

$$A_{11}=\sum_{k=1}^{5}(\overline{Q}_{11})_1\cdot(h_1-h_0)+(\overline{Q}_{11})_2\cdot(h_2-h_1)+ \\ +(\overline{Q}_{11})_3\cdot(h_3-h_2)+(\overline{Q}_{11})_4\cdot(h_4-h_3)+ \\ +(\overline{Q}_{11})_5\cdot(h_5-h_4) \quad (5.25)$$

Man erhält:

$$A_{11}=129495\frac{N}{mm}$$
$$A_{22}=32256\frac{N}{mm}$$
$$A_{12}=24897\frac{N}{mm} \quad (5.26)$$
$$A_{16}=A_{26}=0\frac{N}{mm}$$
$$A_{66}=27989\frac{N}{mm}$$

$$[\varepsilon]=\begin{bmatrix} \varepsilon_x \\ \varepsilon_y \\ \gamma_{xy} \end{bmatrix}=[\varepsilon^0]+z[k]=[A^{-1}]\cdot[N]+z[0]=[A^{-1}]\cdot[N] \quad (5.27)$$

$$A^{-1}=\frac{(C_0\,A)^T}{|A|} \quad (5.28)$$

5. Berechnungsbeispiele

Und somit:

$$C_0 A_{11} = \begin{vmatrix} 3{,}23 & 0 \\ 0 & 2{,}80 \end{vmatrix} (10^4)(-1)^{1+1} = 9{,}044 \cdot 10^8 \left(\frac{N}{mm}\right)^2 \quad (5.29)$$

$$C_0 A_{12} = \begin{vmatrix} 2{,}49 & 0 \\ 0 & 2{,}80 \end{vmatrix} (10^4)(-1)^{1+2} = -6{,}972 \cdot 10^8 \left(\frac{N}{mm}\right)^2 \quad (5.30)$$

$$C_0 A_{16} = \begin{vmatrix} 2{,}49 & 3{,}23 \\ 0 & 0 \end{vmatrix} (10^4)(-1)^{1+3} = 0 \quad (5.31)$$

$$C_0 A_{21} = \begin{vmatrix} 2{,}49 & 0 \\ 0 & 2{,}80 \end{vmatrix} (10^4)(-1)^{2+1} = -6{,}972 \cdot 10^8 \left(\frac{N}{mm}\right)^2 \quad (5.32)$$

$$C_0 A_{22} = \begin{vmatrix} 12{,}95 & 0 \\ 0 & 2{,}80 \end{vmatrix} (10^4)(-1)^{2+2} = 36{,}26 \cdot 10^8 \left(\frac{N}{mm}\right)^2 \quad (5.33)$$

$$C_0 A_{26} = \begin{vmatrix} 12{,}95 & 2{,}49 \\ 0 & 0 \end{vmatrix} (10^4)(-1)^{2+3} = 0 \quad (5.34)$$

$$C_0 A_{61} = \begin{vmatrix} 2{,}49 & 0 \\ 3{,}23 & 0 \end{vmatrix} (10^4)(-1)^{3+1} = 0 \quad (5.35)$$

$$C_0 A_{62} = \begin{vmatrix} 12{,}95 & 0 \\ 2{,}49 & 0 \end{vmatrix} (10^4)(-1)^{3+2} = 0 \quad (5.36)$$

$$C_0 A_{66} = \begin{vmatrix} 12{,}95 & 2{,}49 \\ 2{,}49 & 3{,}29 \end{vmatrix} (10^4)(-1)^{3+3} = 35{,}63 \cdot 10^8 \left(\frac{N}{mm}\right)^2 \quad (5.37)$$

Und damit:

$$C_0 A = 10^8 \begin{bmatrix} 9{,}044 & -6{,}972 & 0 \\ -6{,}972 & 36{,}26 & 0 \\ 0 & 0 & 35{,}63 \end{bmatrix} \left(\frac{N}{mm}\right)^2 \qquad (5.38)$$

Beim Transponieren einer Matrix wird die Zeile i zur Spalte i:

$$[C_0 A]^T = 10^8 \begin{bmatrix} 9{,}044 & -6{,}972 & 0 \\ -6{,}972 & 36{,}26 & 0 \\ 0 & 0 & 35{,}63 \end{bmatrix} \left(\frac{N}{mm}\right)^2 \qquad (5.39)$$

Für den Betrag der Matrix [A] ergibt sich somit:

$$|A| = 99{,}760 \cdot 10^{12} \left(\frac{N}{mm}\right)^3 \qquad (5.40)$$

Einsetzen der Ergebnisse in Gleichung (5.28) liefert:

$$A^{-1} = \begin{bmatrix} 0{,}09066 & -0{,}06988 & 0 \\ -0{,}06988 & 0{,}3634 & 0 \\ 0 & 0 & 0{,}3571 \end{bmatrix} (10^{-4}) \left(\frac{N}{mm}\right)^{-1} \qquad (5.41)$$

Weiterhin gilt:

$$\begin{bmatrix} \varepsilon_x \\ \varepsilon_y \\ \gamma_{xy} \end{bmatrix} = [A^{-1}] \cdot [N] \qquad (5.42)$$

Für die Normalspannungen werden die folgenden Werte angenommen:

$$N_x = 1000\,N/mm\,;\,N_y = 0\,;\,N_{xy} = 0 \qquad (5.43)$$

Eingesetzt in Gleichung (5.42) ergibt dies:

5. Berechnungsbeispiele

$$\begin{bmatrix} \varepsilon_x \\ \varepsilon_y \\ \gamma_{xy} \end{bmatrix} = \begin{bmatrix} 0,09066 & -0,06988 & 0 \\ -0,06988 & -0,3634 & 0 \\ 0 & 0 & 0,3571 \end{bmatrix} \begin{bmatrix} 1000 \\ 0 \\ 0 \end{bmatrix} (10^{-4}) \quad (5.44)$$

Somit ergibt sich:

$$\varepsilon_x = 0,009066; \varepsilon_y = -0,006988; \gamma_{xy} = 0 \quad (5.45)$$

$$\nu_{xy} = \frac{\varepsilon_x}{\varepsilon_y} = \frac{0,009066}{-0,006988} = -1,297 \quad (5.46)$$

Für die Spannungen in den Schichten gilt:

$$\begin{bmatrix} \sigma_x \\ \sigma_y \\ \tau_{xy} \end{bmatrix}_{0°} = \begin{bmatrix} 200803,2 & 2207,5 & 0 \\ 2207,5 & 6325,3 & 0 \\ 0 & 0 & 5300 \end{bmatrix}_{0°} \cdot \begin{bmatrix} 0,009066 \\ -0,006989 \\ 0 \end{bmatrix} \quad (5.47)$$

$$\sigma_x = \sigma_{11} = 1805,1 \frac{N}{mm^2}; \sigma_y = \sigma_{22} = -24,2 \frac{N}{mm^2}; \tau_{xy} = \tau_{12} = 0 \quad (5.48)$$

$$\begin{bmatrix} \sigma_x \\ \sigma_y \\ \tau_{xy} \end{bmatrix}_{+45°} = \begin{bmatrix} 58185,9 & 47585,9 & 48619,5 \\ 47585,9 & 58185,9 & 48619,5 \\ 48619,5 & 48619,5 & 50678,4 \end{bmatrix}_{+45°} \cdot \begin{bmatrix} 0,009066 \\ -0,006989 \\ 0 \end{bmatrix} \quad (5.49)$$

$$\sigma_x = 194,9 \frac{N}{mm^2}; \sigma_y = 24,8 \frac{N}{mm^2}; \tau_{xy} = 101 \frac{N}{mm^2} \quad (5.50)$$

Die Spannungen müssen jetzt noch von dem globalen in das lokale Koordinatensystem transformiert werden:

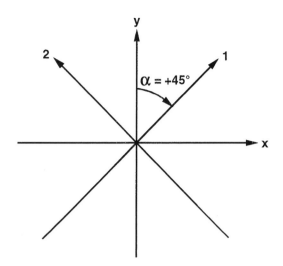

Abb. 5.1.5 Transformation von x, y nach 1, 2

$$\begin{bmatrix} \sigma_{11} \\ \sigma_{22} \\ \tau_{12} \end{bmatrix}_{+45°} = \begin{bmatrix} \cos^2\alpha & \sin^2\alpha & 2\cdot\sin\alpha\cdot\cos\alpha \\ \sin^2\alpha & \cos^2\alpha & -2\cdot\sin\alpha\cdot\cos\alpha \\ -\sin\alpha\cos\alpha & \sin\alpha\cos\alpha & \cos^2\alpha\cdot\sin^2\alpha \end{bmatrix} \cdot \begin{bmatrix} \sigma_x \\ \sigma_y \\ \tau_{xy} \end{bmatrix} \quad (5.51)$$

Diesem Ausdruck kann man bereits entnehmen, dass betragsmässig identische Werte ebenfalls für den Lagenwinkel $\alpha = -45°$ entstehen.

Somit erhält man:

$$\begin{bmatrix} \sigma_{11} \\ \sigma_{22} \\ \tau_{12} \end{bmatrix}_{\pm 45°} = \begin{bmatrix} 210,9 \\ 8,85 \\ \mp 85,1 \end{bmatrix} \left(\frac{N}{mm^2}\right) \quad (5.52)$$

Für die Bruchfestigkeiten gelten die folgenden Annahmen:
Für Zug:

$$\sigma_{11BZ} = 1370\,N/mm^2 \quad (5.53)$$

$$\sigma_{22BZ} = 50\,N/mm^2 \quad (5.54)$$

5. Berechnungsbeispiele

$$\tau_{12B} = 80\,\text{N}/\text{mm}^2 \qquad (5.55)$$

Für Druck:

$$\sigma_{11BD} = 1370\,\text{N}/\text{mm}^2 \qquad (5.56)$$

$$\sigma_{22BD} = 100\,\text{N}/\text{mm}^2 \qquad (5.57)$$

Zusammenstellung der Spannungen in den Schichten:

	0°	+45°	-45°
σ_{11}	1805,1	210,9	210,9
σ_{22}	-24,2	8,85	8,85
τ_{12}	0	-85,1	85,1
σ_{11}/σ_{11B}	1,318	0,154	0,154
σ_{22}/σ_{22B}	-0,242	0,177	0,177
τ_{12}/τ_{12B}	0	-1,064	1,064

Abb. 5.1.6 Zusammenstellung der Spannungen in den Schichten

5.2 Vereinfachte Formalismen zur Abschätzung der elastischen Eigenschaften, Spannungen und Festigkeiten von Faserverbunden [5.1] [5.2] [5.4] [5.5]

Wie aus Kapitel 5.1 deutlich wird, ist die Spannungsanalyse eines multidirektionalen Faserverbundes relativ aufwendig. Die Optimierung von Strukturen beginnt richtigerweise bereits in der Vorphase eines Projektes. Weit entfernt von einer hochgenauen Berechnung muss der Konstrukteur unter Berücksichtigung von Kosten und Gewichtsvorgaben in dieser Vorphase ein Ergebnis nahe dem Optimum entwerfen. Ein solches Ergebnis ist möglich, wenn für diesen wichtigen Prozess einfache, aber wirksame Instrumentarien zur Verfügung stehen.

Die in der Praxis am häufigsten verwendeten Laminate sind 0°, ± 45° und 90° faserverstärkt. Meistens überwiegt der Anteil der Fasern in 0°-Richtung, wenn diese mit der Richtung der Hauptbelastung zusammenfällt. Die ± 45°-Anteile nehmen die Schubbelastungen auf und die 90°-Anteile gelten als Sperrlage zur Vermeidung einer Verformung in 90°-Richtung.

So aufgebaute Laminate bestehen quasi aus vielen ebenen Dreigelenkbögen und bewirken wie in Fachwerkstrukturen eine grosse Schubsteifigkeit aber auch Festigkeit.

Aus den Eigenschaften der Komponenten Faser und Harz lassen sich relativ einfach die elastischen Eigenschaften und Festigkeiten überschlägig berechnen. Dies gilt insbesondere für unidirektionale Laminate in Faserrichtung und eingeschränkt auch für die Eigenschaften senkrecht zur Faserrichtung. Vorausgesetzt wird dabei eine gleichmässige Verteilung und parallele Anordnung der Fasern. Bei einachsiger Belastung in Faserrichtung wird Dehnungsverträglichkeit, also eine Parallelschaltung angenommen. Bei senkrechter Belastung von unidirektionalen Laminaten wird eine Reihenschaltung, also gleiche Spannung vorausgesetzt.

In den Gleichungen (5.58) bis (5.73) sind die aus den Mischungsregeln dargestellten Gleichungen zur Ermittlung der mechanischen Eigenschaften eines unidirektionalen Laminates dargestellt [5.3] [5.4] [5.5].

Zur groben Abschätzung der Eigenschaften in Faserrichtung haben sich die Gleichungen relativ gut bewährt. Elastizitätsmodul und Festigkeit lassen sich gut aus den Daten beider Komponenten berechnen. Dies gilt umso mehr, wenn die Matrixbruchdehnung gleich oder grösser der Faserbruchdehnung ist. Recht gute Übereinstimmung erzielt man auch bei der Querkontraktionszahl.

Modul und Festigkeit von UD-Laminaten in Faserrichtung sind hauptsächlich nur von dem Fasermodul, der Faserfestigkeit und dem Faservolumengehalt abhängig. Der Harzmodul spielt praktisch keine Rolle, da er in der Regel sehr viel kleiner ist als der Fasermodul.

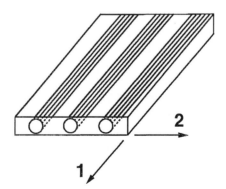

Abb. 5.2.1 Zur Berechnung eines unidirektionalen Laminates

5. Berechnungsbeispiele

Wie in Kapitel 3 dargestellt, werden die Festigkeiten und Moduli jedoch von weit mehr Faktoren beeinflusst, als in den Gleichungen (5.58) bis (5.65) vorgegeben.
Die Mischungsregeln lauten:

$$E_1 = \varphi \cdot E_{F1} + (1-\varphi) E_H \qquad (5.58)$$

$$(s^*) \quad E_2 = \frac{E_H \, E_{F2}}{\varphi E_H + (1-\varphi) E_{F2}} \qquad (5.59)$$

$$(s^*) \quad G_{12} = \frac{G_F \cdot G_H}{\varphi \cdot G_H + (1-\varphi) G_F} \qquad (5.60)$$

$$\upsilon_{12} = \varphi \cdot \upsilon_F + (1-\varphi) \upsilon_H \qquad (5.61)$$

Mit:
E_F = E-Modul der Faser
E_H = E-Modul der Matrix
φ = Faservolumengehalt

Der Index 1 beschreibt die Grössen in Faserrichtung, der Index 2 dagegen die Grössen senkrecht zur Faserrichtung.

* Nicht sonderlich bewährt haben sich die Mischungsformeln für den Modul senkrecht zur Faserrichtung und beim Schubmodul, was sicher auch damit zusammenhängt, dass man bei anisotropen Fasern wie z.B. der Kohlenstoff-, Aramid- und Polyethylenfaser die E- und G-Moduli senkrecht zur Faser nicht genau kennt.

Bessere Ergebnisse für E_2 und G_{12} erzielt man mit der in Gleichung (5.62) bis (5.65) aufgeführten modifizierten Regel von Puck und Chamis [5.4] [5.5].

<u>Chamis</u>:

$$E_2 = \frac{E_H}{1 - \varphi^{0,5} \left(1 - E_H / E_{F2}\right)} \qquad (5.62)$$

$$G_{12} = \frac{G_H}{1 - \varphi^{0,5} \left(1 - G_H / G_F\right)} \qquad (5.63)$$

Puck:

$$E_2 = \frac{E_H^*(1+0,85\cdot\varphi^2)}{\varphi\cdot E_H^*/E_F + (1-\varphi)^{1,25}} \quad \text{mit}: E_H^* = \frac{E_H}{1-\upsilon_H^2} \quad (5.64)$$

$$G_{12} = \frac{G_H(1+0,6\cdot\varphi^{0,5})}{\varphi\cdot G_H/G_F + (1-\varphi)^{1,25}} \quad (5.65)$$

Sie beruhen auf halbempirischen Modellen, die durch Messungen kalibriert wurden.

5.2.1 Weitere vereinfachte Formalismen zur groben Vordimensionierung von faserverstärkten Kunststoffen

Ziel dieser Untersuchung war es, dem Konstrukteur ein Hilfsmittel zu liefern, das es ihm erlaubt, Vordimensionierungen durchzuführen. Da das exakte Berechnen von Laminateigenschaften mit EDV in der Regel mit grossem Aufwand verbunden ist, sind für ihre Festlegung in der Vorkonstruktion einfache Formalismen dringend erforderlich.

Abb. 5.2.2 unterstreicht diese Problematik und zeigt eindringlich, dass in den Konzeptphasen von Projekten häufig zu viele Mittel gebunden sind, die im Fortschritt der Projekte dringend benötigt werden.

5. Berechnungsbeispiele

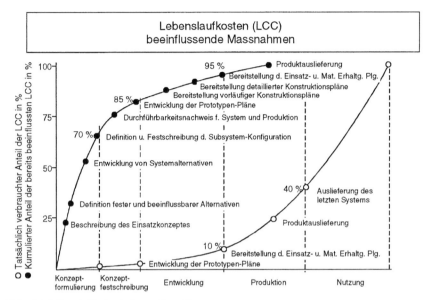

Abb. 5.2.2 Durchführbarkeitsstudie - Kosten

So zeigt eine Durchführbarkeitsstudie über die die Lebenslaufkosten (LCC) beeinflussenden Massnahmen, dass bereits nach der Festschreibung der Konzeptphase eines Projektes 85 % der verfügbaren Mittel festgelegt sind. Diesem Problem kann nur begegnet werden, indem in dieser Vorphase das verfügbare Wissen voll zum Einsatz kommt. So lassen sich durch Plausibilitätsbetrachtungen, Korrelationen und durch Empirie und Regressionsanalysen im Vorfeld einer schwierigen Konstruktionsaufgabe viele Probleme erkennen und abschätzen. Auf diesen Punkt wird später nochmals im Detail eingegangen (Kap. 13).

Normalerweise genügen dem Konstrukteur die Elastizitätskonstanten E_x, E_y und G_{xy} sowie die Festigkeiten σ_x, σ_y und τ_{xy}. Untersucht wurden deshalb in diesen Zusammenhängen uni- und multidirektionale Zug- und Schubproben. Für alle Proben wurden dabei zur Sicherstellung der tatsächlichen Grundeigenschaften Referenzproben mitgefertigt. Dadurch war es möglich, neben der Probenform auch die vereinfachten Formalismen auf ihre Genauigkeit hin zu überprüfen. Problematisch bei der anstehenden Aufgabe war die experimentelle Ermittlung von Schubkennwerten. Der Grund dafür war, dass keine zuverlässige Messmethode bekannt war, um Schubfestigkeiten und Schubmoduln von unidirektionalen Verbunden zu ermitteln. Da die Kenntnis gerade dieser Eigenschaft für eine Bauteildimensionierung sowie für die Erstellung von Entwurfstafeln sehr wichtig ist, wurde eine Testeinrichtung zur Ermittlung von Schublaminaten untersucht (siehe Abb. 5.2.7).

Die Überprüfung dieser Testeinrichtung erforderte umfangreiche Eichversuche mit Aluplatten. Die Ergebnisse dieser Untersuchungen waren ausgesprochen positiv. Deshalb wurden entsprechende Faserverbundplatten für Vergleichszwecke ausgelegt.

Dass die vergleichbaren G-Moduln praktisch nicht voneinander abweichen, bestätigt die Richtigkeit der FEM-Rechnung.

Abschliessend lässt sich folgendes zu den Ergebnissen feststellen:

Die experimentellen sowie die rechnerischen Ergebnisse der Schubplatten stimmen erstaunlich gut überein. Die Gegenüberstellung von Experiment und Berechnung zeigt, dass die aus Grundkonstanten ermittelten Schubmoduln richtig sind und damit als Dimensionierungskennwerte verwendet werden können, wenn die in die Berechnung eingebrachten Werte statistisch abgesichert sind (siehe dazu Kapitel 13).

Neben den Schubversuchen an verschiedenen multidirektionalen Laminaten wurden zusätzlich multidirektionale Zugproben untersucht. Mit Hilfe der Ergebnisse dieser Untersuchungen wurden einfache, nachfolgend zusammengestellte Formalismen zur quasirechnerischen Vorhersage auf ihren Aussagewert hin untersucht.

Folgende Formalismen wurden entwickelt:

$$E_x = \frac{1}{t_{ges}} \cdot \left[E_{0°} \cdot t_{0°} + E_{90°} \cdot t_{90°} + E_{\pm 45°} \cdot t_{\pm 45°} \right] \quad (5.66)$$

$$\sigma_x = \frac{\sigma_{0°}}{E_{0°}} \cdot E_x \quad (5.67)$$

$$G_{xy} = \frac{1}{t_{ges}} \cdot \left[G_{0°/90°} \cdot t_{0°/90°} + \frac{E_{0°}}{4} \cdot t_{\pm 45°} \right] \quad (5.68)$$

$$\tau_{xy} = \frac{\tau_{\pm 45°}}{G_{\pm 45°}} \cdot G_{xy} \quad (5.69)$$

$$\frac{E_0}{4} \cong G_{\pm 45°} \quad (5.70)$$

Die Schubmoduln der Faserverbundplatten wurden dabei mit Hilfe der Elastizitätsgesetze für orthotrope Werkstoffe ermittelt.

Für die Berechnung wurden dabei folgende Grundkennwerte verwendet:

5. Berechnungsbeispiele

$E_{\parallel}$ = 204500 N/mm^2
$E_{\perp}$ = 6990 N/mm^2
$G_{\#}$ = 4950 N/mm^2
$v_{\perp\parallel}$ = 0,409

Untersucht wurden sechs verschiedene multidirektionale Laminate. Die Ergebnisse dieser Untersuchungen sind dabei erstaunlich gut. Sie weichen im ungünstigsten Fall um 15,1 % ab und im günstigsten Fall um 0,2 %. Ein Vergleich der so ermittelten G-Matrix mit der aus dem Elastizitätsgesetz Berechneten zeigt die Abb. 5.2.3.

Abb. 5.2.4 veranschaulicht das Schema zur überschlägigen Berechnung von multidirektionalen, orthotropen Faserverbundwerkstoffen.

Lam. Nr.	Laminataufbau	Anteil der Lagen [%]	Rechn. Schubmodul G [kp/mm^2]		$G_{exper.}$ [N/mm^2]	Abw. [%]
			Elast.-Gesetz*	FEM an RS-Probe		
I	0°/±45°/90°	36,5/54,5/9,0	3045	3090	29800	-2,2
II	0°/±45°/90°	54,5/36,5/9,0	2205	2200	22000	-0,2
III	0°	100	500	490	5400	+7,4
IV	0°/90°	45,5/54,5	500	490	5600	+10,7
V	±45°	100	5180	5300	45000	-15,1
VI	±67,5°	100	2840	2810	29200	+2,7

* Vereinfachte Formalismen

Abb. 5.2.3 Vergleich der ermittelten G-Moduln

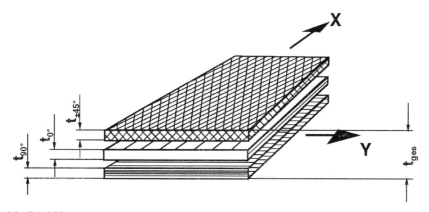

Abb. 5.2.4 Veranschaulichung zur überschlägigen Berechnung von Laminaten

Zur Ermittlung des Moduls in x-Richtung benötigt man nach Gleichung (5.66) die Moduln E_0, E_{90} und $E_{\pm 45}$ sowie die Dickenanteile der 0°-, 90° und ±45°-Lagen an der Gesamtdicke t_{ges}.

E_0 und E_{90} ($\equiv E_1$ und E_2) lassen sich aus der Mischungsformel nach den Gleichungen (5.58) bis (5.61) ermitteln. Der E-Modul von ±45°-Laminaten muss experimentell ermittelt werden. Zur Berechnung des Schubmoduls G_{xy} benötigt man den Modul $G_{0°/90°}$ und $G_{\pm 45°}$, die Dickenanteile der 0°- und 90°-Lagen sowie der ±45°-Lagen (siehe Gleichung (5.68)). $G_{0°/90°}$ ($\equiv G_{12}$) lässt sich aus der Mischungsformel nach Gleichung (5.58) sowie (5.62) bis (5.65) ermitteln.

Der Schubmodul eines ±45°-Laminats lässt sich aus dem Elastizitätsgesetz durch eine einfache Formel berechnen:

$$G_{\pm 45°} = \frac{E_1 + E_2}{4} \cong \frac{E_1}{4} \qquad (5.71)$$

Voraussetzung ist dabei:

$$E_1 \gg E_2 \; ; \; z.B. \frac{E_1}{E_2} > 10 \qquad (5.72)$$

$$\nu_{12} < 1 \; ; \; \nu_{12} > \nu_{21} \qquad (5.73)$$

Für die Verbunde aus den anisotropen Kohlenstoff-, Aramid- und Polyethylenfasern sind die obigen Voraussetzungen gegeben, jedoch nicht für die Glasfasern. Bei diesen ist das Verhältnis E_1/E_2 wesentlich kleiner als 10.

5. Berechnungsbeispiele

Laminat-aufbau	Fasertyp HM	Fasertyp HT	Dickenanteile $t_{0°}/t_{\pm 45°}$	Dickenanteile $t_{0°}/t_{90°}$	E_x [N/mm^2] Mehr-schicht-theorie	E_x [N/mm^2] Über-schlags-rechn.	Abw. in %	G_{xy} [N/mm^2] Mehr-schicht-theorie	G_{xy} [N/mm^2] Über-schlags-rechn.	Abw. in %
15 x 0° 20 x ±45° 2 x 90°	x	x x	0,75	7,5	67380	63200	- 6,2	28200	25900	- 8,2
15 x 0° 28 x ±45° 2 x 90°		x x x	0,53	7,5	57900	54350	- 6,1	22800	21800	- 4,4
10 x 0° 20 x ±45° 10 x 90°		x x x	0,50	1,0	69600	58160	- 16,4	26600	24350	- 8,5
12 x 0° 24 x ±45° 12 x 90°		x x x	0,50	1,0	51000	43500	- 14,7	19400	18600	- 4,1
14 x 0° 24 x ±45° 2 x 90°		x x x	0,58	7,0	82650	77400	- 6,4	30800	28200	- 8,4
18 x 0° 20 x ±45° 2 x 90°		x x x	0,90	9,0	99380	94250	- 5,2	26000	24300	- 6,5
19 x 0° 20 x ±45° 2 x 90°		x x x	0,95	9,5	101500	97220	- 4,2	26070	25680	- 1,5
18 x 0° 16 x ±45° 4 x 90°		x x x	1,13	4,5	100500	93340	- 7,1	23200	21750	- 6,3
20 x 0° 16 x ±45° 4 x 90°		x x x	1,25	5,0	109200	102760	- 5,9	22300	22010	- 1,3
10 x 0° 20 x ±45° 10 x 90°		x x x	0,50	1,0	69600	58160	- 16,4	26600	24350	- 8,5
12 x 0° 24 x ±45° 12 x 90°		x x x	0,50	1,0	51000	43500	- 14,7	19400	18600	- 4,1
18 x 0° 16 x ±45° 6 x 90°		x x x	1,13	3,0	101400	93710	- 7,6	22300	22010	- 1,3
14 x 0° 24 x ±45° 2 x 90°		x x x	0,58	7,0	82650	77400	- 6,4	30800	28200	- 8,4
18 x 0° 20 x ±45° 2 x 90°		x x x	0,90	9,0	99380	94250	- 5,2	26600	24300	- 8,6

Abb. 5.2.5 Gegenüberstellung der nach der Mehrschichttheorie berechneten Elastizitäten zu den überschlägig Berechneten von multidirektionalen CFK-Laminaten aus HT- und HM-Fasern, sowie Mischlaminaten aus HT- und HM-Fasern unter Zugbelastung

	I	II
Lagenaufbau	8 x 0°, 12 x ±45°, 2 x 90°	12 x 0°, 8 x ±45°, 2 x 90°
Prepreg-Batch Nr.	1885	1885
$t_{0°}/t_{45°}$	0,66	1,5
$t_{0°}/t_{90°}$	4,0	6,0
Grundkonstanten		
E_{22} [N/mm^2] [1)]	5450	5450
$E_{11}/4$ [N/mm^2] [2)]	45400	45400
$G_{xyMessung}$ (Rail shear) [N/mm^2] [4)]	29800	20200
gerechnete G-Moduln		
G_{xyFEM} [N/mm^2] [5)]	30440	22030
$G_{xyüberschl.}$ [N/mm^2] [6)]	27260	19977
Abweichung von $G_{xyüberschl.}$ von Messwert [%]	-8,5	-1,1

1) Im Zugversuch an ±45°-Proben gemessen
2) E_{11} im Zugversuch an 0°-Proben gemessen (Mittelwert aus der betreffenden Prepregbatch)
3) Im Rail shear-Test an einer Platte ermittelter Wert.
4) G_{xy} nach Finite-Element-Methode berechnet.
5) G_{xy} überschlägig berechnet nach Gleichung (5.68)

Abb. 5.2.6 Gegenüberstellung von gemessenen, gerechneten (FEM) und überschlägig berechneten Schubmoduln von multidirektionalen CFK-Laminaten mit HM-Kohlenstoffasern

Mit diesen vereinfachten Gleichungen (5.66) bis (5.70) lassen sich somit relativ einfach die wichtigsten Eigenschaften von in der Praxis häufig vorkommenden Laminaten gut abschätzen. Dabei muss jedoch zur Berechnung von E_x der Zugmodul von ±45°-Laminaten als Messwert vorliegen, was in der Regel der Fall ist. Zur Ermittlung des Schubmoduls von unidirektionalen Laminaten mit anisotropen Fasern (z.B. Kohlenstoffasern) verwendet man eine ±45°- Zugprobe. Diese Probe wird nach ihrem Erfinder Rosen auch Rosenprobe genannt [5.12]. Er fand heraus, dass bei einer ±45°-CFK-Zugprobe die Längs- und die Querdehnung ungefähr gleich gross sind, so dass im Prinzip eine reine Schubspannung vorherrscht (Mohr'scher Spannungskreis). Die Abb. 5.2.5 und Abb. 5.2.6 zeigen die Gegenüberstellung unterschiedlich ermittelter Eigenschaften von multidirektionalen kohlenstoffaserverstärkten Laminaten:
- überschlägig mit den Formeln nach Gleichung (5.58) bis (5.70)
- mit Hilfe des Elastizitätsgesetzes und der Mehrschichttheorie (Kapitel 3)
- mit Hilfe finiter Elemente
- gemessen

5. Berechnungsbeispiele

Wie Abb. 5.2.5 zeigt, halten sich die Abweichungen von E_x in Grenzen. In 10 von 14 Fällen liegen sie weit unter 10% und in 4 Fällen bei 14 - 16%.

Beim Schubmodul G_{xy} ist das Ergebnis noch besser als beim Elastizitätsmodul E_x. Abb. 5.2.6 zeigt nicht nur eine gute Übereinstimmung zwischen gerechneten und überschlägig ermittelten Schubmoduln, sondern auch mit denen im sogenannten „Railshear-Test" gemessenen (Abb. 5.2.5)

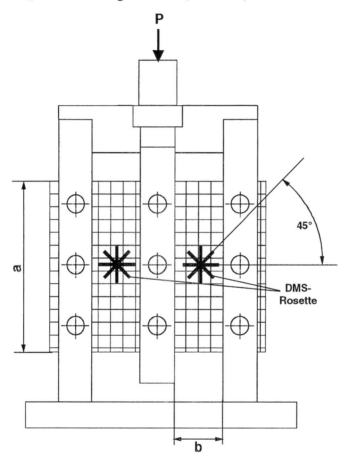

Abb. 5.2.7 Schematische Darstellung des Rail shear Tests [5.6] [5.7] [5.8] [5.9] zur Ermittlung der Werte in Abb. 5.2.6.

5.3 Berechnungsbeispiel Kardanwelle [5.2]

Zum besseren Verständnis und zur praktischen Anwendung der Mehrschichttheorie wird im folgenden ein Beispiel behandelt und zwar die Berechnung einer aus Faserverbunden gewickelten Kardanwelle.

5.3.1 Aufgabenstellung [5.2]

Gegeben ist die metallische Kardanwelle eines Personenwagens. Dabei handelt es sich im Prinzip um eine Hohlwelle aus St 42-2 mit folgenden Geometrie- und Materialdaten:

Länge L des Torsionsrohres:	1500 mm
Aussendurchmesser:	80 mm
Innendurchmesser:	76 mm
Zugfestigkeit von St 42-2:	420 N/mm^2
Massendichte:	7,85 g/cm^3

Die Welle ist an ihren Enden frei aufliegend gelagert und muss ein maximales Antriebsmoment von N_{max} = 1500 Nm übertragen können. Im Rahmen der Modellpflege des Kraftfahrzeuges werden die metallischen Kardanwellen unterschiedlicher Grösse durch weniger wiegende Faserverbundwellen ersetzt. Eine solche gewichtsoptimierte Faserverbundwelle ist durch eine Handrechnung zu dimensionieren. Aufgrund ihres Einsatzspektrums soll die Faserverbundwelle bei einer Torsionsbelastung von N_{max} = 2500 Nm ungefähr die gleiche kritische Drehzahl n_{kr} und etwa die gleiche Sicherheit S_B gegen Bruch besitzen wie die Stahlwelle bei der geringeren Belastung von nur N_{max} = 1500 Nm. Es müssen folgende Bedingungen erfüllt werden:

$$n_{kr \text{ Stahlwelle}} \leq n_{kr \text{ Wickelwelle}} \leq 1{,}5 \, n_{kr \text{ Stahlwelle}} \tag{5.74}$$

und für den Sicherheitsfaktor

$$S_{B \text{ Wickelwelle}} \geq S_{B \text{ Stahlwelle}} \tag{5.75}$$

Für den Schichtaufbau gibt es folgende Optionen:

$$\begin{array}{l}[(\pm 20°)_a /(\pm 50°)_b]_S \, ; [(\pm 25°)_a /(\pm 45°)_b]_S \\ [(\pm 30°)_a /(\pm 50°)_b]_S \, ; [(\pm 30°)_a /(\pm 60°)_b]_S \end{array} \tag{5.76}$$

5. Berechnungsbeispiele

Einige nützliche Formeln:

$$f_G = \frac{\pi}{2 \cdot L^2} \cdot \sqrt{\frac{E \cdot I}{\rho \cdot A}} \qquad (5.77)$$

$$\sigma_{VG} = \sqrt{3} \cdot \tau_t \qquad (5.78)$$

$$\tau_t = \frac{M_t}{W_p} \qquad (5.79)$$

$$E = E_x = \left(A_{11} - \frac{A_{12}^2}{A_{22}} \right) \cdot \frac{1}{t} \qquad (5.80)$$

E = Elastizitätsmodul
I = axiales Flächenträgheitsmoment
ρ = Dichte
A = Querschnittsfläche
τ_t = Torsionsspannung der Stahlwelle
σ_{VG} = einachsige Vergleichsanstrengung
A_{ij} = Membransteifigkeit
f_G = Grundfrequenz der Biegeschwingung
t = Laminatdicke

5.3.2 Lösungskonzept

1. Kritische Drehzahl der Stahlwelle berechnen.
2. Sicherheitsfaktor S_B gegen Bruch von der Stahlwelle berechnen.
3. Abschätzung des Ersatzmoduls E_x aus der maximal zulässigen kritischen Drehzahl
4. Linienlast N_{xy} der Faserverbundwelle berechnen.
5. A-Matrix berechnen
6. Ersatzmodul E_x berechnen
7. Dehnungen berechnen
8. Schichtspannungen berechnen sowie vorläufige Festigkeitskriterien anwenden und Sicherheitsfaktoren S_B bestimmen (endgültige Festigkeitskriterien siehe Kapitel 6)
9. Gewichte der unterschiedlichen Kardanwellen miteinander vergleichen.

Steifigkeiten					
E_1	E_2	v_{23}	v_{12}	G_{23}	G_{12}
220000	7000	0,20	0,35	2917	5000
N/mm^2	N/mm^2			N/mm^2	N/mm^2

Festigkeiten				
X_t	X_c	Y_t	Y_c	S
1100	1100	50	150	75
N/mm^2	N/mm^2	N/mm^2	N/mm^2	N/mm^2

Abb. 5.3.1 Für die Berechnung zugrunde gelegte Materialkennwerte und Festigkeiten

Für die Handrechnung der Wickelwelle wird ein unidirektionaler, kohlefaserverstärkter Faserverbundwerkstoff mit einem Faservolumenanteil von 60% und den obenstehenden Materialkennwerten verwendet. Die Massendichte ρ beträgt 1,6 g/cm^3 und die Wickeldicke einer Lage beträgt 0,2 mm.

5.3.3 Laminatbelastung

Geometrie

Da die Kardanwelle im wesentlichen ein Torsionsmoment überträgt, liegt ein kreisrunder Querschnitt mit entsprechendem Durchmesser nahe. Wegen der Frequenzanforderungen ist eine möglichst kleine Wandstärke bei relativ grossem Durchmesser günstig, so dass die dünnwandige Theorie verwendet werden kann.

Koordinatenvereinbarung

Das Problem erfordert kein eigenes Koordinatensystem für die Kardanwelle. Zur globalen Beschreibung des Laminates in Systemkoordinaten werden X (parallel zur Wellenachse), Y (in Umfangsrichtung) und Z (Dickenkoordinate) verwendet. Die Materialhauptachsen der einzelnen Lagen sind 1 (Faserrichtung), 2 (quer zur Faserrichtung) und 3 (senkrecht auf der Schichtebene).

Linienlasten

Da nur die Torsionsbelastung betrachtet wird, sind alle Querschnitte der Kardanwelle gleich belastet. Bei multidirektionalen Laminaten bietet sich aus formalen Gründen die Darstellung der Schnittgrössen als verteilte Lasten N und verteilte Momente M (wie in der Mehrschichttheorie allgemein üblich) an. Die verteilten Momente können wegen der Dünnwandigkeit von vornherein als klein vernachlässigt werden. Die Linienlastkomponente N_y in Umfangsrichtung soll ebenfalls nicht betrachtet werden, da keine grossen Umfangslasten erwartet werden. Die einzige hier noch zu berücksichtigende Linienlast ist die Schubkomponente.

5. Berechnungsbeispiele   91

$$N_{xy} = \frac{2 \cdot M_t}{\pi \cdot d_m^2} \left[\frac{N}{mm} \right] \qquad (5.81)$$

Lineare Temperatur- und Feuchteeinflüsse
Die sogenannten residuellen Spannungen in mehrschichtigen Faserverbundwerkstoffen sollten nur in besonderen Fällen in der Rechnung berücksichtigt werden. Residuelle Spannungen entstehen infolge der stark anisotropen Wärmeausdehnungskoeffizienten α_j und Quellkoeffizienten β_j, wenn im multidirektionalen Verbund die freien Dehnungen der einzelnen Lagen behindert sind (siehe Kapitel 3). Insbesondere bei 180-Grad Systemen und den älteren Matrixmaterialien mit geringer Bruchdehnung können bei der Abkühlung nach der Aushärtung im Autoklaven Zwischenfaserbrüche infolge residueller Spannungen ohne jede äussere mechanische Belastung auftreten. In der hier durchzuführenden Handrechnung sollen die residuellen Spannungen nicht berücksichtigt werden.

5.3.4 Berechnung der Spannungen und einer vorläufigen Festigkeit

Laminatberechnung
Die Laminatberechnung erfolgt nach der klassischen Laminattherorie, auch Mehrschichttheorie genannt (siehe Kapitel 3), welche eine Theorie dünner, anisotroper Platten ist. Daher werden nur die mechanischen Kenngrössen in der Plattenebene benötigt. Damit diese Aufgabe für eine Handrechnung nicht zu umfangreich wird, soll von vornherein nur ein Laminat mit der gekennzeichneten Schichtreihenfolge berechnet werden, wobei die optimale Anzahl der Lagen mit den unterschiedlichen Schichtwinkeln (a,b) mit a,b = 1 oder 2 bestimmt werden müssen (siehe Gleichung (5.76)). Die zu verwendenden Formeln werden Kapitel 3 entnommen.

Reduzierte Steifigkeiten
Für die einzelnen UD-Lagen wird im Einklang mit der Theorie dünner Platten ein ebener Spannungszustand angenommen. Die Beziehungen zwischen Spannungen und Dehnungen vereinfachen sich deswegen zu

$$\{\sigma\}_{1,2} = [Q] \cdot \{\epsilon\}_{1,2} \; ; \; \{\sigma\}^t = \{\sigma_1 \; \sigma_2 \; \sigma_6\} \qquad (5.82)$$

In den Materialkoordinaten gilt der Zusammenhang zwischen den reduzierten Steifigkeiten Q_{ij} und den elastischen Konstanten

$$Q_{11} = \frac{E_1}{1 - \nu_{12} \cdot \nu_{21}} \qquad (5.83)$$

$$Q_{12} = \frac{\nu_{21} \cdot E_1}{1 - \nu_{12} \cdot \nu_{21}} \qquad (5.84)$$

$$Q_{22} = \frac{E_2}{1 - \nu_{12} \cdot \nu_{21}} \qquad (5.85)$$

$$Q_{66} = G_{12} \qquad (5.86)$$

$$\nu_{21} = \frac{E_2}{E_1} \cdot \nu_{12} \qquad (5.87)$$

Richtungstransformationen
Die Koordinatentransformation von den Materialkoordinaten in Systemkoordinaten ist mit

$$[\overline{Q}]_{(x,y)} = [T]^{-1} \cdot [Q]_{(1,2)} \cdot [T]^{-T} \qquad (5.88)$$

und

$$[T] = \begin{bmatrix} \cos^2 & \sin^2 & 2 \cdot \sin \cos \\ \sin^2 & \cos^2 & -2 \cdot \sin \cdot \cos \\ -\sin \cdot \cos & \sin \cdot \cos & \cos^2 - \sin^2 \end{bmatrix} \qquad (5.89)$$

gegeben.
Das Argument der trigonometrischen Funktionen ist die mathematisch positive Drehung φ der Materialkoordinaten mit Bezug auf ein gewähltes Bezugssystem (Laminatkoordinaten). Ausserdem gilt für die Inversion der Transformationsmatrix

$$[T]^{-1}_{(\varphi)} = [T]_{(-\varphi)} \qquad (5.90)$$

5. Berechnungsbeispiele

Unter der Verwendung eines ausgewogenen Laminates, d. h. gleich viele $+\alpha$- wie auch $-\alpha$-Orientierungen, benötigt man nur die Steifigkeitsmatrizes der $+\alpha$-Orientierungen. Die Steifigkeitsmatrizes $\overline{[Q]}_{(x,y)}$ der $-\alpha$-Orientierungen unterscheiden sich nur durch eine Vorzeichenumkehrung der Elemente, wobei $Q_{13}(=Q_{31})$ und $Q_{23}(=Q_{32})$.

ABD-Matrix
Die Last-Dehnungsbeziehungen bei symmetrischem Wandaufbau und reiner Membranbelastung lauten

$$\{N\}_{(x,y)} = [A]_{(x,y)} \cdot \{\varepsilon\}_{(x,y)} \tag{5.91}$$

mit den Linienlasten N, den Laminatdehnungen ε und den Membransteifigkeitselementen

$$[A]_{(x,y)} = \sum_{k=1}^{n} \overline{[Q]}_{k(x,y)} (z_k - z_{k-1}) \tag{5.92}$$

Die Schichtkoordinaten haben ihren Ursprung in der Laminatmitte.
Die Berechnung der B-Matrix (=Kopplungsmatrix) ist hier nicht erforderlich, da sämtliche Koeffizienten dieser Matrix infolge des gewählten symmetrischen Laminataufbaus zu Null werden.

Dehnungen berechnen
Die Berechnung der noch unbekannten Dehnungen unter den aus den äusseren Lasten berechneten Linienkräften erfolgt mit der inversen Beziehung

$$\{\varepsilon_0\}_{(x,y)} = [A]^{-1}_{(x,y)} \cdot \{N\}_{(x,y)} \tag{5.93}$$

Für die Inversion der A-Matrix gilt (Cramer'sche Regel):

$$[A]_{(x,y)} = \begin{bmatrix} A_{11} & A_{12} & 0 \\ A_{12} & A_{22} & 0 \\ 0 & 0 & A_{66} \end{bmatrix} \tag{5.94}$$

$$[A]^{-1}_{(x,y)} = \begin{bmatrix} \dfrac{A_{22}}{A_{11} \cdot A_{22} - A_{12}^2} & \dfrac{-A_{12}}{A_{11} \cdot A_{22} - A_{12}^2} & 0 \\ \dfrac{-A_{12}}{A_{11} \cdot A_{22} - A_{12}^2} & \dfrac{A_{11}}{A_{11} \cdot A_{22} - A_{12}^2} & 0 \\ 0 & 0 & \dfrac{1}{A_{66}} \end{bmatrix} \quad (5.95)$$

Schichtspannungen in Systemkoordinaten
Die Schichtspannungen in Systemkoordinaten ergeben sich aus den reduzierten Steifigkeiten in Systemkoordinaten $[\overline{Q}]$ der einzelnen Lagen sowie dem im hier ganzen Laminat konstanten Dehnungsvektor $\{\varepsilon\}$.

$$\{\sigma\}_{k(x,y)} = [\overline{Q}]_{k(x,y)} \cdot \{\varepsilon\}_{(x,y)} \quad ; \quad \{\sigma\}^t = \{\sigma_x \; \sigma_y \; \sigma_{xy}\} \quad (5.96)$$

Schichtspannungen in Materialkoordinaten
Die Schichtspannungen liegen jetzt in den Systemkoordinaten vor und müssen mit der Transformation

$$\{\sigma\}_{k(1,2)} = [T_k] \cdot \{\sigma\}_{k(x,y)} \quad (5.97)$$

in Spannungskomponenten parallel und senkrecht zur jeweiligen Faserrichtung umgerechnet werden.

Identifikation der Versagensart

$$\sigma_1 < X_t \quad (5.98)$$

$$\sigma_2 < Y_t \quad (5.99)$$

$$|\tau_{12}| = |\sigma_6| < S \quad (5.100)$$

$$|\sigma_1| < X_c \quad (5.101)$$

$$|\sigma_2| < Y_c \quad (5.102)$$

5. Berechnungsbeispiele

Für eine von Hand berechnete erste Auswahl der unterschiedlichen Laminataufbauvarianten soll zunächst das Kriterium der maximalen Spannungen der Einfachheit halber verwendet werden. Dies ersetzt jedoch nicht den später durchzuführenden endgültigen Festigkeitsnachweis (siehe Kapitel 6). Nach dem Kriterium der maximalen Spannungen tritt Versagen dann ein, wenn irgendeine der Spannungskomponenten die entsprechende Festigkeit übersteigt. Gilt $\sigma_1 \geq X_t$, liegt ein Faserversagen vor. Bei $|\tau_{12}| > S$ soll Zwischenfaserbruch angenommen werden. Bei Verwendung anderer Versagenskriterien müssen die entsprechenden Formeln angewendet werden (siehe Kapitel 6). Empfohlen wird hierfür die Hypothese von Puck.

Festigkeitsbeurteilung
Bei zunehmender Belastung eines multidirektionalen Laminates passieren im allgemeinen mehrere Schadensereignisse, bis das Laminat tatsächlich strukturell versagt. So wird es, wenn die Grenzdehnung quer zu den Fasern geringer ist als parallel zu ihnen bei multidirektionalen Laminaten erst zu Zwischenfaserbrüchen kommen, nach denen die Last bis zur vollständigen Ausnutzung der Tragfähigkeit mitunter noch wesentlich gesteigert werden kann. Ob in einem solchen Fall dennoch gegen das erste Schichtversagen dimensioniert werden muss oder ob man begrenzte Schäden in Kauf nimmt, hängt von der zu erwartenden Belastung ab (siehe Kapitel 6). Bei dynamischer Belastung können Zwischenfaserrisse beispielsweise Delaminationen initiieren, welche langsam wachsen und irgendwann eine kritische Grösse erreichen, die bei Druckbelastung zu örtlichem Beulen und instabilem Delaminationswachstum mit fatalen Folgen führt (siehe Kapitel 20).

5.3.5 Frequenzberechnung

Die Anwendung der in der Aufgabenstellung angegebenen Formel für die Grundfrequenz f_G eines beidseitig gelenkig gelagerten Balkens erfordert die Angabe eines gemittelten Ersatzmoduls E_x. Bei einem symmetrischen und ausgewogenen Laminat gilt:

$$\begin{Bmatrix} N_x \\ N_y \end{Bmatrix} = \begin{bmatrix} A_{11} & A_{12} \\ A_{12} & A_{22} \end{bmatrix} \cdot \begin{Bmatrix} \varepsilon_x \\ \varepsilon_y \end{Bmatrix} \qquad (5.103)$$

Aus den Randbedingungen $N_y = 0$ kann die Beziehung zwischen ε_x und ε_y angegeben werden.

$$\varepsilon_y = -\frac{A_{12}}{A_{22}} \cdot \varepsilon_x \qquad (5.104)$$

Durch Einsetzen in N_x erhält man folgende Gleichung:

$$N_x = A_{11} \cdot \varepsilon_x - \frac{A_{12}^2}{A_{22}} \cdot \varepsilon_x \qquad (5.105)$$

Mit

$$\frac{N_x}{t} = E_x \cdot \varepsilon_x \qquad (5.106)$$

folgt der gemittelte E-Modul

$$E = E_x = \left(A_{11} - \frac{A_{12}^2}{A_{22}} \right) \frac{1}{t} \qquad (5.107)$$

t = Laminatdicke

5.3.6 Die numerische Berechnung einer aus Faserverbundwerkstoffen gewickelten Kardanwelle

1. Berechnung der kritischen Drehzahl n_{kr} der Stahlwelle

$$f_G = \frac{\pi}{2 \cdot L^2} \cdot \sqrt{\frac{E \cdot I}{\rho \cdot A}} \qquad (5.108)$$

mit:

$L = 1{,}5\,\text{m}; \quad E = 2{,}1 \cdot 10^{11} \frac{\text{N}}{\text{m}^2}; \quad \rho = 7850 \frac{\text{kg}}{\text{m}^3};$

$d_a = 80\,\text{mm}; \quad d_i = 76\,\text{mm}$

5. Berechnungsbeispiele

$$I_{axial} = \frac{\pi}{64} \cdot (d_a^4 - d_i^4) = 3{,}73 \cdot 10^{-7} \, m^4 \tag{5.109}$$

$$A = \frac{\pi}{4} \cdot (d_a^2 - d_i^2) = 4{,}9 \cdot 10^{-4} \, m^2 \tag{5.110}$$

$$f_G = \frac{\pi}{2 \cdot L^2} \cdot \sqrt{\frac{E \cdot I}{\rho \cdot A}} = 99{,}6 \, Hz \approx 100 \, Hz \tag{5.111}$$

$$n_{kr} = 100 \cdot 60 = 6000 \frac{U}{min} \tag{5.112}$$

<u>2. Sicherheitsfaktor S_B gegen Bruch der Stahlwelle berechnen</u>

$$S_B = \frac{\sigma_B}{\sigma_{VG}} \tag{5.113}$$

$$\sigma_{VG} = \sqrt{3} \cdot \tau_t \tag{5.114}$$

$$\tau_t = \frac{M_t}{W_{polar}} \tag{5.115}$$

wobei $M_t = 1500$ Nm

$$W_{polar} = \frac{\pi}{16} \cdot \frac{d_a^4 - d_i^4}{d_a} = 1{,}86 \cdot 10^4 \, mm^3 \tag{5.116}$$

$$\tau_t = \frac{M_t}{W_{polar}} = 80{,}65 \frac{N}{mm^2} \tag{5.117}$$

$$\sigma_{VG} = \sqrt{3} \cdot \tau_t = 139{,}7 \frac{N}{mm^2} \tag{5.118}$$

$$S_B = \frac{\sigma_B}{\sigma_{VG}} = 3 \qquad (5.119)$$

wobei σ_B für St 42-2 = 420 N/mm²

3. Abschätzung des Ersatzmoduls E_x aus der zulässigen kritischen Drehzahl

$$n_{kr} = 60 \cdot f_G \qquad (5.120)$$

$$f_G = \frac{\pi}{2 \cdot L^2} \sqrt{\frac{E_x \cdot I}{\rho \cdot A}} \qquad (5.121)$$

$$E_x = \left(f_G \cdot \frac{2 \cdot L^2}{\pi}\right)^2 \cdot \frac{A \cdot \rho}{I} \qquad (5.122)$$

wobei ρ = 1,6 g/cm³ und L = 1,5 m

Mit $A = \frac{\pi}{4} \cdot \left(d_a^2 - d_i^2\right)$ ergibt sich:

8 Lagen 0,2 mm: $A = \frac{\pi}{4} \cdot \left(77,6^2 - 76^2\right) = 193 \, mm^2$ \qquad (5.123)

12 Lagen 0,2 mm: $A = \frac{\pi}{4} \cdot \left(78,4^2 - 76^2\right) = 291 \, mm^2$ \qquad (5.124)

16 Lagen 0,2 mm: $A = \frac{\pi}{4} \cdot \left(79,2^2 - 76^2\right) = 390 \, mm^2$ \qquad (5.125)

$$I_x = \frac{\pi}{64} \cdot \left(d_a^4 - d_i^4\right) \qquad (5.126)$$

8 Lagen 0,2 mm: $I_x = 1,42 \cdot 10^5 \, mm^4$ \qquad (5.127)

12 Lagen 0,2 mm: $I_x = 2,17 \cdot 10^5 \, mm^4$ \qquad (5.128)

5. Berechnungsbeispiele

$$16 \text{ Lagen } 0,2 \text{ mm: } I_x = 2,93 \cdot 10^5 \text{ mm}^4 \tag{5.129}$$

Somit muss bei minimaler kritischer Drehzahl der Ersatzmodul grösser gleich den folgenden Werten sein:

$$n_{kr} = 6000 \frac{U}{\min}; \quad f_G = 100 \text{ Hz} \tag{5.130}$$

$$E_{x\,8\,Lagen} = 44618 \frac{N}{\text{mm}^2} \tag{5.131}$$

$$E_{x\,12\,Lagen} = 44023 \frac{N}{\text{mm}^2} \tag{5.132}$$

$$E_{x\,16\,Lagen} = 44148 \frac{N}{\text{mm}^2} \tag{5.133}$$

Somit muss bei maximaler kritischer Drehzahl der Ersatzmodul (gemittelter E-Modul) kleiner gleich den folgenden Werten sein:

$$n_{kr} = 9000 \frac{U}{\min}; \quad f_G = 150 \text{ Hz} \tag{5.134}$$

$$E_{x\,8\,Lagen} = 100391 \frac{N}{\text{mm}^2} \tag{5.135}$$

$$E_{x\,12\,Lagen} = 99051 \frac{N}{\text{mm}^2} \tag{5.136}$$

$$E_{x\,16\,Lagen} = 99333 \frac{N}{\text{mm}^2} \tag{5.137}$$

4. Berechnung der Linienlast N_{xy} der Faserverbundwelle

$$N_{xy} = \frac{2 \cdot M_t}{\pi \cdot d_m^2} \tag{5.138}$$

wobei:

$$M_t = 2{,}5 \cdot 10^6 \; N \cdot mm \tag{5.139}$$

$$d_{m8Lagen} = 76 + \frac{0{,}2 \cdot 8}{2} = 76{,}8 \, mm; \; N_{xy} = 269{,}8 \frac{N}{mm} \tag{5.140}$$

$$d_{m12Lagen} = 76 + \frac{0{,}2 \cdot 12}{2} = 77{,}2 \, mm; \; N_{xy} = 267 \frac{N}{mm} \tag{5.141}$$

$$d_{m16Lagen} = 76 + \frac{0{,}2 \cdot 16}{2} = 77{,}6 \, mm; \; N_{xy} = 264{,}3 \frac{N}{mm} \tag{5.142}$$

5. A-Matrix berechnen

Die reduzierten Steifigkeiten im Materialkoordinatensystem betragen:

$$[Q]_{12} = \begin{bmatrix} 220861 & 2451{,}5 & 0 \\ 2451{,}5 & 7027{,}39 & 0 \\ 0 & 0 & 5000 \end{bmatrix} \frac{N}{mm^2} \tag{5.143}$$

Für die Transformationsmatrizen gilt:

$$[T]_{\pm\alpha} = \begin{bmatrix} \cos^2\alpha & \sin^2\alpha & \pm 2 \cdot \sin\alpha \cdot \cos\alpha \\ \sin^2\alpha & \cos^2\alpha & \mp 2 \cdot \sin\alpha \cdot \cos\alpha \\ \mp \sin\alpha \cdot \cos\alpha & \pm \sin\alpha \cdot \cos\alpha & \cos^2\alpha - \sin^2\alpha \end{bmatrix} \tag{5.144}$$

sowie

$$[T]_{\pm\alpha}^{-1} = \begin{bmatrix} \cos^2\alpha & \sin^2\alpha & \mp 2 \cdot \sin\alpha \cdot \cos\alpha \\ \sin^2\alpha & \cos^2\alpha & \pm 2 \cdot \sin\alpha \cdot \cos\alpha \\ \pm \sin\alpha \cdot \cos\alpha & \mp \sin\alpha \cdot \cos\alpha & \cos^2\alpha - \sin^2\alpha \end{bmatrix} \tag{5.145}$$

und

5. Berechnungsbeispiele

$$[T]_{\pm\alpha}^{-t} = \begin{bmatrix} \cos^2\alpha & \sin^2\alpha & \mp\sin\alpha\cdot\cos\alpha \\ \sin^2\alpha & \cos^2\alpha & \pm\sin\alpha\cdot\cos\alpha \\ \pm 2\cdot\sin\alpha\cdot\cos\alpha & \mp 2\cdot\sin\alpha\cdot\cos\alpha & \cos^2\alpha-\sin^2\alpha \end{bmatrix} \quad (5.146)$$

20°

$$[T] = \begin{bmatrix} 0{,}883 & 0{,}116978 & 0{,}642788 \\ 0{,}116978 & 0{,}883 & -0{,}642788 \\ -0{,}32139 & 0{,}32139 & 0{,}766 \end{bmatrix} \quad (5.147)$$

25°

$$[T] = \begin{bmatrix} 0{,}821394 & 0{,}178606 & 0{,}766 \\ 0{,}178606 & 0{,}821394 & -0{,}766 \\ -0{,}38302 & 0{,}38302 & 0{,}642788 \end{bmatrix} \quad (5.148)$$

30°

$$[T] = \begin{bmatrix} 0{,}75 & 0{,}25 & 0{,}866 \\ 0{,}25 & 0{,}75 & -0{,}866 \\ -0{,}433 & 0{,}433 & 0{,}5 \end{bmatrix} \quad (5.149)$$

45°

$$[T] = \begin{bmatrix} 0{,}5 & 0{,}5 & 1 \\ 0{,}5 & 0{,}5 & -1 \\ -0{,}5 & 0{,}5 & 0 \end{bmatrix} \quad (5.150)$$

50°

$$[T] = \begin{bmatrix} 0{,}413176 & 0{,}586824 & 0{,}984808 \\ 0{,}586824 & 0{,}413176 & -0{,}984808 \\ -0{,}4924 & 0{,}4924 & -0{,}17365 \end{bmatrix} \quad (5.151)$$

60°

$$[T] = \begin{bmatrix} 0{,}25 & 0{,}75 & 0{,}866 \\ 0{,}75 & 0{,}25 & -0{,}866 \\ -0{,}433 & 0{,}433 & -0{,}5 \end{bmatrix} \quad (5.152)$$

Damit ergeben sich die reduzierten Steifigkeiten im Systemkoordinatensystem:

20°

$$[\overline{Q}]_{xy} = \begin{bmatrix} 174881{,}7 & 23425{,}1 & 59348{,}1 \\ 23425{,}1 & 11075{,}7 & 9376{,}7 \\ 59348{,}1 & 9376{,}7 & 25965{,}5 \end{bmatrix} \frac{N}{mm^2} \quad (5.153)$$

25°

$$[\overline{Q}]_{xy} = \begin{bmatrix} 152892{,}2 & 32236{,}4 & 65937{,}2 \\ 32236{,}4 & 15442{,}6 & 15965{,}8 \\ 65937{,}2 & 15965{,}8 & 34776{,}8 \end{bmatrix} \frac{N}{mm^2} \quad (5.154)$$

30°

$$[\overline{Q}]_{xy} = \begin{bmatrix} 129345{,}9 & 40516{,}3 & 68268{,}4 \\ 40516{,}3 & 22429{,}1 & 24324{,}3 \\ 68268{,}4 & 24324{,}3 & 43056{,}7 \end{bmatrix} \frac{N}{mm^2} \quad (5.155)$$

45°

$$[\overline{Q}]_{xy} = \begin{bmatrix} 63201{,}9 & 53201{,}9 & 53458{,}4 \\ 53201{,}9 & 63201{,}9 & 53458{,}4 \\ 53458{,}4 & 53458{,}4 & 55742{,}3 \end{bmatrix} \frac{N}{mm^2} \quad (5.156)$$

5. Berechnungsbeispiele

50°

$$[\overline{Q}]_{xy} = \begin{bmatrix} 46166,1 & 51671,8 & 43968,8 \\ 51671,8 & 83297,9 & 61323,7 \\ 43968,8 & 61323,7 & 54212,2 \end{bmatrix} \frac{N}{mm^2} \quad (5.157)$$

60°

$$[\overline{Q}]_{xy} = \begin{bmatrix} 22429,1 & 40516,3 & 24324,3 \\ 40516,3 & 129345,9 & 68268,4 \\ 24324,3 & 68268,4 & 43056,7 \end{bmatrix} \frac{N}{mm^2} \quad (5.158)$$

Mit diesen Werten lassen sich die A-Matrizen berechnen:

$$[A]_{(x,y)} = \sum_{k=1}^{n} [\overline{Q}]_{k(x,y)} \cdot (z_k - z_{k-1}) \quad (5.159)$$

Für einen Laminattyp [($\pm 20°$)$_1$ / ($\pm 50°$)$_1$]$_S$ sind die A-Werte im folgenden aufgeführt. Für die anderen zur Diskussion stehenden Laminate sind diese nicht im einzelnen angegeben, jedoch in den Abb. 5.3.2 bis Abb. 5.3.9 mit verwertet.

$$[A] = \begin{bmatrix} 176,84 & 60,078 & 0 \\ 60,078 & 75,499 & 0 \\ 0 & 0 & 64,142 \end{bmatrix} GPa \cdot mm \quad (5.160)$$

wobei:

$$1 GPa \cdot mm = 1000 \frac{N}{mm} \quad (5.161)$$

Zur Vollständigkeit sei hier noch die A-Matrix des optimalen Laminates angegeben [($\pm 30°$)$_1$/($\pm 60°$)$_1$]$_S$. Dieses Laminat erfüllt alle gestellten Bedingungen und schneidet vom Preis her am günstigsten ab.

$$[A] = \begin{bmatrix} 121{,}42 & 64{,}826 & 0 \\ 64{,}826 & 121{,}42 & 0 \\ 0 & 0 & 68{,}891 \end{bmatrix} \qquad (5.162)$$

6. Elastizitätsmodul E_x berechnen

Mit den Koeffizienten der A-Matrix ergibt sich der Elastizitätsmodul E_x mit Gleichung (5.163):

$$E = E_x = \left(A_{11} - \frac{A_{12}^2}{A_{22}} \right) \cdot \frac{1}{t} \qquad (5.163)$$

Ist der Wert des Ersatzmoduls des Laminats kleiner als der Wert bei der minimalen kritischen Drehzahl oder grösser als bei der maximalen kritischen Drehzahl, so kann dieses Laminat verworfen werden, weil die Drehzahlbedingung nicht eingehalten werden kann.

7. Berechnung der Dehnungen

$$\{\varepsilon_0\}_{(x,y)} = [A]^{-1}_{(x,y)} \cdot \{N\}_{(x,y)} \qquad (5.164)$$

mit:

$$[A]_{(x,y)} = \begin{bmatrix} A_{11} & A_{12} & 0 \\ A_{12} & A_{22} & 0 \\ 0 & 0 & A_{66} \end{bmatrix} \qquad (5.165)$$

$$[A]^{-1}_{(x,y)} = \begin{bmatrix} \dfrac{A_{22}}{A_{11} \cdot A_{22} - A_{12}^2} & \dfrac{-A_{12}}{A_{11} \cdot A_{22} - A_{12}^2} & 0 \\ \dfrac{-A_{12}}{A_{11} \cdot A_{22} - A_{12}^2} & \dfrac{A_{11}}{A_{11} \cdot A_{22} - A_{12}^2} & 0 \\ 0 & 0 & \dfrac{1}{A_{66}} \end{bmatrix} \qquad (5.166)$$

5. Berechnungsbeispiele

Im Dehnungsvektor $\{\varepsilon_0\}_{(x,y)}$ ist bei dieser Belastung generell nur der Schubanteil ungleich Null. In den folgenden Abb. 5.3.2 bis Abb. 5.3.5 wird das Drehzahlkriterium mit aufgeführt: Die kritische Umdrehungszahl der Wickelwelle muss den Wert der Stahlwelle mindestens erreichen oder sollte diesen nur um höchstens 50% übertreffen.

$$n_{kr\,Stahlwelle} = 6000 \frac{U}{min} = n_{kr\,min} \qquad (5.167)$$

$$n_{kr\,max} = 1{,}5 \cdot n_{kr\,Stahlwelle} \qquad (5.168)$$

$[(\pm 20°)_a/(\pm 50°)_b]_S$

Lagenaufbau	kritische Drehzahl	$\{\varepsilon_0\}_{(x,y)}$
$[(\pm 20°)_1/(\pm 50°)_1]_S$	8064,9	0,00421
$[(\pm 20°)_2/(\pm 50°)_1]_S$	9101,0 > $n_{kr.max}$	
$[(\pm 20°)_1/(\pm 50°)_2]_S$	6941,2	0,00248
$[(\pm 20°)_2/(\pm 50°)_2]_S$	8150,9	0,00206

Abb. 5.3.2 Kennwerte für Lagenaufbau 1

$[(\pm 25°)_a/(\pm 45°)_b]_S$

Lagenaufbau	kritische Drehzahl	$\{\varepsilon_0\}_{(x,y)}$
$[(\pm 25°)_1/(\pm 45°)_1]_S$	7048,1	0,00373
$[(\pm 25°)_2/(\pm 45°)_1]_S$	7771,0	0,00266
$[(\pm 25°)_1/(\pm 45°)_2]_S$	6257,6	0,00228
$[(\pm 25°)_2/(\pm 45°)_2]_S$	7122,1	0,00182

Abb. 5.3.3 Kennwerte für Lagenaufbau 2

$[(\pm 30°)_a/(\pm 50°)_b]_S$

Lagenaufbau	kritische Drehzahl	$\{\varepsilon_0\}_{(x,y)}$
$[(\pm 30°)_1/(\pm 50°)_1]_S$	6197,0	0,00347
$[(\pm 30°)_2/(\pm 50°)_1]_S$	6757,2	0,00238
$[(\pm 30°)_1/(\pm 50°)_2]_S$	5532,0 < $n_{kr.min}$	
$[(\pm 30°)_2/(\pm 50°)_2]_S$	6229,4	0,0017

Abb. 5.3.4 Kennwerte für Lagenaufbau 3

[(± 30°)_a/(± 60°)_b]_S

Lagenaufbau	kritische Drehzahl	$\{\varepsilon_0\}_{(x,y)}$
[(± 30°)_1/(± 60°)_1]_S	6618,0	0,00392
[(± 30°)_2/(± 60°)_1]_S	7315,2	0,00258
[(± 30°)_1/(± 60°)_2]_S	5758,5 < $n_{kr.min}$	
[(± 30°)_2/(± 60°)_2]_S	6651,5	0,00192

Abb. 5.3.5 Kennwerte für Lagenaufbau 4

8. Berechnung der Schichtspannungen und der Sicherheitsfaktoren S_B bei festgelegtem Festigkeitskriterium für eine vorläufige Auslegung (endgültige Auslegung siehe Kapitel 6).

Zur vorläufigen Festigkeitsbeurteilung können die Versagensarten wie folgt zusammengefasst werden:

$$\sigma_1 < X_t; \quad |\sigma_1| < X_c; \quad \text{da } X_c = X_t \text{ gilt}: |\sigma_1| < X_t \tag{5.169}$$

$$\sigma_2 < Y_t; \quad |\sigma_2| < Y_c; \quad \text{da } Y_t < Y_c \text{ gilt}: |\sigma_2| < Y_t \tag{5.170}$$

$$|\tau_{12}| = |\sigma_6| < S; \quad S = \text{Scherfestigkeit} \tag{5.171}$$

Somit gelten die folgenden vorläufigen Festigkeitskriterien:

$$|\sigma_1| < 1100 \frac{N}{mm^2}; \quad |\sigma_2| < 50 \frac{N}{mm^2}; \quad |\tau_{12}| < 75 \frac{N}{mm^2} \tag{5.172}$$

Der Sicherheitswert von der Stahlwelle gegen Bruch bei kleinerer Last muss bei der grösseren Last für die Faserverbundwelle erreicht werden, d. h. $S_B \geq 3$. Diese Sicherheitsmarge gilt für die Schicht mit der geringsten Sicherheit. Es gelten die folgenden Zusammenhänge für S_B:

$$S_{B1} = \frac{X_t}{|\sigma_1|} \tag{5.173}$$

$$S_{B2} = \frac{Y_t}{|\sigma_2|} \tag{5.174}$$

5. Berechnungsbeispiele

$$S_{B3} = \frac{S}{|\tau_{12}|} \qquad (5.175)$$

Lagenaufbau	[(±20°)$_1$/(±50°)$_1$]$_S$	[(±20°)$_2$/(±50°)$_1$]$_S$	[(±20°)$_1$/(±50°)$_2$]$_S$	[(±20°)$_2$/(±50°)$_2$]$_S$
Schichtspannungen 20° Systemkoord. [N/mm²]	$(\sigma_1)_{xy} = 249{,}6$ $(\sigma_2)_{xy} = 39{,}4$ $(\tau)_{xy} = 109{,}2$		$(\sigma_1)_{xy} = 147{,}4$ $(\sigma_2)_{xy} = 23{,}3$ $(\tau)_{xy} = 64{,}5$	$(\sigma_1)_{xy} = 122{,}3$ $(\sigma_2)_{xy} = 19{,}3$ $(\tau)_{xy} = 53{,}5$
Schichtspannungen 50° Systemkoord. [N/mm²]	$(\sigma_1)_{xy} = 184{,}9$ $(\sigma_2)_{xy} = 257{,}9$ $(\tau)_{xy} = 228$		$(\sigma_1)_{xy} = 109{,}2$ $(\sigma_2)_{xy} = 152{,}3$ $(\tau)_{xy} = 134{,}6$	$(\sigma_1)_{xy} = 90{,}6$ $(\sigma_2)_{xy} = 126{,}3$ $(\tau)_{xy} = 111{,}7$
Schichtspannungen 20° Materialkoord. [N/mm²]	$(\sigma_1) = 295{,}2$ $(\sigma_2) = -6{,}2$ $(\tau_{12}) = 16{,}2$		$(\sigma_1) = 174{,}1$ $(\sigma_2) = -3{,}6$ $(\tau_{12}) = 9{,}6$	$(\sigma_1) = 144{,}7$ $(\sigma_2) = -3{,}1$ $(\tau_{12}) = 7{,}9$
Schichtspannungen 50° Materialkoord. [N/mm²]	$(\sigma_1) = 452{,}4$ $(\sigma_2) = -9{,}6$ $(\tau_{12}) = -3{,}8$		$(\sigma_1) = 266{,}7$ $(\sigma_2) = -5{,}6$ $(\tau_{12}) = -2{,}2$	$(\sigma_1) = 221{,}6$ $(\sigma_2) = -4{,}7$ $(\tau_{12}) = -1{,}9$
Sicherheit 20°	3,7 8,1 4,6		6,3 13,9 7,8	7,6 16,1 9,5
Sicherheit 50°	2,4 5,2 19,7		4,1 8,9 34,1	5,0 10,6 39,5

Abb. 5.3.6 Gegenüberstellung für den Lagenaufbau [(±20°)$_a$/(±50°)$_b$]$_S$

Die Kombinationen [(±20°)$_1$/(±50°)$_2$]$_S$ und [(±20°)$_2$/(±50°)$_2$]$_S$ erfüllen alle Anforderungen.

Lagenaufbau	[(±25°)$_1$/(±45°)$_1$]$_S$	[(±25°)$_2$/(±45°)$_1$]$_S$	[(±25°)$_1$/(±45°)$_2$]$_S$	[(±25°)$_2$/(±45°)$_2$]$_S$
Schichtspannungen 25° Systemkoord. [N/mm²]	$(\sigma_1)_{xy} = 245{,}7$ $(\sigma_2)_{xy} = 59{,}5$ $(\tau)_{xy} = 129{,}6$	$(\sigma_1)_{xy} = 175{,}6$ $(\sigma_2)_{xy} = 42{,}5$ $(\tau)_{xy} = 92{,}6$	$(\sigma_1)_{xy} = 150{,}6$ $(\sigma_2)_{xy} = 36{,}4$ $(\tau)_{xy} = 79{,}3$	$(\sigma_1)_{xy} = 120{,}3$ $(\sigma_2)_{xy} = 29{,}1$ $(\tau)_{xy} = 63{,}5$
Schichtspannungen 45° Systemkoord. [N/mm²]	$(\sigma_1)_{xy} = 199{,}4$ $(\sigma_2)_{xy} = 199{,}4$ $(\tau)_{xy} = 207{,}9$	$(\sigma_1)_{xy} = 142{,}3$ $(\sigma_2)_{xy} = 142{,}3$ $(\tau)_{xy} = 148{,}5$	$(\sigma_1)_{xy} = 122{,}0$ $(\sigma_2)_{xy} = 122{,}0$ $(\tau)_{xy} = 127{,}2$	$(\sigma_1)_{xy} = 97{,}6$ $(\sigma_2)_{xy} = 97{,}6$ $(\tau)_{xy} = 101{,}7$
Schichtspannungen 25° Materialkoord. [N/mm²]	$(\sigma_1) = 311{,}8$ $(\sigma_2) = -6{,}5$ $(\tau_{12}) = 12{,}1$	$(\sigma_1) = 222{,}4$ $(\sigma_2) = -4{,}6$ $(\tau_{12}) = 8{,}7$	$(\sigma_1) = 190{,}5$ $(\sigma_2) = -3{,}9$ $(\tau_{12}) = 7{,}5$	$(\sigma_1) = 152{,}1$ $(\sigma_2) = -3{,}1$ $(\tau_{12}) = 5{,}9$
Schichtspannungen 45° Materialkoord. [N/mm²]	$(\sigma_1) = 407{,}3$ $(\sigma_2) = -8{,}5$ $(\tau_{12}) = 0$	$(\sigma_1) = 290{,}5$ $(\sigma_2) = -6{,}1$ $(\tau_{12}) = 0$	$(\sigma_1) = 249{,}1$ $(\sigma_2) = -5{,}1$ $(\tau_{12}) = 0$	$(\sigma_1) = 198{,}8$ $(\sigma_2) = -4{,}2$ $(\tau_{12}) = 0$
Sicherheit 25°	3,5 7,7 6,2	4,9 10,9 8,6	5,8 12,8 10,0	7,2 16,1 12,7
Sicherheit 45°	2,7 5,9 ∞	3,8 8,2 ∞	4,4 9,8 ∞	5,5 11,9 ∞

Abb. 5.3.7 Gegenüberstellung für den Lagenaufbau [(±25°)$_1$/(±45°)$_1$]$_S$

Nur die Kombination $[(\pm 25°)_1/(\pm 45°)_1]_S$ erfüllt die Anforderungen nicht.

Lagenaufbau	$[(\pm 30°)_1/(\pm 50°)_1]_S$	$[(\pm 30°)_2/(\pm 50°)_1]_S$	$[(\pm 30°)_1/(\pm 50°)_2]_S$	$[(\pm 30°)_2/(\pm 50°)_2]_S$
Schichtspannungen 30° Systemkoord. [N/mm²]	$(\sigma_1)_{xy} = 236{,}7$ $(\sigma_2)_{xy} = 84{,}3$ $(\tau)_{xy} = 149{,}3$	$(\sigma_1)_{xy} = 162{,}9$ $(\sigma_2)_{xy} = 57{,}9$ $(\tau)_{xy} = 102{,}4$		$(\sigma_1)_{xy} = 115{,}9$ $(\sigma_2)_{xy} = 41{,}3$ $(\tau)_{xy} = 73{,}1$
Schichtspannungen 50° Systemkoord. [N/mm²]	$(\sigma_1)_{xy} = 152{,}4$ $(\sigma_2)_{xy} = 212{,}6$ $(\tau)_{xy} = 187{,}0$	$(\sigma_1)_{xy} = 104{,}6$ $(\sigma_2)_{xy} = 145{,}9$ $(\tau)_{xy} = 128{,}9$		$(\sigma_1)_{xy} = 74{,}7$ $(\sigma_2)_{xy} = 104{,}1$ $(\tau)_{xy} = 92{,}1$
Schichtspannungen 30° Materialkoord. [N/mm²]	$(\sigma_1) = 328{,}2$ $(\sigma_2) = -6{,}9$ $(\tau_{12}) = 8{,}6$	$(\sigma_1) = 225{,}2$ $(\sigma_2) = -4{,}8$ $(\tau_{12}) = 6{,}0$		$(\sigma_1) = 160{,}9$ $(\sigma_2) = -3{,}3$ $(\tau_{12}) = 4{,}2$
Schichtspannungen 50° Materialkoord. [N/mm²]	$(\sigma_1) = 373{,}2$ $(\sigma_2) = -7{,}8$ $(\tau_{12}) = -3{,}1$	$(\sigma_1) = 255{,}9$ $(\sigma_2) = -5{,}4$ $(\tau_{12}) = -2{,}1$		$(\sigma_1) = 182{,}9$ $(\sigma_2) = -4{,}0$ $(\tau_{12}) = -1{,}5$
Sicherheit 30°	3,4 7,2 8,7	4,9 10,4 12,5		6,8 15,2 17,9
Sicherheit 50°	2,9 6,4 24,2	4,3 9,3 35,7		6,0 12,5 50,0

Abb. 5.3.8 Gegenüberstellung für den Lagenaufbau $[(\pm 30°)_a/(\pm 50°)_b]_S$

Die Kombinationen $[(\pm 30°)_2/(\pm 50°)_1]_S$ und $[(\pm 30°)_2/(\pm 50°)_2]_S$ erfüllen alle Anforderungen.

Lagenaufbau	$[(\pm 30°)_1/(\pm 60°)_1]_S$	$[(\pm 30°)_2/(\pm 60°)_1]_S$	$[(\pm 30°)_1/(\pm 60°)_2]_S$	$[(\pm 30°)_2/(\pm 60°)_2]_S$
Schichtspannungen 30° Systemkoord. [N/mm²]	$(\sigma_1)_{xy} = 267{,}4$ $(\sigma_2)_{xy} = 95{,}3$ $(\tau)_{xy} = 168{,}6$	$(\sigma_1)_{xy} = 176{,}4$ $(\sigma_2)_{xy} = 62{,}9$ $(\tau)_{xy} = 111{,}2$		$(\sigma_1)_{xy} = 130{,}9$ $(\sigma_2)_{xy} = 46{,}7$ $(\tau)_{xy} = 82{,}6$
Schichtspannungen 60° Systemkoord. [N/mm²]	$(\sigma_1)_{xy} = 95{,}3$ $(\sigma_2)_{xy} = 267{,}4$ $(\tau)_{xy} = 168{,}6$	$(\sigma_1)_{xy} = 62{,}9$ $(\sigma_2)_{xy} = 176{,}4$ $(\tau)_{xy} = 111{,}2$		$(\sigma_1)_{xy} = 46{,}7$ $(\sigma_2)_{xy} = 130{,}9$ $(\tau)_{xy} = 82{,}6$
Schichtspannungen 30° Materialkoord. [N/mm²]	$(\sigma_1) = 370{,}7$ $(\sigma_2) = -7{,}8$ $(\tau_{12}) = 9{,}8$	$(\sigma_1) = 244{,}4$ $(\sigma_2) = -5{,}1$ $(\tau_{12}) = 6{,}5$		$(\sigma_1) = 181{,}4$ $(\sigma_2) = -3{,}8$ $(\tau_{12}) = 4{,}8$
Schichtspannungen 60° Materialkoord. [N/mm²]	$(\sigma_1) = 370{,}7$ $(\sigma_2) = -7{,}8$ $(\tau_{12}) = -9{,}8$	$(\sigma_1) = 244{,}4$ $(\sigma_2) = -5{,}1$ $(\tau_{12}) = -6{,}5$		$(\sigma_1) = 181{,}4$ $(\sigma_2) = -3{,}8$ $(\tau_{12}) = -4{,}8$
Sicherheit 30°	3,0 6,4 7,7	4,5 9,8 11,5		6,1 13,2 15,6
Sicherheit 60°	3,0 6,4 7,7	4,5 9,8 11,5		6,1 13,2 15,6

Abb. 5.3.9 Gegenüberstellung für den Lagenaufbau $[(\pm 30°)_a/(\pm 60°)_b]_S$

5. Berechnungsbeispiele

Mit Ausnahme von $[(\pm 30°)_1/(\pm 60°)_2]_S$ erfüllen alle Kombinationen die Anforderungen.

Von den 16 gezeigten Varianten für den Lagenaufbau sind aufgrund der getroffenen Voraussetzungen für die kritische Drehzahl n_{kr} und die Sicherheit gegen Bruch S_B sechs Varianten nicht einsetzbar. Hinsichtlich der Wirtschaftlichkeit (den Herstellkosten) ist die Variante $[(\pm 30°)_1/(\pm 60°)_1]_S$ (nur 8 Lagen) von allen am preisgünstigsten. Im Gegensatz dazu sind die Varianten mit 16 Lagen (z.B. $[(\pm 30°)_2/(\pm 60°)_2]_S$) am teuersten.

Hinweis: Wegen der linearen Beziehung zwischen der Torsionsbelastung und dem Spannungszustand können die Sicherheitswerte bei einer anderen Belastung (z.B. für den Fall von $M_t = 1500$ Nm) einfach ausgerechnet werden:

$$\frac{M_{t\,2500}}{M_{t\,1500}} = \frac{5}{3} \tag{5.176}$$

d. h.

$$S_{B\,1500} = S_{B\,2500} \cdot \frac{5}{3} \tag{5.177}$$

<u>9. Gewichtsvergleich zwischen den unterschiedlichen Kardanwellen</u>

$$m = \rho \cdot V = \rho \cdot \frac{\pi}{4} \cdot \left(d_a^2 - d_i^2\right) \cdot L \tag{5.178}$$

Somit ergibt sich für Stahl m = 5,77 kg und für einen 12-lagigen Faserverbundaufbau m = 0,7 kg.

Obwohl die Faserverbundwelle ein 1,7fach grösseres Torsionsmoment übertragen kann gegenüber der Stahlwelle, beträgt ihre Masse nur zirka ein Achtel von der Masse der Stahlkonstruktion. Für den endgültigen Festigkeitsnachweis muss für die ausgewählte Version noch eine Berechnung nach Kapitel 6 (Theorie von Puck) durchgeführt werden.

5.4 Literaturverzeichnis zu Kapitel 5

[5.1] Roth, S.; Windhövel, J.: Zukunftstechnik - Luftfahrt ZTL, Fasertechnik, Teil B: Mechanische Eigenschaften von Faserverbunden, Dornier GmbH Friedrichshafen, 1975

[5.2] Flemming,T.: Bericht zur Berechnung einer Kardanwelle, Institut für Konstruktion und Bauweisen, ETH Zürich, 1993

[5.3] Michaeli, W.: Einführung in die Technologie der Faserverbundwerkstoffe, Carl Hanser Verlag München Wien, 1989

[5.4] Puck, A.: Festigkeitsberechnung an Glasfaser/Kunststoff-Laminaten bei zusammengesetzter Beanspruchung, Kunststoffe Bd. 59, 1969, S.780-787; siehe auch weitere Veröffentlichungen von Puck in Kapitel 6.

[5.5] Chamis, C.C.: Failure Criteria for Filamentary Composites. Composite Materials: Testing and Design (1. Konferenz) ASTM STP 460 (1969), 336-351

[5.6] Whitney, J.M.; Stansberger, D.L.; Howell, H.B.: Analysis of the rail shear test - applications and limitations, Journal Composite Mat., vol. 5 (Jan.) 1971, page 24

[5.7] Adams, D.F.; Thomas, R.L.: Test Methods for the Determination of Unidirectional Composite Shear properties, Advances in Structural Composite, Society of Aerospace Material and Process Engineers, Vol. 12, Oct. 1967

[5.8] DIN-Entwurf 53399, Beuth-Verlag, Berlin, April 1975

[5.9] Sims, D.F.; Halpin, J.C.: Methods for Determining the Elastic and Viscoelastic Response of Composite Materials, Composite Materials: Testing and Design (third conf.), page 46 (Railshear)

[5.10] Stellbrink, K.: Experimentelle Ermittlung der statistischen Verteilungsfunktionen von Faseranordnungen im unidirektionalen GFK- und CFK-Verbund, Institut für Bauweisen- und Konstruktionsforschung, Stuttgart, Bericht Nr. IBK45473/6, 1973

[5.11] Roth, S.; Grüninger, P.G.: Beitrag zur Deutung des Querzugverhaltens von Stranglaminaten, Arbeitsgesellschaft verstärkte Kunststoffe e.V., Carl Hanser Verlag

[5.12] Rosen, B.W.: A simple Procedure for Experimental Determination of Longitudinal Shear Modulus of unidirectional Composites, Journal Composite Materials, Vol. 6, 1972, page 555

[5.13] Seyffert, C; Roth, S.: Kurzqualifikation von Faserverbundwerkstoffen, Auftraggeber Bundesamt für Wehrtechnik und Beschaffung, Berichts-Nr. SK50-1002/87, 1987

[5.14] Flemming, M., Ziegmann, G., Roth, S.: Faserverbundbauweisen, Fertigungsverfahren mit duroplastischer Matrix, Springer-Verlag Heidelberg, Berlin, ISBN 3-540-61659-4, 1999

Die Forschungsberichte der ETH Zürich und der Fa. Dornier liegen den Verfassern vor.

6 Festigkeitshypothesen - Festigkeitsberechnungen

In Bauteilen treten meist mehrachsige Spannungszustände auf. Von den Werkstoffen liegen aus Versuchen jedoch in der Regel nur einachsige Festigkeitswerte vor. Damit aus diesen Werten auf die Tragfähigkeit, d. h. die Festigkeit bei mehrachsigen Spannungszuständen geschlossen werden kann, wurden Festigkeitskriterien entwickelt. Diese wurden meist rein empirisch gewonnen. In einigen Fällen basieren sie auch auf Vorstellungen über das Bruchgeschehen, sogenannten Festigkeitshypothesen. Dies trifft besonders für neuere FKV-Bruchkriterien zu [6.1].

6.1 Festigkeitshypothesen für Metalle

Die Versagenskriterien für isotrope Werkstoffe reduzieren den am Bauteil auftretenden mehrachsigen Spannungszustand auf eine sogenannte Vergleichsspannung. Diese vergleicht man mit dem Festigkeitswert aus einer einachsigen Belastung wie etwa einem Zugversuch. Die Definition dieser Vergleichsspannung enthält auch eine physikalische Vorstellung über die Versagensart, wie z.B. Fliessen oder Trennbruch, die ihrerseits nicht nur vom Charakter des Werkstoffes, sondern auch von dem Spannungszustand abhängt. Man kann sowohl die Bedingungen für sprödes Brechen als auch diejenigen für Fliessversagen relativ einfach durch die Hauptspannungen ausdrücken. Diese Eleganz und Einfachheit setzen jedoch ein isotropes und makroskopisch homogenes Kontinuum mit ebenfalls richtungsunabhängigem Bruchverhalten voraus. Im herkömmlichen Maschinenbau werden vorzugsweise die im folgenden aufgeführten Festigkeitshypothesen verwendet.

6.1.1 Normalspannungshypothese

Sie stammt von Rankine [6.2] und ist für spröde Werkstoffe geeignet. Das Versagen erfolgt durch einen Trennbruch. Die Bruchfläche steht im rechten Winkel zur grössten Haupt-Normalspannung σ_{1H}. Es wird vorausgesetzt, dass $\sigma_{1H} > \sigma_{2H} > \sigma_{3H}$ ist. Für den dreiachsigen Spannungszustand gilt:

$$\sigma_V = \sigma_{1H} = \sigma_B \qquad (6.1)$$

Spröde Werkstoffe fliessen nicht, d. h. $\sigma_V = \sigma_B$ (Zugfestigkeit).

Ausser bei spröden Werkstoffen wie Grauguss, Glas, schlecht gestalteten Schweissnähten usw. wird die Normalspannungshypothese auch bei einem dreiachsigen Spannungszustand eingesetzt, wenn alle Hauptspannungen Zugspannungen von ungefähr gleicher Grösse sind. In diesem Fall findet eine gegenseitige Behinderung der Verformungen statt.

6.1.2 Schubspannungshypothese

Sie wurde im Jahre 1864 von Tresca [6.3] aufgestellt und ist für zähe Werkstoffe gültig. Das Versagen erfolgt durch einen Gleitbruch, d. h. bei einer einachsigen Beanspruchung auf Zug bildet die Bruchfläche einen Winkel von etwa 45° mit der Mittellinie der untersuchten Probe. Es gilt:

$$\sigma_V = 2 \cdot \tau_{max} \qquad (6.2)$$

Die Vergleichsspannung ist durch die Streckgrenze σ_S gegeben. Somit ist:

$$\tau_{max} = \frac{1}{2} \cdot \sigma_{1H} = \frac{1}{2} \cdot \sigma_S \qquad (6.3)$$

Auch hier wird vorausgesetzt, dass $\sigma_{1H} > \sigma_{2H} > \sigma_{3H}$ ist.

Die Schubspannungshypothese wird, wie bereits oben erwähnt, für zähe Werkstoffe gebraucht, d. h. für Stähle mit einer definierten Streckgrenze. Weiterhin verwendet man sie für spröde Werkstoffe unter Druckbeanspruchung.

Für den Spannungszustand aus einer Normalspannung σ_x und einer Schubspannung τ_{xy} ist:

$$\sigma_V = \sqrt{\sigma_x^2 + 4 \cdot \tau_{xy}^2} \qquad (6.4)$$

6.1.3 Gestaltänderungsenergiehypothese

Sie wurde aufgestellt durch von Mises, Huber und Hencky [6.4]. Hierbei werden die zur Gestaltänderung (und nicht Volumenänderung) nötigen Arbeiten, bedingt durch Gleitungen am Anfang des Fliessens, beim mehrachsigen und beim einachsigen Spannungszustand miteinander verglichen.

6. Festigkeitshypothesen - Festigkeitsberechnungen

Ebenso wie die Schubspannungshypothese wird die Gestaltänderungsenergiehypothese für zähe Werkstoffe gebraucht.
Für eine σ_x, τ_{xy} - Kombination ergibt sich:

$$\sigma_V = \sqrt{\sigma_x^2 + 3 \cdot \tau_{xy}^2} \qquad (6.5)$$

6.1.4 Vergleich der Gestaltänderungsenergiehypothese mit der Schubspannungshypothese

Bei umlaufenden Wellen liefert die Gestaltänderungsenergiehypothese eine bessere Übereinstimmung mit dem Experiment als die Schubspannungshypothese. Die Gestaltänderungsenergiehypothese nutzt den Werkstoff besser aus.

6.2 Festigkeitskriterien für unidirektional verstärkte Faserverbundwerkstoffe

6.2.1 Vorbemerkungen

Die kurzgefassten Darstellungen der Bruchhypothesen der Abschnitte 6.2.2, 6.2.3, 6.2.4 sind der Literatur [6.5] entnommen.

Faserverbundwerkstoffe besitzen die für die Anwendung des eleganten Konzeptes der Vergleichsspannung notwendige Eigenschaft der Isotropie nicht, ihre Anisotropie muss sogar in dreierlei Hinsicht beachtet werden [6.1] [6.6]:
- elastische Anisotropie
- Anisotropie der Festigkeitswerte
- Anisotropie des Bruchverhaltens, d. h. verschiedene Bruchtypen, je nach Beanspruchungsrichtung

Während beim isotropen Werkstoff ein beliebiger Spannungszustand in seinen Hauptspannungen ausgedrückt werden darf und diese ohne Verlust an physikalischen Informationen über die Werkstoffanstrengung in einfache, physikalisch begründete Bruchkriterien eingehen, entfällt diese Eleganz bei den anisotropen Werkstoffen. Hier muss man statt mit den Hauptspannungen stets mit den Normal- und Schubspannungen in den Materialhauptachsen rechnen, weil nur für diese Richtungen eindeutige Festigkeitswerte, die sogenannten Basisfestigkeiten, bestimmt werden können.

Bruchkriterien für UD-Verbunde dienen in erster Linie dazu, das sukzessive Bruchgeschehen von Laminaten zu modellieren. Dazu idealisiert man das Laminat als Mehrschichtenverbund aus UD-Schichten und führt eine schichtenweise Bruchanalyse durch [6.1] und [6.7] bis [6.9].

Hierfür ist es unerlässlich, die Bruchtypen Faserbruch (Fb) und Zwischenfaserbruch (Zfb) zu unterscheiden. Auf primitive Art geschieht dies bereits bei den Kriterien der maximalen Spannungen, siehe Abschnitt 6.2.2. Diese machen jeweils eine einzelne Spannung, σ_1 oder σ_2 oder τ_{21} für den Bruch verantwortlich. Damit gelangt man aber bei einer Dimensionierungsrechnung auf die „unsichere Seite", weil die starke „Interaktion", d. h. das Zusammenwirken von σ_2 und τ_{21} bei der Erzeugung eines Zfb vernachlässigt wird.

Auch die etwa gleichzeitig entstandenen sogenannten „Pauschal"-Bruchkriterien, z. B. dasjenige nach Tsai-Hill und das etwas später entwickelte Tsai-Wu-Kriterium werden dem Bruchgeschehen der UD-Schicht nur teilweise gerecht. Sie behandeln die UD-Schicht wie ein homogenes, anisotropes Kontinuum. Auf dieses werden dann gängige Fliesskriterien für duktile Metalle angewandt, die dahingehend modifiziert werden, dass man richtungsabhängige Festigkeitswerte einführt. Diese Kriterien ergeben zwar mathematisch Interaktionen verschiedener Spannungen, die aber teilweise keinerlei physikalische Begründung haben. Beim Tsai-Wu-Kriterium hängt für kombinierte (σ_2, τ_{21})-Spannungszustände die Festigkeit im Druckbereich von σ_2 von der Zugfestigkeit ab und umgekehrt im Zugbereich auch von der Druckfestigkeit. Faserbruch und Zwischenfaserbruch werden nicht klar unterschieden. Deshalb sind diese Kriterien für eine schichtenweise Bruchanalyse nur bedingt geeignet.

Ein wesentlicher Fortschritt wurde 1969 mit der grundlegenden Arbeit von Puck [6.7] erreicht, siehe Kapitel 6.2.5. In dieser wird das Procedere für eine realistische, schichtenweise Bruchanalyse beschrieben. Des weiteren werden gesonderte Bruchkriterien für Faserbruch (Fb) und Zwischenfaserbruch (Zfb) in [6.7] dargestellt, die nur die realistischen Interaktionen von Spannungen beinhalten.

Während Puck 1969 seine Kriterien nur für den in Flächentragwerken vorherrschenden, ebenen (σ_1, σ_2, τ_{21})-Spannungszustand formulierte, hat Hashin 1980 in [6.6] die gleiche Betrachtungsweise auf allgemeine räumliche (σ_1, σ_2, σ_3, τ_{23}, τ_{31}, τ_{21})-Spannungszustände ausgeweitet. Bei der Herleitung der Kriterien bediente er sich konsequent der Spannungs-Invarianten, siehe Abschnitt 6.2.6. Um die Benutzbarkeit der Kriterien zu erleichtern, beschränkte er sich allerdings auf Spannungsterme von höchstens 2. Ordnung.

In derselben Arbeit [6.6] gab Hashin auch eine Anregung für Zfb-Kriterien auf der Basis der Coulomb-Mohrschen Sprödbruchtheorie, die er jedoch wegen des als zu hoch eingeschätzten Rechenaufwandes nicht weiter verfolgt hat.

6. Festigkeitshypothesen - Festigkeitsberechnungen

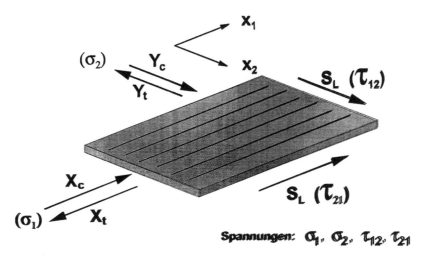

Abb. 6.2.1 Vereinbarungen für die ebenen Spannungen und Festigkeitswerte. Die Faserrichtung wird in lokalen Koordinaten mit x_1 bezeichnet. Die Werte der fünf Festigkeiten sind stets positiv. Festigkeit unter Zugspannung ist mit t, unter Druckspannung mit c bezeichnet.

Diese Anregung hat Puck 1992 in [6.10] aufgegriffen und auf der Basis einer modifizierten Mohrschen Bruchtheorie die erste tatsächlich physikalisch begründete Zfb-Theorie geschaffen, die sehr viel realistischer als alle früheren Ansätze erscheint. Im Abschnitt 6.2.7 wird ein kurzer Abriss dieser neuen Betrachtungsweise vermittelt.

Im folgenden sollen aber zunächst ältere Bruchkriterien kurz dargestellt werden, weil sie gelegentlich noch in der Praxis benutzt werden und grösstenteils auch noch in aktuellen kommerziellen Rechenprogrammen für die Laminatanalyse enthalten sind.

Bei den nachfolgend erläuterten Festigkeitskriterien für einen ebenen (σ_1, σ_2, τ_{21})-Spannungszustand müssen gemäss Abb. 6.2.1 fünf verschiedene Festigkeitswerte beachtet werden.

6.2.2 Kriterium der maximalen Spannungen

Bei diesem Kriterium werden die wirkenden Spannungen einfach mit den Festigkeitswerten

X_t, X_c: Zug- bzw. Druckfestigkeit in Faserrichtung x_1
Y_t, Y_c: Zug- bzw. Druckfestigkeit in Querrichtung x_2
S_L: Schubfestigkeit in der Schichtebene

des Werkstoffes verglichen:

$$\text{Zugspannungen} \quad \sigma_1 \leq X_t \quad (6.6)$$
$$\sigma_2 \leq Y_t \quad (6.7)$$

$$\text{Druckspannungen} \quad |\sigma_1| \leq X_c \quad (6.8)$$
$$|\sigma_2| \leq Y_c \quad (6.9)$$

$$\text{Schubspannung} \quad |\tau_{21}| \leq S_L \quad (6.10)$$

Versagen tritt ein, sobald eine der fünf Ungleichungen nicht erfüllt ist. Ist die örtliche Festigkeit durch eine der vier ersten Bedingungen begrenzt, so ist (im Rahmen dieser Hypothese) auch die Versagensart gegeben. Die Vorhersagegenauigkeit unter mehrachsiger Belastung kann mit einachsigen Belastungsversuchen [6.11] an unidirektional verstärkten Proben, deren Faserrichtung im Winkel θ von der Belastungsrichtung abweicht, untersucht werden.

Wegen der einachsigen Belastung liegt in den globalen Koordinaten nur die Spannung σ_x vor und die Spannungen entlang der lokalen Materialkoordinaten folgen aus der Transformation

$$\sigma_1 = \sigma_x \cdot \cos^2 \theta \quad (6.11)$$

$$\sigma_2 = \sigma_x \cdot \sin^2 \theta \quad (6.12)$$

$$\tau_{21} = -\sigma_x \cdot \sin \theta \cdot \cos \theta \quad (6.13)$$

Wenn man die Gleichungen (6.6) bis (6.10) nach der globalen Spannung in Referenzkoordinaten auflöst und für die lokalen Spannungen die Festigkeitsbedingungen nach dem Kriterium der maximalen Spannungen einsetzt, erhält man als Voraussage der Festigkeit der off-axis-Proben den kleinsten Wert von

$$|\sigma_x| = \frac{X}{\cos^2 \theta} \quad (6.14)$$

$$|\sigma_x| = \frac{Y}{\sin^2 \theta} \quad (6.15)$$

6. Festigkeitshypothesen - Festigkeitsberechnungen

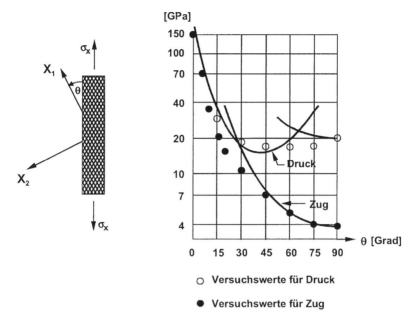

Abb. 6.2.2 Gemessene Festigkeitswerte und Voraussage nach dem Kriterium der maximalen Spannungen gemäss [6.11] [6.12] (für E-Glas/Epoxy)

$$|\sigma_x| = \left|\frac{S_L}{\sin\theta \cdot \cos\theta}\right| \quad (6.16)$$

Gemäss Abb. 6.2.2 liefert das Kriterium der maximalen Spannungen über weite Bereiche, aber vor allem bei $\theta \approx 25°$ unter Zugbelastung, zu optimistische Festigkeitsvoraussagen (man beachte die logarithmisch eingeteilte Spannungsachse).

6.2.3 Tsai-Hill-Pauschalkriterium

Das recht bekannte und in der Praxis bisher häufig benutzte Tsai-Hill-Kriterium geht auf das Fliesskriterium nach von Mises zurück. Hill [6.13] stellte 1950 ein Fliesskriterium für gewalzte und daher leicht anisotrope Metalle vor:

$$1 = \sqrt{F(\sigma_x - \sigma_y)^2 + G(\sigma_y - \sigma_z)^2 + H(\sigma_z - \sigma_x)^2 + 2L\tau_{yz}^2 + 2M\tau_{xz}^2 + 2N\tau_{xy}^2}$$
(6.17)

Für den Sonderfall der Isotropie fällt es mit dem Kriterium nach v. Mises zusammen.

$$\sigma_v = \sqrt{\frac{1}{2}\left[(\sigma_x - \sigma_y)^2 + (\sigma_y - \sigma_z)^2 + (\sigma_z - \sigma_x)^2\right] + 3\left(\tau_{xy}^2 + \tau_{yz}^2 + \tau_{zx}^2\right)}$$

(6.18)

Für orthotrope Materialien hat das Tsai-Hill-Kriterium sechs Koeffizienten und lautet:

$$(G+H)\sigma_1^2 + (F+H)\sigma_2^2 + (F+G)\sigma_3^2 \qquad (6.19)$$
$$-2H\sigma_1\sigma_2 - 2G\sigma_1\sigma_3 - 2F\sigma_2\sigma_3$$
$$+2L\tau_{23}^2 + 2M\tau_{13}^2 + 2N\tau_{12}^2 = 1$$

Tsai substituierte die Festigkeiten von Faserverbundwerkstoffen für die anisotropen Fliessgrenzen des Kriteriums von Hill. Dabei kann der ursprüngliche physikalische Hintergrund des Fliessversagens nicht auf spröde brechende Werkstoffe zutreffen. Die formale Interaktion zwischen den verschiedenen Spannungskomponenten ist daher, wie auch bei allen anderen älteren Kriterien, nur unzureichend physikalisch und experimentell abgesichert.

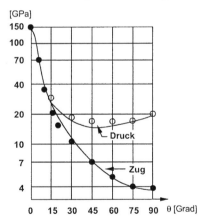

Abb. 6.2.3 Festigkeitsvorhersage des Tsai-Hill-Kriteriums für den einachsigen Zugversuch [6.12] (für E-Glas/Epoxy)

6. Festigkeitshypothesen - Festigkeitsberechnungen

Bei jeweils alleiniger Aufbringung der uniaxialen Versagenslasten X;Y und Z folgt:

$$G+H=\frac{1}{X^2} \tag{6.20}$$

$$F+H=\frac{1}{Y^2} \tag{6.21}$$

$$F+G=\frac{1}{Z^2} \tag{6.22}$$

Die Kombination dieser Gleichungen liefert:

$$2H=\frac{1}{X^2}+\frac{1}{Y^2}-\frac{1}{Z^2} \tag{6.23}$$

$$2F=\frac{1}{Y^2}+\frac{1}{Z^2}-\frac{1}{X^2} \tag{6.24}$$

$$2G=\frac{1}{Z^2}+\frac{1}{X^2}-\frac{1}{Y^2} \tag{6.25}$$

Bezeichnet man die Schubfestigkeiten mit Q, R und S_L, so erhält man:

$$2\cdot L=\frac{1}{Q^2} \tag{6.26}$$

$$2\cdot M=\frac{1}{R^2} \tag{6.27}$$

$$2\cdot N=\frac{1}{S_L^2} \tag{6.28}$$

Für den ebenen Spannungszustand, nämlich $\sigma_3=\tau_{13}=\tau_{23}=0$, resultiert eine verbleibende Abhängigkeit von der Festigkeit Z senkrecht zur Belastungsebene:

$$\left(\frac{\sigma_1}{X}\right)^2 + \left(\frac{\sigma_2}{Y}\right)^2 - \sigma_1\sigma_2\left(\frac{1}{X^2} + \frac{1}{Y^2} - \frac{1}{Z^2}\right) + \left(\frac{\tau_{21}}{S_L}\right)^2 = 1 \quad (6.29)$$

Diese Eigenschaft des Kriteriums von Hill entfällt allerdings bei transvers isotropen Materialien wie bei den unidirektionalen Faserverbundwerkstoffen. Damit lautet das Tsai-Hill-Kriterium für transvers isotrope Materialien bei ebener Beanspruchung:

$$\left(\frac{\sigma_1}{X}\right)^2 + \left(\frac{\sigma_2}{Y}\right)^2 - \frac{\sigma_1 \cdot \sigma_2}{X^2} + \left(\frac{\tau_{21}}{S_L}\right)^2 = 1 \quad (6.30)$$

Man beachte die gegenseitige Beeinflussung der Terme, die im dreidimensionalen Spannungsraum (σ_1, σ_2, τ_{21}) einen Bruchkörper mit stetigen Oberflächen bildet (siehe Abb. 6.2.4). Das Vorzeichen der auftretenden Spannungen σ_1 und σ_2 muss in der Wahl von Zug- oder Druckfestigkeiten für X und Y berücksichtigt werden. Das Tsai-Hill-Kriterium liefert bei unidirektionalen FVW-Proben mit von der Belastungsrichtung abweichenden Faserrichtungen wesentlich bessere Vorhersagen als das Kriterium der maximalen Spannungen oder der maximalen Dehnungen. Jedoch liefert es keine Auskunft über das Bruchphänomen. Faser- oder Zwischenfaserbruch wird nicht identifiziert. Damit fehlt eine wesentliche Voraussetzung für eine Schadensanalyse.

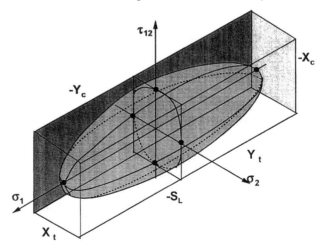

Abb. 6.2.4 Bruchkörper des Tsai-Hill-Kriteriums im ebenen Spannungsraum

6.2.4 Tsai-Wu-Pauschalkriterium in Tensorform

Ansätze mit einer grösseren Anzahl von Parametern bieten die Möglichkeit einer Formulierung, die unabhängig von dem Vorzeichen der wirkenden Spannungen gültig ist. Am bekanntesten ist das Bruchkriterium in Tensorschreibweise [6.14] [6.15]:

$$(F_i \cdot \sigma_i)^a + (F_{ij} \cdot \sigma_i \cdot \sigma_j)^b = 1 \tag{6.31}$$

das für a = b = 1 in der westlichen Literatur vor allem als Tsai-Wu-Kriterium [6.16] geläufig ist. In Beschränkung auf den ebenen Spannungszustand lautet das quadratische Tensorpolynom ausgeschrieben:

$$1 = F_1 \cdot \sigma_1 + F_2 \cdot \sigma_2 + F_6 \cdot \tau_{21} + F_{11} \cdot \sigma_1^2 + F_{22} \cdot \sigma_2^2 + F_{66} \cdot \tau_{21}^2 + \\ + 2 \cdot F_{12} \cdot \sigma_1 \cdot \sigma_2 + 2 \cdot F_{16} \cdot \sigma_1 \cdot \tau_{21} + 2 \cdot F_{26} \cdot \sigma_2 \cdot \tau_{21} \tag{6.32}$$

Da ein Wechsel des Vorzeichens der Schubspannung τ_{21} die Festigkeitsparameter nicht beeinflussen darf, müssen F_6, F_{16} und F_{26} verschwinden. Damit verbleiben zunächst sechs unabhängige Parameter im Vergleich zu dreien beim Tsai-Hill-Kriterium:

$$1 = F_1 \cdot \sigma_1 + F_2 \cdot \sigma_2 + F_{11} \cdot \sigma_1^2 + 2 \cdot F_{12} \cdot \sigma_1 \cdot \sigma_2 + F_{22} \cdot \sigma_2^2 + F_{66} \cdot \tau_{21}^2 \tag{6.33}$$

Einachsige Festigkeitstests liefern:

$$F_1 = \frac{1}{X_t} - \frac{1}{X_c} \tag{6.34}$$

$$F_2 = \frac{1}{Y_t} - \frac{1}{Y_c} \tag{6.35}$$

$$F_{11} = \frac{1}{X_t \cdot X_c} \tag{6.36}$$

$$F_{22} = \frac{1}{Y_t \cdot Y_c} \tag{6.37}$$

$$F_{66} = \frac{1}{S_L{}^2} \qquad (6.38)$$

mit: t = Zugfestigkeit (tension)
c = Druckfestigkeit (compression)

Die Frage der Bestimmung von F_{12} ist schwierig zu beantworten. Definiert man etwa nach der Bestimmung der anderen fünf Parameter einen zweiachsigen Test $\sigma_1 = \sigma_2 = \sigma$, ergibt sich F_{12} als Funktion dieser zweiachsigen Beanspruchung sowie der Festigkeiten X_t, X_c, Y_t und Y_c:

$$F_{12} = \frac{1}{2\sigma^2}\left[1 - \left(\frac{1}{X_t} - \frac{1}{X_c} + \frac{1}{Y_t} - \frac{1}{Y_c}\right)\sigma - \left(\frac{1}{X_t X_c} + \frac{1}{Y_t Y_c}\right)\sigma^2\right] \qquad (6.39)$$

Dass aber die Zugfestigkeit unter zweiachsiger Beanspruchung von den Druckfestigkeiten X_c und Y_c abhängen soll, ist physikalisch unannehmbar. Nach Narayanaswami und Adelman [6.17] kann man $F_{12} = 0$ setzen. Dadurch kann eine Abweichung von 10 % entstehen.

6.2.5 Die Bruchtyp-Kriterien von Puck aus dem Jahre 1969

Für den Faserbruch (Fb) setzte Puck [6.7] ein Kriterium der maximalen Normalspannung an, und zwar jeweils gesondert für faserparallele Zugspannung und faserparallele Druckspannung:

$$\frac{\sigma_1}{X_t} = 1 \quad \text{für } \sigma_1 > 0 \qquad (6.40)$$

$$\frac{\sigma_1}{X_c} = -1 \quad \text{für } \sigma_1 < 0 \qquad (6.41)$$

Beim Zwischenfaserbruch (Zfb) wurde ebenfalls zwischen Zug- und Druckbereich unterschieden:

$$\left(\frac{\sigma_2}{Y_t}\right)^2 + \left(\frac{\tau_{21}}{S_L}\right)^2 + f_{Sch}(\sigma_1) = 1 \quad \text{für } \sigma_2 \geq 0 \qquad (6.42)$$

6. Festigkeitshypothesen - Festigkeitsberechnungen

$$\left(\frac{\sigma_2}{Y_c}\right)^2 + \left(\frac{\tau_{21}}{S_L}\right)^2 + f_{Sch}(\sigma_1) = 1 \quad \text{für } \sigma_2 < 0 \qquad (6.43)$$

Der Term $f_{Sch}(\sigma_1)$ berücksichtigt eine gewisse <u>Sch</u>wächung der Zfb-Festigkeit, die dadurch entstehen kann, dass die σ_1-Spannung nicht nur die Fasern, sondern auch das Harz beansprucht. Hierfür wurde folgender Ansatz gemacht:

$$f_{Sch}(\sigma_1) = \left(\frac{\sigma_1}{E_\| \cdot \varepsilon_{t(M)}}\right)^2 \quad \text{für } \sigma_1 \geq 0 \qquad (6.44)$$

$$f_{Sch}(\sigma_1) = \left(\frac{\sigma_1}{E_\| \cdot \varepsilon_{c(M)}}\right)^2 \quad \text{für } \sigma_1 < 0 \qquad (6.45)$$

Hierin sind $E_\|$ der E-Modul des UD-Verbundes in Faserrichtung, $\varepsilon_{t(M)}$ und $\varepsilon_{c(M)}$ die Bruchdehnung des Matrixmaterials bei einachsigem Zug bzw. Druck.

Die Gleichungen (6.40) bis (6.45) führten zu der bekannten Visualisierung der Bruchbedingungen als sogenannte Bruch-Zigarre, deren Oberfläche aus vier Teilflächen besteht (siehe Abb. 6.2.5).

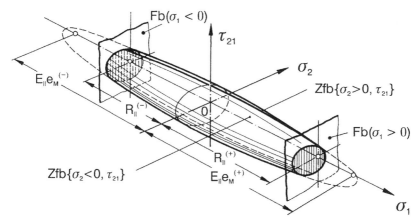

Abb. 6.2.5 Bruch-Zigarre für ebene (σ_1, σ_2, τ_{21})-Spannungszustände, wobei $e_M^{(+)} = \varepsilon_{t(M)}$ und $e_M^{(-)} = \varepsilon_{c(M)}$

6.2.6 Kriterium von Hashin

6.2.6.1 Spannungs-Invarianten

Die folgende Betrachtung wird vorangestellt, weil Hashin seine Bruchkriterien von vornherein als Polynome von Invarianten ansetzte, damit das Ergebnis unabhängig von einer willkürlichen Drehung des x_2, x_3-Koordinaten-Kreuzes um die x_1-Achse wird.

Der Spannungszustand in einem bestimmten Punkt eines elastischen Körpers ist festgelegt durch die sechs Spannungskomponenten σ_x, σ_y, σ_z, $\tau_{xy} = \tau_{yx}$, $\tau_{xz} = \tau_{zx}$ und $\tau_{yz} = \tau_{zy}$. Mit diesen Spannungskomponenten kann der Spannungsvektor $\vec{S} = \{s_x, s_y, s_z\}$ ausgedrückt werden, welcher zu einem beliebig orientierten Flächenelement gehört. In diesem Zusammenhang wird ein differentielles Tetraeder (Abb. 6.2.6) betrachtet.

Die Orientierung der Fläche $\Delta ABC = dF$ ist durch den Normaleinheitsvektor

$$\vec{n} = \{n_x; n_y; n_z\} = \{\cos\alpha; \cos\beta; \cos\gamma\} \qquad (6.46)$$

gegeben.

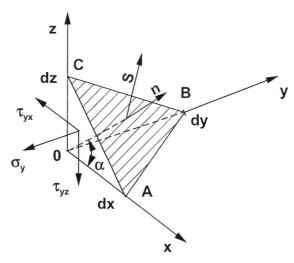

Abb. 6.2.6 Differentielles Tetraeder (die Winkel der anderen Tetraederflächen werden mit β und γ bezeichnet)

6. Festigkeitshypothesen - Festigkeitsberechnungen

Weiterhin ist:

$$dFn_x = dF\cos\alpha; \quad dFn_y = dF\cos\beta; \quad dFn_z = dF\cos\gamma \tag{6.47}$$

Für die Gleichgewichtsbedingung in der x-Richtung gilt:

$$s_x\,dF = \sigma_x\,n_x\,dF + \tau_{yx}\,n_y\,dF + \tau_{zx}\,n_z\,dF \tag{6.48}$$

Hieraus ergibt sich:

$$\begin{aligned} s_x &= \sigma_x\cdot n_x + \tau_{yx}\cdot n_y + \tau_{zx}\cdot n_z \\ s_y &= \tau_{xy}\cdot n_x + \sigma_y\cdot n_y + \tau_{zy}\cdot n_z \\ s_z &= \tau_{xz}\cdot n_x + \tau_{yz}\cdot n_y + \sigma_z\cdot n_z \end{aligned} \tag{6.49}$$

Daraus ergibt sich der Spannungstensor zu:

$$S_p = \begin{bmatrix} \sigma_x & \tau_{yx} & \tau_{zx} \\ \tau_{xy} & \sigma_y & \tau_{zy} \\ \tau_{xz} & \tau_{yz} & \sigma_z \end{bmatrix} \tag{6.50}$$

Die zum Element dF gehörende Normalspannung beträgt:

$$\sigma = S_p\cdot n = n_x\cdot s_{px} + n_y\cdot s_{py} + n_z\cdot s_{pz} \tag{6.51}$$

und die dazu gehörende Schubspannung ist:

$$\tau = \sqrt{S_p^2 - \sigma^2} \tag{6.52}$$

Wenn ein Körper unter einem Spannungszustand steht, dann gilt folgendes: es existieren durch jeden Punkt drei Ebenen, die aufeinander senkrecht stehen und auf denen der Spannungsvektor ebenfalls senkrecht steht. Diese drei Ebenen heissen Hauptspannungsebenen, und die zugehörigen Spannungen heissen Hauptspannungen.
Es gilt:

$$S_p = n\cdot\sigma \tag{6.53}$$

und damit erhält man:

$$S_{px} = n_x \cdot \sigma; \quad S_{py} = n_y \cdot \sigma; \quad S_{pz} = n_z \cdot \sigma \tag{6.54}$$

Aus dem Gleichungssystem (6.49) wird somit:

$$\begin{aligned} n_x(\sigma_x - \sigma) + n_y \cdot \tau_{yx} + n_z \cdot \tau_{zx} &= 0 \\ n_x \cdot \tau_{xy} + n_y(\sigma_y - \sigma) + n_z \cdot \tau_{zy} &= 0 \\ n_x \cdot \tau_{xz} + n_y \cdot \tau_{yz} + n_z(\sigma_z - \sigma) &= 0 \end{aligned} \tag{6.55}$$

Aus den Gleichungen (6.55) können nur dann für n_x, n_y, n_z von Null verschiedene Werte resultieren, wenn folgendes gilt:

$$\begin{bmatrix} \sigma_x - \sigma & \tau_{yx} & \tau_{zx} \\ \tau_{xy} & \sigma_y - \sigma & \tau_{zy} \\ \tau_{xz} & \tau_{yz} & \sigma_z - \sigma \end{bmatrix} = 0 \tag{6.56}$$

Der Spannungstensor aus Gleichung (6.50) nimmt folgende vereinfachte Form an, wenn die Komponenten für die Richtung der Hauptachsen formuliert werden:

$$S_p = \begin{bmatrix} \sigma_{1H} & 0 & 0 \\ 0 & \sigma_{2H} & 0 \\ 0 & 0 & \sigma_{3H} \end{bmatrix} \tag{6.57}$$

Der obige Spannungstensor geht aus Gleichung (6.50) hervor, indem das Koordinatensystem entsprechend gedreht wird (Koordinatentransformation). Beim Vornehmen einer solchen Koordinatentransformation hat jeder Tensor drei unveränderliche Werte, die Invarianten heissen. Für sie gilt:

$$I_1 = \sigma_x + \sigma_y + \sigma_z \tag{6.58}$$

$$I_2 = \sigma_x \cdot \sigma_y + \sigma_y \cdot \sigma_z + \sigma_z \cdot \sigma_x - \tau_{xy}^2 - \tau_{yz}^2 - \tau_{zx}^2 \tag{6.59}$$

$$I_3 = \begin{bmatrix} \sigma_x & \tau_{yx} & \tau_{zx} \\ \tau_{xy} & \sigma_y & \tau_{zy} \\ \tau_{xz} & \tau_{yz} & \sigma_z \end{bmatrix} \qquad (6.60)$$

$$I_3 = \sigma_x \sigma_y \sigma_z - \sigma_x \tau_{yz}^2 - \sigma_y \tau_{zx}^2 - \sigma_z \tau_{xy}^2 + 2\tau_{xy} \tau_{yz} \tau_{zx} \qquad (6.61)$$

Insbesondere gilt für das Hauptachsensystem:

$$I_1 = \sigma_{1H} + \sigma_{2H} + \sigma_{3H} \qquad (6.62)$$

$$I_2 = \sigma_{1H} \cdot \sigma_{2H} + \sigma_{1H} \cdot \sigma_{3H} + \sigma_{2H} \cdot \sigma_{3H} \qquad (6.63)$$

$$I_3 = \sigma_{1H} \cdot \sigma_{2H} \cdot \sigma_{3H} \qquad (6.64)$$

Mit diesen Invarianten kann man für die aus Gleichung (6.57) resultierende kubische Gleichung bezüglich den Hauptspannungen folgendes angeben:

$$\sigma^3 - I_1 \cdot \sigma^2 + I_2 \cdot \sigma - I_3 = 0 \qquad (6.65)$$

6.2.6.2 Vorgehensweise von Hashin

Mit den in Kapitel 6 benutzten Indizes lauten die drei Invarianten:

$$I_1 = \sigma_1 + \sigma_2 + \sigma_3 \qquad (6.66)$$

$$I_2 = (\sigma_1 \cdot \sigma_2 - \tau_{12}^2) + (\sigma_2 \cdot \sigma_3 - \tau_{23}^2) + (\sigma_3 \cdot \sigma_1 - \tau_{31}^2) \qquad (6.67)$$

$$\begin{aligned} I_3 &= \sigma_1 \cdot \sigma_2 \cdot \sigma_3 - \sigma_1 \cdot \tau_{23}^2 - \sigma_2 \cdot \tau_{31}^2 - \sigma_3 \cdot \tau_{12}^2 + \\ &\quad + 2 \cdot \tau_{12} \cdot \tau_{23} \cdot \tau_{31} \end{aligned} \qquad (6.68)$$

Hashin setzt folgendes voraus:
Für den Faserbruch und den Zwischenfaserbruch werden separate Festigkeitsnachweise geführt. Ein Faserbruch hängt nur von σ_1, τ_{12} und τ_{13} ab.

Ein Zwischenfaserbruch wird nur durch σ_2, σ_3, τ_{23}, τ_{31} und τ_{21} verursacht. Aus I_1 wird somit:

$$I_I = \sigma_1 \tag{6.69}$$

für den Faserbruch, weil $\sigma_2 = \sigma_3 = 0$.

$$I_{II} = \sigma_2 + \sigma_3 \tag{6.70}$$

für den Zwischenfaserbruch, weil $\sigma_1 = 0$. Aus I_2 wird:

$$I'_{III} = -\left(\tau_{12}^2 + \tau_{13}^2\right) \tag{6.71}$$

für den Faserbruch, weil $\sigma_2 = \sigma_3 = \tau_{23} = 0$.
Es interessiert nur der absolute Betrag, d. h. es gilt:

$$I_{III} = \tau_{12}^2 + \tau_{13}^2 \tag{6.72}$$

für den Faserbruch.

$$I'_{IV} = \sigma_2 \cdot \sigma_3 - \tau_{23}^2 - \left(\tau_{21}^2 + \tau_{31}^2\right) \tag{6.73}$$

für den Zwischenfaserbruch, weil $\sigma_1 = 0$.
Wegen Gleichung (6.71) ist auch $\sigma_2 \cdot \sigma_3 - \tau_{23}^2$ eine Invariante. Es gilt:

$$I_{IV} = \sigma_2 \cdot \sigma_3 - \tau_{23}^2 \tag{6.74}$$

für den Zwischenfaserbruch.
Die Invariante I_3 kann man für den Faserbruch nicht gebrauchen wegen $\sigma_2 = \sigma_3 = \tau_{23} = 0$, d. h. $I_3 = 0$.
Aus der Invariante I_3 wird für den Zwischenfaserbruch:

$$I_V = 2 \cdot \tau_{21} \cdot \tau_{23} \cdot \tau_{31} - \sigma_2 \cdot \tau_{31}^2 - \sigma_3 \cdot \tau_{21}^2 \tag{6.75}$$

Zusammenstellung der Invarianten nach Hashin

$$I_I = \sigma_1 \quad \text{Faserbruch} \tag{6.76}$$

$$I_{II} = \sigma_2 + \sigma_3 \quad \text{Zwischenfaserbruch} \tag{6.77}$$

$$I_{III} = \tau_{12}^2 + \tau_{13}^2 \quad \text{Faser- und Zwischenfaserbruch} \tag{6.78}$$

$$I_{IV} = \tau_{23}^2 - \sigma_1 \cdot \sigma_2 \quad \text{Zwischenfaserbruch} \tag{6.79}$$

$$I_V = 2 \cdot \tau_{21} \cdot \tau_{23} \cdot \tau_{31} - \sigma_2 \cdot \tau_{31}^2 - \sigma_3 \cdot \tau_{21}^2 \quad \text{Zwischenfaserbruch} \tag{6.80}$$

Auch hier soll ein quadratisches Tensorpolynom benutzt werden. Deswegen entfällt die Invariante I_V für den folgenden allgemeinen Ansatz einer mit Invarianten formulierten Bruchbedingung eines transversal-isotropen Werkstoffes:

$$\begin{aligned} & A_1 \cdot I_I + B_1 \cdot I_I^2 + A_2 \cdot I_{II} + B_2 \cdot I_{II}^2 + C_{12} \cdot I_I \cdot I_{II} + A_3 \cdot I_{III} + \\ & + A_4 \cdot I_{IV} = 1 \end{aligned} \tag{6.81}$$

Mit den Schubfestigkeiten längs zu den Fasern S_L und quer zu den Fasern S_T folgt aus Schubtests:

$$A_3 = S_L^{-2} \tag{6.82}$$

$$A_4 = S_T^{-2} \tag{6.83}$$

Nach Hashin hängt ein Faserbruch von σ_1, τ_{12} und τ_{13} ab, d. h.:

$$A_F \cdot \sigma_1 + B_F \cdot \sigma_1^2 + \frac{\tau_{12}^2 + \tau_{13}^2}{S_L^2} = 1 \tag{6.84}$$

Faser-Zugversagen
Bei der Anpassung an Versuchsergebnisse setzt Hashin zur Vereinfachung

$$A_F = 0 \tag{6.85}$$

Damit wird:

$$\left(\frac{\sigma_1}{X_t}\right)^2 + \frac{\tau_{12}^2 + \tau_{13}^2}{S_L^2} = 1 \quad \text{für } \sigma_1 \geq 0 \tag{6.86}$$

Puck hat in [6.10] darauf hingewiesen, dass in diese Bedingung für den Faserbruch in unzulässiger Weise mit S_L eine Zfb-zugeordnete Festigkeit aufgenommen wurde. Nach Gl. (6.86) würde z. B. ein (0°/90°)-Rohr, das in 0°-Richtung durch eine Zugkraft belastet und gleichzeitig tordiert wird, in der 0°- und 90°-Schicht seine Faserfestigkeit erreichen, wenn die Torsionsbelastung zum Zwischenfaserbruch in Folge der τ_{12}-Schubspannung führt. Dies widerspricht aller experimentellen Erfahrung.

<u>Faser-Druckversagen</u>
Da Hashin ein schwächender Einfluss der Schubspannungen τ_{12} und τ_{13} auf die faserparallele Druckfestigkeit nicht bekannt ist, wählt er hier das Höchstspannungskriterium.

$$\sigma_1 = -X_c \quad \text{für } \sigma_1 < 0 \tag{6.87}$$

Nach Hashin wird der Zwischenfaserbruch nicht durch σ_1 beeinflusst. Damit ergibt sich die Bruchbedingung für den Zfb in allgemeiner Form folgendermassen:

$$A_M(\sigma_2 + \sigma_3) + B_M(\sigma_2 + \sigma_3)^2 + \frac{1}{S_T^2}(\tau_{23}^2 - \sigma_2\sigma_3) +$$
$$+ \frac{1}{S_L^2}(\tau_{21}^2 + \tau_{31}^2) = 1 \tag{6.88}$$

<u>Zfb-Zugversagen</u>
Weil aus dem einachsigen Quer-Zugversuch nicht sowohl A_M als auch B_M bestimmt werden können, setzt Hashin zur Vereinfachung der Anpassung:

$$A_M^{(+)} = 0 \tag{6.89}$$

So erhält man für das Zfb-Zugversagen:

$$\frac{1}{Y_t}(\sigma_2 + \sigma_3)^2 + \frac{1}{S_T^2}(\tau_{23}^2 - \sigma_2\sigma_3) + \frac{1}{S_L^2}(\tau_{21}^2 + \tau_{31}^2) = 1 \tag{6.90}$$
$$\text{für } \sigma_2 + \sigma_3 \geq 0$$

6. Festigkeitshypothesen - Festigkeitsberechnungen

Zfb-Druckversagen

Zur Bestimmung der Konstanten $A_M^{(-)}$ und $B_M^{(-)}$ werden die Ergebnisse des einachsigen Quer-Druckversuchs ($-\sigma_2 = Y_c$) und eines zweiachsigen Quer-Druckversuchs ($-\sigma_2 = -\sigma_3 = \sigma$) herangezogen, wobei von der Erfahrung Gebrauch gemacht wird, dass gilt:

$$\sigma \gg Y_c \tag{6.91}$$

Damit erhält man als Zfb-Bedingung für Zfb-Druckversagen:

$$\left[\left(\frac{Y_c}{2S_T}\right)^2 - 1\right]\frac{1}{Y_c}(\sigma_2+\sigma_3) + \frac{1}{4S_T^2}(\sigma_2+\sigma_3)^2 + \tag{6.92}$$

$$+\frac{1}{S_T^2}\left(\tau_{23}^2 - \sigma_2 \cdot \sigma_3\right) + \frac{1}{S_L}\left(\tau_{21}^2 + \tau_{31}^2\right) = 1$$

für $\sigma_2 + \sigma_3 < 0$

Für den Sonderfall des ebenen (σ_1, σ_2, τ_{21})-Spannungszustandes ergeben sich damit folgende Bruchbedingungen:

Fb-Zugversagen

$$\left(\frac{\sigma_1}{X_t}\right)^2 + \left(\frac{\tau_{12}}{S_L}\right)^2 = 1 \quad \text{für } \sigma_1 \geq 0 \tag{6.93}$$

Fb-Druckversagen

$$\sigma_1 = -X_c \quad \text{für } \sigma_1 < 0 \tag{6.94}$$

Zfb-Zugversagen

$$\left(\frac{\sigma_2}{Y_t}\right)^2 + \left(\frac{\tau_{21}}{S_L}\right)^2 = 1 \quad \text{für } \sigma_2 \geq 0 \tag{6.95}$$

Zfb-Druckversagen

$$\left(\frac{\sigma_2}{2S_T}\right)^2 + \left[\left(\frac{Y_c}{2S_T}\right)^2 - 1\right]\frac{\sigma_2}{Y_c} + \left(\frac{\tau_{21}}{S_L}\right)^2 = 1 \quad \text{für } \sigma_2 < 0 \qquad (6.96)$$

6.2.7 Neue Theorie des Zwischenfaserbruchs von Puck

Von Puck stammt die bisher am weitesten entwickelte und wirklichkeitsgetreueste Bruchhypothese für den Zwischenfaserbruch (Zfb). In [6.1] stellt er seine Theorie sehr gut dar. Sie ist physikalisch eindeutig begründet und gibt im Gegensatz zu anderen Hypothesen auch die Rissart und die Rissrichtung an. Allerdings ist sie in der praktischen Anwendung für den Konstrukteur auch die schwierigste, weil die Betrachtungsweise sehr ungewohnt ist. Aus den weiteren Ausführungen wird hervorgehen, worin die besonderen Vorzüge und die vermeintlichen und tatsächlichen Schwierigkeiten bestehen. Hier folgt nur eine kurz abgefasste Darstellung der neuen Theorie von Puck; man kann sie vertieft in [6.1] nachlesen.

Puck stellt fest, dass Faserverbundwerkstoffe auch bei Zwischenfaserbrüchen ein eher sprödes Bruchverhalten zeigen. Selbst bei an sich duktilen Matrixmaterialien führen die Dehnungsbehinderungen und die Fehlstellen, die durch das Einfügen der Fasern entstehen, zu einer Behinderung des Fliessens und damit zu einem spröden Verhalten des Verbundes. Er greift deswegen eine Anregung von Hashin auf, der in [6.6] darlegt, dass eine Bruchhypothese gemäss den Vorstellungen von O. Mohr geeigneter sei als die bisher meistens zum Vorbild genommenen Fliesstheorien. Puck arbeitet in [6.1] diesen Gedanken zu einer neuen Festigkeitsanalyse aus.

6.2.7.1 Grundsätzliche Vorüberlegungen

Puck trennt bereits seit seiner ersten Arbeit [6.7] über Bruchhypothesen für UD-Verbunde aus dem Jahre 1969 die Phänomene des Faserbruchs (Fb) und des Zwischenfaserbruchs (Zfb) voneinander. Er argumentiert wie Hashin [6.6], dass der Zwischenfaserbruch auf einer Bruchfläche auftrifft, die zwar stets parallel zur Faserrichtung x_1 ausgerichtet ist, deren Normalenrichtung $\underline{n}$ jedoch im allgemeinen nicht mit der x_2-Richtung zusammenfällt. Vielmehr wird angenommen, dass auf die geneigte Bruchebene eine Spannungskombination bestehend aus einer Normalspannung σ_n sowie aus zwei Schubspannungen τ_{nt} und τ_{n1} einwirkt, siehe Abb. 6.2.7. Daraus resultiert eine Bruchbedingung der folgenden Art:

6. Festigkeitshypothesen - Festigkeitsberechnungen 133

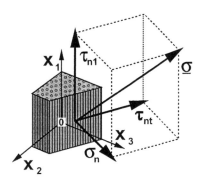

Abb. 6.2.7 Darstellung der in der Ebene des Zwischenfaserbruchs wirkenden Spannungen σ_n, τ_{nt}, τ_{n1} als Spannungsvektor $\underline{\sigma}$ [6.1]

$$F(\sigma_n, \tau_{nt}, \tau_{n1}) = 1 \qquad (6.97)$$

Bezogen auf die Faserrichtung stellt die auf die Bruchebene wirkende Normalspannung σ_n eine Querbeanspruchung ($\sigma_\perp$), die Schubspannung τ_{nt} eine Quer/Quer-Schubbeanspruchung ($\tau_{\perp\perp}$) und τ_{n1} eine Quer/Längs-Schubbeanspruchung ($\tau_{\perp\parallel}$) dar, siehe Abb. 6.2.7 und Abb. 6.2.8.

Die Bruchbedingung (6.97) ist für die Betrachtungsweise von O. Mohr typisch. Man spricht von „wirkebenebezogenen" Bruchbedingungen. Es wird gefragt, bei welcher Spannungshöhe die auf einer gemeinsamen Wirkebene kombiniert auftretende Normalspannung σ und Schubspannung τ in ihrer Wirkebene einen Bruch bewerkstelligen. Bei quasi-isotropen, sprödbrechenden Werkstoffen wie beispielsweise Grauguss muss man nur die Normalspannung σ und eine Schubspannung τ unterscheiden. Die Bruchbedingung lässt sich in diesem Fall als Kurve in einer (σ, τ)-Ebene darstellen. Sie ist als Mohrsche Hüllkurve bekannt. Beim transversal-isotropen UD-Verbund müssen zusätzlich zur Normalspannung σ_n die beiden Schubspannungen τ_{nt} und τ_{n1} unterschieden werden, weil die den beiden Schubspannungen zugeordneten Materialeigenschaften etwas unterschiedlich sind. Folglich stellt sich die Bruchbedingung für den UD-Verbund im (σ_n, τ_{nt}, τ_{n1})-Spannungsraum als die Oberfläche eines „Bruchkörpers" dar. Zur Unterscheidung von beispielsweise einem Bruchkörper im (σ_1, σ_2, τ_{21})-Spannungsraum wird er „Master-Bruchkörper" genannt. Diese Bezeichnung wurde gewählt, weil man zur Bearbeitung des Festigkeitsproblems bei einem beliebigen (σ_2, σ_3, τ_{23}, τ_{31}, τ_{21})-Spannungszustand sich zunächst der „übergeordneten", allgemeineren Bruchbedingung im (σ_n, τ_{nt}, τ_{n1})-Spannungsraum bedient, sozusagen einer Master-Bruchbedingung.

Einen (σ_2, σ_3, τ_{23}, τ_{31}, τ_{21})-Spannungszustand transformiert man als erstes in den (σ_n, τ_{nt}, τ_{n1})-Spannungsraum. Dann sucht man mit Hilfe der wirkebenebezogenen (σ_n, τ_{nt}, τ_{n1})-Bruchbedingung (6.97) die zu erwartende Bruchebene. Sie ist daran erkennbar, dass sich für sie der niedrigste Reservefaktor f_R oder die höchste Anstrengung f_E (Exposure Factor) errechnet. Indem man mit diesem niedrigsten Reservefaktor den zu beurteilenden (σ_2, σ_3, τ_{23}, τ_{31}, τ_{21})-Spannungszustand vergrössert, erhält man die zum Bruch führenden Spannungen σ_2, σ_3, τ_{23}, τ_{31}, τ_{21}.

Die Notwendigkeit, die Lage der Bruchebene (failure plane, fp), angegeben durch den Bruchwinkel θ_{fp}, bestimmen zu müssen, erschwert die Anwendung von Bruchbedingungen des Mohrschen Typs. Es handelt sich dabei um die Lösung eines Extremwertproblems (für f_R oder f_E). Hashin [6.6] hielt diese Schwierigkeit 1980 noch für so gravierend, dass er die von ihm ins Auge gefasste Anwendung der Mohrschen Betrachtungsweise zunächst nicht weiter verfolgte. Nicht zuletzt durch die heute allgemein zur Verfügung stehende Rechenkapazität ist diese Vorgehensweise nunmehr praxisbrauchbar geworden. Allerdings bedurfte es noch der Erarbeitung einfach handhabbarer Modelle [6.1]. Auch wird dem Anwender ein gewisses Mass an mechanischem Grundverständnis der Faser-Matrix-Verbunde abverlangt, damit Fehlanwendungen vermieden werden.

6.2.7.2 Beanspruchungsarten des UD-Verbundes, Festigkeiten und Bruchwiderstände der Wirkebene

Abb. 6.2.8 stellt die an einem transversal-isotropen UD-Verbund möglichen Beanspruchungen dar. Zweckmässigerweise benutzt man zu ihrer Kennzeichnung die auf die Faserrichtung bezogenen Indizes $\parallel$ und $\perp$ anstelle von 1, 2, 3, weil durch $\parallel$ und $\perp$ die transversale Isotropie zum Ausdruck kommt. Von der Beanspruchungsart her gesehen sind z. B. σ_2 und σ_3 gleichwertig, ebenfalls τ_{21} und τ_{31}.

Man unterscheidet sechs Basis-Beanspruchungen:

$$\sigma_\parallel^{(+)}, \sigma_\parallel^{(-)}, \sigma_\perp^{(+)}, \sigma_\perp^{(-)}, \tau_{\perp\perp}, \tau_{\perp\parallel},$$

denen die sechs Basis-Festigkeiten

$$R_\parallel^{(+)}, R_\parallel^{(-)}, R_\perp^{(+)}, R_\perp^{(-)}, R_{\perp\perp}, R_{\perp\parallel}$$

zugeordnet sind. Puck [6.1] hat von Hashin [6.6] die Symbole (+) für Zug und (–) für Druck übernommen.

6. Festigkeitshypothesen - Festigkeitsberechnungen

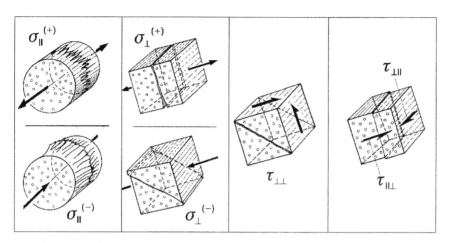

Abb. 6.2.8 Mögliche Beanspruchungen eines UD-Verbunds. $\sigma_\parallel$ verursacht Faserbruch, $\sigma_\perp$, $\tau_{\perp\perp}$, $\tau_{\perp\parallel}$ bewirken Zwischenfaserbruch. Bei Druckbeanspruchung $\sigma_\perp^{(-)}$ entsteht ein „schräger" Scher-Bruch, bei $\tau_{\perp\perp}$-Beanspruchung erfolgt ein „schräger" Zug-Bruch.

Bei der Bestimmung einer Material - Festigkeit R fragt man nicht danach, auf welche Art das Material seine Tragfähigkeit verliert, oder - falls dies durch einen Sprödbruch erfolgt - wo dieser Bruch stattfindet. Es interessiert ausschliesslich die maximal ertragbare Beanspruchungshöhe.

Eine andere Fragestellung ergibt sich bei der Benutzung der wirkebenebezogenen Bruchbedingungen. Hierfür benötigt man Angaben darüber, welche Höhe beispielsweise eine $\sigma_\perp^{(+)}$- Beanspruchung oder eine $\tau_{\perp\parallel}$-Beanspruchung erreichen muss, damit in ihrer Wirkebene ein Bruch erfolgt. Man benutzt also Werte für die „Bruchwiderstände der Wirkebene". Puck [6.1] definiert den Begriff Bruchwiderstand R^A der Wirkebene (Action Plane) folgendermassen:

Der Bruchwiderstand der Wirkebene ist derjenige Widerstand, den eine Schnittebene ihrem Bruch infolge einer einzelnen auf ihr wirkenden Spannung (σ_n oder τ_{nt} oder τ_{n1}) entgegensetzt.

Die einzelnen Bruchwiderstände sind:

$R_\perp^{(+)A}$ = Bruchwiderstand der Wirkebene gegen ihren Bruch infolge Quer-Zugbeanspruchung $\sigma_\perp^{(+)}$.

$R_{\perp\perp}^A$ = Bruchwiderstand der Wirkebene gegen ihren Bruch infolge Quer/Quer-Schubbeanspruchung $\tau_{\perp\perp}$.

$R_{\perp\parallel}^A$ = Bruchwiderstand der Wirkebene gegen ihren Bruch infolge Quer/Längs-Schubbeanspruchung $\tau_{\perp\parallel}$.

$R_\perp^{(-)A}$ = ∞, weil eine Quer-Druckbeanspruchung $\sigma_\perp^{(-)}$ keinen Bruch in ihrer Wirkebene verursachen kann.

Diese Bruchwiderstände sind bei vorausgesetzter transversaler Isotropie auf allen faserparallelen Schnitten gleich gross, d. h. vom Winkel θ unabhängig. Wie auch die früher behandelten Festigkeiten werden die Bruchwiderstände der Bruchebene stets als positive Werte angegeben.

Festigkeiten und Bruchwiderstände der Wirkebene sind dann miteinander identisch, wenn beim Bruchversuch mit einer einzelnen an einem UD-Verbund wirkenden Spannung der Bruch in deren Wirkebene eintritt. Man betrachte z. B. eine reine $\tau_{\perp\|}$- Schubbeanspruchung, hervorgerufen durch $\tau_{21} \neq 0$ (alle anderen Spannungen sind in diesem Fall Null). Auf den gegen die x_2-Ebene um einen Winkel θ geneigten Schnitten tritt dann die Schubspannung $\tau_{n1} = \tau_{21} \cos\theta$ auf, die für $\theta \neq 0$ stets kleiner ist als τ_{21}. Deswegen muss der Bruch bei $\theta_{fp} = 0$ eintreten, und es gilt in diesem Fall in Anlehnung an Hashin's Nomenklatur für die Festigkeiten:

$$R_{\perp\|}^{A} = S_L \tag{6.98}$$

An dieser Stelle weist Puck nochmals auf den Unterschied zwischen einer Festigkeit und einem Bruchwiderstand hin, siehe Abb. 6.2.8 und Abb. 6.2.10. Die Spannung τ_{21} wirkt mit gleichem Betrag sowohl auf der faserparallelen x_2-Ebene wie auch auf der die Fasern quer schneidende x_1-Ebene (die Formalisten unter uns indizieren hier korrekt mit τ_{12}, was bei der Puckschen Betrachtung recht nützlich ist). Es gibt nur eine Festigkeit S_L, die aber nichts darüber aussagt, in welcher Ebene der Bruch auftreten wird. Die auf die Wirkebenen bezogenen Bruchwiderstände sind hingegen für einen reinen Zwischenfaserbruch oder einen Bruch, bei dem Fasern durchtrennt werden, sehr unterschiedlich; und zwar ist $R_{\|\perp}^{A} \gg R_{\perp\|}^{A}$. Infolgedessen tritt der Bruch in einer faserparallelen x_2-Ebene ein.

Bei einachsiger Quer-Zugbeanspruchung $\sigma_{\perp}^{(+)}$, also zum Beispiel bei einem positivem Wert von σ_2, kann man erfahrungsgemäss voraussetzen, dass bei den betrachteten und sich spröde verhaltenden Faserverbundwerkstoffen ein Sprödbruch in der Wirkungsebene von σ_2, also ebenfalls bei $\theta_{fp} = 0$ auftritt. Deswegen gilt auch hier die Identität des Bruchwiderstandes der Wirkebene mit der Festigkeit:

$$R_{\perp}^{(+)A} = Y_t \tag{6.99}$$

Problematisch ist die Bestimmung des Bruchwiderstandes der Wirkebene gegenüber einer reinen Quer/Quer-Schubbeanspruchung. Bei einem Versuch mit einer allein wirkenden Spannung τ_{23} gibt es drei ausgezeichnete Richtungen mit Wirkebenen, auf denen jeweils nur eine Beanspruchung wirkt:

- $\theta = 0°$: Wirkebene von τ_{23}
- $\theta = 90°$: Wirkebene von τ_{32}
- $\theta = 45°$: Wirkebene der aus τ_{23} sich ergebenden Haupt-Zugspannung vom gleichen Betrage wie τ_{23}

Nach Puck's Hypothese tritt der Bruch immer in der Schnittebene mit dem kleineren Bruchwiderstand der Wirkebene auf. Bei Experimenten an UD-FKV wurden Brüche immer bei $\theta_{fp} = 45°$ beobachtet, was den Schluss $R_\perp^{(+)A} < R^A_{\perp\perp}$ aufzwingt. Deswegen würde man aus dem reinen $\tau_{\perp\perp}$ - Versuch einen Wert für die Quer-Zugfestigkeit, nicht aber für $R^A_{\perp\perp}$ erhalten. Wie später noch deutlich wird, gibt es bei ausgeprägtem Sprödbruchverhalten keine Chance, $R^A_{\perp\perp}$ direkt experimentell zu bestimmen. Als indirekte Methode bietet sich die einachsige Querdruck-Beanspruchung mit $\sigma_2 < 0$ an. Bei einem solchen Versuch tritt ein Bruch bei Winkeln $\theta_{fp} \approx 50°$ auf [6.18], [6.19]. Unvermeidlich tritt auf einem solchen schrägen Schnitt eine Kombination aus $\tau_{\perp\perp}$ und $\sigma_\perp^{(-)}$ auf, und für die Auswertung muss man deshalb bereits eine Bruchbedingung für kombinierte Beanspruchung heranziehen. Der so ermittelte Wert für $R^A_{\perp\perp}$ wird damit von dem gewähltem Bruchmodell abhängig. Er ist somit keine eindeutige Materialeigenschaft und darf deshalb nur für das zu seiner Bestimmung benutzte Bruchmodell herangezogen werden.

6.2.7.3 Ausprägungen verschiedener Modi bei Zwischenfaserbrüchen

Schon 1992 gelang es Puck [6.10], den Verlauf der bekannten (σ_2, τ_{21})-Bruchkurve plausibel zu erklären. Er unterscheidet drei Kurvenabschnitte, die drei verschiedenen Bruch-Modi (A, B und C) zugeordnet werden können, siehe Abb. 6.2.9.

Modus A: Quer-Zugbeanspruchung $\sigma_\perp^{(+)}$ (positiver Wert von σ_2) oder Quer/Längs-Schubbeanspruchung $\tau_{\perp\parallel}$ (τ_{21}) verursachen für sich allein oder in Kombination miteinander einen Bruch. Die Risse verlaufen in Dickenrichtung, also in der Wirkebene von σ_2 und τ_{21}, und die Rissufer trennen sich voneinander. Deswegen verliert der mit Zwischenfaserrissen durchsetzte Verbund makroskopisch an Steifigkeit (Degradation).
Modus B: Die Zwischenfaserrisse verlaufen ebenso wie beim Modus A in Dickenrichtung, können sich aber wegen der bei negativen Werten von σ_2 auftretenden Quer-Druckbeanspruchung $\sigma_\perp^{(-)}$ nicht öffnen. Diese Quer-Druckbeanspruchung behindert den Bruch durch einen Effekt, der sich ähnlich wie der Reibungseffekt nach der Rankine-Mohrschen Bruchhypothese aus der Bodenmechanik äussert. Dieser Bruchmodus tritt auf, solange die beim Bruch wirkende Quer-Druckspannung $|\sigma_2|$ kleiner als etwa 40% der Quer-Druckfestigkeit $R_\perp^{(-)}$ bleibt. Die Steifigkeitsdegradation beschränkt sich auf den

Schubmodul $G_{\perp\|}$. Ihr wirkt die Reibung der aufeinander gepressten Rissufer entgegen.

Modus C: Diese Bruchart tritt auf, wenn der Betrag der Quer-Druckspannung beim Bruch grösser ist als etwa 40% der Quer-Druckfestigkeit. Der Riss tritt nicht mehr in Dickenrichtung, d. h. in der Wirkebene von σ_2 und τ_{21} auf, sondern in einer gegenüber der Dickenrichtung um einen Winkel θ_{fp} geneigten Bruchebene. In dieser wirken alle drei Beanspruchungskomponenten $\sigma_\perp^{(-)}$, $\tau_{\perp\|}$ und $\tau_{\perp\perp}$. Der Bruchwinkel kann je nach der Grösse des Verhältnisses $|\sigma_2/\tau_{21}|$ von 0° beim Übergang vom Modus B zum Modus C bis auf etwa 50° [6.18], [6.19] anwachsen. Die besondere Gefahr von Rissen im Modus C stellt die durch die Keilwirkung hervorgerufene Tendenz zu Ablösungen (Delaminationen) zwischen der gebrochenen Schicht und den benachbarten Schichten dar [6.1]. Es entsteht dann die Gefahr des Ausbeulens äusserer Laminatschichten.

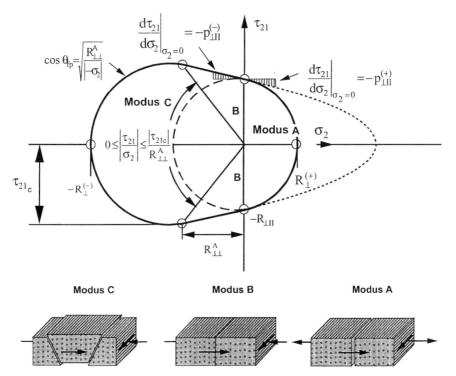

Abb. 6.2.9 (σ_2, τ_{21})-Bruchkurve für $\sigma_1=0$ mit Bereichsgrenzen für Bruchmodi A, B u. C

6. Festigkeitshypothesen - Festigkeitsberechnungen

6.2.7.4 Puck's Bruchhypothesen

Im Gegensatz zu älteren Bruchbedingungen, die lediglich Interpolationspolynome durch einige Messpunkte bei einfachen Beanspruchungen darstellen, wobei die einzelnen Spannungen zu einer gesamten Anstrengung zusammengefasst werden, jedoch keine physikalische Begründung für die Art des Zusammenwirkens vorliegt, stellt Puck eine physikalisch begründete Bruchhypothese auf [6.1].

1. Wenn unter der Wirkung einer Quer-Zugspannung $\sigma_n \geq 0$ eine faserparallele Bruchebene auftritt, so wird der Bruch gemeinsam von der auf der Bruchebene (im Augenblick des Bruches) wirkenden Quer-Zugspannung σ_n und der dort gleichzeitig wirkenden Schubspannung τ_{nt} und/oder τ_{n1} verursacht.
2. Eine auf einer Bruchebene wirkende Quer-Druckspannung $\sigma_n < 0$ trägt nicht zur Erzeugung des Bruches bei, sondern erschwert den durch die Schubspannungen τ_{nt} und τ_{n1} verursachten Scherbruch, indem sie einen mit steigender Druckspannung $|\sigma_n|$ anwachsenden zusätzlichen Widerstand der Spannungs-Wirkebene gegen Scherbruch hervorruft.
3. Bei einer ausschliesslichen Beanspruchung in der transversal-isotropen Ebene, d. h. durch σ_2, σ_3, τ_{23}, tritt der Bruch entweder als ein durch Druckspannung σ_n erschwerter Scherbruch infolge τ_{nt} oder als reiner Zugbruch infolge von σ_n als grösster Haupt-Zugspannung ein, je nachdem, welche Bruchmöglichkeit zuerst erreicht wird.

Bei der dritten Hypothese mag es für Verbunde mit einem ungewöhnlich niedrigen Verhältnis von Quer-Druckfestigkeit zu Quer-Zugfestigkeit Ausnahmen geben [6.20]. Hierfür gibt es aber bisher keine experimentelle Bestätigung.

6.2.7.5 Das Längsschnitt-Modell von Puck für den Master-Bruchkörper

<u>Vorbetrachtungen</u>

Die wirkebenebezogenen Zfb-Kriterien sollen auf allgemeine räumliche (σ_1, σ_2, σ_3, τ_{23}, τ_{31}, τ_{21})-Spannungszustände anwendbar sein. Ein spürbarer Einfluss der faserparallelen Spannung σ_1 auf den Zfb wird erst bei Annäherung an die faserparallele Festigkeit erwartet [6.1]. Bei der folgenden Kurzdarstellung wird er ausser Betracht gelassen.

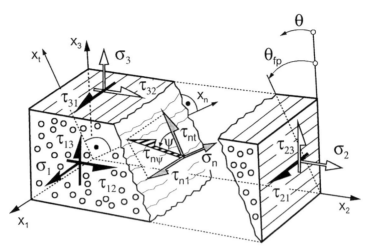

Abb. 6.2.10 Spannungen σ_n, τ_{nt}, τ_{n1} bzw. σ_n, $\tau_{n\psi}$ sowie θ und ψ an faserparallelen Schnittebenen

Bei der von Hashin [6.6] angeregten wirkebenebezogenen Betrachtungsweise müssen aus den vorgegebenen Spannungen σ_2, σ_3, τ_{23}, τ_{31}, τ_{21}, die auf Schnittebenen senkrecht zu den „natürlichen" Achsrichtungen x_1, x_2, x_3 wirken, zunächst die auf „schrägen" faserparallelen Schnittebenen wirkenden Spannungen $\sigma_n(\theta)$, $\tau_{nt}(\theta)$, $\tau_{n1}(\theta)$ durch folgende Transformation berechnet werden:

$$\sigma_n(\theta) = \sigma_2 \cdot \cos^2\theta + \sigma_3 \cdot \sin^2\theta + 2 \cdot \tau_{23} \cdot \sin\theta \cdot \cos\theta \qquad (6.100)$$

$$\tau_{nt}(\theta) = -\sigma_2 \cdot \sin\theta \cdot \cos\theta + \sigma_3 \cdot \sin\theta \cdot \cos\theta + \\ + \tau_{23} \cdot \left(\cos^2\theta - \sin^2\theta\right) \qquad (6.101)$$

$$\tau_{n1}(\theta) = \tau_{31} \cdot \sin\theta + \tau_{21} \cdot \cos\theta \qquad (6.102)$$

Weil im allgemeinen Fall zum Aufsuchen der Bruchebene eine grosse Anzahl von Spannungen $\sigma_n(\theta)$, $\tau_{nt}(\theta)$, $\tau_{n1}(\theta)$ mit gemeinsamer Wirkebene berechnet werden müssen, spielt der hierfür erforderliche Rechenaufwand eine gewisse Rolle. Das Längsschnitt-Modell wurde zu dem Zweck entwickelt, unnötigen Rechenaufwand für die Ermittlung der „Bruchgefahr" der „unendlich vielen" als mögliche Bruchebene in Betracht kommenden faserparallelen Ebenen zu vermeiden.

6. Festigkeitshypothesen - Festigkeitsberechnungen

Die zu erwartende Bruchebene ist daran zu erkennen, dass der für ihren Spannungszustand errechnete „schnittwinkelabhängige Reservefaktor" $f_R(\theta)$ kleiner ist als diejenigen für alle anderen Schnittebenen. Es besteht folglich die Aufgabe, die Schnittebene mit $f_R(\theta) = [f_R(\theta)]_{min} = f_R|_{\theta=\theta_{fp}}$ zu suchen. Werden nämlich die äusseren Spannungen σ_2, σ_3, τ_{23}, τ_{31}, τ_{21} um den Faktor $[f_R(\theta)]_{min}$ erhöht, erreicht die zugehörige Schnittebene gerade ihren Bruchzustand, alle anderen Schnittebenen aber noch nicht.

Für eine einigermassen genaue Bestimmung des Bruchwinkels θ_{fp} kann es nötig sein, eine Anzahl von $f_R(\theta)$-Berechnungen in der Grössenordnung von 100 vorzunehmen, so dass es sinnvoll erscheint, den Aufwand für die $f_R(\theta)$-Berechnung möglichst klein zu halten.

1993 stellte Puck folgende wirkebenebezogene Bruchbedingung für den Bereich vor, in dem σ_n eine Quer-Druckspannung ($\sigma_n < 0$) ist (zur Geschichte der Modellentwicklung siehe [6.21]):

$$\left(\frac{\tau_{nt}(\theta_{fp})}{R_{\perp\perp}^A - p_{\perp\perp}^{(-)}\sigma_n(\theta_{fp})}\right)^2 + \left(\frac{\tau_{n1}(\theta_{fp})}{R_{\perp\parallel}^A - p_{\perp\parallel}^{(-)}\sigma_n(\theta_{fp})}\right)^2 = 1 \quad (6.103)$$

Hierin sind

$$-p_{\perp\perp}^{(-)} = \frac{d\tau_{nt}}{d\sigma_n}\bigg|_{\sigma_n=0} \quad (6.104)$$

$$-p_{\perp\parallel}^{(-)} = \frac{d\tau_{n1}}{d\sigma_n}\bigg|_{\sigma_n=0} \quad (6.105)$$

die jeweiligen Steigungen der (σ_n, τ_{nt})- bzw. (σ_n, τ_{n1})-Bruchkurve an der Stelle $\sigma_n = 0$, siehe Abb. 6.2.11.

Für das Zusammenwirken der Schubspannungen τ_{nt} und τ_{n1} bei der Brucherzeugung ist hier der „klassische" quadratisch additive Interaktionsansatz angenommen worden. Die beiden Nenner genügen der zweiten Puckschen Bruchhypothese, wonach eine Druckspannung $\sigma_n < 0$ dem Bruchwiderstand $R_{\perp\perp}^A$ bzw. $R_{\perp\parallel}^A$ der Wirkebene einen weiteren Bruchwiderstand (ähnlich einem Reibungswiderstand) hinzufügt. Während die Bruchbedingung Gl. (6.103) sehr schön die Physik erkennbar macht, ist sie für das Aufsuchen der Bruchebene denkbar ungeeignet, wie sich aus folgender Betrachtung zeigt.

Wenn ein Spannungszustand $\sigma_n(\theta)$, $\tau_{nt}(\theta)$, $\tau_{n1}(\theta)$ untersucht wird, dessen Spannungswerte noch so niedrig sind, dass sich mit ihnen für die „linke Seite" der Gl. (6.103) ein Zahlenwert < 1 ergibt, so bedeutet dies, dass der Bruch erst zu erwarten ist, wenn alle drei Spannungen mit einem Reservefaktor $f_R(\theta)$ soweit erhöht werden, dass die „linke Seite" den Wert 1 annimmt. An ihrem Reservefaktor $f_R(\theta)$ will man die Bruchebene erkennen. Führt man bei σ_n, τ_{nt}, τ_{n1} in Gl. (6.103) jeweils den Reservefaktor $f_R(\theta)$ als Vorfaktor ein, so erhält man leider für die Berechnung von $f_R(\theta)$ eine Gleichung 4. Grades. Der Rechenaufwand für eine etwa 100-malige Lösung einer Gleichung 4. Grades erscheint unangemessen hoch.

Geometrisch betrachtet stellt die Gl. (6.103) einen Master-Bruchkörper mit elliptischen Querschnitten an allen Stellen σ_n = const. dar. Grundsätzlich lässt sich der Master-Bruchkörper selbstverständlich auch durch die mathematische Beschreibung seiner Längsschnitte darstellen. Davon erhoffte sich Puck aus den im folgenden dargestellten Gründen eine erhebliche Verringerung des Rechenaufwandes für die $f_R(\theta)$-Berechnung (ohne dass dafür die Zahl der freien Parameter eingeschränkt werden müsste).

Der schnittwinkelabhängige Reservefaktor $f_R(\theta)$ ist der Vergrösserungsfaktor, mit dem der Vektor $\{\sigma_n(\theta), \tau_{nt}(\theta), \tau_{n1}(\theta)\}$ der existierenden Spannungen gestreckt werden muss, damit er gerade die Master-Bruchfläche berührt. Bei dieser „Streckung" behält der Vektor seine ursprüngliche Richtung bei, denn die Verhältnisse der Spannungen untereinander, $\sigma_n(\theta) : \tau_{nt}(\theta) : \tau_{n1}(\theta)$, ändern sich nicht. Die Streckung erfolgt demnach innerhalb eines Längsschnittes. Dieser ist durch das Verhältnis $\tau_{n1}(\theta) / \tau_{nt}(\theta) = \tan \psi$ gekennzeichnet.

Die Hoffnung auf Rechenvereinfachung (unter Beibehaltung der freien Parameter) hat sich beim Längsschnitt-Modell erfüllt. Zum Berechnen von $f_R(\theta)$ oder $f_E(\theta)$ müssen nur noch die von θ abhängigen Spannungswerte $\sigma_n(\theta)$, $\tau_{nt}(\theta)$, $\tau_{n1}(\theta)$ in eine einfache Formel eingesetzt werden, siehe Abb. 6.2.13.

Im folgenden wird die Herleitung der mathematischen Beziehungen des Längsschnitt-Modells der Abb. 6.2.11 skizziert.

<u>Bruchbedingung für den Zugbereich ($\sigma_n > 0$)</u>
Der Verlauf der Längsschnittlinie in der Ebene $\tau_{nt} = 0$, d. h. im Schnitt bei $\psi = 90°$ ist aus Experimenten bestens bekannt; es ist dies die (σ_2, τ_{21}) - Bruchkurve im Bereich $\sigma_2 \geq 0$. Weil der Bruch in der gemeinsamen Wirkebene von σ_2 und τ_{21} erfolgt, ist $\sigma_n(\theta_{fp}) = \sigma_2$ und $\tau_{n1}(\theta_{fp}) = \tau_{21}$. Erfahrungsgemäss lässt sich dieser Teil der (σ_2, τ_{21}) - Bruchkurve gut durch ein Ellipsenstück beschreiben, das bei der Quer-Zugfestigkeit $R_\perp^{(+)}$ senkrecht in die σ_2 - Achse einmündet und an der Stelle $\tau_{21} = R_{\perp\parallel}$ mit einer leicht negativen Steigung $(-p_{\perp\parallel}^{(+)})$ auf die τ_{21} - Achse trifft.

6. Festigkeitshypothesen - Festigkeitsberechnungen

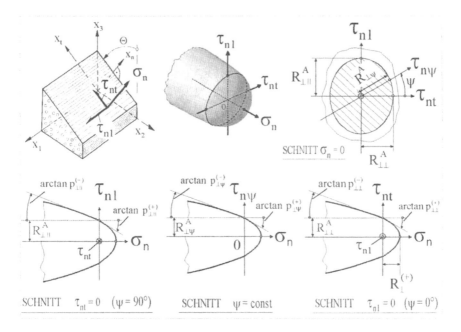

Abb. 6.2.11 Darstellung der auf einer Bruchebene wirkenden Spannungen σ_n, $\tau_{n\psi}$, sowie der Master-Bruchfläche im (σ_n, τ_{nt}, τ_{n1})-Spannungsraum

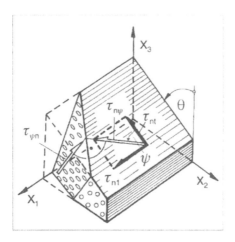

Abb. 6.2.12 Faserparallele Zwischenfaserbruchebene mit den Spannungen τ_{nt}, τ_{n1}, $\tau_{n\psi}$ sowie den Winkeln θ und ψ. (Zusammenfassung von τ_{n1} und τ_{nt} zur resultierenden Schubspannung $\tau_{n\psi}$)

Puck nimmt an, dass sich alle Längsschnitte ψ = const. durch ähnliche Längsschnittkurven annähern lassen.

Zu deren Beschreibung führt er die „resultierende" Schubspannung $\tau_{n\psi}(\theta)$ ein (Abb. 6.2.12), die sich aus den beiden Schubspannungen $\tau_{nt}(\theta)$ und $\tau_{n1}(\theta)$ mit gemeinsamer Wirkebene folgendermassen errechnet:

$$\tau_{n\psi}(\theta)=\sqrt{\tau_{nt}^2(\theta)+\tau_{n1}^2(\theta)} \qquad (6.106)$$

Damit kann das Problem nun zunächst zweidimensional wie die klassische Mohrsche Hüllkurve

$$F(|\tau|,\sigma)=\text{const.} \qquad (6.107)$$

behandelt werden, indem $|\tau|$ durch $|\tau_{n\psi}|$ und σ durch σ_n ersetzt werden.

Wenn man vorerst zur Vereinfachung statt $\tau_{n\psi}(\theta)$ nur noch $\tau_{n\psi}$ und statt $\sigma_n(\theta)$ nur noch σ_n schreibt und den Bruchwiderstand der Wirkebene gegen eine resultierende Schubspannung $\tau_{n\psi}$ mit $R_{\perp\psi}^A$ bezeichnet, lautet die als Ellipsengleichung angesetzte Bruchbedingung:

$$\left(\frac{\tau_{n\psi}}{R_{\perp\psi}^A}\right)^2+c_1\cdot\frac{\sigma_n}{R_{\perp}^{(+)A}}+c_2\cdot\frac{\sigma_n^2}{\left(R_{\perp}^{(+)A}\right)^2}=1 \quad \text{für } \sigma_n\geq 0 \qquad (6.108)$$

Für $\tau_{n\psi}=0$ muss sich $\sigma_n=R_{\perp}^{(+)A}$ ergeben. Deshalb ist:

$$c_1+c_2=1 \qquad (6.109)$$

Im Schnittpunkt mit der $\tau_{n\psi}$ - Achse soll die Hüllkurve den Wert $R_{\perp\psi}^A$ und folgende Neigung (= negative Steigung) haben:

$$\left.\frac{d\tau_{n\psi}}{d\sigma_n}\right|_{\sigma_n=0}=-p_{\perp\psi}^{(+)} \qquad (6.110)$$

Indem man Gl. (6.108) implizit differenziert und $\tau_{n\psi}=R_{\perp\psi}^A$ sowie $\sigma_n=0$ einsetzt, erhält man:

6. Festigkeitshypothesen - Festigkeitsberechnungen

$$\frac{2}{R_{\perp\psi}^{A}} \cdot \frac{d\tau_{n\psi}}{d\sigma_n}\bigg|_{\sigma_n=0} + \frac{c_1}{R_{\perp}^{(+)A}} = 0 \qquad (6.111)$$

Damit nimmt die Bruchbedingung für den Zugbereich folgende Form an:

$$\left(\frac{\tau_{n\psi}}{R_{\perp\psi}^{A}}\right)^2 + 2\cdot\frac{p_{\perp\psi}^{(+)}\cdot\sigma_n}{R_{\perp\psi}^{A}} + \left(1 - 2\cdot\frac{p_{\perp\psi}^{(+)}\cdot R_{\perp}^{(+)A}}{R_{\perp\psi}^{A}}\right)\cdot\frac{\sigma_n^2}{\left(R_{\perp}^{(+)A}\right)^2} = 1 \qquad (6.112)$$

$$\text{für } \sigma_n \geq 0$$

Bruchbedingung für den Druckbereich ($\sigma_n < 0$)
Im Druckbereich hat die (σ_2, τ_{21})-Bruchkurve bis $|\sigma_2| \approx 0{,}4 R_{\perp}^{(-)}$ einen Bereich mit $\theta_{fp} = 0°$. Sie lässt sich als eine mit zunehmender Druckspannung ansteigende Parabel beschreiben. Entsprechend wird angesetzt:

$$\left(\frac{\tau_{n\psi}}{R_{\perp\psi}^{A}}\right)^2 + c\cdot\sigma_n = 1 \quad \text{für } \sigma_n < 0 \qquad (6.113)$$

Die Neigung bei $\sigma_n = 0$ soll sein:

$$\frac{d\tau_{n\psi}}{d\sigma_n}\bigg|_{\sigma_n=0} = -p_{\perp\psi}^{(-)} \qquad (6.114)$$

Auf die gleiche Weise, wie für den Bereich $\sigma_n \geq 0$ gezeigt, erhält man

$$c = \frac{2\cdot p_{\perp\psi}^{(-)}}{R_{\perp\psi}^{A}} \qquad (6.115)$$

Damit lautet dann die Bruchbedingung für den Druckbereich:

$$\left(\frac{\tau_{n\psi}}{R_{\perp\psi}^{A}}\right)^2 + 2\cdot\frac{p_{\perp\psi}^{(-)}}{R_{\perp\psi}^{A}}\cdot\sigma_n = 1 \quad \text{für } \sigma_n < 0 \qquad (6.116)$$

Beschreiben der Querschnittskontur bei $\sigma_n = 0$

Es müssen nun die Nullpunktsabstände $R_{\perp\psi}^A$ der einzelnen Längsschnittlinien festgelegt werden. Dies geschieht durch die Wahl der Querschnitts-Konturlinie an der Stelle $\sigma_n = 0$. Sie stellt die Bruchkurve für eine reine (τ_{nt}, τ_{n1})-Schubspannungskombination dar. Da aufgrund mikromechanischer Überlegungen erwartet werden kann, dass für $R_{\perp\perp}^A$ und $R_{\perp\parallel}^A$ zwar nicht gleiche, aber doch nicht sehr verschiedene Werte gelten, bietet sich der „klassische" elliptische Ansatz für die Bruchbedingung an:

$$\left(\frac{\tau_{n\psi_0}}{R_{\perp\psi}^A}\right)^2 = \left(\frac{\tau_{nt_0}}{R_{\perp\perp}^A}\right)^2 + \left(\frac{\tau_{n1_0}}{R_{\perp\parallel}^A}\right)^2 = 1 \qquad (6.117)$$

Der zusätzliche Index 0 zeigt an, dass es sich um Spannungen an der Stelle $\sigma_n=0$ handelt.

Mit $\tau_{nt_0} = \tau_{n\psi_0} \cdot \cos\psi$ und $\tau_{n1_0} = \tau_{n\psi_0} \cdot \sin\psi$ erhält man:

$$\left(\frac{1}{R_{\perp\psi}^A}\right)^2 = \left(\frac{\cos\psi}{R_{\perp\perp}^A}\right)^2 + \left(\frac{\sin\psi}{R_{\perp\parallel}^A}\right)^2 \qquad (6.118)$$

Der Winkel ψ ist durch den zu untersuchenden Spannungszustand σ_n, τ_{nt}, τ_{n1} bestimmt. Es gilt:

$$\cos\psi = \frac{\tau_{nt}}{\tau_{n\psi}} \qquad (6.119)$$

$$\sin\psi = \frac{\tau_{n1}}{\tau_{n\psi}} \qquad (6.120)$$

Damit wird:

$$\left(\frac{\tau_{n\psi}}{R_{\perp\psi}^A}\right)^2 = \left(\frac{\tau_{nt}}{R_{\perp\perp}^A}\right)^2 + \left(\frac{\tau_{n1}}{R_{\perp\parallel}^A}\right)^2 \qquad (6.121)$$

Dies kann in die Gleichungen (6.112) und (6.116) eingetragen werden. Somit ist die Master-Bruchfläche durch einen Querschnitt bei $\sigma_n = 0$ und unendlich viele

6. Festigkeitshypothesen - Festigkeitsberechnungen

Längsschnitte ψ = const. beschrieben. Jetzt muss nur noch die Neigung aller Längsschnittlinien festgelegt werden.

<u>Wahl der Neigungsparameter $p_{\perp\psi}^{(-)}$ und $p_{\perp\psi}^{(+)}$</u>

Die Werte $p_{\perp\parallel}^{(-)}$ und $p_{\perp\parallel}^{(+)}$, die im Längsschnitt ψ = 90° gelten, kann man an einer gemessenen (σ_2, τ_{21}) - Bruchkurve abgreifen. Man findet meistens Werte zwischen 0,25 und 0,3. Unproblematisch ist es, Werte zu benutzen, die zwischen 0,2 und 0,3 liegen [6.20]. Entsprechende Anhaltswerte für $p_{\perp\perp}^{(+)}$ gibt es noch nicht. Es wird empfohlen, $p_{\perp\perp}^{(+)} = p_{\perp\perp}^{(-)}$ zu wählen, und zwar Werte für GFK ≤ 0,25 und für CFK ≤ 0,3.

Damit der Master-Bruchkörper an allen Stellen σ_n „glatte", d. h. knickfreie Querschnittskonturen erhält, empfiehlt Puck, weil in den Bruchbedingungen (6.112) und (6.116) immer die Quotienten $p_{\perp\psi}^{(-)}/R_{\perp\psi}^A$ bzw. $p_{\perp\psi}^{(+)}/R_{\perp\psi}^A$ vorkommen, eine Interpolation für diese Quotienten vorzunehmen; und zwar folgendermassen:

$$\frac{p_{\perp\psi}^{(\pm)}}{R_{\perp\psi}^A} = \frac{p_{\perp\perp}^{(\pm)}}{R_{\perp\perp}^A} \cdot \cos^2\psi + \frac{p_{\perp\parallel}^{(\pm)}}{R_{\perp\parallel}^A} \cdot \sin^2\psi \qquad (6.122)$$

mit:

$$\cos^2\psi = \frac{\tau_{nt}^2}{\tau_{nt}^2 + \tau_{n1}^2} \qquad (6.123)$$

und

$$\sin^2\psi = 1 - \cos^2\psi \qquad (6.124)$$

Im Fall $\tau_{nt} = \tau_{n1} = 0$ ist es belanglos, wie gross $p_{\perp\psi}^{(+)}/R_{\perp\psi}^A$ angesetzt wird, denn dieser Quotient fällt aus Gl. (6.112) heraus. Es wird $\sigma_n = R_\perp^{(+)A}$. (Die Bruchbedingung Gl. (6.116) für σ_n < 0 gilt nicht für $\tau_{nt} = \tau_{n1} = 0$).

<u>Umformen der Bruchbedingungen für die Bruchebenensuche</u>
Um die wirkebenebezogenen Bruchbedingungen

$$F(\sigma_n(\theta_{fp}), \tau_{nt}(\theta_{fp}), \tau_{n1}(\theta_{fp})) = 1 \qquad (6.125)$$

überhaupt anwenden zu können, muss man zuerst den Neigungswinkel θ_{fp} der Bruchebene bestimmen. Auf der Bruchebene ist der schnittwinkelabhängige Reservefaktor f_R (θ_{fp}) das globale Minimum der schnittwinkelabhängigen Reservefaktoren $f_R(\theta)$ in einem möglichen Winkelbereich $-90° \leq \theta \leq +90°$. Der Kehrwert von $f_R(\theta)$, der schnittwinkelabhängige Anstrengungsfaktor $f_E(\theta)$ (Exposure Factor), hat bei θ_{fp} sein globales Maximum. Dieser ist für die numerischen Rechnungen angenehmer als $f_R(\theta)$. Während $f_R(\theta)$ für spannungsfreie Schnitte den Wert ∞ annimmt, ist $f_E(\theta)$ dort Null.

Wenn man die in den Bruchbedingungen nach den Gleichungen (6.112) und (6.116) vorkommenden Spannungen $\tau_{n\psi}(\theta)$ und $\sigma_n(\theta)$ als solche auffasst, die noch zu niedrig sind, um einen Bruch zu bewirken, so muss man diese mit $f_R(\theta)$ multiplizieren bzw. durch $f_E(\theta)$ dividieren, damit der Bruch eintritt. Weil die Spannungen in den Bruchbedingungen als lineare und quadratische Glieder enthalten sind, erhält man aus ihnen eine quadratische Gleichung für $f_R(\theta)$ bzw. $f_E(\theta)$, deren Lösung man explizit angeben kann [6.1]. Der Ausdruck für $f_E(\theta)$ ist bezüglich der Spannungen homogen ersten Grades, d. h. die „Anstrengung" $f_E(\theta)$ wächst proportional mit den Spannungen an. Sie ist also ein Mass für die mit der Spannungshöhe ansteigende Bruchgefahr.

In der Abb. 6.2.13 sind die für die Bruchwinkelsuche benutzten Gleichungen zusammengestellt. Darin wurde auch bereits von den im Abschnitt 6.2.7.2 behandelten Identitäten von gewissen Bruchwiderständen der Wirkebene und den entsprechenden Festigkeiten Gebrauch gemacht.

Bei der Wahl der Neigungsparameter $p_{\perp\parallel}^{(-)}$, $p_{\perp\parallel}^{(+)}$, $p_{\perp\perp}^{(-)}$, $p_{\perp\perp}^{(+)}$ müssen unbedingt bestimmte, physikalisch bedingte Grenzen eingehalten werden. Hierüber gibt die neuere Arbeit [6.20] Auskunft.

Mit der maximalen schnittwinkelabhängigen Anstrengung $f_E(\theta_{fp})$ nehmen die Bruchbedingungen die folgende Form an:

$$f_E(\theta_{fp}) = 1 \qquad (6.126)$$

Die Werte der zum Bruch führenden Spannungen σ_2, σ_3, τ_{23}, τ_{31}, τ_{21} findet man folglich, indem man die auftretenden Spannungen durch den Wert $f_E(\theta_{fp})$ dividiert.

6.2.7.6 Zwischenfaserbruch-Bedingungen für kombinierte σ_2, τ_{21} - Beanspruchung

Bei einer ebenen Beanspruchung nur mit σ_2 und τ_{21} vereinfacht sich die Transformation auf die Spannungen in der Bruchebene nach den Gleichungen (6.100) bis (6.102) zu:

6. Festigkeitshypothesen - Festigkeitsberechnungen

$$\sigma_n = \sigma_2 \cdot \cos^2\theta \, , \, \tau_{nt} = -\sigma_2 \cdot \sin\theta\cos\theta, \, \tau_{n1} = \tau_{21} \cdot \cos\theta \quad (6.127)$$

Wenn der Bruch in der zur x_2-Achse senkrechten Ebene stattfindet ($\theta_{fp} = 0$), kann man die Bruchbedingungen gemäss Abb. 6.2.13 wegen $\sigma_n = \sigma_2$, $\tau_{nt} = 0$ und $\tau_{n1} = \tau_{21}$ mit den ebenen Spannungen σ_2 und τ_{21} beschreiben. Dies trifft für die Modi A und B zu. Die folgenden Abb. 6.2.14 bis Abb. 6.2.15 geben die Bruchkriterien von Puck für den ebenen Spannungszustand an.

Hierbei ist von einer „Parameterkopplung" Gebrauch gemacht worden, so dass auch das Bruchkurvenstück für den Modus C als analytische Beziehung in σ_2 und τ_{21} angegeben werden kann. Damit entfällt die numerische Bruchwinkelsuche.

<u>Sonderfall „Parameterkopplung"</u>
Das Längsschnitt-Modell erlaubt es grundsätzlich, 4 voneinander unabhängige Neigungsparameter $p_{\perp\|}^{(-)}, p_{\perp\|}^{(+)}, p_{\perp\perp}^{(-)}, p_{\perp\perp}^{(+)}$ zu benutzen [6.20].

Für den Modus C - Bereich der (σ_2, τ_{21})-Bruchkurve, welcher schliesslich bei $\sigma_2 = -Y_c$ in die σ_2 - Achse mündet, in dem der Bruchwinkel sich von 0° bis etwa ±50° bei reinem Druck ändert, konnte Puck eine analytische Lösung für den Bruchwinkel finden:

$$\theta_{fp} = \arccos\sqrt{\frac{R_{\perp\perp}^A}{-\sigma_2}} \quad \text{für } \sigma_2 < 0 \quad (6.128)$$

Achtung: Hierin ist σ_2 nicht die auftretende Spannung, sondern diejenige beim Bruch!

Mit Gl. (6.128) ergab sich nun die Möglichkeit, den Bereich der (σ_2, τ_{21}) - Bruchkurve, die den schrägen Brüchen (Modus C) zugeordnet ist, durch den in Abb. 6.2.14 angegebenen algebraischen Ausdruck zu beschreiben.

Voraussetzung für diese Vereinfachung ist allerdings, dass zwei Neigungsparameter miteinander gekoppelt werden, nämlich $p_{\perp\perp}^{(-)}$ und $p_{\perp\|}^{(-)}$, und zwar folgendermassen:

$$\frac{p_{\perp\perp}^{(-)}}{R_{\perp\perp}^A} = \frac{p_{\perp\|}^{(-)}}{R_{\perp\|}} \quad (6.129)$$

Eine solche Kopplung ist physikalisch nicht zwingend, aber durchaus akzeptabel.

$$\text{Für } \sigma_n(\theta) \geq 0:$$

$$f_E(\theta) = \sqrt{\left[\left(\frac{1}{R_\perp^{(+)A}} - \frac{p_{\perp\psi}^{(+)}}{R_{\perp\psi}^A}\right)\sigma_n(\theta)\right]^2 + \left(\frac{\tau_{nt}(\theta)}{R_{\perp\perp}^A}\right)^2 + \left(\frac{\tau_{n1}(\theta)}{R_{\perp\parallel}^A}\right)^2} + \frac{p_{\perp\psi}^{(+)}}{R_{\perp\psi}^A}\sigma_n(\theta) \lesseqgtr 1$$

$$\text{Für } \sigma_n(\theta) < 0:$$

$$f_E(\theta) = \sqrt{\left(\frac{\tau_{nt}(\theta)}{R_{\perp\perp}^A}\right)^2 + \left(\frac{\tau_{n1}(\theta)}{R_{\perp\parallel}^A}\right)^2 + \left[\frac{p_{\perp\psi}^{(-)}}{R_{\perp\psi}^A}\sigma_n(\theta)\right]^2} + \frac{p_{\perp\psi}^{(-)}}{R_{\perp\psi}^A}\sigma_n(\theta) \lesseqgtr 1$$

$\dfrac{p_{\perp\psi}^{(+)}}{R_{\perp\psi}^A} = \dfrac{p_{\perp\perp}^{(+)}}{R_{\perp\perp}^A}\cos^2\psi + \dfrac{p_{\perp\parallel}^{(+)}}{R_{\perp\parallel}^A}\sin^2\psi$	$\cos^2\psi = \dfrac{\tau_{nt}^2}{\tau_{nt}^2 + \tau_{n1}^2}$
$\dfrac{p_{\perp\psi}^{(-)}}{R_{\perp\psi}^A} = \dfrac{p_{\perp\perp}^{(-)}}{R_{\perp\perp}^A}\cos^2\psi + \dfrac{p_{\perp\parallel}^{(-)}}{R_{\perp\parallel}^A}\sin^2\psi$	$\sin^2\psi = \dfrac{\tau_{n1}^2}{\tau_{nt}^2 + \tau_{n1}^2}$

$$R_\perp^{(+)A} = Y_t \quad ; \quad R_{\perp\parallel}^A = S_L \quad ; \quad R_{\perp\perp}^A = \dfrac{Y_c}{2\left(1 + p_{\perp\perp}^{(-)}\right)}$$

Abb. 6.2.13 Formeln für die schnittwinkelabhängige Zfb-Anstrengung $f_E(\theta)$, die zur numerischen Bestimmung des Bruchwinkels θ_{fp} beim allgemeinen räumlichen (σ_1, σ_2, σ_3, τ_{23}, τ_{31}, τ_{21})-Spannungszustand dienen. Sie werden auch für den Bereich $\sigma_n < 0$ im ebenen (σ_1, σ_2, τ_{21})-Spannungszustand benötigt, wenn nicht von der Parameterkopplung $p_{\perp\perp}^{(-)}/R_{\perp\perp}^A = p_{\perp\parallel}^{(-)}/R_{\perp\parallel}$ Gebrauch gemacht wird [6.1].

Modus	Bruchbedingung	Gültigkeitsbereich
A $\theta_{fp} = 0$	$\sqrt{\left(1 - p_{\perp\parallel}^{(+)}\dfrac{R_\perp^{(+)}}{R_{\perp\parallel}}\right)^2\left(\dfrac{\sigma_2}{R_\perp^{(+)}}\right)^2 + \left(\dfrac{\tau_{21}}{R_{\perp\parallel}}\right)^2} + p_{\perp\parallel}^{(+)}\dfrac{\sigma_2}{R_{\perp\parallel}} = 1$	$\sigma_2 \geq 0$
B $\theta_{fp} = 0$	$\dfrac{1}{R_{\perp\parallel}}\left(\sqrt{\tau_{21}^2 + \left(p_{\perp\parallel}^{(-)} \cdot \sigma_2\right)^2} + p_{\perp\parallel}^{(-)} \cdot \sigma_2\right) = 1$	$\sigma_2 < 0$ und $0 \leq \left|\dfrac{\sigma_2}{\tau_{21}}\right| \leq \dfrac{R_{\perp\perp}^A}{\left|\tau_{21c}\right|}$
C $\cos\theta_{fp} = \sqrt{\dfrac{R_{\perp\perp}^A}{-\sigma_2}}$	$\left[\left(\dfrac{\tau_{21}}{2\left(1+p_{\perp\perp}^{(-)}\right)R_{\perp\parallel}}\right)^2 + \left(\dfrac{\sigma_2}{R_\perp^{(-)}}\right)^2\right]\dfrac{R_\perp^{(-)}}{(-\sigma_2)} = 1$	$\sigma_2 < 0$ und $0 \leq \left|\dfrac{\tau_{21}}{\sigma_2}\right| \leq \dfrac{\left|\tau_{21c}\right|}{R_{\perp\perp}^A}$

Abb. 6.2.14 Zwischenfaserbruch-Bedingungen für kombinierte (σ_2, τ_{21})-Beanspruchung [6.1]. Die linke Seite der Gleichungen stellt die Anstrengung $f_E(\theta_{fp})$ der Bruchebene dar.

6. Festigkeitshypothesen - Festigkeitsberechnungen

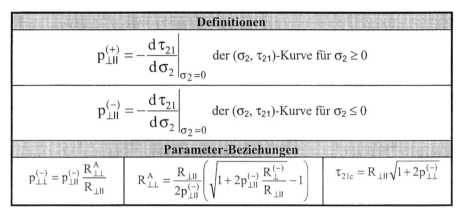

Abb. 6.2.15 Definitionen und Parameterbeziehungen zu den Bruchbedingungen bei ebenem Spannungszustand [6.1]

Ergänzend zur Abb. 6.2.14 gibt Abb. 6.2.15 noch die benötigten Definitionen und Parameter-Beziehungen an.

6.2.8 Bewertung der neueren Zwischenfaserbruchkriterien

Die 1969er Kriterien von Puck und die 1980er Hashin-Kriterien unterscheiden sich vom Tsai-Wu-Kriterium durch eine eindeutige gesonderte Behandlung von Faserbruch (Fb) und Zwischenfaserbruch (Zfb), was eine Grundvoraussetzung für eine realistische, schichtenweise Bruchanalyse ist. Tsai hat aufgrund dessen zwar nachträglich versucht, trotz Beibehaltung seines Pauschalkriteriums eine Unterscheidung von Fb und Zfb zu ermöglichen, nachdem das Kriterium zum erstenmal Bruch angezeigt hat. Diese führt aber zu erheblichen Ungereimtheiten [6.22]. Sowohl die Puck-Kriterien als auch die Hashin-Kriterien formulieren am Bruchkörper je eine Bruchfläche für Zug-Fb und Druck-Fb und je eine Bruchfläche für Zug-Zfb und Druck-Zfb. Hashin erfasste 1980 bereits den allgemeinen räumlichen $(\sigma_1, \sigma_2, \sigma_3, \tau_{23}, \tau_{31}, \tau_{21})$-Spannungszustand, während Puck sich 1969 noch auf den $(\sigma_1, \sigma_2, \tau_{21})$-Spannungszustand beschränkte.

Beim Zfb hängt die Entscheidung für das Zug-Kriterium oder das Druck-Kriterium davon ab, ob die Quer-Normalspannung σ_n einen positiven oder negativen Wert hat. Beim ebenen Spannungszustand ist diese Entscheidung leicht möglich, weil das Vorzeichen von σ_n das gleiche ist wie von σ_2, denn es ist:

$$\sigma_n = \sigma_2 \cdot \cos^2 \theta \qquad (6.130)$$

Weil Hashin für den räumlichen Spannungszustand keine Lösung für das bei der Bruchebenensuche entstehende Extremwertproblem entwickelt hat, ergeben sich bei seinen Zfb-Kriterien Unsicherheiten und, wie Hashin in [6.6] ausführt, bei der Grenzziehung zwischen dem Zfb-Zugkriterium und dem Zfb-Druckkriterium auch physikalische Ungereimtheiten. Diese wurden durch die neuen Puck-Kriterien ausgeräumt.

Hashin war bereits bewusst, dass Polynome zweiter Ordnung in (σ_2, σ_3, τ_{23}, τ_{31}, τ_{21}), die ihm vom Rechenaufwand her in der Praxis noch vertretbar erschienen, die Wirklichkeit nicht richtig wiedergeben. Man kann einen Bruchkörper im (σ_2, σ_3, τ_{23}, τ_{31}, τ_{21})-Spannungsraum dreidimensional visualisieren, indem man σ_2, σ_3, τ_{23} zu den beiden transversalen Hauptnormalspannungen σ_{II} und σ_{III} zusammenfasst und τ_{31} sowie τ_{21} zur resultierenden Schubspannung

$$\tau_{1res} = \sqrt{\tau_{31}^2 + \tau_{21}^2} \qquad (6.131)$$

Die Bruchflächen zweiter Ordnung, wie sie sich mit den Hashin-Kriterien ergeben, stellen sich hierin als „glatte" Flächen dar, die zu der durch die τ_{1res}-Achse gelegten ($\sigma_{II} = \sigma_{III}$)-Ebene symmetrisch sind. Wendet man diese Darstellung auf die neuen wirkebenebezogenen Zfb-Kriterien von Puck an, zeigen sich Bruchkörper, die keineswegs symmetrisch zur ($\sigma_{II} = \sigma_{III}$)-Ebene sind. Sie sind auch nicht glatt, sondern die einzelnen Teilflächen, die bestimmten Bruchmodi zugeordnet sind, stossen in Ecken und Kanten aneinander. Bei der Kombination von σ_2, τ_{21} gibt es eine Interaktion, bei der Kombination σ_3, τ_{21} (wegen unterschiedlicher Wirkebenen) keine [6.1].

Diese Bruchkörper im (σ_{II}, σ_{III}, τ_{1res})-Raum lassen sich durch Invarianten, auch unter Zuhilfenahme einer kubischen Gleichung, nicht befriedigend darstellen, wie Kopp in seiner Dissertation [6.19] gezeigt hat.

Im übrigen möchte der Ingenieur nicht auf die Bruchwinkelangabe verzichten, die ihm die Beurteilung des angezeigten Zfb erleichtert. Es ist deshalb sehr zu empfehlen, sich die neue Betrachtungsweise nach Puck anzueignen. Das Denken in zwei Spannungsräumen, (σ_n, τ_{nt}, τ_{n1}) und gleichzeitig (σ_2, σ_3, τ_{23}, τ_{31}, τ_{21}), ist allerdings sehr ungewohnt; man muss es etwas trainieren. Eine ausführliche und anschauliche Darstellung in [6.21] gibt hierzu eine ausgezeichnete Anleitung.

6. Festigkeitshypothesen - Festigkeitsberechnungen

6.2.9 Empfehlungen zu den unterschiedlichen Hypothesen und der Dimensionierung von Laminaten

Im Abschnitt 6.2 wurden einige der vielen existierenden Bruchhypothesen für Faserverbunde kurz beschrieben. Für den Anwender ergibt sich nun die Frage, welche davon er zur Dimensionierung der Faserverbundbauteile anwenden soll, denn die Ergebnisse der verschiedenen Bruchhypothesen unterscheiden sich zum Teil beträchtlich.

Die Wahl eines brauchbaren Bruchkriteriums für die UD-Schicht ist eine wichtige Voraussetzung für eine einigermassen realistische, schichtweise Bruchanalyse von Laminaten. Jedoch sind die Entscheidungen über das nach dem ersten Zwischenfaserbruch einzusetzende Degradationsmodell mindestens ebenso wichtig. Auch hier ist die Auswahl im Laufe der Jahre gross geworden. Die Entwicklung immer neuer Theorien geht weiter, denn es findet kaum eine objektive diesbezügliche Bewertung statt, weil die dafür erforderlichen Versuche mit mehrachsiger Belastung ausserordentlich schwierig, zumindest aber sehr aufwendig sind.

Zu dieser Problematik fand 1991 in der Nähe von London eine mehrtägige, internationale Diskussionskonferenz statt mit dem Befund, dass in der Fachwelt grosse Unsicherheit über die Frage verlässlicher Bruchtheorien für Laminate herrscht. Weil dies ein ernstes Hindernis für die Einführung von Faserverbundstrukturen in Konkurrenz zu den Metallbauweisen darstellt, wurde ein umfangreicher internationaler Vergleichstest („World-wide Failure Analysis Exercise") geplant. Die diesbezügliche Organisation unternahmen die Universität Manchester und die DERA (Defence Evaluation and Research Association, UK). Zunächst bearbeiteten 11 Arbeitsgruppen aus Grossbritannien, den USA, Russland, Israel und Deutschland 14 für alle Teilnehmer gleiche, umfangreiche Aufgaben zum Bruchgeschehen in Laminaten [6.23]. Diese „Prognosen" sind in einer Sonderausgabe von Composites Science and Technology [6.24] in Form von Bruchkurven und Spannungs-Dehnungs-Diagrammen veröffentlicht worden. Für die 14 Problemstellungen verfügten die Organisatoren über experimentelle Ergebnisse, die den Teilnehmern aber erst nach der Veröffentlichung ihrer Prognosen bekannt gegeben wurden. Leider klaffen die veröffentlichten Prognosen stark auseinander. Es kommen bezüglich der errechneten Versagensspannungen bis zu 500 %, beim Zwischenfaserbruch noch grössere Unterschiede vor [6.25].

Mit grossem Interesse wurde deshalb die zweite Veröffentlichung erwartet, in der die „Prognosen" mit den Versuchsergebnissen gegenübergestellt werden. Diese ist im September 2002 erschienen [6.26].

Auch hierin wird die Anwendung der Hypothesen und Degradationsmodelle von Puck empfohlen, weil diese die Charakteristiken von UD-Schichten und Laminaten qualitativ am besten wiedergeben [6.27].

Eventuell sollte man beim ersten im Laminat berechneten Zwischenfaserbruch die Dimensionierung beenden und auf weitere Degradationsberechnungen verzichten, um auf der sicheren Seite zu liegen [6.28]. Man muss sich aber unbedingt darüber Klarheit verschaffen, ob sich bei der Zwischenfaserbruchanalyse bei „sicherer Last" ein Bruch im Modus C ergibt. Dieses ist mit der Puckschen Theorie, wie in den vorigen Abschnitten dargestellt, möglich. Je grösser die in diesem Modus entstehende Keilwirkung ist, umso grösser ist die Gefahr eines plötzlichen Totalbruches. Aus diesem Grunde wird die Bedeutung der Berechnung der Rissrichtung sehr klar. In derartigen Fällen muss auf jeden Fall eine Nachdimensionierung stattfinden, wenn die Zfb-Bedingung überschritten ist. Ziel aller Festigkeitsberechnungen ist, dass man genügend Abstand gegen Faserbrüche gewährleistet. Bei lebenswichtigen Strukturen muss auf jeden Fall ein Bruchversuch zusätzlich durchgeführt werden [6.28].

Für den Konstrukteur gibt es jedoch noch weitere wichtige Gesichtspunkte bei der Festlegung der Faserverbundlaminate. Diese beziehen sich auf die Herstellbarkeit abhängig von den Fertigungsmethoden, auf die Wirtschaftlichkeit und auf sonstige konstruktive Parameter wie z. B. Crashsicherheit, Steifigkeit, Stabilität (Beulen), elektrische Leitfähigkeit usw. in Zusammenhang mit den Bauweisen. Hierbei entstehen zunächst bei ersten Vorauslegungen sehr viele Laminatvarianten, unter denen letztlich eine optimale ausgewählt werden muss. Für diese immer vor dem Festigkeitsnachweis stattfindenden konstruktionsmethodischen Entscheidungen genügt eine einfache Berechnung gegen Faserbruch, wobei mit der Laminattheorie (Kapitel 3) die meistbelastete Schicht auf die Überschreitung der Bruchspannung untersucht wird (siehe Kapitel 5, Abschnitt 5.3.6). Auf all diese bei der Konstruktion entstehenden Fragen bezüglich der Faserverbunde wird in den Kapiteln dieses Buches eingegangen.

6.3 Literaturverzeichnis zu Kapitel 6

[6.1]   Puck, A.; Festigkeitsanalyse von Faser-Matrix-Laminaten (Modelle für die Praxis); Hanser Verlag, München, Wien; 1996
[6.2]   Rankine, W.J.M.; Rankine Centenary Lecture; The Institution of Civil Engineering, London
[6.3]   Dubbel, Taschenbuch für den Maschinenbau, 18. Auflage (1994); Springer Verlag Berlin, Heidelberg, New York
[6.4]   Szabó, J.; Höhere Technische Mechanik; Springer Verlag; 1977

6. Festigkeitshypothesen - Festigkeitsberechnungen

[6.5] Ermanni, P.; Kress, G.; Vorlesungsskript Strukturberechnung und Optimierung, Abschnitt 4: Festigkeit von Werkstoffen und Werkstoffstrukturen, Institut für Mechanische Systeme, ETH Zürich, 2000

[6.6] Hashin, Z.; Failure Criteria for Unidirectional Fiber Composites, Journal of Applied Mechanics (47), June 1980, 329-334.

[6.7] Puck, A.; Festigkeitsberechnung an Glasfaser-Kunststofflaminaten bei zusammengesetzter Beanspruchung (Bruchhypothesen und schichtenweise Bruchanalyse); Kunststoffe, 59 (1969) 11, 780-787

[6.8] Puck, A. und Schürmann, H.; Failure analysis of FRP laminates by means of physically based phenomenological models, Part A; Composites Science and Technology, 58 (1998) 7, 1045-1067

[6.9] Puck, A. und Schürmann, H.; Failure analysis of FRP laminates by means of physically based phenomenological models, Part B; Composites Science and Technology, 62 (2002) 12-13, 1633-1662

[6.10] Puck, A., Ein Bruchkriterium gibt die Richtung an; Kunststoffe, 82 (1992) 7, 607-610

[6.11] Tsai, S.W.; Strength Theories of Filamentary Structures, R.T. Schwartz and H.S. Schwartz, Eds., Fundamental Aspects of Fiber Reinforced Plastic Composites, Wiley Interscience, New York, 3-11, 1968

[6.12] Jones, R.M.; Mechanics of Composite Materials; McGraw-Hill Verlag; ISBN 0-07-032790-4

[6.13] Hill, R.; The Mathematical Theory of Plasticity, Oxford University Press, London, 1950

[6.14] Zacharow, K.V.; Plastische Massen, (russisch) 6, S. 48-51, 1963

[6.15] Goldenblat, I.I. und Kobnov, V.A.; Mechanica Polymerov 2, pp. 70-78, 1963

[6.16] Tsai, S.W. und Wu, E.M.; A General Theory of Strength for Aniostropic Materials; Journal of Composite Materials, 5(1), pp. 58-80, 1971

[6.17] Narayanaswami, R., Adelman H.; Evaluation ot the Tensor Polynomial and Hoffman Strength Theories for Composite Materials; Journal of Composite Materials; vol. 11, 1977, p. 366

[6.18] Huybrechts, D.; Ein erster Beitrag zur Verifikation des wirkebenenbezogenen Zwischenfaserbruchkriteriums nach Puck; D82 (Diss. RWTH Aachen) 1995; Verlag der Augustinus Buchhandlung, Aachen, 1996

[6.19] Kopp, J.; Zur Spannungs- und Festigkeitsanalyse von unidirektionalen Faserverbundkunststoffen; D82 (Diss. RWTH Aachen) 1999; Verlag Mainz, Wissenschaftsverlag, Aachen (2000)

[6.20] Puck, A., Kopp, J., Knops, M.; Guidelines for the determination of the parameters in Pucks action plane strength criterion; Composites Science and Technology; 62 (2002) 3, 371-378 und 9, 1275

[6.21] Puck, A.; Physikalisch begründete Zwischenfaserbruch-Kriterien ermöglichen realistische Festigkeitsanalysen von Faserverbund-Laminaten; Tagungsband der DGLR-Tagung „Faserverbundwerkstoffe und -bauweisen in der Luft- und Raumfahrt"; Ottobrunn 1997, 315-353

[6.22] Puck, A.; Progress in composite component design through advanced failure models; Proceedings 17th SAMPE Europe Conference; Basel, 1996, 83-96

[6.23] Hinton, M. J., Soden, P. D.; Predicting failure in composite laminates: the background to the Exercise; Composites Science and Technology; 58 (1998) 7, 1001-1010

[6.24] Failure criteria in fibre-reinforced-polymer composites (Part A of the Exercise); Composites Science and Technology; 58 (1998) 7, 999-1254

[6.25] Soden, P. D., Hinton, M. J.; A comparison of the predictive capabilities of current failure theory for composite laminates; Composites Science and Technology; 58 (1998) 7; 1225-1254

[6.26] Failure criteria in fibre-reinforced-polymer composites (Part B of the Exercise); Composites Science and Technology, 62 (2002) 12-13, 1479-1797

[6.27] Hinton, M.J., Kaddour, A.S., Soden, P.D.; A comparison of the predictive capabilities of current failure theories for composite laminates, judged against experimental evidence; Composite Science and Technology; 62 (2002) 12-13, 1725-1797

[6.28] VDI-Richtlinie 2014; Entwicklung von Bauteilen aus Faser-Kunststoff-Verbund, Blatt 3: Berechnungen; VDI-Gesellschaft Kunststofftechnik, Düsseldorf (im Druck)

Die Forschungsberichte der ETH Zürich liegen den Verfassern vor.

7 Vergleich der mechanischen Eigenschaften zwischen gerichteten kurz- und langfaserverstärkten Thermoplasten unter statischer und dynamischer Belastung insbesondere bezüglich deren Restfestigkeit und Reststeifigkeit [7.2]

In [7.2] hat sich T. Flemming umfassend mit dem Vergleich von gerichteten kurz- und langfaserverstärkten Thermoplasten befasst. Die Untersuchungen beinhalten die Herstellung von Kurzfaserprepregs und den daraus hergestellten Laminaten und das Umformverhalten derartiger Laminate und deren statische und dynamische Eigenschaften. In diesem Buch werden hauptsächlich die in [7.2] erarbeiteten mechanischen Eigenschaften wiedergegeben.

7.1 Anforderungen an einen leistungsfähigen Kurzfaserverbundwerkstoff

Ein Ziel in [7.1] und [7.2] war es, ein Kurzfaserprepreg herzustellen, das den hohen technischen Ansprüchen der in der Luft- und Raumfahrtindustrie gebräuchlichen Langfaserprepregs entspricht. Die in diesem Zusammenhang wohl wichtigste Anforderung war, dass alle Kurzfasern nahezu vollkommen zueinander parallel ausgerichtet sein mussten. Erst durch einen schichtweise richtungsorientierten Laminataufbau mit einem Faservolumenanteil von 50 % bis 60 % können die maximalen spezifischen Verbundeigenschaften erreicht werden. Zu diesen Grundanforderungen mussten noch weitere Anforderungen erfüllt werden, um ein zu den Langfaserprepregs konkurrenzfähiges Kurzfaserprepreg herstellen zu können.
- Die Fasern müssen alle die gleiche Länge besitzen, da nur in diesem Fall ein konstanter Volumenanteil und somit reproduzierbare mechanische Materialkennwerte erreicht werden können.
- Der fertigungstechnische Vorteil bei Verwendung von gerichteten Kurzfaserprepregs liegt in deren günstigeren Fliesseigenschaften, die jedoch entscheidend von der Faserlänge beeinflusst werden. Somit muss eine möglichst kurze Faserlänge angestrebt werden. Andererseits muss die Faserlänge oberhalb eines gewissen kritischen Wertes liegen, damit die

Steifigkeits- und Festigkeitswerte entsprechender Langfaserverbunde annähernd erreicht werden können.
- Die am besten geeignete Fertigungstechnik für gerichtete Kurzfaserverbundwerkstoffe ist die Umformtechnik, da hier die Vorteile des günstigeren Fliessverhaltens von Kurzfasern genutzt werden können. Um diese Fertigungstechnik anwenden zu können, muss sich die Matrix ab einer bestimmten Temperatur wieder erweichen lassen, um so das Fliessen der Fasern bzw. den Umformprozess zu ermöglichen.
- Die Kurzfaserverbundbauteile sollten für eine möglichst hohe Dauergebrauchstemperatur von über 150°C ausgelegt sein, um die Anzahl der möglichen Anwendungen nicht einzuschränken.

Diese Anforderung an das Prepreg können nur durch gezielte Auswahl der beiden Einzelkomponenten, Faser und Matrix, erreicht bzw. angenähert werden.

7.1.1 Anforderungen an die Matrix

Lange Zeit wurden wegen der für Kunststoffteile relativ hohen Temperaturbeständigkeit von ca. 160° vor allem duroplastische Matrixsysteme zur Herstellung von Faserverbundbauteilen verwendet. Es existieren jedoch auch Thermoplaste mit Dauergebrauchstemperaturen T_d von über 150°. Eine Übersicht über einige wichtige technisch interessante Thermoplaste ist aus Abb. 7.1.1 zu ersehen. Zum Vergleich sind auch noch die Kennwerte eines typischen Duroplasten mit aufgeführt. In diesem Zusammenhang wird auch auf [7.7] verwiesen. In diesem Buch sind die Verbunderkstoffe ausführlich behandelt (siehe auch Abb. 7.9.1 und Abb. 7.9.2).

	ρ [g/cm^3]	E [GPa]	ϵ_b [%]	T_s [°C]	T_v [°C]	T_d [°C]	T_g [°C]
EP	1,77-1,27	4,1	1,4-4	---	---	80-160	140
PA6	1,22	1,9	200	226	230-260	80-100	50-75
PA12	1,02	1,3	200	173	195-230	70-80	40
PEI	1,27	3,3	> 70	310	310-360	170	216-230
PES	1,37	2,6	100	300	280-300	180	230
PEEK	1,32	3,8	> 40	334	355-420	250	143

PA6 : Nylon 6 ρ : Spezifisches Gewicht
PA12 : Nylon 12   E : Elastizitätsmodul
PEI : Polyetherimid ϵ_b : Bruchdehnung
PES : Polyethersulfon T_s : Schmelztemperatur
PEEK : Polyetheretherketon T_v : Verarbeitungstemperatur
EP : Epoxy T_d : Dauergebrauchstemperatur
    T_g : Glasübergangstemperatur

Abb. 7.1.1 Thermoplastische Matrixsysteme und deren Kennwerte (Epoxy als Vergleichsmaterial) [7.2]

Bezüglich der Wärmeleiteigenschaften von Kohlenstofffasern und Metallen verweisen wir auf Abb. 2.1.25 in [7.7] und bezüglich der elektrischen Leitfähigkeit auf Abb. 2.1.28 in [7.7] und Kapitel 16.

Bei der Auswahl eines geeigneten Thermoplasten muss grundsätzlich zwischen amorphen, teilkristallinen und kristallinen Thermoplasten unterschieden werden, wobei die kristallinen Thermoplaste von vornherein aufgrund ihrer hohen Sprödigkeit als Matrixwerkstoff nicht geeignet sind (siehe auch Abschnitt 7.9). Bei den amorphen Thermoplasten können die Molekülketten eine gewisse Ordnung aufzeigen oder auch in einem völlig ungeordneten räumlichen Zustand vorliegen. Die Makromoleküle können sich jedoch auch geordnet falten und somit ein Kristallgitter aufbauen, wobei an Stellen der Falten, Kettenenden oder anderen Störungen der Kunststoff seinen amorphen Charakter beibehält. Eine solche Anordnung wird als eine teilkristalline Struktur bezeichnet.

Diese unterschiedlichen Molekülanordnungen haben einen starken Einfluss auf die mechanischen Kennwerte in Abhängigkeit von der Einsatztemperatur. So fällt die Zugfestigkeit bei einem amorphen Thermoplasten nach Erreichen der Glastemperatur T_g sehr steil ab, verbunden mit einer sehr schnell ansteigenden Bruchdehnung. Der elastische Dehnungsanteil nimmt dann nach Erreichen des Maximums durch den ständig anwachsenden plastischen Anteil wieder stark ab. Ein ganz anderer Festigkeits- und Dehnungsverlauf ist bei einem teilkristallinen Thermoplasten zu beobachten. Hier ist nach Überschreiten des T_g mit zunehmender Temperatur nur ein schwacher Abfall in der mechanischen Festigkeit bzw. eine geringe Steigerung in der Bruchdehnung, bedingt durch den amorphen Bereich, festzustellen. Erst nach Überschreitung der Kristallitschmelztemperatur T_m stellt sich ein starker Abfall bzw. Zuwachs im Kurvenverlauf ein. Somit zeigen die teilkristallinen Thermoplaste Vorteile im mechanischen Verhalten unter der Voraussetzung, dass die Einsatztemperatur zwischen T_g und T_m zu liegen kommt. In diesem Temperaturbereich weist der Thermoplast eine höhere mechanische Widerstandsfähigkeit aufgrund des weniger spröden Verhaltens im Vergleich zu einem amorphen Thermoplasten auf.

7.1.2 Anforderungen und Eigenschaften der unterschiedlichen Fasermaterialien

Die Anforderungen an die Fasern unterscheiden sich wesentlich von den Anforderungen an die Matrix. Da die Matrix nur verantwortlich für die Kraftübertragung in die Fasern, für die Fliesseigenschaften, für die Dauergebrauchstemperatur und für die Aufrechterhaltung der Faserorientierung ist, werden mit der Wahl der Faserart in erster Linie die mechanischen Kennwerte, wie z. B. die Festigkeit, Steifigkeit und Bruchdehnung, festgelegt. Zugleich bestimmt der Fasertyp auch einen wesentlichen Anteil der

Prepregkosten. In Abb. 7.1.2 sind die gebräuchlichsten Fasertypen mit ihren wichtigsten Merkmalen gegenübergestellt.

Da das Gewicht der Fasern sich jedoch entscheidend auf einen wirtschaftlichen Einsatz auswirkt, gibt der Vergleich der spezifischen mechanischen Eigenschaften eine sehr gute Aussage über den Stellenwert der unterschiedlichen Faserarten (Abb. 7.1.3). Diese Kennwerte beziehen sich immer auf einen unidirektionalen Langfaserverbund mit einer duroplastischen Matrix.

Die höchsten spezifischen Festigkeiten und Steifigkeiten können unter Verwendung von Kohlenstoffasern erzielt werden. Das weite Spektrum von hochfesten bis zu hochsteifen Fasern erlaubt es, für fast alle Anwendungen eine geeignete Faser zu finden [7.7]. Eine Aufschlüsselung der mechanischen Kennwerte der gebräuchlichsten Kohlenstoffasern ist in Abb. 7.1.4 dargestellt.

Glasfaser	• isotrope Faser • relativ schwer (Dichte ca. 2,5 g/cm^3) • billig • geringe Steifigkeit (73-83 KN/mm^2) • hohe Bruchdehnung (2,8-4,2 %)
Kohlefaser	• anisotrope Faser • leicht (Dichte ca. 1,7 g/cm^3) • hoher Preis (Preissenkung zu erwarten) • hochfest oder hochsteif herstellbar • geringe Bruchdehnung (0,3-1,9 %)
Borfaser	• relativ schwer (Dichte ca. 2,6 g/cm^3) • sehr hoher Preis • extrem steif (440 KN/mm^2) • geringe Bruchdehnung (0,4 %) • sehr spröde und schwer bearbeitbar
Aramidfaser	leicht (Dichte ca. 1,4 g/cm^3) geringe Druckfestigkeit mittelhoher Preis hohe Bruchdehnung (2,0-3,3 %) geringe Steifigkeit

Abb. 7.1.2 Wichtige Merkmale von Fasermaterialien [7.2]

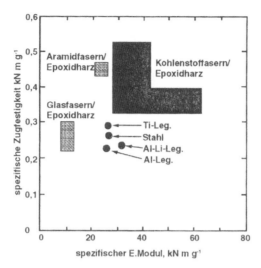

Abb. 7.1.3 Vergleich der spezifischen mechanischen Eigenschaften

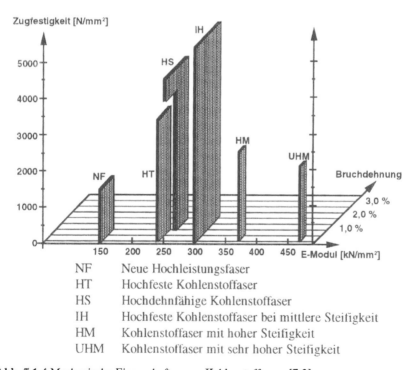

NF	Neue Hochleistungsfaser
HT	Hochfeste Kohlenstoffaser
HS	Hochdehnfähige Kohlenstoffaser
IH	Hochfeste Kohlenstoffaser bei mittlere Steifigkeit
HM	Kohlenstoffaser mit hoher Steifigkeit
UHM	Kohlenstoffaser mit sehr hoher Steifigkeit

Abb. 7.1.4 Mechanische Eigenschaften von Kohlenstoffasern [7.2]

Abgesehen von den faserspezifischen Kennwerten spielt für ein gerichtetes Kurzfaserprepreg auch noch die Faserlänge eine grosse Rolle. Wie schon erwähnt ist es anzustreben, die Faserlänge so kurz wie möglich zu halten, um die Vorteile im Fertigungsprozess gegenüber einem Langfaserverbund ausnützen zu können. Auf der anderen Seite soll dieser Kurzfaserthermoplast so nah wie möglich an die mechanischen Eigenschaften eines vergleichbaren Langfaserthermoplasten herankommen. Aufgrund dieser Anforderung lässt sich eine Mindestfaserlänge bestimmen, bei welcher die Kurzfaser noch in der Lage sein muss, nahezu 100 % der Bruchfestigkeit einer Endlosfaser zu erreichen. Diese Anforderung, die abhängig von der Fasergeometrie sowie deren Festigkeiten und Steifigkeiten ist, wird bei einer Faserlänge von 3mm recht gut erfüllt [7.1].

7.1.3 Eigenschaften der ausgewählten Einzelkomponenten [7.2]

7.1.3.1 Kenndaten und Eigenschaften von Polyetherimid (PEI)

Die wichtigsten Entscheidungskriterien bei der Auswahl einer geeigneten Matrix waren

- die Wiederaufschmelzbarkeit der Matrix
- eine hohe Dauergebrauchstemperatur
- kurze Prozesszeiten
- kostengünstige Lagerung
- einfache Handhabung
- eine hohe Bruchdehnung
- eine Matrix, die sich auch mit einem kalten Werkzeug umformen lässt

All diese Eigenschaften erfüllt am besten das ca. 1984 von General Electric entwickelte Polyetherimid(PEI)-Ultem 1000. Das PEI ist ein amorpher Thermoplast und besteht im wesentlichen aus den Imidgruppen O=C-N-C=O, die mit den Ethergruppen -O- verbunden sind (Abb. 7.1.5). Durch eine gewisse Flexibilität der Polymerkette aufgrund der Ethergruppen und den guten thermischen und mechanischen Eigenschaften dieses amorphen Thermoplasten ergeben sich gute Verarbeitungseigenschaften.

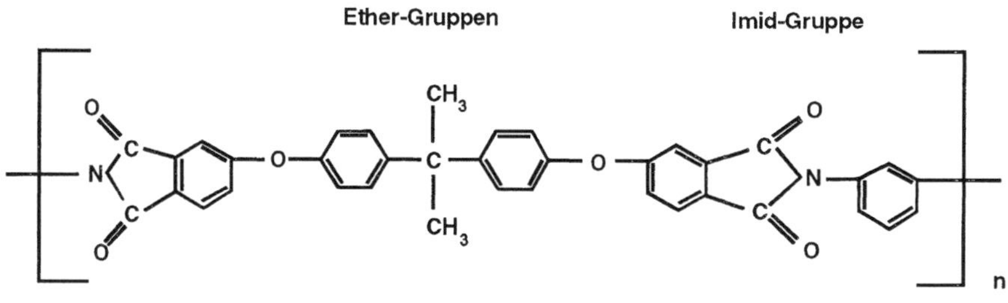

Vergleich der mechanischen Eigenschaften... 163

Abb. 7.1.5 Molekülformel von Polyetherimid (PEI)

7.2 Gerichtete Kurzfasermaterialien

Gerichtete Kohlenstoffkurzfaservliese sind bisher auf dem Markt nicht erhältlich. Sie wurden, wie in [7.2] beschrieben, mit Hilfe des Vakuum-Trommel- Verfahrens [7.31] hergestellt und danach zu einem gerichteten Kurzfaserthermoplastprepreg verarbeitet. In [7.2] wurden verschiedene Behandlungen der Kurzfasern genau untersucht, um die Benetzungseigenschaften der Fasern mit dem Thermoplasten zu optimieren. All diese umfangreichen Untersuchungen sind in [7.2] ausführlich erklärt.

Die Güte des Ausrichtungsgrades der Kurzfasern im Prepreg wurde unter Verwendung der Bildanalyse bestimmt. Hieraus war ersichtlich, dass die meisten Fasern auf 4° genau ausgerichtet waren (Abb. 7.2.1 und Abb. 7.2.2).

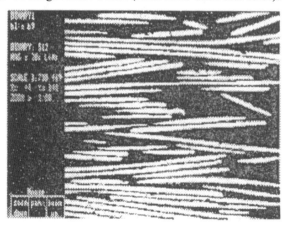

Abb. 7.2.1 Gefiltertes und digitalisiertes Schliffbild einer Kurzfaserprobe [7.2]

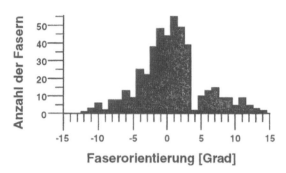

Abb. 7.2.2 Faserorientierung [7.2]

Auch der die Fasern verbindende Thermoplast wurde zunächst als Kurzfaser unter die tragenden Kohlekurzfasern gemischt.

7.3 Herstellung der Kurzfaserprepregs und der daraus gefertigten Laminatplatten

Im vorliegenden Buch soll nicht die Fertigungstechnik beschrieben werden. Wir verweisen daher auf die Literatur [7.2], in der ausführlich darüber berichtet wurde. Wir geben daher hier nur eine Zusammenfassung der wichtigsten Ergebnisse.

Im Laufe der Untersuchungen hat sich gezeigt, dass das Kurzfaserprepreg einen wesentlichen höheren Wärmeleitwiderstand als das entsprechende Langfaserprepreg besitzt. Dadurch ergeben sich wesentliche Unterschiede in der Fertigung, insbesondere im Pressdruck. So reicht bei den Langfaserprepregs schon ein Druck von 5 bar aus, hingegen ist bei einem Kurzfaserprepreg ein Druck von 30 bar notwendig. Damit ist auch praktisch eine Fertigung im Autoklaven unmöglich, da diese meistens auf einen Druckbereich von unter 20 bar begrenzt sind.

In der Plattenqualität konnten deutliche Vorteile unter Verwendung von Kurzfaserprepegs gesehen werden. Anhand von Schliffbildern wurde gezeigt, dass bei den Kurzfaserplatten eine vollkommen homogene Faserverteilung erzielt werden konnte, hingegen bei den Langfaserplatten noch deutliche Matrixanhäufungen an den Preppgrenzen zu erkennen waren. Dieser Nachteil der Langfaserplatten spiegelte sich auch in einem deutlich niedrigeren ILS-Wert von 87 N/mm^2 im Vergleich zu dem ILS-Wert der Kurzfaserplatten von 100 N/mm^2 wider (IlS bedeutet „Interlaminare Scherfestigkeit").

7.4 Vergleich der mechanischen Kennwerte zwischen lang- und kurzfaserverstärkten Thermoplasten PEI

In diesem Abschnitt soll ein Vergleich zu einem entsprechenden Langfaserverbundsystem gemacht werden. Die wohl in diesem Zusammenhang wichtigste Kenngrösse ist die Zugfestigkeit parallel zur Faserrichtung eines unidirektionalen Faserverbundes. Bei den Langfaserverbundproben werden diese Kennwerte in erster Linie nur von den kontinuierlich durchlaufenden Endlosfasern bestimmt, wodurch der Einfluss der Matrix vernachlässigt werden kann, da deren mechanische Kennwerte um eine Grössenordnung tiefer liegen. Im Fall der unidirektionalen Kurzfaserproben kommt der Matrix eine weitaus grössere Bedeutung zu, da in Folge der nur 3 mm kurzen Fasern der Kraftfluss zwischen den Fasern nur über die Matrix zu den benachbarten Fasern umgeleitet werden kann. Damit wird auch verständlich, dass ein Kurzfaserverbund aufgrund der geringeren Festigkeiten und Steifigkeiten der Matrix nie die hohen Kennwerte eines entsprechenden Langfaserverbundes erreichen kann. Um jedoch unter Verwendung von Kurzfasern Kennwerte erreichen zu können, die möglichst nahe an die der Langfaserverbunde herankommen, ist, abgesehen von der nahezu vollkommenen Ausrichtung der Fasern, ein möglichst hoher Faservolumengehalt unbedingt notwendig.

Ausser den Festigkeiten und Steifigkeiten in Faserrichtung σ_{t1}, σ_{c1}, E_{t1}, E_{c1} wurden auch noch weitere Kennwerte bestimmt, wie z. B. die Festigkeiten und Steifigkeiten quer zur Faserrichtung unter Zug- und Druckbelastung σ_{t2}, σ_{c2}, E_{t2}, E_{c2} (t = Zug, c = Druck) sowie die interlaminare Scherfestigkeit σ_{ILS} und die Querkontraktionszahl v_{12}.

7.4.1 Faservolumengehalt der hergestellten Kurz- und Langfaserproben

Bevor die mechanischen Kennwerte von Lang- und Kurzfaserproben verglichen werden können, muss der genaue Faservolumengehalt V_f, der aufgrund der unterschiedlichen Ausgangsprepregs nicht der gleiche ist, ermittelt werden. Mit den bekannten Dichten der Kohlenstoffaser (ρ_f = 1,76 g/cm^3) und der Polyetherimidmatrix (ρ_m = 1,27 g/cm^3) kann der Faservolumengehalt nach folgender Formel bestimmt werden:

$$V_f = 100 \left[\frac{\rho_{ges} - \rho_m}{\rho_f - \rho_m} \right] \tag{7.1}$$

Hierbei ergab sich bei den langfaserverstärkten Thermoplastproben ein Faservolumenanteil von 54 % und bei den gerichteten kurzfaserverstärkten Thermoplastproben ein Faservolumenanteil von 49 %.

7.4.2 Vergleich der ermittelten mechanischen Kenngrössen

Zum besseren Vergleich der Kennwerte an unidirektionalen lang- bzw. kurzfaserverstärkten Thermoplastproben wurden alle ermittelten Festigkeits- und Steifigkeitswerte der Langfaserproben auf den Faservolumengehalt der Kurzfasern von 49 % bezogen. Die Abweichung von einer perfekten Ausrichtung von ± 4° wurde bei diesem Vergleich nicht berücksichtigt, da im Moment aus fertigungstechnischen Gründen keine bessere Qualität erreichbar ist. Die Prüfungen sind alle bei Raumtemperatur nach DIN 29971 mit einer Belastungsgeschwindigkeit von 2mm/min. durchgeführt worden. Die Ergebnisse wurden mittels Balkendiagrammen dargestellt, wobei die jeweilige Höhe der Balken den Mittelwert der jeweiligen Messreihen widerspiegelt. Des weiteren sind aus den Diagrammen auch noch die Standardabweichungen S (dunkelgraues Feld) und die Minimal- und Maximalwerte X_{min} und X_{max} (dicke Striche), sofern diese deutlich von der Standardabweichung abweichen, mit aufgeführt.

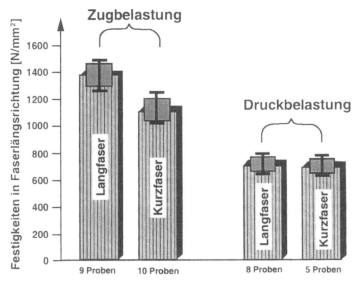

Abb. 7.4.1 Festigkeiten von Kurz- und Langfaserverbundproben (T300/PEI) parallel zur Faserrichtung [7.2]

Vergleich der mechanischen Eigenschaften... 167

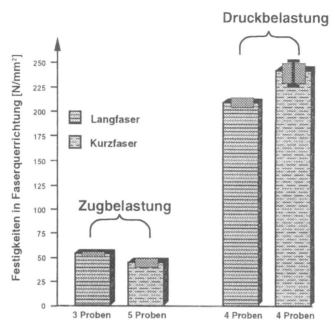

Abb. 7.4.2 Festigkeiten von Kurz- und Langfaserproben (T300/PEI) quer zur Faserrichtung [7.2]

Es wurden die Zug- und Druckfestigkeiten längs und quer zur Faserrichtung an lang- und kurzfaserverstärkten Thermoplastproben ermittelt. Im Vergleich (Abb. 7.4.1) zu den Langfaserverbundproben konnte bei den Kurzfaserverbundproben eine Zugfestigkeit in Faserlängsrichtung von ca. 80 % erreicht werden. Im Falle der Druckfestigkeit in Faserlängsrichtung konnten sogar die gleichen Werte erzielt werden, was eine Folge der besseren Scherfestigkeit der Kurzfaserverbundproben ist. Vergleicht man die Kennwerte aus Abb. 7.4.2, welche die Messungen quer zur Faserrichtung darstellen, wird dieser Vorteil noch deutlicher.

Bei dem Vergleich der Elastizitätsmodule in Faserlängsrichtung (Abb. 7.4.3) zeigen die Kurzfaserverbundproben einen um 6 % bzw. 15 % niedrigeren Zug- bzw. Druckmodul im Vergleich zu den Langfaserproben auf. Quer zur Faserrichtung (Abb. 7.4.4) konnten bis zu 14 % bessere Werte erzielt werden.

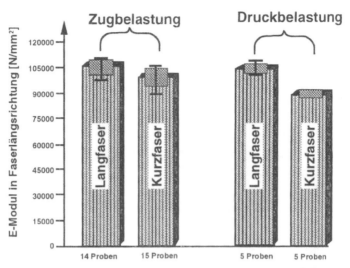

Abb. 7.4.3 E-Modul von Kurz- und Langfaserverbundproben (T300/PEI) parallel zur Faserrichtung [7.2]

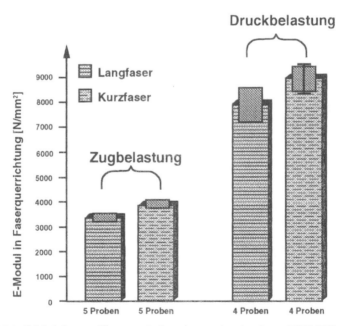

Abb. 7.4.4 E-Modul von Kurz- und Langfaserverbundproben (T300/PEI) quer zur Faserrichtung [7.2]

Vergleich der mechanischen Eigenschaften... 169

Obwohl die Fasern nur 3 mm lang sind und demzufolge eine ständige Lastumverteilung an den Faserenden über die Matrix zu einer benachbarten Faser stattfinden muss, erreichen die Kurzfaserverbundproben 80 % der Festigkeit und 94 % der Steifigkeit vergleichbarer Langfaserverbundproben. Diese guten Werte konnten nur durch den hohen Faservolumenanteil erzielt werden, da ansonsten die Matrix den Schubbelastungen nicht standhalten könnte. Bei den Druckfestigkeiten und Drucksteifigkeiten konnten teilweise sogar bessere Werte erzielt werden, da die Faser in der Ebene leicht versetzt und auch zwischen den einzelnen Prepregschichten keine so klare Trennlinie bildeten und somit eine deutlich höhere Scherfestigkeit aufwiesen, was auch aus den ILS-Werten deutlich hervorging. Abb. 7.4.5 gibt hierzu nochmals einen Gesamtüberblick.

	Langfaser/PEI	Kurzfaser/PEI	Kurzfaser / PEI Langfaser / PEI
E-Modul E_{t1} (längs/Zug)	105700 N/mm^2	99400 N/mm^2	94 %
E-Modul E_{c1} (längs/Druck)	104200 N/mm^2	89300 N/mm^2	86 %
E-Modul E_{t2} (quer/Zug)	3400 N/mm^2	3900 N/mm^2	115 %
E-Modul E_{c2} (quer/Druck)	7900 N/mm^2	8900 N/mm^2	113 %
Festigkeit σ_{t1} (längs/Zug)	1370 N/mm^2	1110 N/mm^2	81 %
Festigkeit σ_{c1} (längs/Druck)	720 N/mm^2	710 N/mm^2	99 %
Festigkeit σ_{t2} (quer/Zug)	54 N/mm^2	45 N/mm^2	84 %
Festigkeit σ_{c2} (quer/Druck)	210 N/mm^2	240 N/mm^2	114 %
ILS σ_{ILS} (0 Grad)	79 N/mm^2	100 N/mm^2	127 %
Querkontraktion v_{12}	0,29	0,39	135 %

Abb. 7.4.5 Zusammenfassung der ermittelten UD-Materialkennwerte bezogen auf einen Faservolumengehalt von 49 % [7.2]

7.5 Problematik bei der Vorhersage von mechanischen Kennwerten bei Kurzfaserverbundwerkstoffen [7.2]

Die Vorhersage des Festigkeits- und Steifigkeitsverhaltens gerichteter kurzfaserverstärkter Verbundwerkstoffe ist bis heute noch nicht zufriedenstellend gelöst worden, obwohl man sich mit diesem Problem schon seit den 60er Jahren [7.8], [7.9], [7.10] beschäftigt hat. Die grundsätzliche Schwierigkeit ist in den zusätzlichen Spannungskonzentrationen [7.11], [7.12], [7.13], die in der Umgebung eines jeden Faserendes auftreten, zu suchen. Hervorgerufen werden diese Spannungskonzentrationen durch die wesentlich höhere Steifigkeit der Kohlenstoffaser im Vergleich zu der relativ geringen Steifigkeit der Matrix. Dadurch, dass die Normalspannungen in der Faser an jedem Faserende aus Gleichgewichtsgründen nahezu gegen Null gehen müssen, findet dort eine Spannungsumverteilung zu den benachbarten Fasern statt. Diese Umverteilung kann nur über die Matrix erfolgen, da nur diese die Spannungen, im wesentlichen durch Schubspannungen, zu den benachbarten Fasern weiterleiten kann. Dadurch entstehen in der Umgebung jedes Faserendes Schubspannungskonzentrationen in der Matrix sowie auch Normalspannungskonzentrationen in den benachbarten Fasern. Diese zusätzlichen Spannungskonzentrationen treten bei langfaserverstärkten Verbunden nicht auf, da man es dort mit kontinuierlichen Fasern zu tun hat. Damit wird der grosse Unterschied in den Vorhersagemethoden der Festigkeiten und Steifigkeiten zwischen kurz- und langfaserverstärkten Kunststoffen deutlich. Gerade das Herausfinden der Höhe der auftretenden Spannungskonzentrationen war Gegenstand von zahlreichen Untersuchungen. Um diesem Problem näher zu kommen, wurden in der Vergangenheit eine Reihe von Modellen aufgestellt, die den realen Fall mit unterschiedlicher Genauigkeit simulieren.

7.5.1 Modellansätze zu statischen Festigkeits- und Steifigkeitsvorhersagen an Kurzfaserverbundstrukturen

Um einen ersten groben Einblick in die Spannungsverläufe zwischen Faser und Matrix zu erhalten, eignet sich das sogenannte Einstabmodell von OCH [7.14] recht gut. Hierbei wird nur eine Faser betrachtet, die von einem Matrixzylinder umgeben ist. Wird dieser Matrixzylinder in axialer Richtung belastet, kann unter den folgenden Annahmen eine einfache Beziehung für den Spannungsverlauf in der Faser und in der Matrix gefunden werden:

Vergleich der mechanischen Eigenschaften... 171

- Die Faser überträgt nur axiale Normalspannung
- Die Matrix wird nur auf Schub belastet
- Über die Stirnflächen am Ende der Fasern wird keine Kraft übertragen
- Zwischen Faser und Matrix herrscht bis zum Versagen eine vollkommene Verklebung

Trägt man diese Spannungen entlang der Faser auf, so ist zu erkennen, dass am Faserende die Fasernormalspannung null wird und somit die Matrix die tragende bzw. übertragende Funktion übernehmen muss.

Die dabei entstehenden Schubspannungskonzentrtionen in der Matrix erreichen sehr bald die Bruchfestigkeit für den Fall, dass es sich bei der Matrix um einen Duroplasten handelt. Dann kann die Festigkeit der Faser noch nicht einmal zu 10 % ausgenutzt sein. Mit zunehmender Belastung kommt es zu ersten Zwischenfaserversagen, d. h. der Duroplast beginnt sich von der Faser abzulösen. Die danach noch vorhandene Reibung zwischen Faser und Matrix kann in Form einer plastischen Zone mit der dazugehörigen Fliessspannung berücksichtigt werden. Versagen tritt auf, sobald mit zunehmender Beanspruchung die Bruchfestigkeit der Faser erreicht wird. Bei Thermoplasten als Matrix treten derartige Anrisse wesentlich später auf, da die Bruchdehnung erheblich grösser ist.

Die dabei entstandene plastische Zone ist ein Mass für die sogenannte Mindestfaserlänge l_c, die notwendig ist, um die tragende Wirkung der Faser voll ausnützen zu können. Hierbei wird der elastische Anteil, der nur noch einen geringen Zuwachs der Fasernormalspannung zur Folge hat, vernachlässigt.

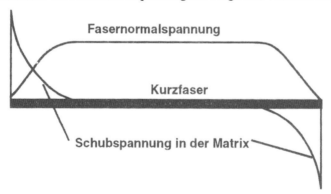

Abb. 7.5.1 Normal- und Schubspannungsverteilung entlang einer Faser [7.2] [7.14]

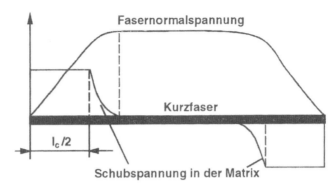

Abb. 7.5.2 Abhängigkeit der kritischen Faserlänge von der plastischen Zone [7.2] [7.14]

$$l_c = \sigma_{fu} \cdot \frac{d_f}{(2 \cdot \tau_m)} \quad (7.2)$$

Der grundlegende Gedanke ist, die für die Langfaserverbunde geltende Mischungsregel (7.3) so zu modifizieren, dass sie auch auf die Kurzfaserverbunde [7.8] [7.15] anwendbar ist.

$$\sigma_{cu} = \sigma_{fu} \cdot V_f + \sigma_m \cdot (1 - V_f) \quad (7.3)$$

Dabei wird versucht, den tatsächlichen Faservolumengehalt $V_{f(tat.)}$ durch einen effektiven Faservolumengehalt $V_{(feff.)}$ zu ersetzen, so dass nur noch der voll belastete Faseranteil berücksichtigt wird. Dann reduziert sich die tatsächliche Faserlänge l_{tat} um den Wert l_c auf die effektive Länge l_{eff}, die in die Mischungsregel wie folgt eingebunden werden kann:

$$\sigma_{cu} = \sigma_{fu} \cdot V_f \left(\frac{l_{eff}}{l_{tat}}\right) + \sigma_m (1 - V_f) \quad (7.4)$$

Diese abgeänderte Mischungsregel von VINSON und CHOU [7.15] führt zu einer Abminderung der vorausgesagten Festigkeit. Das Modell ist jedoch zu einfach, da es nicht wirklich auf die entstehenden Spannungskonzentrationen eingeht.

Aufbauend auf diesen Erkenntnissen wurde von RILEY [7.16] eine andere Modifikation der Mischungsregel aufgestellt, wobei auch hier die Interaktion zu den benachbarten Fasern unberücksichtigt bleibt.

$$\sigma_{cu} = \sigma_{fu} \cdot V_f \cdot \frac{6/7}{1+l_c/7\cdot 1} + \sigma_m(1-V_f) \qquad (7.5)$$

Ansätze, wie die von BADER, CHOU und QUIGLEY [7.17], [7.18], anhand von einer elastischen Rechnung den nichtlinearen Spannungs- Dehnungsverlauf eines Zugversuchs zu simulieren, ergaben nur für geringe Belastungen eine akzeptable Übereinstimmung zum Experiment. Die Idee besteht in der Aufteilung der Spannungs- Dehnungs- Kurve in drei Abschnitte, wobei Gleichung (7.4) verwendet wird. Der erste Bereich zeigt den linearen Spannungs-Dehnungsverlauf bis zum Erreichen der Fliessgrenze der Matrix. Hier ist die kritische Länge $l_c = 0$, sodass dieser Verlauf dem der Langfaserverbunde gleicht. Soweit die Probe weiter belastet wird, beginnt die Matrix zu plastizieren mit der Folge, dass sich eine kritische Faserlänge ausbildet. Da l_c abhängig von der Dehnung ist ($\sigma_f = E_f \varepsilon_c$ mit $\varepsilon_f = \varepsilon_c$), ergibt sich ein parabolischer Verlauf, der den Bereich zwei kennzeichnet. Der dritte Bereich müsste dann den stark nichtlinearen Verlauf bis zur Bruchdehnung beschreiben, was jedoch bislang nicht gelungen ist.

All diese Ansätze beruhen nur auf makroskopischen Überlegungen und gehen nicht auf den wirklichen Kraftübertragungsmechanismus zu den Nachbarfasern ein. So ist es nicht möglich, die zusätzlichen Spannungskonzentrationen an einer Nachbarfaser, wie in Abb. 7.5.3 schematisch angedeutet, vorherzusagen.

Da jedoch diese Kenntnis von entscheidender Bedeutung ist, war es notwendig, mikromechanische Modelle zu entwickeln, die die gegenseitige Beeinflussung der Fasern besser berücksichtigen können.

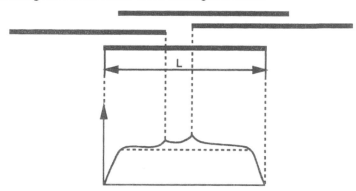

Abb. 7.5.3 Realer Fasernormalspannungsverlauf in axialer Richtung [7.2]

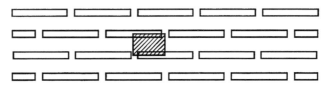

Abb. 7.5.4 Idealisiertes shear-lag-Modell [7.2] [7.20]

Im sogenannten „shear- lag- model" von FUKUDA und CHOU [7.20] wurde ein solches Modell für den zweidimensionalen Fall zur Vorhersage der Festigkeit eines Verbundes aufgestellt. Es ist sehr stark idealisiert (Abb. 7.5.4), um den analytischen Aufwand in Grenzen zu halten. Ganz im Gegensatz zu der in Abb. 7.5.3 dargestellten unregelmässigen Faserverteilung wurden hier folgende vereinfachende Annahmen getroffen:
- Die Fasern besitzen alle die gleiche Länge und sind voll zueinander ausgerichtet
- Der Abstand zu benachbarten Fasern ist konstant
- Die Fasern sind alle regelmässig zueinander versetzt
- Die Faserlänge sei um einiges länger als ihre kritische Länge
- Bei der Kraftübertragung kann die Faser nur axiale Kräfte und die Matrix nur Schubkräfte übertragen
- Es wird von einer konstanten Dehnung längs zur Faserrichtung ausgegangen
- Über die Stirnflächen der Fasern werden keine Kräfte übertragen

Mit all diesen getroffenen Annahmen musste nur aufgrund der Symmetrien der schraffierte Bereich in Abb. 7.5.4 für das vereinfachte Modell berücksichtigt werden.

Um das elastisch- ideal- plastische Materialverhalten der Matrix mit berücksichtigen zu können, wurde der zu betrachtende Bereich nochmals in drei Teilbereiche untergliedert (Abb. 7.5.5), wobei für die Teilbereiche I und III plastisches Materialverhalten angenommen wurde. Mit den entsprechenden Rand- und Übergangsbedingungen konnten die Verschiebungen und Spannungen entlang den Fasern berechnet werden.

Abb. 7.5.5 Ausbildung von plastischen Zonen in der Matrix an den Faserenden [7.2] [7.20]

Vergleich der mechanischen Eigenschaften...

In einem weiteren „advanced shear- lag- model" [7.21] wurde zwischen zwei Faserenden die anschliessende Matrix als eine Art Feder mit berücksichtigt, sodass in diesen Fall die Fasern über die Stirnflächen Kräfte aufnehmen können. Dies hat jedoch nur dann einen Einfluss auf den Spannungskonzentrationsfaktor (K), wenn das Steifigkeitsverhältnis zwischen Faser und Matrix recht klein ist. Bei dem in dieser Arbeit untersuchten kohlenstoffaserverstärkten Thermoplasten besteht ein sehr grosses Steifigkeitsverhältnis, so dass dieses erweiterte Modell keine nennenswerte Verbesserung bringt.

Das „shear- lag- model" wurde noch in [7.22] erweitert, so dass in Abhängigkeit von den unterschiedlichsten Anordnungen (Abb. 7.5.6) von endenden bzw. durchgehenden Fasern der K- Faktor bestimmt werden kann. Es kann jedoch nur eine Aussage über die durchschnittliche Festigkeit bzw. Steifigkeit gemacht werden.

Recht gut lässt sich mit den aus [7.22] erhaltenen Formeln das Abklingverhalten entlang der Faser bestimmen. Da jedoch bei all diesen Modellen immer davon ausgegangen wird, dass alle nicht durchgehenden Fasern entlang einer gemeinsamen vertikalen Linie enden, hat das Abklingverhalten auf die Festigkeitsaussage keinen Einfluss, da sich in diesem Fall nur die Maximalwerte der K- Faktoren addieren. Dies hat auch zur Folge, dass man mit diesen getroffenen Annahmen immer eine wesentlich höhere Spannungskonzentration als im realen Fall erhält, bei dem die Faserenden in der Regel versetzt zueinander vorliegen. Durch die Berücksichtigung einer räumlich stark vereinfachten regelmässigen Faserverteilung, wie das in [7.11], [7.12] gezeigt wurde, ist der hierbei erzielte K- Faktor jedoch immer noch viel zu hoch, sodass auch in einem vereinfachten Modell die tatsächliche Faserverteilung und deren Faserenden statistisch so gut wie möglich mit berücksichtigt werden müssen.

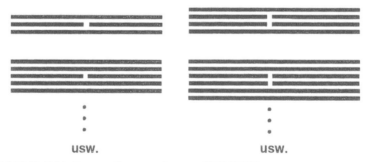

Abb. 7.5.6 Möglichkeiten von Faseranordnungen [7.2] [7.22]

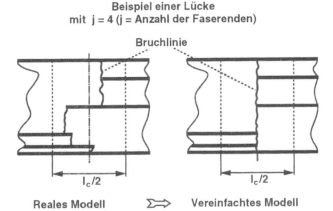

Abb. 7.5.7 Mikromechanisches Modell nach Fukuda [7.21] [7.22] [7.23]

In den vorangegangen Beiträgen konnten die K- Faktoren nur in Abhängigkeit von den entsprechenden Lückenkonfigurationen berechnet werden. Welche Konfiguration nun wirklich für das Versagen einer Probe entscheidend ist, konnte nicht vorhergesagt werden. Aus diesem Grund versuchten FUKUDA und CHOU in [7.23] ein Modell aufzustellen, dass es ermöglicht, die in der Mischungsregel eingebrachten K- Faktoren einer Wahrscheinlichkeitsanhäufung zu unterwerfen.

In diesem Modell werden einzelne Lücken betrachtet, in denen es nur durchgehende bzw. endende Fasern gibt. Entscheidend für die Höhe der Spannungskonzentrationen ist die Anzahl endender Fasern (j) zwischen zwei durchgehenden Fasern. Die Breite der betrachteten Lücke wird durch die halbe kritische Faserlänge bestimmt, so dass davon ausgegangen werden kann, dass sich die Matrix um alle in diesem Bereich sich befindenden Faserenden lösen wird, da hier überall die Bruchfestigkeit der Matrix überschritten wurde. Die Rissausbreitung wird immer normal zur Faserrichtung angenommen (Abb. 7.5.7). Nun kann die Wahrscheinlichkeit P_j der einzelnen Lückenkonfigurationen angegeben werden.

$$P_j = P_1^{j-1}\left(1-\beta^2\right) \text{ mit } \beta = \frac{l_c}{l} \qquad (7.6)$$

Verknüpft man die gefundenen Wahrscheinlichkeiten mit den entsprechenden K- Faktoren, so lässt sich folgende Formel aufstellen, wobei alle Lücken ($j<k_0$) vernachlässigt werden, die mehr als einmal im Verbund vorkommen, da diese im Spannungsniveau geringer sind als die für $j = k_0$.

Vergleich der mechanischen Eigenschaften...

$$\sigma_{cu} = \sigma_{fu} V_f \left[\sum_{j=k_0+1}^{\infty} \frac{1}{K_j} \cdot \frac{NP_j}{j} + \frac{1}{K_{k_0}} \left(1 - \sum_{j=k_0+1}^{\infty} \frac{NP_j}{j}\right) \right] + \sigma_m (1 - V_f) \quad (7.7)$$

Unter Betrachtung eines zweidimensionalen Falles kann die Gleichung (7.8) von HEDGEPETH [7.12] zur Bestimmung der Spannungskonzentrationsfaktoren verwendet werden.

$$K_j = \frac{4}{3} \cdot \frac{6}{5} \cdot \ldots \cdot \left(\frac{2 \cdot j + 2}{2 \cdot j + 1}\right) \quad (7.8)$$

Die Einbringung unterschiedlicher Faserlängen und die Abweichung von der eigentlichen Faserhauptorientierung kann in ähnlicher Weise mit berücksichtigt werden [7.24], [7.25].

7.5.2 Vergleich einiger Spannungskonzentrationsfaktoren [7.2], [7.11], [7.12], [7.22], [7.23]

Die Genauigkeit aller bislang vorhandenen Modelle basierte im wesentlichen auf den zur Ermittlung des K- Faktors zugrunde gelegten Annahmen, wie z. B. die Betrachtung eines zweidimensionalen bzw. eines räumlichen Ersatzmodells. Im Falle eines ebenen Modells gibt es für die unterschiedlichen Anordnungen von endenden und durchgehenden Fasern (Abb. 7.5.8) immer eindeutige Zuordnungen. In Abb. 7.5.9 sind die dazugehörigen K- Faktoren unter den Annahmen von [7.22] angegeben mit n = Anzahl aller Fasern und j = Anzahl der Kurzfasern. Die letzte Zeile in Abb. 7.5.9 gilt für eine grosse Anzahl durchgehender Fasern.

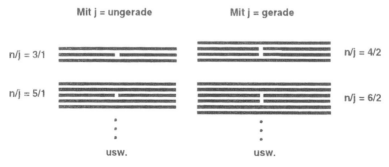

Abb. 7.5.8 Unterschiedliche Anordnungen von endenden und durchgehenden Fasern für ein ebenes Modell

n \ j	1	2	3	4	5	6	7	8
3	1,5							
4		2						
5	1,38		2,5					
6		1,73		3				
7	1,36		2,07		3,5			
8		1,67		2,4		4		
9	1,35		1,96		2,72		4,5	
∞	1,33	1,6	1,83	2,03	2,22	2,39	2,54	2,69

Abb. 7.5.9 Spannungskonzentrationsfaktoren für ein ebenes Modell [7.2]

Im Falle eines räumlichen Ersatzmodells gibt es keine so eindeutigen Zuordnungen zwischen den unterschiedlichen Faseranordnungen mehr, da nun zu einer endenden Faser sich jetzt weitaus mehr als zwei benachbarte Fasern ansiedeln können. Die aus diesem Grunde am häufigsten verwendeten Annahmen, bezogen auf regelmässige räumliche Anordnungen, gehen von kreisförmigen, quadratischen oder auch von hexagonalen Konfigurationen aus (Abb. 7.5.10), wobei die hexagonale Anordnung die grösste Packungsdichte aufweist.

Die unter diesen Annahmen bestimmbaren K- Faktoren wurden in Abb. 7.5.11 gegenübergestellt für den Fall, dass sich um die endenden Fasern immer unendlich viele durchgehende Fasern mit den entsprechenden Konfigurationen befinden.

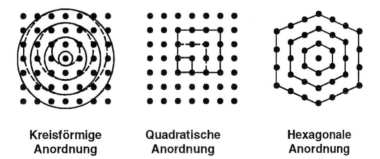

Kreisförmige Anordnung   **Quadratische Anordnung**   **Hexagonale Anordnung**

Abb. 7.5.10 Unterschiedliche Anordnungen zwischen endenden und durchgehenden Fasern für ein räumliches Modell [7.2]

Vergleich der mechanischen Eigenschaften... 179

Anzahl endender Fasern in der Hauptdiagonalen	K-Faktor 2-D	K-Faktor 3-D (Kreis)	K-Faktor 3-D (Quadrat)	K-Faktor 3-D (Hexagonal)
1	1,33	1,15 (*1)	1,15 (*1)	1,10 (*1)
2	1,6	1,19 (*2)	1,28 (*4)	
3	1,83	1,46 (*9)	1,46 (*9)	1,41 (*7)
4	2,03	1,49 (*12)	1,58 (*16)	
5	2,22	1,62 (*21)	1,73 (*25)	1,63 (*19)
6	2,39	1,65 (*26)	1,84 (*36)	
7	2,55	1,73 (*37)		1,87 (*37)

Abb. 7.5.11 Spannungskonzentrationsfaktoren für eine räumliche Idealisierung [7.2]

Die mit „*" gekennzeichneten Werte stellen die tatsächliche Anzahl von endenden Fasern in dem betrachteten Feld dar. Die Angabe der endenden Fasern entlang der Diagonalen ermöglicht den Vergleich zu den ebenen Ersatzmodellen.

Der Vergleich der Spannungskonzentrationsfaktoren zeigt deutlich den grossen Unterschied in der Höhe der K- Faktoren zwischen einer räumlichen (3-D) und einer ebenen (2-D) Faseranordnung. Aber auch unter der Annahme eines räumlichen Modells ergeben sich doch Unterschiede in den K- Faktoren in Abhängigkeit von den gewählten Anordnungen. Hierbei kann man sehr gut sehen, wie komplex das Problem der Ermittlung dieser Faktoren ist und wie schwierig es ist, ein geeignetes Ersatzmodell zu finden.

7.5.3 Vergleich der vorhergesagten Steifigkeiten und Festigkeiten in Faserlängsrichtung an dem UD- Verbund CFK/PEI

In den folgenden Abbildungen wurden die in [7.2] ermittelten Steifigkeiten und Festigkeiten in Faserlängsrichtung der zuvor beschriebenen Modelle in Form von Balkendiagrammen dargestellt und den experimentell ermittelten Ergebnissen gegenübergestellt. Da sich die meisten Modelle immer auf die bei den Langfaserverbunden verwendete Mischungsregel stützen, wurden zunächst einmal die daraus resultierenden Verbundfestigkeiten und -steifigkeiten mit den experimentellen Ergebnissen von langfaserverstärkten Faserverbundproben verglichen. Aus Abb. 7.5.12 ist zu erkennen, dass die experimentell ermittelten Werte um etwa 10 % unter den errechneten Festigkeiten und Steifigkeiten liegen. Der Grund hierfür ist, dass bei der Mischungsregel von einem vollkommen homogenen Verbund ohne Fehlstellen ausgegangen wird. Jedoch schon geringe Abweichungen in den Festigkeitskennwerten der Fasern, oder auch Faserbrüche, ergeben eine deutliche Festigkeitsminderung.

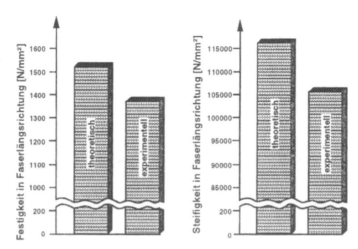

Abb. 7.5.12 Vergleich von mechanischen Kennwerten an langfaserverstärkten Faserverbundproben unter Verwendung der Mischungsregel [7.2]

So führt, wie aus Abb. 7.5.11 zu ersehen, schon eine gebrochene Faser zu merkbaren Absenkungen der Festigkeit. Damit wird recht deutlich, dass schon bei den Langfaserverbunden diese Mischungsregel nur als eine Art Faustformel für erste grobe Abschätzungen verwendet werden kann.

Bei den Modellen von OCH [7.14], VINSON, CHOU [7.15] und RILEY [7.16] wurde die Mischungsregel, wie in Abschnitt 7.5 erläutert, modifiziert, um sie auch für Vorhersagen bei Kurzfaserverbundwerkstoffen anwenden zu können. Die Ergebnisse weichen teilweise um über 30 % von den experimentellen Werten ab (Abb. 7.5.13 und Abb. 7.5.14), was auf die starken Vereinfachungen infolge der Vernachlässigung der wirklichen Faseranordnungen und Faserinteraktionen zurückzuführen ist. So ist es auch reiner Zufall, dass das Ergebnis von RILEY fast exakt mit den experimentellen Werten übereinstimmt. Der niedrige Festigkeitswert im Modell von VINSON und CHOU ist die Folge, dass der Faservolumenanteil in der kritischen Zone, welcher bei zunehmender Last recht gross werden kann, vollkommen vernachlässigt wird und daher keine Kraft aufnehmen kann. Dies zeigte sich auch in einer deutlichen Reduzierung der Steifigkeit (Abb. 7.5.14), welche bei den anderen Modellen eher etwas zu hoch ausfällt, da dort die Minderung der Steifigkeit in der Umgebung der Faserenden nicht berücksichtigt wurde.

Vergleich der mechanischen Eigenschaften... 181

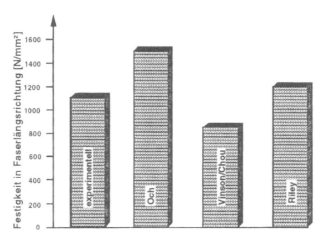

Abb. 7.5.13 Vergleich von UD-Festigkeiten an kurzfaserverstärkten Faserverbundproben unter Verwendung der modifizierten Mischungsregel [7.2]

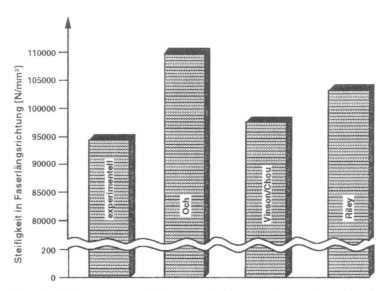

Abb. 7.5.14 Vergleich von UD-Steifigkeiten an kurzfaserverstärkten Faserverbundproben unter Verwendung der modifizierten Mischungsregel [7.2]

Diese Ergebnisse aus der Abb. 7.5.13 und Abb. 7.5.14 zeigen, dass es nicht möglich ist, mit einer geringen Modifikation der Mischungsregel die zusätzlich entstehenden Spannungskonzentrationen bei den Kurzfaserverbundsystemen zu erfassen. Dies ist nur möglich, wenn in mikromechanischen Modellen auch die Interaktionen mit den umliegenden Fasern berücksichtigt werden, was in den „shear-lag"-Modellen [7.20-7.24] versucht wurde. Diese Modelle eignen sich jedoch in erster Linie nur für die Vorhersage von Festigkeiten und weniger für die Vorhersage der Steifigkeiten, da auch hier auf die Steifigkeitsreduktion in der Umgebung der Faserenden nicht eingegangen wird und somit die Steifigkeit zu hoch vorausgesagt wird. Bei der Berechnung der Festigkeiten wird zwar, anhand von mikromechanischen Modellen, auf die Interaktionen der umgebenden Fasern eingegangen, jedoch leiden all diese Modelle an dem ungenauen Wissen der tatsächlichen Faserverteilung, deren genaue Modellierung mit einem angemessen Aufwand fast nicht möglich ist. Die in diesen „shear-lag"-Modellen zugrunde gelegten Annahmen von regelmässigen Faserverteilungen basieren in der Regel auf einer ebenen Betrachtung, deren experimentelle statistische Ermittlung noch mit einem akzeptablen Aufwand möglich ist. Wie jedoch die Ergebnisse gezeigt haben (Abb. 7.5.15), führt eine ebene Betrachtung zu Festigkeitsvorhersagen, die weit unter den experimentellen Werten liegen. Somit ist es unbedingt erforderlich, immer von einer räumlichen Faserverteilung auszugehen, welche jedoch experimentell praktisch nicht mehr erfassbar ist. Bei den in Abb. 7.5.15 dargestellten Ergebnissen wurde ein K- Faktor von 1,35 gewählt, so dass damit unter Einbeziehung des „advanced - shear - lag"- Modells und unter Berücksichtigung eines elastisch- ideal- plastischen Matrixverhaltens die Festigkeitswerte der experimentellen Messungen in etwa erreicht werden konnten. Anhand von in [7.2] durchgeführten Schliffbildern, die ja immer nur einen ebenen Zustand darstellen können, konnte jedoch gesehen werden, dass stellenweise Lücken von weitaus mehr als drei endenden Fasern auftreten. Die theoretischen Festigkeitsvorhersagen sind meist zu niedrig, d. h. der K- Faktor ist zu hoch.

Modell	Festigkeit längs der Faserrichtung [N/mm^2]	E-Modul längs zur Faserrichtung [N/mm^2]
Kurzfaser experimentell	1110	99500
Shear-lag (elastisch)	500	108300
Advanced shear-lag (elastisch)	520	108500
Advanced shear-lag (elastisch-ideal-plastisch)	1090	108500
Wahrscheinlichkeitsmodell	670 (K-Faktor 2D) 920 (K-Faktor 3D)	Keine Aussage möglich

Abb. 7.5.15 Vergleich der Festigkeiten und Steifigkeiten von mikromechanischen Modellen mit k = 1,35

Zusammenfassend ist zu sagen, dass mit den momentan vorhandenen Modellen keine genauen Festigkeits- bzw. Steifigkeitsvorhersagen gemacht werden können, solange man nicht experimentell mit akzeptablem Aufwand die räumliche Faserverteilung bestimmen kann. Sobald dies möglich ist, können repräsentative statistische Mittelwerte für die tatsächlichen Faseranordnungen gebildet werden, die sich dann in die vorhandenen Modelle einbauen lassen. Hierzu würde sich das „shear-lag"-Modell sehr gut eignen, da es auch das Abklingverhalten der Spannungskonzentrationen mit berücksichtigen kann, was bislang jedoch aufgrund der getroffenen Annahmen vernachlässigt wurde.

7.6 Untersuchungen zum Ermüdungsverhalten an gekerbten lang- und kurzfaserverstärkten Thermoplasten [7.2]

Durch die spannungserhöhende Wirkung von Kerben erhält man bei einer schnell aufgebrachten statischen Belastung eine deutlich geringere Bruchfestigkeit, als dies bei einem ungekerbten Prüfstab, bezogen auf den Restquerschnitt, der Fall wäre. Ein ganz anderes Verhalten kann man bei dynamischen Belastungen beobachten. Hier können sich die örtlich sehr hohen Spannungsspitzen an der Kerbe durch Ausweitung des Schadens abbauen, sofern die anfängliche Ermüdungsbelastung nicht zu hoch war. Durch den Abbau der Spannungsspitzen kann dann mit fortschreitender Lastspielzahl eine höhere statische Restfestigkeit erreicht werden. Damit verbunden ist jedoch auch mit zunehmender Ausweitung der Schadensfläche eine Erniedrigung der Reststeifigkeit. Dieses Verhalten wurde an gelochten Zugproben im Zug-Schwell- Bereich in [7.2] untersucht und der Vergleich geführt, ob es bei den gerichteten kurzfaserverstärkten Thermoplasten zu einem anderen Ermüdungsverhalten kommt als bei den entsprechenden Langfaserverbundproben. Interessant ist hierbei die Frage, inwieweit ein verändertes Risswachstum aus der inneren Struktur des kurzfaserverstärkten Materials resultiert und ob diese innere Struktur eine risshemmende Funktion besitzt.

7.6.1 Versuchsprogramm

Die Versuche wurden an gelochten kurz- und langfaserverstärkten CFK/PEI-Zugproben mit zwei unterschiedlichen Lagenaufbauten, an einem sogenannten schubweichen crossply Lagenaufbau $[0_2, 90_2]$, und an einem quasi- isotropen Lagenaufbau $[0, 90, \pm 45]$, durchgeführt. Die Probengeometrie ist aus Abb. 7.6.1 zu ersehen.

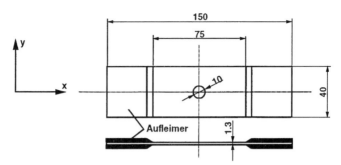

Abb. 7.6.1 Geometrie der gelochten Zugproben für Ermüdungsversuche [7.2]

Alle Proben wurden im Zug- Schwell- Bereich an einer servo-hydraulisch kraftgeregelten Universalprüfmaschine mit einer Frequenz von 10 Hz und mit einem konstanten R = 0.1 getestet. Aufgrund unterschiedlicher Anfangssteifigkeiten der einzelnen Proben wurde pro Serie die Oberspannung so variiert, dass jede Probe der gleichen Anfangsdehnung ausgesetzt war. Es wurden pro Fasertyp und Lagenaufbau Serien mit drei unterschiedlichen Laststufen bis maximal 500`000 Lastwechseln gefahren. Gemessen wurde die Reststeifigkeit, Restfestigkeit und Risslänge in Abhängigkeit von der Lastspielzahl. Hierzu war für jeden Messpunkt eine Probe erforderlich , da sie zur Ermittlung der Restfestigkeit immer zerstört werden musste. In Abb. 7.6.2 ist ein Überblick über die durchgeführten Versuche wiedergegeben.

	Langfaser-verbund	Langfaser-verbund	Kurzfaser-verbund	Kurzfaser-verbund
Material	T300/PEI	T300/PEI	HTA7/PEI	HTA7/PEI
Lagenaufbau	[0_2,90_2]	[0,90,±45]	[0_2,90_2]	[0,90,±45]
Bruchdehnung	0,69 %	0,63 %	0,55 %	0,59 %
Anzahl der Proben	80	80	80	80
R = σ_u/σ_o	0,1	0,1	0,1	0,1
Frequenz [Hz]	10	10	10	10
Anfangsdehnung (1. Lastamplitude)	0,3423 %	0,4734 %	0,3 %	0,365 %
$\frac{\text{Anfangsdehnung}}{\text{Bruchdehnung}}$	49,6 %	75,1 %	54,6 %	61,9 %
Anfangsdehnung (2. Lastamplitude)	0,3789 %	0,5281 %	0,3423 %	0,4075 %
$\frac{\text{Anfangsdehnung}}{\text{Bruchdehnung}}$	54,9 %	83,8 %	62,2 %	69,1 %
Anfangsdehnung (3. Lastamplitude)	0,4164 %	0,5865 %	0,3789 %	0,45 %
$\frac{\text{Anfangsdehnung}}{\text{Bruchdehnung}}$	60,3 %	93,1 %	68,9 %	76,3 %

Abb. 7.6.2 Durchgeführte Ermüdungsversuche im Zug-Schwellbereich an gelochten Zugproben

7.6.2 Auswertung der Ermüdungsversuche

7.6.2.1 Untersuchung der aufgetretenen Schadensformen

An der Ausbreitung des Ermüdungsschadens sind zeitgleich mehrere Schadensformen beteiligt, wie z. B. Zwischenfaserrisse, Delaminationen (Abb. 7.6.3), Faser pull-out und Faserversagen, die stark vom Lagenaufbau abhängig sind. Die hierbei dominanten Schadensformen sind, abgesehen vom Faserversagen, die Delaminationsflächen. Da diese jedoch immer von Zwischenfaserrissen begleitet sein müssen, bieten sich zur Charakterisierung des Schadens die an der Oberfläche befindlichen Risse in den 0° - Schichten an, die schon mit dem Auge zu erkennen sind. Diese wichtige Aussage ist jedoch nur für relativ dünnwandige Faserverbunde, wie sie hier vorliegen, gültig.

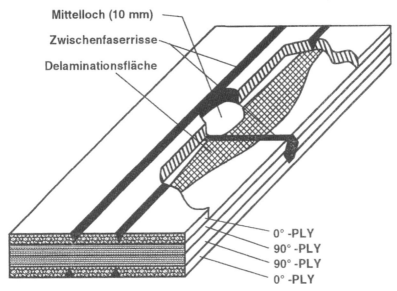

Abb. 7.6.3 Schadensformen in einer gelochten, unter Schwellast ermüdeten Flachprobe [7.2]

Zwischenfaserrisse

In Abb. 7.6.4 sind die Zwischenfaserrisse in der an der Oberfläche befindlichen 0°-Schicht in Abhängigkeit von der Ermüdungsdauer aufgezeigt. Hierbei stellen die gestrichelten Linien die Risslänge der Probenrückseite dar.

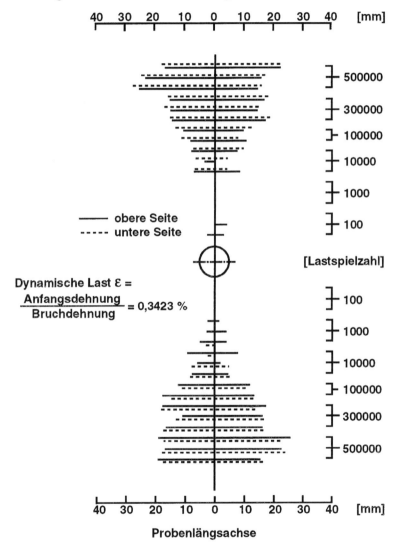

Abb. 7.6.4 Risslängen in den an der Oberfläche befindlichen 0°-Schichten bei einer dynamischen Last [7.2]

Aufgrund der symmetrisch aufgebrachten Ermüdungsbelastung müsste sich bei einem vollkommen homogenen Material auch ein symmetrisches Rissbild um das Loch herum ergeben. Dies ist jedoch bei Verbundwerkstoffen oft nicht gegeben, da schon kleine Lunker bzw. lokal unterschiedliche Faservolumengehalte oder Faser/Matrixhaftungen sehr schnell zu einem asymmetrischen Risswachstum führen können. Aus diesem Grund wurde bei allen weiteren Betrachtungen die Summe aller an der Oberfläche befindlichen 0°-Risse als charakteristische Risslänge verwendet. In Abb. 7.6.5 sind die Risslängen aus Abb. 7.6.4 über der Lastspielzahl mit ihren Streubreiten als Balken aufgetragen. Durch die Messpunkte konnte nun eine Ausgleichskurve gelegt werden, welche einer Exponentialfunktion entspricht und nach dem Prinzip der kleinsten Fehlerquadrate rechnerisch angepasst wurde. Die einzelnen Kurvenstützpunkte beziehen sich jedoch nur auf jeweils drei Messpunkte, was für statistische Aussagen zu wenig ist. Dennoch sind die Tendenzen deutlich herauszulesen und für einen Vergleich zwischen dem Ermüdungsverhalten von kurz- und langfaserverstärkten Thermoplastproben völlig ausreichend. Aus Übersichtsgründen sind in den folgenden Abbildungen die Streubreiten nicht mehr mit aufgeführt. Sie bewegen sich jedoch, falls nicht anders angegeben, in dem in Abb. 7.6.5 dargestellten Rahmen.

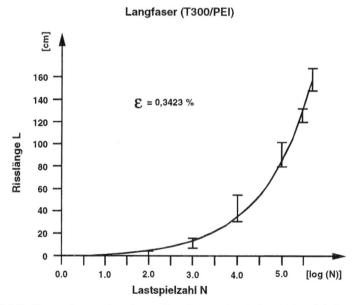

Abb. 7.6.5 Risswachstum in einem Langfaserverbund in Abhängigkeit von der Lastspielzahl in einem cross-ply-Lagenaufbau [7.2]

In der Abb. 7.6.6 und Abb. 7.6.7 sind die Ausgleichskurven für das Risswachstum in der 0°-Schicht über der Lastspielzahl aufgetragen in Abhängigkeit vom Lagenaufbau, der Faserart und der Lastamplitude.

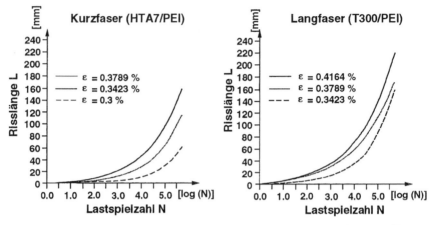

Abb. 7.6.6 Risswachstum in Abhängigkeit von Lastspielzahl, Lastamplitude und Faserart in einem cross-ply Lagenaufbau

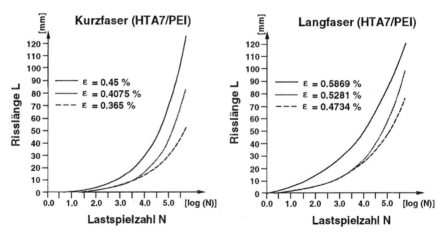

Abb. 7.6.7 Risswachstum in Abhängigkeit von Lastspielzahl, Lastamplitude und Faserart in einem quasi-isotropen Lagenaufbau [7.2]

Vergleich der mechanischen Eigenschaften... 189

Die Ausgleichskurven des [0_2, 90_2]-Lagenaufbaus konnten recht genau aufgrund der nur sehr geringen Abweichungen der einzelnen Messpunkte zueinander bestimmt werden (s. Abb. 7.6.7). Bei dem quasi-isotropen Lagenaufbau (Abb. 7.6.6) zeigten die Messwerte etwas höhere Streuungen auf, was auf ein komplexeres Schadensmuster zurückzuführen ist.

Bestimmt wurden die Risslängen unter einem Auflichtmikroskop, wobei sich ein wesentlicher Unterschied in den Schadensbildern zwischen den beiden untersuchten Lagenaufbauten zeigte. Bei dem cross- ply- Lagenaufbau ergab sich das in Abb. 7.6.8 dargestellte erwartete Rissbild einer ermüdeten Langfaserverbundprobe, in dem es nur zu Delaminationen zwischen den Schichten, begleitet von Zwischenfaserrissen in den Schichten, gekommen ist. Ein geringer Unterschied war in der Rissfortpflanzung der Kurzfaserproben im Vergleich zu den Langfaserproben zu beobachten, wo der Riss nicht exakt parallel zur Belastungsrichtung verlief.

Ein ganz anderes Schadensmuster zeigt sich in Abb. 7.6.9 unter Verwendung eines quasi- isotropen Lagenaufbaus. Aufgrund des deutlich schubsteiferen Aufbaus kam es, ausser zu den Zwischenfaserrissen und Delaminationen, noch zu Faserbrüchen, was sich in einem Rissverlauf senkrecht zur Faserrichtung widerspiegelt.

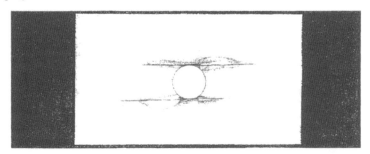

Abb. 7.6.8 Röntgenaufnahme einer dynamisch belasteten Langfaserprobe (cross-ply Lagenaufbau) [7.2]

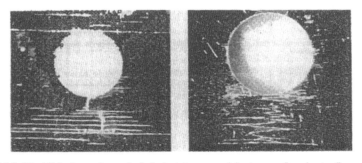

Abb. 7.6.9 Rissbild eines dynamisch belasteten, quasi-isotropen Laminataufbaus (links Langfaser, rechts Kurzfaser) [7.2]

Delaminationsflächen [7.2]

Mittels Ultraschalluntersuchungen im Durchschallprüfverfahren konnten die Delaminationsflächen zwischen der 0°-Lage und der darunter befindlichen 90°-Lage untersucht werden. Die Delaminationsflächen entstehen aufgrund der unterschiedlichen Spannungen in den einzelnen Schichten. So kommt es in der 0°-Schicht unter Zugbeanspruchung zu einer Einschnürung quer zur Faserrichtung, was jedoch durch die darunter befindliche 90°-Schicht verhindert wird. Diese inneren Spannungen führen dann zu Rissen und Delaminationen. Untersucht wurde, inwieweit sich die Delaminationsflächen der kurz- und langfaserverstärkten Thermoplastproben voneinander unterscheiden und welche Auswirkungen dies auf das Festigkeits- und Steifigkeitsverhalten hat. Die Abb. 7.6.10 und Abb. 7.6.11 zeigen die Delaminationsflächen der im gleichen Zug- Schwellbereich belasteten Verbundproben unter Verwendung eines cross- ply bzw. eines quasi- isotropen Lagenaufbaus. Man kann erkennen, dass bei den schubweichen Proben die Delaminationsfläche der Kurzfaserproben nicht ganz so lang aber deutlich bauchiger ist, bei den schubsteifen Proben hingegen ist die Delaminationsfläche der Kurzfaserprobe um einiges grösser.

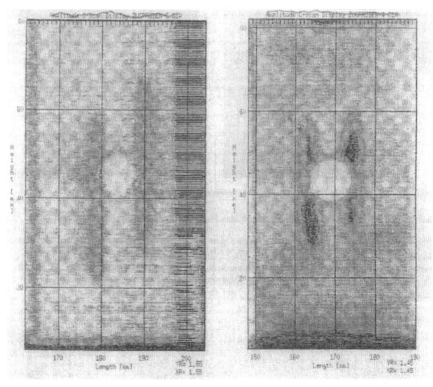

Abb. 7.6.10 Delaminationsfläche einer schubweichen Ermüdungsprobe (links Langfaser, rechts Kurzfaser) [7.2]

Vergleich der mechanischen Eigenschaften... 191

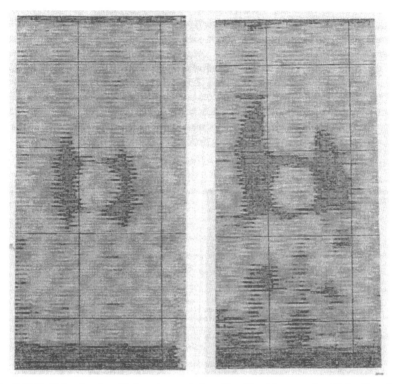

Abb. 7.6.11 Delaminationsfläche einer schubsteifen Ermüdungsprobe (links Langfaser, rechts Kurzfaser) [7.2]

7.6.2.2 Auswirkungen der Schäden auf das Festigkeits- bzw. Steifigkeitsverhalten [7.2]

Mit zunehmender Ermüdungsdauer breitet sich der Schaden immer weiter aus. Das hat zur Folge, dass die Probe weicher bzw. die Steifigkeit geringer wird. Für das Reststeifigkeitsverhalten sollte ein Anstieg zu beobachten sein, da sich die Kerbspannungen am Loch immer mehr abbauen können. Aus den folgenden Kurven wird dieses Verhalten in Abhängigkeit von der Ermüdungsdauer bzw. Probenschädigung aufgezeigt.

Reststeifigkeitsverhalten
In der Abb. 7.6.12 und Abb. 7.6.13 ist der prozentuale Abfall des E- Moduls über der Lastspielzahl (logarithmischer Massstab) bzw. über der Risslänge in Form von Ausgleichskurven bzw. Messpunkten aufgetragen. Jede der drei Kurven

unterscheidet sich durch unterschiedliche Schwellasten, die in Form von Anfangsdehnungen angegeben sind. Bei der Darstellung des prozentualen Steifigkeitsabfalls in Abhängigkeit von der Risslänge (Abb. 7.6.13 und Abb. 7.6.15) sind alle Messwerte von allen drei Laststufen aufgeführt. Die linken Diagramme zeigen die Verläufe der gerichteten kurzfaserverstärkten Thermoplastproben. Im Vergleich hierzu sind auf der rechten Seite die Verläufe der langfaserverstärkten Thermoplastproben zu finden. Der prozentuale Rest- E-Modul wurde auf den Anfangsmodul normiert und in Prozent angegeben.

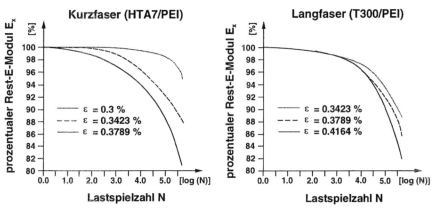

Abb. 7.6.12 Auf den Anfangsmodul bezogener, prozentualer E_x-Modul in Abhängigkeit von Lastspielzahl, Lastamplitude und Faserart in einem cross-ply Lagenaufbau [7.2]

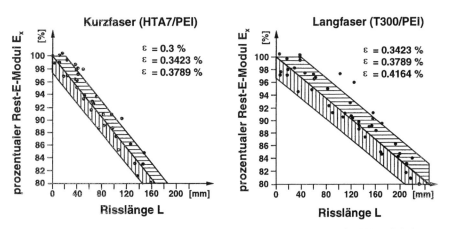

Abb. 7.6.13 Auf den Anfangsmodul bezogener, prozentualer E_x-Modul in Abhängigkeit von der Risslänge, Lastamplitude und Faserart in einem cross-ply Lagenaufbau [7.2]

Vergleich der mechanischen Eigenschaften... 193

Die Messpunkte der Proben mit einem quasi- isotropen Lagenaufbau weisen wesentlich grössere Abweichungen von der mit der Methode der kleinsten Fehlerquadrate gefundenen Ausgleichskurve aus, als jene mit dem cross- ply-Lagenaufbau. Der Grund hierfür ist, wie schon erwähnt, dass es bei dem [0, 90, ±45]$_s$-Lagenaufbau neben den Zwischenfaserrissen auch noch zu Faserversagen gekommen ist. Eine Regelmässigkeit, in welcher Reihenfolge die verschiedenen Schadensereignisse in Abhängigkeit von der Lastspielzahl eintraten, konnte nicht festgestellt werden. Die Schadensmuster sahen oft völlig unterschiedlich aus, woraus man nur schliessen kann, dass das Auftreten von Zwischenfaserrissen bzw. Faserversagen sehr stark von lokalen Effekten, wie z. B. geringen Inhomogenitäten im Verbund, abhängig ist.

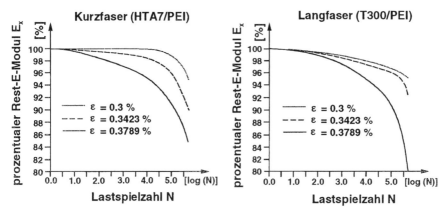

Abb. 7.6.14 Auf den Anfangsmodul bezogener, prozentualer Rest-E_x-Modul in Abhängigkeit von Lastspielzahl, Lastamplitude und Faserart in einem quasi-isotropen Lagenaufbau [7.2]

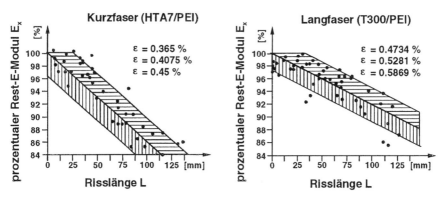

Abb. 7.6.15 Auf den Anfangsmodul bezogener, prozentualer Rest-E_x-Modul in Abhängigkeit von der Risslänge, Lastamplitude und Faserart in einem quasi-isotropen Lagenaufbau [7.2]

Faserart	Lagenaufbau	Steigung δE/δL [%/mm]	Streubreite der Messpunkte [%]
Kurzfaser	$[0_2, 90_2]_s$	0,119	±2,5
Langfaser	$[0_2, 90_2]_s$	0,081	±3,0
Kurzfaser	$[0, 90, ±45]_s$	0,139	±3,9
Langfaser	$[0, 90, ±45]_s$	0,08	±3,0

Abb. 7.6.16 Steifigkeitsabfall über der Risslänge mit Streubreite [7.2]

Aus der Abb. 7.6.13 und Abb. 7.6.15 ist deutlich zu erkennen, dass der Abfall des Elastizitätsmoduls (E) aufgetragen über die Risslänge (L) durch eine Gerade, die unabhängig vom Lastniveau ist, mit den in Abb. 7.6.16 aufgeführten Steigungen δE/δL beschrieben werden kann. Die Abweichungen der Messpunkte zur Ausgleichsgeraden bezogen auf den Steifigkeitsabfall betragen nur ca. 2- 4% (Abb. 7.6.16). Aufgrund der nur sehr geringen Streubreite der Messpunkte und der linearen Beziehung zwischen Risslänge und Reststeifigkeit bietet sich die Risslänge zum Beschreiben der Reststeifigkeiten als eine geeignete Grösse an.

Festigkeitsverhalten
Wie schon erwähnt, ist ein Festigkeitsanstieg mit zunehmendem Schaden zu erwarten, solange man das Lastniveau bzw. die Lastspielzahl niedrig genug hält, so dass die gemessenen Restfestigkeiten noch deutlich unter den maximal erreichbaren Werten zu liegen kommen. Eine Darstellung der Restfestigkeit über der Lastspielzahl (Abb. 7.6.17 und Abb. 7.6.19) in Form von Ausgleichskurven, wie das für die Reststeifigkeiten (Abb. 7.6.12 und Abb. 7.6.14) gemacht wurde, ist aufgrund der teilweise sehr hohen Messwertabweichungen mit dieser geringen Anzahl von Probenkörpern nicht möglich. Es konnte zwar ein Festigkeitszuwachs mit zunehmender Lastspielzahl festgestellt werden, jedoch reichen die erhaltenen Messwerte für genauere Aussagen bei weitem nicht aus. Demzufolge sind in den Abb. 7.6.17 und Abb. 7.6.19 nur die Messwerte aufgeführt, die für einen ersten Vergleich zwischen einem Lang- und Kurzfaserverbund dennoch einige Tendenzen aufzeigen. Der Festigkeitszuwachs in Prozent ist auf die Anfangsfestigkeit einer ungeschädigten Probe normiert.

Die Restfestigkeiten, aufgetragen über der Risslänge (Abb. 7.6.18 und Abb. 7.6.20) lassen sich auch hier näherungsweise als Geraden beschreiben, mit Streuungen der Messwerte von bis zu 8%. Diese Streuungen liegen wesentlich höher als jene bei der Beschreibung des Steifigkeitsabfalls. Die ermittelten Steigungen dieser Geraden bzw. das Verhältnis der Festigkeitsänderung δσ/δL [%/mm] und der Steifigkeitsänderung δE/δL [%/mm] sind in Abb. 7.6.16 und Abb. 7.6.21 aufgeführt. Diese Annäherung des Festigkeitszuwachses in

Abhängigkeit von der Risslänge ist nur möglich, solange man sich noch deutlich unter der maximal erreichbaren Festigkeit befindet.

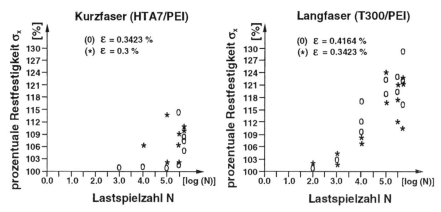

Abb. 7.6.17 Auf die Anfangsfestigkeit bezogene, prozentuale Festigkeit σ_x in Abhängigkeit von der Lastspielzahl, Lastamplitude und Faserart in einem cross-ply Lagenaufbau [7.2]

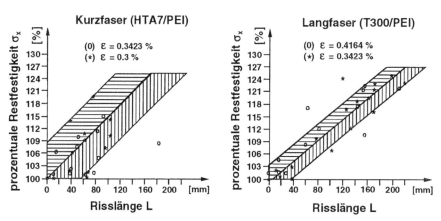

Abb. 7.6.18 Auf die Anfangsfestigkeit bezogene, prozentuale Restfestigkeit σ_x in Abhängigkeit von der Risslänge, Lastamplitude und Faserart in einem cross-ply Lagenaufbau [7.2]

Die hier angegebenen Festigkeiten und deren Tendenzen in Abhängigkeit von der Risslänge sind noch mit einer gewissen Vorsicht zu betrachten, bis weitere Versuche gefahren wurden.

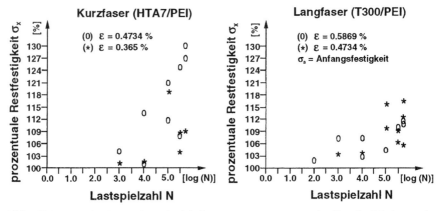

Abb. 7.6.19 Auf die Anfangsfestigkeit bezogene, prozentuale Restfestigkeit σ_x in Abhängigkeit von Lastspielzahl, Lastamplitude und Faserart in einem quasi-isotropen Lagenaufbau [7.2]

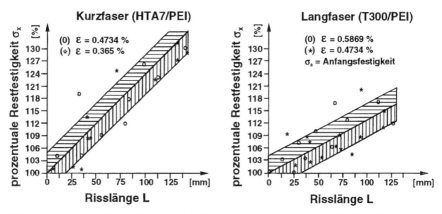

Abb. 7.6.20 Auf die Anfangsfestigkeit bezogene, prozentuale Restfestigkeit σ_x in Abhängigkeit von der Risslänge, Lastamplitude und Faserart in einem quasi-isotropen Lagenaufbau [7.2]

Faserart	Lagenaufbau	Steigung $\delta\sigma/\delta L$ [%/mm]	Streubreite der Messpunkte [%]
Kurzfaser	$[0_2, 90_2]_s$	0,151	±8,0
Langfaser	$[0_2, 90_2]_s$	0,129	±3,9
Kurzfaser	$[0, 90, \pm 45]_s$	0,238	±4,6
Langfaser	$[0, 90, \pm 45]_s$	0,127	±4,1

Abb. 7.6.21 Restfestigkeitszuwachs über Risslänge mit Streubreite [7.2]

7.6.2.3 Unterschiede im Ermüdungsverhalten zwischen kurz- und langfaserverstärkten Thermoplasten [7.2]

Schadensverlauf

Wie bereits erwähnt, sind an der Schadensausbreitung bei den hier untersuchten Probentypen und zugrunde gelegten Lastfällen gleichzeitig mehrere Schadensformen beteiligt, wie z. B. Zwischenfaserrisse in den einzelnen Schichten, Delaminationen, Faser-pull-out oder Faserbrüche. Das Verhalten, bzw. das Auftreten der einzelnen Schadensformen hängt sehr stark vom Laminataufbau ab. Aus diesem Grunde wurden für die vorangegangenen Untersuchungen zwei Laminataufbauten gewählt, die sich stark voneinander unterscheiden. Bei dem schubweichen cross-ply Lagenaufbau $[0_2, 90_2]_s$, wird unter Belastung die Matrix wesentlich stärker schubbelastet als bei dem deutlich schubsteiferen quasi- isotropen Lagenaufbau $[0, 90, \pm 45]_s$, wo nun den Fasern eine höhere Belastung zuteil wird. In der Rissausbreitung unter Verwendung eines cross-ply Lagenaufbaus war ein erster Unterschied zwischen den Kurz- und Langfaserverbundproben zu beobachten. In beiden Fällen entstanden in der obersten 0°-Schicht Zwischenfaserrisse in Belastungsrichtung, ausgehend vom Lochrand. Der Rissverlauf der Kurzfaserproben zeigte jedoch kleine Abweichungen zur Belastungsrichtung auf, was durch die leicht versetzte Anordnung der Kurzfasern zu erklären ist.

Der deutlich schubsteifere quasi-isotrope Lagenaufbau zeigte in beiden Fällen zusätzlich zu den Zwischenfaserrissen nun auch noch Faserbrüche in den 0°-Schichten auf (Abb. 7.6.9). Vergleicht man diese beiden Rissbilder, rechts das der Kurzfasern und links das der Langfasern, miteinander, so ist ein deutlicher Unterschied in der Rissfortpflanzung zu erkennen. An Stellen, wo die Bruchfestigkeit der Fasern erreicht worden ist, verläuft der Riss bei den Langfasern senkrecht zur Belastungsrichtung im Wechselspiel mit Zwischenfaserrissen, die sich exakt parallel zur Belastungsrichtung ausgebreitet haben. Im Vergleich hierzu ist bei den Kurzfasern eher ein Zick-Zack-Muster zu erkennen, wo es keine klare Abgrenzung zwischen Faserbruch und Zwischenfaserbruch mehr gibt, und es nun noch zu einer weiteren Versagensart, dem Faser-pull-out kam.

Der Rissverlauf über der Lastspielzahl (Abb. 7.6.5 und Abb. 7.6.6) liefert eine monoton stetig ansteigende Kurve mit nur sehr geringen Abweichungen für den $[0_2, 90_2]_s$ - Aufbau, sowohl bei den Kurz-, als auch bei den Langfaserproben. Bei den Langfaserproben ist jedoch ein deutlich schnelleres Fortschreiten des Risses unter gleicher Belastung und Lastspielzahl zu beobachten. So ergab sich z. B. bei einer Anfangsdehnung von $\varepsilon = 0{,}342$ % bei den Langfaserverbundproben eine Risslänge L von 160 mm nach 500'000 Lastzyklen. Im Vergleich hierzu betrug bei den Kurzfaserverbundproben die Risslänge nur 110 mm, also ca. 30 % weniger als bei der Langfaservariante. Die Ursache für dieses Verhalten ist, dass der unter Belastung fortschreitende Riss auf immer neue Faserenden stösst, welche als Rissstopper wirken.

Betrachtet man nun noch zum Vergleich die Delaminationsflächen unter diesen Rissen, so ist zu erkennen, dass die Delaminationsflächen der Kurzfaserproben nach der gleichen Ermüdungsdauer kürzer aber auch deutlich breiter sind, als bei den entsprechenden Langfaserproben (Abb. 7.6.10). Dies ist ebenfalls eine direkte Folge der ständig endenden Kurzfasern, die das Risswachstum zwar in Belastungsrichtung behindern, dann aber den Schaden in andere Richtungen umleiten, was zu den breiteren Delaminationsflächen führt.

Ein entgegengesetztes Verhalten zeigt sich bei dem Vergleich der Rissverläufe der relativ schubsteifen Ermüdungsproben (Abb. 7.6.7). Hier wiesen die Langfaserproben etwa die doppelten Risslängen gegenüber den Kurzfaserproben auf. Dieses Verhalten erklärt sich dadurch, dass aufgrund der ±45°-Lagen die Schubspannungen in der Matrix bei den Langfaserverbundproben infolge der stützenden Wirkung der Fasern wesentlich geringer sind als in einem cross-ply-Lagenaufbau. Bei den Kurzfaserverbundproben ist dies nur zum Teil der Fall, da aufgrund der diskontinuierlichen Fasern an jedem Faserende noch zusätzliche Schubspannungskonzentrationen auftreten und sie somit viel kerbempfindlicher werden. Dieses verdeutlichen die grösseren Risslängen und Delaminationsflächen (Abb. 7.6.11) im Vergleich zu entsprechenden Langfaserverbundproben.

Steifigkeitsverhalten

Die Auswirkungen der weitaus grösseren Delaminationsflächen der Kurzfaserproben ist auch im Steifigkeitsabfall (Abb. 7.6.13 und Abb. 7.6.14) ersichtlich. So ist der Steifigkeitsabfall bei den Kurzfaserproben mit gleicher Risslänge im Vergleich zu Langfaserproben um bis zu 75 % grösser (Abb. 7.6.22). Dies bedeutet aber nicht, dass sich die Kurzfasern im Ermüdungsverhalten grundsätzlich schlechter verhalten als die Langfasern, da sich ja die Risslängen über der Ermüdungsdauer zwischen den Kurz- bzw. Langfaserverbundproben nicht im gleichen Verhältnis vergrössern (Abb. 7.6.5 und Abb. 7.6.7). So haben z. B. die Lang- wie auch die Kurzfaserproben mit dem $[0_2, 90_2]_s$ -Lagenaufbau in etwa den gleichen Steifigkeitsabfall in Abhängigkeit von der Lastspielzahl, wie aus Abb. 7.6.22 zu sehen ist.

Faserart	Lagenaufbau	Anfangsdehnung/Bruchdehnung [%]	Steifigkeitsabfall bei N=500'000 [%]	Steifigkeitsabfall bei L=100 mm [%]
Kurzfaser	$[0_2, 90_2]_s$	$\varepsilon = 0,342$	12	12
Langfaser	$[0_2, 90_2]_s$	$\varepsilon = 0,342$	12	8
Kurzfaser	$[0, 90, \pm 45]_s$	$\varepsilon = 0,45$	15	14
Langfaser	$[0, 90, \pm 45]_s$	$\varepsilon = 0,473$	5	8

Abb. 7.6.22 Steifigkeitsabfall über Lastspielzahl N bzw. Risslänge L [7.2]

Im Fall des schubsteifen Lagenaufbaus zeigen die Kurzfaserverbunde jedoch ein deutlich schlechteres Verhalten, da hier im Gegensatz zu den schubweichen Faserverbundproben die Risslängen in Abhängigkeit von der Lastspielzahl deutlich schneller ansteigen als die der Langfaserverbundproben. So ist es auch nicht verwunderlich, dass bei den Kurzfaserverbundproben der Steifigkeitsabfall in Abhängigkeit von der Lastspielzahl nach 500'000 Lastwechseln etwa das dreifache gegenüber dem der Langfaserverbundproben ergibt (Abb. 7.6.22).

Festigkeitsverhalten
Ähnlich wie im Steifigkeitsverhalten gibt es auch im Festigkeitsverhalten markante Unterschiede in Abhängigkeit vom Lagenaufbau. So ist bei den schubweichen Langfaserproben eine deutliche Steigerung der Restfestigkeit in Abhängigkeit von der Lastspielzahl zu beobachten (Abb. 7.6.17). Nach einer Ermüdungsdauer von 500'000 Lastwechseln konnte eine Steigerung der statischen Restfestigkeit von 24 % bei einer Anfangsdehnung von $\varepsilon = 0{,}342$ % gemessen werden (Abb. 7.6.17). Im Vergleich hierzu konnte bei den Kurzfaserverbundproben ein nur sehr geringfügiger Anstieg der Restfestigkeit von 15 % festgestellt werden (Abb. 7.6.17), was bedeutet, dass sich ein schubweicher Kurzfaserverbund nicht so kerbempfindlich verhält wie ein vergleichbarer Langfaserverbundwerkstoff. Im Anstieg der Restfestigkeit in Abhängigkeit vom entstandenen Schaden (Gesamtrisslänge) konnten für den schubweichen Verbund nahezu keine Unterschiede zwischen den kurz- bzw. langfaserverstärkten Ermüdungsproben festgestellt werden (Abb. 7.6.18). Im Gegensatz hierzu ist der Festigkeitszuwachs, unter Verwendung eines schubsteifen Lagenaufbaus, bei den Kurzfaserproben sowohl in Abhängigkeit von der Lastspielzahl als auch vom entstandenen Schaden deutlich grösser (Abb. 7.6.19 und Abb. 7.6.20) als bei den vergleichbaren Langfaserverbundproben.

Faserart	Lagenaufbau	Anfangsdehnung Bruchdehnung [%]	Festigkeitszunahme bei N=500'000 [%]	Festigkeitszunahme bei L=100 mm [%]
Kurzfaser	$[0_2, 90_2]_s$	$\varepsilon = 0{,}342$	12	12
Langfaser	$[0_2, 90_2]_s$	$\varepsilon = 0{,}342$	12	8
Kurzfaser	$[0, 90, \pm 45]_s$	$\varepsilon = 0{,}45$	15	14
Langfaser	$[0, 90, \pm 45]_s$	$\varepsilon = 0{,}473$	5	8

Abb. 7.6.23 Festigkeitsvergleich zwischen Lang- und Kurzfaser bei vorgegebener Lastspielzahl N und vorgegebener Risslänge L

Abschliessende Beurteilung des Ermüdungsverhaltens
Mit diesen Ermüdungsuntersuchungen an einer gekerbten Zugprobe, die für die Kurzfaserverbunde im Hinblick auf die Kerbspannungen bestimmt einen der ungünstigeren Fälle darstellt, konnten einige grundlegende Tendenzen erkannt und folgende erste Aussagen bezüglich des Ermüdungsverhaltens gemacht werden:
- Es konnte gezeigt werden, dass zur Beschreibung des Ermüdungsverhaltens die einfach messbaren Zwischenfaserrisse an der Probenoberfläche vollkommen ausreichend waren und andere Schäden nicht mit erfasst werden mussten.
- Es konnte eine sehr einfache Gesetzmässigkeit zwischen Festigkeitszuwachs bzw. Steifigkeitsabfall in Abhängigkeit vom Ermüdungsschaden gefunden werden, die unabhängig vom Lastniveau ist.
- Man konnte eindeutig die rissstoppende Wirkung der Kurzfasern an einem schubweichen Laminat feststellen.
- Die zeitgleich mit den Zwischenfaserrissen entstehenden Delaminationsflächen breiten sich bei den Kurzfasern quer zur Faserrichtung mehr aus als bei den Langfaserproben. Dies bedeutet, dass schliesslich der gesamte Ermüdungsschaden (Zwischenfaserriss und Delamination) von Kurz- und Langfaserverbunden gleich gross ist (schubweiche Ermüdungsproben), was auf das Festigkeits- und Steifigkeitsverhalten folgende Auswirkungen hat:
  - Kurzfaserverbunde weisen einen geringeren Festigkeitszuwachs in Abhängigkeit von der Ermüdungsdauer auf als ein vergleichbarer Langfaserverbund.
  - Kurzfaserverbunde weisen etwa die gleiche Reststeifigkeit in Abhängigkeit von der Ermüdungsdauer auf wie ein vergleichbarer Langfaserverbund.
- An den relativ schubsteifen Ermüdungsproben, in welchen die Fasern einer viel höheren Belastung ausgesetzt waren, zeigten die Kurzfaserverbundproben wegen ihrer zusätzlichen höheren Schubspannungskonzentration in der Umgebung jedes Faserendes eine höhere Kerbempfindlichkeit als die Langfaserproben. Dies bewirkte deutlich grössere Risslängen und Delaminationsflächen, was folgenden Einfluss auf die Restfestigkeit und Reststeifigkeit hat:
  - Kurzfaserverbunde weisen eine viel höhere Restfestigkeit in Abhängigkeit von der Ermüdungsdauer auf als ein Langfaserverbund.
  - Die Reststeifigkeit ist jedoch bei den Kurzfaserverbunden deutlich geringer als bei einem vergleichbaren Langfaserverbund.

Mit diesen Untersuchungen konnte gezeigt werden, dass das Ermüdungsverhalten unter Verwendung von gerichteten Kurzfasern nicht unbedingt schlechter sein muss als bei einem vergleichbaren Langfaserverbund, was bislang immer angenommen wurde. Es ist vielmehr sehr stark von der

Schubsteifigkeit der Proben bzw. des Bauteiles abhängig, ob der Kurzfaserverbund ein besseres oder teilweise auch schlechteres Ermüdungsverhalten aufzeigt als ein vergleichbarer Langfaserverbund.

7.6.3 Verwendung der Ergebnisse für Vorhersagen zum Ermüdungsverhalten bezüglich der Restfestigkeit und Reststeifigkeit

Grundsätzlich erwies sich für dünnwandige Proben die Risslänge in der obersten Schicht stellvertretend für alle aufgetretenen Schadensformen als eine gut geeignete Messgrösse zur Vorhersage des normierten Restfestigkeits- und Reststeifigkeitsverhaltens. Durch den linearen Zusammenhang zwischen Risslänge L und prozentualer Reststeifigkeit $E_x = E_{rest}$ (Abb. 7.6.13 und Abb. 7.6.15) bzw. prozentualer Restfestigkeit $\sigma_x = \sigma_{rest}$ (Abb. 7.6.18 und Abb. 7.6.20) lassen sich diese mechanischen Werte bei bekanntem Schaden recht gut voraussagen (Gleichungen (7.9) und (7.10)), zumal diese noch unabhängig vom Lastniveau sind.

$$E_{rest} = E_{anfang}\left(1 - \frac{\delta E}{\delta L} \cdot \frac{L}{100}\right) \; ; \; \left[\frac{N}{mm^2}\right] \qquad (7.9)$$

$$\sigma_{rest} = \sigma_{anfang}\left(1 + \frac{\delta \sigma}{\delta L} \cdot \frac{L}{100}\right) \; ; \; \left[\frac{N}{mm^2}\right] \qquad (7.10)$$

In einem weiteren Versuchsprogramm müsste nun noch der Grenzwert ermittelt werden, gegen den die Reststeifigkeit strebt, bevor die Probe total versagt. Die Beschreibung des Festigkeitszuwachses über der Risslänge kann als Gerade angenähert werden, solange sie sich noch deutlich unter der maximal erreichbaren Restfestigkeit befindet. Somit ist Gleichung (7.10) nur für einen eingeschränkten Bereich gültig, deren Grenzen ebenfalls noch zu ermitteln wären. Um eine Vorhersage über die Lebensdauer anstellen zu können, muss der Rissverlauf L in den Gleichungen (7.9) und (7.10) als Funktion der Zeit beschrieben werden. In der Abb. 7.6.6 und Abb. 7.6.7 ist dieser Verlauf $L_{(N)}$ als Exponentialfunktion ermittelt worden.

$$L_{(N)} = a + b \cdot e^{c(\log(N)+d)} \; ; \; [mm] \qquad (7.11)$$

Mit der bekannten Prüffrequenz f kann in Gleichung (7.11) die Lastspielzahl N = t · f substituiert werden, so dass man nun die Risslänge als Funktion der Zeit erhält.

$$L_{(t)} = a + b \cdot e^{c(\log(t \cdot f) + d)} \quad (7.12)$$

Diese Exponentialfunkionen (7.11) bzw. (7.12) können nun in die Gleichungen (7.9) und (7.10) eingesetzt werden und man erhält somit theoretisch den Steifigkeitsabfall bzw. den Festigkeitszuwachs als Funktion der Lastspielzahl.

$$E_{rest} = E_{anfang}\left(1 - \left(\frac{\delta E}{\delta L} \cdot \frac{1}{100}\left(a + b \cdot e^{c(\log(N) + d)}\right)\right)\right) \; ; \; \left[\frac{N}{mm^2}\right] \quad (7.13)$$

$$\sigma_{rest} = \sigma_{anfang}\left(1 + \left(\frac{\delta \sigma}{\delta L} \cdot \frac{1}{100}\left(a + b \cdot e^{c(\log(N) + d)}\right)\right)\right) \; ; \; \left[\frac{N}{mm^2}\right] \quad (7.14)$$

Dieses Festigkeits- bzw. Steifigkeitsverhalten wurde, wie in den vorherigen Abbildungen dargestellt, im Rahmen der Untersuchungen von T. Flemming experimentell mit einem sehr hohen Versuchsaufwand bestimmt. Zur Überprüfung der hier hergeleiteten Gesetzmässigkeiten wurde die theoretische Lösung aus Gleichung (7.13) mit den in Abb. 7.6.12 ermittelten experimentellen Ergebnissen für eine Langfaserverbundprobe mit einer Anfangsdehnung von ε = 0,342 % verglichen. Bei der Beschreibung der Exponentialfunktion $L_{(N)}$ aus Abb. 7.6.5 wurden die Materialkonstanten a = -0,97; b = 0,97; c = 0,9; d = 0 verwendet und das Verhältnis $\delta E/\delta L$ = 0,08 wurde aus Abb. 7.6.16 entnommen, womit sich nun der Steifigkeitsabfall in Abhängigkeit von der Ermüdungsdauer nach Gleichung (7.13) beschreiben lässt. Um die theoretischen Ergebnisse direkt mit der in Abb. 7.6.12 dargestellten Kurve vergleichen zu können, muss Gleichung (7.13), die die absolute Reststeifigkeit beschreibt, noch so umgestellt werden, dass man den prozentualen Steifigkeitsabfall erhält (Gleichung (7.15)).

$$E_{rest} = 100 - \frac{\delta E}{\delta L}\left(a + b \cdot e^{c(\log(N) + d)}\right) \; ; \; [\%] \quad (7.15)$$

In Abb. 7.6.24 ist die theoretische Lösung aus Gleichung (7.15) den experimentellen Ergebnissen gegenübergestellt.

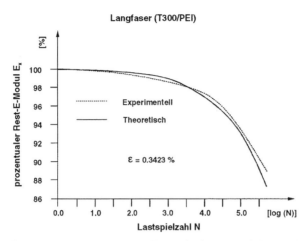

Abb. 7.6.24 Vergleich des experimentell ermittelten Steifigkeitsabfalls mit der theoretischen Lösung [7.2]

Die sehr gute Übereinstimmung der Resultate bestätigt die Gültigkeit der hergeleiteten Beziehungen bzw. die Vorgehensweise zur Beschreibung des Ermüdungsverhaltens an den hier untersuchten Proben. Somit muss einmal der Rissverlauf (L) über der Zeit (t) in Abhängigkeit vom Lastniveau experimentell bestimmt werden, womit man dann die Restfestigkeit und Reststeifigkeit mit dem vom Lastniveau unabhängigen Verhältnissen $\delta E/\delta N$ bzw. $\delta\sigma/\delta N$ in Abhängigkeit von der Ermüdungsdauer oder vom Ermüdungsschaden voraussagen kann.

In weiteren Untersuchungen müsste noch ausgehend von einer Masterkurve, die das Risswachstum über der Zeit beschreibt, bei der Bestimmung der Materialkonstanten der Exponentialfunktion eine Gesetzmässigkeit herausgearbeitet werden, die auf andere Lastniveaus schliessen lässt. Hiermit wäre dann eine Lebensdauervorhersage unabhängig vom Lastniveau möglich.

Die gefundenen Gesetzmässigkeiten zur Beschreibung des Ermüdungsverhaltens an Faserverbundproben sind in dieser Form nur auf die hier untersuchten Proben und zugrunde gelegten Lastfälle anwendbar und nicht unbedingt auf andere Fälle übertragbar. Dennoch konnte eine grundsätzliche Vorgehensweise aufgezeigt und nachgewiesen werden, die auch in ähnlicher Form auf praxisgerechte Bauteile übertragbar ist.

7.7 Optische Ganzfeldverschiebungsmessungen an FVW zur Überprüfung von FEM-Schadensmodellen

Bei der Simulation des mechanischen Verhaltens von ermüdeten Faserverbundproben mittels der Finiten- Elemente- Methode (FEM) ist eine genaue Kenntnis der unterschiedlichen, auftretenden Schadensformen und deren Auswirkungen auf das Materialverhalten notwendig. Da jedoch oft nicht alle Schadensformen genau ermittelt werden können bzw. einige von ihnen das mechanische Verhalten praktisch nicht beeinflussen und somit auch vernachlässigt werden können, ist eine experimentelle Überprüfung des aufgestellten FEM-Schadensmodells mit den zugrunde gelegten Annahmen unbedingt erforderlich. In der Vergangenheit konnte man zwar recht gut mit den unterschiedlichsten Verfahren, wie z. B. der Röntgentechnik, der Ultraschalltechnik oder mit Rasterelektronenmikroskop-Untersuchungen die einzelnen Schadensformen feststellen, jedoch erlaubte dies noch keine Aussage hinsichtlich des mechanischen Verhaltens. Somit konnte man nur mit Extensiometern oder mit an den vermuteten kritischen Stellen aufgebrachten Dehnmessstreifen die Verschiebungen messen, die dann als Grundlage bzw. zur Überprüfung von Modellen verwendet wurden. Diese Technik ist sehr aufwendig und erlaubt nur sehr punktuelle Aussagen über das mechanische Materialverhalten.

Mit der Speckle-Interferometrie ist man jedoch in der Lage, die Verschiebungen aller Punkte an der Oberfläche gleichzeitig zu messen und auch noch gleichzeitig die aufgetretenen Schadensereignisse festzustellen. Bislang wurde diese Technik zur Ermittlung von Verschiebungsfeldern und der aufgetretenen Schadensformen an Faserverbundwerkstoffen bei hohen Verschiebungsgradienten nicht eingesetzt. Der Grund hierfür war die hohe Messungenauigkeit, hervorgerufen durch das sogenannte Specklerauschen. Erst durch die Weiterentwicklung dieser Messmethode [7.2], [7.3] konnte sie nun auch erfolgreich zur Schadenserkennung bzw. für Ganzfeldverschiebungsmessungen an FV-Proben angewandt werden. In [7.2], [7.3], [7.4], [7.26], [7.32] ist diese Methode ausführlich erklärt und ihre Anwendung auf FEM- Schadensmodelle gezeigt.

Insbesondere in der Anwendung auf Faserverbundwerkstoffe konnte gezeigt werden, dass sich diese Messmethode zum Auffinden von Schäden, wie z. B. Zwischenfaserrissen, Delaminationen und Faserbrüchen bestens eignet. Die unterschiedlichen Auswirkungen der Schäden auf das Verschiebungsfeld an der Probenoberfläche konnten deutlich gezeigt und deren Genauigkeit nachgewiesen werden.

7.8 Unterschiede im Umformverhalten zwischen kurz- und langfaserverstärkten Thermoplasten

Nachdem in den vorangegangenen Abschnitten dieses Kapitels der Schwerpunkt auf das mechanische Verhalten gelegt wurde, wird nun kurz das Umformverhalten von gerichteten kurzfaserverstärkten Thermoplasten untersucht. Dieses Verhalten wurde in [7.2] anhand von zwei unterschiedlichen Umformtechniken, der Diaphragma- und der Presstechnik [7.27], [7.28], [7.30], [7.33], [7.34] studiert. Durch den ständigen Vergleich mit dem entsprechenden Langfaserverbundsystem konnte eine Aussage gemacht werden, was die Vor- und Nachteile von gerichteten Kurzfasern im Umformprozess betrifft, bzw. für welche Anwendungen sich gerichtete kurzfaserverstärkte Thermoplaste besonders gut eignen.

Das grundsätzliche Problem von Kohlenstofffasern als Verstärkungsfasern ist deren geringes Dehnungsvermögen und das Fehlen von Plastizität. Für den Umformprozess bedeutet das erhebliche Schwierigkeiten, sobald hohe Umformgrade an komplexen Bauteilen zu realisieren sind. So ist man sehr oft gezwungen, Lagenaufbauten zu wählen, z. B. $[\pm 30°]_s$, damit ein Scheren der Fasern bzw. eine Winkeländerung der Fasern möglich und somit eine indirekte grössere Dehnung erreichbar ist. Der hiermit verbundene Nachteil ist der Verzicht auf einen kraftflussgerecht optimierten Lagenaufbau und die daraus resultierende Einbusse an mechanischen Verbundeigenschaften. Auch sind die dabei ablaufenden unterschiedlichen Fliessmechanismen nicht ganz unproblematisch, sodass z. B. Faltenbildungen oder Wandstärkenabweichungen an engen Radien sehr häufig zu beobachten sind. Ein ausführlicheres Studium dieser Vorgänge an langfaserverstärkten Bauteilen findet in der Dissertation [7.30] statt. Lediglich beim RTM-Verfahren [7.29] lässt sich diese Problematik einigermassen überwinden, da hierbei das Harz erst eingebracht wird, nachdem die Umformung bereits stattfand (Preforming).

Hier könnte der Einsatz von gerichteten Kurzfasern als Verstärkungsfasern eine deutliche Verbesserung bringen, da unabhängig vom Lagenaufbau Dehnungen von über 100 % erreicht werden. Wie sich nun die unterschiedlichen Fliessmechanismen durch den Einsatz von Kurzfasern von denen der Langfasern unterscheiden und in wie weit dies Vor- oder Nachteile für den Umformprozess mit sich bringt, war ein weiteres Ziel der Untersuchungen in [7.2]. Hier sollen lediglich einige wichtige Ergebnisse hinsichtlich der Eigenschaften des Umformverhaltens kurz beschrieben werden.

7.8.1 Umformmechanismen

Der Umformprozess ist von den unterschiedlichsten Parametern abhängig, wobei die Umformtemperatur und der Umformdruck den ganzen Fliessprozess wesentlich bestimmen. Die Umformtemperatur muss zwischen dem werkstoffspezifischen Schmelzpunkt und dessen Zersetzungstemperatur liegen, wodurch die Viskosität des Thermoplasten eingestellt werden kann. Das Zusammenwirken dieser beiden Prozessparameter bestimmt z. B. die Umformgeschwindigkeit oder das Verhalten der Einzelkomponenten und deren gegenseitige Wechselwirkungen. Wie sich das Verhalten auf die Fliessmechanismen auswirkt, hängt von der Verwendung von Lang- oder Kurzfasern ab. Grundsätzlich können folgende Fliessmechanismen den Umformprozess beeinflussen:
- Matrixfliessen zwischen den Fasern
- Querfliessen unter Dickenabnahme
- Abgleiten der Schichten gegeneinander
- Abgleiten der Fasern gegeneinander

7.8.2 Unterschiede im Umformverhalten zwischen lang- und kurzfaserverstärkten PEI

Mit den in [7.2] durchgeführten Umformversuchen sollten primär Unterschiede im Umformverhalten zwischen gerichteten Kohlenstoffkurzfasern bzw. -langfasern zur Verstärkung einer Thermoplastmatrix PEI untersucht werden. Hierbei wurden insbesondere Unterschiede in den verschiedenen Fliessmechanismen beobachtet, woraus Vor- und auch Nachteile bei Verwendung von Kurzfasern abzuleiten sind. Folgende wesentlichen Unterschiede in den verschiedenen Fliessmechanismen konnten beobachtet werden:
- Der wohl grösste Vorteil der Verwendung von gerichteten Kurzfasern ist, makroskopisch betrachtet, das grosse Dehnungsvermögen des Prepregs in Faserrichtung von über 100 %. Da man bei den Langfasern in Faserlängsrichtung nur eine vernachlässigbar geringe Dehnung erzielen kann, hat dies zur Folge, dass entweder die Fasern in die Form hineingezogen werden oder besondere Lagenaufbauten berücksichtigt werden müssen, die ein Scheren und somit eine indirekte grössere Dehnung ermöglichen.
- Es konnte gezeigt werden, wie homogen die Kurzfasern bei einer gleichmässigen Temperaturverteilung gegeneinander abgleiten und an keiner Stelle der Verbund reisst. Dieses gegenseitige Abgleiten der Kurzfasern ist jedoch auch mit einem höheren Wandstärkenverlust verbunden an den Stellen, wo der höchste Umformgrad stattgefunden hat.

- Durch die auf Diaphragmafolien aufgebrachten konzentrischen Kreise konnte bei den Kurzfaserlaminaten ein fast isotropes Fliessverhalten nachgewiesen werden.
- Das Auftreten von Faltenbildungen bei einem sehr schubsteifen Laminataufbau konnte nur bei den Langfaserlaminaten festgestellt werden.
- Die Kurzfaserproben besitzen quer zur Faserrichtung einen deutlich höheren Fliesswiderstand als die Langfaserproben, weshalb das Querfliessen der Kurzfasern praktisch kein Problem darstellt. Insbesondere bei sehr dünnen Laminaten kommt es bei Langfaserproben zu Fehlstellen, in denen praktisch keine Fasern mehr auftreten.

Mit diesen ersten Ergebnissen kann bestimmt davon ausgegangen werden, dass in Bereichen, in denen hohe Umformungsgrade oder wo eine hohe Faserwinkelgenauigkeit gefordert ist, gerichtete kurzfaserverstärkte Thermoplaste deutliche Vorteile gegenüber den Langfaserverbunden aufweisen. Für genauere Aussagen sind jedoch noch umfangreichere Untersuchungen notwendig.

7.9 Weitere Thermoplasteigenschaften

In [7.7] sind die Eigenschaften von Thermoplasten beschrieben. Hier sollen daher nur nochmals die wichtigsten Eigenschaften unterschiedlicher Thermoplaste gegenübergestellt werden.

Eigenschaften bei Raumtemp.	Einheit	PEI Polyetherimid	PSU Polysulfon	PPS Polyphenylensulfid	PEEK Polyetheretherketon
Dichte	g/cm^3	1.27	1.24	1.35	1.30
Bruchdehnung	%	60	75	1.6	35
Zugfestigkeit	MPa	105	70	78	100
E-Modul (Zug)	MPa	3300	2600	3300	3800
Einsatztemp.	°C	200	174	135	300
Glastemperatur	°C	217	190	88	143
Schmelztemp.	°C	--	--	288	343
Fliesstemperatur	°C	370	315	--	--
Feuchtigkeitsaufnahme	Gew%	0.3	0.22	0.05	0.15
Bruchzähigkeit	J/m^2	3700	3200	210	8000
Struktur	--	amorph	amorph	teilkristallin	teilkristallin

Abb. 7.9.1 Eigenschaften von hochtemperaturbeständigen Thermoplasten

Eigenschaften bei Raumtemp.	Einheit	PE Polyethylen	PP Polypropylen	PA66 Polyamid	PC Polycarbonat
Dichte	g/cm³	0.96	0.90	1.14	1.20
Bruchdehnung	%	400	650	170	120
Zugfestigkeit	MPa	30	37	57	70
E-Modul (Zug)	MPa	600	1300	1700	2200
Einsatztemp.	°C	50	45	66	137
Glastemperatur	°C	-95	-18	50	145
Schmelztemp.	°C	135	180	270	--
Fliesstemperatur	°C	--	--	--	240
Feuchtigkeitsaufnahme	Gew%	0.01	0.01	2	0.5
Bruchzähigkeit	J/m²	9000	10000	21000	25000
Struktur	--	teilkristallin	teilkristallin	teilkristallin	amorph

Abb. 7.9.2 Eigenschaften von niedertemperaturbeständigen Thermoplasten

7.10 Liste der verwendeten Symbole und Indizes

d	Durchmesser	mm
E	Elastizitätsmodul	N/mm²
G	Schubmodul	N/mm²
K	Spannungskonzentrationsfaktor	----
L	Risslänge	mm
l_c	kritische Faserlänge	mm
l_{tat}	voll tragende Faserlänge	mm
N	Lastspielzahl	----
P	Wahrscheinlichkeit	----
R	Krümmungsradius	mm
S	Standardabweichung	%
R	Lastwechselverhältnis	----
T_d	Dauergebrauchstemperatur	°C
T_g	Glastemperatur	°C
T_m	Kristallitschmelztemperatur	°C
T_s	Schmelztemperatur	°C
T_p	Verarbeitungstemperatur	°C
T_z	Zersetzungstemperatur	°C
$V_{f(eff)}$	reduzierter Faservolumengehalt	%
V_f	Faservolumengehalt des Verbundes	%
X_{min}	kleinster Messwert	N/mm²
X_{max}	grösster Messwert	N/mm²
β	nichttragender Faseranteil	----

ε	Dehnung	%
ν	Querkontraktionszahl	----
ρ	spezifisches Gewicht	g/cm^3
σ	Normalspannung	N/mm^2
τ	Schubspannung	N/mm^2

Indizes

b	Bruch
c	Druck
f	Faser
ges	Verbund
j	Anzahl der Kurzfasern
m	Matrix
n	Anzahl aller Fasern
t	Zug
x	Probenlängsrichtung
1, 2	Koordinatensystem eines UD- Verbundes
1	parallel zur Faserrichtung
2	senkrecht zur Faserrichtung

7.11 Literaturverzeichnis zu Kapitel 7

[7.1] T. Flemming; Vergleich der Elastizitätskonstanten und der Zugfestigkeiten zwischen gerichteten kurz- und langfaserverstärkten Kunststoffen; Diplomarbeit, Inst. f. Konstruktion und Bauweisen, ETH Zürich (1989)

[7.2] T. Flemming; Vergleich der mechanischen Eigenschaften und des Umformverhaltens zwischen gerichteten kurz- und langfaserverstärkten Thermoplasten;Dissertation; TU München (1994)

[7.3] T. Flemming, M. Hertwig, R. Usinger; Speckle Interferometry for Highly Localized Displacement Fields; Measurement Science and Technology 4 (1993) 820-825

[7.4] M. Hertwig, T. Flemming, R.Usinger; Speckle Interferometry for Sub-Surface Damage; Measurement Science and Technology (1993) 100-104

[7.5] Franck, K. Biederbick; Kunststoff- Kompendium; Vogel- Buchverlag, Würzburg (1988)

[7.6] M. Flemming; Entwicklung und Anwendungsmöglichkeiten von Bauweisen aus faserverstärkten Werkstoffen; DLRG- Jahresbuch, Bonn (1974)

[7.7] M. Flemming, G. Ziegmann, S. Roth; Faserverbundbauweisen - Fasern und Matrices; Springer-Verlag 1995; ISBN 3-540-58645-8
[7.8] A. Kelly; Strong Solids; Oxford 1966 (V) (C 4829)
[7.9] A.S. Carrara, F.J. McGarry; Matrix and Interface Stress in a Discontinuous Fiber Composite Model; J.Composite Materials, Vol.2, No.2 (1968) 222-243
[7.10] J.C. Halpin; Stiffness and Expansion Estimates for Oriented Short Fiber Composites; Journal of Materials, Vol.3, (1969) 732-734
[7.11] J. M. Hedgepeth, P. Van Dyke; Local Stress Concentrations in Imperfect Filamentary Composites Materials; Journal of Materials, Vol. 1, (1967) 294-309
[7.12] J.M. Hedgepeth; Stress Concentrations in Filamentary Structures; NASA TN D- 882, Langley Research Center (1961)
[7.13] R.M. Barker; Stress Concentrations Near a Discontinuity in Fibrous Composite; J. Comp. Mat. 5, 492, (1971) 492-503
[7.14] F. Och; Berechnung der Elastizitätskonstanten und der Zugfestigkeiten ; MBB Technische Niederschrift, D129, (1970) 1-40
[7.15] J.R. Vinson, , T.W. Chou; Composite Materials and their Use in Structures; Elsevier-Applied Science, London (1975)
[7.16] V.R. Riley; Fibre/Fibre interaction: Journal of Composite Materials, Vol. 2 (1968) 436-446
[7.17] P.T. Curtis, M.G. Bader, J.E Bailey; The Stiffness and Strength of a Polyamide Thermoplastic Reinforced with Glass and Carbon Fibres; Journal of Materials Science 13 (1978) 377-390
[7.18] M.G. Bader, T.W. Chou, J.J. Quigley; On the Strength of Discontinuous- Fibre Composites with Polymeric; New Dev. Appl. Compos., Proc. Symp. 1978 (publ. 1979) 127-138
[7.19] C. Zweben, An Approximate Method of Analysis for Notched Unidirectional Composites; Engineering Fracture Mechanics, Vol. 6, (1974) 1-10
[7.20] H. Fukuda; T.W. Chou; Stiffness and Strength of Short Fibre Composites as Affected by Cracks and Plasticity; Fibre Science and Technology 15 (1981) 243-256
[7.21] H.Fukuda, T.W. Chou; An Advanced Shear- Lag Model Applicable to Discontinuous Fibre Composites; J. Composite Materials, Vol. 15 (Jan. 1981) 79-91
[7.22] H. Fukuda; K. Kawata; Stress Distribution of Laminates Including Discontinuous Layers; Fibre Science and Tchnology 13 (1980) 255-267
[7.23] H. Fukuda, T.W. Chou; A Probabilistic Theory for the Strength of Short Fibre Composites; Journal of Materials Science 16 (1981) 1088-1096

[7.24] H. Fukuda, T.W. Chou; A Probabilistic Theory for the Strength of Short Fibre Composites with Variable Fibre Length and Orientation; Journal of Materials Science 17 (1982) 1003-1011

[7.25] Wei-Kuo Chin, Hsin-Tzu Liu, Yu-Der Lee; Effects of Fibre Length and Orientation Distribution on the Elastic Moduls of Short Fibre Reinforced Thermoplastics; Polymer Composites, Vol. 9, No.1 (Febr. 1988) 27-35

[7.26] M. Hertwig; Development of new speckle-interferometric measurement methods and construction of according measurement devices; Dissertation ETH Zürich; 1998

[7.27] M. Niedermeier; Experimentelle Beschreibung des Diaphragmaformens kontinuierlich verstärkter Thermoplasthalbzeuge; Symposium Faserverbundbauweisen am Inst. f. Konstruktion und Bauweisen, ETH Zürich (1993) 7/1

[7.28] M. Niedermeier, G. Ziegmann, M. Flemming; Analysis of the forming behaviour of CFR-Thermoplastics with the diaphragm stretch forming test; Sampe, Proceedings Vol 39 (1994) 1821-1831

[7.29] M. Flemming, G. Ziegmann, S. Roth; Faserverbundbauweisen Fertigungsverfahren mit duroplastischer Matrix; Springer Verlag, Berlin, Heidelberg; 1999; ISBN 3-540-61659-4

[7.30] S. Delaloye; Die Diaphragma-Technik, ein Anlagenkonzept zur automatisierten Fertigung kontinuierlich faserverstärkter Thermoplastbauteile; Dissertation ETH Zürich Nr. 11151; ETH Zürich 1995

[7.31] Ausrichtung von Kurzfasern [Richter] MBB

[7.32] S. Waldner; Quantitative strain analysis with image shearing speckle pattern interferometry (shearography); Diss ETH Zürich Nr. 13469; ETH Zürich; 2000

[7.33] Dubbel, Bauweisen , 21. Auflage; Springer Verlag Heidelberg Berlin 2000

[7.34] M. Niedermeier; Analyse des Diaphragmaformens kontinuierlich faserverstärkter Hochleistungsthermoplaste; VDI Fortschrittsberichte; Reihe 2, Fertigungstechnik, Nr. 354; ISBN 3-18-335402-0

Die Forschungsberichte der ETH Zürich und der Fa. Dornier liegen den Verfassern vor.

8 Mechanische, temperaturabhängige und wirtschaftliche Eigenschaften von Faserverbundwerkstoffen

8.1 Kurzer Überblick über die Bedeutung der Werkstoffe generell

Nach [8.1] und [8.2] werden frühere Epochen der Menschheit nicht zufällig durch den jeweils bevorzugt verwendeten Werkstoff benannt. Werkstoffe bilden somit einen Gradmesser für das technische Niveau und den Fortschritt.

Nach wie vor ist gemäss [8.3] Stahl der wichtigste Konstruktionswerkstoff, was Abb. 8.1.1 nachhaltig verdeutlicht.

Pro Jahr werden weltweit 700 Mio. Tonnen Rohstahl produziert. Diese Menge ist seit 20 Jahren konstant geblieben. Die westdeutsche Produktion beträgt seit 1964 ungefähr 40 Mio. Tonnen pro Jahr. Diese Stagnation könnte als eine Sättigung der Stahlproduktion gewertet werden. Dies ist jedoch nicht zu befürchten, denn das Innovationspotential von Stahl ist bei weitem noch nicht ausgeschöpft. Nach [8.4] werden in modernen Stählen mehr als ein Dutzend Legierungselemente eingesetzt. Wegen der daraus resultierenden Komplexität ist eine grosse Zahl möglicher Stahllegierungen auf Eisenbasis noch nicht erprobt. Die seit dreissig Jahren konstante Stahlproduktion ist deshalb kein Anzeichen für ein jähes Ende des Konstruktionswerkstoffes Stahl, sondern erklärt sich nach [8.4] dadurch, dass die Verweilzeiten von Stahlsorten sehr kurz sind, weshalb derzeit die Hälfte der genormten Stähle noch keine 5 Jahre erhältlich sind.

Nach Abb. 8.1.2 aus [8.5] durchlaufen die Technologien während ihren Lebenszyklen mehrere Phasen.

Es ist leicht nachvollziehbar, dass etablierte Werkstoffe, Verfahren, Produkte und Systeme in der Reifephase der S-förmigen Wachstumskurve liegen. Ohne Zuführung von wissensbasierten Zukunftstechnologien werden diese auslaufen oder sich in Billiglohnländer verlagern.

Werkstoff	Millionen Tonnen
Rohstahl	700
Aluminium	12
FVB	4

Abb. 8.1.1 Jährliche, weltweite Produktionsmargen der wichtigsten Konstruktionswerkstoffe Stahl, Aluminium und Faserverbundwerkstoffe [8.3] [8.35]

Offensichtlich ist beim hochwertigen Stahl der Nachschub an Schlüssel- und Schrittmachertechnologien gewährleistet und damit die seit 30 Jahren konstante Stahlproduktion erklärt. Zur Zukunftsvorsorge müssen Schrittmachertechnologien zeitlich, d. h. vor der Sättigung der Kurve B in Abb. 8.1.3 in den Prozess eingespeist werden [8.5]. Stahl ist aber auch deshalb der mit Abstand wichtigste Konstruktionswerkstoff, weil er billig ist und sich sehr gut verformen und zerspanen lässt. Im weiteren ist er in hohem Masse recycelbar.

Ein weiterer wichtiger Konstruktionswerkstoff ist Aluminium. Die weltweite Produktion pro Jahr beträgt ungefähr 12 Mio. Tonnen. Nach Abb. 8.1.4 aus [8.4] scheint sich Aluminium einem Sättigungswert zu nähern, was ein Indiz dafür sein könnte, dass Aluminium als klassischer Leichtbauwerkstoff bereits in der Reife- oder sogar Altersphase der Wachstumskurve (Abb. 8.1.2) liegt. Einer der Gründe hierfür ist dabei mit Sicherheit der extrem hohe Energiebedarf bei der Herstellung von Aluminium. Dabei ist allerdings nicht zu vergessen, dass auch neue Aluminiumlegierungen wie z.B. Aluminium-Lithium oder andere metallische Leichtbauwerkstoffe wie Magnesium und Magnesiumlegierungen diesen Prozess beeinflussen können.

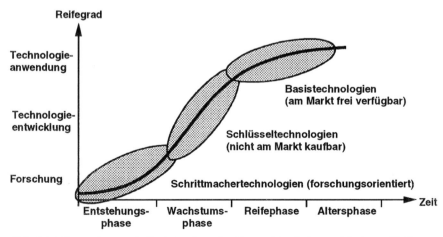

Abb. 8.1.2 Technologien als Funktion ihrer Position auf der Lebenszykluskurve [8.5]

Mechanische, temperaturabhängige und wirtschaftliche Eigenschaften... 215

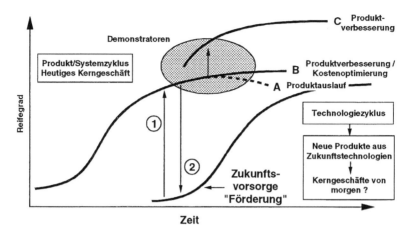

Abb. 8.1.3 Auswirkung von Zukunftstechnologien auf Produktlebenszyklen [8.5]

Es haben sich nach [8.6] in einem von der Europäischen Union (EU) geförderten Forschungsprojekt mehrere Partner zusammengeschlossen, um den Werkstoff Aluminium zu optimieren. Die Zielsetzungen dieses Vorhabens sind dabei die gleichen wie bei den Faserverbundwerkstoffen. Im Vordergrund steht auch hier die Gewichtseinsparung, die dann den aus der Luftfahrt bekannten Verkleinerungseffekt zum Tragen bringt [8.7].

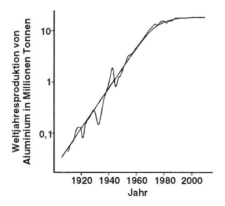

Abb. 8.1.4 Weltjahresproduktion von Aluminium über den Zeitraum von 1920 bis 2000 [8.4]

Branche / Markt	Marktanteil in %
Transport / Verkehr	~ 32
Bauwirtschaft	~ 21
Industrie / Landmaschinen	~ 14
Elektroindustrie	~ 11
Sport / Freizeit	~ 7
Rüstung	~ 7
Rest	~ 8

Abb. 8.1.5 Prozentuale Aufteilung über die Anwendung der Faserverbundwerkstoffe in verschiedenen Branchen

In Europa werden pro Jahr ungefähr 1,2 Mio. Tonnen Faserverbundwerkstoffe produziert. Davon werden in Deutschland 33% hergestellt, es nimmt damit den ersten Rang ein. Weltweit sind es ungefähr 4,0 Mio. Tonnen bei einer Wachstumsrate von zuletzt ungefähr 4%. Das prognostizierte Wachstum im Zeitraum 1994 bis 1996 liegt im Durchschnitt bei jährlich 6%.

Die Schwerpunkte der Verbundwerkstoffe in verschiedenen Branchen zeigt Abb. 8.1.5. Nach [8.8] werden weltweit 1,2 Mio. Tonnen Glasfasern, 3.6 Mio. Tonnen Jutefasern und 0.8 Mio. Tonnen Flachsfasern produziert. Im Vergleich dazu erscheinen die ungefähr 20 000 Tonnen produzierter Kohlenstofffasern sehr gering.

Der Begriff „Werkstoffe" ist natürlich sehr weit gespannt. Nachfolgend wird in erster Linie über den Einsatz von Strukturwerkstoffen, also tragenden Werkstoffen, aber auch über Funktions- und Kombinationswerkstoffe berichtet, die in den Marktsegmenten:

- Luft- und Raumfahrt
- Strassen- und schienengebundene Transportsysteme
- Wasserfahrzeuge
- Maschinenbau
- Bauwesen
- weitere industrielle Anwendung

verwendet werden können.

Dabei steht die Darstellung der Eigenschaften von Faserverbundwerkstoffen im Vordergrund. Nach wie vor dominieren die metallischen Werkstoffe in diesen Bereichen. Sie werden jedoch zunehmend durch verschiedenste Verbundwerkstoffe ersetzt. Diesem Prozess stehen jedoch erhebliche Hemmnisse entgegen. In [8.9] wird darauf hingewiesen, dass sich im Flugzeugbau anstelle von Verbundwerkstoffen vielmehr neue Metallegierungen durchsetzen, obwohl

Mechanische, temperaturabhängige und wirtschaftliche Eigenschaften... 217

an vielen Faserverbundbauteilen ein Gewichtseinsparungspotential von über 30% gegenüber Aluminium nachgewiesen wurde. Wie Abb. 8.1.6 aus [8.5] zeigt, erfordert die Einführung und Etablierung neuer Werkstoffe und Techniken viel Zeit. Es ergaben sich jeweils Technologieschübe nach ca. 55 Jahren. Es ist noch offen, ob am derzeitigen Technologieschub, der sich massgeblich aus der Biotechnologie und der Informationstechnik ergibt, auch die Faserverbunde, die in der Natur so stark vertreten sind, im grösseren Umfang beteiligen. Als Haupthemmnis bei der Einführung neuer Werkstoffe in Produkte zeigt sich die notwendige Umstellung von Produktionsanlagen, die hohe Investitionen erfordert [8.9]. Die metallischen Werkstoffe sind aber auch wegen ihrer vielseitigen Halbzeugformen und den vielen Verbindungstechniken wie Schrauben, Bolzen, Nieten, Schweissen, Löten etc. sehr verbreitet und etabliert.

Faserverbundwerkstoffe sind per Definition Mehrphasenwerkstoffe. Sie bestehen im einfachsten Fall aus einem Harzsystem, auch Matrix genannt, und einer Verstärkungsfaser. Als Matrixsysteme werden bevorzugt duromere Harze, also härtbare, aber zunehmend auch thermoplastische Kunststoffe verwendet. Zur Verstärkung dieser Matrixsysteme werden vorwiegend - in verschiedensten Aufmachungen - Glas-, Aramid-, Polyethylen- und Kohlenstofffasern eingesetzt [8.2]. Ziel des Einsatzes dieser Verbundwerkstoffe ist es, dass man aus wenigstens zwei unterschiedlichen Stoffen als Summenwirkung Verbundeigenschaften erzielt, die mit den einzelnen Komponenten nicht erreicht werden können [8.10].

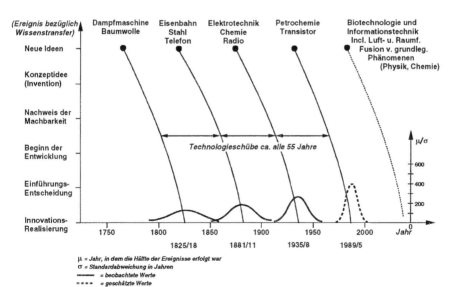

Abb. 8.1.6 Technologieschübe (Innovationen) im Verlauf des Industriezeitalters (Kondratieff-Zyklen) [8.5]

Grundlegend versteht man unter der Verstärkung eines Matrixsystems die Verbesserung der Festigkeit und des Elastizitätsmoduls. Sie ergeben sich grob gesehen nur dann, wenn der E-Modul der Faser deutlich grösser als der des Harzsystems ist. Wie schon angedeutet wurde, haben moderne Werkstoffe wie Faserverbundwerkstoffe gegenüber traditionellen wie Stahl und Aluminium nur dann eine Chance, wenn sie (1) deutliche Vorteile aufweisen (2) ein Gesamtsystem in seinen Eigenschaften (z.B. ein Flugzeug) nachhaltig verbessern und (3) sich eine industrielle Produktion mit verträglichen Investitionen realisieren lässt, bzw. der Marktpreis des Produktes wettbewerbsfähig ist.

Die Herstellung von Faserverbundbauteilen ist vor rund fünfzig Jahren durch mehrere Faktoren möglich geworden. Zum einen ist es bereits 1912 gelungen, endlose Glasfasern mit den notwendigen Eigenschaften zu produzieren [8.11] und zum anderen ist in den dreissiger Jahren die Entwicklung duroplastischer, also härtbarer Matrixsysteme, auch allgemein Harze genannt, möglich geworden.

Die Vernetzungsreaktion von Polyestern wurde erstmals 1934 von Staudinger untersucht und die Fa. United States Rubber Company fand 1942, dass die mechanischen Eigenschaften von Polyesterharzen erheblich verbessert werden konnten. Dies ist aus heutiger Sicht als Beginn der Faserverbundtechnologie zu werten [8.12], [8.13].

P. Castan [8.22] ist die entscheidende Idee zuzurechnen, die Reaktionsfreudigkeit der Epoxidgruppe zunächst mit Säureanhydriden und später mit Polyaminen technisch zu nutzen. Diverse Grundlagenentwicklungen führten in der Ciba AG, Basel im Jahre 1946 zur Herstellung von Klebstoffen, Giessharzen und Lacken. Unabhängig davon haben weitere Firmen wie Devoe & Reynolds, Shell etc. analoge Harzsysteme entwickelt [8.2].

Ein weiterer Meilenstein hin zu Faserverbundwerkstoffen ergab sich, indem man lernte, die Polymerharze in Grossprozessen herzustellen. Damit war der Weg für eine erfolgreiche Entwicklung der faserverstärkten Kunststoffe frei. Nach [8.13] gelang es innerhalb kürzester Zeit, den glasfaserverstärkten Kunststoff in fast allen Ebenen der modernen Technik einzuführen.

8.2 Spezifische mechanische Eigenschaften von Faserverbundwerkstoffen

Durch die Möglichkeit, verschiedene Verstärkungsfasern in verschiedene Matrixsysteme einzubetten, nimmt die Anzahl möglicher Verbunde durch die vielfältigen Kombinationen stetig zu. Allerdings wachsen damit auch die Probleme, denn nicht jede Faser ist mit jeder Matrix und umgekehrt verträglich.

Im einfachsten Falle bestehen die Faserverbundwerkstoffe aus mindestens 2 Komponenten, der Faser und der Matrix. Dementsprechend sind werkstoffseitig vor allem 3 Problembereiche besonders zu beachten:

Mechanische, temperaturabhängige und wirtschaftliche Eigenschaften... 219

- die Tragfunktion der Verstärkungsfaser
- das Verhalten der Matrix
- das Bindemittel zwischen Faser und Harz zur Kraftübertragung, also der Grenzbereich, auch Interface oder Interphase genannt.

Bei Faserverbundwerkstoffen wird oft zwischen faser- und harzbedingten mechanischen Eigenschaften unterschieden. So sind bekanntlich die Zug- und Druckfestigkeit von unidirektionalen Verbunden (Abb. 8.2.1) in Faserrichtung direkt dem Produkt aus Faserzugfestigkeit und Faservolumenanteil proportional, wogegen man bei den Quer- und Schubeigenschaften einen hohen Einfluss der Matrix unterstellt. Diese Einteilung ist, wie in den Kapiteln 3 und 5 dargestellt, nur bedingt richtig.

In Wirklichkeit sind sämtliche Verbundeigenschaften sowohl von dem Harz, der Faser, als auch dem Interface zwischen Faser und Harz abhängig. Die Interaktionen zwischen diesen Werkstoffelementen sind mikromechanisch und makromechanisch erklärbar.

In der Festigkeits- und Konstruktionslehre der metallischen Werkstoffe wird meist stillschweigend Homogenität und Isotropie vorausgesetzt. Diese vereinfachten Voraussetzungen lassen sich bei einer Dimensionierung von Bauteilen aus faserverstärkten Kunststoffen nicht beibehalten.

Der Einblick des Konstrukteurs in die Mechanik faserverstärkter Kunststoffe ist ausserordentlich wichtig und notwendig, denn die Kenntnis mikromechanischer und makromechanischer (s. Kap. 3 bis 6) Vorgänge helfen ihm, die Grundmaterialien Harz und Faser richtig zu wählen. Trotz der im Kapitel 6 ausführlich hauptsächlich mit der Theorie von Puck erläuterten Zusammenhänge in einem Schichtwerkstoff soll hier zum Verständnis der im folgenden behandelten Versuchsergebnisse nochmals kurz auf die im Laminat entstehenden Belastungen hingewiesen werden.

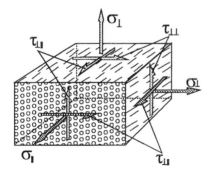

Längsbeanspruchung $\sigma_\parallel$
Querschubbeanspruchung $\sigma_\perp$
Längs-/Querschubbeanspruchung $\tau_{\perp\parallel}$
Quer-/Querschubbeanspruchung $\tau_{\perp\perp}$

Abb. 8.2.1 Beanspruchungsarten an einem unidirektionalen faserverstärkten Kunststoff

Abb. 8.2.1 zeigt, dass an unidirektionalen faserverstärkten Kunststoffen nur 4 Beanspruchungsarten vorkommen können, nämlich:

- die Längsbeanspruchung $\sigma_\|$
- die Querbeanspruchung $\sigma_\perp$
- die Längs-/ Querschubbeanspruchung $\tau_{\perp\|}$
- die Quer-/ Querschubbeanspruchung $\tau_{\perp\perp}$
(längs bzw. quer bedeutet längs bzw. quer zur Faserrichtung)

Dabei muss die Quer-/Querschubbeanspruchung proportional der Querbeanspruchung sein, da eine reine Schubspannung in zwei gleich grosse Zug und Druckspannungen zerlegt werden kann, Abb. 8.2.2.

Da nun aber die Querdruckfestigkeit viel höher sein darf als die Querzugfestigkeit $\sigma_{\perp zB}$, wird die Querzugfestigkeit massgebend für die Bruchfestigkeit. Ähnlich verhält es sich bei der Längs-/Querschubbeanspruchung Abb. 8.2.3. Allerdings liegen dabei die Fasern und die Harzbrücken nicht senkrecht zur Last, sondern unter 45°, weshalb für die Längs-/Querschubfestigkeit $\tau_{\perp\|B}$ durchschnittlich um den Faktor 1,3 - 1,5 höhere Werte als bei der Querzugfestigkeit gemessen werden. Da nun $\tau_{\perp\perp B} \sim \sigma_{\perp zB}$ und $\tau_{\perp\|B} \sim$ (1,3/1,5)$\sigma_{\perp zB}$ ist, ist es besonders wichtig, wenn man mechanisch neben den Zug- und Druckfestigkeiten $\sigma_{\|zB}$ und $\sigma_{\|dB}$ die Querzugfestigkeit $\sigma_{\perp zB}$ kritisch betrachtet. Massgebend für die Dimensionierung bleiben jedoch die Spannungshypothesen nach Kapitel 6.

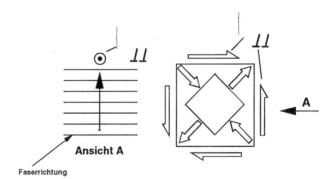

Abb. 8.2.2 Quer-/Querschubbeanspruchung $\tau_{\perp\perp}$ aus gleichgrossen Querzug- und Druckbeanspruchungen (Mohr'scher Spannungskreis)

Mechanische, temperaturabhängige und wirtschaftliche Eigenschaften... 221

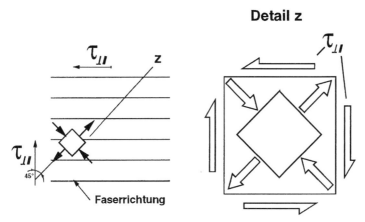

Abb. 8.2.3 Längs- Querschubbeanspruchung $\tau_{\parallel\perp}$ aus gleich grossen Zug- und Druckspannungen unter 45° zur Faserrichtung

Zum besseren Verständnis der vielfältigen Eigenschaften der Faserverbundwerkstoffe im Vergleich zu metallischen Werkstoffen werden nachfolgend einige wichtige Problemzonen und ihre Auswirkungen auf die Konstruktionen, Auslegung und Fertigung von Faserverbundbauteilen dargestellt und diskutiert. Es sind dies:
1. Faserspezifische Probleme (Abschn. 8.2.1)
2. Matrixspezifische Probleme (Abschn. 8.2.2)
3. Die Haftfestigkeit zwischen Faser und Harz (Abschn. 8.2.3)
4. Die Beurteilung gewichtsbezogener Kenngrössen und anderer charakteristischer Eigenschaften der Verbundwerkstoffe im Vergleich zu Leichtmetallen und Stahl.
5. Das Verhalten von Faserverbundwerkstoffen bei statischer Belastung (Kap.6), (Kap.7), (Kap.8)
6. Das Verhalten von Faserverbundwerkstoffen bei dynamischer Belastung (Kap.7), (Kap.9)
7. Die Besonderheiten der Laminateigenschaften bei feuchtwarmen Klimata (Kap.10)
8. Die Beurteilung und der Vergleich verschiedener Bauweisen [8.33].
9. Typische Merkmale von Konstruktionskonzepten aus faserverstärkten Kunststoffen [8.33].
10. Die Beurteilung und der Vergleich von Verfahren zur Herstellung von Bauteilen [8.30].
11. Die mechanische Bearbeitung von Faserverbundwerkstoffen.
12. Die Faserkosten (Abschn. 8.2.1)
13. Die Harzkosten.

8.2.1 Faserspezifische Probleme bei faserverstärkten Kunststoffen

Die heutige Faserverbundtechnik auf der Basis polymerer Bettungsmassen bzw. Matrices stützt sich im wesentlichen auf 4 Verstärkungsfasern ab, die Glasfaser, Aramidfaser, Kohlenstoffaser und Polyethylenfaser. Zunehmend werden auch Keramikfasern eingesetzt.

Obwohl sich die Zugfestigkeiten dieser Fasern nicht signifikant unterscheiden, sind deren Auswirkungen auf die mechanischen Eigenschaften erheblich, was vor allem damit zusammenhängt, dass diese Fasern unterschiedlich strukturiert sind. Die Glasfaser ist eine isotrope Faser, wogegen die drei anderen anisotrop sind. In Abb. 8.2.4 sind die wichtigsten Fasereigenschaften von Glas- und Kohlenstoffasern gegenübergestellt. Die Richtungsabhängigkeit der C-Faser ist unverkennbar und hat durch den niedrigen E-Modul senkrecht zur Faser von nur ~ 10 GPa weitreichende, aber überwiegend positive Konsequenzen für die Faserverbundtechnik. Die Kohlenstoffaser ist dadurch im unidirektionalen Querverbund keine so ausgeprägt steife Einlagerung wie z.B. die isotrope Glasfaser mit einem E-Modul von ~ 75 GPa.

Deshalb werden bei intakter Haftung zwischen Faser und Harz die Querzugbruchdehnungen von unidirektionalen CFK-Laminaten wesentlich höher sein als die von GFK. Dieses Verhalten erklärt sich dadurch, dass eine Dehnungserhöhung im Querverbund dann auftritt, wenn die Faser sehr viel steifer als die Matrix ist und die Gesamtverformung fast ausschliesslich von der Matrix aufzunehmen ist. Abb. 8.2.5 zeigt das Prinzip dieser Dehnungserhöhung. In Abb. 8.2.6 sind die Zugfestigkeiten, Modulen und Bruchdehnungen von unidirektionalen E-Glas und HT-Kohlenstoffaserlaminaten im Vergleich gegenübergestellt.

Physikalische Eigenschaft	Einheit	Fasertyp	
		E-Glas	HT-Kohlenstoff
Zugfestigkeit $\sigma_\parallel$	MPa	3000	3400
Querzugfestigkeit $\sigma_\perp$	MPa	3000	< 150
Zug-E-Modul $E_\parallel$	GPa	73.5	260
Querzug-E-Modul $E_\perp$	GPa	73.5	~ 10

Abb. 8.2.4 Gegenüberstellung und Vergleich der wichtigsten mechanischen Grundeigenschaften von Glas- und Kohlenstoffasern

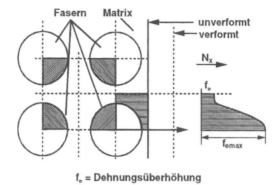

Abb. 8.2.5 Prinzip der Dehnungsüberhöhung von unidirektionalen Laminaten bei einachsiger Belastung quer zur Faserrichtung [8.24]

Die Schwäche von GFK ist zum einen der relativ geringe Zugmodul in Faserrichtung und zum anderen die geringe Querzugbruchdehnung quer zur Faserrichtung von nur ~ 0.25%, was bereits bei niedrigen Spannungsniveaus zu Rissbildungen führen kann, wie es in Abb. 8.2.7 schematisch dargestellt ist.

Physikalische Eigenschaft	Einheit	Fasertyp	
		E-Glas	HT-Kohlenstoff
Zugfestigkeit σ_{11}	N/mm^2	1800	1500
Querzugfestigkeit σ_{22}	N/mm^2	50	100
Zug-E-Modul E_{11}	N/mm^2	45000	150000
Querzug-E-Modul E_{22}	N/mm^2	20000	10000
Bruchdehnung ε_{11}	%	4.0	~ 1.0
Querzugbruchdehnung ε_{22}	%	0.25	~ 1.0

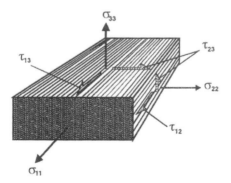

Abb. 8.2.6 Zugfestigkeiten und Moduln von unidirektionalem E-Glas und HT-Kohlenstoffaserverbunden [8.2]

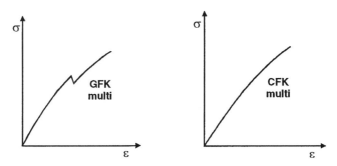

Abb. 8.2.7 Schematische Darstellung des Spannungs- und Dehnungsverhaltens von multidirektionalem GFK und CFK unter Zugbelastung [8.14]

Bei unidirektionalem CFK liegen die Querzugbruchdehnungen im Bereich von 1%. Damit sind die Bruchdehnungen von multidirektionalem CFK nicht so stark richtungsabhängig, wie z.B. bei GFK, bzw. das erste Versagen tritt wesentlich später auf, was eine höhere schadensfreie Gesamtverformung eines Bauteils erlaubt.

In Abb. 8.2.8 sind die Zugbruchdehnungsbereiche der gängigsten Verstärkungsfasern gegenübergestellt. Die Vorteile der Glasfaser sind deren hohe Zug- und Druckfestigkeiten und die damit verbundenen Bruchdehnungen von ~4,5%, sowie ein geringerer Preis, der einen hohen Marktanteil garantiert.

Ein grosses Anwendungsgebiet der Glasfaserverbunde ist neben der Herstellung von Strukturbauteilen und Halbzeugen (Pultrade) der Einsatz von GFK zur elektrischen Isolierung, da Faser und Harz elektrisch neutral sind. Glasfasern eignen sich aber auch als Lichtwellenleiter. Sie sind ausserdem korrosionsfest und gegenüber elektromagnetischen Feldern unempfindlich.

Die beiden anderen anisotropen Fasern, die Aramid- und die hochverstreckten Polyethylenfasern (PE) sind gemessen an der Glasfaser und Kohlenstoffaser wesentlich problematischer. Die Faser/Harzhaftung, also das Interface, ist nicht besonders gut, vor allem bei der hochverstreckten Polyethylenfaser, die spezifisch die festeste und steifste Faser ist, die je hergestellt wurde [8.2]. Beide Fasern zeigen aufgrund ihrer polymeren Struktur eine ausgeprägte Temperaturabhängigkeit. Während die PE-Faser bereits bei 100°C ihre Einsatzgrenze erreicht, ist ein deutlicher Festigkeits- und Steifigkeitsabfall bei der Aramidfaser erst ab 200°C zu verzeichnen. Die Aramidfasern sind gegen UV-Strahlung nicht resistent und zeigen bei erhöhten Temperaturen oberhalb 220°C einen Festigkeitsverlust von ~ 40% und einen Modulverlust von ~ 25%.

Mechanische, temperaturabhängige und wirtschaftliche Eigenschaften... 225

Fasertyp	Faserbruchdehnung [%]
Kohlenstoffaser	0,6 - 2,0
Glasfaser	3,5 - 5,0
Aramidfaser	2,0 - 4,0
Polyethylenfaser	2,5 - 3,5

Abb. 8.2.8 Zugbruchdehnungsbereiche von gängigen Verstärkungsfasern [8.2]

Ein weiterer Nachteil der Aramidfasern ist ihr ausgeprägtes hydroskopisches Verhalten. Sie können je nach Fasertyp bis zu 7% Feuchtigkeit absorbieren. Im Vergleich zu den anderen Faserverbunden erhält man von unidirektionalen Aramidfaserverbunden Druckfestigkeiten, die gerade noch 15% bis 20% der Zugfestigkeit ausmachen [8.2], [8.20], [8.21].

Die weniger steifen Aramidfasern finden ihre Verwendung in Bereichen wie Kupplungsbelägen, Packungen, Dichtungen etc. Die steiferen, sehr zähen Fasertypen finden Anwendung bei Panzerungen, im Splitterschutz, bei schussfesten Helmen und schussicheren Westen, in schnittfesten Handschuhen und Kleidungen sowie an Bauteilen, die nicht zu hoch auf Druck belastet sind. In Hybridwerkstoffen, z.B. aus Kohlenstoff- und Aramidfasern zur Verbesserung der Schlagzähigkeiten sowie der Schadenstoleranz finden die weniger steifen Fasertypen ihre Verwendung. Darüber hinaus sind in Ballistikanwendungen sowohl die niedermodulige als auch eine Zwischenmodultype vertreten und zwar für die sogenannte Weichballistik. Die Hochmodultype bildet den Übergang Weichballistik/Hartballistik zu extremen Strukturanwendungen, in denen hohe Steifigkeit und Festigkeit gefordert sind.

Die hochverstreckten Polyethylenfasern, die wie die Aramidfasern relativ teuer sind, zeigen nur geringe Affinität zu den gängigen Matrixsystemen. Zur Verbesserung der Haftung zwischen Faser und Matrix muss die Oberfläche der Faser einer Corona- oder Plasmabehandlung unterzogen werden, was Mehrkosten mit sich bringt.

Mechanische Kenngrössen der unterschiedlichen Fasergruppen						
Fasergruppe	Ø [µm]	σ_{11} [MPa]	E_{11} [GPa]	σ_{22} [MPa]	E_{22} [GPa]	ε_{Br}
HT (high tenacity)	7	≈ 3500	230			< 1.5
HS (high strain)	7	> 4000	250			1.5 - 1.8
IM (Intermediate modulus)	5	4000 - 4500	≈ 300	< 150	≈ 10	1.5 - 1.8
HM (high modulus)	5	≈ 2500	≈ 330 - 400			< 1.0
UHM (ultra high modulus)	5		≈ 450 - 490			≈ 0.5

Abb. 8.2.9 Übersicht über die verschiedenen C-Fasergruppen unter Angabe des jeweils typischen Kennwertbereiches [8.2]

226 Mechanische, temperaturabhängige und wirtschaftliche Eigenschaften...

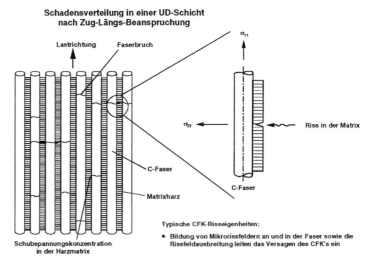

Abb. 8.2.10 Schematische Darstellung eines C-Faserrisses, ausgehend von einem wachsenden Matrixriss und das Rissverhalten von CFK-Verbunden [8.14]

Im Gegensatz zu Aramidfasern nehmen Polyethylenfasern praktisch kein Wasser auf. Trotzdem sind die Druckfestigkeiten von polyethylenfaserverstärkten Kunststoffen schlecht [8.2]. Nachteilig ist darüber hinaus die Temperaturabhängigkeit, die einen Einsatz dieser Faser über 100°C nicht erlaubt und damit das Anwendungsspektrum stark einschränkt.

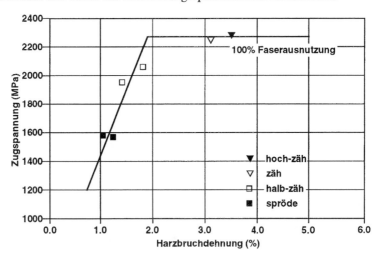

Abb. 8.2.11 Zugfestigkeit von unidirektionalen CF-Laminaten in Abhängigkeit von der Harzbruchdehnung (Faser: Celion 6000/HTA-7 Toray) [8.14]

Mechanische, temperaturabhängige und wirtschaftliche Eigenschaften... 227

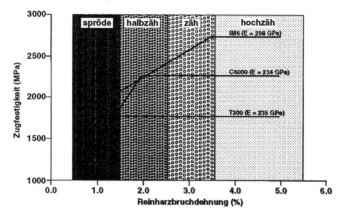

Abb. 8.2.12 Zugfestigkeit von unidirektionalen CFK-Laminaten in Abhängigkeit der Harzbruchdehnung unter Berücksichtigung verschiedener C-Fasertypen [8.14]

Bei einem Vergleich gängiger Verstärkungsfasern zeigt die Kohlenstoffaser mit Abstand das ausgeglichenste Eigenschaftsspektrum und besitzt darüber hinaus bei weitem das höchste Gewichtseinsparungspotential. Deshalb werden einige Besonderheiten dieser Faser im Verbund noch kurz angesprochen.

Die Kohlenstoffaser lässt sich nach Abb. 8.2.9 in 5 Fasertypen darstellen. Sie sind wie bereits angesprochen extrem anisotrop. Die Eigenschaften parallel und senkrecht zur Faser sind z.T. um Grössenordnungen unterschiedlich. Die Festigkeit und der Modul senkrecht zur Faser liegen nur um den Faktor 2 - 3 oberhalb der Harzfestigkeit. Ein im Harz gebildeter Riss wird sich deshalb mit grosser Wahrscheinlichkeit in die Faser fortpflanzen, wie Abb. 8.2.10 schematisch zeigt, und sich zu einem Mikrorissfeld durch Spannungskonzentrationen ausbreiten.

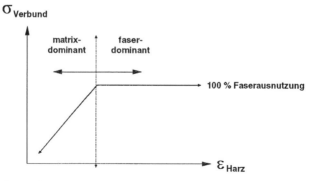

Abb. 8.2.13 Darstellung der matrix- und faserdominanten Zugfestigkeitsbereiche von unidirektionalen Kohlenstofffaserlaminaten [8.14]

Im Umkehrschluss bedeutet dies, dass zumindest in einem bestimmten Spannungsbereich die Zugfestigkeiten von unidirektionalem CFK von der Bruchdehnung der Matrixsysteme abhängen, was auch durch Abb. 8.2.11 und Abb. 8.2.12 bestätigt wird. Daraus folgt das wichtige Ergebnis, dass die Zugfestigkeiten von unidirektionalen CFK-Laminaten nicht, wie üblich angenommen, nur von der Faser dominiert werden, sondern dass es einen Bereich gibt, der fast ausschliesslich von den Matrixeigenschaften abhängt. In Abb. 8.2.13 sind diese beiden Bereiche schematisch dargestellt. Da die von aussen angreifende Kraft über die Matrix durch Schub auf die Faser übertragen wird, ist das Matrixverhalten oft entscheidend. Unterhalb eines Verhältnisses der Reinharzbruchdehnung/Faserbruchdehnung von ungefähr 2 werden die Verbundeigenschaften von der Matrix bestimmt, oberhalb dieser Grenze bestimmt die Faser die Verbundeigenschaften mit. Dieses Ergebnis ist vor allem auch im Hinblick auf ein eigenschaftstypisches Streuungsverhalten interessant und wichtig (siehe Kapitel 13).

Da matrixdominante Eigenschaften in der Regel grösseren Streuungen unterworfen sind als faserdominante, müsste sich dieses Verhalten auch bei den Zugfestigkeiten wiederfinden lassen [8.14]. Bei diesem Vergleich der Schwächen und Stärken der Verstärkungsfasern ist zu bedenken, dass das technische Potential der Kohlenstofffasern bei weitem nicht ausgeschöpft ist. Fasern mit noch besseren Eigenschaften sind zu erwarten.

In [8.15] wird über eine C-Faser berichtet, die in wenigen Jahren nur noch ~ 15.- DM/Kg kosten soll. Sollten sich diese Prognosen bestätigen, könnte dies der Fasertechnik einen enormen Schub verleihen, z.B. in der Automobilindustrie. Abb. 8.2.14 zeigt diese prognostizierte Kostenentwicklung auf [8.15] [8.33].

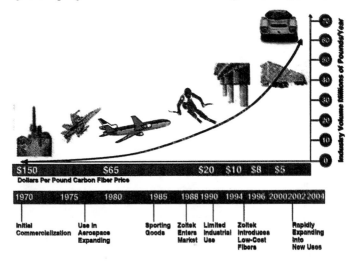

Abb. 8.2.14 Kostenentwicklung einer billigen Kohlenstofffaser und deren zukünftige Marktentwicklung [8.15]

8.2.2 Matrixspezifische Probleme bei faserverstärkten Kunststoffen

Wie die Verstärkungsfasern als die eine Komponente des Faserverbundes, beeinflussen auch die Matrixsysteme als 2. Komponente die Verbundeigenschaften massgeblich. Die z. T. guten mechanischen Eigenschaften der Verstärkungsfasern kommen nur in Verbindung mit geeigneten Trägermaterialien (Matrix, Bettungsmassen) zur Geltung.

Auf die Möglichkeiten, die hohen Faserkennwerte (Festigkeiten, Modulu) auch im Verbund zu realisieren, haben das Dehnungsverhalten und die Temperaturabhängigkeit der Matrixsysteme einen starken Einfluss.

Zur vollen Ausschöpfung der Zugfestigkeit der Fasern benötigt man eine Matrixbruchdehnung von wenigstens 2-facher Faserbruchdehnung. Bei Druckbelastungen sollte die Matrixbruchdehnung mindestens das 1,5-fache der Faserbruchdehnung sein. In Abb. 8.2.8 sind die Bruchdehungsbereiche der wichtigsten Verstärkungsfasern zusammengestellt.

Für die Glasfasern mit der höchsten Zugbruchdehnung wäre demnach ein Matrixsystem mit einer Dehnung von ~ 10% gefordert. Solche Systeme gibt es, aber nur als Laminier- bzw. Giessharze, jedoch nicht als Prepregharze, die insbesondere durch die spezifischen Anforderungen des Flugzeugbaus bezüglich der Verarbeitung stark eingeschränkt sind. Im Einzelnen betrifft dies die Temperaturbeständigkeit, die engen Mischungsverhältnisse der Harz/Härter-Komponenten des Harzsystems, die Lagerbeständigkeit, die Dauer der offenen Verarbeitung der Prepregs, den Laminiervorgang etc.

Die geforderte Wärmeform- oder Temperaturbeständigkeit des ausgehärteten Bauteils muss deutlich über der Betriebs- oder Servicetemperatur liegen. Zusätzlich muss das Bauteil diesbezüglich noch mit einem Sicherheitsfaktor belegt werden, der in der Regel für den "worst case" gilt.

Als Mass für die Definition der Temperatureinsatzgrenze ist der scharfe Abfall des Schubmoduls des gehärteten Harzsystems (Abb. 8.2.15) bei einer bestimmten Temperatur geeignet. Diese wird als Glaspunkt oder Glasübergangstemperatur bezeichnet. Dabei geht die hartspröde Matrix in einen gummielastischen Zustand über. Eine gängige Methode zur Ermittlung der Temperatureinsatzgrenze ist z.B. der Schnittpunkt der Wendetangente der S-förmigen Kurve zur Horizontalen bei dem Modulverhältnis 1,0.

Die verbreitetsten duromeren Harzsysteme für Hochleistungsverbunde sind die Epoxide, sie gewährleisten im trockenem Zustand eine Anwendungstemperatur von ca. 150°C, aber feuchtegesättigt nur noch ungefähr 100°C, wie Abb. 8.2.15 deutlich zeigt.

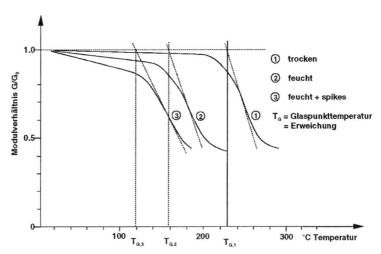

Abb. 8.2.15 Schubmodul von Reinharz-Faserverbunden in Abhängigkeit von der Temperatur, der Feuchtigkeit und den Temperaturspikes [8.14]

Durch Tempern der gehärteten Laminate kann die Anwendungstemperatur noch gesteigert werden, wobei jedoch dadurch die Bruchdehnung der Matrix reduziert wird und infolge dessen mit schnelleren Rissbildungen zu rechnen ist.

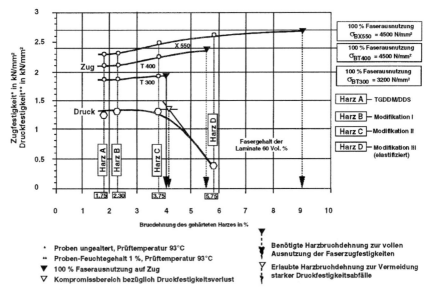

Abb. 8.2.16 Faserausnutzung in Abhängigkeit von der Matrixbruchdehnung von Epoxidharz-Systemen [8.24] [8.34]

Mechanische, temperaturabhängige und wirtschaftliche Eigenschaften... 231

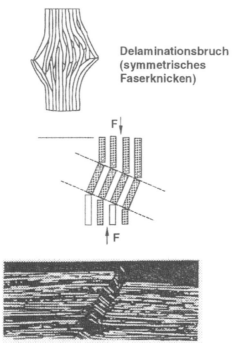

Abb. 8.2.17 Faserknicken bei Druckbelastung von unidirektionalen CFK-Laminaten [8.37]

Die Epoxidharze sind relativ teuer. Deshalb werden vor allem im „low cost market" ungesättigte Polyester- und zunehmend auch Vinylesterharze verwendet, die sehr viel billiger sind [8.2]. Für Anwendungen in hohen Temperaturbereichen bieten sich Bismaleinimid- und Polyimidharze an, die allerdings sehr teuer und spröde, aber auch temperaturfest sind. Ausserdem ist deren Verarbeitung ungleich schwieriger, nicht nur wegen den hohen Härtetemperaturen, sondern auch wegen den Harz-/Härtermischungen.

Die Abb. 8.2.16 verdeutlicht, wie in bestimmten Bereichen der Harzbruchdehnung nicht nur die Zugfestigkeit harzdominiert ist, sondern auch die Druckfestigkeit. Weiter fällt nach Abb. 8.2.16 die Druckfestigkeit von UD-CFK-Laminaten ab einer Harzbruchdehnung im Bereich von ungefähr 3,75% sehr stark ab und bei ungefähr 5,75% beträgt die Druckfestigkeit von unidirektionalen Laminaten gerade noch 30% der Ausgangsfestigkeit [8.24]. Dieses Phänomen erklärt sich u. a. dadurch, dass die Stützwirkung der Fasern durch die duktileren Harze mit geringem E-Modul stark abnimmt und infolgedessen ein Faserknicken und/oder Mikrobeulen der Fasern auslöst, wodurch sich die Laminatfestigkeit noch weiter verschlechtert (Abb. 8.2.17).

232 Mechanische, temperaturabhängige und wirtschaftliche Eigenschaften...

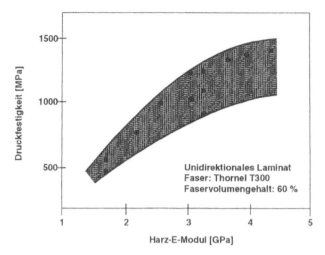

Abb. 8.2.18 Einfluss des E-Moduls der Harzmatrix auf die Druckfestigkeit von unidirektionalen CFK-Verbunden [8.25]

Abb. 8.2.18 unterstreicht diese Aussagen, denn die Druckfestigkeit von unidirektionalen CFK-Laminaten nimmt mit abnehmendem E-Modul des Reinharzes ab. Dabei ist anzumerken, dass sich dieser Nachteil bei praktischen Verbunden, also multidirektionalen Laminaten, nicht mehr so gravierend auswirkt [8.29].

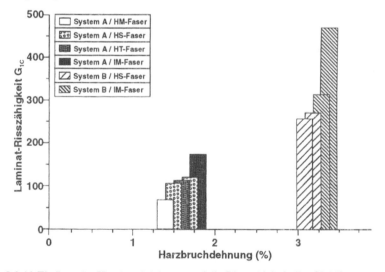

Abb. 8.2.19 Einfluss der Harzbruchdehnung auf die Risszähigkeit G_{1C} [8.14]

Mechanische, temperaturabhängige und wirtschaftliche Eigenschaften... 233

Neben den Zug- und Druckfestigkeiten von UD-Laminaten verdienen noch andere Eigenschaften Aufmerksamkeit, wie z.B. die Risszähigkeit. Sie nimmt nach Abb. 8.2.19 mit zunehmender Harzbruchdehnung zu. Die Harzbruchdehnung ist jedoch nicht die einzige Einflussgrösse auf die Risszähigkeit von CFK-Laminaten. Abb. 8.2.20 zeigt eine Korrelation der Risszähigkeit G1c von harz- und faserabhängigen Kenngrössen, die jedoch keinen Anspruch auf volle Gültigkeit hat, so fehlt z.B. der Einfluss der Haftung zwischen Faser und Harz gänzlich. Es sind also unbedingt weitere Untersuchungen zu diesem wichtigen Thema erforderlich [8.14], [8.29].

In Abb. 8.2.19 ist die Risszähigkeit G_{1C} zweier unterschiedlicher Harzfasersysteme mit verschiedenen C-Fasertypen aufgetragen. Dabei ist zum einen deutlich zu erkennen, dass die Risszähigkeit mit steigender Harzbruchdehnung zunimmt, andererseits weisen jedoch die G_{1C}-Werte bei gleicher Harzbruchdehnung, aber unterschiedlichen Fasertypen, grosse Unterschiede auf. Für die Messpunkte im Bereich von 1,5% und ~ 3% Reinharzbruchdehnung kamen jeweils Prepregsysteme mit derselben Matrix, aber unterschiedlichen Fasertypen zur Anwendung. Daraus lässt sich folgern, dass die Differenzen der Absolutwerte bei gleicher Harzbruchdehnung auf Einflüsse zurückzuführen sind, die ausschliesslich von der Faser und/oder von der Oberflächenbehandlung der Faser verursacht werden. Durch [8.14] wird dieses Verhalten bestätigt. Aufgrund weiterer und genauerer Untersuchungen konnte eine neue faserabhängige Grösse, der minimale Biegeradius [8.29] eingeführt werden.

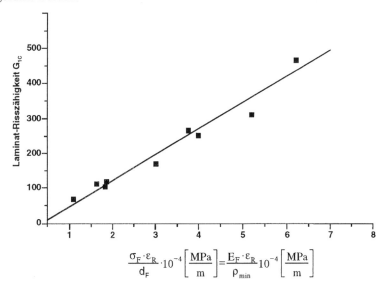

Abb. 8.2.20 Korrelation zwischen G_{1C} und harz- sowie faserabhängigen Kenngrössen [8.14] [8.30]

mit: σ_F Faserfestigkeit
E_F Fasermodul
d_F Faserdurchmesser
ρ_{min} Minimaler Biegeradius der Faser
ε_R Matrixbruchdehnung

Unter der Voraussetzung der Betrachtung eines Kreisabschnittes und der Annahme linearelastischen Verhaltens ergibt sich ρ als:

$$\rho_{min} = \frac{d_F}{2 \cdot \varepsilon_F} \tag{8.1}$$

wobei d_F der Faserdurchmesser und ε_F die Faserbruchdehnung ist. ρ_{min} ist eine quantitative Messgrösse für die Faserflexibilität. Die Ergebnisse aus [8.14] stimmen gut mit den getroffenen Annahmen überein. Man kann daher annehmen, dass die Risszähigkeit (fracture toughness) von den drei möglichen Faktoren
- Matrix
- Faser
- Haftung Faser-Matrix

und deren Parametern wie z.B. Modul und Bruchdehnung abhängt.

Eine getrennte Beurteilung der Auswirkungen der einzelnen Faktoren auf das Rissfortschrittsverhalten führt auf folgenden Formalismus [8.14]:

$$G_{1C} = f\left(\frac{\sigma_F \cdot \varepsilon_{RH}}{d_F}\right) = f\left(\frac{E_F \cdot \varepsilon_{RH} \cdot \varepsilon_F}{d_F}\right) \tag{8.2}$$

Ersetzt man die Faserfestigkeit durch Modul und Bruchdehnung, was ohne Einschränkung möglich ist, da sich die Faser bis zum Bruch linearelastisch verhält, und den Faserdurchmesser durch den minimalen Biegeradius, so erhält man folgende Beziehung:

$$G_{1C} = f\left(\frac{E_F \cdot \varepsilon_{RH}}{\rho_{min}}\right) \tag{8.3}$$

Dabei ist:

E_F Fasermodul
ε_{RH} Reinharzbruchdehnung
ρ_{min} minimaler Biegeradius

In Abb. 8.2.20 ist die Risszähigkeit in der oben beschriebenen Form aufgetragen. Sämtliche Punkte lassen sich durch eine Regressionsgerade mit der Gleichung y = a + bx annähern. Der hohe Korrelationskoeffizient von r = 0,982 (siehe Gleichung 11.1) führt zu dem Schluss, dass diese empirisch ermittelten Zusammenhänge sehr wahrscheinlich sind. Eine eindeutig dominante Grösse lässt sich nicht herausfiltern. Fasermodul, Reinharzbruchdehnung und Faserdurchmesser beeinflussen die Risszähigkeit zu etwa gleichen Teilen.

Die Matrixsysteme, insbesondere die duroplastischen, haben eines gemeinsam: sie zeigen bei höheren Spannungen ein viskoelastisches Kriechen, das mit steigender Temperatur noch zunimmt. Das Hooke'sche Gesetz gilt in den meisten Fällen genau genommen nur in einem gewissen Bereich der Spannungs-Dehnungskurve. Dieses rheologische Verhalten erklärt sich wie folgt: bei niederen Spannungen hat man ein zeitabhängiges elastisches Verhalten, wobei sich die Dehnung aus 2 Teilen zusammensetzt, nämlich der linearen Dehnung nach dem Hooke'schen Gesetz, die im Kurzzeitversuch gemessen wird und zeitunabhängig ist, sowie der zeitabhängigen viskoelastischen Dehnung, die einen exponentiellen Verlauf hat und einem Grenzwert zustrebt und bei Entlastung wieder zurückgeht (Abb. 8.2.21). Dieses Verhalten wird im sogenannten Voigt'schen Modell erläutert (Abb. 8.2.22).

Bei Belastungen mit höheren Spannungen kommt zu den vorher erwähnten Dehnungen noch eine weitere zeitabhängige Kriechdehnung hinzu, die jedoch plastisch ist, also bei Entlastung nicht zurückgeht. Es ist eine bleibende Dehnung (Abb. 8.2.23). Dieses Verhalten ergibt sich im Voigt'schen Modell durch ein mit einer Feder in Reihe geschaltetes Dämpfungselement nach Abb. 8.2.24.

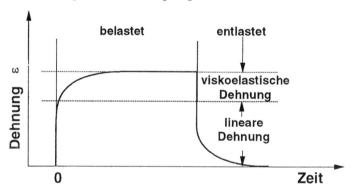

Abb. 8.2.21 Dehnungsverhalten von Duroplasten über der Zeit bei niederen Spannungen

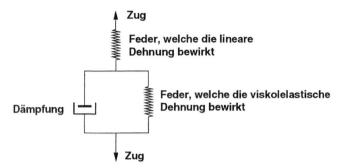

Abb. 8.2.22 Voigt'sches Modell zur Beschreibung des Spannungs-/Dehnungsverhaltens von Duroplasten bei niederen Spannungen

In Abb. 8.2.25 sind σ,ε-Kurven von unterschiedlichen Duroplasten qualitativ dargestellt. Daraus ergibt sich:
- Die Systeme 1 und 3 haben ungefähr die gleiche Zugfestigkeit, obwohl sie sich in der Bruchdehnung um den Faktor 3 unterscheiden.
- Es ist nicht auszuschliessen, dass Systeme mit unterschiedlichen Spannungs-Dehnungsverläufen den gleichen Anfangsmodul (Tangentenmodul im Ursprung) aufweisen, die Sekantenmoduli (Verbindung Ursprung-Bruch) jedoch extrem unterschiedlich sind.

Kennt man diese Sekantenmoduli der Harzsysteme, dann lassen sich mit dem Hooke'schen Gesetz die Festigkeiten und Bruchdehnungen ermitteln, jedoch nicht die Spannungen und Dehnungen bei einer bestimmten Belastung.

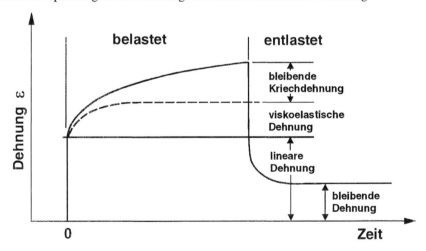

Abb. 8.2.23 Dehnungsverhalten von Duroplasten über der Zeit bei hohen Spannungen

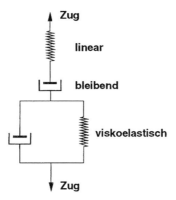

Abb. 8.2.24 Voigt'sches Modell zur Beschreibung des Spannungs-/Dehnungsverhaltens von Duroplasten bei hohen Spannungen

Bei der Bewertung einiger Matrixkennwerte für Prepregs stösst man oft auf ein generelles Problem insofern, dass diese Harzsysteme oft nicht als Reinharze, sondern nur in Prepregs integriert vorliegen. Die Harzdehung, die in der Fasertechnik so wichtig ist, muss deshalb indirekt über die Untersuchungen von Faserverbunden ermittelt werden. Deshalb wurden die in der Luftfahrt gebräuchlichsten Prepregsysteme und deren wichtigste Eigenschaften nach Harzbruchdehnungen klassifiziert. Sofern verlässliche quantitative Ergebnisse fremder Quellen vorlagen, wurden diese in die Klassifizierung der Harzsysteme aufgenommen (Abb. 8.2.26). Zur besseren Übersicht und zum einfacheren Umgang mit diesen Daten wurden die Harzbruchdehnungen den Kategorien
- brittle - spröde
- semi-toughened - halbzäh
- toughened - zäh
- super-toughened - superzäh

zugeordnet und jeweils innerhalb jeder Kategorie ein Mittelwert gebildet, mit dem dann weitere Untersuchungen und Korrelationsbetrachtungen sowie Zusammenhänge zwischen den Eigenschaften durchgeführt wurden. Fast alle nachfolgenden Untersuchungen und Korrelationsbetrachtungen basieren auf dem Datenblock von Abb. 8.2.26.

In Abb. 8.2.27 sind die Querzugbruchdehnungen von unidirektionalen kohlenstofffaserverstärkten Laminaten in Abhängigkeit von der Temperatur dargestellt und in Abb. 8.2.28 die Querzugfestigkeiten.

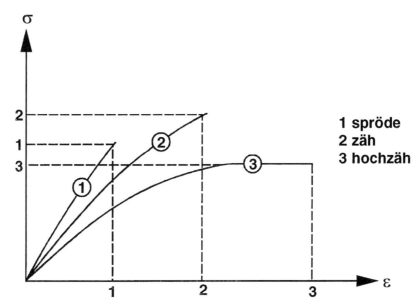

Abb. 8.2.25 Spannungs-/Dehnungsverlauf verschiedener Epoxidharzsysteme (qualitativ) [8.14]

Die gemittelten Harzbruchdehnungen innerhalb der Kategorien nach Abb. 8.2.26 zeigen eine sehr grosse Bandbreite. So ist die mittlere Bruchdehnung der spröden Harze nach Abb. 8.2.26 1,16% bei einer Bandbreite von 0,5%. Dies bedeutet eine Standardabweichung von grob 0,2%. Bei den halbzähen Systemen (nach Abb. 8.2.26) ist der Mittelwert 1,9%. Die Bandbreite ist 0,7%, was eine Standardabweichung von ungefähr 0,28% bedeutet. Bei den zähen Systemen ist praktisch keine Streuung zu verzeichnen. Bei hochzähen Systemen ist die Datenbasis zu schmal, um daraus Rückschlüsse zu ziehen.

In Anlehnung an Abb. 8.2.5 und in Anwendung der Formalismen in Abb. 8.2.29 ergibt sich aus diesen Zusammenhängen die in Abb. 8.2.30 dargestellte Funktion der Dehnungserhöhungen von CFK und GFK in Abhängigkeit vom Faservolumengehalt.

Klassifizierung der Harzsysteme						
Gruppe		Systeme	Harzbruch-dehnung [%]	Zugfestig-keit [MPa]	E-Modul [GPa]	Glasüber-gangstem-peratur [°C]
EP-Systeme	spröde	Code 69 Ciba 914C Ciba 922C Fiberite 934 Narmco 5208 Hercules 3501	1.1 1.4 1.0 1.2 1.4 0.9	41 51 49 57 35	4.1 4.0 4.1 4.0 4.1	210 180 210
		Mittelwert	1,16	46,6	4,03	208
	halbzäh	Krempel KUTG1306 Sigri CE 1008 Fiberite 976	1.6 1.8 2.3	30 58 71	2.8 2.8 3.6	208 21 230
		Mittelwert	1,9	53	3,06	217
	zäh	Ciba 924 Ciba 6378 Hercules 8551 Hexcel F584 Krempel U214 Narmco 5245C	3.1 3.1 2.9 2.9	 73 83	 4.1 3.3	204 173 162 192 210
		Mittelwert	3,0	78	3,7	199
	hochzäh	Cycorn 1806 Fiberite 974	> 3.5 			154 143
BMI-		Sigri CI 1020 Technochemie H795 E	1.3	38	2.8	288

Abb. 8.2.26 Übersicht über handelsübliche Prepregharzsysteme und ihre Klassifizierung [8.14]

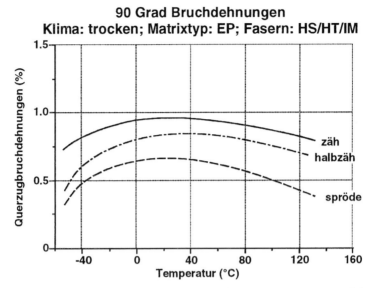

Abb. 8.2.27 Temperaturabhängiger Kennwertverlauf der Querzugbruchdehnungen; Klima: trocken [8.14]

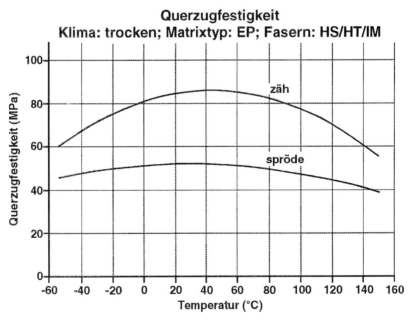

Abb. 8.2.28 Temperaturabhängiger Kennwertverlauf der Querzugfestigkeiten $\sigma_\perp$ (σ_{22}) von unidirektionalen CFK-Laminaten bei trockenem Klima [8.14]

Mechanische, temperaturabhängige und wirtschaftliche Eigenschaften... 241

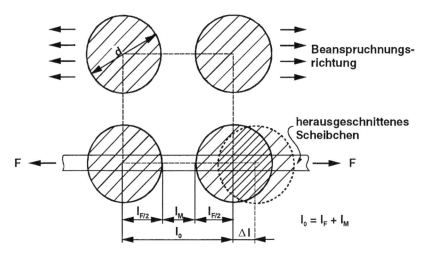

Mehrere Fasern im Verbund querbelastet (Dehnungsvergrösserung)

Abb. 8.2.29 Prinzip der Dehnungserhöhung von querbelasteten UD-Laminaten [8.24]

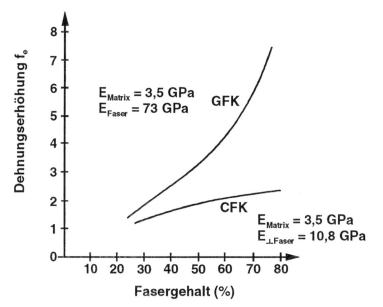

Abb. 8.2.30 Dehnungserhöhung in Abhängigkeit des Fasergehaltes von querbelasteten unidirektionalen GFK- und CFK-Laminaten

Eine wichtige Grösse für die Beurteilung von Faser-Harz-Verbunden ist der Dehnungserhöhungsfaktor. Hierunter versteht man die Erhöhung der Dehnung in der Matrix durch die Behinderung der Faser (siehe Abb. 8.2.5 und Abschnitt 8.2.4). Herleitung der diesbezüglichen Gleichungen in [8.24], [8.29], [8.32].

In Abb. 8.2.26 sind die Zähigkeiten der reinen Harze (ohne Fasern) angegeben und in Kategorien eingeteilt. Im wirklichen Laminat treten jedoch abhängig vom Faservolumengehalt und vom Querelastizitätsmodul der Faser, wie bereits erklärt, Dehnungserhöhungen auf, die durch den Dehnungserhöhungsfaktor aus der mittleren Laminatquerdehnung ermittelt werden können. Durch diese erhöhten Querdehnungen können im Laminat frühzeitiger als erwartet Anrisse entstehen. Die Harze erscheinen dadurch spröder als in der Abb. 8.2.26 angegeben. Hieraus geht auch hervor, dass es wichtig ist, in einem Laminat in den Querrichtungen (90°) Fasern zu verlegen, die diese oben erwähnte Querdehnung behindern. Dadurch kann auch die Streuung von Versuchsergebnissen verkleinert werden.

8.2.3 Haftfestigkeit und Verbindungsmechanismus zwischen Faser und Harz

Eine intakte Haftung zwischen Faser und Harz ist in fast allen Fällen eine unabdingbare Voraussetzung für wirksame Faserverbundwerkstoffe. Deshalb wird die Haftung - auch Interface oder Interphase genannt - als dritte Komponente im Verbund gesehen. Von entscheidender Bedeutung ist die Wechselwirkung zwischen Faser und Harz, die bei verschiedenen Verstärkungsfasern und Harzsystemen unterschiedlich ist. Nur wenn eine ausreichende Kraftübertragung innerhalb des Laminates vorhanden ist, lassen sich hohe Festigkeiten und Steifigkeiten erzielen. Damit fällt den Oberflächeneigenschaften von Faser und Harz eine Schlüsselrolle zu, da sie die Haftung zwischen Faser und Matrix und damit die Kraftübertragung mit bestimmen.

Für die Verarbeitung von Glasfasern sind Oberflächenbehandlungen mit geeigneten Schlichten erforderlich [8.16]. Deren Aufgaben sind u.a. Schutz gegen Korrosion, Abrieb und Feuchtigkeit und insbesondere die Verbesserung der Haftfähigkeit zur Matrix. Dazu werden den Schlichten meist chemische Haftmittel beigefügt, die reaktionsfähige Gruppen enthalten, die sowohl mit der Glasoberfläche (über OH-Gruppen) als auch mit den entsprechenden Gruppen der Harzmatrix reagieren können [8.16]. Haftmittel auf Chrom- und Silanbasis haben deshalb eine grosse Bedeutung, weil sie die an sich geringe Affinität der Glasfasern zu den duromeren Harzsystemen deutlich verbessern und damit auch das Haftvermögen zwischen Faser und Harz so steigern, dass die mechanischen Eigenschaften der beiden Komponenten Faser und Harz optimal genutzt werden können.

Bei den Kohlenstofffasern ist die Situation etwas anders. Die Oberflächen der Fasern sind, bedingt durch die graphitische Struktur, chemisch inert. Nach [8.17], [8.18] bilden lediglich Fehlstellen im Graphitgitter, wie sie in Abb. 8.2.31 dargestellt sind, Ansatzpunkte für eine Haftung zur Matrix. Sowohl die Fehlstellen als auch die Versetzungen führen dazu, dass „C-Randatome" vorhanden sind. Sie stellen somit Punkte erhöhter Energie und Reaktivität dar. Diese Randatome sind allerdings immer noch reaktionsträge. Eine Ankoppelung der Matrix lediglich durch Van der Waals-Bindungen reicht jedoch nicht aus, um den Anforderungen der Laminateigenschaften zu genügen. Es wurden daher mehrere Oberflächenbehandlungsmethoden zur Verbesserung der Haftung zwischen Faser und Matrix entwickelt und zwar ohne das sonstige Eigenschaftsbild wesentlich zu verändern.

Die verschiedenen Verfahren zur Oberflächenbehandlung von Kohlenstofffasern lassen sich in oxidative und nicht-oxidative Methoden einteilen. Die gängigen Methoden sind in Abb. 8.2.32 zusammengefasst.

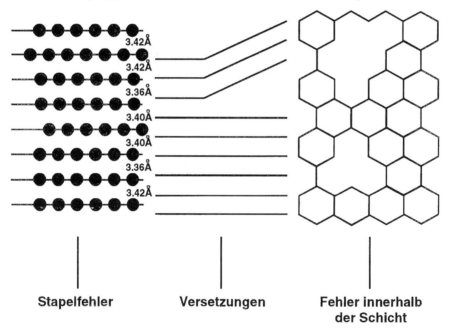

Abb. 8.2.31 Schematische Darstellung möglicher Kristalldefekte im Graphit [8.35]

Verfahren	Beschreibung	Behandlungstyp
A	Beschichtung mit SiC oder Pyrrokohlenstoff	nicht oxidativ
B	Beschichtung mit Polymeren	nicht oxidativ
C	Nassoxidation, z.B. in HNO_3 oder $KMnO_4/H_2SO_4$	oxidativ
D	Anodische Oxidation, Elektrolyte verdünnte H_2SO_4, verdünnte NaOH, Salzlösungen	oxidativ
E	Thermische Oxidation, z.B. in O_2, O_2/N_2, CO_2 bei Temperaturen zwischen 400° und 1100° C	oxidativ

Abb. 8.2.32 Oberflächenbehandlungsverfahren für Kohlenstofffasern [8.17]

8.2.3.1 Nichtoxidative Verfahren

Zunächst versuchte man die Haftung durch eine mechanische Verzahnung zu verbessern, indem die Kohlenstofffasern mit Siliziumcarbid oder Pyrrokohlenstoff durch Abscheidungen aus der Gasphase beschichtet wurden. Dieses Verfahren war nicht erfolgreich. Die Haftverbesserungen reichten nicht aus, und die Zugfestigkeiten wurden dadurch negativ beeinflusst.

Eine weitere nichtoxidative Methode ist die elektrochemische oder Plasmabeschichtung der Kohlenstofffaser mit Polymeren. Es ist eine Mischung zwischen Oberflächenbehandlung und Aufbringen einer Faserpräparation. Die diesbezüglichen Haftverbesserungen halten sich jedoch in Grenzen.

Die Polymerbeschichtungen besitzen trotzdem ein beachtliches Potential; denn unter dem Aspekt der fortschreitenden Entwicklung faserverstärkter Thermoplaste wird dieses Verfahren an Bedeutung gewinnen [8.17].

8.2.3.2 Oxidative Verfahren

Die heute üblichen Verfahren zur Oberflächenbehandlung von Kohlenstofffasern sind oxidativer Art. Wie Abb. 8.2.32 zeigt, gibt es die nasschemische, die anodische und die thermische Oxidation, welche mit Abstand die besten Ergebnisse liefern. Nach [8.18] wurde die Oxidation mit siedender Salpetersäure sehr ausführlich untersucht. Die Behandlung in Salpetersäure führt zu einer Vergrösserung der Faseroberfläche und zur Bildung reaktiver Oberflächengruppen, die in der Lage sind, kovalente Bindungen mit der Matrix einzugehen, um so die Haftung im Verbund deutlich zu steigern. Die Nachteile dabei sind allerdings die hohen Verweilzeiten bei der Salpetersäureoxidation, so dass für einen kommerziellen Prozess lediglich die thermische und anodische Oxidation übrig bleiben.

Bei der anodischen Oxidation wird die Faser durch ein Elektrolytbad geführt und als Anode geschaltet, wie es in Abb. 8.2.33 schematisch dargestellt ist. Als Elektrolyte können verdünnte Säuren, Basen oder Salzlösungen verwendet werden, wobei das Anodenpotential zwischen 1 Volt und 12 Volt liegen kann. Die Verweilzeiten liegen bei 0,5 min bis 5 min. Wie bei der Nassoxidation in Salpetersäure werden durch diese Behandlung reaktive Gruppen auf der Faseroberfläche geschaffen, die eine Haftverbesserung bewirken, allerdings muss bei der Führung dieser Reaktion sorgfältigst auf die Reinigung anhaftender Elektrolyten und Abbauprodukte geachtet werden, denn Verunreinigungen können die erzielten Haftverbesserungen negativ beeinflussen.

In dieser Beziehung ist die thermische Oxidation von Vorteil. Die Behandlung der Fasern findet in gasförmigen Medien bei Temperaturen zwischen 400°C und 1100°C statt. Dadurch wird ein anschliessender Waschprozess überflüssig. Die Verweilzeiten sind je nach Temperatur zwischen einigen Sekunden bis Minuten einstellbar. Die Oberflächenbehandlung hat jedoch nicht nur positive Auswirkungen. Der oxidative Abbau erzeugt gleichzeitig auch Kerbstellen in der Faseroberfläche. Nach [8.17], [8.18] sinken damit auch die Faserfestigkeit und die Biegefestigkeit der Verbundkörper, wie es Abb. 8.2.34 zeigt.

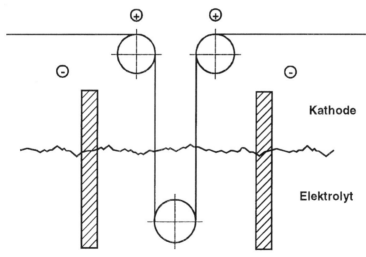

Abb. 8.2.33 Schematische Darstellung der anodischen Oxidation von Kohlenstofffasern [8.17] [8.18]

246 Mechanische, temperaturabhängige und wirtschaftliche Eigenschaften...

Seit einigen Jahren finden zunehmend auch thermoplastische Matrices Anwendungen bei Faserverbundwerkstoffen, die zum Teil ein anderes Eigenschaftsspektrum aufweisen als die bekannten duromeren Systeme. Im wesentlichen sind es die amorphen Thermoplaste Polyetherimid (PEI) und Polyethersulfon (PES) und verschiedene teilkristalline Thermoplaste wie Polyetheretherketon (PEEK) und Polyetherketon (PEK) und Polyphenylsulfid (PPS) (siehe Kapitel 7), die alle eine relativ hohe Wärmeformbeständigkeit aufweisen und im Prinzip beliebig oft aufgeschmolzen werden können, was in vielerlei Hinsicht von grossem Vorteil ist, vor allem auch beim Recycling von Werkstoffen [8.27] (siehe Kapitel 14). Thermoplaste zeigen allgemein keine besondere Affinität zu Verstärkungsfasern. Sie wirken eher trennend. Deshalb bedarf es auch besonderer Oberflächenbehandlungen der Fasern, insbesondere der C-Fasern.

Eine optimale Anpassung der Faseravivage (Oberflächenbeschichtung = Schlichte) an den Matrixwerkstoff führt zu einer maximalen Ausnutzung der Fasereigenschaften im Laminat. Offensichtlich wurde jedoch der Einfluss der Avivage auf die Faser/Matrix-Haftung in kohlenstoffaserverstärkten Thermoplasten selten untersucht. Aus diesem Grunde wurden in [8.19] die Auswirkungen von speziellen thermoplastischen, aber zum Vergleich auch duroplastischen Schlichten auf die mechanischen Eigenschaften von kohlenstoffaserverstärkten Thermoplasten genauer betrachtet und gegenübergestellt. Verwendet wurden bei dieser Untersuchung Kohlenstofffasern vom Typ Tenax-IHTA mit den typischen Eigenschaften einer HT-Faser (High tensile) mit einer Zugfestigkeit von 3900 MPa und einem Zugmodul von ~ 240 GPa.

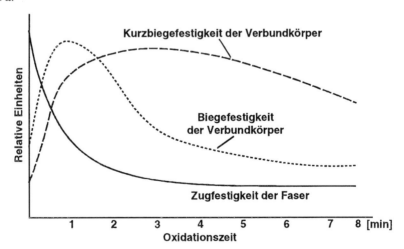

Abb. 8.2.34 Abhängigkeit der Oxidationszeit von thermischen Faseroberflächenbehandlungen auf kohlenstoffverstärkte Kunststoffe [8.17] [8.18]

Mechanische, temperaturabhängige und wirtschaftliche Eigenschaften... 247

Bezeichnung	Avivagetyp	Avivageanteil	Bemerkungen
TS 1	duroplastisch	1,3 %	Standardprodukt HTA 5131
		0,7 %	Entwicklungstype
		0,3 %	Entwicklungstype
TS 2	duroplastisch	1,3 %	Standardprodukt HTA 5331
TS 3	duroplastisch	1,3 %	Standardprodukt HTA 5231
TP 1	thermoplastisch	0,7 %	Entwicklungstype
		0,2 %	
TP 2	thermoplastisch	0,7 %	Entwicklungstype
		0,2 %	
TP 3	thermoplastisch	0,7 %	Entwicklungstype
		0,2 %	
N/S	---	0 %	Entwicklungstype

Abb. 8.2.35 Kohlenstoffaser Tenax-JHTA mit unterschiedlichen Avivagen zur Verbesserung der Faser/Harz-Haftung in Faserverbunden [8.17] [8.18]

Die Abb. 8.2.35 gibt eine Übersicht über unterschiedlich avivierte Kohlenstofffasern. Neben einer wirksamen Avivage ist natürlich eine gute Imprägnierfähigkeit der Faser erforderlich, die wiederum von der Schmelzeviskosität des Polymers und von der Spreizbarkeit der Fasern abhängt. Abb. 8.2.36 verdeutlicht, dass die Spreizbarkeit der Fasern vom Avivagetyp und vom Anteil der Avivage abhängt und diese Einflüsse sich teilweise in den mechanischen Eigenschaften der Faserverbunde bemerkbar machen. Unter Spreizbarkeit der Faserbündel (Rovings) ist deren Auffächerung zur besseren Imprägnierung der Schlichte auf die Fasern zu verstehen.

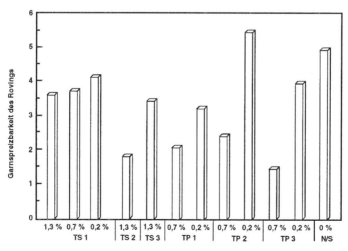

Abb. 8.2.36 Abhängigkeit der Garnspreizbarkeit vom Avivagetyp [8.17] [8.18]

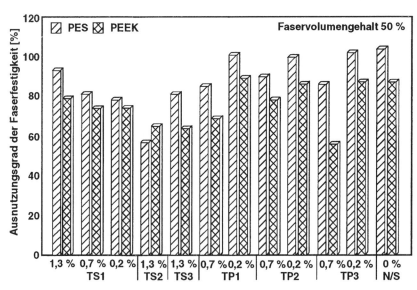

Abb. 8.2.37 Abhängigkeit des Nutzungsgrades der Biegefestigkeit von kohlenstofffaserverstärkten Thermoplasten vom Avivagetyp [8.17] [8.18]

Zur Beurteilung des Einflusses der Avivage auf die Laminateigenschaften wurden Biegefestigkeiten (DIN EN 2562), interlaminare Scherfestigkeiten (DIN EN 65380) und Druckfestigkeiten (DIN EN 65380) ermittelt. Abb. 8.2.37 zeigt den Einfluss der Avivage auf die Biegefestigkeiten (normiert) von Laminaten mit PES und PEEK als Matrixwerkstoff. Der Einfluss der Avivage (Schlichte) auf die Festigkeit ist deutlich erkennbar. Fasern mit 0,2% thermoplastischer Avivage (TP1, TP2 und TP3) führten zu einer Ausnutzung von 90% bei PEEK und 100% bei PES. Bei den Fasern mit 1,3% duroplastischer Avivage (TS1) und PES als Laminat lagen die Biegefestigkeiten um ca. 10% niedriger. Bei allen anderen Fasern lagen die Werte deutlich niedriger. Deshalb wurden bei den interlaminaren Scher- und Druckfestigkeiten lediglich Fasern mit TP1, TP2, TP3 0,2% Avivage und TS1 (duroplastisch) 1,3% Avivage berücksichtigt. Zum Vergleich wurde noch eine Faser ohne Avivage (N/S) mitbewertet.

In Abb. 8.2.38 sind die interlaminaren Scherfestigkeiten von Laminaten mit PEI, PES, PPS und PEEK als Matrixwerkstoff gegenübergestellt. Die PEEK-Laminate schneiden am besten und die PPS-Laminate am schlechtesten ab. Bei Laminaten mit Fasern ohne Avivage sind im Durchschnitt die ILS-Werte gegenüber den anderen nicht schlechter.

Mechanische, temperaturabhängige und wirtschaftliche Eigenschaften...   249

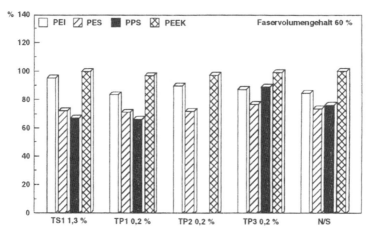

Abb. 8.2.38 Abhängigkeit des Nutzungsgrades der interlaminaren Scherfestigkeit von kohlenstoffaserverstärkten Thermoplasten vom Avivagetyp [8.17] [8.18]

Bei den Druckfestigkeiten von kohlenstoffaserverstärktem PEEK und PPS, Abb. 8.2.39, sind hohe Schwankungen festzustellen. Fasern mit 1,3% duroplastischer Avivage führen bei beiden Polymeren zu deutlich niedrigeren Werten als Kohlenstoffasern mit thermoplastischer oder ohne Avivage.

Als Resümee der Ergebnisse der Untersuchungen aus [8.19] ist festzustellen, dass eine Anbindung der Kohlenstoffasern an die thermoplastischen Matrixsysteme mittels einer Avivage möglich ist und damit wahrscheinlich in vielen Anwendungsfällen eine ausreichende Harz/Matrix-Haftung gegeben ist.

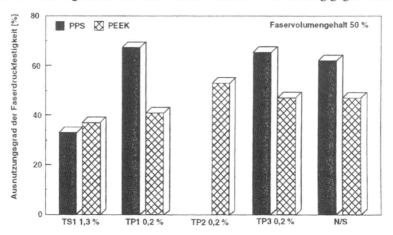

Abb. 8.2.39 Abhängigkeit der Druckfestigkeit von kohlenstoffaserverstärkten Thermoplasten vom Avivagetyp [8.17] [8.18]

Die Ausnutzungsgrade der Biege-Druckfestigkeiten (Abb. 8.2.37 und Abb. 8.2.39) sind stark abhängig vom Avivagetyp. Bei den Biegefestigkeiten liegen sie zwischen 55% und 100% und bei den Druckfestigkeiten sogar nur zwischen 35% und 70%. Hier sind also deutliche Verbesserungen erforderlich, es sei denn, andere Faktoren wie z.B. der Modul der Matrix sind dafür bestimmend.

Festzustellen ist noch:
- Die Biegefestigkeiten von Laminaten mit einer PES-Matrix sind in fast allen Fällen besser als die mit einer PEEK-Matrix.
- Die Druckfestigkeiten von Laminaten mit einer PPS-Matrix sind bei thermoplastischen Avivagen durchwegs besser als die mit PEEK-Matrix.
- Die Biege-, Scher- und Druckfestigkeiten von Laminaten mit Fasern ohne Avivage sind nicht schlechter. Daraus könnte man folgern, dass die Wirksamkeit der bisherigen Avivagen begrenzt ist. Es gibt jedoch auch noch andere wichtige mechanische Eigenschaften, wie z. B. die Querzugfestigkeit.

Die weiter oben bereits angesprochenen Polyethylenfasern, also die normale und die hochfeste, unterscheiden sich wesentlich in ihrer Affinität zu den duroplastischen Matrixsystemen. Bei der normalen Faser erreicht man mit fast allen Harzsystemen ausreichende Haftung. Dies gilt nicht für den hochfesten Typ. Für die Anwendungen mit Epoxidharzen und anderen gängigen duromeren Harzsystemen muss die Faseroberfläche einer Corona- oder Plasmabehandlung unterzogen werden [8.20]. Durch diese Oberflächenbehandlungen werden die mechanischen Eigenschaften der Fasern nicht beeinträchtigt, jedoch die Kosten.

Trotz dieser Oberflächenbehandlungen bleibt die Haftung zwischen Faser und Harz bescheiden, was sich auch dadurch zeigt, dass die Querzugbruchdehnung von UD-Laminaten aus hochfesten Polyethylenfasern nur 0,3% beträgt, bei entsprechenden Verbunden mit Kohlenstofffasern jedoch bei fast 1,0% liegt, obwohl der Querzug-E-Modul der Polyethylenfaser kleiner als derjenige der C-Faser ist. Die Polyethylenfaser ist also eine weniger steife Einlagerung im Querverbund als die C-Faser.

		Unidirektional			Gewebe (Typ 903)		
Datum	Behand-lung	ILS-Festigkeit MPa	Biege-festigkeit MPa	Biege-modul GPa	ILS-Festigkeit MPa	Biege-festigkeit MPa	Biege-modul MPa
10/85	TN	8,0	146	8,3	6,0	39	3,0
10/86	CT	18	190	18	9,7	71	6,9
10/87	TP	31	243	31	15	150	20

TN ≡ Normale Behandlung
CT ≡ Coronabehandlung
TP ≡ Plasmabehandlung

Abb. 8.2.40 Auswirkungen von oberflächenbehandelten hochfesten Polyethylenfasern vom Typ Spektra 900 auf die Verbundeigenschaften [8.2]

Abb. 8.2.40 zeigt den Einfluss der Oberflächenbehandlung auf die Faser/Harz-Haftung. Die typischen haftungs- und harzbestimmenden Eigenschaften wie die interlaminare Scherfestigkeit verbessern sich bei corona- und plasmabehandelten Fasern extrem [8.2]. Dabei ist die Plasmabehandlung durchgehend wirksamer als die Coronabehandlung. Dass die veränderte Haftung zwischen Faser und Harz die an sich faserbestimmten Biegefestigkeiten und -moduln so stark mitprägt, ist ein wirklicher Beweis für den Einfluss schlechter Haftung im Falle unbehandelter Fasern. Nach [8.21] liegen über die Haftung von Aramidfasern zu den verschiedenen Matrixsystemen keine umfassenden Erfahrungen vor.

Da die Querzugfestigkeiten von unidirektionalen Laminaten wegen ihrer grossen Bedeutung in multidirektionalen Laminaten und ihrem sensiblen Verhalten am ehesten Rückschlüsse auf die Haftung zwischen Faser und Harz erlauben, wird dieser Eigenschaft ein etwas breiterer Rahmen eingeräumt.

Fraglos lassen sich bei schlechter oder keiner Faser/Harz-Haftung keine hohen Querzugfestigkeiten erzielen, aber gerade diese sind bei multidirektionalen Faserverbunden zur Vermeidung von Rissbildungen in den Querlagen dieser Schichtwerkstoffe gefordert. Die Querzugfestigkeit unidirektionaler Laminate ist entgegen der allgemeinen Meinung keine ausschliesslich matrixdominante Grösse. Sie wird vielmehr von allen 3 Komponenten beeinflusst: dem Harz, der Faser und dem Interface.

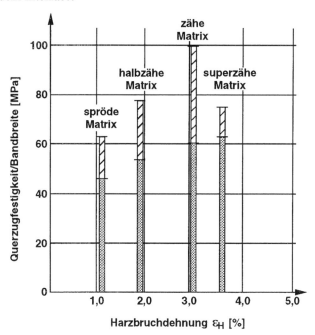

Abb. 8.2.41 Querzugfestigkeiten und Bandbreiten ($\sigma_{\perp max} - \sigma_{\perp min}$) von unidirektionalen CFK-Laminaten

Die Faser als mehr oder weniger steife Einlagerung in einer weichen Matrix führt bei intakter Faser/Harz-Haftung bei einachsiger Querbelastung je nach dem E-Modul der Faser zu einer mehr oder weniger starken Dehnungserhöhung der Matrix (Abb. 8.2.5) und damit zu einer stärkeren Belastung des Interface.

Viele Untersuchungen zur Faser/Harz-Haftung wurden an Laminaten aus Prepregs (preimpregnated) durchgeführt. Die dabei verwendeten Harze liegen naturgemäss nicht als Reinharze vor, sondern in Verbindung der Prepreghalbzeuge. Die Ermittlung von Harzeigenschaften ist deshalb erschwert und nur indirekt möglich. Trotzdem gibt es von den Harz- und Prepregherstellern Angaben über die Harzeigenschaften, die qualitativ gruppentypischen Matrixbruchdehnungen nach Abb. 8.2.26 zugeordnet werden können. Ordnet man nun die entsprechenden Querzugfestigkeiten von unidirektionalen CFK-Laminaten nach Abb. 8.2.41 zu, dann lässt sich in Abb. 8.2.42 eine recht gute Übereinstimmung feststellen. Die spröden (brittle) Systeme mit den niedrigsten Matrixbruchdehnungen besitzen auch die niedrigsten Querzugfestigkeiten. Die zähen (toughened) Systeme mit den höchsten Matrixbruchdehnungen verzeichnen auch die höchsten Querzugfestigkeiten. Die halbzähen (semi-toughened) Systeme liegen folgerichtig zwischen den spröden und den zähen Systemen. Bei den zähen Matrixsystemen nach Abb. 8.2.42 ist offensichtlich keine Steigerung der Querzugfestigkeit mehr möglich und bei den superzähen fällt die Festigkeit sogar auf 70 MPa ab. Aus diesem Verhalten lässt sich ableiten, dass die superzähen Matrices mit hohen Bruchdehnungen (> 3,5%) zwar aussergewöhnliche Zugeigenschaften in Faserrichtung besitzen (Abb. 8.2.8 und Abb. 8.2.9), aber bei den doch stark matrixdominanten Quereigenschaften von UD-Laminaten mit Einbussen gerechnet werden muss [8.14].

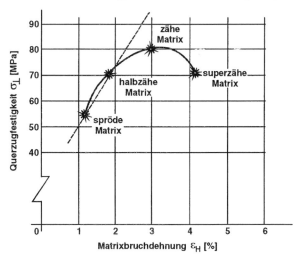

Abb. 8.2.42 Querzugfestigkeiten von unidirektionalen CFK-Laminaten in Abhängigkeit von den gemittelten gruppentypischen Harzbruchdehnungen [8.14]

Die Gruppe der zähen Systeme (Abb. 8.2.26) sticht durch eine grosse Streuung (Abb. 8.2.41) hervor. Dies ist insofern bemerkenswert, da es sich mit einer Ausnahme um dasselbe Harz, kombiniert mit unterschiedlichen C-Fasertypen, handelt. Der Unterschied der Querzugfestigkeiten beträgt bis zu 40%, was zwingend zu dem Schluss führt, dass ausser der Matrixbruchdehnung (die Gruppenzuordnung wurde anhand der Matrixbruchdehnungen nach Abb. 8.2.26 vorgenommen) noch andere Eigenschaften der Fasern sowie die Faseroberflächenbehandlung und -beschichtung bzw. die Faser/Harz-Haftung einen ganz erheblichen Einfluss auf die Querzugfestigkeiten und Querzugbruchdehnungen ausüben [8.14].

Im einzelnen sind folgende Ursachen für die sehr hohen Streuungen und die nicht erkennbaren Grenzen zwischen den jeweiligen Gruppen nach Abb. 8.2.26 denkbar:

1. Da die untersuchten Harzsysteme von handelsüblichen Prepregs nicht als Reinharze, sondern nur in Verbindung mit Prepregs vorliegen, können von den Harzen keine Spannungs-/Dehnungskurven ermittelt werden, was die Interpretation der Versuchsergebnisse erschwert. Aufgrund der vorliegenden Ergebnisse kann man unterstellen, dass das Spannungs-Dehnungsverhalten dieser Matrixsysteme nicht ausschliesslich linear-, sondern auch viskoelastisch ist, wie es Abb. 8.2.25 qualitativ zeigt. Bei Harzen vom Typ 1 ist das Hooke'sche Gesetz anwendbar. Deshalb ist ein linearer Zusammenhang zwischen Querspannung und Querdehnung bis zum Versagen eines UD-Querlaminates zu erwarten. Bei Systemen vom Typ 2 und 3 in Abb. 8.2.25 ist dies nicht der Fall. Der qualitative Vergleich dieser Kurven verdeutlicht dies. Trotz um den Faktor 3 unterschiedlicher Harzbruchdehnungen gegenüber Typ 1 weisen die beiden Systeme in etwa dasselbe Bruchspannungsniveau auf. Die Einteilungen nach Abb. 8.2.25 und die Untersuchungen nach Abb. 8.2.26 könnten also erklären, weshalb die matrixdominanten Querzugfestigkeiten von Laminaten aus hochzähen und spröden Matrices nach Abb. 8.2.42 wieder abfallen [8.14].

2. Die Haftung zwischen Faser und Harz ist dann dominierend, wenn die zu übertragenden Spannungen niedriger sind als die Zugfestigkeiten der Matrix. Bei bekanntem Querzug-E-Modul der Faser und unter Voraussetzung der Gültigkeit des Hooke'schen Gesetzes kann unter Zuhilfenahme des Fasergehaltes der Dehnungsanteil der Matrix überschlagen werden. Der Vergleich mit der Matrixbruchdehnung liefert einen Hinweis in wie weit ein Grenzflächen- oder Matrixversagen vorliegt.

3. Im Normalfall sind die Fasern in der Matrix nicht gleichmässig verteilt. Dadurch wird lokal die mittlere Dehnungserhöhung der Matrix zwischen den Fasern stark zunehmen und damit ein früheres, erstes Versagen des Verbundes einleiten. Zur Verbesserung der Querzugfestigkeit ist somit eine gleichmässige Faser/Harz-Verteilung anzustreben, was in der Praxis jedoch schwierig zu realisieren ist [8.25].

254 Mechanische, temperaturabhängige und wirtschaftliche Eigenschaften...

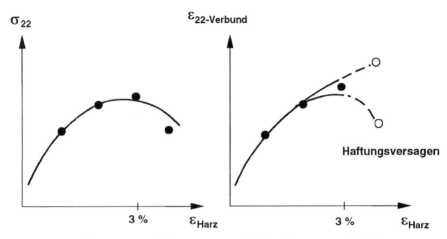

Abb. 8.2.43 Hypothese zum Haftversagen von UD-Laminaten unter Zugbelastung quer zur Faserrichtung [8.14]

Eine weitere Möglichkeit, ein Grenzflächen- bzw. Haftversagen nachzuweisen, besteht in dem Vergleich der Querzugfestigkeits- und der Querzugdehnungskurve über der Reinharzbruchdehnung.

In Abb. 8.2.43 sind die Querzugfestigkeiten aus Abb. 8.2.42 skizzenhaft über der Reinharzbruchdehnung dargestellt.

Bestätigt sich nun die Annahme über das Spannungsverhalten der Reinharze, so müsste die Querzugdehnung im Verbund auch bei hoher Harzbruchdehnung weiter zunehmen. Korreliert sie dagegen mit der Querzugspannung im Verbund, so kann mit einer gewissen Wahrscheinlichkeit ein Haftversagen angenommen werden [8.14].

Im folgenden sollen weitere die Haftung der Fasern an der Matrix beeinflussende Faktoren erläutert werden.

Ist keine Haftung wirksam, dann muss die Last ausschliesslich über die Harzbrücken transportiert werden. Abgesehen von plastischen Nachgiebigkeiten der Matrix wäre der Kerbfaktor im Kerbgrund bei gleichmässiger Faserverteilung sehr hoch, wenn man einen Reibschluss zwischen Faser und Harz ausschliesst. Eine intakte Haftung gewährleistet dagegen eine Kraftübertragung von der Matrix auf die eingelagerten Fasern wodurch die Spannungserhöhungen abgebaut werden.

Die Konsequenzen einer guten oder schlechten Haftung lassen sich sehr anschaulich durch Untersuchungen an Makromodellen mit Hilfe der Spannungsoptik darstellen.

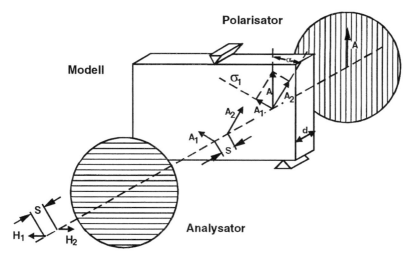

Abb. 8.2.44 Polarisationsoptischer Grundvorgang für spannungsoptische Untersuchungen an Modellplatten [8.29]

Diese Methode beruht auf dem Effekt, dass Kunststoffe wie Gläser in Folge mechanischer Belastung doppelbrechend werden [8.28] [8.29]. Bringt man ein belastetes Kunststoffmodell zwischen gekreuzte Polarisationsfolien (Polarisator und Analysator), dann lässt nach Abb. 8.2.44 der Polarisator nur in der Vertikalen schwingendes Licht durch. Im belasteten Modell herrscht an jedem Punkt ein ebener Spannungszustand, der durch Grösse und Richtung der beiden Hauptspannungen definiert ist.

Nach dem Brewster'schen Gesetz [8.28] [8.29] wird der Lichtvektor A in zwei, den Hauptspannungen proportionale Komponenten A_1 und A_2 aufgeteilt. Diese durchlaufen das Modell mit verschiedenen Geschwindigkeiten V_1 und V_2, die ebenfalls σ_1 und σ_2 proportional sind.

Durch die verschiedenen Fortpflanzungsgeschwindigkeiten besteht nach dem Durchlaufen des Modells ein Gang- bzw. Phasenunterschied zwischen den Teilstrahlen, der proportional ist zur Differenz der Hauptspannungen:

$$\Delta \sim \sigma_1 - \sigma_2 \qquad (8.4)$$

Alle Orte, bei denen die Hauptspannungsrichtungen mit den Schwingungen von Polarisator und Analysator übereinstimmen, erscheinen schwarz, da hier kein elliptisches Licht entsteht. So entstehen im Bild dunkle Linien, die Isoklinen, die Punkte gleicher Hauptspannungsrichtung verbinden.

Bei Verwendung von weissem Licht entstehen als Isochromaten bezeichnete farbige Linien, sie kennzeichnen Orte mit gleicher Hauptspannungsdifferenz.

256   Mechanische, temperaturabhängige und wirtschaftliche Eigenschaften...

Die Spannungsoptik ist also ein Verfahren der Modellanalogie, um Spannungsverteilungen vorwiegend an ebenen Modellplatten zu ermitteln. Diese Methode ist somit geeignet, an ebenen Laminatquerschnittmodellen die Spannungsverteilungen in der Bettungsmasse unter Querbelastung sichtbar zu machen. In Modellplatten, die einen Faserquerschnitt zeigen, wurden anstelle von Glasfasern kreisförmige Duralscheiben verwendet, da Duralscheiben wegen ihrem, dem E-Glas ähnlichen E-Modul, eine gute Analogie erwarten lassen. Das dabei verwendete Epoxidharz als Bettungsmasse entsprach ohnehin den wirklichen Verhältnissen.

Das Isochromatenbild liefert bereits einen qualitativen Überblick über die Verteilungen der Spannungen. Über Grösse und Richtung von Einzelspannungen ist jedoch keine präzise Aussage möglich, da die Isochromaten nur den Hauptspannungsdifferenzen proportional sind. In vielen Fällen ist es aber so, dass bei hoher Isochromatendichte auch hohe Spannungen vorliegen, da diese Dichte den Spannungsgradienten, d. h. der Spannungsänderung entspricht.

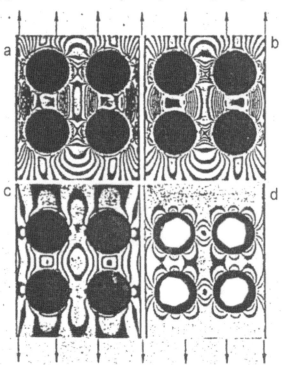

a = Bohrungen ohne Einlagerungen; b = eingepasste Einlagerungen ohne Haftung; c = Einlagerungen mit Haftung zur Matrix; d = Ringeinlagerungen mit Haftung zur Matrix

Abb. 8.2.45 Isochromatenbild von Modellplatten mit quadratischer Anordnung der Unstetigkeiten [8.29]

Mechanische, temperaturabhängige und wirtschaftliche Eigenschaften... 257

Am Beispiel einer ebenen Modellplatte mit quadratischer Anordnung der Duralscheiben wurden in [8.28] [8.29] die Isochromatenbilder von eingelagerten Unstetigkeiten bzw. einer Lochplatte beschrieben. Die höchste Isochromatendichte und damit wahrscheinlich auch die höchste Spannung findet man bei der reinen Lochplatte (Abb. 8.2.45a) vor. Massive Einlagerungen mit guter Haftung zur Matrix (Abb. 8.2.45c) bauen diese Spannungserhöhungen deutlich ab. Eingepasste Einlagerungen, also ohne Haftung (Abb. 8.2.45b) unterscheiden sich qualitativ nur wenig von der Lochplatte. Die Beurteilung dieser drei Fälle legt den Gedanken nahe, dass ein eingebetteter und gut mit der Matrix verhafteter Ring wegen seiner grösseren Elastizität gegenüber der Vollfaser einen Kompromiss in der Beanspruchung bzw. Nachgiebigkeit von Matrix und Grenzfläche darstellen könnte (Abb. 8.2.45a). Das Verhältnis vom Aussen- und Innendurchmesser dieses Rings, der eine Hohlfaser darstellt, könnte den Erfordernissen angepasst werden. Ohne auf die Details genauer einzugehen wird deutlich dass eine intakte Faser/Harz-Haftung die hohen Spannungen (Isochromatendichte in Abb. 8.2.45c) gegenüber Abb. 8.2.45a) extrem abbaut.

Eine günstigere Spannungsverteilung erhält man bei Modellplatten mit hexagonal angeordneten steifen Einlagerungen (Duralscheiben) wie Abb. 8.2.46 anhand der Isochromatendichte zeigt.

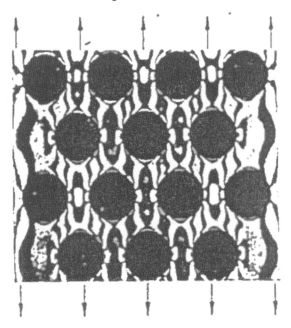

Abb. 8.2.46 Isochromatenbild einer zugbelasteten „Fasermodellplatte" mit hexagonaler Faseranordnung [8.29]

Als Fazit der Faser-/Harz-Haftung ist festzustellen, dass wirksame Faserverbunde nur bei guter Haftung zwischen Faser und Harz möglich sind.

In den bisherigen Abschnitten des Kapitels 8 wurden die Bedeutung und die Erfassbarkeit der Querzugfestigkeit ausführlich behandelt. In der Praxis werden jedoch multidirektionale Laminate verwendet. Durch die unterschiedlichen Faserrichtungen werden die Querdehnungen stark behindert. Dadurch ist die Querfestigkeit nur noch eines von weiteren Dimensionierungskriterien (siehe Kapitel 6).

8.2.4 Einfluss der Verstärkungsfasern auf die Eigenschaften unidirektionaler Verbunde quer zur Faserrichtung

In Abb. 8.2.5 und Abb. 8.2.29 ist beispielhaft der Querschnitt eines unidirektionalen Laminatmodells dargestellt. Ist der Quermodul $E_{\perp F}$ der Verstärkungsfaser grösser als der Matrixmodul E_M im Verbund, dann dehnt sich bei einachsiger Querzugbelastung die steife Faser kaum, wogegen die weniger steife Matrix fast die ganze Querdehnung ertragen muss. Wegen der 20-30fachen grösseren Steifigkeit der Fasern gegenüber dem Harz kann man deshalb die Faser im Rechenmodell als starr annehmen. Die lokale Dehnung der Matrix wird also höher sein als die äussere gemittelte Dehnung $\varepsilon_\perp$ des Verbundes. Diese Dehnungserhöhung der Harzmatrix bei querbelasteten, unidirektionalen Laminaten ist neben den Moduln von Faser und Harz noch von dem Faservolumengehalt ρ sowie der Faseranordnung im Rechenmodell abhängig [8.32].

Bezüglich der Herleitung der Beziehungen für den Dehnungsvergrösserungsfaktor f_e bei Querbelastung wird auf die Arbeiten von Puck und Ehrenstein [8.24], [8.32] verwiesen. In Abb. 8.2.29 sind die Elementarfasern in quadratischer Packung angeordnet. Wird dieses Element mit hintereinander angeordneten Fasern unter einer Zugspannung verformt, dann wird sich bei intakter Haftung zwischen Faser und Harz die steife Glasfaser kaum dehnen, so dass praktisch die gesamte Querdehnung von der Matrix erbracht werden muss. Diese lokale Matrix-Dehnung zwischen den Fasern ist somit grösser als die aussen gemessene. Diese Dehnungsvergrösserung der Matrix steigt mit zunehmendem Verhältnis der E-Moduln $E_{\perp F}/E_M$ und dem Faservolumenanteil ρ an.

Mit den gleichen Annahmen lassen sich Modelle auch für andere Packungsarten für die Dehnungsvergrösserungsfaktoren f_e herleiten [8.24].

So sind in Abb. 8.2.47 die Dehnungsvergrösserungsfaktoren und die durch Schubbeanspruchung entstandenen Verschiebungsvergrösserungsfaktoren verschiedener, auf die Kraftrichtung bezogene Packungsarten in Abhängigkeit des Faservolumenanteils φ aufgetragen. Dabei erweist sich die quadratische Anordnung mit zur Diagonalen paralleler Kraftrichtung als die ungünstigste.

Mechanische, temperaturabhängige und wirtschaftliche Eigenschaften... 259

Allen aufgeführten Packungsarten gemein ist die Zunahme der Dehnungsvergrösserungsfaktoren mit steigendem Faservolumengehalt φ.

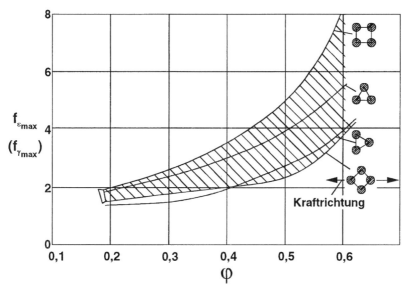

Abb. 8.2.47 Maximaler Dehnungsvergrösserungsfaktor $f_{\varepsilon max}$ (bzw. maximaler Verschiebungsvergrösserungsfaktor $f_{\gamma max}$) in Abhängigkeit vom Glasvolumenanteil φ für verschiedene Elementarfaseranordnungen in Bezug zur Kraftrichtung. Glasfasern als starr angenommen [8.24]

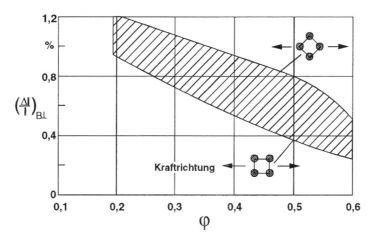

Abb. 8.2.48 Bruchdehnung bei Querbelastung in Abhängigkeit vom Glasvolumenanteil φ für verschiedene Elementarfaseranordnungen in Bezug zur Kraftrichtung. Glasfasern als starr angenommen [8.24].

Mit zunehmenden Dehnnungserhöhungsfaktoren nimmt die Querzugbelastbarkeit mit steigendem Fasergehalt ab.

Die genaue Herleitung für den Dehnungserhöhungsfaktor, den Sekantenmodul, die Bruchdehnung und -festigkeit ist in [8.24] ausführlich gegeben.

Für die Querdehnung nach Abb. 8.2.48 gilt:

$$\left(\frac{\Delta l}{l}\right)_{B\perp} = \varepsilon_{BH} \cdot \left(1-\nu_H^2\right) / f_{\varepsilon\max} \qquad (8.5)$$

Für die einzelnen Werte gilt:
ε_{BH} = Bruchdehnung = 2,5 %
ν_H = Querkontraktionszahl des Harzes = 0,5

Vergleicht man die theoretischen Bruchbedingungen mit den experimentell ermittelten aus Abb. 8.2.48, dann ist eine gute Übereinstimmung der Ergebnisse festzustellen.

Beim Aushärten von Faserverbunden entstehen durch die unterschiedlichen Wärmeausdehnungskoeffizienten von Faser und Harz Schrumpfspannungen bei der Abkühlung, wie dies auch die Abb. 8.2.49 zeigt. Diese Erkenntnis hat vorwiegend positive Auswirkungen auf die Querzugfestigkeiten von unidirektionalen Laminaten, da bei äusserer Zugbeanspruchung zunächst die Schrumpfspannungen erst einmal abgebaut werden müssen.

Im Falle glasfaserverstärkter Laminate ist, wie bereits angedeutet, die isotrope Glasfaser im Querverbund mit einem E-Modul der Faser von ~ 70 GPa eine steife Einlagerung in der Harzmatrix. Die Glasfaser wird sich deshalb bei Querbelastungen kaum dehnen. Den Hauptteil muss die Matrix übernehmen. Die lokale Dehnungserhöhung ist nach Abb. 8.2.30 abhängig vom E-Modul der Faser und vom Faservolumengehalt.

Bei unidirektionalen CFK-Laminaten zeigt sich dagegen ein völlig anderes Bild. Der Quer-E-Modul der Kohlenstofffaser wird in Abb. 8.2.9 mit 10 GPa aus den mechanischen Eigenschaften der Laminate abgeschätzt. Damit wäre die anisotrope bzw. orthotrope Kohlenstofffaser im Querverbund ungefähr 7x weniger steif als die isotrope Glasfaser. Bei gleichem Faservolumenanteil, gleicher Faserverteilung und intakter Haftung zwischen Faser und Harz müsste die äussere gemittelte Bruchdehnung $\varepsilon_\perp$ von UD-CFK nach der Gleichung (8.6) wesentlich höher sein als die von GFK.

Mechanische, temperaturabhängige und wirtschaftliche Eigenschaften... 261

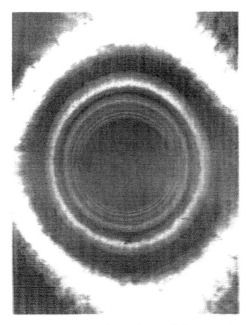

Abb. 8.2.49 Schrumpfspannungen einer planparallelen Harzplatte mit eingelagerter Alu-Scheibe zur Sichtbarmachung von Spannungen bzw. Spannungsdifferenzen [8.29]

Bei quadratischer Packung ist der maximal mögliche Faservolumenanteil 78,5% und bei hexagonaler Packung 91 %. Sind beispielsweise beide Packungsarten gleichmässig im Laminat vertreten, dann ist der mittlere maximale Fasergehalt ~ 85 %. Legt man obige Packungsverteilung zugrunde, dann ergibt sich im praktischen Fall von 75 % Fasergehalt ein Dehnungsüberhöhungsfaktor von 7,35 für GFK und von 2,44 für CFK. Bei gleichmässiger Verteilung und den meist in der Praxis vorhandenen Fasergehalt von 60 % sind die Faktoren für GFK 4,3 und für CFK 2,1.

Berücksichtigt man die Dehnungsüberhöhung bei einem Fasergehalt von 75 %, dann liegen die gemittelten Bruchdehnungen von GFK bei einer Harzbruchdehnung von ~ 2,5 % bei 0,27 % und von CFK bei ~ 0,82 %. Nach in [8.29] gemessenen Querzugbruchdehnungen von unidirektionalen CFK-Laminaten liegen diese im Mittel bei ~ 0,82 %. Die Übereinstimmung ist also erstaunlich gut.

Trotz dieser guten Übereinstimmung der gemessenen Bruchdehnungen mit den gerechneten bzw. abgeschätzten Werten müssen auch noch andere Einflussfaktoren beachtet werden. Dies sind u.a.:
- das Spannungs-/Dehnungsverhalten der Harzmatrix,
- die chemische Zusammensetzung der Harz-, Härter- und Beschleunigersysteme,

- die Mischungsproblematik der Matrixkomponenten,
- Umwelteinflüsse der Matrixsysteme und die Einflüsse aus der Fertigung.

Messungen zeigen, wie die Querzugbruchdehnungen mit zunehmendem Fasergehalt bei unterschiedlichen Temperaturen und unterschiedlichen duromeren Harzen sich ändern [8.29]

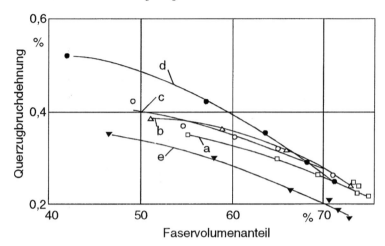

Abb. 8.2.50 Querzugbruchdehnungen von gewickelten Querzugrohrproben. Roving 21xK42; a bis c Harz 20; a: t = 75°C; d Harz 26, t = 25°C; e Harz 11, t = 25°C [8.29]

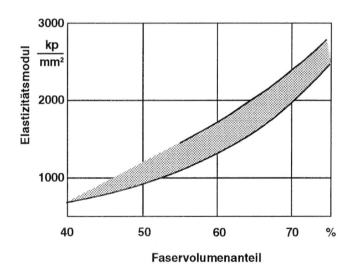

Abb. 8.2.51 Elastizitätsmoduln von mit Glasfasern gewickelten Querzugrohrproben, hergestellt aus duromeren Harzsystemen mit Härtungstemperaturen RT und 75°C [8.29].

Für die Dehnungsüberhöhung der Harzmatrix gilt:

$$\text{gemittelte Dehnung: } \varepsilon_\perp = \frac{\Delta l}{l} \tag{8.6}$$

$$\text{lokale Dehnung: } \varepsilon_{lokal} = \frac{\Delta l_{lokal}}{l} \tag{8.7}$$

$$\text{Dehnungsüberhöhung: } f_e = \frac{\varepsilon_{lokal}}{\varepsilon_\perp} \tag{8.8}$$

$$f_e = \frac{1}{1 - \left[1 - \dfrac{E_{Matrix}}{E_{Faser}}\right] \cdot \sqrt{\dfrac{2 \cdot \sqrt{3}}{\pi} \cdot \varphi_{Faser}}} \tag{8.9}$$

z. B.

$f_e(\varphi = 60\%, \text{GF-EP}) = 4{,}4$

8.3 Literaturverzeichnis zu Kapitel 8

[8.1] N.N.: Spektrum der Wissenschaft, Januar 1996
[8.2] Flemming, M., Ziegmann, G., Roth, S.: Faserverbundbauweisen - Fasern und Matrices; Springer-Verlag Heidelberg, 1995; ISBN 3-540-58645-8
[8.3] Neumann, P.: Ein traditioneller Werkstoff mit hohem Innovationspotential; Spektrum der Wissenschaft, November 1995
[8.4] Trömmel, M.: Technische Wachstumsprozesse - Analysen und Prognosen; Spektrum der Wissenschaft, Dezember 1995
[8.5] Ambos, H.: Die Bedeutung von Schlüsseltechnologien; Vortrag zum Symposium an der ETH-Zürich, März 1993
[8.6] Sprenger, H.: Neuartige Aluminium-Verbundwerkstoffe; Spektrum der Wissenschaft, Februar 1999
[8.7] Koshorst, J.: Verbundwerkstoffe in der Luft - und Raumfahrt. Entwicklung und Perspektiven; Verbundwerk, Wiesbaden, 1988
[8.8] Blezki, A., Gassau, J.: Natürliche Verstärkungsfasern für Kunststoffe; Spektrum der Wissenschaft, 1996
[8.9] Welsch, J., Schneider, R.: Technik gestalten - Zukunft gewinnen, Bundverlag GmbH, Köln 1995

[8.10] Fitzer, E.: Neue Entwicklungen für Faserverbundwerkstoffe, Handbuch für neue Systeme, Hrsg. Demat Exposition Managing, Vulkanverlag, Essen 1992
[8.11] Langhorst, P.: Von der Kohlenstoffaser zum Prepreg - die neue Fasertechnologie, Technik heute, 3 - 1993
[8.12] Domininghans, H.: Die Kunststoffe und ihre Eigenschaften, 4. Auflage, VDJ - Verlag, Düsseldorf 1992
[8.13] N.N: Epoxidharze und deren Härtungsmechanismen, Firmenbroschüre der Firma Ciba-Geigy AG
[8.14] Seyffert, H., Roth, S.: Dornier-Endbericht Kurzqualifikation SK50-1002/87, 1987
[8.15] Dry, A.: Zoltek - Information über C-Fasern vom 18.3.1997, Zoltek Comp. Inc., Abilene, Texas, at the site of US-Base.
[8.16] Hagen, H. u.a.: Glasfaserverstärkte Kunststoffe, Kap.1.4 Glasfasern, Springerverlag 1961
[8.17] Ziegmann, G.: Entwicklung von Kohlenstofffasern, BMFT-Projekt Nr. 03 M 1018 C , Schlussbericht 1990
[8.18] Cziollek, J.: Struktur und Oberflächeneigenschaften von Kohlenstofffasern, Textilveredelung 22,3, S.115-121, 1987
[8.19] Eule, A.: Einfluss von speziellen Avivagen in kohlenstofffaserverstärkten Thermoplasten, Focus, Kundenzeitschrift der Fibers Division von AKZO, 2 - 1991
[8.20] N.N: Dyneema SK60 - High performance fibers in composites, Broschüre der Fa. DMS High Performance Fibers B.V., NL-Heerten, 1988
[8.21] Hillermeier, K.: Aramidfasern, Kohlenstoff- und aramidfaserverstärkte Kunststoffe, VDJ - Verlag, Düsseldorf 1977
[8.22] Castan, P.: Epoxidharze und deren Härtungsmechanismen, 1934, Mitteilung von der Firma Gebr. De Trey, Zürich
[8.23] Michaeli, W, Wegener, M.: Einführung in die Technologie der Faserverbundwerkstoffe, Hanser Verlag, ISBN 3-446-15786-7, 1989
[8.24] Puck, A.: Zum Deformationsverhalten und Bruchmechanismus von unidirektionalen und orthogonalen Glasfaser/Kunststoffen; Kunststoffe Bd. 55 Heft 12, Seite 913 - 922, 1965,
[8.25] Nissen, D., Lang, R.: Chemiefaserverstärkte Kunststoffe - Composites, Weiterentwicklung von Fasern, Matrices, Verarbeitung, Prüfung, Eignung, neue Anwendungen. 25. Internationale Chemiefasertagung Dornbirn 1986 - Österreichisches Chemiefaser-Institut, Plößlgasse 8 , A - 1041 Wien
[8.26] Roth, S., Kächele, P.: CFK - Grundlagenprogramm Teilaufgabe W13: Korrelation TGA - mechanische Eigenschaften, Dornier Bericht - SK50-1002/87 - 1987

[8.27] Zogg, M.: Neue Wege zum Recycling von faserverstärkten Kunststoffen, Diss. ETH - Zürich, 1996
[8.28] Hering, E., Martin, R., Stohrer, M.: Physik für Ingenieure, VDI-Verlag 1992
[8.29] Roth, S., Grüninger, P.G.: Beitrag zur Deutung des Querzugversagens von Stranglaminaten, 8. Öffentliche Jahrestagung der AVK - EV in Freudenstadt, 1969
[8.30] Flemming, M., Ziegmann, G., Roth, S.: Faserverbundbauweisen, Fertigungsverfahren mit duroplastischer Matrix, Springer Verlag, Berlin, Heidelberg, 1999, ISBN 3-540-61659-4
[8.31] Stellbrink, K.: Experimentelle Ermittlung der statistischen Verteilungsfunktionen von Faseranordnungen im unidirektionalen GFK- und CFK- Verbund, Institut für Bauweisen und Konstruktionsforschung, Forschungszentrum Stuttgart - Deutsche Forschungs- und Versuchsanstalt für Luft- und Raumfahrt E.V. - Bericht - IBK 45473/6 - 1973
[8.32] Ehrenstein, G.W.: Faserverbundkunststoffe: Werkstoffe - Verarbeitung - Eigenschaften; Hanser Verlag München, Wien, 1992
[8.33] Flemming, M., Ziegmann, G., Roth, S.: Faserverbundbauweisen, Halbzeuge und Bauweisen, Springer Verlag, Berlin, Heidelberg, 1996, ISBN 3-540-60616-5
[8.34] Semrau, H. J.: Faserausnutzung in Abhängigkeit von der Matrixbruchdehnung von Epoxidharzsystemen, Dornier-Bericht
[8.35] Ziegmann, G.: Schlussbericht zum BMFT-Vorhaben - Entwicklung von Kohlenstofffasern. Teilprojekt: Charakterisierung des Sizings von C-Fasern und Einfluss des Sizings auf Verarbeitbarkeit und Composite-Eigenschaften, 1986-1990; Akzo/Enka AG, 5600 Wuppertal 1 Technical Center Advanced Materials
[8.36] Compton, D., Gjostein, N.: Werkstoffe für Strassenfahrzeuge; Spektrum der Wissenschaft 1986, S. 66
[8.37] Menges, G.: Faserverbundwerkstoffe Fertigung und Eigenschaften Hochleistungsverbundwerkstoffe für neue Systeme, Herausgeber: Demat Exposition Managing Gradow 1992

Die Forschungsberichte der ETH Zürich und der Fa. Dornier liegen den Verfassern vor.

9 Das Ermüdungsverhalten von Faserverbunden bei dynamischer Belastung

Zur Beurteilung des Ermüdungsverhaltens von CFK-Verbunden greift man analog zu den metallischen Werkstoffen auf die Wöhlerlinie bzw. auf den Einstufenversuch zurück, der allerdings je nach Anforderung mit unterschiedlichsten Belastungsarten ermittelt wird. Ein Mass für die Belastungsart ist der R-Faktor, der durch das Spannungsverhältnis

$$\frac{\sigma_u}{\sigma_o} = R \qquad (9.1)$$

ausgedrückt wird. Mit σ_u und σ_o werden die Unter- und Oberspannungen benannt.

In Abb. 9.1 sind beispielhaft vier verschiedene Schwingungsformen skizziert.

Sehr wichtige Schwingungsformen sind R = 0 und R = -1. Die Schwingungsform R = 0 ist eine Schwellbeanspruchung mit:

$$\sigma_m = \frac{\sigma_0}{2} \qquad (9.2)$$

und die andere mit R = -1 eine reine Wechselbeanspruchung mit $\sigma_m = 0$.

Um die Belastung einer schwingend beanspruchten Probe oder eines Bauteils zu charakterisieren, muss man einige Kenngrössen einführen. Im einfachsten Fall, dem Einstufen- oder Wöhlerversuch schwankt die Last mit gleichbleibender Amplitude meist sinusförmig um eine konstant bleibende Mittellast (Abb. 9.1) und (Abb. 9.2). Umgerechnet auf einen beliebigen Bezugsquerschnitt ergeben sich damit die dargestellten Beziehungen und Bezeichnungen.

Es lässt sich dabei erkennen, dass zur eindeutigen Kennzeichnung einer beliebigen Einstufenbelastung mindestens zwei Kenngrössen gehören, also z.B.

σ_a und R
σ_a und σ_m
σ_o und σ_u

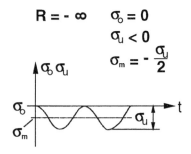
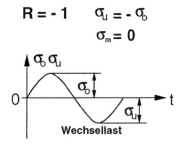
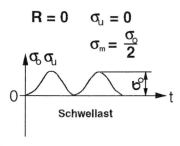
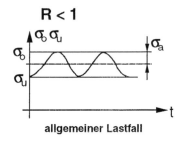

Abb. 9.1 Die unterschiedlichen Lastfälle

Die Ermüdungsfestigkeit eines Materials wird normalerweise als der maximal mögliche Spannungsausschlag bei 10^6 Lastwechseln unter einer bestimmten Mittelspannung angegeben. Die Angabe des Spannungsverhältnisses R weist auf den Charakter der Schwingungsbelastung hin. Somit sind die Basis zur Beurteilung des Schwingfestigkeitsverhaltens von Werkstoffen die Ergebnisse aus Einstufenversuchen. Wie schon erwähnt, werden dabei die Proben meist einer sinusförmigen Kraft-Zeit-Belastung unterworfen. Mittelspannung und Spannungsamplitude bleiben bis zum Bruch konstant.

Die Ergebnisse mehrerer Einstufenversuche mit gleichem R-Wert aber verschiedener Maximalspannung werden in ein Diagramm mit logarithmisch geteilter Abszisse (Lastspielzahl) und linear geteilter Ordinate (Schwingungsfestigkeit) eingetragen. Die Schwingungsfestigkeit ist dabei die zum Bruch führende Ober- oder Unterspannung. Die so dargestellte Kurve nennt man Wöhlerkurve (Abb. 9.2).

Das Ermüdungsverhalten von Faserverbunden bei dynamischer Belastung 269

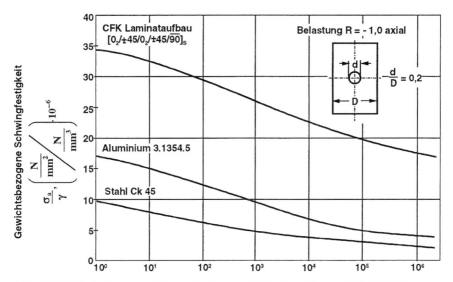

Abb. 9.2 Wöhlerlinien von gebohrten Proben aus CFK, Aluminium und Stahl [9.2]

Zahlreiche Versuchsreihen wurden an Proben mit unterschiedlichen R-Werten über das Schwingungsverhalten von CFK-Laminaten systematisch untersucht, so dass ein relativ vollständiges Bild diesbezüglich vorliegt [9.1], [9.2], [9.6], [9.11], [9.16], [9.21], [9.22]. Darüber hinaus wurden aber auch Unterlagen über den Einfluss von Kerben auf das Schwingungsfestigkeitsverhalten von CFK-Laminaten, sowie des Steifigkeitsverlustes bei Schwingbelastung untersucht.

Viele betrachteten multidirektionalen CFK-Proben stammen aus Laminatplatten mit dem Aufbau

$$[0_2/\pm 45/0_2/\pm 45/90_0]_s.$$

Dieser ausgeglichene Winkelverbund ist aus verschiedenen Gründen für hochbelastete Strukturen von Flugzeugen, aber auch anderen Transportsystemen geeignet.

Im Vergleich zu den Metallen bieten faserverstärkte Kunststoffe eine Reihe von Vorteilen (geringe Dichte, richtungsabhängige Festigkeit, Korrosionsbeständigkeit, gute dynamische Eigenschaften usw.). Die Variation der Anforderungsprofile der Faserverbunde erfordert eine komplexe Ausgangsanalyse für eine ausfallsichere Bemessung von Faserverbundbauteilen. Bei dynamisch hoch beanspruchten Bauteilen bedeutet dies, die Relationen zwischen Werkstoff (Matrix, Faser, Laminataufbau) und Schwingungsfestigkeiten unter Einsatzbedingungen (Belastungsart, Temperatur, Feuchtigkeit usw.) zu kennen. Deshalb soll im folgenden vor allem die

Voraussetzung für eine erste Abschätzung über das Werkstoffverhalten insbesondere von CFK bei dynamischer Belastung geschaffen werden.

Bei der dynamischen Belastung von Metallen bilden sich nach Gefügeversetzungen Risse aus, deren Wachsen und deren kritische Grösse mit Hilfe der Bruchmechanik beschrieben werden können. Die Erkenntnisse auf diesem Gebiet haben mittlerweile einen hohen Stand erreicht, so dass, abhängig von einer bestimmten Versagenswahrscheinlichkeit, ein relativ sicherer Einsatz für die notwendige Betriebsdauer möglich ist. Der Einsatz dynamisch beanspruchter CFK-Bauteile erfordert für die ausfallsichere Bemessung die gleiche Zuverlässigkeit wie bei Metallen. Die Abschätzung der Schadensparameter ist bei CFK-Bauteilen schwieriger, weil kein isotroper Werkstoff vorliegt.

9.1 Schädigungsmechanismen bei dynamischer Belastung

Erste Schwingfestigkeitsuntersuchungen an Faserverbundwerkstoffen, insbesondere an CFK-Proben wurden mit wechselnden Belastungen im Zugbereich durchgeführt. Die Ergebnisse waren Wöhlerkurven mit geringer Neigung und einem Dauerfestigkeitsbereich der nur wenig unterhalb der statischen Festigkeit liegt. Durch die vorliegenden Erfahrungen mit Metallen glaubte man, dass dynamische Belastungen für Faserverbunde unkritisch sind. Weitere Untersuchungen mit anderen Spannungsverhältnissen ergaben jedoch für CFK-Laminate bei Druckbelastungen ein empfindlicheres Verhalten als bei Metallen. Deshalb war es zwingend erforderlich, die Bruchmechanismen bei Faserverbunden genauer zu betrachten. Die unterschiedlichen Imperfektionen wie Risse, Poren, Lunker, Delaminationen, eingeschlossene Fremdkörper zwischen den Prepreglagen, wie z.B. Fette, Partikel, Staub, Papier und Reste von Trennfolien, Faserbruch und Adhäsionsversagen der Grenzfläche Faser/Matrix können zum Bruch oder unzulässig hohen Steifigkeitsverlusten führen.

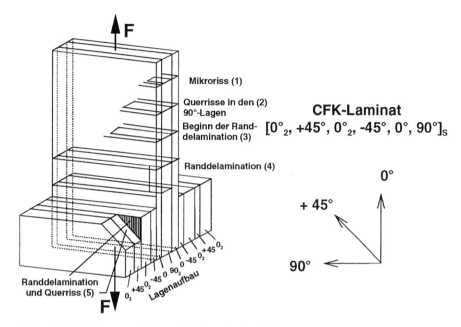

Abb. 9.1.1 Schadensentwicklung bei dynamischer Belastung

Wie das Versagen beginnt und welche Kombinationen dabei auftreten, hängt hauptsächlich vom Verhältnis der Bruchdehnungen von Faser und Matrix, dem Laminataufbau und dem Beanspruchungszustand ab. Die Beschreibung des Schädigungsverlaufes bei dynamischer Belastung erfolgt hier beispielhaft anhand eines speziellen Laminataufbaus wie Abb. 9.1.1 aus [9.2] zeigt.

Zu Beginn der Schwingbeanspruchung bilden sich bei Zugspannungen am Probenrand Querrisse in den 90°-Schichten (1). Zunächst ist kein Längenwachstum der ersten Risse, sondern eine Zunahme der Rissanzahl zu beobachten.

Im weiteren Verlauf wachsen die Querrisse zur Mitte hin (2) und es zeigen sich am Rand erste Delaminationen zwischen den 0°- und den 90°-Lagen (3). Die einzelnen Delaminationen vereinigen sich und breiten sich nach innen und in Längsrichtung aus, bis ein durchgehender Längsriss entsteht (5).

In den 45°-Schichten gibt es ebenfalls Querrisse, die im 45°-Winkel vom Rand zur Probenmitte wandern und zu Delaminationen zwischen benachbarten Schichten führen können (5) [9.2] [9.4].

Für das endgültige Versagen ist die Belastungsart entscheidend. Bei Zugschwellbelastung erfolgt der Ermüdungsbruch nach einer wachsenden Anzahl von Brüchen einzelner Faserbündel, die durch Risse isoliert worden sind.

Im Falle der Zug-Druck-Wechselbelastung können delaminierte Einzellagen ausbeulen, wenn die Delaminationsfläche eine kritische Grösse überschreitet.

Es ist möglich, dass bereits bei der Fertigung eines Laminates Matrixrisse und Delaminationen entstehen. Sie sind oft eine Folge der unterschiedlichen Wärmeausdehnung von Faser und Matrix. Die so entstandenen Ausgangsschädigungen initiieren die Fortpflanzung der Matrixrisse durch die C-Faser, die wenig Widerstand gegen die Rissausbreitung aufbringt. Diese Mikroschäden ergeben bei Belastung örtliche Spannungsspitzen. Eine genaue Beschreibung der weiteren Schadensentwicklung bei dynamischer Belastung bereitet erhebliche Schwierigkeiten, während die Auswirkungen der Schäden physikalisch messbar sind, wie z.B.:
- die Änderung der Steifigkeit
- eine Erhöhung der Absorption von Feuchtigkeit
- eine Veränderung der Restfestigkeit (siehe Kapitel 7.6)
- eine Veränderung des Spannungs-Dehnungsverhaltens
- verändertes Dämpfungsverhalten

9.2 Untersuchung des Ermüdungsverhaltens

Mehrere Faktoren bestimmen das Ermüdungsverhalten von uni- und multidirektionalen CFK-Laminaten massgeblich. So ist aus Abb. 8.2.16 in Kapitel 8 zu entnehmen, dass die statische Druckfestigkeit von unidirektionalen Kohlenstofffaserlaminaten mit zunehmender Harzbruchdehnung stark abnimmt und aus Abb. 8.2.18 ist zu erkennen, dass die Druckfestigkeit unidirektionaler CFK-Laminate mit sich verkleinerndem Harzmodul abnimmt. Bei einer Harzbruchdehnung von ~5,75% beträgt die Restdruckfestigkeit gerade noch ~30%. Dazu kommt noch ein Abfall des Schub- und E- Moduls der Harzmatrix über der Temperatur (Abb. 8.2.15), der sich bei einer Absorption von Feuchtigkeit nach noch tieferen Temperaturen hin verlagert und die Stützwirkung der C- Fasern im UD-Verbund durch die geschwächte Matrix zusätzlich verschlechtert. Den Beginn des scharfen Abfalls der beiden Harzgrössen E- und G-Modul bezeichnet man auch als Glas- oder Erweichungspunkt.

Aus dem Verhalten der Eigenschaften nach Abb. 8.2.15 bis 8.2.18 und den Korrelationen zwischen ihnen ist deutlich zu folgern, dass beim Ermüdungsnachweis von CFK-Laminaten und -Strukturen Druckbelastungen starke Beachtung finden müssen.

Das Ermüdungsverhalten von Faserverbunden bei dynamischer Belastung 273

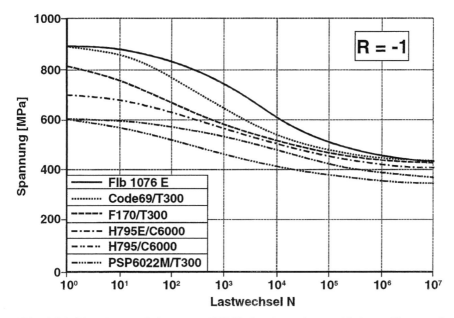

Abb. 9.2.1 Ermüdungsverhalten von CFK-Verbunden mit verschiedenen Harz- und Fasersystemen [9.5]

In der Tat konnte aus umfangreichen Schwingfestigkeitsuntersuchungen (Einstufenuntersuchungen) an gekerbten und ungekerbten Proben mit unterschiedlichen R-Faktoren festgestellt werden, dass nach Abb. 9.3.1 die R-Faktoren R = -1 und R = -1,66 zu den ungünstigsten Ergebnissen führen. Deshalb wurden zur weiteren Beurteilung des Ermüdungsverhaltens hauptsächlich Wöhlerlinien mit R = -1 berücksichtigt (Abb. 9.2.1). Hier sind die Wöhlerlinien verschiedener kohlenstofffaserverstärkter Kunststoffe gegenübergestellt.

Diese CFK-Wöhlerlinien nach Abb. 9.2.1 unterscheiden sich zum einen durch verschiedene Kohlenstofffasertypen (HT = High-Tensile, HM = High-Modulus) und zum anderen durch die gängigen Matrixsysteme (Reaktionsharze wie Epoxide, Bismaleinimide und Polyimide). Das Verhältnis der CFK-Wöhlerkurven zeigt dabei eine eindeutige Systematik:

- Die Kurven der unterschiedlichen Systeme lassen sich ohne Ausnahme in der Reihenfolge der Bruchdehnung (Duktilität) der Matrixsysteme zuordnen (s.a. Abb. 8.2.26)
- Mit zunehmender Zähigkeit der Matrix nehmen auch die zulässigen Maximalspannungen zu, dabei spielt es keine Rolle, welche Lastspielzahl N betrachtet wird.

- Betrachtet man das Verhältnis der Spannungen bei einer Lastspielzahl von N=1 (statischer Fall) und N=10^6, so lässt sich ein gegenüber den Maximalspannungen gegenläufiges Verhalten feststellen. Das spröde Polyimidsystem PSP6022 weist bei einer Lastspielzahl von 10^6 noch eine Restfestigkeit von 58% auf, das halbzähe Fiberite hy-E 1076 nur noch von 49%.
- Die Reihenfolge der Absolutwerte bei einer Lastspielzahl von N = 1 stimmt mit der Reihenfolge bei N = 10^6 überein.

Die Gegenüberstellung der Wöhlerlinien ermöglicht folgende vergleichende Aussagen:
1. Mit zunehmender Duktilität der Matrixsysteme nimmt auch die Maximalspannung zu.
2. Mit zunehmender Zähigkeit der Harzsysteme nimmt gleichzeitig auch der Ermüdungseinfluss auf die mechanischen Eigenschaften zu.
3. Durch das spröde Matrixsystem scheint ein unterer Grenzwert sowohl bei N=1, als auch bei N=10^6 definiert zu sein, denn trotz der grösseren Empfindlichkeit der zähen Systeme gegenüber Schwingungsbelastung fallen ihre Werte auch nach 10^6 Lastwechseln nicht unter die Werte des spröden Systems. Betrachtet man sämtliche Werte nach 10^7 Lastwechseln, dann kann man darauf schliessen, dass sich die zulässigen Spannungen nicht mehr wesentlich voneinander unterscheiden.

Die Zusammenfassung der Wöhlerlinien sämtlicher Systeme in Abb. 9.2.2 ermöglicht eine gute abschätzende Voraussage des Ermüdungsverhaltens (ohne Ermüdungsversuche), über eine Zuordnung der Zähigkeiten der Matrixsysteme.

Eine Normierung der Wöhlerlinien nach Abb. 9.2.1 mit der jeweiligen Amplitudenspannung bei einer Lastspielzahl von N = 1 lässt ein sehr ähnliches Verhalten der unterschiedlichsten Werkstoffsysteme erkennen. Abb. 9.2.2 zeigt diese Kurve. Auffallend ist dabei die Übereinstimmung der Amplitudenspannung bei N = 1 mit der Kurzzeitdruckfestigkeit. Umgekehrt kann man daraus folgern, dass sich bei bekannter Kurzzeitdruckfestigkeit mit Hilfe von Abb. 9.2.2 das Ermüdungsverhalten relativ genau abschätzen lässt. Dies gilt jedoch nur für einen R-Faktor von R = -1. Basis dieser Abschätzung sind vor allem zwei Faktoren:

- Die Wöhlerlinie läuft im niederen Lastspielbereich auf die Kurzzeitdruckfestigkeit zu, die üblicherweise kleiner als die Kurzzeitzugfestigkeit ist.
- Die Schwingfestigkeit im hohen Lastspielbereich (10^6 Lastwechsel) sollte bei 49 bis 58% der Kurzzeiteigenschaft liegen (siehe Abb. 9.2.2)

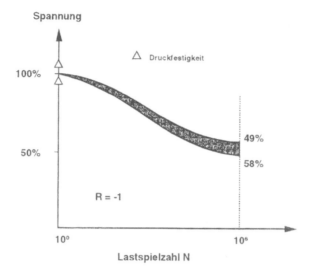

Abb. 9.2.2 Abhängigkeit der Druckfestigkeit von der Anzahl der Lastwechsel

Damit sind für eine Wöhlerlinie 2 wesentliche Punkte festgelegt. Unterstellt man darüber hinaus beim Lastwechsel 10^0 einen Gradienten von Null, dann ist die Wöhlerlinie gut fixiert. Aus den vorliegenden Erkenntnissen gelten diese Aussagen nicht nur für die Prüfbedingungen RT/trocken, sondern auch für andere wie RT/feucht. Auch bei diesen Fällen bestimmt die Kurzzeitdruckfestigkeit wesentlich die Wöhlerlinie. Nimmt die Druckfestigkeit ab, dann verschiebt sich das Niveau der Kurve nach unten. Diese Aussagen gelten nur für unidirektionale Laminate, nicht jedoch für multidirektionale.

9.3 Die Anwendung des Haigh-Schaubildes aus Ergebnissen von Einstufenversuchen

9.3.1 Erläuterungen zu CFK-Haighdiagrammen

Eine umfassendere Darstellung über das Schwingfestigkeitsverhalten bei verschiedenen Mittelspannungen σ_m liefert die Darstellung der Ergebnisse der Einstufenversuche im Haigh-Diagramm. Derartige Haighschaubilder liegen inzwischen für fast alle wichtigen CFK-Werkstoffe mit unterschiedlichen Laminataufbauten vor.

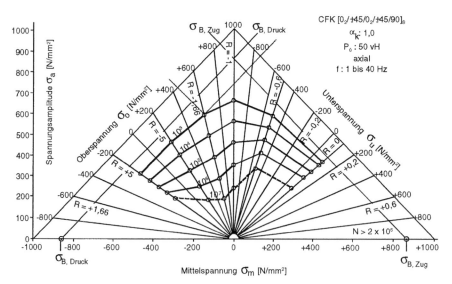

Abb. 9.3.1 Haighschaubild von ungekerbtem CFK [9.6]

Das Diagramm (Abb. 9.3.1), (Abb. 9.3.2) und (Abb. 9.3.3) enthält die Informationen von vielen Wöhlerlinien. In diesen Diagrammen sind Linien konstanter Überlebenswahrscheinlichkeit (z.B. $P_{ü}$ = 50%) über der Mittelspannung als Abszissenwert und der Amplitude der Beanspruchung als Ordinatenwert aufgetragen [9.6]. Dazu werden, ausgehend von $\sigma_m=0$ und $\sigma_a=0$, strahlenförmig die Linien konstanter R-Werte eingetragen. Unter 45° liegt das Netz mit Linien konstanter Ober- und Unterspannungen. Die in das Diagramm eingetragenen Versuchsergebnisse an CFK-Proben geben ausgehend von der statischen Festigkeit bis hin zu $N = 10^7$ einen sehr guten Überblick über das Schwingfestigkeitsverhalten bei gekerbten und ungekerbten Proben (Abb. 9.3.1, Abb. 9.3.2, und Abb. 9.3.3). Auffallend ist in beiden Fällen ein schädigender Einfluss der negativen Mittelspannungen bezüglich der Spannungsamplituden.

Zum besseren Verständnis der Anwendung des Haigh-Diagramms seien einige Beispiele mit Abb. 9.3.2 erläutert. Lesen sie auf dem Haigh-Diagramm die folgenden Werte ab:

1. Die Lebensdauer des Maschinenteils bei einer Beanspruchung von $\sigma = 100 \pm 320$ N/mm^2
2. Die Dauerfestigkeit $N = 10^6$ Lastzyklen bei einer Mittelspannung von $\sigma_m = 200$ N/mm^2
3. Die zeitwechselnde Last bei einer Lebensdauer von 10^3 Lastzyklen und einem Spannungsverhältnis von R = -1,66
4. Den Charakter der Schwingbelastung bei einer Mittelspannung von $\sigma_m = 260$ N/mm^2 und einer Lebensdauer von $N = 10^5$ Lastzyklen

Das Ermüdungsverhalten von Faserverbunden bei dynamischer Belastung 277

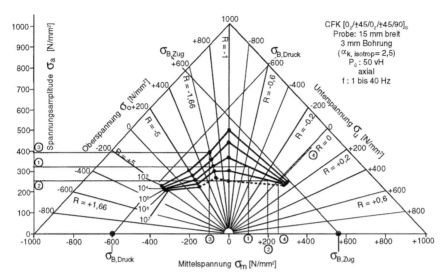

Abb. 9.3.2 Haighschaubild von gekerbtem CFK, Spannung bezogen auf Nettoquerschnitt [9.6] und eingetragene Beispiele

Die Resultate sind in Abb. 9.3.2 dargestellt, und zwar:
1. N liegt bei 1×10^5 Lastzyklen
2. $\sigma_{zA} = \pm 250$ N/mm^2
3. $\sigma = -100 \pm 390$ N/mm^2
4. R = 0 → reine Schwellbeanspruchung

Im Haigh-Schaubild kann in Abhängigkeit von der Mittelspannung und Amplitude einer Schwingbelastung ausserdem abgelesen werden, ob durch die statische Bemessung die Schwingfestigkeit mit abgedeckt ist oder nicht. Dazu muss eine Linie parallel zur Zug- bzw. Druckfestigkeit des Werkstoffes im Abstand des statischen Sicherheitsfaktors gezogen werden. Der Bereich oberhalb dieser Linie wird durch die statische Bemessung abgedeckt, für den Bereich unterhalb ist die Schwingfestigkeit unter der Erkenntnis, dass bei R = -1 der ungünstigste Belastungsbereich vorliegt das bemessende Kriterium. Man sieht, dass bei R = -1,66 bzw. R = -1,0 der grösste Abstand zur statischen Festigkeit vorhanden ist, Zug-Druckbelastungen mit mindestens gleich grossem Anteil im Druckbereich, also am wenigsten durch die statische Bemessung abgedeckt werden können [9.6].

278 Das Ermüdungsverhalten von Faserverbunden bei dynamischer Belastung

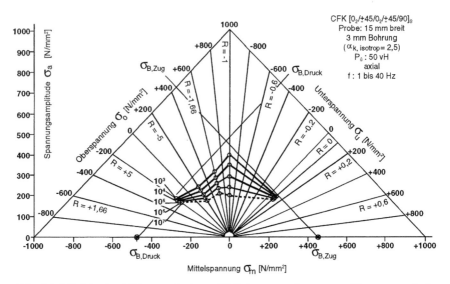

Abb. 9.3.3 Haighschaubild von gekerbtem CFK; Spannung bezogen auf Bruttoquerschnitt [9.6]

Abb. 9.3.4 zeigt Wöhlerlinien für ungekerbte und gekerbte Proben jeweils gleicher R-Werte in einem Diagramm. Dieser Vergleich zeigt, dass der Verlauf der Wöhlerlinien durch die statischen Festigkeiten der gekerbten und ungekerbten Proben bestimmt wird. Das bedeutet, dass der Abfall der Schwingfestigkeit durch die Kerbe im Kurzzeitfestigkeitsbereich am grössten wird. Zur Darstellung der Kerbempfindlichkeit bei Schwingbelastung eignet sich nach [9.9] am besten das Auftragen von $ß_k$ über der Lebensdauer. Dabei ist $ß_k$ das Verhältnis:

Schwingfestigkeit der ungekerbten zur Schwingfestigkeit der gekerbten Probe.

$ß_k$-Kurven für Kerbproben mit gleichen $α_k$, kann man sich aus Abb. 9.3.5 ermitteln. Die Abb. 9.3.5 zeigt den bekannten Verlauf für duktile Aluminiumlegierungen sowie den typischen Verlauf für hochsteife und praxisnahe CFK-Laminate.

Typisch ist für Metalle der Anstieg der $ß_k$-Kurve vom Wert 1,0 bei der statischen Festigkeit ($N = 10^0$) zu einem Dauerfestigkeitsbereich ($N = 10^7$), der nahe bei $α_k$ liegt. Der CFK-Werkstoff zeigt das umgekehrte Verhalten. Von einem grösseren Wert bei der statischen Festigkeit fällt er auf 1,0 im Dauerfestigkeitsbereich ab.

Die statische Zugfestigkeit von Metallen ist wegen der Fähigkeit der Plastifizierung der Metalle im gekerbten und ungekerbten Zustand gleich. Bei CFK-Laminaten ist jedoch die statische Festigkeit der gekerbten Probe geringer als die der ungekerbten.

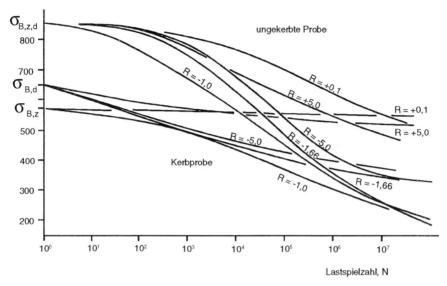

Abb. 9.3.4 Wöhlerlinien gekerbter und ungekerbter CFK-Proben [9.6]

Während sich in elastisch/plastischen Werkstoffen (z.B. Aluminiumlegierungen) der Kerbfaktor praktisch nicht auf die statische Bruchfestigkeit auswirkt, reduziert eine Kerbe in CFK-Laminaten die statische Bruchlast proportional dem Grade der Anisotropie. Umgekehrt verhält es sich mit der dynamischen Kerbempfindlichkeit. Der Kerbeinfluss verschwindet bei ca. 10^7 Bruchlastspielen, d. h. der Kerbfaktor geht gegen 1. Die Abb. 9.3.5 zeigt die Wöhlerlinien für eine Aluminiumlegierung und ein CFK-Laminat bei einer Wechselbeanspruchung mit dem Spannungsverhältnis R = -1, bei der der Rückgang der Kerbempfindlichkeit von CFK bei hohen Lastspielzahlen ersichtlich ist. Für die Ursache gibt es folgende Erklärung:

Bei der statischen Belastung tritt eine elastische Spannungskonzentration in Form einer Spannungsspitze am Lochrand auf. Dadurch entstehen in der Nähe dieser Spannungsspitze erste feine Risse in den quer und diagonal liegenden Schichten. Bei einer Wechselbelastung verlängern sich diese Mikrorisse jedoch nicht linear, sondern durch Spannungsumlagerung entstehen in unmittelbarer Nachbarschaft neue feine Risse. So entsteht ein Rissfeld, das sich unter der Belastung weiter ausbreitet. Dadurch entsteht um das Bohrloch quasi ein Zerrüttungseffekt, der zur Folge hat, dass der Lochrand praktisch weichgerüttelt und dabei die Spannungsspitze abgebaut wird. Die Probe kann dabei rund um die Bohrung begrenzt Last aufnehmen.

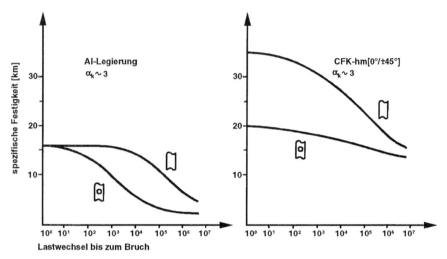

Abb. 9.3.5 Typische Unterschiede im Schwingfestigkeitsverhalten von Aluminiumlegierungen und kohlenstofffaserverstärkten Kunststoffen [9.10]

9.3.2 Streuung und Überlebenswahrscheinlichkeit

Alle in einem Schwingfestigkeitsversuch ermittelten Werte streuen mehr oder weniger stark. Dabei ist zu unterscheiden zwischen Streuungsanteilen infolge äusserer Einflüsse und solchen Anteilen, die werkstoffbedingt sind. Wenn man durch sorgfältige Probenherstellung und Versuchsdurchführung die äusseren Einflüsse weitgehend eliminiert, bleibt eine Streuung, die durch den Zufallscharakter des Ablaufes des Ermüdungsbruches gegeben ist. Da im Werkstoff immer minimale Fehlstellen vorhanden sind, kann man sich vorstellen, dass diese als Mikrorisse wirken, von denen der Ermüdungsbruch seinen Ausgang nimmt. Dies trifft sowohl für gekerbte als auch für ungekerbte Proben zu. Im Bereich der Spannungskonzentration infolge Kerben oder Lasteinleitung muss also das Vorhandensein von Fehlstellen angenommen werden.

In der Praxis hat es sich als brauchbares Verfahren durchgesetzt, mehrere Proben auf einem Spannungshorizont - nach Erfahrungswerten sind 6 bis 10 ausreichend - zu belasten und mit statistischen Methoden den Mittelwert der Bruchlastspielzahlen mit einer Überlebenswahrscheinlichkeit P_u von 50% zu berechnen. Dazu werden die n_p-Proben (ermittelte Bruchlastspielzahlen) in fallender Folge geordnet, anschliessend mit einer Ordnungszahl m versehen und bei $P_u=(3m-1)/(3n+1)$ in einem Gauss'schen Wahrscheinlichkeitsnetz aufgetragen, siehe Abb. 9.3.6. und Abb. 9.3.7.

Das Ermüdungsverhalten von Faserverbunden bei dynamischer Belastung

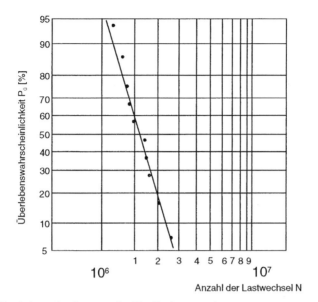

Abb. 9.3.6 Ermittlung der Streuung im Ein-Stufenversuch

Verwendet man für die Bruchlastspielzahlen eine logarithmische Teilung, so lassen sich die Versuchswerte meist durch eine Gerade oder einen leicht gekrümmten Kurvenzug ausmitteln und somit die Bruchlastspielzahlen für gewünschte Überlebenswahrscheinlichkeiten, z.B. $P_u = 50\%$ entnehmen. Aus dem gleichen Diagramm lässt sich auch das Streumass $T = N_{Pu90}/N_{Pu10}$ entnehmen, das sowohl eine Aussage über den Werkstoff bzw. das Bauteil als auch über die Konstanz der Versuchsbedingungen erlaubt.

m	$P_u = \dfrac{3 \cdot m - 1}{3 \cdot n_p + 1}$ $n_p = 10$
1	6,5 %
2	16 %
3	26 %
4	35,5 %
5	45 %
6	55 %
7	64,5 %
8	74 %
9	84 %
10	93,5 %

Abb. 9.3.7 Überlebenswahrscheinlichkeiten bezgl. der Messwerte aus Abb. 9.3.6

Die Überlebenswahrscheinlichkeit berechnet sich wie folgt:

$$P_u = \frac{3m-1}{3n+1}[\%] \quad (9.3)$$

Mit:
n = Anzahl der Proben bei einem Messhorizont
m = Probennummer absteigend entsprechend den gemessenen Lastwechseln bei einem Lasthorizont. m = 1 entspricht der grössten Lastwechselzahl (siehe Abb. 9.3.6 und Abb. 9.3.7)

9.4 Bestimmung der Ermüdungsfestigkeit beliebig gestalteter und belasteter Faserverbundstrukturen

Für Metallstrukturen existieren im wesentlichen zwei Strategien. Bei einfachen balkenförmigen Bauteilen, z.B. Wellen, verwendet man eine Vorgehensweise, die auf dem Verfahren von Petersen beruht. Hierbei werden die Formzahlen

$$\alpha_k = \frac{\sigma_{max}}{\sigma_m} = \frac{\text{Maximalspannung an der Kerbe}}{\text{Nennspannung aus der Balkentheorie}} \quad (9.4)$$

und auch die Kerbwirkungszahlen

$$\beta_k = \frac{\sigma_{ok}}{\sigma_{mk}} = \frac{\text{Ermüdungsfestigkeit ohne Kerbe (gemessen)}}{\text{Ermüdungsfestigkeit mit Kerbe (gemessen)}} \quad (9.5)$$

verwendet. Dieses Verfahren berücksichtigt, dass nicht nur die maximale Kerbspannung im Verhältnis zu der Spannung σ_m der Balkentheorie (Nennspannung) für die Bestimmung der Ermüdungsfestigkeit von Bedeutung ist, sondern auch eine Stützwirkung der Kristalle, die bei steilen Gradienten des Spannungsverlaufs an der Kerbe sich positiv auswirkt, berücksichtigt wird.

Bei beliebig gestalteten Strukturen ist jedoch die Balkentheorie nicht anwendbar. Man erhält somit keine Nennspannung. Es ist daher ratsam, auf ein anderes halb empirisches Verfahren überzugehen. Die Spannungen bei Faserverbunden springen zudem von Schicht zu Schicht am Querschnitt entsprechend den Faserrichtungen und der aufgebrachten Belastung. Die Berechnung der Spannungen für Faserverbunde mit beliebiger Gestalt muss demnach mit der sogenannten Mehrschichttheorie (siehe Kapitel 3) und einer darauf basierenden finiten Elementmethode erfolgen. Unter Verwendung von vorher ermittelten Versuchswerten wird zur Bestimmung der Ermüdungsfestigkeit das in diesem Abschnitt beschriebene, im wesentlichen von Gassner und dem Laboratorium für Betriebsfestigkeit [9.6] [9.7] [9.21] [9.23] entwickelte, Verfahren empfohlen, welches über Versuchswerte auch die oben erwähnte Stützwirkung beachtet. Es ist allgemein für metallische bzw. Faserverbundstrukturen beliebiger Geometrie anwendbar.

9.4.1 Ermüdungsfestigkeit bei Mehrfachbelastungen

In der Praxis trifft man sehr selten sogenannte Einstufenbelastungen an. Der weitaus häufigere Fall besteht vielmehr aus Lastfolgen (mit unterschiedlichen Amplituden der zeitvariablen Lasten), die aus dem üblichen Betriebsablauf resultieren. Auf die theoretische Erfassung und Auswertung dieser Lasten wird zu einem späteren Zeitpunkt eingegangen. Wir wollen uns zunächst nur mit der experimentellen Ermittlung der Ermüdungsfestigkeit bei vorgegebenen Lastfolgen beschäftigen.

9.4.1.1 Der Betriebsfestigkeitsversuch nach Gassner [9.23] [9.25]

Gassner [9.23] hat Untersuchungen für Konstruktionsteile beim Fahrzeugbau und Flugzeugbau durchgeführt. Er wollte die Lebensdauer, die das schwächste Einzelteil unter ungünstigen Bedingungen noch ohne Funktionsausfall erträgt, bestimmen. Bei seinen Untersuchungen werden Überschreitungen der Dauerfestigkeit zugelassen. Das bedeutet, dass die untersuchten Bauteile immer nur eine begrenzte, wenn auch ausreichende Lebensdauer aufweisen. Die weiteren Betrachtungen über die Lebensdauer sind nur dann sinnvoll, wenn sie sich auf statistische Unterlagen stützen. Diese sollen deshalb aufgrund einer hinreichend grossen Anzahl von Beobachtungen an gleichartigen Teilen unter ähnlichen Bedingungen erstellt werden (s. Abb. 9.4.1).

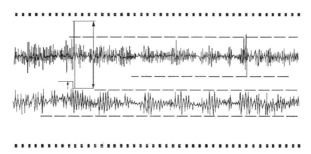

Abb. 9.4.1 Betriebsbeanspruchungen und Dauerfestigkeit von Fahrzeug-Lenkungsteilen

284 Das Ermüdungsverhalten von Faserverbunden bei dynamischer Belastung

In Abb. 9.4.1 (nach Gassner) sind die aufgenommenen Betriebsbeanspruchungen von zwei Fahrzeuglenkteilen dargestellt.

Ordnet man die im Betrieb eines Bauteils gemessenen Lasten der Grösse nach und trägt sie mit ihren relativen Häufigkeiten in einem halblogarithmischen Netz auf, so erhält man eine Treppenkurve (siehe Abb. 9.4.2). Die Einteilung der Betriebslasten nach ihrer Grösse und die Zusammenfassung gleich häufiger positiver und negativer Zufallslasten zu Lastamplituden ist zwar gleichbedeutend mit einem Verlust an Information (zeitliche Folge), hat sich aber in der Praxis zur Vereinfachung der Wiedergabe im Versuch durchgesetzt und zeigt keine Nachteile in Bezug auf die Ermittlung von Bruchlastspielzahlen, zumal die zeitliche Folge ohnehin meist Zufallscharakter hat.

In Abb. 9.4.2 wurde die Stufenverteilung durch eine kontinuierliche Summenkurve L ersetzt. Besitzt man kein derart gemessenes Kollektiv, kann man auch sogenannte Einheitskollektive verwenden (Abb. 9.4.3) und sich ein Kollektiv L aufstellen. Die Einheitskollektive charakterisieren die unterschiedlichen Betriebslasten, die in verschiedenen Industriezweigen anzutreffen sind. Sie dienen als erste Grundlage, wenn keine spezielleren Versuchswerte vorhanden sind, z.B. zur Vordimensionierung.

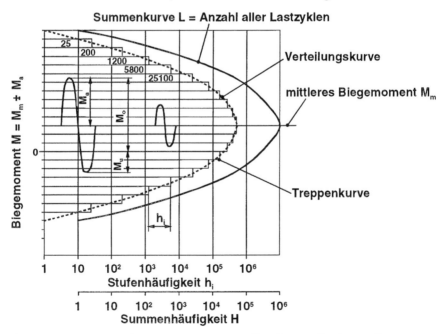

Abb. 9.4.2 Kollektiv von Biegespannungen für ein Kraftfahrzeug-Lenkungsteil

Das Ermüdungsverhalten von Faserverbunden bei dynamischer Belastung 285

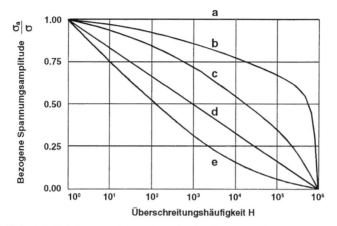

Abb. 9.4.3 Einheitskollektive normiert auf maximal aufgetretene Grösse

Zur Vergleichbarkeit wurde der Kollektivumfang auf eine Summenhäufigkeit von 10^6 Lastspielen festgelegt und die Belastung in bezogener Darstellung aufgetragen. $\overline{\sigma}$ ist die maximale Spannungsamplitude, die einmal bei 10^6 Lastspielen auftritt (der Grösstwert des Kollektivs). Aufgetragen ist nur der positive Ast der Spannungsamplitude, die Mittelspannung σ_m ist als zusätzlicher Parameter zu berücksichtigen.

Die Verteilungsformen a bis e in Abb. 9.4.3 charakterisieren folgende Anwendungsbereiche:

a) bedeutet die Wiedergabe des Einstufenversuchs (ein Lastfall)
b) ist typisch für Zyklen bei Maschinen, Brücken, Kränen
c) wird als sogenannte Normalverteilung bezeichnet. Sie ist häufig anzutreffen im Fahrzeug- und Flugzeugbau
d) ist bedeutsam als Seegangskollektiv für den Schiffsbau
e) kennzeichnet die Böenhäufigkeit im Flugzeugbau.

Die Verwendung von Einheitskollektiven hat den grossen Vorteil, dass Versuchsergebnisse untereinander vergleichbar werden. Darüber hinaus ist im Projektstadium, d. h. bei der Entstehung eines Bauteils, sehr früh die Möglichkeit gegeben, Massnahmen zur Verbesserung der Schwingfähigkeit direkt zu bewerten. Es wird im weiteren angenommen, dass die Kurve L gemäss Abb. 9.4.2 oder aus den Diagrammen mit Einheitskollektiven wie in Abb. 9.4.3 bekannt ist. Weitere Möglichkeiten zur Aufstellung von sinnvollen Lastkollektiven sind in [9.21] und [9.22] enthalten. Da dies jedoch kein faserverbundspezifisches Problem darstellt, werden sie im Rahmen dieses Buches nicht aufgeführt, sondern es wird auf die oben erwähnte Literatur verwiesen. Die stetige Kurve L wird in der Regel für durchzuführende Bauteilversuche in 8 Laststufen unterteilt (siehe Abb. 9.4.4)

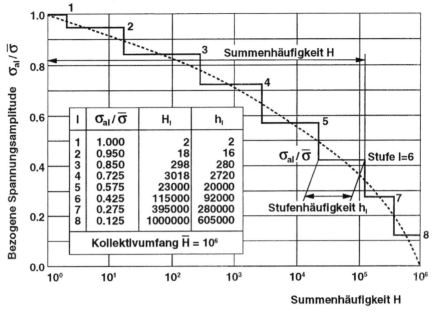

Abb. 9.4.4 Normalverteilung und zugehörige Treppenkurve

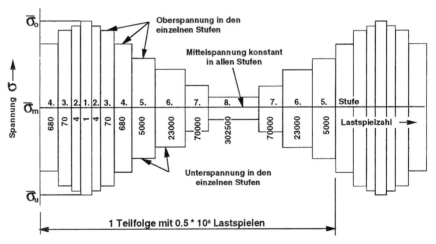

Abb. 9.4.5 Verteilung aller Betriebslasten über mehrere Lastspiele

Das Ermüdungsverhalten von Faserverbunden bei dynamischer Belastung

Wie schon erwähnt, geht durch die Bildung der Treppenkurve die tatsächliche zeitliche Folge der Lastamplituden verloren. Um eine betriebsähnliche Durchmischung der Lastamplituden zu erreichen, wird der gebildete Kollektivumfang bis zum Bruch in ca. 10 Teilfolgen unterteilt.

In Abb. 9.4.5 ist für einen konkreten Fall, bei dem die Anzahl der Lastspielzahlen bis zum Bruch 5×10^6 beträgt, eine der 10 Teilfolgen dargestellt. Die hier geschilderte Vorgehensweise ist auch für Beispiele mit mehreren unterschiedlichen Mittelspannungen σ_m anwendbar.

Die Versuche laufen im weiteren nach den Teilfolgen (Abb. 9.4.5) ab, so dass die Lastzyklen mit höheren Spannungsamplituden und die Lastzyklen mit niedrigeren Lastamplituden alternieren.

9.4.1.2 Versuche mit Zufallsfolgen

Die bisher beschriebenen Versuche enthalten immer die programmierte Vorgabe diskreter Einzellasten als Basis. Eine weitere Gruppe sind Versuche mit reinen Zufallsfolgen. Die Vorgabe geschieht hierbei durch einen Randomprozess oder durch Nachfahrversuche, d. h. auf Band aufgezeichnete Messwerte werden direkt als Steuersignal für eine Prüfmaschine verwendet. Heutige Prüfmaschinensteuerungen erlauben immer mehr eine derartige Vorgehensweise.

9.4.2 Rechnerische Lebensdauerabschätzung nach dem Verfahren von Palmgren-Miner

Bei der Konstruktion von Bauteilen ist es von grossem Nutzen, zu einem möglichst frühen Zeitpunkt eine Aussage über die zu erwartende Lebensdauer zu bekommen, um noch korrigierend eingreifen zu können (z.B. durch konstruktive Änderungen), wenn die errechnete Lebensdauer nicht ausreichend erscheint.

9.4.2.1 Die Palmgren-Miner-Regel (elementare Miner-Regel)

Basis der heute gebräuchlichen rechnerischen Lebensdauerschätzung ist die sogenannte lineare Schadensakkumulations-Hypothese, die offenbar unabhängig voneinander von Palmgren und Miner für den Bau von Wälzlagern entwickelt wurde. Dieses Verfahren ist allgemein anwendbar und hat sich daher z.B. im Flugzeugbau und bei der Konstruktion von Kernkraftwerksanlagen sowie auch bei der Faserverbundtechnik bewährt. Seine Genauigkeit ist jedoch begrenzt, weshalb häufig auf Versuche am Bauteil nicht verzichtet werden kann.

Grundgedanke ist die Annahme, dass die Schädigung eines Bauteils unter schwingender Belastung mit konstanter Amplitude linear mit der Anzahl der

288 Das Ermüdungsverhalten von Faserverbunden bei dynamischer Belastung

ertragenen Lastspiele zunimmt und bei Bruch den Wert D = 1 erreicht. Weiter wird bei Lastspielen mit unterschiedlichen Amplituden σ_a unterstellt, dass Teilschädigungen D_i bei unterschiedlichen Laststufen σ_{ai} aufsummiert werden dürfen.

$$D = \sum_i D_i = \sum_i \frac{n_i}{N_i} \leq 1 \qquad (9.6)$$

Wobei:
n_i = erwartete Lastspielzahl im Betrieb bei Laststufe i
N_i = Bruchlastspielzahl bei σ_{ai} gemäss Wöhlerlinie oder Haigh-Diagramm

Die Anwendung der Palmgren-Miner-Regel ist erfahrungsgemäss mit Unsicherheiten belastet, weil mit ihrer Anwendung eine Reihe von Vereinfachungen verbunden sind, die je nach Anwendungsfall zu positiven oder negativen Abweichungen führen können. Die Vereinfachungen im einzelnen:
- Der echte Betriebslastenablauf muss im Amplitudenkollektiv umgewandelt werden (siehe Abb. 9.4.6). Dabei geht zumindest Information über den zeitlichen Ablauf verloren.
- Die regellose Beanspruchung wird zu Doppelamplituden der Grösse nach geordnet.
- Die oben erwähnte Vernachlässigung der Reihenfolge führt dazu, dass ein eventueller Effekt aus dem Auf- und Abbau von Eigenspannungen im Kerbgrund verloren geht.
- Der Verlauf der Schädigung wird als linear unterstellt.
- Belastungsanteile unterhalb der Dauerfestigkeit bleiben unberücksichtigt oder müssen durch eine fiktive Verlängerung der Wöhlerlinie nach unten erfasst werden.

Um die Auswirkung der Unsicherheiten einzugrenzen, verwendet man z.B. Sicherheitsfaktoren. Anhand umfangreicher Auswertungen weis man heute, dass D von 0,2 bis 7 schwanken kann. Diese extremen Werte treten jedoch selten auf.

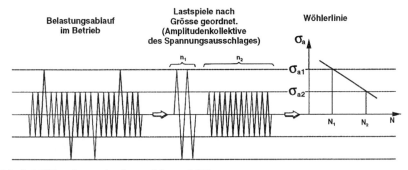

Abb. 9.4.6 Zuordnung der Lastspiele nach Miner

Das Ermüdungsverhalten von Faserverbunden bei dynamischer Belastung 289

Deshalb macht man sich weiterhin Gedanken, bessere Methoden der Ermüdungsvorhersage zu entwickeln. In der Vergangenheit hat es nicht an Versuchen gefehlt, die Palmgren-Miner-Regel durch verschiedene theoretische Ansätze zu verbessern. Sie beruhen z.B. auf Korrekturen an der Wöhlerlinie oder unterstellen eine Rissfortschrittsphase von Anfang an. Auch Abschätzungen auf der Grundlage von Kerbbeanspruchungen sind ein Schritt in diese Richtung. Auch speziell für Faserverbunde wurden neue Ansätze zur Bestimmung der Ermüdungsfestigkeit entwickelt. Diese sind jedoch in der Praxis noch nicht ausreichend erprobt. In Abschnitt 9.4.3 sind einige dieser Methoden kurz beschrieben.

9.4.2.2 Die Relativ-Miner-Regel

Eine verbesserte Methode geht von der Überlegung aus, das Ergebnis einer Minerrechnung für ein zu bemessendes Bauteil mit einem Faktor, der sich aus der bekannten Lebensdauer eines vergleichbaren Bauteils oder einer Probe unter realem Belastungsablauf ergibt, zu korrigieren.

Der wesentliche Vorteil besteht darin, dass die Unsicherheiten aus der Wechselwirkung von unterschiedlichen Beanspruchungen, die sich aus der notwendigen Vereinfachung im Einstufenversuch ergeben, vermindert werden. Einen weiteren Vorteil bringt der Vergleich mit Daten von Bauteilen unter realen Betriebsbedingungen im Sinne verbesserter Treffsicherheit, da dann auch Einflüsse aus dem Betriebserlebnis - Zeit, Umwelteinflüsse u.a. - indirekt berücksichtigt werden können.

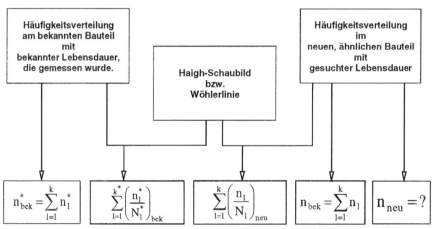

Abb. 9.4.7 Anwendung der Relativ-Miner-Regel

Bezeichnungen für das Bauteil mit der bekannten Lebensdauer, die sich aus dem realen Belastungsablauf ergibt:
n_l^* = Lastspielzahl im Betrieb bei Laststufe σ_{al}^*.
N_l^* = Bruchlastspielzahl bei σ_{al}^* gemäss Wöhlerlinie oder Haigh-Diagramm.

Bezeichnungen für das zu bemessende Bauteil:
n_l = erwartete Lastspielzahl im Betrieb bei Laststufe σ_{al} für ein gewähltes relevantes Zeitintervall Δt.
N_l = Bruchlastspielzahl bei σ_{al} gemäss Wöhlerlinie oder Haigh-Diagramm.
n_{neu} = berechnete Gesamtlastspielzahl bis zum Bruch nach Relativ-Miner-Regel.

Der Rechengang lässt sich anhand eines Flussdiagramms erläutern. Abweichend von der Miner-Regel wird nicht gefordert, dass der Bruch bei D = 1 eintritt, sondern dass die Summe der Teilschädigungen des bekannten Bauteils/Probe und des zu bemessenden Bauteils gleich sein müssen.

Mit

$$D = \sum_i \frac{n_i}{N_i} = \text{const.} \quad (9.7)$$

lässt sich dann die Lebensdauer des zu bemessenden Bauteils bestimmen (siehe Abb. 9.4.7):

$$n_{neu} = n_{bek} \cdot \frac{\sum_{i=1}^{k}\left(n_i^* / N_i^*\right)}{\sum_{i=1}^{k}\left(n_i / N_i\right)} = \frac{D_{bek}}{D_{neu}} \cdot \sum n_i \quad (9.8)$$

Die Lebensdauer nach der Relativ-Miner-Regel ist näher zur wirklichen Lebensdauer als die nach der elementaren Miner-Regel. Es bestehen jedoch auch hier Unsicherheiten. Handelt es sich nur um begrenzte Änderungen der Amplitudenkollektive, wird auch die Treffsicherheit gross sein.

Das Verlorengehen der zeitlichen Folge der Spannungsausschläge durch die Bildung der Kollektive bleibt nicht ohne Folgen und beeinflusst die Treffsicherheit jeder verbesserten Miner-Regel. Man kann z.B. den Einfluss der Lastspielzahlen mit Spannungsausschlägen unterhalb der Dauerfestigkeit, vor der Rissentstehung, im Stadium der Rissentstehung und während des Rissfortschritts nicht auf gleiche Weise bewerten, weil diese Prozesse unterschiedlichen Gesetzmässigkeiten folgen können. Aus diesem Grund kann nicht gefordert werden, dass die hier behandelten Regeln für künstlich erzeugte Sonderkollektive, die im realen Betrieb nicht vorkommen, zuverlässige Aussagen liefern. Die "Miner-Methode" soll eher für die Dimensionierung im Fall einer grossen Anzahl von Lastspielzahlen, wo eine gewisse Streuung der Lastspiele mit unterschiedlichen Spannungsausschlägen aus den vorherigen Messresultaten hervorgeht, angewandt werden. Es muss jedoch auch gesagt werden, dass es bis jetzt für eine Abschätzung der Ermüdungsfestigkeit eines Bauteils bei einer zeitlichen Folge von unterschiedlichen Lasten nichts Besseres gibt. Je ähnlicher das Vergleichsbauteil hinsichtlich Geometrie und Belastung ist, umso genauer sind die zu erwartenden Ergebnisse.

Die Berechnungen nach Miner und Relativ-Miner können auch mit mehreren Mittelspannungsniveaus durchgeführt werden.

9.4.2.3 Beispiele

Für eine bereits untersuchte Probe aus CFK mit gegebenem α_k wurde das Zeitfestigkeitsschaubild nach Haigh in Abb. 9.3.2 hergestellt.

Ein Maschinenteil aus gleichem Material und mit gleichem α_k wie die untersuchte Probe wird im Betrieb bei folgenden unterschiedlichen Belastungen beansprucht (siehe Abb. 9.4.9).
a) Prüfen Sie, ob das Maschinenteil bei den in der Abb. 9.4.9 gegebenen Beanspruchungen hält unter der Voraussetzung, dass die Beanspruchungen mit unterschiedlichen Spannungsausschlägen regelmässig alternieren.
b) Wie viele Lastspiele wird das Maschinenteil mit den Beanspruchungen für ein relevantes Zeitintervall nach Abb. 9.4.9 halten, wenn wir wissen, dass bei einer anderen Maschine, die unter ähnlichen Bedingungen arbeitet, ein ähnliches Teil nach 85'500 Arbeitszyklen (Abb. 9.4.8) bricht?

Hinweis: Für den Fall a) wenden Sie die elementare Miner-Regel an und für den Fall b) die Relativ-Miner-Regel.

Lösung:
a) Die Anzahl der Zyklen bis zum Bruch N_i wurde für jede in Abb. 9.4.9 angegebene Beanspruchung dem Haigh-Zeitfestigkeitsschaubild Abb. 9.3.2 entnommen. Die Ergebnisse sind in Abb. 9.4.9 Spalte 3 zu finden. Anschliessend wurden die einzelnen Werte n_i/N_i berechnet (siehe Spalte 4 in der Abb. 9.4.9).
Nach der Palmgren-Miner-Regel gilt:

$$D=\sum_{i=1}^{7} D_i \qquad (9.9)$$

Nach dem Einsetzen der numerischen Werte für die Teilschätzungen aus der Abb. 9.4.9, Spalte 4, ergibt sich:

$$D = 0{,}02 + 0{,}06 + 0{,}01 + 0{,}08 + 0{,}15 + 0{,}09 + 0{,}18 = 0{,}59 \quad (9.10)$$

d. h. das Maschinenteil hält.

b) Wie bei Punkt a) wurde für jede in der Abb. 9.4.8 angegebene Beanspruchung die Anzahl der Zyklen bis zum Bruch dem Haigh-Zeitfestigkeitschaubild (Abb. 9.3.2) entnommen. Die Ergebnisse sind in Abb. 9.4.8 Spalte 3 zu finden. Anschliessend wurden die einzelnen Werte berechnet (siehe Spalte 4 in Abb. 9.4.8).

$$n_{neu} = \frac{D_{bek}}{D_{neu}} \cdot \sum_{i=1}^{7} n_i \quad (9.11)$$

Mit der in Abb. 9.4.7 angegebenen Bedeutung der Variablen sind nun die numerischen Werte aus der Abb. 9.4.8 und der Abb. 9.4.9 einzusetzen.
Für ein nach Versuchen bekanntes Bauteil aus CFK gilt:

Beanspruchung N/mm²	Anzahl der Zyklen n_i	Anzahl der Zyklen N_i	$\frac{n_i}{N_i}$	
140 ± 240	26000	$6 \cdot 10^4$	0,43	
100 ± 230	19000	$4 \cdot 10^5$	0,05	0,48
60 ± 270	14000	$1 \cdot 10^5$	0,14	0,62
0 ± 330	11000	$3 \cdot 10^4$	0,37	0,99
-70 ± 270	7000	$2 \cdot 10^4$	0,09	1,08
-130 ± 190	8500	$5 \cdot 10^5$	0,02	1,1

Abb. 9.4.8 Aus Versuchen bekanntes CFK-Bauteil

$$D_{bek} = \sum_{i=1}^{6} \frac{n_i}{N_i} = 1{,}1 \quad (9.12)$$

$$\sum_{i=1}^{6} n_i = 85500 \quad (9.13)$$

Für ein neues Bauteil aus CFK gilt (Abb. 9.4.9):

Beanspruchung N/mm²	Anzahl der Zyklen n_i	Anzahl der Zyklen N_i	$\dfrac{n_i}{N_i}$	
200 ± 180	20000	$1 \cdot 10^6$	0,02	
180 ± 220	6000	$1 \cdot 10^5$	0,06	0,08
160 ± 200	9000	$8 \cdot 10^5$	0,01	0,09
90 ± 280	4000	$5 \cdot 10^4$	0,08	0,17
0 ± 340	3000	$2 \cdot 10^4$	0,15	0,32
-100 ± 250	4500	$5 \cdot 10^4$	0,09	0,41
-180 ± 200	11000	$6 \cdot 10^4$	0,18	0,59

Abb. 9.4.9 Neues Bauteil aus CFK

$$D_{neu} = \sum_{i=1}^{7} \frac{n_i}{N_i} = 0{,}59 \tag{9.14}$$

$$\sum_{i=1}^{7} n_i = 57500 \tag{9.15}$$

$$n_{neu} = \frac{D_{bek}}{D_{neu}} \cdot \sum_{n=1}^{7} n_i = \frac{1{,}1}{0{,}59} \cdot 57500 = 107200 \tag{9.16}$$

9.4.3 Weitere Modelle zur Bestimmung der Ermüdungsfestigkeit bei Mehrstufenbelastung

Die zuverlässigsten Aussagen über die Lebensdauer von Bauteilen erhält man durch Programm- oder Randomversuche, deren Belastungsabläufe den Betriebsbeanspruchungen angepasst sind. Die Ermittlung eines Original-Belastungkollektiv ist jedoch mit grossem Aufwand verbunden, manchmal sogar unmöglich. Um den Aufwand in Grenzen zu halten, wurden neben den unter 9.4 beschriebenen weitere verschiedene Lebensdauerhypothesen entwickelt.

9.5 Kurze Beschreibung von weiteren Lebensdauerhypothesen [9.3]

Lebensdauerhypothesen gehen in der Regel von der Annahme aus, dass bei Schwingbelastung jeder Lastwechsel einen Schaden produziert. Dabei gibt es über die Art der Schadensakkumulation verschiedene Vorstellungen.

In Abb. 9.5.1 sind einige Lebensdauerhypothesen aufgeführt. Einige dieser Hypothesen benutzen Wöhlerlinien für die Abschätzung der Lebensdauer. Berücksichtigt man dabei die Reihenfolge verschiedener Belastungshorizonte, dann erhält man relativ zuverlässige Ergebnisse. Die Anwendung der Lebensdauerhypothesen für Metalle sind nicht immer auf Faserverbundstrukturen übertragbar. Deshalb wurden insbesondere in den USA neue Theorien wie z.B. das Strength-Degradation-Modell und das Fatigue-Modulus-Konzept entwickelt. Das letztere bietet dabei gute Ansatzpunkte, erfordert jedoch zusätzliche Messungen des E-Moduls über der Lebensdauer.

Lebensdauer-hypothese	Miner-regel	Marco-Starkey-Modell	Percent-Failure-Regel	Strength-Degradation-Modell	Fatigue Modulus Konzept
Anwendung	Ungekerbte und gekerbte Strukturen		Bei starker Streuung der Bruchlastspielzahlen	Ungekerbte Strukturen	Ungekerbte und gekerbte Strukturen
Annahmen	Lineare Schadensakkumulation	Spannungsabhängige nichtlineare Schadensakkumulation	Weibullverteilung der Bruchlastspielzahlen; Summation der Ausfallwahrscheinlichkeiten	Weibullverteilung der statischen und dynamischen Festigkeit; Festigkeit nimmt mit jedem Lastwechsel ab.	Steifigkeit nimmt mit jedem Lastwechsel ab.
Notwendige Versuchsdaten	Bruchlastspielzahl für jedes Lastniveau	Bruchlastspielzahlen, Exponenten C_i	Bruchlastspielzahlen (alle Einzelwerte) für jedes Lastniveau	Bruchlastspielzahlen und Restfestigkeit nach Vorbelastung für jedes Lastniveau.	Bruchlastspielzahlen, Messung von Spannung und Dehnung.
Ergebnis	Mittelwert der Lebensdauer bis Versagen	Lebensdauer unter Berücksichtigung der Belastungsreihenfolge	Versagenswahrscheinlichkeit unter Berücksichtigung der Belastungsreihenfolge	Verteilungsfunktion für Restfestigkeit; Lebensdauer in Abhängigkeit der Ausfallwahrscheinlichkeit.	Mittelwert der Lebensdauer.
Nachteile	Belastungsreihenfolge und niedrige Spannungen bleiben unberücksichtigt	Ermittlung des Exponenten C_i noch nicht möglich	Erhöhter Rechenaufwand in Bezug zur Miner-Regel	Erhöhter Versuchs- und Rechenaufwand in Bezug zur Miner-Regel. Für gekerbte Proben ungeeignet.	Erhöhter Versuchs- und Rechenaufwand in Bezug zur Miner-Regel.

Abb. 9.5.1 Vergleich einiger Lebensdauerhypothesen

9.5.1 Das Strength-Degradation-Modell [9.3], [9.11], [9.12]

Zu den Lebensdauerhypothesen, die speziell für faserverstärkte Kunststoffe entwickelt wurden, gehört das „Strength Degradation"-Modell (Restfestigkeitsabnahme) [9.11], [9.12]. Bei diesem Modell werden die statischen Festigkeiten, die Restfestigkeiten und die Bruchlebensdauerwerte durch Restfestigkeitskurven konstanter Überlebenswahrscheinlichkeit miteinander verknüpft.

Das „Strength Degradation"-Modell geht davon aus, dass die Festigkeit des Faserverbundes mit jedem Lastwechsel abnimmt. Wenn die Restfestigkeit auf das Niveau des Spannungshorizontes der Schwingbelastung abgefallen ist, tritt das Versagen ein. Für die statistische Auswertung wird eine Weibullverteilung der Festigkeitswerte angenommen. Eine weitere Voraussetzung des „Strength Degradation"-Modells ist die „Strength-Life Equal Rank"-Annahme. Sie besagt, dass die Reihenfolge der statischen Festigkeiten verschiedener Proben bei den Schwingfestigkeiten erhalten bleibt. Ist diese Annahme richtig, kann durch Aufbringen einer statischen Last (Proof-Loading) eine minimale Bruchlebensdauer garantiert werden.

Mit Hilfe der genannten Annahme ergibt sich für die Abnahme der Restfestigkeit folgende Gleichung:

$$\sigma_\gamma(N) = \beta_S \left[(-\ln\gamma)^{\frac{v}{\alpha_S}} - \frac{N}{\beta_L} \cdot \frac{(-\ln\gamma)^{\frac{v}{\alpha_S}} - \bar\sigma^{=v}}{\left(-\ln\gamma^{\frac{c}{\alpha_S}} - \bar\sigma^{=c}\right)} \right]^{\frac{1}{v}} \quad (9.17)$$

mit:

$$c = \frac{\alpha_S}{\alpha_L} \quad (9.18)$$

$$\bar{\bar\sigma} = \frac{\bar\sigma}{\beta_S} \quad (9.19)$$

Der Parameter γ gibt die gewünschte Überlebenswahrscheinlichkeit an. Der Index S steht für die statische Festigkeit und L für Lebensdauerwerte.

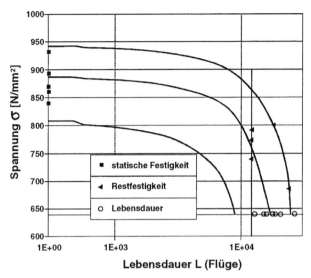

Abb. 9.5.2 Verlauf der Festigkeit über der Lebensdauer beim „Strength Degradation"-Modell

Die Ermittlung der Weibullparameter α und β ist in [9.5] beschrieben. Der Exponent v wird so gewählt, dass sich eine gute Übereinstimmung der Restfestigkeitsabfallkurve mit den Versuchsergebnissen einstellt. $\overline{\sigma}$ ist die grösste Spannung des Belastungskollektives.

Mit dem Strength-Degradation-Modell lässt sich eine Aussage über die Ausfallwahrscheinlichkeit und die Restfestigkeit treffen. Für gekerbte Proben lässt sich das Modell nicht verwenden, da hier ein Anstieg der Restfestigkeit bei Schwingbelastung beobachtet wird (siehe Kapitel 7).

9.5.2 Die Percent-Failure-Regel

Für die Anwendung der Percent-Failure-Regel werden Versuchsergebnisse aus Ein- und Zweistufenversuchen verwendet.

Zunächst ist zu überprüfen, ob die Streuung der Bruchlastspielzahlen einer Weibullverteilung entspricht. Liegen die Versuchswerte im Lebensdauernetz auf einer Geraden, können die Weibullparameter $α_i$ und $β_i$ ermittelt werden. Die Weibullparameter P_i beschreiben den Verlauf der Versagenswahrscheinlichkeit über der Lastspielzahl:

$$P_i = 1 - \exp\left[-(n_i/β_i)^{α_i}\right] \qquad (9.20)$$

Der Schaden einer einzelnen Probe entspricht dem Prozentsatz der Proben, die bei gleicher Belastung bereits versagt haben. Die Ableitung nach der Lastspielzahl ergibt die Weibulldichtefunktion:
Der Shape-Parameter α (entspricht der Standardabweichung) charakterisiert die Streuung der Lebensdauerwerte. Sein Wert ist umgekehrt proportional zur Breite der Streuung und hat starken Einfluss auf die Weibulldichtefunktion.

Für die Anwendung bei Mehrstufenbelastung müssen die Weibullverteilungskurven für jedes Lastniveau ermittelt werden. Beim Übergang auf einen anderen Belastungshorizont bleibt die erreichte Versagenswahrscheinlichkeit konstant.

Dieses Modell kommt dem wirklichen Verhalten der Proben am besten entgegen und kann auch die Belastungsreihenfolge berücksichtigen, jedoch erfordert die statistische Absicherung der Kennwerte einen beträchtlichen Aufwand.

9.5.3 Das Marco-Starkey-Modell [9.14]

Bei diesem Modell geht man von der Erkenntnis aus, dass sich bei einer Änderung der Belastungsreihenfolge unterschiedliche Schadenssummen (berechnet nach Miner-Regel) ergeben, deshalb wurde ergänzend eine spannungsabhängige Schadensakkumulationshypothese entwickelt.

Das Marco-Starkey-Modell definiert den Schaden D als:

$$D = \left(\frac{n_i}{N_i}\right)^{C_i} \quad ; \quad C_i > 1 \tag{9.21}$$

wobei C_i vom jeweiligen Lastniveau anhängt.

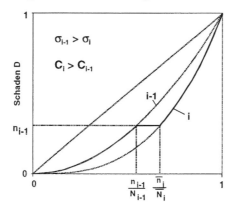

Abb. 9.5.3 Verlauf der Schadensentwicklung beim Marco-Starkey-Modell

Bei einer Änderung der Lasthöhe von i-1 auf i ergibt der bei n_{i-1} Lastwechseln akkumulierte Schaden D_{i-1} den Anfangsschaden der neuen Last. Die normierte neue Lastwechselzahl $\overline{n}_i / \overline{N}_i$ erhält man aus:

$$\frac{\overline{n}_i}{\overline{N}_i} = (D_{i-1})^{1/C_i} \qquad (9.22)$$

Der Gesamtschaden D_i bei Vorbelastung mit der Lasthöhe i-1 und nach n_i Lastwechseln bei der Lasthöhe i beträgt:

$$D_i = \left[\left(\frac{n_i}{N_i} \right) + \left(\frac{\overline{n}_i}{\overline{N}_i} \right) \right]^{C_i} \qquad (9.23)$$

Aus der Abb. 9.5.3 ist die unterschiedliche Schadensentwicklung bei einer high-low- bzw. low-high-Belastung erkennbar. Mit Hilfe des Marco-Starkey-Modells liessen sich genauere Lebensdauerprognosen erstellen, wenn die Exponenten C_i bekannt wären.

Zur Bestimmung von C_i ist es notwendig, den Schadensverlauf während der Schwingbelastung zu verfolgen. Möglichkeiten hierzu bieten sich durch Bestimmung des Abfalls von E-Modul oder Restfestigkeit über der Lebensdauer, Analyse der Schallemissionen und Untersuchungen mit Ultraschall oder Röntgenstrahlen. Bisher gibt es jedoch keine Möglichkeit, nach einer erfolgten Schwingbelastung die prozentuale Schädigung anzugeben.

9.5.4 Das Fatigue-Modulus-Konzept

Bei Faserverbundwerkstoffen wird bei Schwingbelastung eine Abnahme des E-Moduls und eine Zunahme der Dehnung festgestellt (s. auch Kapitel 7). Das "Fatigue Modulus"-Konzept definiert einen Ermüdungsmodul F(n) als Steigung der Geraden 0n' (siehe Abb. 9.5.4).

Abb. 9.5.4 zeigt die Änderung der Dehnung mit zunehmender Lastspielzahl. Damit lässt sich der Schaden D unter Berücksichtigung der Randbedingungen (D=0, D=1 bei n=N) erfüllen, wie folgt angeben:

$$D = \frac{[F_0 - F(n)]}{[F_0 - F_f]} \qquad (9.24)$$

Dabei ist
$F_0 \approx E_0$ E-Modul beim 1. Lastspiel
F_f Ermüdungsmodul bei Versagen

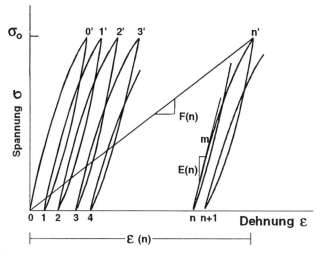

Abb. 9.5.4 Änderung der Dehnung mit zunehmender Lastspielzahl

Vorausgesetzt, die Abnahme des Ermüdungsmoduls hängt nur von der Lastspielzahl n und nicht von der Spannung ab, kann für die Abnahme folgende Funktion angenommen werden:

$$\frac{dF}{dn} = -A\bar{c}\, n^{\bar{c}-1} \tag{9.25}$$

dabei sind A und $\bar{c}$ Materialkonstanten. Durch Umformungen ergibt sich:

$$D = \left(\frac{n}{N}\right)^{\bar{c}} \quad \text{(Modell I)} \tag{9.26}$$

Dies entspricht der spannungsunabhängigen modifizierten Palmgren-Miner-Regel. Die Konstante $\bar{c}$ kann durch Einstufenversuche ermittelt werden. Eine weitere Möglichkeit zur Definition des Schadens D bietet sich durch das Verhältnis der Dehnungen bei n Lastwechseln und bei Versagen:

$$D = \frac{\varepsilon(n)}{\varepsilon_f} \quad \text{(Modell II)} \tag{9.27}$$

Daraus ergibt sich eine spannungsabhängige Schadensentwicklung

$$D = \frac{r}{(1 - K \cdot n^{\bar{c}})} \quad (9.28)$$

$$K = \frac{A}{F_0} \quad (9.29)$$

r ist das Verhältnis aus aufgebrachter Spannung und statistischer Festigkeit. Entsprechend dem ersten Vorschlag lässt sich auch folgender Schaden definieren:

$$D = \frac{[\varepsilon(n) - \varepsilon_0]}{[\varepsilon_f - \varepsilon_0]} \quad \text{(Modell III)} \quad (9.30)$$

$$\varepsilon_0 = \frac{\sigma}{F_0} \quad (9.31)$$

Durch Einsetzen und umformen erhält man:

$$D = \frac{\left[\dfrac{r}{(1-r)}\right]}{\left[\dfrac{n^{\bar{c}}}{B - n^{\bar{c}}}\right]} \quad (9.32)$$

$$B = \frac{F_0}{A} \quad (9.33)$$

Je nach verwendetem Modell ergeben sich unterschiedliche Schadensentwicklungen. Abb. 9.5.5 zeigt den Verlauf der Schadensentwicklung über der Lastspielzahl bei den drei verschiedenen Modellen.

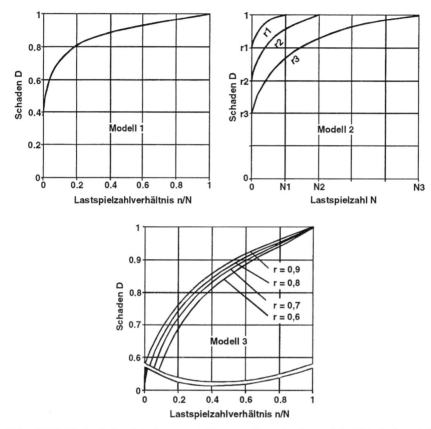

Abb. 9.5.5 Verlauf der Schadensentwicklungen über der Lastspielzahl bei den drei verschiedenen Modellen

Bei einem Zweistufenversuch wurde die Aussagefähigkeit der vorgeschlagenen Lebensdauerhypothesen überprüft. Die vorausgesagte Lebensdauer stimmte gut mit den Versuchsergebnissen überein, wobei mit Modell III die besten Resultate erzielt wurden. Zur besseren Beurteilung dieser Methode sind die Ansätze vielversprechend, denn es scheint sinnvoller, physikalische Grössen anstelle der Lastspielzahl zur Beschreibung des Schadensfortschritts zu verwenden. Unter Verbundwerkstoffen versteht man aus verschiedenen Komponenten zusammengesetzte Werkstoffe. Es ist einleuchtend, dass die Eigenschaften der einzelnen Komponenten und deren Interface die der Verbunde massgeblich bestimmt. Daraus ergibt sich zwingend die Notwendigkeit die Eigenschaften der Komponenten und deren Begrenzungen genau zu kennen.

9.5.5 Das Restfestigkeits-/Steifigkeitsmodell [9.16]

Ein weiteres mit Restfestigkeiten und Reststeifigkeiten arbeitendes Modell wurde anhand zahlreicher Versuche mit zwei unterschiedlichen Laminataufbauten von T. Flemming entwickelt und auf gerichtete Lang- und Kurzfaserverbunde mit Thermoplastmatrix angewendet. Diese Methode, die auch eine Lebensdauervorhersage beinhaltet, ist ausführlich in Kapitel 7 dieses Buches im Zusammenhang mit den Eigenschaften von Kurz- und Langfaserlaminaten behandelt.

9.6   Literaturverzeichnis zu Kapitel 9

[9.1]   Anderson, R.; Manufacturing Process Production of Composite Leaf Spring for 5-Ton Truck; Michigan, June 1984

[9.2]   DFVLR-Schadensmechanik Kolloquium Vorträge; Schadensmechanik kohlenstoffaserverstärkter Kunststoffe bei Schwingbelastung; DFVLR-Mitt. 87-08-1987

[9.3]   Weiler, M.; Ableitung von Bewertungskriterien für die ausfallsichere Bemessung von Faserverbundkonstruktionen bei schwingender Belastung; Diplomarbeit; TU Stuttgart; Juli 1989

[9.4]   Prinz, R.; The Effect of Damage Development on the Compression Failure of Fatigued Multidirectional Graphite/Epoxy Laminates. Proceedings of the International Symposium on Composite Materials and Structures; Beijing, 1986, pp 537-542

[9.5]   Seyffert, C., Roth, S.; Kurzqualifikation, Endbericht Dornierbericht 1-SK50-1002/87 1988 Kurzqualifikation von Faserverbundwerkstoffen

[9.6]   Gerharz, J.J., Roh, D., Schütz, D; Schwingfestigkeitsuntersuchungen an Fügungen in Faserbauweise; LBF-Bericht Nr.3486; Laboratorium für Betriebsfestigkeit, Forschungsinstitut der Fraunhofer- Gesellschaft

[9.7]   Uhse, W., Flemming, M.; ETH-Bericht Fa. Dornier GmbH, Anleitung zur praktischen Ermittlung der Ermüdungsfestigkeit; ETH Zürich, 1985

[9.8]   Flemming, M.; Konstruktionsvorlesung 3. Semester ETH Zürich, Institut für Konstruktion und Bauweisen, 1996

[9.9]   Gerharz, J., Schütz, D.; Untersuchung des Umwelteinflusses auf das mechanische Verhalten von Proben aus CFK-Verbunden unter simultan ablaufenden Einzelflug- und Umweltlastfolgen; Bericht Fraunhofer Institut für Betriebsfestigkeit; Darmstadt; LBF-Bericht Nr. 4845; Auftraggeber BMVg; Auftrag-Nr. T/RF43/C0056/C1456

[9.10] Conen, H.; Gestalten und Dimensionieren von Leichtbaustrukturen,

Ingenieurwissen, Kohlenstoffaser- und Aramidfaserverstärkte Kunststoffe; VDI-Verlag GmbH; 1977

[9.11] Hahn, H., Kim, R.Y.; Proof Testing of Composite Materials, Journal of Composite Materials Vol.9 (July 1975) pp 297-311

[9.12] Yang, J.N., Liv, M.D.; Residual Strength Degradation Model and Theory of Periodic Proof Tests for Graphite/Epoxiy Laminales, Journal of Composite Materials 11(April 1977) pp 176-204

[9.13] Chow, P.C.; A Cumulative Damage Rule for Fatigue of Composite Materials; ASME; Modern Developments in Composite Materials and Structures; New York 1979

[9.14] Marco, S., Starkey, W.L.; A Concept of Fatigue Damage; Transactions of the ASME; May 1954, pp 627-632

[9.15] Hwang, W., Han, K.S.; Cumulative Damage Models and Multi-Stress Fatigue Life Prediction, Journal of Composite Materials Vol.20 (March 1986) pp 125-153

[9.16] Flemming, T.; Vergleich der mechanischen Eigenschaften und des Umformverhaltens zwischen gerichteten kurz- und langfaserverstärkten Thermoplasten; Dissertation TU München 1994

[9.17] Seyffert, C.: Untersuchungen zum Druckverhalten von CFK-Materialien aus hochfesten Fasern und Matrixsystemen mit hohen Temperatureinsatzgrenzen; Institut für Flugzeugbau; Universität Stuttgart; Studienarbeit 1986

[9.18] Pettirsch, R., Salas, G.: Untersuchung der Feuchteaufnahme unter Mehrstufenklima an CFK-Laminaten; JABG-Programm; Auftrags-Nr. JABG 2145221; 1985

[9.19] Laubenberger, Bröcker; JABG-Bericht B-TF 1439/2 1983/84; Strukturuntersuchungen zur Klärung des Phänomens der Feuchteaufnahme von CFK-Laminaten unter konstanten und wechselnden Klima-Bedingungen

[9.20] Ziegmann, G.: Untersuchung über die Feuchtigkeitsaufnahme von C-Faserprepregs mit Epoxidharzmatrix und die Auswirkung der Feuchtigkeit auf die Laminatqualität und der Einfluss der Aushärtung auf das mechanische Verhalten von Laminaten; Abschlussbericht der Fa. Dornier GmbH Friedrichshafen; Berichts-Nr. SK70-294/82; 1982

[9.21] Buchsbaum, O.; Betriebsfestigkeit, sichere und wirtschaftliche Bemessung schwingbruchgefährdeter Bauteile; Verlag Stahl-Eisen, Düsseldorf, 1992, ISBN 3-514-00437-4

[9.22] ESDU Engineering Sciences Data; 27 Corsham Street, London, N1 6UA

[9.23] Gassner, E.; Betriebsfestigkeit, eine Bemessungsgrundlage für Konstruktionsteile mit statistisch wechselnden Betriebsanforderungen; Konstruktion, Springer Verlag, Berlin, Heidelberg, 1954

[9.24] Gassner, E.; Betriebsfestigkeit; Lüeger Lexikon der Technik, Band Fahrzeugtechnik; Deutsche Verlagsanstalt GmbH, Stuttgart

[9.25] Gassner, E.; Ziele einer praxisorientierten Schwingfestigkeitsforschung; Schriftenreihe der Fraunhofer-Gesellschaft zur Förderung der angewandten Forschung; Fraunhofer-Institut für Betriebsfestigkeit, 64289 Darmstadt, Bartningstrasse 47; 1968

Die Forschungsberichte der ETH Zürich und der Fa. Dornier liegen den Verfassern vor.

10 Der Einfluss von feuchtwarmem Klima auf die Laminateigenschaften

Neben den im Bauteil auftretenden mechanischen Beanspruchungen unterliegen die Werkstoffe in der praktischen Anwendung zusätzlichen Einflüssen, die von den Einsatz- und Umgebungsbedingungen herrühren. Neben der möglichen Einwirkung von Chemikalien, Temperatur, Strahlung, Witterung muss nahezu immer mit dem Einfluss von Feuchtigkeit aus der Umgebung gerechnet werden. Praktisch sind alle Polymere nicht diffusionsdicht. Sie nehmen z. B. Wasser aus der Umgebung auf. Diese absorbierte Feuchtigkeit vermindert jedoch die Wärmeformbeständigkeit der Harzsysteme und damit natürlich auch der Verbundwerkstoffe.

Durch intensive Untersuchungen auf diesem Gebiet hat sich gezeigt, dass die Kombination aus hoher Temperatur und hoher relativer Luftfeuchtigkeit sehr einflussreiche Umgebungsbedingungen sind, denen Faserverbunde ausgesetzt sein können. Mit dieser Wasseraufnahme ist eine erhebliche Veränderung der mechanischen und physikalischen Eigenschaften verbunden, die den Einsatzbereich der Faserverbunde z.T. stark einschränken.

10.1 Temperatur-/Feuchtigkeitseinflüsse

Durch eine Reihe von Untersuchungen weiss man, dass die Wasseraufnahme u.a. von der Umgebungsfeuchte und der Umgebungstemperatur abhängig ist. So lassen sich z. B. mit den bekannten Fick'schen Gleichungen das Diffusionsverhalten und die Sättigungskonzentration als Funktion der oben genannten Parameter weitgehend bestimmen.

Die Feuchtigkeitsaufnahme von Harzen (z. B. Epoxi) und CFK-Laminaten nach Abb. 10.1.1 kann man sich nach [10.1][10.2] durch folgende Vorgänge vorstellen:

- Absorption an der Oberfläche
- Absorption durch die Matrix
- Diffusion innerhalb der Matrix
- Transport von Wasser durch Kapillarwirkung entlang den Mikrorissen
- Einlagerung von Wasser in Poren und Lunker durch Diffusionsvorgänge

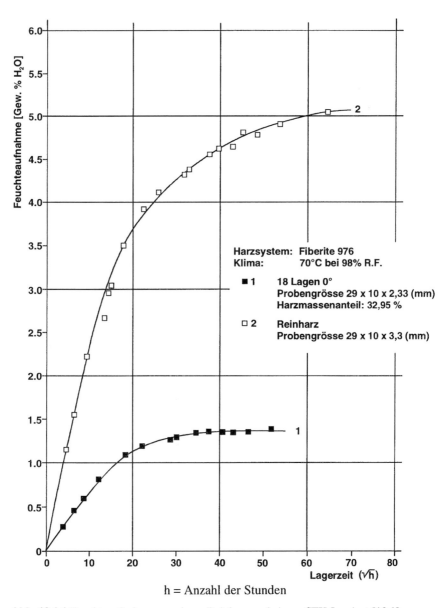

h = Anzahl der Stunden

Abb. 10.1.1 Feuchteaufnahme von einem Reinharz und einem CFK-Laminat [10.1]

Am deutlichsten treten die Veränderungen durch Feuchtigkeitsaufnahme von Harzen und Laminaten bei der Glasübergangstemperatur auf. So bewirkt z. B. bei Epoxidharzen 1 Gewichts-% Feuchtigkeitsaufnahme eine Reduzierung der Glastemperatur um ca. 20°C. Bezieht man dies dann auf 60V.% Faseranteil, entsprechend ca. 30-35 Gewichts-% Harzanteil im Laminat, so kann bei ausgehärteten Laminaten mit einem Abfall der Glasübergangstemperatur um ca. 60°C pro aufgenommenem Gewichtsprozent Feuchtigkeit gerechnet werden [10.3].

Die Absorptionsvorgänge, wie sie die Fick'schen Gleichungen beschreiben, scheinen jedoch nach [10.4] nur die langsamen Feuchteaufnahmevorgänge zu erfassen. Kurzzeitig aufgebrachte Temperaturspitzen bewirken eine weitere Wasseraufnahme, wodurch sich die Wärmeformbeständigkeit der Harze und Verbunde nach noch tieferen Temperaturen verschiebt. Darüber hinaus zeigen Untersuchungen, dass die Temperatur der Klimata nicht wie angenommen nur als Beschleuniger beim Absorptionsvorgang wirkt, sondern die Menge der aufgenommenen Feuchte mitbestimmt, bzw. die Erweichungstemperatur TG_A zusätzlich beeinflusst [10.5].

Durch Untersuchungen in [10.5] wurde festgestellt, dass die Umlagerung von im Klima 70°C bei 95% relativer Feuchtigkeit (RF) gesättigten Proben ins Klima 30°C bei 95% R.F. mit einer weiteren Wasseraufnahme verbunden ist. Dieses Verhalten ist in der einschlägigen Literatur angedeutet, jedoch nicht erklärt. Aufgrund solcher Effekte ist deshalb zu bezweifeln, ob die Umwelt- bzw. Serviceverhältnisse durch Untersuchungen in Konstantklimata vollständig erklärbar sind. Diese Zweifel werden aufgrund einer durchgeführten Untersuchung im Freifeld genährt.

Daraus lässt sich folgern, dass sich die realen Umweltbedingungen nicht durch ein Konstantklima, sondern nur in einem Mehrstufenwechselklima simulieren lassen. Je nach Einsatz der Flugzeuge (zivile, militärische, Überschall, Unterschall, geographischer Bereich des Einsatzes) variiert der „worst case" zwischen drei verschiedenen Konstantklimata mit 70°C/70% R.F., 70°C/85% R.F. und 70°C/95% R.F..

Die Faserverbundproben müssen dabei bis zum Erreichen des Sättigungszustandes eingelagert werden. Dies hat in allen drei Fällen eine Einlagerungsdauer in den Klimakammern von ca. 4 Monaten zur Folge, und zwar unabhängig davon, ob es sich dabei um ein Epoxid- oder Bismaleinharz handelt. Die Probekörper unterscheiden sich nach der Einlagerung nur durch den Sättigungsgehalt der aufgenommenen Feuchtigkeit. Setzt man voraus, dass der Diffusionskoeffizient D nach dem 1. Fick'schen Gesetz [10.1].

$$m = -D \cdot \frac{\partial c}{\partial x} \qquad (10.1)$$

konzentrationsunabhängig ist, dann gilt das 2. Fick'sche Gesetz nach folgender Gleichung.

$$\frac{\partial c}{\partial t} = D \cdot \frac{\partial^2 c}{\partial x^2} \qquad (10.2)$$

mit: c = Konzentration
        t = Zeit
        D = Diffusionskoeffizient
        x = Wegkoordinate (Diffusionsrichtung)
        m = Massenstromdichte

Dabei stellt der Diffusionskoeffizient D ein Mass für die Beweglichkeit der diffundierenden Teilchen im betrachteten Werkstoff dar. Um diese verschiedenen Effekte zu klären und zu verstehen, wurden in [10.1][10.2][10.3] weitere Untersuchungen durchgeführt. Im einzelnen betraf dies drei Effekte:

- Memory-Effekt
- Stufeneffekt und
- Temperatureffekt

Untersucht wurden diese Effekte an 3 Werkstoffen (Epoxidharzen), von denen ein breites Anwendungsspektrum vorlag:

- Code 69/T300-6K   Fa. Cyanamid/Fothergill GB
- Fiberite hyE 1076   Fa. Fiberite USA
- Fiberdux 914 C Fa. Ciba/Geigy Schweiz

Alle drei Systeme sind modifizierte Epoxide, von denen die Rezepturen bekannt sind und u.U. zur Deutung von Effekten von den Lieferfirmen nach Bedarf zur Verfügung gestellt werden. Somit lassen sich bestimmte Effekte auch durch die chemischen Vorgänge deuten.

Abb. 10.1.2 zeigt das Feuchteaufnahmeverhalten dieser drei Systeme bei Konstantklima 70°C/95% R.F. Gemeinsam ist den drei Systemen ihre Sättigungsfeuchte bei ~ 6000 Std. Lagerzeit. Am meisten Feuchte nimmt das CFK-Laminat aus dem System Fiberdux 914C auf, gefolgt von Code 69/T300 und Fiberite hyE 1076. Chemisch betrachtet, besteht die Fiberite-Matrix aus reinem Epoxidharz, mit Härter, ohne Beimengung von Additiven und ohne chemische Modifikationen an der Epoxidkomponente. Damit besitzt dieser Werkstoff zwar akzeptable Hot/ Wet-Eigenschaften, jedoch verhindert sein sprödes Verhalten einen Einsatz in Strukturbauteilen, die z. B. Impactbelastungen ausgesetzt sind. Den beiden anderen Systemen Code 69 und Fibredux 914C sind thermoplastische Additive beigemengt. Dabei liegt der Thermoplast nicht gelöst, sondern fein verteilt vor [10.6].

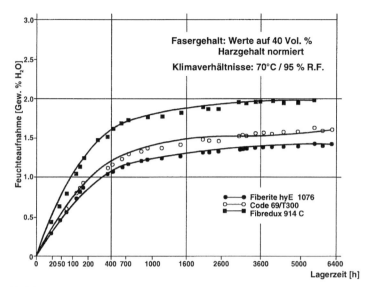

Abb. 10.1.2 Feuchteaufnahmeverhalten der drei Faserverbundsysteme bei dem Konstantklima 70°C / 95% R.F. [10.4][10.5][10.7]

Mit diesem Thermoplastzusatz wird die Duktilität des Systems zwar erhöht, jedoch besagt die Erfahrung, dass eine Erhöhung der Duktilität im allgemeinen eine Erniedrigung der Erweichungstemperatur der Matrix zur Folge hat, die wiederum die Feuchteaufnahme der Matrix erhöht. So gesehen ist die Feuchteaufnahme der Systeme in Abb. 10.1.2 erklärbar.

Die Auswirkungen von wechselnden Klimabedingungen auf die Feuchteaufnahme der drei Faserverbunde werden nachfolgend an einigen Beispielen kurz dargestellt. Die Umlagerung vom Klima 70°C/95% R.F. auf das Klima 30°C/95% R.F. führt nach Abb. 10.1.3 zu einem deutlichen Anstieg des Feuchtigkeitsgehaltes, wogegen die Umlagerung auf Klima 70°C/50% R.F. einen Abfall des Feuchtigkeitsgehaltes bewirkt (Abb. 10.1.4).

Entsprechend dem Verhalten nach Abb. 10.1.4 und der Feuchteaufnahme im Konstantklima 70°C/50% R.F. nach Abb. 10.1.5 ist der "Memory-Effekt" deutlich vorhanden. Beim Wechselklima 70°C/95% R.F. auf das Klima 70°C/50% R.F. ergibt sich eine höhere Sättigungskonzentration als beim Konstantklima 70°C/50% R.F.

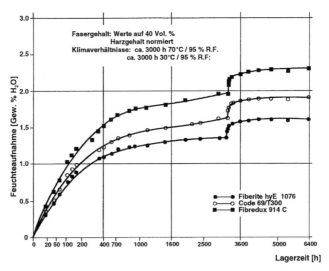

Abb. 10.1.3 Feuchtigkeitsaufnahmeverhalten der drei Faserverbundsysteme bei Wechselklima 70°C / 95 % R.F. auf 30°C / 95 % R.F. [10.5]

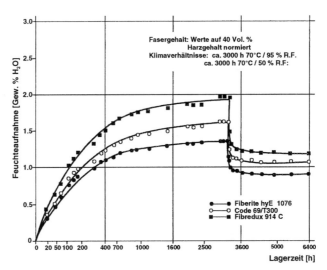

Abb. 10.1.4 Feuchtigkeitsaufnahmeverhalten der drei Faserverbundsysteme bei Wechselklima 70°C / 95 % R.F. auf 70°C / 50 % R.F. [10.5]

In Abb. 10.1.3 zeigt sich der sogenannte "Adamson-Effekt"; denn bei gleicher Luftfeuchtigkeit im Wechselklima steigt die Konzentration durch eine Absenkung der Temperatur an.

Anzumerken ist noch folgendes Phänomen: Gleiche Luftfeuchtigkeit führt bei unterschiedlichen Lagerbedingungen zu annähernd gleichen Sättigungskonzentrationen, jedoch zu unterschiedlichen Erweichungstemperaturen. Hieraus erkennt man, dass grundsätzlich ein Zusammenhang zwischen der Feuchtigkeitskonzentration in der Probe und der Erweichungstemperatur besteht. Diese Aussage wird durch Abb. 10.1.6 erhärtet. In der Abbildung ist der Abfall der Erweichungstemperatur bzw. Glasübergangstemperatur der Feuchteaufnahme im Konstantklima 70°C/95% R.F. gegenübergestellt. Vorbehaltlich der Tatsache, dass die Feuchtegehalte nicht auf gleiche Fasergehalte korrigiert wurden, ist dennoch eine deutliche Korrelation zwischen Feuchteaufnahme und Abfall der Glasübergangstemperatur zu erkennen. Darüber hinaus ist aber festzuhalten, dass der Verlauf der Konditionierung (relative Luftfeuchtigkeit, Temperatur, Zeit, Wechselklima usw.) einen nicht zu vernachlässigenden Einfluss ausübt. Wichtig ist letztlich erstens die genaue Kenntnis der Feuchteaufnahme der Faserlaminate und deren Erweichungstemperaturen, die in allen Fällen grösser sein müssen als die Service- bzw. Betriebstemperaturen und zweitens deren mechanische Eigenschaften unter Feuchte und Temperatureinfluss. Es ist jedoch zu bemerken, dass die in Wirklichkeit vorkommenden Klimabedingungen bei weitem nicht so extrem sind wie die in den Versuchen angesetzten. Es muss jedoch empfohlen werden, vor Auswahl eines Matrixsystems dessen Feuchteempfindlichkeiten zu überprüfen.

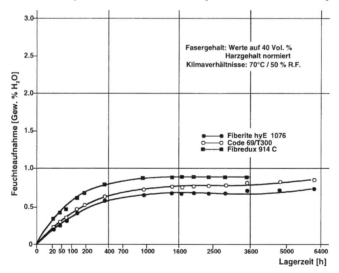

Abb. 10.1.5 Feuchtigkeitsaufnahmeverhalten der drei untersuchten Faserverbundsysteme bei 70°C / 50 % R.F. [10.5]

Deshalb sind in Abb. 10.1.7, Abb. 10.1.8 und Abb. 10.1.9 die Erweichungstemperaturen der drei untersuchten Faserverbunde als Funktion der Klimabedingungen aufgezeigt.

Die Ermittlung der Erweichungstemperatur wurde mit drei Methoden, auf die im Einzelnen nicht eingegangen wird, durchgeführt.

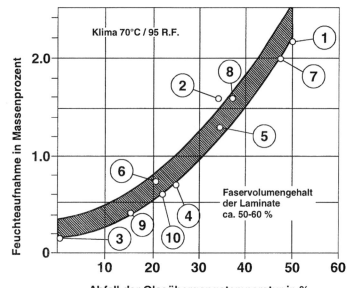

Nr.	CFK-System	Nr.	CFK-System
1	Zähes CFK-Epoxid	6	PES Kurzfaser
2	Code 69	7	Sigri CI 1020
3	APC-2	8	Technochemie H 795 E
4	PES Endlosfaser	9	PEI
5	Fiberite 976	10	PI

Abb. 10.1.6 Einfluss der Feuchtigkeit auf den Erweichungsbeginn von CFK mit organischer Matrix [10.2]

Der Einfluss von feuchtwarmem Klima auf die Laminateigenschaften 313

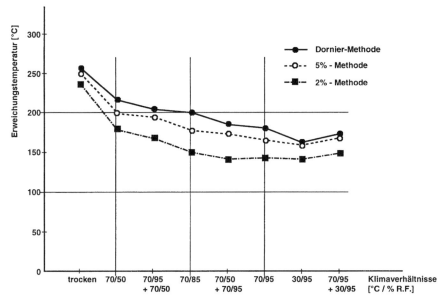

Abb. 10.1.7 Darstellung der Erweichungstemperatur als Funktion der Klimabedingungen für Fiberite 1076 [10.4][10.5][10.7]

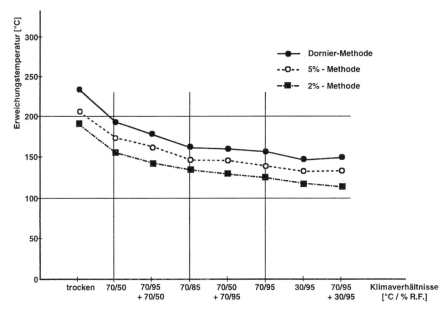

Abb. 10.1.8 Darstellung der Erweichungstemperatur als Funktion der Klimabedingungen für Code 69 [10.4][10.5][10.7]

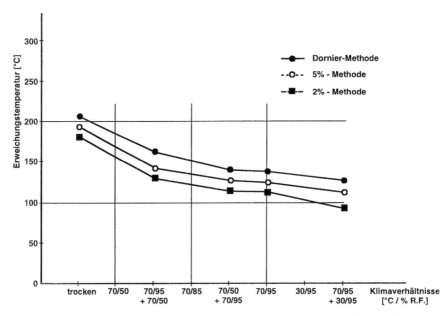

Abb. 10.1.9 Darstellung der Erweichungstemperatur als Funktion der Klimabedingungen für Fibredux 914 C

10.2 Auswirkungen auf die Festigkeit

Aus dem jeweiligen Anforderungsprofil für Faserverbundstrukturen müssen unter Berücksichtigung dieser Zusammenhänge Sicherheitsfaktoren festgelegt werden. Dies ist eine schwierige Aufgabe. Es hat sich in vielen Untersuchungen gezeigt, dass die mechanischen Eigenschaften der Faserverbunde sehr stark von der absorbierten Feuchte abhängen. So zeigt Abb. 10.2.1 den prozentualen Abfall der Zugfestigkeit unidirektionaler Zugproben in Abhängigkeit der Temperatur bei trockenem Klima.

Die Druckfestigkeiten unidirektionaler CFK-Proben zeigen im trockenen Zustand bei hohen Temperaturen einen steilen Abfall (Abb. 10.2.2).

Den Feuchte- und Temperatureinfluss auf das Druckverhalten am Beispiel eines zähen EP-Harzsystems zeigt Abb. 10.2.3. Die Festigkeitseinbussen sind dabei enorm.

Der Einfluss von feuchtwarmem Klima auf die Laminateigenschaften 315

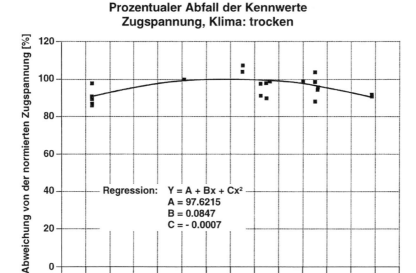

Abb. 10.2.1 Prozentualer Abfall der unidirektionalen Zugfestigkeiten in Abhängigkeit von der Temperatur [10.2]

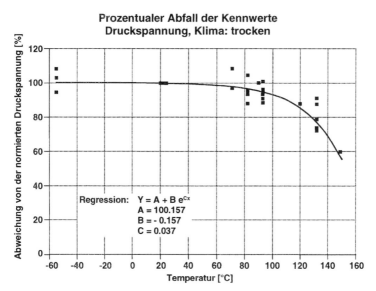

Abb. 10.2.2 Prozentualer Abfall der 0°-Druckspannungswerte in Abhängigkeit von der Temperatur [10.2]

316 Der Einfluss von feuchtwarmem Klima auf die Laminateigenschaften

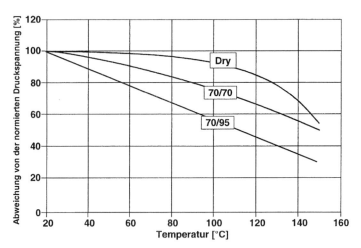

Abb. 10.2.3 Feuchteeinfluss auf das Druckverhalten von unidirektionalen CFK-Laminaten mit zäher Matrix [10.2]

Eine weitere wichtige Grösse der Fasertechnik ist die interlaminare Scherfestigkeit. In Abb. 10.2.4 ist der prozentuale Abfall der interlaminaren Scherfestigkeit von unidirektionalen Proben in Abhängigkeit von der Temperatur dargestellt. Abb. 10.2.5 zeigt diesen Zusammenhang an multidirektionalen Proben in Abhängigkeit der Temperatur und dem Klima 70°C/70% R.F..

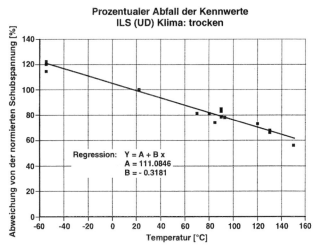

Abb. 10.2.4 Prozentualer Abfall der Schubfestigkeitswerte von der unidirektionalen ILS-Probe in Abhängigkeit von der Temperatur [10.2]

Der Einfluss von feuchtwarmem Klima auf die Laminateigenschaften 317

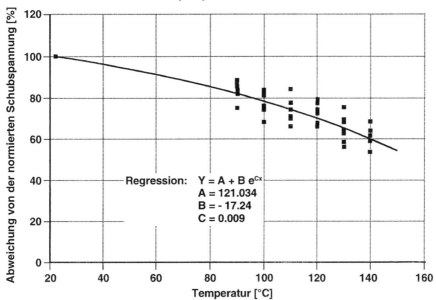

Abb. 10.2.5 Prozentualer Abfall der Schubfestigkeiten von der multidirektionalen ILS-Probe in Abhängigkeit von Temperatur und Klima 70°C/70% R.F. [10.2].

Das Thema Feuchte ist damit noch nicht zufriedenstellend abgehandelt. Wie Abb. 10.2.3 zeigt, sind bei klimatisierten Druckproben, auch in ungünstigen Fällen, also bei Feuchte und Temperatur immer noch Restfestigkeiten vorhanden, die z.T. mit dem Abfall der Erweichungstemperatur korrelieren.

Bei Schwingungsfestigkeitsbelastungen verschärft sich das Problem dann, wenn die Erweichungstemperatur kleiner ist als die Betriebstemperatur. In solchen Fällen, gepaart mit der ungünstigen Schwingungsform mit dem Faktor R=-1 versagt die Probe oder das Bauteil in der Regel wesentlich früher. Daraus entsteht die Notwendigkeit, die Harzmatrix mit grösster Sorgfalt und Sachkenntnis auszuwählen. Betrachtet und beachtet man allerdings diese Problemzonen, dann ist das Ermüdungsverhalten von CFK-Werkstoffen, wie bereits in Kapitel 9 erklärt, kein allzu grosses Problem. So konnten für viele dynamische Bruchzellen aus CFK, wie z. B. die hochovale und damit hochbelastete Rumpfstruktur nach Abb. 10.2.6, sowie das CFK-Rumpfheck des Computerflugzeugs Do 328 (Abb. 10.2.7) die Dauerfestigkeit bzw. die erforderliche Zeitfestigkeit ohne Probleme nachgewiesen werden und zwar bei realen Feuchtigkeitsbedingungen.

318 Der Einfluss von feuchtwarmem Klima auf die Laminateigenschaften

Abb. 10.2.6 Ovale CFK-Rumpfstruktur der Dornier-Do 328

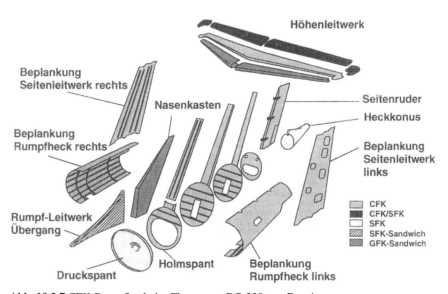

Abb. 10.2.7 CFK-Rumpfheck des Flugzeuges DO 328 von Dornier

10.3 Literaturverzeichnis zu Kapitel 10

[10.1] Seyffert, C.: Untersuchungen zum Druckverhalten von CFK-Materialien aus hochfesten Fasern und Matrixsystemen mit hohen Temperatureinsatzgrenzen. Institut für Flugzeugbau, Universität Stuttgart, in Zusammenarbeit mit Fa. Dornier, Studienarbeit, 1986

[10.2] Roth, S., Seyffert, C.: Kurzqualifikation; Dornier GmbH Berichts-Nr. SK50-1002/87-1987

[10.3] Kunz, J.: Messmethoden zur Bestimmung der Glasübergangstemperatur; Symposium über Eigenschaften, Prüfung und Bewertung; Erding 1985

[10.4] Pettirsch, R., Salas, G.: Untersuchung der Feuchteaufnahme unter Mehrstufenklima an CFK-Laminaten; JABG-Programm; Auftrags-Nr. JABG 2145221; 1985

[10.5] Ziegmann, G.: Untersuchung über die Feuchtigkeitsaufnahme von C-Faserprepregs mit Epoxidharzmatrix und die Auswirkung der Feuchtigkeit auf die Laminatqualität und der Einfluss der Aushärtung auf das mechanische Verhalten von Laminaten; Abschlussbericht der Fa. Dornier GmbH Friedrichshafen; Berichts-Nr. SK70-294/82; 1982

[10.6] Flemming, M., Ziegmann, G., Roth, S.: Faserverbundbauweisen - Fasern und Matrices; Springer Verlag Berlin, Heidelberg, New York 1995, ISBN 3-540-58645-8

[10.7] Laubenberger, Bröcker: JABG-Bericht B-TF 1439/2; 1983/84; Strukturuntersuchungen zur Klärung des Phänomens der Feuchteaufnahme von CFK-Laminaten unter konstanten und wechselnden Klima-Bedingungen

Die Forschungsberichte der Fa. Dornier liegen den Verfassern vor.

11 Korrelationsbetrachtungen

11.1 Korrelation zwischen Glasübergangstemperatur und mechanischen Eigenschaften

Die Charakterisierung der thermomechanischen Eigenschaften von Faserverbundwerkstoffen erfolgt in der Regel anhand der Ermittlung der experimentell bestimmten Glasübergangstemperatur. Bei den in DIN 29971 beschriebenen Verfahren wird eine Änderung der Steigung der experimentell bestimmten temperaturabhängigen Schubmodulkurve zur Festlegung einer Temperatureinsatzgrenze herangezogen. In [11.1] wurde der Frage nachgegangen, inwieweit eine Übereinstimmung zwischen Veränderungen des dynamisch bestimmten Schubmoduls und ausgewählten matrixabhängigen mechanischen Eigenschaften im Temperaturbereich um die Glasübergangstemperatur T_{GA} besteht und inwieweit die T_{GA} einer feuchtgesättigten Matrix dazu geeignet sein kann, eine Temperaturgrenze unter Umweltbedingungen zu beschreiben. Für die Beurteilung des temperaturabhängigen Verhaltens unter Feuchteeinwirkung wurden folgende mechanische Eigenschaften zugrunde gelegt:

- Druckfestigkeit σ_{11D}
- Querzugfestigkeit σ_{22z}
- Interlaminare Scherfestigkeit $\sigma_{0°/\pm 45°}$
- Kerbzugfestigkeit σ_{kerb}

Die untersuchten Materialien waren:

- CFK-Prepreg Fiberite hyE-1076 (T300)
- CFK-Prepreg Sigri CI 1020 (HTA-7)

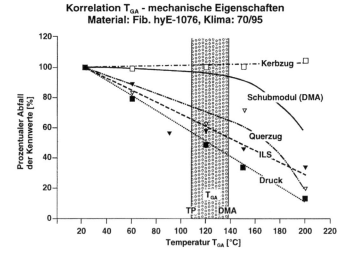

Abb. 11.1.1 Korrelation zwischen mechanischen Eigenschaften und dynamisch bestimmter Glasübergangstemperatur [11.1]

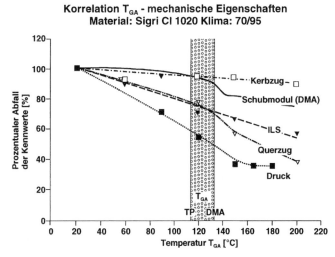

Abb. 11.1.2 Korrelation zwischen mechanischen Eigenschaften und dynamisch bestimmter Glasübergangstemperatur [11.1]

TP = Temperatur des Glaspunktes; T_{GA} = Glasübergangstemperatur; DMA = Dynamische, mechanische Analyse

Korrelationsbetrachtungen

Der prozentuale, temperaturbedingte Abfall der verschiedenen, mechanischen Eigenschaften ist in der Abb. 11.1.1 und Abb. 11.1.2 dargestellt. Bei getrennter Betrachtung beider Systeme ist festzustellen, dass im Falle des Fiberite-Systems sämtliche mechanischen Eigenschaften einen nahezu linearen Kennwertverlauf bis weit über die Glastemperatur hinaus aufweisen. Nur die Querzugfestigkeit besitzt einen dem Schubmodul qualitativ ähnlichen Verlauf. Da bei den mechanischen Eigenschaften weder im Bereich der Glasübergangstemperatur eine Unstetigkeit oder stetige Änderung der Steigung des Kurvenverlaufs festzustellen ist, noch die Kurvenverläufe bis auf die Querzugfestigkeit mit dem Schubmodulverlauf korrelieren, scheint es nicht gerechtfertigt, mit Hilfe der Glasübergangstemperatur eine Einsatzgrenze für konditionierte Faserverbunde aus der Gruppe der EP-Harze festzulegen. Im Fall des BMI-Systems Sigri CI 1020 (Abb. 11.1.2) sieht die Situation etwas anders aus. Es fällt auf, dass der Schubmodulverlauf im Bereich von 140°C einen deutlichen Knick aufweist, der wahrscheinlich darauf zurückzuführen ist, dass elastifizierende Komponenten der Matrix ihren Erweichungspunkt erreicht haben. Deshalb bezeichnet man den Knick auch als Nebendispersion. Charakteristisch ist, dass die Schubmodulkurve im Anschluss daran mit der ursprünglichen Steigung weiterläuft. Dieser Vorgang ist auch dafür verantwortlich, dass eine Ermittlung des Glaspunktes anhand der dynamisch bestimmten Schubmodulkurve zu keinem vernünftigen Ergebnis führt. Mit beiden Methoden wird nur die Nebendispersion ausgewertet. Bei der Betrachtung des temperaturabhängigen Verlaufs der mechanischen Eigenschaften ist jedoch auffällig, dass diese Unstetigkeit in der Schubmodulkurve in qualitativ ähnlicher Weise bei der Querzugfestigkeit und ansatzweise auch bei der Druckfestigkeit wiederzufinden ist.

In Abb. 11.1.3 ist die direkte Korrelation zwischen temperaturabhängigem Abfall der Schubmodulkurve und den mechanischen Eigenschaften aufgetragen. Dabei wird besonders deutlich, dass die Querzugfestigkeit sehr stark mit dem Schubmodulverlauf korreliert. Die statistische Auswertung bestätigt dies mit einem sehr hohen Korrelationskoeffizienten von $r = 0{,}991$. Die Korrelationskoeffizienten der restlichen mechanischen Eigenschaften liegen alle unterhalb dieses Wertes. Bemerkenswert ist noch, dass eine Systematik in der Signifikanz der Korrelation feststellbar ist. Der Korrelationskoeffizient nimmt von der Eigenschaft, die am deutlichsten von der Matrix dominiert wird (Querzugfestigkeit), bis zu der Eigenschaft, die am stärksten von der Faser abhängt (Druckfestigkeit), stetig ab. Aus der Kenntnis der matrix- und der faserbestimmten Eigenschaften war dieses Verhalten zu erwarten. Sehr deutlich ist jedoch darauf hinzuweisen, dass die Reduzierung der Information aus den Schubmodulkurven auf den Wert der Glasübergangstemperatur wegen der Nebendispersion zu erheblichen Fehlinterpretationen führen kann. Der Verlauf der gesamten Schubmodulkurve ermöglicht dagegen eine gute Abschätzung des thermomechanischen Verhaltens unter Feuchteeinwirkung. Dies trifft vor allem auf die matrixdominanten Eigenschaften zu.

Der Korrelationskoeffizient r geht auf Bravais zurück und wurde von Peasson weiterentwickelt. Er ist ein Assoziationsmass für kontinuierliche Variablen. Es gibt verschiedene Arten von Korrelationskoeffizienten, nämlich biseriale, polyseriale und tetrachorische. Deswegen wird er zur Abgrenzung auch als Produkt Moment - Korrelationskoeffizient bezeichnet und gilt nur für lineare Zusammenhänge. Bei der Regressionsanalyse gibt es eine eindeutige Trennung zwischen abhängigen und unabhängigen Variablen (asymmetrische Fragestellung). Im Gegensatz dazu sind beim Korrelationskoeffizienten beide Variablen gleichberechtigt (symmetrische Fragestellung). Es liegt eine Kovariation von x und y vor und nicht eine Vorhersage von y durch x.

Der Korrelationskoeffizient r bewegt sich im Bereich von -1 bis +1.

Es gelten die folgenden Aussagen:

1. r liegt nahe bei -1:
   Die Datenpunkte konzentrieren sich mehrheitlich um eine Gerade mit negativer Steigung.

2. r beträgt ungefähr Null:
   Die Datenpunkte sind entweder über alle vier Quadranten in etwa gleichmässig verteilt oder liegen um eine Gerade, die parallel zu einer Achse verläuft.

3. r liegt nahe bei +1:
   Die Datenpunkte konzentrieren sich mehrheitlich um eine Gerade mit positiver Steigung.

Der Korrelationskoeffizient ist durch folgende Formel gekennzeichnet:

$$r = \frac{\sum x \cdot y - \frac{1}{n} \left(\sum x \right) \left(\sum y \right)}{\sqrt{\left[\sum x^2 - \frac{1}{n} \left(\sum x \right)^2 \right] \left[\sum y^2 - \frac{1}{n} \left(\sum y \right)^2 \right]}} \quad (11.1)$$

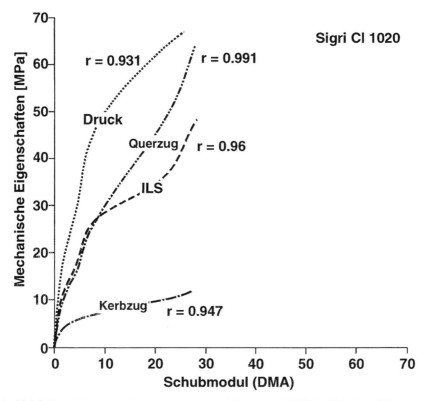

Abb. 11.1.3 Korrelation zwischen dem temperaturabhängigen Abfall der Schubmodulkurve (DMA) und verschiedenen mechanischen Eigenschaften [11.1]

Die erzielten Ergebnisse zeigen, dass es möglich ist, über Korrelationsbetrachtungen aufwendig zu ermittelnde Kennwerte mit Hilfe der mechanischen Eigenschaften der Komponenten zumindest abzuschätzen.

Die experimentelle Ermittlung der temperatur- und feuchteabhängigen Kennwerte unterschiedlicher mechanischer Eigenschaften stellt in der Regel innerhalb eines Qualifikationsprogrammes den zeit- und kostenintensivsten Punkt dar (Abb. 11.1.3). Der Benutzer eines derartigen Vorgehens muss sich jedoch bewusst sein, in welchem Fehlerbereich er arbeitet.

11.2 Korrelation zwischen Compression after Impact (CAI) und verschiedenen Eigenschaften

"Compression after Impact" ist eine Testmethode, mit der vor allem der Einfluss von Schädigungen auf das Restdruckfestigkeitsverhalten von CFK-Laminaten nach einer Stossbelastung untersucht wird. Für die Ermittlung der Kennwerte liegt allerdings keine Norm vor. Deshalb hat man sich international darauf geeinigt, die Boeing-Spezifikation BSS 7260 zur Ermittlung der Druckwerte heranzuziehen [11.1].

Bei dieser Testmethode werden Druckplatten mit einer Kantenlänge von 100 auf 150 mm und einer Dicke von 4,0 mm bzw. 4,5 mm (entspricht 32 bzw. 36 Lagen mit einer effektiven Dicke von 0,125 mm) verwendet. Die multidirektionalen Platten werden üblicherweise mit einer Impact-Energie von 6,7 J/mm belastet und beschädigt. Die so vorgeschädigten Laminate werden anschliessend in einer Vorrichtung, in der die Proben zur Verhinderung eines Beulversagens seitlich abgestützt sind, bis zum Bruch auf Druck belastet. Dieses Prüfverfahren ist sehr aufwendig und wird von mehreren Faktoren beeinflusst. Daraus ergibt sich, dass zur Vergleichbarkeit der Ergebnisse folgende Randbedingungen erfüllt sein müssen:

- Die Abmessungen der Druckplatten müssen übereinstimmen, damit gleiche Beullasten gewährleistet sind.
- Die Lagerung der nicht belasteten Plattenränder muss identisch sein (Unterschiede ergeben unterschiedliche Beullasten).
- Lagenzahl und -aufbau müssen übereinstimmen.
- Die 32-lagige Laminatvariante besitzt z. B. mit 25/50/25 einen quasiisotropen Lagenaufbau, wogegen die 36-lagige Version mit 28/44/28 nur annähernd quasiisotrop aufgebaut ist. Die ermittelten Restdruckfestigkeiten dieser Varianten sind deshalb nicht direkt vergleichbar.
- Die Impact-Energie sowie die Form des Impact-Körpers müssen identisch sein, da durch sie das Schadensausmass hauptsächlich bestimmt wird.
- Neben der Impact-Energie müssen auch Aufprallgeschwindigkeit und die Impactormasse übereinstimmen [11.1].

Korrelationsbetrachtungen 327

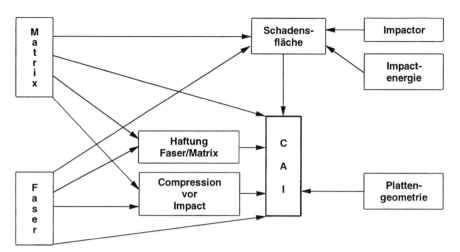

Abb. 11.2.1 Komplexität der CAI-Probe

Die Vielzahl von Voraussetzungen zeigt, wie komplex sich die CAI-Probe darstellt. Die Abhängigkeiten sind aus Abb. 11.2.1 ersichtlich. Die werkstoffabhängigen Grössen wie z. B. die Schadensfläche und die Druckfestigkeit bei quasiisotropem Laminat hängen zwar direkt von den faser- und matrixtypischen Eigenschaften ab, die Richtung der Einflussnahme verhält sich jedoch teilweise konträr. So bewirkt in den zuvor genannten Beispielen die Erhöhung der Duktilität der Matrix zum einen eine Verringerung der durch den Impact verursachten Schadensfläche; zum anderen wird dadurch, nach anfänglicher Zunahme, eine Verringerung der Druckfestigkeit registriert. Diese vielfältigen und oft auch entgegengesetzt gerichteten Einflüsse der Komponenteneigenschaften und die Eigenschaften, die zu Beurteilung der CAI-Ergebnisse verwendet werden, verhindern eine Aussage über die komplexen Zusammenhänge zwischen den Komponenteneigenschaften und den ermittelten Restfestigkeiten. Somit ist nicht zu erwarten, dass bei den Ergebnissen des CAI-Tests ähnlich klare Abhängigkeiten wie z. B. bei der Risszähigkeit gefunden werden können. Trotzdem müssen diese schwierigen Probleme mit Nachdruck weiter bearbeitet werden. Die Tatsache, dass man bei den CAI-Ergebnissen keine klaren Abhängigkeiten findet, ist noch lange kein Grund, weitere Untersuchungen zu unterlassen.

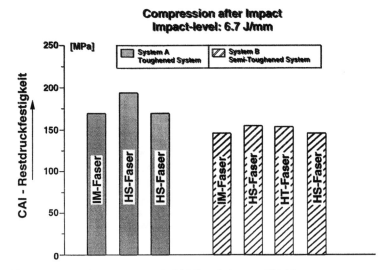

Abb. 11.2.2 Restdruckfestigkeiten nach CAI-Stossbelastung [11.1]

Abb. 11.2.2 zeigt, dass die CAI-Werte auf nur geringfügig unterschiedlichem Niveau liegen. Das trifft vor allem auf das spröde EP-Harzsystem zu [11.1]. In der Abb. 11.2.3 sind die Restfestigkeit, Schadensfläche, Bruchenergie und Risszähigkeit G_{1c} unterschiedlicher Harz-Faserkombinationen aufgetragen. Dabei ist auffällig, dass sich Bruchenergie, Schadensfläche und Risszähigkeit G_{1c} deutlich voneinander unterscheiden (Abb. 11.2.3).

In Abb. 11.2.2 und Abb. 11.2.3 ist der HS-Faser-Balken mehrfach vertreten. Dies ergibt sich daraus, dass die verwendeten Prepregs von unterschiedlichen Herstellern stammen, aber die gleichen Werkstoffkomponenten verwenden. Abb. 11.2.2 macht deutlich, dass der CAI-Wert für die Definition des Zustandes einer Probe bzw. eines Bauteiles nach einer Stossbelastung nicht geeignet ist. Es sind Messungen wie in Abb. 11.2.3 erforderlich. Anhand von Abb. 11.2.3 wird deutlich, dass allein durch die Wahl einer anderen Kohlefaser mit anderer Oberflächenbearbeitung Gewichtseinsparungen möglich sind (siehe auch Abb. 8.2.12). Die Anwendung einfacher Statistik (Mittelwert, Streuung, Variationskoeffizient bezogen auf Abb. 11.2.2) verdeutlicht dies. Unbeachtet der unterschiedlichen Fasertypen (HT, HS, IM) weisst die Gruppe B folgende Merkmale auf:

$\bar{x} = 149{,}2$ Mittelwert

$s = 6{,}74$ Standardabweichung

$v = 4{,}52$ Variationskoeffizient

Korrelationsbetrachtungen 329

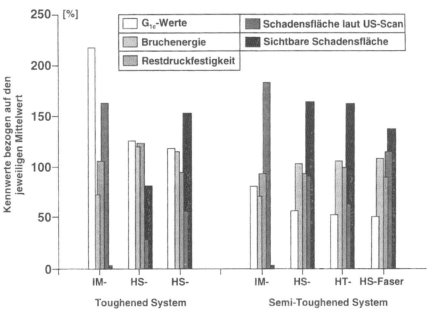

Abb. 11.2.3 Gegenüberstellung von Restdruckfestigkeit, Schadensfläche, Bruchenergie und G_{1c} [11.1]

Dieses Ergebnis (Abb. 11.2.2) dokumentiert, dass die CAI-Werte bei den spröden Systemen vollkommen unabhängig vom Fasertyp und dessen unterschiedlichen Eigenschaften sind. Dies ist insofern erstaunlich (bzw. nicht zu akzeptieren), da z. B. die mittels Ultraschall ermittelte Schadensfläche bei unterschiedlichen Fasertypen sehr grossen Abweichungen unterworfen ist. Dasselbe Resultat liefert die Gruppe der zähen Systeme (Gruppe A), nur dass hier die HS-Faser einen höheren Wert liefert, der aber keiner besonderen Fasereigenschaft zuzuschreiben ist, zumal dieselbe Faser in der Gruppe der spröden Systeme einen relativ niedrigen Wert liefert. Die Restdruckfestigkeit als Mass für die Beurteilung unterschiedlicher Systeme ist daher nicht zu empfehlen.

Mit Hilfe des F-Tests (s. Abschnitt 11.2.1), bei dem die Varianzen beider Gruppen auf Gleichheit und Homogenität geprüft werden, lässt sich nachweisen, dass die Gruppe der duktilen sowie der spröden Systeme nicht der gleichen Grundgesamtheit entspringt, da schon ihre Varianzen signifikant voneinander unterschiedlich sind [11.2]. Dies bedeutet, dass die CAI-Werte ausschliesslich nur durch die Matrixeigenschaften beeinflusst werden.

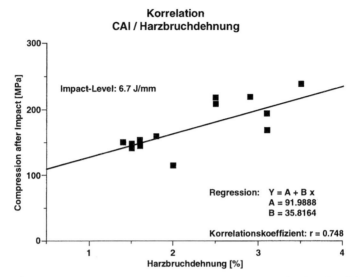

Abb. 11.2.4 „Compression after Impact"-Werte in Abhängigkeit der Harzbruchdehnung [11.1]

In Abb. 11.2.4 sind die CAI-Werte in Abhängigkeit von der Harzbruchdehnung, die hier als Mass für die Duktilität gewählt wurden, aufgetragen. Diese Korrelation bestätigt im Grossen und Ganzen die angedeuteten Zusammenhänge. Diese Aussagen gelten zunächst ausschliesslich für Kohlefaserverbunde.

11.2.1 Erklärungen zum F-Test

Mit dem F-Test wird untersucht, ob die Varianzen von zwei Zufallsstichproben homogen sind. Zum Verständnis des F-Tests wird die Kenntnis der diesbezüglichen Wahrscheinlichkeitstheorie [11.3] und [11.4] vorausgesetzt. Es wird ferner auf Kapitel 13, Abschnitt 13.4 - 13.9, aus [11.2] verwiesen.

Sind s_1^2 und s_2^2 stochastisch unabhängige Schätzungen von σ^2 derselben normalverteilten Grundgesamtheit, dann folgt der Quotient der Varianzen einer F-Verteilung (Abb. 11.2.5). Die zu überprüfende Nullhypothese lautet: „Zwei Stichproben unterscheiden sich in ihren Varianzen nur zufällig und entstammen somit einer gemeinsamen Grundgesamtheit".

$$\sigma_1^2 = \sigma_2^{2*} \qquad (11.2)$$

Es wird eine Prüfgrösse

Korrelationsbetrachtungen

$$\hat{F} = \frac{s_1^2}{s_2^2} \tag{11.3}$$

mit:
- s_1^2 = grössere der beiden Varianzen
- s_2^2 = kleinere der beiden Varianzen

gebildet und mit dem für die geforderte statistische Sicherheit tabellierten F-Wert verglichen. Die Tabelle der F-Werte wird hier nicht wiedergegeben. Sie kann aus der einschlägigen Literatur der Statistik oder aus [11.2] entnommen werden. Die Parameter des F-Wertes sind die Freiheitsgrade der beiden Stichproben $v_1 = n_1 - 1$ und $v_2 = n_2 - 1$.

Für

$$\hat{F} > F \tag{11.4}$$

wird die Hypothese der Varianzhomogenität verworfen und die Alternativhypothese H_1

$$\sigma_1^2 \neq \sigma_2^2 \tag{11.5}$$

akzeptiert.

Es ist anzumerken, dass der F-Test sehr empfindlich gegen Abweichungen der Normalverteilung ist.

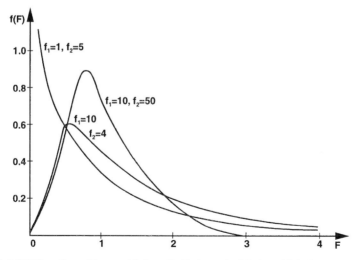

Abb. 11.2.5 F-Verteilung für verschiedene Freiheitsgrade $f_1(v_1)$ und $f_2(v_2)$

11.3 Literaturverzeichnis zu Kapitel 11

[11.1] Roth, S., Seyffert, C.: Kurzqualifikation; Dornier GmbH, Bericht-Nr. SK50-1002/87; 1987

[11.2] Roth, S., Rothmund, P., Seyffert, C.: Streuungsverhalten unterschiedlicher Probentypen für die Ermittlung mechanischer Kenngrössen von Faserverbundwerkstoffen. Do-Bericht Nr. SN10-628/88; 1988

[11.3] Beichelt, F.: Stochastik für Ingenieure, B.G. Teubner Verlag, Stuttgart, 1995

[11.4] Bronstein, I.N., Semendjajew, K.A.: Taschenbuch der Mathematik, B.G. Teubner Verlag, Stuttgart, Leizig, 1991

Die Forschungsberichte der Fa. Dornier liegen den Verfassern vor.

12 Schadenstoleranz von Faserverbund-Werkstoffen und -Bauteilen [12.1]

Das Schadensverhalten metallischer Werkstoffe, die im Strukturbereich Anwendung finden, ist seit einigen Jahrzehnten ausführlich untersucht und weitgehend bekannt. Entsprechend diesem Werkstoffverhalten sind z. B. Inspektionsintervalle für schadensgefährdete Bereiche festgelegt, um sowohl die Schadensentstehung, als auch den Schadensfortschritt beobachten zu können. So gelten bei Metallen - in der Luftfahrt im wesentlichen hochfeste Aluminium-Legierungen - in erster Linie Kerben durch Bohrungen oder konstruktionsbedingte Steifigkeitssprünge usw. als kritische Stellen.

Faserverbunde verhalten sich bezüglich der Schadenstoleranz gänzlich anders als Metalle. Das Harz als Matrixsystem weist weitgehend isotropes Verhalten auf. Es dient als Bettungsmasse zur Kraftübertragung auf die Verstärkungsfaser und liegt in den mechanischen Kenngrössen Festigkeit und Elastizitätsmodul um Grössenordnungen unter den Werten der Fasern. Diese wiederum weisen - mit Ausnahme der Glasfasern - ausgeprägt anisotropen Charakter auf, wie die Kennwerte für die Kohlenstoffaser zeigen. Die Zugfestigkeit in Faserrichtung beträgt für die HT-Kohlenstoffaser 2400 N/mm^2 und in Querrichtung 150 N/mm^2. Bei der E-Glasfaser hingegen beträgt dieser Wert in beiden Richtungen 3000 N/mm^2. Ähnlich verhält es sich beim Elastizitätsmodul. Bei der HT-Kohlefaser ist dieser 260000 N/mm^2 in Faserrichtung und 10000 N/mm^2 quer dazu. Bei der E-Glasfaser hingegen liegt dieser Wert in beiden Richtungen bei 73500 N/mm^2.

Das bedeutet, dass die guten mechanischen Eigenschaften der C-Faser lediglich in Faserlängsrichtung vorhanden sind. Anderseits hat dieser anisotrope Charakter der Faser den Vorteil, dass die Fasereigenschaften quer zur Faserachse eher den Eigenschaften der Harze angepasst sind und somit bei Belastung höhere Verformungen in Querrichtung mitmachen als die Glasfaser, die auch quer zur Faserachse hohe Steifigkeit und Festigkeit aufweist. Dieses Verhalten der isotropen Glasfaser führt zu örtlichen Spannungs- und Dehnungsüberhöhungen im Harz und somit zu geringen Bruchdehnungen im Verhältnis zu CFK-Laminaten (siehe Kapitel 8):

Als dritte, entscheidende Komponente von seiten des Werkstoffes muss noch die Grenzfläche zwischen Harz und Faser betrachtet werden, die ganz wesentlich die Haftungsverhältnisse zwischen Harz und Faser prägt und somit das Kraftübertragungsverhalten wesentlich beeinflusst. Hier sind einerseits die Art und das Ausmass der Faseroberflächenvorbehandlung sowie die anschliessend aufgebrachte Schlichte (Art der Schlichte, prozentualer Anteil, Gleichmässigkeit der Verteilung auf die Faser) die bestimmenden Grössen. Andererseits ist die gleichmässige und fehlerfreie Benetzung aller Fasern mit dem Matrixsystem entscheidend für die gleichmässige Kraftübertragung von Faser und Harz.

Die Homogenität der Harz/Faser-Verteilung wiederum wird durch den gesamten Verarbeitungsprozess bestimmt, angefangen von der Prepreg- bzw. Preformherstellung bis hin zur Aushärtung [12.2] [12.3] [12.4].

Bei aushärtenden Systemen - im wesentlichen Epoxid- und Polyimidharze - ist dabei zu beachten, dass der Matrixwerkstoff während der Aushärtung im Autoklaven oder in anderen thermisch erhitzten Formwerkzeugen [12.34] durch eine chemische Reaktion erst entsteht. Der Ablauf der Reaktion ist ein weiterer entscheidender Faktor für die Güte des fertigen Bauteils, der durch den Verarbeiter selbst bestimmt wird.

Zum Werkstoffverhalten von Faserverbunden tragen somit mehrere Einflussgrössen bei, die nicht getrennt betrachtet werden dürfen. Insbesondere das Schadensverhalten und das Schadensausmass durch Fehler bei der Verarbeitung und bei Betriebsbelastungen werden gleichermassen von allen eben beschriebenen Einzelgrössen beeinflusst. Die Frage nach schadenstoleranten Faserverbundwerkstoffen muss deshalb immer alle Komponenten betrachten. Inzwischen ist der Begriff "Schadenstoleranz" oder auch "Damage tolerance" für Faserverbundwerkstoffe ein anerkanntes Problemgebiet. Dabei ist dieser Begriff nicht einheitlich und insgesamt definiert, da die Anforderungen an die "Schadenstoleranz" des Werkstoffes sehr stark von den Einsatzbedingungen des Bauteils abhängig sind, wie es Abb. 12.1 deutlich macht. Hier sind typische Faserverbundkomponenten im Strukturbereich von Flugzeugen aufgeführt und einige Anforderungen an den Werkstoff dem jeweiligen Bauteil zugeordnet.

Anforderungen	Nase, Randbogen	Bauteil Holm, Tragwerk	Spante, Rumpf	Beplankung Rumpf	Tragwerk
spezifische Festigkeit	XX	XX	XX	XX	XX
spezifische Steifigkeit	X	XX	XX	XX	XX
Schwingfestigkeit (gekerbt, ungekerbt)	---	XX	XX	XXX	XXX
hohe Wärmeformbeständigkeit (hohe Erweichungstemperatur T_{GA})	XXX (insbesondere für Überschallbereich)	X	X	XX	XX
Erosion	XX	---	---	X	X
Chemikalienbeständigkeit (Lösungsmittel, Treibstoff usw.)	X	je nach Bauweise	---	XX	XX
Schlagzähigkeit (hohes Arbeitsaufnahmevermögen)	XXX (z. B. Vogelschlag)	---	---	XXX (Hagel, Steine usw.)	XXX (Hagel, Steine, Werkzeug)
Torsionssteifigkeit	---	XX	XX	X	X

Abb. 12.1 Typische Strukturkomponenten von Flugzeugen in Faserverbundbauweise mit der Zuordnung der wichtigsten Anforderungen im Betrieb [12.5]

So sind für Bauteile im Staubereich, wie Nasen oder Randbögen besonders die Grössen:
- Wärmeformbeständigkeit, insbesondere im Überschallbereich
- Erosionsbeständigkeit und
- Schlagzähigkeit, z. B. durch Vogelschlag [12.10]

bedeutsam, während die Schlagzähigkeit für Spante usw. von untergeordneter Bedeutung ist. Hier sind vielmehr die Grössen:
- Torsionsfestigkeit
- Schwingfestigkeit, gekerbt und ungekerbt, sowie
- hohe spezifische Steifigkeit und Festigkeit

entscheidend.
Im Gegensatz dazu sind Beplankungen von Rumpf und Tragwerk wiederum auf hohe Schlagzähigkeit auszulegen, insbesondere auf Schäden durch Hagel, Steine, Werkzeuge usw., die häufig bei Faserverbundwerkstoffen nicht direkt sichtbare Schäden hinterlassen. Hier spielt neben dem Schadensausmass selbst die Geschwindigkeit der Schadensausbreitung eine ganz grosse Rolle. Auch an Kraftfahrzeugen sind derart unterschiedliche Bereiche vorhanden. Kleine Anrisse sind unter Einhaltung dieser Grenzen erlaubt. In diesem Zusammenhang ist es wichtig, kurz auf die Konstruktionsstrategien einzugehen:

1. **Safe life** bedeutet, dass während der gesamten Betriebszeit keine bedeutsamen Schäden erlaubt sind. Daraus folgt zwingend eine niedrigere Auslegungsgrenze.
2. **Fail safe** erlaubt dagegen Schäden, wenn eine Funktionsübernahme durch andere Strukturelemente sichergestellt ist.
3. **Damage tolerance** bedeutet, die Struktur muss Schäden ohne Funktionsverlust ertragen. Als Minimum wird von einer solchen Struktur erwartet, dass sie einen mit üblichen Inspektionsmethoden gerade noch entdeckbaren Schaden über zwei Inspektionsintervalle ohne Einsatzeinschränkungen erträgt.

Nachfolgend werden einige wichtige Begriffe erläutert:

- **Impact:** englisch. Stoss, Einschlag, Aufprall.
  Impactor: Fremdkörper, der auf die Struktur trifft, wie Steine, Hagel, Projektile, herabfallende Werkzeuge etc.
- **Impactschaden:** Schaden, der durch die oben genannten Fremdkörper im Bauteil entsteht.
- **Impactenergie:** Energie, die der Impactor beim Aufprall besitzt.
- **absorbierte Energie:** Energie, die das belastete Bauteil beim Impact durch irreversible Vorgänge (z. B. Stauchung) aufnimmt.
- **"Visible-non-visible" Grenze:** Das Energieniveau, bei dem ein gerade noch sichtbarer bzw. gerade nicht mehr sichtbarer Schaden auftritt.
- **LEID:** Low Energy Impact damage (z. B. bei Hagel, Steine).

Aus verschiedenen Überlegungen heraus kristallisieren sich folgende Forderungen an die Komponenten der Faserverbunde hinsichtlich einer Verbesserung der Schadenstoleranz.

- **Harzmatrix**
    - hohe Bruchdehnung
    - hohe Schlagzähigkeit
    - hohe Erweichungstemperatur TGA unter feucht/warmen Bedingungen
    - gute Harz/Faser-Haftung
    - gute Lösungsmittelbeständigkeit
    - gleichmässige Benetzung der Faser etc.

Schadenstoleranz von Faserverbund-Werkstoffen und -Bauteilen [12.1]

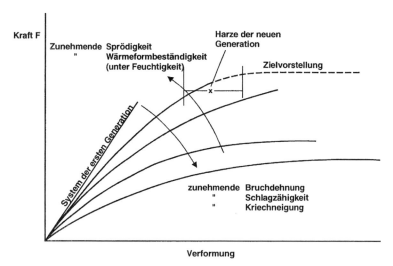

Abb. 12.2 Schematische Darstellung des Kraft/Verformungsverhaltens unterschiedlicher Harzsysteme [12.1]

In Abb. 12.2 ist schematisch das Kraft/Verformungsverhalten von Matrixsystemen dargestellt. Daraus ist die Gegenläufigkeit einiger Eigenschaften deutlich sichtbar. Steigert man beispielsweise die Schlagzähigkeit durch Einlagerung von Elastomeren in die Matrix, so ist damit eine Abnahme der Wärmeformbeständigkeit (Erweichungstemperatur T_{GA}) unter feucht/warmen Prüfungsbedingungen verbunden [12.5]. Steigert man dagegen die Steifigkeit des Harzsystems zur Erzielung hoher T_{GA}-Werte, so nimmt damit auch die Sprödigkeit zu. Die oberste Linie, die linearelastisches Verhalten bis zum Bruch beschreibt, ist als spröde einzustufen, wogegen die untere Kurve ein hochzähes System beschreibt, das allerdings nur bescheidene T_{GA}-Werte unter feucht/warm Bedingungen aufweist. Neuere Systeme besitzen einen ausgeprägten linearelastischen Kraft/Verformungsbereich, ähnlich den spröden Systemen, weisen allerdings bei hoher Belastung nichtlineares Verformungsverhalten auf. Dieser Kurvenverlauf, wie er in Abb. 12.2 dargestellt ist, verspricht eine deutliche Steigerung der Schlagzähigkeit des Systems, bei relativ geringen Einbussen in der Wärmeformbeständigkeit und möglicherweise Erhöhung der Kriechneigung bei hohen Lasten. Die Zielvorstellung ist eine wesentlich höhere Bruchdehnung der Harzsysteme unter Beibehaltung des linearen Kraft/ Verformungsverhaltens.

Neben den klassischen duroplastischen Matrixsystemen werden zukünftig zur Verbesserung der Schlagzähigkeit von Faserverbunden thermoplastische Matrixsysteme zur Anwendung kommen. Die Vorteile dieser Systeme liegen in der hohen Zähigkeit und Wärmeformbeständigkeit, aber auch ihrer Wiederverwendbarkeit. Nachteilig ist jedoch deren nicht so gute Haftung zur Faser.

Von den Fasern verlangt der Anwender folgende Eigenschaften:

- **Verstärkungsfasern**
  - hohe Bruchdehnungen
  - hohe spezifische Steifigkeit
  - hohe spezifische Festigkeit
  - hohe Schlagzähigkeit, bzw. Arbeitsaufnahmevermögen
  - gute Haftung zwischen Faser und Harz

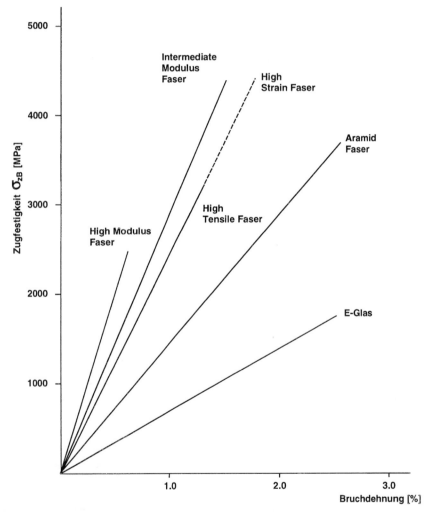

Abb. 12.3 Spannungs-/Dehnungsverhalten unterschiedlicher Verstärkungsfasern [12.1]

Schadenstoleranz von Faserverbund-Werkstoffen und -Bauteilen [12.1]

Das Spannungs-/Dehnungsverhalten der wichtigsten Verstärkungsfasern ist in Abb. 12.3 dargestellt. Alle Fasern zeigen ein fast lineares Verhalten. Die Bruchdehnung fällt mit steigendem E-Modul ab. Bei der HM-Faser (High Modulus) beträgt die Bruchdehnung nur $\varepsilon_{Br} \sim 0,6\%$, bei der HT-Type (High tensile) $\varepsilon_{Br} \sim 1,8\%$ und bei der HS-Type (High strain) $\varepsilon_{Br} \sim 2,0\%$.

Gerade für schadenstolerante Strukturen mit hohem Arbeitsaufnahmevermögen sollte die "High Strain-Faser" zur Anwendung kommen. Daraus ergibt sich die Forderung nach C-Fasern mit Bruchdehnungen grösser als 2%.

Wie die Darstellungen Abb. 12.4 zeigt, steigt das Arbeitsaufnahmevermögen durch die Dehnungserhöhung der Fasern ganz beträchtlich. Bei einer Verdopplung der Bruchdehnung wächst das Arbeitsaufnahmevermögen auf das Vierfache.

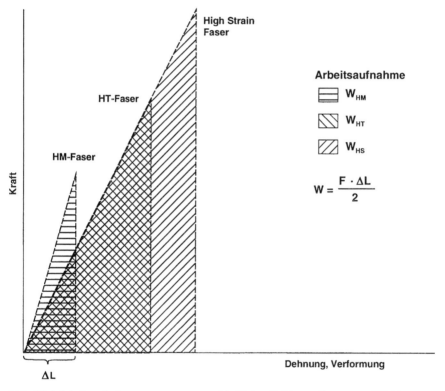

Abb. 12.4 Arbeitsaufnahmevermögen unterschiedlicher Kohlenstoffasertypen [12.1]

- **Haftung zwischen Faser und Matrixsystemen**
  - Oberflächenbehandlung der C-Fasern

Obwohl der Einfluss der Oberflächenbehandlung zur Verbesserung der Haftung zwischen Faser und Harz einer der wichtigsten Einflussfaktoren ist, kennt man nur wenige Untersuchungen, die diesen Einfluss beschreiben. Dies gilt auch für die Schlichte der Fasern.
Es sind drei Verfahren bekannt:

- thermooxidative Behandlung
- elektrochemische Behandlung
- nasschemische Behandlung

In [12.1] wurde der Einfluss der Oberflächenbehandlung von C-Fasern untersucht. Abb. 12.5 zeigt die Ergebnisse dieser Untersuchung. Hier sind die Zug- und Biegefestigkeit sowie die interlaminare Scherfestigkeit (ILS) als Funktion des Grades der Oberflächenbehandlung aufgetragen. Es zeigt sich, dass mit zunehmender Vorbehandlung die Zug- und Biegefestigkeitswerte abfallen, die ILS dagegen ansteigt.

Ein ganz entscheidender Einfluss auf das Fehlstellenverhalten hat die Härtung des Reaktionsharzes im Niederdruckautoklaven. Hier wird das Harz unter Druck und unter Temperatur vom unvernetzten Zustand mit relativ kleinen Molekülketten in den vernetzten Zustand überführt, indem die Moleküle über chemische Bindungen zu einem Netzwerk verknüpft werden. Die Art der Temperaturführung sowie der Zeitpunkt der Druckaufgabe sind hier Grössen, die die Qualität des Bauteils bestimmen [12.9] [12.10]. Für andere Fertigungsverfahren gilt natürlich das Gleiche.

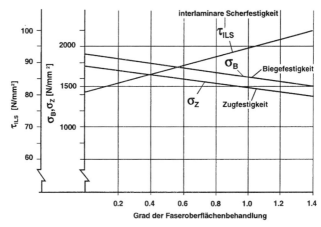

Abb. 12.5 Verlauf von interlaminarer Scherfestigkeit, Biegefestigkeit und Zugfestigkeit in Abhängigkeit vom Grad der Oberflächenvorbehandlung [12.1]

12.1 Beschreibung der Ursachen und Auswirkungen von Fehlstellen in Faserverbundwerkstoffen

Für den Einsatz in hochbelasteten Faserverbundstrukturen wäre es wünschenswert, einen fehlerfreien Werkstoff zu besitzen, der auch unter Belastung seine Fehlerfreiheit beibehält. Sollten dennoch Fehlstellen auftreten, so sollten diese Fehler das Tragverhalten des Bauteils nicht beeinträchtigen und der Schaden sollte sich nicht ausweiten. Diese Vorstellung lässt sich jedoch nicht verwirklichen, da es den fehlerfreien Werkstoff nicht gibt.

Bei der Betrachtung der Fehlstellen in Faserverbunden ist zwischen zwei Arten der Fehlerentstehung zu unterscheiden:

- Fertigungsfehler, angefangen von der Halbzeugfertigung bis hin zum Bauteil.
- Betriebsschäden, die durch den Einsatz des Bauteils hervorgerufen werden.

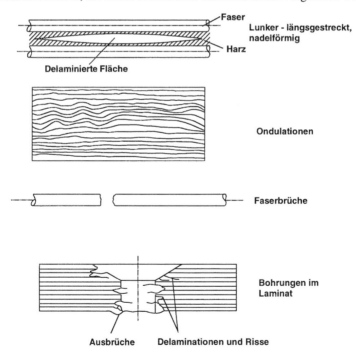

Abb. 12.1.1 Mögliche Fehlstellen im Laminat durch Fertigungseinflüsse [12.1]

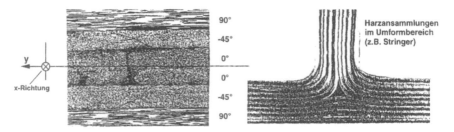

Abb. 12.1.2 Mögliche Fehlstellen im Laminat durch Fertigungseinflüsse [12.1]

In Abb. 12.1.1 und Abb. 12.1.2 sind Fehlstellen abgebildet, die in Laminaten vorkommen können. Kugelförmige Lunker bzw. Luftblasen kommen von eingeschlossener Luft zwischen den Prepreglagen, aber auch von Lösungsmittelresten, die aus dem ungehärteten Laminat nicht entfernt werden konnten (z. B. zu geringer Harzfluss). Von den in Abb. 12.1.1 und Abb. 12.1.2 gezeigten Lunkern können erste Anrisse ausgehen. Nach [12.8] sind allerdings solche kleinen Anrisse, insbesondere bei statischer Belastung, relativ unkritisch und in mechanischen Kennwerten nicht zu erkennen. Nach [12.1] können sich diese Anrisse bei dynamischer Beanspruchung unter ungünstigen Bedingungen ausweiten und zu Delaminationen und Rissausbreitungen führen. Solche Delaminationen bzw. Rissausbreitungen haben ihren Ursprung oft in Lunkern, die nadelförmig ausgerichtet sind, wie es Abb. 12.1.1 und Abb. 12.1.2 beschreiben. Die spitz zulaufenden Lunkerenden führen zu hohen Spannungskonzentrationen an den Spitzen, die eine rasche Ausbreitung unter Last bewirken. In [12.10] [12.11] ist der Einfluss solcher nadelförmiger Lunker auf das Festigkeitsverhalten (hier ILS-Prüfung) überprüft worden. Die Abb. 12.1.3 zeigt die Abhängigkeit der ILS von der Anzahl der Lunker quer zur Prüfrichtung an Proben, die in der x- und y-Richtung entnommen sind. Aus der Kurve wird die starke Abhängigkeit der ILS von der Lunkerzahl quer zur Prüfrichtung deutlich.

Neben diesen Lunkern, die in der Hauptsache durch eingeschlossene Luft bzw. niedermolekulare Substanzen verursacht werden, können durch Ablegefehler Ondulationen entstehen, wie sie in Abb. 12.1.1 schematisch dargestellt sind. Wie schon erwähnt können diese Ondulationen bereits im Prepreg enthalten sein, oder aber durch Faltenbildung beim Ablegen der Prepregbahnen entstehen. Die ondulierten Fasern nehmen z. B. bei Zugbelastung nicht die volle Last auf wie bei gestreckten Fasern im Harzverbund. Dadurch ist der Kraftfluss örtlich gestört und es kann unter Umständen zu Spannungserhöhungen in der Matrix und ersten Schädigungen im Laminat führen. Faserbrüche, wie sie in Abb. 12.1.1 ebenfalls skizziert sind, kommen häufig durch den Prepregprozess zustande, da die C-Fasern sehr knick- und scherempfindlich sind, solange sie nicht mit Harz imprägniert sind.

Schadenstoleranz von Faserverbund-Werkstoffen und -Bauteilen [12.1]   343

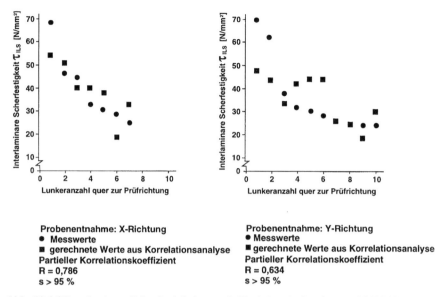

Abb. 12.1.3 Interlaminare Scherfestigkeit τ_{ILS} als Funktion der Lunkeranzahl [12.7]

Eine allgemein übliche Verbindungstechnik für Einzelbauteile und Baugruppen aus CFK ist das Nieten. Durch das Bohren und Senken für die Niete können, wie es die unterste Skizze in Abb. 12.1.1 zeigt, Delaminationen und Ausbrüche entstehen, die den Querschnitt im Nietbereich deutlich schwächen. Die hier eingebrachten Kerben können sich vor allen Dingen bei dynamischer Belastung ausweiten und das Bauteilversagen einleiten.

In Abb. 12.1.2 sind Beispiele für ungleichmässige Harz/Faser-Verteilungen abgebildet, von denen Risse ausgehen können. Die Aspekte des Streuungsverhaltens der Eigenschaften von CFK-Strukturen werden in Kapitel 13 ausführlich behandelt.

12.2 Betriebsschäden [12.12]

Als Betriebsschäden sind alle die Fehler einzuordnen, die im Verlaufe des Bauteillebens auftreten können. Diese Schäden können folgende Ursachen haben:

- Beschädigungen durch Werkzeuge (Hammer, Schraubenzieher usw.)
- Einwirkungen von Hagel- und Steinschlag
- Beschädigungen durch Vogelschlag
- Delaminationen unter Last durch unsymmetrische Belastungsfälle usw.

344   Schadenstoleranz von Faserverbund-Werkstoffen und -Bauteilen [12.1]

In Abb. 12.2.1 sind einige typische Beispiele aufgezeigt, wie und an welcher Stelle unsymmetrische Belastungen zu interlaminaren Normalspannungen und damit zu Delaminationen führen können [12.8], [12.11].

Solche Schäden sind deshalb nur an den hier abgebildeten Stellen zu erwarten und daher auch zu beachten. Dagegen sind Schäden, wie sie durch Hagelschlag oder durch Werkzeuge verursacht werden, häufig nicht zu erkennen (sog. nicht sichtbare Fehler). Sie führen jedoch zu Schäden im Inneren des Laminates durch Delaminationen zwischen den Schichten. Diese im englischen Sprachgebrauch mit "Low Energy Impact Damage" (LEID) bezeichneten Schäden sind in Abb. 12.2.2 dargestellt [12.12]. Im Bereich des Aufschlagpunktes des Fremdkörpers zeigen sich bei genügend grosser Aufschlagenergie äusserlich Delaminationen, die sich über die Laminatdicke nach unten hin oft kegelförmig erweitern. Im unteren Bereich der Abb. 12.2.2 ist das Schadensausmass durch einen solchen Impact in Abhängigkeit von der "Impact-Energie" aufgetragen, wobei das Schadensausmass durch Ultraschall-Prüfung nachgewiesen wurde [12.3][12.11].

Im Gegensatz zu den bisher beschriebenen Schäden, die man oft äusserlich nicht erkennt, verursacht der Vogelschlag meist sichtbare Schadensausmasse. Dadurch kann das Schadenausmass besser beurteilt und das betreffende Teil ggf. ausgewechselt werden. Zu bedenken ist bei der Beurteilung all dieser Schadensformen, dass die Belastungen durch die Umgebungsbedingungen und Feuchtigkeit überlagert werden. Zusammenfassend kann gesagt werden, dass vielfältige Fehlermöglichkeiten bei der Herstellung und im Betrieb eines Faserverbundbauteiles auftreten können, die das Bauteilverhalten beeinflussen.

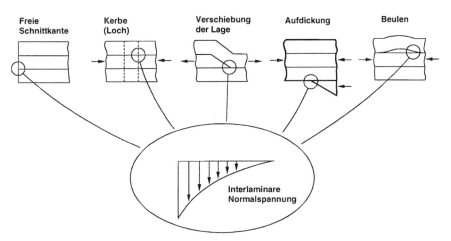

Abb. 12.2.1 Typische Beispiele, die zu Delaminationen führen können [12.1], [12.2]

Schadenstoleranz von Faserverbund-Werkstoffen und -Bauteilen [12.1]

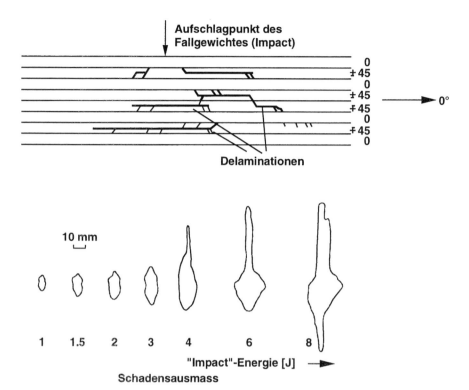

Abb. 12.2.2 Darstellung der Delaminationen und deren Ausmass als Funktion der „Impact"-Energie, festgestellt durch Ultraschallprüfung [12.1][12.10]

12.3 Möglichkeiten zur Verbesserung des Schadensverhaltens

12.3.1 Möglichkeiten bezüglich des Werkstoffes

Zur Verbesserung des Schadensverhaltens ist es notwendig, Methoden zu finden, die in der Lage sind, die Auswirkungen auf das Tragverhalten solcher Schäden qualitativ oder quantitativ zu beschreiben und die zudem geeignet sind, unterschiedliche Faserverbunde (Veränderungen im Harz, im Aufbau, in der Faser, im Interface usw.) in ihrem Schadenstoleranzverhalten zu charakterisieren. Für die dazu erforderlichen parametrischen Untersuchungen bietet sich vor allem der Kugelfallversuch mit anschliessender Prüfung der Restdruckfestigkeit an [12.11].

346 Schadenstoleranz von Faserverbund-Werkstoffen und -Bauteilen [12.1]

Durch die mit unterschiedlichsten Energieniveaus auftreffenden Kugeln werden im Laminat, abhängig von den Komponenten Harz, Faser- und Lagenaufbau, Delaminationen erzeugt, wie sie in Abb. 12.2.2 bereits abgebildet sind. Bei anschliessender Druckbelastung können die einzelnen Lagen je nach Schädigungsausmass mehr oder weniger stark ausknicken, wie es in Abb. 12.3.1 schematisch dargestellt ist. Das Schädigungsausmass und die damit verbundene Restdruckfestigkeit, bzw. die Gefahr des Ausknickens der Fasern, ist abhängig von der Flexibilität des Harzes bzw. den Haftverhältnissen zwischen Faser und Harz.

So lässt sich durch schlagzähere Harzsysteme das Schadensausmass einschränken und somit das in Abb. 12.3.1 gezeigte instabile Ausknicken der Fasern weitgehend verhindern.

Wie sich die Erhöhung der Schlagzähigkeit auf das Schadensverhalten auswirkt, ist in Abb. 12.3.2 dargestellt. Hier ist die Druckfestigkeit nach einem "Impact"-Schaden aufgetragen über der Höhe der Impact-Energie. Es zeigt sich, dass die als spröde eingestuften Harze (Fiberite, Code 69, Hercules 3501) bereits bei relativ geringen Impact-Energien eine deutliche Einbusse der Restdruckfestigkeit erleiden, wogegen die Restdruckfestigkeit eines schlagzäheren Systems nur langsam abfällt und selbst bei hoher "Impact"-Energie noch ca. 2/3 der Ursprungsfestigkeit beibehält. Der Einsatz solcher Systeme würde also die Schadenstoleranz von Faserverbunden deutlich anheben.

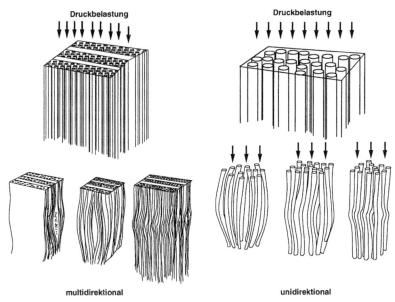

Abb. 12.3.1 Mögliche Versagensbilder bei der Druckbeanspruchung von Druckproben [12.1]

Die Erhöhung der Schlagzähigkeit der Harzsysteme bringt jedoch andere Nachteile mit sich [12.5]. Die Elastifizierung der Harze geschieht weitgehend über die Einlagerung von Elastomerpartikeln oder über die Verlängerung der linearen Molekülketten, so dass die Vernetzungsdichte abnimmt. Damit ist jedoch eine drastische Abnahme der Wärmeformbeständigkeit nach Feuchtigkeitsaufnahme des Harzes verbunden, die den Einsatz dieser Faserverbunde stark einschränkt.

Abb. 12.3.3 zeigt diesen Zusammenhang zwischen mechanischen Eigenschaften unter feucht/warm-Bedingungen und dem Schadensverhalten. Aufgetragen ist die Druckfestigkeit von ungeschädigten Proben, die in einem definierten Klima bis zur Sättigung ausgelagert und anschliessend bei erhöhter Temperatur geprüft wurden, über der Druckfestigkeit nach einem "Impact" mit definierter und gleichbleibender "Impact"-Energie.

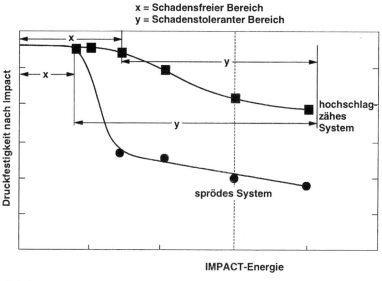

Abb. 12.3.2 Druckfestigkeit nach Impact für unterschiedliche Harzsysteme [12.1]

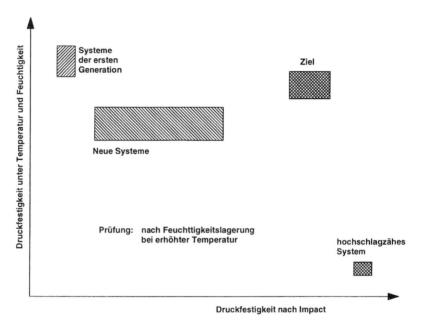

Abb. 12.3.3 Darstellung des Zusammenhanges zwischen den Eigenschaften unter feucht/warm-Bedingungen und den Impact-Eigenschaften [12.1]

Die spröden Harzsysteme der ersten Generation zeigen erwartungsgemäss eine hohe Druckfestigkeit der ungeschädigten Proben nach Feuchtelagerung und damit Feuchteaufnahme. Allerdings ist die Druckfestigkeit nach "Impact" sehr gering, was auf einen hohen Schädigungsgrad der Proben durch Delaminationen schliessen lässt. Im Gegensatz dazu zeigen die hochschlagzähen Matrixsysteme (Cycom 1806 und Fiberite 974) hohe Druckfestigkeiten nach einer "Impact"-Belastung. Wie schon aus Abb. 12.3.2 zu ersehen ist, verhalten sich diese Systeme sehr schadenstolerant. Allerdings ist ihre Druckfestigkeit nach Feuchtelagerung bei erhöhter Temperatur sehr schlecht. Sie sind deshalb für den Einsatz als Strukturwerkstoffe in der Luftfahrt nicht geeignet [12.1].

Aus dieser Betrachtung ergeben sich somit zwei Eckpunkte in der Abb. 12.3.3. Ausgehend von diesen Punkten ist als Zielfeld ein System anzustreben, das gleichermassen feucht/warm beständig ist. Gleichzeitig soll es eine hohe Druckfestigkeit nach einer "Impact"-Belastung aufweisen. Dieses Zielfeld ist im rechten oberen Eck der Abb. 12.3.3 schraffiert dargestellt. Es ist nicht durch Modifikation bestehender Systeme mit Elastomeren oder geringerer Vernetzungsdichte zu erreichen. Vielmehr müssen hier neue Harze entwickelt werden, die in ihrem molekularen Aufbau beide gewünschten Anforderungen in sich vereinigen [12.1].

Ergebnisse an verschiedenen Laminaten mit neuen Harzsystemen sind bereits bekannt und in Abb. 12.3.3 eingetragen. Die Grösse der schraffierten Fläche deutet an, dass hier noch weitere Systeme qualifiziert werden müssen. Es zeigt sich jedoch ein deutlicher Trend zu einer höheren Schlagzähigkeit bzw. Schadenstoleranz [12.1].

Neben der hier beschriebenen Methode zur Überprüfung der Schadenstoleranz existiert eine zweite Prüfmethode, die eine Aussage über die Risszähigkeit, bzw. das Risswachstum erlaubt. Die entsprechende Probe ist in Abb. 12.3.4 abgebildet und in Anlehnung an den Doppel-Cantilever-Test nach [12.1] gestaltet. Durch die Belastung senkrecht zur Lagenebene läuft der Riss, ausgehend vom Kerbgrund, in das Laminat hinein. Die Geschwindigkeit des Rissfortschrittes ist abhängig von der Haftung zwischen Harz und Faser und von der Risszähigkeit des Harzes. Diese Prüfmethode kann also, zumindest für unterschiedliche Harzsysteme, eine Aussage über das Risswachstum und Rissausbreitungsverhalten machen [12.1].

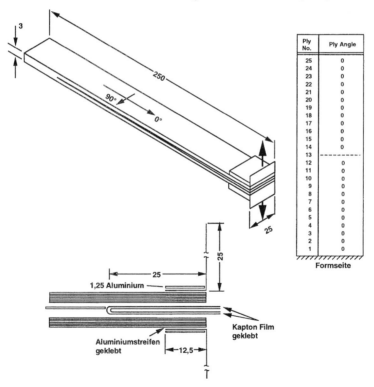

Abb. 12.3.4 Probengeometrie zur Messung des Risswachstums von Faserverbundwerkstoffen [12.1]

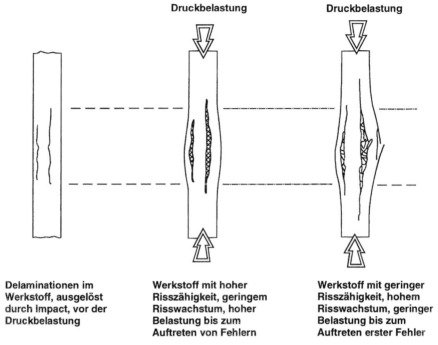

Abb. 12.3.5 Prinzipdarstellung der Risszähigkeit und des Risswachstums [12.1]

In Abb. 12.3.5 ist das Risszähigkeitsverhalten von spröden und schlagzähen Materialien skizziert. Ausgehend von der Annahme, dass ein Bauteil durch einen Impact-Schaden Delaminationen im Inneren aufweist - linke Darstellung in Abb. 12.3.5 - wird das Bauteil auf Druck belastet. Wie die Skizze rechts aussen zeigt, versagt ein Bauteil mit geringer Risskapazität und hohem Risswachstum bereits bei kleinen Belastungen durch instabiles Ausknicken der Fasern. Bei hohem Schadensausmass versagt die ganze Probe. Im weiteren beulen die Fasern über den gesamten Probenquerschnitt unidirektional aus. Ein System mit hoher Risszähigkeit verhält sich dagegen so, wie es die Skizze in der Bildmitte der Abb. 12.3.5 zeigt. Das Risswachstum ist verlangsamt und tritt erst bei hohen Belastungen auf. Die Fasern beulen lediglich örtlich in dem Schadensbereich. Durch das geringe Risswachstum weitet sich der Schaden nur sehr langsam aus [12.1].

12.3.2 Möglichkeiten bezüglich der konstruktiven Gestaltung

Bisher wurde im wesentlichen beschrieben, wie die Auswahl der Werkstoffkomponenten das Schädigungsverhalten von Faserverbunden bestimmt. Neben diesen Massnahmen kann das Schadensverhalten jedoch zusätzlich durch konstruktive Gestaltung, durch Hybridbauteile (Verwendung verschiedener Fasertypen, veränderte Anordnung der Verstärkungsfasern, z. B. in Form von UD-Gelegen, Geweben, Vliesen, aber auch durch die Integration von Folien), sowie durch die Variation der Lagenfolge beeinflusst werden. In Abb. 12.3.6 sind die Ergebnisse aus Untersuchungen zusammengestellt [12.1], die den Einfluss der Lagenfolge auf das Versagensverhalten zeigen. Die in dieser Abbildung aufgelisteten Laminate haben alle die gleichen Anteile an 0°-Lagen und an ± 45°-Lagen. Die Proben wurden mit einer 10 mm Bohrung versehen (Kernprobe) und die Zugfestigkeit ermittelt. In Abb. 12.3.6 ist mit eingetragen, zwischen welchen Lagen Delaminationen zu beobachten waren; sowie die Richtung, in der sich der Fehler einstellte. Es zeigt sich, dass die Lagenfolge 3 zwar die höchste Bruchfestigkeit liefert, aber auch mit der höchsten Streuung behaftet ist. Die Streuungen der Lagenfolgen 2 und 4 in Abb. 12.3.6 [12.1] sind dagegen wesentlich geringer, wobei insbesondere die Lagenfolge 4 zu hohen Kennwerten führt.

Es ist hier allerdings festzuhalten, dass diese Veränderungen der Lagenfolge bei [12.1] nur an Zugproben überprüft wurden. Untersuchungen zum Verhalten unter Druckbelastung mit diesen Laminataufbauten liegen nicht vor, so dass die Beurteilung des Einflusses der Lagenfolge unvollständig ist. In [12.1] wird über die Untersuchungen an Mischverbunden berichtet, wobei hier Hybride CFK/GFK und CFK/SFK (SFK = Synthesefaser) bezüglich ihres Schlagzähigkeitsverhaltens geprüft wurden. Es zeigte sich, dass bei einer Anordnung der Aramidfaser- bzw. Glasfaser das Steifigkeits- und Festigkeitsverhalten nur geringfügig schlechter wurde. Die Schlagzähigkeit stieg jedoch stark an. Da sich die Untersuchungen auf wenige Messungen beschränken, ist daraus abzuleiten, dass ein Hybrid aus der relativ spröden Kohlenstoffaser und einer zähen Faser wie z. B. der Aramidfaser die Schlagzähigkeit erhöht und sich bei "Impact"-Belastung besser verhält, als ein reiner CFK-Verbund. (Abb. 12.3.7) zeigt deutlich diese Tendenzen anhand durchgeführter Versuche. Hierzu müssen weitere gezielte Untersuchungen durchgeführt werden.

Was die Hybridisierung betrifft, so lassen sich auf diesem Gebiet der Schadenstoleranz durch vielerlei Massnahmen Verbesserungen erzielen, angefangen von der Herstellung neuer Harzsysteme bis hin zum "impact"-gerechten Laminataufbau. Insbesondere auf dem Gebiet der Synthetisierung neuer Harze wurden grosse Anstrengungen unternommen, die nach Aussage von Abb. 12.3.3 bereits entscheidende Verbesserungen gebracht haben. Für eine weitere Verbesserung der Schadenstoleranz von Faserverbunden sind zusätzliche

Untersuchungen notwendig, insbesondere bei der Hybridisierung von verschiedenen Stoffkomponenten zu noch wirksameren Werkstoffen.

	Laminataufbau	Zugfestigkeit σ_z [N/mm^2]	Standardabweichung s [N/mm^2]
Lagenfolge 1 Delamination Fehlerverlauf	0° -45° +45° 0° 0° +45° -45° 0° ↑ ↑ ±45° ±45°	294	9
Lagenfolge 2 Delamination Fehlerverlauf	-45° 0° +45° 0° 0° +45° 0° -45° ↑ ↑ ↑ ↑ +45° +45° +45° +45° 90° 90° 90° 90°	333	20
Lagenfolge 3 Delamination Fehlerverlauf	-45° +45° 0° 0° 0° 0° +45° -45° ↑ ↑ ↑ ↑ +45° +45° +45° +45° 90° 90° 90° 90°	370	37
Lagenfolge 4 Delamination Fehlerverlauf Delamination Fehlerverlauf	0° 0° -45° +45° +45° -45° 0° 0° ↑ ↑ -45° -45° ↑ ↑ ↑ ↑ 90° 90° 90° 90°	369	19

Abb. 12.3.6 Einfluss der Lagenfolge auf das Versagensverhalten gekerbter Zugproben

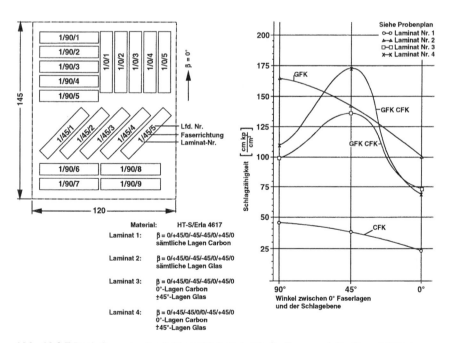

Abb. 12.3.7 Beeinflussung der Schlagzähigkeit durch die Faser und die Faserrichtung

12.4 Einfluss verschiedener Kerbformen auf das Zugfestigkeitsverhalten von multidirektionalen CFK-Laminaten

Neben den Untersuchungen von natürlichen Fehlern und deren Auswirkungen auf die Tragfähigkeit von Faserverbunden sind weitere Betrachtungen an künstlichen Fehlern unersetzlich. Nur dann lassen sich durch parametrische Untersuchungen die erforderlichen Korrelationen zwischen natürlichen und künstlichen Fehlern herstellen. Dabei stellt sich bei Rissen, Kerben, Aussparungen, Durchbrüchen, Auf- und Durchschlagschäden die wichtige Aufgabe der Abschätzung der Festigkeitsminderung, um bei der Auslegung von Faserverbundstrukturen eine ausreichende Sicherheit und Lebensdauer zu garantieren. Bei Schlagbeanspruchungen können schon durch geringe Stossenergien interlaminar grossflächige Delaminationen auftreten, ohne dass Schäden von aussen sichtbar werden [12.21], [12.22], [12.23].

In der Regel sind zugbeanspruchte Laminate unwesentlich beeinträchtigt, im Gegensatz zu schub- und druckbelasteten Laminaten. Die Festigkeitsverluste können kritisch werden. Mit zunehmenden Energien treten in der Schadenszone Delaminationen und Risse auf, wobei das Schadensausmass zur Laminatrückseite hin zunimmt. Löcher oder Schadstellen mit unregelmässigem bzw. ausgefranstem Lochrand, umgeben von internen Schäden sind Ereignisse einer Durchschlagschädigung von Laminaten. Nach einem Hinweis darauf, dass Proben des gleichen Laminattyps mit verschiedenen Kerbformen gleicher Kerbbreite 2a/W (Abb. 12.4.1) bei nahezu derselben Zuglast versagen, gibt [12.5] Aussagen über den Schädigungsgrad.

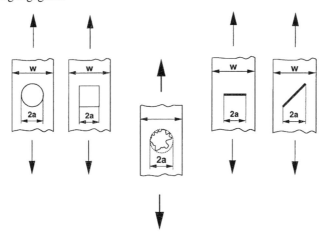

Abb. 12.4.1 Verschieden gekerbte Proben gleicher Zugfestigkeit nach [12.5]

Danach ist die Restfestigkeit eines Laminats weitgehend von der Kerbgeometrie unabhängig. Lediglich die Kerbbreite ist hierfür massgebend. Definiert man die typisch unregelmässige Kontur der Schadenszone eines Durchschlagschadens, z. B. eine kreisförmige Umgrenzung, wie sie in [12.5] vorgeschlagen und in Abb. 12.4.1 gezeigt wird, dann könnten hier ähnliche Versagenswerte wie bei äquivalent geschlitzten Proben der Schlitzlänge 2a/W erwartet werden. Eine Abschätzung der Restfestigkeit durchschlaggeschädigter Strukturabschnitte anhand der linearelastischen Bruchmechanik könnte dann in vielen Fällen zu brauchbaren Ergebnissen führen. Zur Abklärung dieser Idee wurde im Rahmen einer experimentellen Untersuchung [12.5] der Frage nachgegangen, ob sich bei den in der Praxis wichtigen Laminaten eine von der Kerbform unabhängige Restzugfestigkeit nachweisen lässt. Dazu wurden an Proben mit verschiedenen Loch- und Schlitzkerben gleicher Kerbbreite 2a/W die statischen Restzugfestigkeiten ermittelt. Eine Zusammenstellung der untersuchten Kerbformen von Zugproben zeigt Abb. 12.4.2.

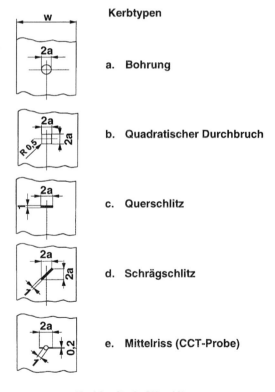

Abb. 12.4.2 Zusammenstellung der untersuchten Probentypen mit verschiedenen Kerbformen [12.5]

Schadenstoleranz von Faserverbund-Werkstoffen und -Bauteilen [12.1]

Kerbform	Proben- breite w [mm]	Anzahl der Proben Laminattyp A	B	Probentyp	Gesamt
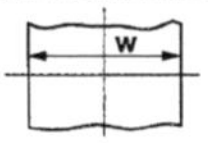	15	6	6	17	
	36		5		
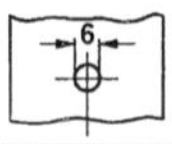	36	6	6	12	
	36	6	6	12	77
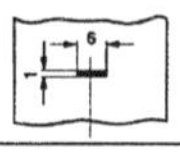	36	6	6	12	
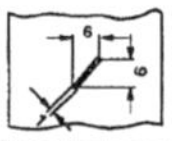	36	6	6	12	
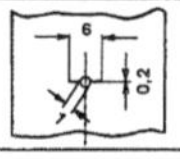	36	6	6	12	

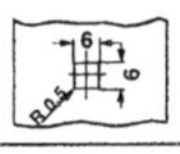

Abb. 12.4.3 Probenumfang zu den Messreihen [12.5]

Einen Überblick über den Probenumfang der Untersuchungen gibt Abb. 12.4.3. Für die verschiedenen Kerbformen wurden Kerbeinflusszahlen angegeben, mit denen Unterschiede in der Kerbempfindlichkeit der beiden nachfolgend beschriebenen Laminate aufgezeigt werden können. Die Untersuchungen wurden an 340 mm langen und 36 mm bzw. 15 mm breiten untaillierten Flachproben durchgeführt. Untersucht wurden dabei 2 Standardlaminate vom Typ A und Typ B. Die Laminate wurden aus 0,125 mm dickem UD-Prepreg aufgebaut. Typ A besteht aus 17 und Typ B aus 16 Lagen. Die Laminate hatten folgenden Aufbau:

Typ A:
$(0_2/\pm 45)_{2s}$
Typ B:
$(+45/90/-45/0)_{2s}$

Die Faservolumenanteile lagen bei ~ 60% und der Feuchtegehalt bei ~ 0,5%. Sämtliche Proben wurden uniaxial quasistatisch mit einer Abzuggeschwindigkeit von 2 mm/min bis zum Bruch belastet. Der Belastungsvorgang von Beginn bis zum Bruch wurde audiovisuell beobachtet, wobei akustische (Knistern) und optische Ereignisse (Laminatablösung) im Last-Weg-Diagramm bei entsprechendem Lastniveau notiert wurden [12.25] [12.26]. Die Prüfung erfolgte bei Raumtemperatur (RT).

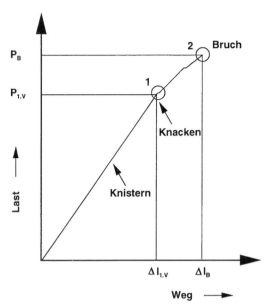

Abb. 12.4.4 Typisches Last-Weg-Diagramm der Zugprobe [12.5]

Den Last-Weg-Diagrammen der jeweiligen Messungen wurden die Lastniveaus zum Zeitpunkt des ersten Versagens und des Probenbruchs entnommen. Zur Ermittlung der Festigkeiten wurden die ungekerbten Proben auf den Gesamtquerschnitt bezogen und bei den gekerbten auf den verbleibenden Restquerschnitt (Nettoquerschnitt). Abb. 12.4.4 zeigt ein dafür typisches Last-Weg-Diagramm.

Das 1. Versagen wurde in dem Punkt der Messkurve definiert, bei welchem eine erste Unstetigkeit, begleitet von einem hörbaren Knistern und anschliessend einer geringeren Steigung der Last-Weg-Kurve, festzustellen war (Punkt 1). Nach [12.5] findet dabei eine erste Rissbildung statt, wobei der reversible in einen irreversiblen Deformationsvorgang übergeht. Dabei wird ein Teil der frei werdenden Energie zur Bildung der Bruchflächen und der plastischen Verformungen in den Bruchzonen verbraucht.

12.4.1 Untersuchungsergebnisse aus der Zugfestigkeit ungekerbter CFK-Proben

Für die beiden untersuchten Laminattypen A und B sind die Ergebnisse in Abb. 12.4.5 zusammengestellt. Aufgetragen sind in der ersten Säule das erste Versagen und in der zweiten Säule die Bruchwerte der Proben, sowie die Mittelwerte, die Minimal- und die Maximalwerte und die Standardabweichungen der Zugfestigkeiten. Die Bruch- und Versagenswerte beziehen sich auf die wirklichen

Probenquerschnitte. Beim Laminat A ist der 0°-Lagenanteil höher. Deshalb sind die Zugfestigkeiten beim Laminat A höher als beim Laminat B. Beim Laminat A liegen die Festigkeiten im Bereich von ~ 840 N/mm^2 und beim Laminat B bei ~ 570 N/mm^2. Es zeigt sich, dass beim Laminat A erst kurz vor dem Bruch mit einem 1. Versagen zu rechnen ist. Zwischen den Proben von Laminat B mit den Probenbreiten 15 und 36 mm sind praktisch keine Unterschiede erkennbar.

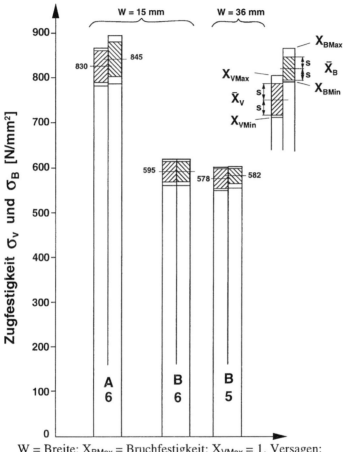

W = Breite; X_{BMax} = Bruchfestigkeit; X_{VMax} = 1. Versagen;

s = Standardabweichung; $\overline{X}_V$ = Mittelwert für erstes Versagen;

$\overline{X}_B$ = Mittelwert für die Bruchfestigkeit

1. Säule = 1. Versagen

2. Säule = Bruch

Abb. 12.4.5 Bruch- und Versagensspannungen der ungekerbten CFK-Proben [12.5]

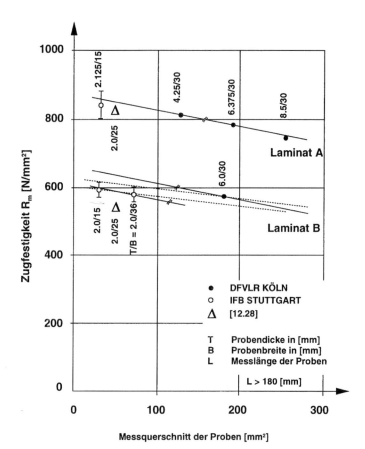

Abb. 12.4.6 Zugfestigkeiten ungekerbter CFK-Proben in Abhängigkeit vom Messquerschnitt [12.5], [12.6], [12.7]

In Abb. 12.4.6 sind die Zugfestigkeiten zu den Laminaten A und B über dem Messquerschnitt der Proben aufgetragen. Im Falle von Laminat A bestätigt sich der Zugfestigkeitsanstieg infolge der Dickenreduktion bei gleichem Laminataufbau, wobei in Grenzen von einem linearen Zusammenhang zwischen Zugfestigkeit und Messquerschnitt ausgegangen werden kann. Für das Laminat B liegt nur von einer Probendimension das Ergebnis vor. Diesem gegenübergestellt sind statische Zugfestigkeiten von Proben, die bei konstanter Dicke unterschiedliche Breiten haben.

Im Vergleich zu [12.7] zeigt sich ein Zugfestigkeitsunterschied von ~9 %, wenn man dieselbe lineare Abhängigkeit vom Messquerschnitt wie beim Laminat A zugrunde legt (durchgezogene Linie parallel verschoben in Abb. 12.4.6).

Schadenstoleranz von Faserverbund-Werkstoffen und -Bauteilen [12.1]   359

Darüber hinaus zeigt sich in [12.7], dass nicht nur die Änderung des Messquerschnittes, sondern auch die Messlängenänderung die statische Zugfestigkeit uniaxial belasteter Proben geringfügig beeinflusst.
Zusammenfassend kann gesagt werden:
- Die statischen Zugfestigkeiten ungekerbter uniaxial belasteter Flachproben ist vom Messquerschnitt abhängig.
- Eine Abnahme des Messquerschnitts hat einen Anstieg der Festigkeit zur Folge. In Grenzen besteht ein linearer Zusammenhang [12.5].

12.4.2 Restzugfestigkeit gekerbter Proben

Die Bruch- und Versagensspannungen der verschiedenen Kerbformen der Laminate A und B sind in Abb. 12.4.7 und Abb. 12.4.8 aufgetragen. Beim Laminat A wurden bei der Bohrung die höchsten Restfestigkeiten $\overline{x}_V$ festgestellt.
Die Bruchwerte von Proben mit quadratischem Durchbruch liegen um ~ 10% niedriger. Bei den Lochproben trat praktisch ein erstes Versagen, von einer Ausnahme abgesehen, nicht auf. Im Gegensatz dazu zeigten jedoch alle schlitzgekerbten Proben erste Versagenserscheinungen bei etwa 80% ihres Bruchmittelwertes. Querschlitz und Schrägschlitz von Laminat A unterscheiden sich im Versagen nicht. Auffällig ist eine grosse Streuung der Bruchwerte von geschlitzten Proben. Bei den Mittelrissproben von Laminat A ist die Streuung der Werte des 1. Versagensereignisses gegenüber den anderen Schlitzebenen deutlich grösser. Der Bruchwert der Mittelrissprobe zeigt dagegen eine geringere Streuung.

Für das Laminat A ist folgendes festzuhalten:

- Die höchsten Bruch- und Versagenswerte ergeben sich bei der Bohrung. Ein vorzeitiges 1. Versagen ist nicht typisch.
- Die quadratische Lochkerbe ist kritischer als die kreisrunde Kerbe (Bohrung) und zeigt kein vorzeitiges Versagen.
- Alle Schlitzproben zeigen ein ähnliches Versagensverhalten. Ein erstes Versagen tritt bei ~ 80% des Bruchwertes auf.
- Die Probe mit Mittelriss zeigt die niedrigsten Bruchmittelwerte.
- Eine schlechte Schlitzgüte der Proben führt zu einer höheren Streubreite hinsichtlich des 1. Versagens.

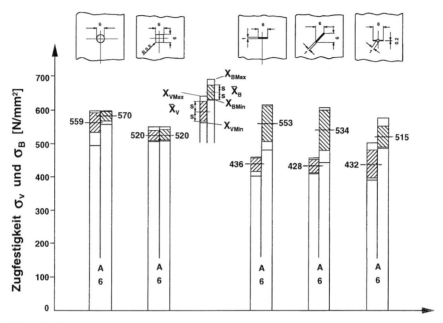

Abb. 12.4.7 Bruch- und Versagensspannungen gekerbter Proben vom Laminat A für unterschiedliche Kerbformen [12.5]

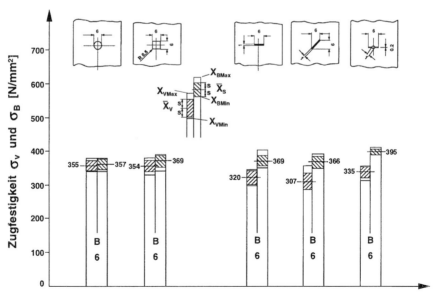

Abb. 12.4.8 Bruch- und Versagensspannungen gekerbter Proben vom Laminat B für verschiedene Kerbformen [12.5]

Beim Laminat B (Abb. 12.4.8) konnten bei Proben mit Bohrungen und quadratischem Loch keine Unterschiede festgestellt werden.

Bei schlitzgekerbten Proben zeigt sich das typisch unterschiedliche Verhalten gegenüber den Proben mit Lochkerben. Auffällig ist die geringe Streuung der Bruchwerte. Gemessen an der Restfestigkeit $\overline{x}_V$ der Lochkerbe tritt 1. Versagen beim Querschlitz bei ~ 90%, beim Schrägschlitz bei ~ 86% und bei der Probe mit Mittelschlitz bei ~ 95% auf. Die Unterschiede sind also nicht gravierend. Die Grenze des 1. Versagens liegt hier jedoch deutlich dichter beim Bruchwert der lochgekerbten Proben als dies beim Laminat A der Fall war. Die Bruchwerte der schlitzgekerbten Proben vom Laminat B liegen entweder gleich hoch oder höher als bei der Bohrung und dem quadratischen Loch.

Für die Untersuchungen am quasiisotropen Laminat B gilt folgendes:

- Zwischen Bohrung und quadratischem Loch gibt es keine Unterschiede in den Restfestigkeiten $\overline{x}_V$.
- Bei allen Schlitzkerben ist ein vorzeitiges Versagen typisch.
- Die Bruchwerte bei Schlitzkerben liegen gleich oder höher als bei den lochgekerbten Proben.
- Mit der Bohrung wurde die geringste Bruchfestigkeit erreicht.
- Die Grenze des 1. Versagens liegt beim Schrägschlitz am niedrigsten.
- Die Probe mit Mittelriss erreicht den höchsten Bruchmittelwert bei geringster Streuung.

12.4.3 Zusammenfassende Erläuterungen

Die Untersuchungen zur Ermittlung der Restzugfestigkeit an CFK-Laminaten mit verschiedenen Kerbformen gleichen Verhältnisses 2a/W zeigen, dass von der Kerbform abhängige Unterschiede in der Restfestigkeit $\overline{x}_V$ bei beiden Laminaten auftreten, wobei sich die Einflüsse der Kerben bei einzelnen Laminaten unterschiedlich auswirken. Beim Laminat A liegt die Variation der Bruchwerte über alle Kerbformen etwa bei ~ 17 % und beim Laminat B bei ~ 8,5 %. Diese Unterschiede sind offensichtlich im Aufbau der beiden Laminate A und B begründet. Allen Schlitzkerben gemeinsam ist das typische Merkmal des 1. Versagens, das sich bei einem deutlich niedrigeren Lastniveau einstellt.

In Abb. 12.4.9 sind die Restzugfestigkeiten in Abhängigkeit vom Verhältnis 2a/W am Beispiel einer Mittelrissprobe dargestellt, zusammen mit den Ergebnissen eines Vergleichslaminats aus [12.5], [12.6], [12.7].

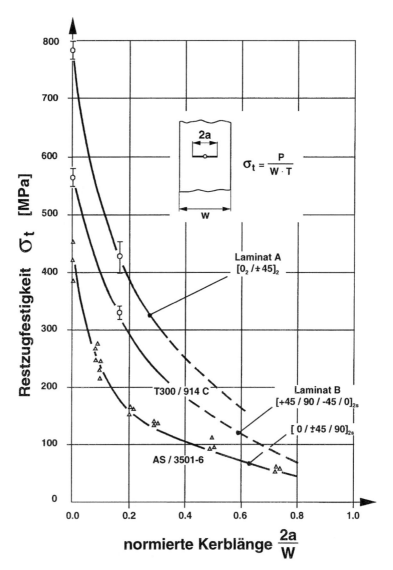

Abb. 12.4.9 Restzugfestigkeiten verschiedener CFK-Laminate in Abhängigkeit von der normierten Kerblänge [12.5]

Ausgehend von der Zugfestigkeit der ungekerbten Proben vermittelt der Kurvenverlauf die typische Abnahme der Restzugfestigkeit mit zunehmender Kerblänge.

Schadenstoleranz von Faserverbund-Werkstoffen und -Bauteilen [12.1]   363

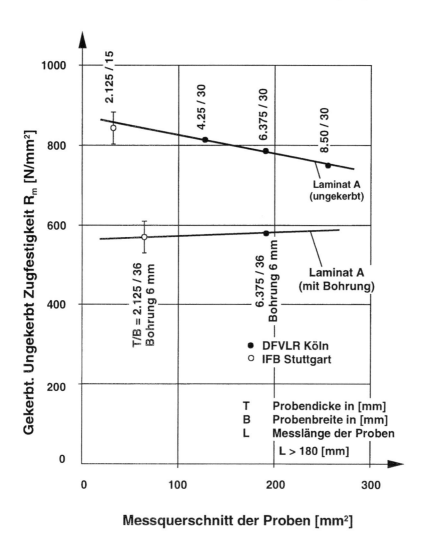

Abb. 12.4.10 Zugfestigkeiten gekerbter und ungekerbter Proben in Abhängigkeit vom Messquerschnitt [12.6]

Ein Zusammenhang zwischen Restzugfestigkeit und normierter Kerblänge für die beiden untersuchten Laminate A und B des Systems T300/914C von Ciba-Geigy, wie er aufgrund der bisherigen Ergebnisse erwartet werden kann, ist in Abb. 12.4.9 gegeben.

Für die Bruchzähigkeit ergab sich beim Laminat A ein Wert von 40,2 MPa$\sqrt{m}$ und beim Laminat B von 32,6 MPa$\sqrt{m}$ (siehe Abb. 12.4.11).

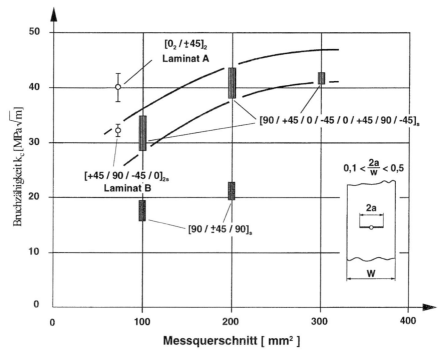

Abb. 12.4.11 Bruchzähigkeiten verschiedener CFK-Laminate in Abhängigkeit vom Messquerschnitt [12.5], [12.6]

Bruchzähigkeiten vergleichbarer CFK-Laminate wurden nach [12.6] an Mittelschlitzproben verschiedener Kerblängen und Abmessungen ermittelt. In Abb. 12.4.11 sind die Ergebnisse aus [12.6] über den Messquerschnitt aufgetragen und den Ergebnissen aus [12.5] gegenübergestellt. Es zeigt sich für das Laminat B eine gute Übereinstimmung.

Die Annahme, dass Proben mit verschiedenen Kerbformen bei gleichem Verhältnis 2a/W bei nahezu derselben Last versagen, kann nach gründlicher Betrachtung der Untersuchungsergebnisse beider Laminate nicht bestätigt werden.

Somit ist die Beurteilung von Kerben aller Art schwierig und für jeden Fall erneut nachzuweisen. Trotzdem ist sowohl vom kerbformabhängigen Verhalten als auch vom Versagensverhalten her eine Differenzierung angebracht. Da einerseits die untersuchte Palette von Kerbformen wesentliche kritische Kerbelemente der Schadenszonen durchschlaggeschädigter CFK-Laminate beinhaltet, andererseits die kerbformabhängige Variationsbreite der Restzugfestigkeiten besonders beim Laminat B nicht zu hoch ausfällt, könnten trotzdem Rückschlüsse auf die Restfestigkeit komplexer Kerbgeometrien eingeschränkt möglich sein. Die Restzugfestigkeit durchschlaggeschädigter Laminate wäre dann sicherlich im Bereich zwischen den Werten von Bohrung und Mittelschlitz zu finden. Dabei

Schadenstoleranz von Faserverbund-Werkstoffen und -Bauteilen [12.1]   365

könnte eine Abschätzung der Restfestigkeit anhand der linearelastischen Bruchmechanik in einzelnen Fällen zu brauchbaren Ergebnissen führen.

12.4.4 Kerbeinflusszahlen von gekerbten Proben beider Laminate

Die ermittelten Kerbfaktoren sind für die lochgekerbten Proben beider Laminate in Abb. 12.4.12 und die der schlitzgekerbten in Abb. 12.4.13 aufgetragen.

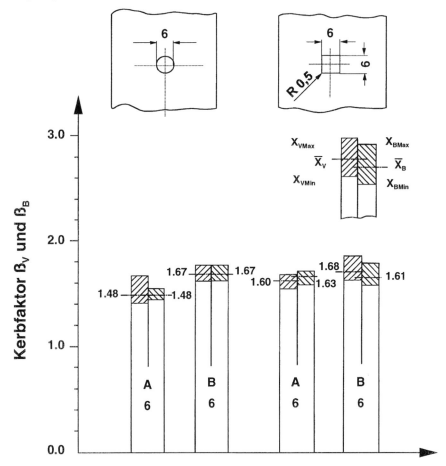

Abb. 12.4.12 Kerbeinflusszahlen lochgekerbter Proben für die Laminate A und B

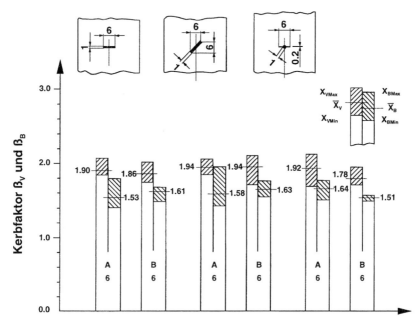

Abb. 12.4.13 Kerbeinflusszahlen schlitzgekerbter Proben für Laminat A und B

Es handelt sich dabei um den Quotienten aus der statischen Zugfestigkeit der ungekerbten zur Restfestigkeit $\overline{X}_V$ der gekerbten Probe, der für die Bruch- und Versagenswerte wie folgt angegeben werden kann (siehe auch Kapitel 9):

$$\beta = \frac{\sigma_{\text{unge ker bt}}}{\sigma_{\text{ge ker bt}}} \tag{12.1}$$

Die Bruch- und Versagenswerte der gekerbten Proben sind auf den Nettoquerschnitt bezogen. Für die Bohrung lässt sich beim Laminat B mit $\beta_B = 1{,}67$ ein um 13 % höherer Kerbeinfluss als beim Laminat A ($\beta_A = 1{,}48$) angeben.

Der Einfluss der quadratischen Lochkerbe wirkt sich auf beide Standardlaminate gleichermassen aus. Der Wert liegt bei $\beta_{AB} \approx 1{,}64$.

Im Fall der kerbgeschlitzten Proben zeigt sich die deutlich höhere Empfindlichkeit bezüglich dem 1. Versagen, wobei über alle Schlitzvarianten gemittelt beim Laminat A mit einer Kerbeinflusszahl von $\beta_{VA} = 1{,}92$ und beim Laminat B von $\beta_{VA} = 1{,}86$ gerechnet werden muss. Bei den Bruchwerten ergibt sich für beide Laminate ein Mittelwert von $\beta_{BB} = \beta_{BA} = 1{,}58$.

Die Gegenüberstellung der Kerbeinflussfaktoren beider Laminate zeigt, dass die Mittelwerte der Kerbeinflusszahlen bezüglich Bruchversagen für die quadratische Lochkerbe mit $\beta_{BAB} = 1{,}62$ sowie für den Quer- und Schrägschlitz mit $\beta_{BAB} = 1{,}59$

Schadenstoleranz von Faserverbund-Werkstoffen und -Bauteilen [12.1]

sowohl von der Kerbform als auch vom Laminattyp nahezu unabhängig sind. Bei der Bohrung und dem Mittelschlitz ergeben sich allerdings erhebliche Unterschiede. Während das orthotrope Laminat A gegenüber der Bohrung ein deutlich kerbfreundlicheres Verhalten aufweist, ist bei der Mittelschlitzprobe das Gegenteil der Fall. Beim Laminat B kehren sich die Verhältnisse genau um. Hier übt die Mittelschlitzprobe den geringsten Kerbeinfluss aus, während die Bohrung von allen Kerben bezüglich Bruch den grössten Kerbeinfluss bewirkt. Unabhängig vom Laminattyp bewegen sich alle Mittelwerte der Kerbeinflusszahlen in den Grenzen von:

$$1{,}48 \leq \beta_B \leq 1{,}67$$
$$1{,}48 \leq \beta_V \leq 1{,}94 \tag{12.2}$$

Abschliessend lässt sich dieser Abschnitt wie folgt zusammenfassen. Im Rahmen der Untersuchung in [12.5] wurde für 2 Standardlaminate (A und B) der Einfluss verschiedener Kerbformen auf das Zugfestigkeitsverhalten untersucht. Dazu wurden an 60 gekerbten Flachproben mit 5 verschiedenen Loch- bzw. Schlitzkerben (Bohrung, quadratisches Loch, Mittelschlitz, Quer- und Schrägschlitz) mit gleichem Verhältnis 2a/W die statischen Restzugfestigkeiten ermittelt. Weitere Proben dienten zur Ermittlung der Zugfestigkeiten des ungekerbten Materials für die Ermittlung der Kerbeinflusszahlen. Ergänzend dazu wurden die Bruchzähigkeitswerte für die beiden Laminate A und B ermittelt.

Bei den ungekerbten Proben trat vereinzelt 1. Versagen auf. Die Ergebnisse der gekerbten Proben zeigen, dass die Restzugfestigkeit von der Kerbform abhängig ist, wobei sich der Einfluss der Kerbform auf die Restzugfestigkeit bei den einzelnen Laminaten unterschiedlich auswirkt.

Allen Schlitzkerben gemeinsam ist ein 1. Versagen. Für die Bruchzähigkeit ergaben sich Werte von ungefähr $40\,\text{MPa}\sqrt{m}$ beim Laminat A und ungefähr $30\,\text{MPa}\sqrt{m}$ beim Laminat B. Gegenüber der Bohrung erweist sich das Laminat A am kerbfreundlichsten. Beim Laminat B ist das Gegenteil der Fall. Beim Mittelschlitz kehren sich die Verhältnisse genau um. Hier erweist sich das Laminat B offensichtlich als kerbfreundlicher. Bei dünneren Laminaten ergeben sich höhere Kerbeinflusszahlen als bei dickeren.

Die Annahme, dass Proben verschiedener Kerbformen mit gleichem Verhältnis 2a/W bei nahezu derselben Zuglast versagen, konnte leider nicht bestätigt werden.

Abschliessend sei noch erwähnt, dass in der Praxis der Einfluss von Kerben (z. B. Nietlöchern) konstruktiv durch örtliche Verstärkungen (aufdoppeln) vermindert werden kann. Leider fehlen derartig detaillierte Untersuchungen für Druck- und Schubbelastungen. Gerade hierfür wären aber Ergebnisse bezüglich des Schadenstoleranzverhaltens von Faserverbunden sehr wichtig.

12.5 Literaturverzeichnis zu Kapitel 12

[12.1] Ziegmann, G.: Zwischenbericht Schadenstoleranz in CFK-Strukturen für Kampfflugzeuge; Dornier-Bericht SK70-303/84; 1984

[12.2] Rose, P.G.: Hochfeste Kohlenstoffaser: Herstellung und Eigenschaften; Kohlenstoff- und Aramidverstärkte Kunststoffe; VDI-Verlag; 1977

[12.3] Schönland, H.: Herstellung, Prüfung und Verarbeitung von Niederdruck-Prepregs, Anwendungsbeispiele; 65. Arbeitstagung Wehrtechnik; Mannheim; 15.-17.09. 1975

[12.4] Ziegmann, G.; Lembke, B.: Beeinflussung der Werkstoffeigenschaften durch den Übergang zum mechanisierten Ablegen von Kohlefaserprepregs; Dornier-Berichts-Nr. SK70-1020/80; 1980;

[12.5] S. J. Arendts, C. Sigolotto; Einfluß verschiedener Kerbformen auf das Zugfestigkeitsverhalten von CFK-Laminaten. DGLR-Jahrbuch 1985, Bonn - Bad Godesberg.

[12.6] Kächele, P.; Roth, S.: Statistische Auswertung von Materialkennwerten zur Ermittlung des Fertigungseinflusses auf die Materialeigenschaften im Bauteil am Beispiel der Serienfertigung von CFK-Bremsklappen; Dornier-Berichts-Nr.: SK70-844/80; 1980;

[12.7] Schmittke, K.; Wachinger, G.; Asche, W.; Ziegmann, G.: Auswahl von Prüfverfahren für die chemische Charakterisierung von CFK-Prepregs; MBB-Berichts-Nr.: B 0240 060 B;

[12.8] Wilking, D. J.: The Engineering Significance of Defects in Composite Structures; AGARD Conference, London 1983; Characterization, Analysis and Significance of Defects in Composite Materials

[12.9] Ziegmann, G.: Einfluss des Grades des Härtung auf die Festigkeit und das Alterungsverhalten von Prüflaminaten aus kohlenstoffaserverstärktem Reaktionsharz-Formstoff; Dornier-Berichts-Nr. SK70-91/80; 1980;

[12.10] Ziegmann, G.: Rechnerisch gestützte Aushärtung; Dornier-Berichts-Nr.: SK70-352/83; 1983

[12.11] Bishop, S. M.; Dorey, G.: The Effect of Damage on the Tensile and Compressive Performance of Carbon Fibre Laminates; AGARD Conference London; 1983; Characterization, Analysis and Significance of Defects in Composite Materials

[12.12] Geier, W.; Vilsmeier, J.; Weissgerber, D.: Experimental Investigation of Delaminations in Carbon Fibre Composite; AGARD Conference London; 1983; Characterization, Analysis and Significance of Defects in Composite Materials

[12.13] N.N.: Unidirektionale Kohlenstoffasergelege (CFK-Prepreg); Technische Lieferbedingungen LN 29 971; Neuausgabe in Vorbereitung

[12.14] Henkel, W.: Untersuchungen zum Werkstoffverhalten von Faserverbundwerkstoffen unter Einfluss verschiedener klimatischer Bedingungen; Studienarbeit TU Stuttgart

[12.15] Sauter, J.: Einfluss der Feuchtigkeit auf das Verhalten von Faserverbundwerkstoffen unter Berücksichtigung unterschiedlicher Härtungszyklen; Studienarbeit TU Stuttgart

[12.16] N.N.: Epoxy Composites for Primary Structures: a Fundamental Review; Unterlagen der Fa. Cyanamid & Fothergill, Wrexham

[12.17] Garrett, R. A.: Effects of Defects on Aircraft Composite Structures AGARD Conference London; 1983; Characterization, Analysis and Significance of Defects in Composite Materials

[12.18] Roth, S.: Fasertechnik: Bauweisenuntersuchungen am Beispiel ausgewählter Strukturkomponenten, Teil II - Bremsklappe; Dornier-Berichts-Nr.: 2.02/4; ZTL 1973

[12.19] Roth, S.: Fasertechnik: Bauweisenentwicklung am Beispiel ausgewählter Komponenten, Teil A: Detailprobleme; Dornier-Berichts-Nr.: 2.02/6; ZTL 1974

[12.20] Daken, H. H.; Mar, I. W.: Splitting Initiation and Propagation in Notched Unidirectional Graphite/Epoxy Composites under Tension - Tension Cyclic Loading; Composite Structures, Vol. 4, p. 11; 1985

[12.21] Chu, C. S.; Freyre, O. L.: Failure Stress Correllation of Composite Laminates Containing a Crack; Journal of Aircraft, AIAA Paper 80-0712 R; Vol. 19, No. 2; Febr. 1982

[12.22] Heppler, G. R.; Frsiken, S.; Hansen, I. S.: Stress Intensity Factor Calculation for Designing with Fibre-Reinforced Composite Materials; AIAA Journal, Vol. 23, No. 6; 1985

[12.23] Kelly, L. G.: Composite Structure Repair; AGARD Report No. 716; 1984

[12.24] Stellbrink, K.: Schlagtüchtigkeit von ebenen CFK-Laminaten; Vortrag DGLR-Symposium „Entwicklung und Anwendung von CFK-Strukturen"; Stuttgart 1982

[12.25] Puck, A:: Zum Deformationsverhalten und Bruchmechanismus von unidirektionalem und orthogonalem Glasfaser/Kunstoff; Kunststoffe, Band 55, Heft 12; 1965

[12.26] Lo, K. H.; Wu, E. M.; Konishi, D. Y.: Failure Strength of Notched Laminates; Journal of Composite Materials, Vol. 17; 1983

[12.27] Schulte, K.; Peters, P. W. M.; Bachmann, V.; Trautmann, K. H.; Nowack, H.: Statische Festigkeit von CFK-Flachstäben mit unbelasteten Bohrungen; Vortrag DGLR-Symposium „Entwicklung und Anwendung von CFK-Strukturen"; Berlin; 1984

[12.28] Bathias, C.; Esnault, R.; Pellas, I.: Application of Fracture Mechanics to Graphite Fibre-Reinforced Composites; Composites Vol. 12, No. 4; 1981

[12.29] De Jong, T.: Stresses Around Rectangular Holes in Orthotropic Plates; Journal of Composite Materials, Vol. 15, p. 311; 1981

[12.30] Bishop, S. M.: Effect of moisture on the notch sensitivity of carbon fibre composites; Composites, Vol. 14, No. 3; 1983

[12.32] Kirschke, L.: Schädigungsmechanismen in geklebten CFK-Laminaten; Vortrag DGLR-Symposium „Entwicklung und Anwendung von CFK-Strukturen"; Stuttgart; 1982

[12.33] Nuismer, R. J.; Labor, I. D.: Applications of the Average Stress Failure Criterion, Part I - Torsion; Journal of Composite Materials, Vol. 12, p. 238; 1978

Die Forschungsberichte der ETH Zürich und der Fa. Dornier liegen den Verfassern vor.

13 Streuungsverhalten von Faserverbundwerkstoffen

Die Qualifikation eines Faserverbundwerkstoffes erfordert eine grosse Anzahl von Proben, die oft Streuungen unterworfen sind. Diese Problematik verschärft sich dadurch, dass in der Produktion von Faserverbundbauteilen mindestens zwei, besser drei Werkstoffe zu qualifizieren sind. Für die Anwendung, z. B. in der Flugzeugindustrie haben sich dabei folgende Beurteilungskriterien herausgeschält, die natürlich im wesentlichen auch für andere Gebiete wie z. B. die Fahrzeugindustrie, oder allgemein die Transportindustrie gelten können:

- gute Werte der klassischen Eigenschaften wie die Zugfestigkeit, Druckfestigkeit, Schubfestigkeit mit den zugehörigen Modulwerten sowohl senkrecht ($\perp$) als auch parallel ($\parallel$) zur Faserachse
- ausreichende hot/wet (warm/feucht) Eigenschaften hinsichtlich des Langzeitverhaltens
- hohe Bruchdehnungs - Reserve, Arbeitsaufnahme im Crashfall
- hohes Steifigkeits - Beulverhalten
- hohe Impact- und Damagetoleranz
- gute Ermüdungseigenschaften
- geringe Toxizität, Rauchgasdichte und Entflammbarkeit im Brandfall
- einfache Verarbeitungseigenschaften und lange offene Verarbeitungszeit
- geringe Materialkosten und Herstellkosten

Ein beachtlicher Nachteil der Faserverbundwerkstoffe gegenüber den metallischen Werkstoffen ist der, dass zur Dimensionierung mehr Eigenschaften erforderlich sind. Geht man zudem davon aus, dass bei einer Produktion von CFK-Teilen auch aus logistischen Gründen (z. B. Lieferschwierigkeiten, Ausschussfragen, Rückweisungen etc.) wenigstens zwei, besser drei umfassende Systeme verfügbar sein sollten, dann steigt der Prüfaufwand erheblich an. Diesem Problem lässt sich dadurch begegnen, indem drei wesentliche Punkte genauer untersucht werden:

- Korrelation zwischen verschiedenen Eigenschaften
- Streuungsverhalten der Eigenschaften
- Empirische Ermittlung von Kennwerten

Grundsätzlich muss es möglich sein, zwischen den unterschiedlichen Kennwerten Korrelationen herzustellen, auch wenn es bei Faserverbunden schwierig ist, explizit Zusammenhänge zwischen unterschiedlichen Eigenschaften darzustellen und möglicherweise in eine funktionale Form zu bringen. Mit Hilfe einer grösseren Datenbasis können die Parameter statistisch abgesichert werden. Treten mehrere voneinander unabhängige Parameter auf, werden diese entsprechend ihrer Einflussnahme miteinander kombiniert. Als Einflussparameter für die Korrelationsbetrachtungen werden in erster Linie die Eigenschaften von Faser und Matrix bzw. die Fasergeometrie zugelassen (Durchmesser).

In [13.1] wurde untersucht, inwieweit es eine eigenschaftstypische Streuung gibt und welche Einflussfaktoren die Streuung der Kennwerte bestimmen und ob sie von bekannten Materialien auf neue Werkstoffe übertragen werden können. Die Vielzahl der Eigenschaften ist auch durch die drei Komponenten Faser, Matrix und Interphase (Haftung Faser-Harz) bedingt.

Kohlenstofffaserverstärkte Kunststoffe sind anisotrop und inhomogen. Ausserdem besitzen sie die Eigenschaft, in feuchtem Klima Wassermoleküle aus der Umgebung über Diffusionsvorgänge aufzunehmen, was eine Änderung der mechanischen Eigenschaften nach sich zieht (s. Kapitel 10 - 12). Bei der Qualifikation eines Faserverbundes müssen deshalb zur Abdeckung des gesamten Werkstoffspektrums alle mechanischen Eigenschaften, die für die Dimensionierung notwendig sind, ermittelt werden.

Die Kennwerte werden nach der Norm DIN 29971 anhand vorgeschriebener Probekörper mit definierten Probenzahlen pro Stichprobe experimentell ermittelt. Aus diesen Werten werden dann statistisch abgesicherte Werte, wie A- und B-Werte (DIN 65352) berechnet. Sie sind von der zugrunde gelegten Probenzahl und der gewünschten bzw. geforderten statistischen Wahrscheinlichkeit abhängig, wobei mit zunehmender Probenzahl die A- und B-Werte höher werden. Bei einer Aussagesicherheit von 99% muss mit einer statistischen Wahrscheinlichkeit von 99% bei den A-Werten und von 90% bei den B-Werten der Mindestwert erreicht bzw. überschritten werden.

Die A- und B-Werte stellen die Basis für die Bauteildimensionierung dar [13.1]. Der daraus resultierende hohe Prüfaufwand verursacht enorme Qualifikationskosten, die sich im wesentlichen aus den Materialkosten, den Fertigungskosten und Prüfkosten zusammensetzen. Diese stehen momentan noch im Gegensatz zu dem Ziel, Faserverbundwerkstoffe über die Luftfahrtanwendung hinaus wirtschaftlich in grösserem Umfang einzusetzen.

Ein weiteres Problem ist der Zeitverlust beim Prüfaufwand. Die Zeit für eine vollständige Qualifikation eines Faserverbundwerkstoffes beträgt aus heutiger Sicht ungefähr 1 Jahr. Ein Umstieg auf andere und bessere Systeme ist deshalb schwierig. Eine Möglichkeit, diesen Problemen zu begegnen, besteht darin, herauszufinden, ob und inwieweit der jeweilige Prüfaufwand für die Qualifikation eines neuen Werkstoffes reduziert werden kann. Dazu ist zu untersuchen, ob eine eigenschaftstypische Streuung der Kennwerte vorhanden ist und ob diese von bekannten Werkstoffen auf neue übertragen werden können. Gelingt dieser

Nachweis, dann könnte der enorme Prüfaufwand für die Qualifikation eines neuen Werkstoffes durch die Übertragung dieser Streuung beträchtlich reduziert werden.
In einer Studie [13.1] wurde dieser Ansatz umfassend überprüft. Der Leistungsumfang sah im einzelnen folgende Untersuchungen vor:
Die vorhandenen Kennwerte von zwei sehr verbreiteten Faserverbundsystemen (Fiberite 976/T300 und Code 69/T300) sowie von weiteren untersuchten Materialien wurden nach statistischen Gesichtspunkten erfasst und aufbereitet. Dabei wurde unterschieden zwischen Kennwerten, die überwiegend durch

- die Faser
- das Harz
- die Haftung Faser/Harz

bestimmt werden.
Darüber hinaus wurden Einflussgrössen auf die Streuung wie

- Herstellungsbedingungen
- Prüfbedingungen

berücksichtigt.
Die Untersuchungen beinhalteten folgende Punkte:

- Auswertung der Kennwerte des Verbundes
- Auswertung der Kennwerte der Ausgangsmaterialien
- Festlegung geeigneter statistischer Methoden
- Beschreibung des Streuungsverhaltens
- Übertragbarkeit auf andere Faserverbunde
- Korrelationsbetrachtungen zwischen Eigenschaften

Grundlage für die Untersuchung waren alle verfügbaren Werkstoffwerte von der Fa. Dornier Luftfahrt GmbH (Team 1 DWF und DWM), dem wehrwissenschaftlichen Institut für Materialuntersuchungen (WIM) (Team 2), der deutschen Versuchsanstalt für Luft- und Raumfahrt (Team 3 DLR) und dem Institut für Flugzeugbau (TU Stuttgart IFB) (Team 4).
Die bei der Bauteilherstellung anfallenden Halbzeuge und Bauteilkennwerte wurden ausnahmslos statistisch ausgewertet. Dabei konnten keine systematischen Zusammenhänge zwischen den Halbzeug- und den Bauteilkennwerten nachgewiesen werden. Es zeigte sich jedoch, dass die Streuungen aufgrund von Fertigungseinflüssen weit grösser waren als die reinen Materialstreuungen. Bei Zugwerten zeigt sich jedoch, dass die Streuung der Zugeigenschaften von unidirektionalen Laminaten wesentlich durch die Streuung der Fasereigenschaften bestimmt wird.
An sehr umfangreichem Datenmaterial wurden die durch Schwankungen in der Halbzeugfertigung angelieferte Streuung und die fertigungsbedingte Streuung

untersucht. Diese Daten sind in [13.1] in vielen umfangreichen Tabellen enthalten und bieten reichhaltiges Material für eine Datenbank.

13.1 Voraussetzungen zur Auswertung der ermittelten Kennwerte

Für die statistischen Untersuchungen wurden die vorhandenen, nachfolgend aufgeführten Prepregsysteme untersucht:

- Code 69/T300   Epoxi-Standard
- Fiberite 976/T300   Epoxi-Standard
- Narmco 5245C/T800   zäh modif.
- Ciba 6376/T400   zäh modif.
- Krempel U214/HTA7   zäh modif.
- APC-2/AS4   Thermoplastsystem
- Sigri CI 1020   Polyimidsystem

Die Standardschichtdicke der verschiedenen Systeme beträgt 0,125 mm. Die Kennwerte wurden an verschiedenen Prüforten ermittelt, deren Verschlüsselung in Abb. 13.1.1 dargestellt ist.

Die Prepregsysteme werden im folgenden kurz beschrieben.

Prüfort	Team	Verschlüsselung
DWF-BS	1	A
DWF-QE		B
DWF-SK		G
DWM		C
DFVLR (DLR)	3	D
IFB	4	E
WIM	2	F

Abb. 13.1.1 Verschlüsselung der verschiedenen Prüforte [13.1]

13.1.1 Prepregsystem Code 69/T300

Das System besteht aus der HT-Faser (high tensile) T300 von Toray und dem Epoxidharz Code 69 von Fothergill und Harvey (GB). Die T300 Faser ist hochfest. Das Ausgangspolymer ist Polyacrilnitril (PAN). Der Faserdurchmesser beträgt 7 µm. Beim Harzsystem Code 69 handelt es sich um ein warmhärtendes (175°C) sprödes System, das durch Modifizierung eines Epoxidharzes entsteht. Es gehört zu der Gruppe der Lösungsmittelsysteme. Die relativ einfache Harzchemie bewirkt, dass das System auf Abweichungen vom Standard friedlich ("forgiving system") reagiert und wenig anfällig auf Lunkerbildung ist.

13.1.2 Prepregsystem Fiberite 976/T300

Dieses System besteht aus zwei Komponenten, der HT-Faser T300 von Toray (Japan) und dem Epoxidharz 976 von Fiberite. Es ist im Gegensatz zum System Code 69/T300 feuchtebeständiger und besitzt eine höhere Wärmeformbeständigkeit.

13.1.3 Prepregsystem Narmco 5245C/T800

Es besteht aus der Faser T800 von Toray (Japan) und dem Harzsystem 5245C von der BASF. Die Faser besitzt einen mittleren Modul. Der Faserdurchmesser beträgt 5 µm. Das Harz von Narmco (USA) ist ein polybismaleinimid-modifiziertes Harzsystem mit höherer Wärmebeständigkeit.

13.1.4 Prepregsystem Krempel U214/HTA7

Dieses System besteht aus der Faser HTA von der Firma Enka und dem Kautschukmodifizierten Harzsystem U214.

13.1.5 Prepregsystem Ciba 6376/T400

Dieses System setzt sich aus der Faser T400 von Toray und dem Harz 6376 von Ciba zusammen.

13.1.6 Kennwertauswertung

Ein einfaches Beispiel einer Korrelation zeigt sich zwischen unidirektionalen Biege-, Druck- und Zugproben. Dabei sollte man möglichst auf genormte Proben zurückgreifen. Damit wird sichergestellt, dass Ergebnisse aus anderen Quellen in die eigene Überlegung einfliessen können. Die Biegefestigkeiten lassen sich relativ einfach an genormten Flachproben ermitteln. Die Prüfmethoden sind dabei nicht immer einheitlich. So ist z. B. beim Biegeversuch die Dreipunktbiegung viel gängiger als die Vierpunktbiegung. Bei der Dreipunktbiegung erfährt die Biegeprobe sowohl Druck, als auch Zug und Schub. Für eine erste Grobauslegung sollen Proben verwendet werden, die billig herzustellen sind, gleichermassen gilt dies auch für die Auswertung der Versuchsergebnisse.

Eine weitere wichtige Werkstoffgrösse der Faserverbunde ist die interlaminare Scherfestigkeit, sie wird ebenfalls im Dreipunktbiegeversuch ermittelt. Abb. 13.1.2 zeigt schematisch die Biegevorrichtung zur Ermittlung der interlaminaren Scherfestigkeit. Die Probe ist im Gegensatz zu den Biegeproben sehr kurz. Dadurch ist gewährleistet, dass sie in den meisten Fällen interlaminar versagt. Die möglichen Versagensarten der ILS-Prüfung zeigt Abb. 13.1.3. Ein ernstes Problem ergibt sich dann, wenn mehrere Proben zur Disposition stehen, denn neben Biegeproben gibt es noch verschiedene Zugproben, die sowohl in der Breite, als auch in der Dicke tailliert sind. Abb. 13.1.4 zeigt die unterschiedlichen Probengeometrien. Dabei wird die Flachzugprobe in verschiedenen Dicken verwendet.

Bekannterweise ist die Ermittlung der Druckfestigkeit unidirektionaler Laminate nicht einfach. Die besten Ergebnisse an Druckproben erzielt man mit der sogenannten "Celanese Probe". Abb. 13.1.5 zeigt die Geometrie dieser Probe, die in eine aufwendigen Prüfvorrichtung nach Abb. 13.1.6 eingesetzt wird.

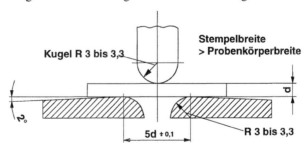

Abb. 13.1.2 Biegevorrichtung zur Ermittlung der interlaminaren Scherfestigkeit

Streuungsverhalten von Faserverbundwerkstoffen 377

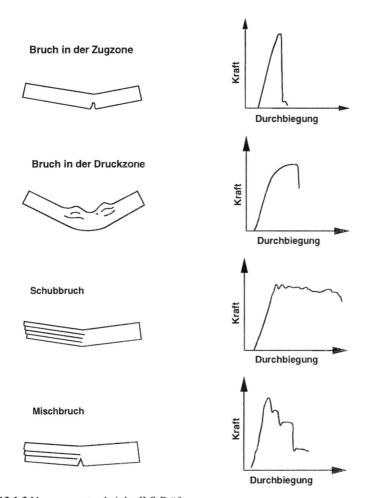

Abb. 13.1.3 Versagensarten bei der ILS-Prüfung

Die Luftfahrt war immer Vorreiter für extremen Leichtbau in Strukturen mit hohen Belastungen. Extremer Leichtbau ist aber nur möglich, wenn der Grad der Ausschöpfung des vorhandenen Werkstoffpotentials so hoch wie möglich ist. Dies setzt aber genauere Kenntnisse über das Werkstoffverhalten unter Last voraus, um bei allen Sicherheitsregeln für die Dimensionierung unter möglichst geringem Gewicht die zu erwartenden Lasten sicher zu übertragen. Betrachtet man die spezifischen Festigkeiten und Steifigkeiten, so erscheinen mit ihrer Verwendung grosse Gewichtsvorteile gegenüber Metallen möglich. Diese sind jedoch nur realisierbar, wenn alle Potentiale konsequent ausgeschöpft werden. Eine Steigerung des Ausschöpfungsgrades und damit eine Erhöhung der Dimensionierungskennwerte, bedingt daher genaue Kenntnisse über das Verhalten dieses Mehrphasenwerkstoffes sowie die Prüfung der Eigenschaften, entweder für Materialkontrollen (Wareneingangs-, Warenausgangsprüfung), Dimensionierungsgrössen, sowie für die Berechnung der Faserverbunde.

Da der Hintergrund von Eingangskontrollen und Materialqualifikation (Vergleichswert) gegenüber Dimensionierungsgrössen (statistisch gesicherter Materialkennwert) ein grundsätzlich anderer ist, können sich je nach Verwendungszweck Probenart und Probenform unterscheiden. Für die Wareneingangkontrolle ist man, wie bereits angedeutet, bestrebt billige Proben mit wirtschaftlicher Prüfung zu verwenden. Zur Qualifikation eines Materials muss die Leistung nachgewiesen werden. Beides kann durch reine Vergleichsmessung erfolgen. In diesem Sinne sind sowohl die Werkstoffleistungsblätter, als auch die technischen Lieferbedingungen für Kohlenstoffprepregs und -laminate aufgebaut.

Im Prinzip können diese Daten der Werkstoffleistungsblätter auch für Faserverbunde verwendet werden, die nicht aus Prepregs sondern aus anderen Halbzeugen hergestellt sind.

Im Gegensatz dazu sind zur Ermittlung von Dimensionierungsgrössen die Proben zu verwenden, die den richtigen Materialkennwert liefern. Bei der Auswahl solcher Proben sind Einflussfaktoren wie Fehlerabhängigkeit, Spannungserhöhung durch Krafteinleitungen, Randeinflüsse usw. zu berücksichtigen. Problematisch für nahezu alle Dimensionierungsgrössen ist, dass für die Ermittlung einer bestimmten Eigenschaft verschiedene Proben verwendet werden (Abb. 13.1.4).

Breitentaillierte Zugprobe

Dickentaillierte Zugprobe

Flachzugprobe

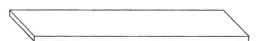

Abb. 13.1.4 Unterschiedliche Geometrien von Zugproben

Streuungsverhalten von Faserverbundwerkstoffen

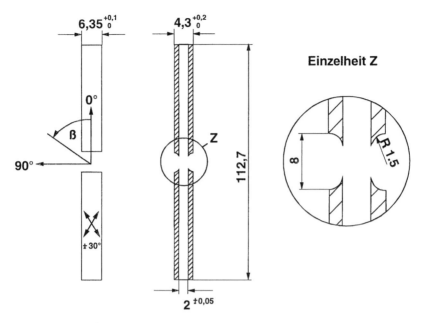

Lagenaufbau:

Faserorientierung ß	Lagennummer
+ 30°	1,4,5,8,9,12,30,33,34,37,38,41
- 30°	2,3,6,7,10,11,31,32,35,36,39,40
0°	13 ... 29

Abb. 13.1.5 Geometrie und Lagenaufbau der Celanese Druckprobe mit integrierten Aufleimern nach DIN 29971

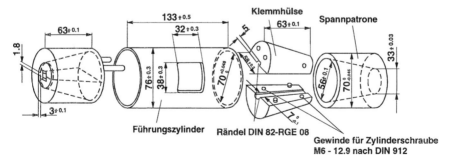

Abb. 13.1.6 Druckvorrichtung mit Kegelschluss

Die in Abb. 13.1.4 dargestellten Proben wurden zum Teil in einer umfangreicheren Untersuchung auf ihre Wirksamkeit hin untersucht. Dabei wurde vorzugsweise ein Werkstoffsystem (Fiberite hy E 1076 E) verwendet, das durch viele Messungen bekannt ist und weltweit breite Anwendung in hochbelasteten Strukturbauteilen findet. Abb. 13.1.7 zeigt die Gegenüberstellung der Kennwerte der Grundgesamtheit von Proben aus dem Wareneingang des Materials. Die notwendigen Dimensionierungskennwerte der Faserverbunde sind gegenüber metallischen Werkstoffen in der Zahl weit höher und deren Aufwand zur Absicherung aller Einflussfaktoren relativ hoch. In Abb. 13.1.8 sind im Vergleich zu Metallen die wichtigsten, aber bei weitem nicht alle Kennwerte zusammengefasst. Die im Laufe verschiedener Programme ermittelten Grundkenndaten ergaben viele Teilmengen von Kennwerten. Dadurch war es möglich, die Streuungsursachen der Kennwerte genauer zu untersuchen. So konnte unter anderem festgestellt werden, dass bei allen mechanischen Eigenschaften die Gesamtstreuung in zwei Streuungsanteile aufgeteilt werden kann:

- Eigenschaftstypischer Streuungsanteil,
- Prüfort- und materialspezifischer Streuungsanteil.

	Eigenschaft	Grösse	Einheit	Grundgesamtheit		Wareneingang Probengeometrie	
Prepregeigenschaften	Flächenbezogene Prepregmasse	m_P	g/m^2	204,2		188,4	
	Flächenbezogene Fasermasse	m_F	g/m^2	135,1		130,2	
	Harzgehalt	ψ_H	Gew.-%	34,0		30,8	
	Harzfluss	ψ_{HF}	Gew.-%	11,4		7,47	
				Mittelwert	Variationskoeffizient	Mittelwert	Variationskoeffizient
mechan. Kennwerte	Zugfestigkeit	$\sigma_{\|zB}$	N/mm^2	1553,3	9,5	1853,9	3,38
	Langbiegefestigkeit	$\sigma_{\|bB}$	N/mm^2	1690,6	9,2	1753,7	5,04
	Interlaminare Scherfestigkeit (KB)	$\tau_{\|B}$	N/mm^2	116,5	9,4	123,6	2,88
	Interlaminare Scherfestigkeit (KKB)	τ_{XB}	N/mm^2	89,9	6,8	89,3	5,35
	Zugelastizitätsmodul	$E_{\|z}$	kN/mm^2	134,8	5,3	135,3	2,02
	Langbiegeelastizitätsmodul	$E_{\|b}$	kN/mm^2	115,9	6,7	105,9	6,27

Abb. 13.1.7 Gegenüberstellung der Kennwerte der Grundgesamtheit und der in [13.1] untersuchten Stichproben aus dem Wareneingang für das Werkstoffsystem Fiberite HyE 1076 E

Streuungsverhalten von Faserverbundwerkstoffen

Dimensionierungskennwerte	
Faserverbunde	Metalle
Zugfestigkeit in Faserrichtung σ_{11B}	Bruchfestigkeit σ_B
Zugfestigkeit quer zur Faserrichtung σ_{22B}	Streckgrenze $\sigma_{0,2}$
Druckfestigkeit in Faserrichtung σ_{11dB}	Querkontraktionszahl ν
Druckfestigkeit quer zur Faserrichtung σ_{22dB}	
Schubfestigkeit τ_{12}	Schubfestigkeit τ
Elastizitätsmodul in Faserrichtung E_{11} (Druck und Zug bei der C-Faser identisch)	Elastizitätsmodul E
Elastizitätsmodul quer zur Faserrichtung E_{22}	
Schubmodul G_{12}	
Querkontraktionszahl ν_{12}	

Abb. 13.1.8 Beschreibung der für die Dimensionierung notwendigen Kennwerte für Metalle und Faserverbunde.

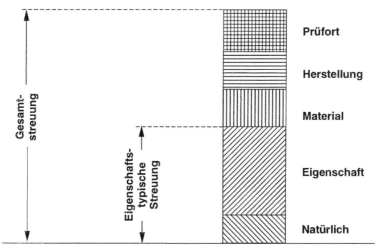

Abb. 13.1.9 Gegenüberstellung der Streuungsanteile (Mittelwerte) von verschiedenen Faktoren

In Abb. 13.1.9 sind die Streuungsanteile gegenübergestellt. Bemerkenswert ist vor allem, dass der prüfort- und materialspezifische Streuungsanteil, der zudem noch mit Fertigungseinflüssen behaftet ist, im Mittel ca. 50 % beträgt. Die Eckwerte liegen dabei bei 36 % und 87 %.

13.2 Einfluss der Probengeometrien auf die Laminatkennwerte und die Dimensionierung sowie die statistische Erfassung der Daten

Wie bereits erwähnt, existieren für die Ermittlung der Eigenschaften unterschiedliche Probenabmessungen und -geometrien.
- Einlagenzugprobe

Diese Probe findet nur in der Wareneingangsprüfung (WE) Anwendung. Eine Lage Prepreg wird zwischen zwei Trennfolien ausgehärtet. Sie zeigt vor allem die Gleichmässigkeit der Zugeigenschaften über der Prepregbreite, so dass sie als WE-Kriterium herangezogen werden kann. Da an dieser Probe eine Dehnungsmessung problematisch ist, wird nur die Bruchkraft und damit die Zugfestigkeit ermittelt.
- Untaillierte unidirektionale Flachprobe

Nach der Luftfahrtnorm LN 29971 [13.2] sind Flachproben ohne Taillierung zur Ermittlung von
- Zugfestigkeit
- Zug-E-Modul
- Bruchdehnung
- Querkontraktionszahl $v_{0°/90°}$
üblich.

In der Norm [13.2] ist eine Probendicke von 1 mm (bei einer Prepregdicke von 0,125 mm entspricht das 8-Lagen Prepreg) festgeschrieben. Zur Erfassung des Einflusses der Probendicke auf die Eigenschaften und zur Schaffung von Basisdaten wurde diese Probe noch mit den Dicken 0,5 mm, 1,0 mm und 2,0 mm in die Untersuchungen einbezogen.
- In der Dicke taillierte unidirektionale Flachprobe

Diese Probenform weist eine Querschnittsveränderung in der Dicke auf; im Messbereich wird die Probe, wie aus Abb. 13.1.4 ersichtlich, mit einem vorgegebenen Radius auf 1 mm Probendicke abgeschliffen. Diese Massnahme soll Einspannbrüche verhindern und damit den Bruch in den Probenmittenbereich legen. Sie ist in der Praxis ungeeignet für multidirektionale Laminate, weil durch die Taillierung Schichten zerstört werden.
- Multidirektionale Flachzugprobe

An dieser Probe (Abb. 13.1.4) wurde überprüft, inwieweit die Ergebnisse an den unidirektionalen Zug- bzw. Biegeproben auf die Eigenschaftswerte eines multidirektionalen Laminats übertragbar sind (am häufigsten verwendete Probe).
- Multidirektionale Flachproben in der Breite tailliert

Diese Probe (Abb. 13.1.4) sollte aufzeigen, inwieweit eine Taillierung Einfluss auf das Messergebnis hat, z. B. durch eine Kerbwirkung im Radius der Taillierung.

Zur besseren Bewertung von Probenformen auf die mechanischen Eigenschaften wie z. B. Zugfestigkeiten und Moduli wurden in [13.1] [13.3] umfangreiche Untersuchungen durchgeführt. In Zusammenarbeit zwischen Team1

Streuungsverhalten von Faserverbundwerkstoffen

und dem Team 2 (siehe Abb. 13.1.1) wurden an CFK-Zugproben verschiedener Geometrien die Festigkeiten und Moduli ermittelt. Es wurde vereinbart, pro Prüfparameter 20 Proben zur Prüfung herzustellen. Dabei wurde folgende Verteilung des Prüfumfangs festgelegt:
- je Prüfparameter 6 Proben bei Team 1
- je Prüfparameter 14 Proben bei Team 2.

In den Abb. 13.2.1 bis Abb. 13.2.3 sind die wichtigsten Messergebnisse dieses Programms tabellarisch zusammengefasst.

Abb. 13.2.1 zeigt den Einfluss der Probendicke bei untaillierten ebenen Zugproben auf die Zugfestigkeit und das Streuungsverhalten. Betrachtet man die Ergebnisse aus der Prüfung von Team 1, so ist eine eindeutige Abhängigkeit der Höhe des Kennwertes und des Streuungsausmasses von der Probendicke (sprich Lagenanzahl) vorhanden. Mit zunehmender Probendicke nehmen sowohl die Festigkeit als auch das Streuungsausmass ab.

Lagenanzahl	Geometrie	Kennwert N/mm^2	Team1 Mittelwert x	Team1 Standardabweichung s	Team1 A-Wert	Team 2 Mittelwert x	Team 2 Standardabweichung s	Team 2 A-Wert	gesamt Mittelwert x	gesamt Standardabweichung s	gesamt A-Wert
1	flach		2026	188,4	1405	1886	192,3	1252	1932	198,1	1279
4	flach		1588	63,3	1379	1588	72,3	1350	1588	68,2	1363
8	flach		1467	51,2	1298	1784	92,5	1479	1694	167,9	1141
16	flach		1468	25,2	1385	1744	68,9	1517	1594	151,7	1094
8	flach; beidseitig Folie beim Aushärten		1567	219,2	845	1987	75,1	1740	1847	243,7	1044
16	flach; beidseitig auf 1 mm abgeschliffen		1699	105,6	1351	1980	115,1	1601	1877	180,5	1282
16	tailliert; im Messquer-schnitt auf 1 mm Dicke		2090	59,4	1894	2006	78,9	1746	2031	82,0	1761
18	Dreipunktbiegeprobe		1934	93,6	1626	1739	69,1	1511	1798	118,1	1409

Abb. 13.2.1 Zusammenstellung der an unidirektionalen CFK-Proben ermittelten Zugfestigkeiten [13.3]

Die von Team 2 geprüften Proben zeigen jedoch diese Abhängigkeit nicht so eindeutig. Hier fallen die Ergebnisse der Proben aus vier Lagen deutlich ab. Ein Grund dafür könnte sein, dass Team 1 und Team 2 unterschiedliche Einspannvorrichtungen verwendete. Vermutlich lässt sich damit auch das grössere Streuungsausmass erklären. Betrachtet man die zusammengefassten Kennwerte von Team 1 und Team 2, so stellt sich, wieder mit Ausnahme der Probe mit vier Lagen, der oben genannte Trend ein, d. h. abnehmender Mittelwert und Streuung bei ansteigender Dicke.

Lagenanzahl	Geometrie	Kennwert	Prüfort								
			Team 1			Team 2			gesamt		
		N/mm^2	Mittelwert x	Standardabweichung s	A-Wert	Mittelwert x	Standardabweichung s	A-Wert	Mittelwert x	Standardabweichung s	A-Wert
1	flach		-	-	-	-	-	-	-	-	-
4	flach		116,7	2,59	108,2	122,3	5,91	102,8	120,7	5,73	101,8
8	flach		123,3	2,03	116,6	129,4	4,10	115,9	127,6	4,54	112,6
16	flach		126,5	2,76	117,4	133,9	2,48	125,7	129,9	4,60	114,7
8	flach; beidseitig Folie beim Aushärten		136,2	5,81	117,1	146,6	8,41	118,9	143,1	9,00	113,5
16	flach; beidseitig auf 1 mm abgeschliffen		136,3	4,01	123,0	147,2	11,8	108,3	143,7	11,20	106,8
16	tailliert; im Messquer-schnitt auf 1 mm Dicke		133,4	3,90	120,5	134,4	4,31	120,2	134,1	4,13	120,5
18	Dreipunkt-Biegeprobe		122,5	5,46	104,5	105,9	3,82	93,3	110,9	8,87	81,7
32	Vierpunkt-Biegeprobe		117,6	3,79	105,1	127,0	8,15	100,1	124,2	8,29	96,9

Abb. 13.2.2 Zusammenstellung der an unidirektionalen Proben ermittelten Elastizitätsmoduli [13.3]

Streuungsverhalten von Faserverbundwerkstoffen

Lagenanzahl	Geometrie	Kennwert	Prüfort					
			Team 1		Team 2		Gesamt	
		Bruchdehnung	Mittelwert x	Standardabweichung s	Mittelwert x	Standardabweichung s	Mittelwert x	Standardabweichung s
1	flach	%	-	-	-	-	-	-
4	flach		13,2	0,70	12,8	0,92	12,9	0,86
8	flach		11,3	0,33	13,4	1,31	12,9	1,42
16	flach		11,3	0,33	12,5	0,11	11,7	0,68
8	beidseitig Folie beim Aushärten		11,1	1,33	13,6	0,35	12,7	1,42
16	beidseitig auf 1 mm geschliffen		12,0	0,66	13,7	0,60	13,1	0,96
16	im Messquerschnitt in der Dicke tailliert		15,1	0,24	14,5	1,27	14,7	1,10

Abb. 13.2.3 Zusammenstellung der Bruchdehnungen, ermittelt an unidirektionalen Laminaten mit unterschiedlichen Geometrien [13.3]

Prüfort	Lagenanzahl	Geometrie	Probenanzahl n	Prüfart: Zugprüfung, unidirektional				
				n = 20			n = 50	n = 100
			Kennwert	Mittelwert x	Standardabweichung s	$k_A=3{,}295$	$k_A=2{,}862$	$k_A=2{,}684$
Team 1	1	flach	N/mm^2	2026	188,4	1405	1487	1520
	4	flach		1588	63,6	1348	1406	1417
	8	flach		1467	51,2	1298	1321	1330
	16	flach		1468	25,2	1385	1396	1400
Team 2	1	flach		1886	192,3	1252	1336	1370
	4	flach		1588	72,3	1350	1381	1394
	8	flach		1784	92,5	1479	1519	1536
	16	flach		1744	68,9	1517	1547	1559

Abb. 13.2.4 Darstellung der Abhängigkeit des A-Wertes von Mittelwert, Standardabweichung und Probenanzahl

Lagenanzahl	Geometrie	Kennwert	Prüfort							
			Team 1			Team 2			Gesamt		
			Mittelwert x	Standardabweichung s	A-Wert	Mittelwert x	Standardabweichung s	A-Wert	Mittelwert x	Standardabweichung s	A-Wert
18	Lam.-Typ 1 flach	Zugfestigkeit N/mm²	743	43,9	598	802	49,2	640	785,4	54,1	607,1
18	Lam.-Typ 1 in der Breite tailliert		749	32,2	643	745	38,8	617	746,1	36,8	624,8
18	Lam.-Typ 2 flach		1086	39,9	955	-	-	-	-	-	-
18	Lam.-Typ 1 flach	Zug-Elastizitätsmodul kN/mm²	60,9	2,03	54,2	59,9	2,29	52,4	60,2	2,2	52,9
18	Lam.-Typ 1 in der Breite tailliert		63,1	2,24	55,7	60,3	1,74	54,6	60,8	2,3	53,2
18	Lam.-Typ 2 flach		82,8	2,75	73,7	-	-	-	-	-	-
18	Lam.-Typ 1 flach	Bruchdehnung ⁰/₀₀	12,6	0,75	-	13,3	1,5	-	13,1	1,35	-
18	Lam.-Typ 1 in der Breite tailliert		12,3	0,26	-	12,4	1,04	-	12,3	0,87	-
18	Lam.-Typ 2 flach		12,9	0,55	-	-	-	-	-	-	-

Abb. 13.2.5 Kennwerte der multidirektionalen Laminate mit unterschiedlichen Probengeometrien und Laminataufbauten

Dieses Verhalten der Proben mit unterschiedlicher Geometrie lässt sich nach mathematischen Gesichtspunkten eindeutig erklären [13.3]. Mit zunehmender Probendicke steigt die Wahrscheinlichkeit, dass ein Fehler in der Probe enthalten ist, d. h. die Versagenswahrscheinlichkeit in einem bestimmten Festigkeitsbereich steigt an, die Streuung verringert sich. Dieses Verhalten ist besonders bei den von Team 1 geprüften Zugproben signifikant, aber auch bei den Proben von Team 2 vorhanden. Bei den Dimensionierungskennwerten geht neben dem Mittelwert auch

das Streuungsverhalten des A-Kennwertes ein, so dass auch das Streuungsausmass eine Aussage für die Qualität eines Materials, bzw. einer Prüfmethode liefert.
Der Ablauf zur Bestimmung von Dimensionierungskenngrössen ist im "Handbuch Strukturberechnung - HSB [13.4] dargelegt und greift im wesentlichen auf das MIL HDBK5 [13.5] und die FAR 25 [13.6] zurück. Die dort beschriebenen Verfahren sind zwar für metallische Werkstoffe entwickelt, können aber nahezu ohne Änderungen für Faserverbundwerkstoffe übernommen werden.
In [13.3] wird nach A- und B-Werten unterschieden, die folgendermassen definiert sind:
A-Werte müssen mit einer statistischen Wahrscheinlichkeit von 99% bei einer Aussagewahrscheinlichkeit (confidence) von 95% erreicht sein.
B-Werte müssen mit einer statistischen Wahrscheinlichkeit von 90% bei einer Aussagewahrscheinlichkeit von 95% erreicht sein
Nach [13.2] [13.3] ist definiert, dass die
- A-Werte für Festigkeiten und die
- B-Werte für elastische Kenngrössen anzuwenden sind.
Wenn für eine Baugruppe oder ein Bauteil A-Werte als Dimensionierungsgrössen gefordert sind, so rechnet man (im Flugzeugbau) bei Faserverbunden allerdings sowohl bei den Festigkeits- als auch bei den elastischen Kenngrössen mit A-Werten. Dabei ist die Anwendung für den Nachweis wie folgt festgelegt:
- A-Werte für Klasse I-Bauteile
- B-Werte für Klasse II-Bauteile
- Mittel- oder Richtwerte für Klasse III-Bauteile.
Nach [13.2] muss die Datenbasis zur Kennwertermittlung
- für A-Werte aus Daten von 10 Materialchargen
- für B-Werte aus Daten von 3 Materialchargen stammen, um gesicherte Dimensionierungskennwerte zu erhalten.
Im Rahmen dieser Arbeit nach [13.3] war eine derart umfangreiche Prüfung von Proben nicht möglich. Zur Überprüfung des Einflusses der Streuung auf den Dimensionierungswert wurde deshalb in Abb. 13.2.1 der A-Wert für eine Probenanzahl von n = 20 ermittelt. Der A-Wert errechnet sich dabei wie folgt:

$$A - \text{Wert} = \bar{x} - k_A \cdot s \qquad (13.1)$$

mit: $\bar{x}$ = Mittelwert
s = Standardabweichung
k_A = Faktor aus [13.7] DIN 65352

Hier zeigt sich sehr deutlich, dass ein hoher Mittelwert mit einem grossen Streuungsausmass dennoch zu einem geringen A-Wert führt. Dieser Zusammenhang ist in Abb. 13.2.6 aus [13.3] dargestellt.

Durch die grosse Streuung der Messwerte der Einlagenzugprobe fällt der A-Wert sehr stark ab, so dass dieser A-Wert zumindest bei den Proben vom Team 1 auf gleicher Ebene mit den übrigen Kennwerten liegt. Bei den vom Team 2 ermittelten Kennwerten liegt der A-Wert sogar deutlich darunter. Insgesamt bleibt festzustellen, dass der hohe Mittelwert der Einlagenzugprobe nicht das Verhalten des Verbundes widerspiegelt und das Streuungsausmass nicht repräsentativ für das Streuungsverhalten des Verbundes sein dürfte.

Die in der Dicke taillierte Probe (siehe Abb. 13.1.4) verhält sich dagegen völlig anders. Wie die Kennwerte in Abb. 13.2.1 zeigen, werden mit diesen Proben sowohl hohe Mittelwerte, wie auch geringes Streuungsausmass erzielt. Dieses Ergebnis wird in erster Linie dadurch erreicht, dass durch die Taillierung die Probe immer im Messquerschnitt (Probenmitte) versagt, so dass lediglich Fehlstellen in diesen ganz begrenzten Probenvolumen zum Versagen der Proben führen können. Nach der mathematischen Erläuterung der Ergebnisse, auf die hier nicht näher eingegangen wird, [13.3] muss daher der Mittelwert hoch und das Streuungsausmass gering sein. Die Probe ist jedoch nicht für multidirektionale Laminate anwendbar.

Betrachtet man die Kennwerte in Abb. 13.2.3, so bleibt festzustellen, dass eine glatte Oberfläche der Probe einen positiven Einfluss auf das Versagen ausübt. Beim Vergleich mit den beiden Probentypen mit 8 und 16 Lagen liegen die Kennwerte der Proben mit glatter Oberfläche deutlich höher, wobei die beim Team 2 geprüften Proben erstaunlich hohe Kennwerte erzielten. Allerdings erscheint das Streuungsverhalten der Proben mit Folie auf beiden Seiten, gemessen bei Team 1, nicht repräsentativ für das Verhalten dieser Probe. Eine Erklärung dafür ist bei diesem geringen Probenumfang nicht möglich, ausserdem zeigen die beim Team 2 ermittelten Ergebnisse das erwartete Streuungsausmass.

Die Ergebnisse der Dreipunkt-Biegeprüfung sind in diesem Rahmen nur schwer einzuordnen, da keine eindeutige Zugbelastung vorliegt. Darüber hinaus haben vergleichende Messergebnisse in [13.8] [13.9] gezeigt, dass zwischen den Messergebnissen der Biege- und der Zugprüfung eine negative Korrelation besteht, d. h. mit steigender Zugfestigkeit fällt die Biegefestigkeit ab und umgekehrt. Aus diesen Gründen ist es zu empfehlen, die Biegeprüfung aus der Bewertung für Dimensionierungskennwerte und aus der Wareneingangsprüfung herauszunehmen, da die Aussagekraft dieser Prüfmethode nicht eindeutig genug ist. Zusammenfassend lässt sich sagen, dass

- ein eindeutiger Zusammenhang besteht zwischen der Anzahl der Lagen in einer unidirektionalen Flachprobe ohne Taillierung und der Festigkeit, bzw. dem Streuungsausmass,
- die in der Dicke taillierte Flachprobe extrem hohe Kennwerte, bei geringer Streuung erbringt. Dieses Verhalten kann durch das geringe beanspruchte Probenvolumen begründet werden.
- Offensichtlich eine Kerbwirkung an der Probenoberfläche auftritt,

verursacht durch eine Rauhtiefe des Trenngewebes. Dieser Effekt konnte an einer kleinen Probenzahl nachgewiesen werden.
- Der für die Dimensionierung bedeutsame A-Wert unterscheidet sich für die einzelnen Probentypen nicht allzu stark (siehe Abb. 13.2.6).

Aufgetragen ist hier, ausgehend vom Mittelwert der einzelnen Probentypen, der rechnerische A-Wert mit steigender Probenzahl, also sinkendem k_A-Faktor. Mit zunehmender Probenzahl streben die Kennwerte deutlich einem recht engen Bereich zu.

Abschliessend zu den Anmerkungen in Kapitel 13.1 und 13.2 wird nochmals betont, wie wichtig diese Ausführungen sind. Der Umgang mit diesen Faktoren muss sorgfältig aufbereitet werden. Ansonsten ist ein wirksames Qualitätssicherungskonzept nicht möglich und erst recht nicht eine rechnerische Auslegung komplizierter Strukturen. Für die in Abb. 13.2.2 und Abb. 13.2.3 angegebenen Moduli und Dehnungen ist statistisch in entsprechender Weise vorzugehen wie für die hier beschriebenen Festigkeiten.

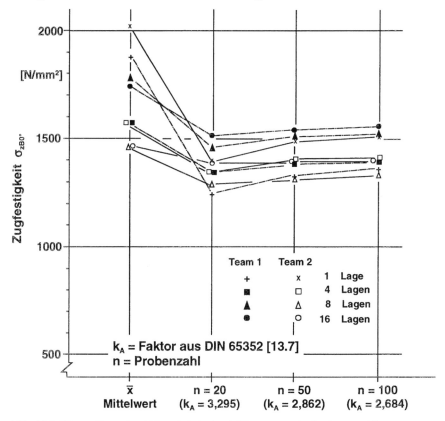

Abb. 13.2.6 Darstellung der Abhängigkeit des A-Wertes von der Probenanzahl

13.3 Möglichkeiten zur Reduzierung des Versuchsaufwandes für eine Qualifikation

Der Aufwand zur Qualifikation eines Faserverbundes ist mit hohen Kosten verbunden. So fordern die Zulassungsvorschriften für Flugzeuge statistisch abgesicherte Kennwerte unter Berücksichtigung aller relevanten Einflussfaktoren. Erschwerend kommt dabei hinzu, dass die Faserverbunde durch die drei Komponenten Faser, Matrix und Interface anisotrop und inhomogen sind und damit die Anzahl der Eigenschaften gegenüber metallischen Werkstoffen ungleich grösser ist. Ausserdem besitzen sie, wie bereits erwähnt die unangenehme Eigenschaft in feuchtem Klima Wassermoleküle aus der Umgebung über Diffusionsvorgänge aufzunehmen, was natürlich weitere Probenuntersuchungen erfordert. Dazu kommt erschwerend hinzu, dass die Harzsysteme selbst oft aus mehreren Komponenten bestehen und deshalb die Eigenschaften oft nur schwierig zu ermitteln sind. Bei der Qualifikation von Faserverbunden müssen deshalb zur Abdeckung des gesamten Werkstoffspektrums alle mechanischen Eigenschaften, die für eine Dimensionierung notwendig sind, ermittelt werden. Diese Kennwerte werden unter verschiedenen Bedingungen und Einflüssen wie Temperatur, Feuchte, Medien wie Enteisungsflüssigkeiten etc. bestimmt. Der Probenaufwand ist entsprechend gross. Ein vorrangiges Ziel muss es deshalb sein, den erforderlichen Qualifikationsumfang von Faserverbundwerkstoffen aus Kosten- und Zeitgründen unter Beibehaltung der Aussagesicherheit zu verringern. Ein weiterer Nachteil ist natürlich, dass man in der Produktion aus verständlichen Gründen mehrere "Back-up"-Systeme qualifizieren muss, um 1. die Produktion zu sichern und 2. um sich nicht der Monopolstellung eines einzigen Halbzeuges auszuliefern.

Diese Situation führt dazu, dass in vielen Fällen für sämtliche Strukturbauteile ein und dasselbe System Verwendung findet und zwar ungeachtet dessen, dass tragende Strukturbauteile unterschiedlichen Einflusszuständen unterworfen sind, und dadurch eine Optimierung nur begrenzt möglich ist. Das Ziel muss deshalb sein, den Qualifikationsaufwand unter Beibehaltung der Aussagesicherheit zu verringern.

Gelingt dieser Nachweis, dann könnte der erforderliche Prüfumfang für eine "Quasi-Qualifikation" eines neuen Werkstoffes durch die Übertragung der eigenschaftstypischen Streuung reduziert werden. Das gilt vor allem dann, wenn gezeigt werden kann, dass die Streuung aus grossem Probenumfang für eine spekulative Ermittlung von A- und B-Werten verwendet werden kann. Die Untersuchungen diesbezüglich umfassen nach [13.8], [13.9] und [13.10] vorhandene Kennwerte der beiden Prepregsysteme Fiberite 976/T300 und Code 69 T300 sowie von weiteren untersuchten Materialien, die statistisch aufbereitet wurden. Dabei wurde überwiegend zwischen Kennwerten, die hauptsächlich durch die drei Stoffkomponenten Faser, Harz und Interface beeinflusst werden, unterschieden. Die Aufgabe gab vor, zu prüfen, ob sich vorhandene Gesetzmässigkeiten aus anderen Stichproben, insbesondere von neuen Systemen übertragen lassen. Der Datenschatz stammt dabei nicht nur aus Grundlagenuntersuchungen, sondern auch aus der Serienproduktion von Bauteilen, z. B. der Manöverbremsklappe des Alpha-Jets [13.9].

Die mechanischen Kennwerte wurden nach DIN 29971 anhand geeigneter Proben experimentell ermittelt. Aus diesen Werten wurden statistisch abgesicherte A- und B-Werte nach DIN 65352 bestimmt. Durch umfangreich vorhandenes Datenmaterial wurden die in der Halbzeugfertigung angelieferte Streuung und die fertigungsbedingte Streuung untersucht. Die Ergebnisse zeigen, dass die Streuungen bei geschultem Personal grösstenteils von den angelieferten Materialstreuungen bestimmt werden. Bei der Untersuchung von Zugwerten zeigte sich, dass die Streuung der Zugeigenschaften von UD-Proben wesentlich durch die Streuung der Fasereigenschaften bestimmt wird.

Eine Möglichkeit zum Erreichen des Zieles der Zeit- und Kostenersparnis wäre die Reduktion des Prüfumfanges. Dazu wurde in [13.1; 13.3; 13.7; 13.8; 13.9; 13.10; 13.11; 13.12; 13.13; 13.14; 13.15 und 13.16] untersucht, ob ein eigenschaftstypisches Streuungsverhalten der Kennwerte vorhanden ist, und wie dieses dann auf bekannte Werkstoffe übertragen werden kann.

Grundlage dieser Überlegungen ist die Entwicklung eines Verfahrens, welches folgenden Anforderungen gerecht wird:

- Abschätzung der Eigenschaften von noch nicht untersuchten Faserverbundwerkstoffen.
- Abschätzung von aufwendig zu messenden Eigenschaften wie z. B. das Impactverhalten oder die Risszähigkeit.
- Ein stark reduziertes Prüfprogramm (Eckdatenprogramm) sollte möglichst eine sichere Aussage über konservative Kenngrössen und deren Abhängigkeit von Temperatur und Feuchte ermöglichen.

Das Ziel dieses Vorhabens ist es nachzuweisen, dass ein Kurzqualifikationsprogramm mit den zuvor angesprochenen Anforderungen realisiert werden kann, welches konsequent eine sichere Abschätzung der empirisch ermittelten Kennwerte ermöglicht. Abb. 13.3.1 zeigt das Schema dieses Programms [13.16].

Das Kurzqualifikationsprogramm aus [13.16] wurde für Luftfahrtentwicklungen ausgearbeitet. Für andere Systeme, z. B. Kraftfahrzeuge, kann dieses Vorgehen entsprechend angepasst werden.

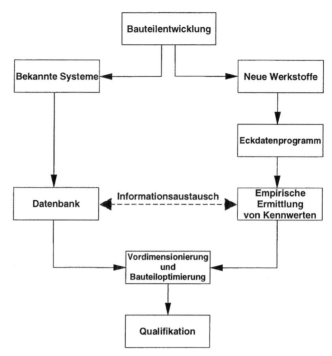

Abb. 13.3.1 Schema des Kurzqualifikationsprogramms

13.4 Beschreibung des Verfahrens zur Abschätzung des Werkstoffverhaltens und einer Kurzqualifikationsmöglichkeit

Grundsätzlich wird innerhalb des Kurzqualifikationsprogrammes [13.16] unterschieden zwischen:
1. Qualifikation eines Werkstoffsystems, wobei die Kennwerte der zur Auswahl stehenden Prepregsysteme bekannt sind.
2. Qualifikation eines Systems, dessen Eigenschaften nicht bekannt sind.

Kernpunkt des Kurzqualifikationsprogrammes stellt die Abschätzung neuer Werkstoffsysteme, die noch nicht untersucht worden sind, dar. Das Programm untergliedert sich in folgende Punkte:
1. Einteilung der Werkstoffe in Gruppen, die jeweils ein repräsentatives Verhalten anhand ausgewählter Beurteilungskriterien erwarten lassen.
2. Darstellung der mechanischen Eigenschaften der verschiedenen Gruppen, abhängig von Temperatur und Feuchte.

3. Korrelationsbetrachtungen zwischen den Kennwerten.
4. Regressionsanalysen an temperatur- und feuchteabhängigen Kennwerten.
5. Erstellung eines Eckdatenprogrammes zur Abschätzung der zu erwartenden Eigenschaften.

In Abb. 13.4.1 ist der Aufbau des Kurzqualifikationsprogrammes dargestellt [13.16].

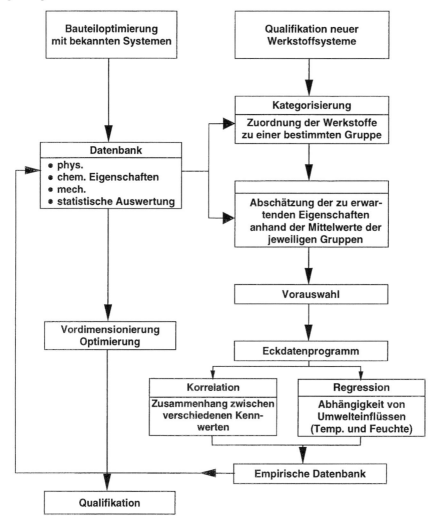

Abb. 13.4.1 Aufbau des Kurzqualifikationsprogrammes

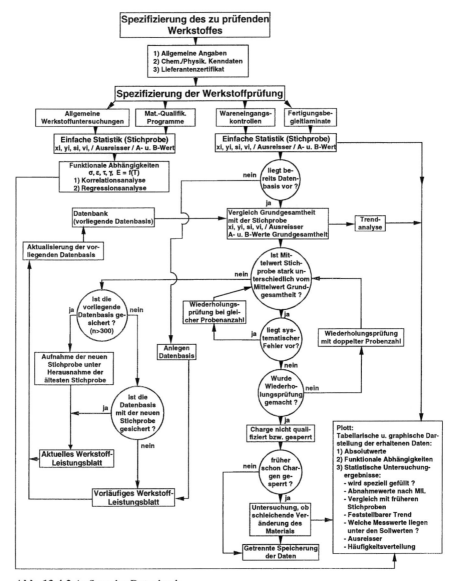

Abb. 13.4.2 Aufbau der Datenbank

Ein wichtiger Punkt ist dabei das Datenmanagement. Die Fülle der Daten lässt sich nur mit Hilfe einer Datenbank sinnvoll statistisch verarbeiten. Im einzelnen beinhaltet dies nach [13.16] folgendes:

Streuungsverhalten von Faserverbundwerkstoffen 395

- Statistik einer Stichprobe
- Vergleich der Stichprobe mit der Gesamtheit
- Auswertung nach A- und B-Werten
- funktionale Abhängigkeiten durch Regressionsanalysen und Korrelationsanalysen
- Trendanalysen

Das Flussdiagramm einer Datenbank, die nicht nur der Qualifikation neuer oder bestehender Werkstoffe dient, sondern auch für Wareneingangkontrolle und Qualitätssicherung Verwendung finden soll, zeigt schematisch Abb. 13.4.2.

13.5 Zusätzliche Einflüsse auf ein eigenschaftstypisches Streuungsverhalten von physikalischen und mechanischen Kennwerten

Im Rahmen der Kernfrage, inwieweit eine eigenschaftstypische Streuung der Kennwerte nach Abb. 13.4.2 vorhanden ist, wurden eine Fülle verschiedener Daten erfasst und nach statistischen Gesichtspunkten ausgewertet.

Die statistische Analyse dieser Daten wurde mit einem Statistikprogramm durchgeführt. Bei der Herstellung von Laminaten, der Entnahme von Proben sowie der Probenpräparation wirken viele Einflüsse, die eine Auswirkung auf das Streuungsverhalten der an diesen Proben ermittelten Kennwerte haben können. Diese Einflüsse verfälschen ein eventuell vorhandenes typisches Streuungsverhalten der Kennwerte und können somit zu Fehldeutungen führen. Einflussgrössen sind vor allem die Herstellungsbedingungen, unter denen die Laminate gefertigt wurden. Dazu gehört auch deren Aushärtung in Autoklaven oder in anderen Maschinen wie z. B. Pressen. Es gibt jedoch auch andere Gründe, die eine allgemein gültige Aushärtung in Frage stellen. Dies sind u.a. die unterschiedlichen Harzzustände bei verschiedenen Harzbatches und verschiedenen Lagerzuständen. Sie können sich bei der Aushärtung unterschiedlich auswirken, da wichtige Einflussfaktoren wie flüchtige Bestandteile, Gelierverhalten, Viskosität und Harzfluss dadurch beeinflusst werden [13.17].

Einen weiteren Einfluss stellen die verschiedenen Prüfbedingungen dar. Einflüsse dabei sind verschiedene Prüfmaschinen, Prüfvorrichtungen und die Auswertung der Prüfergebnisse.

Für ein eigenschaftstypisches Streuungsverhalten der mechanischen Kennwerte kommen mehrere Ursachen in Betracht. So sind z. B. die verschiedenen Oberflächenbehandlungen der C-Fasern zur Verbesserung der Haftung zwischen Faser und Harz in ihrer Wirkung sehr verschieden [13.18].

Ähnliches gilt im Prinzip für die Harzsysteme, deren Zustand ebenfalls kontrollierbar und spezifiziert ist. So lassen sich z. B. Harzsysteme nicht nur nach der Duktilität bzw. Zähigkeit ordnen, sondern auch nach den Problemen der

Fertigung. So neigen Laminate mit spröden Harzen zur Rissbildung und schwächen dadurch die Eigenschaften und erhöhen somit das Streuungsausmass. Spröde Harze bezeichnet man deshalb auch als "nicht friedlich" (non forgiving system) und solche mit zähen Systemen als "friedlich" (forgiving system) [13.18].

Ein weiteres Problem ergibt sich bei der Ermittlung des E- Moduls und des Schubmoduls aus dem σ,ε-Diagramm. Diese Problematik wird in [13.1] näher beschrieben. Diese werden als Tangenten- oder Sekantenmodul bestimmt. In beiden Fällen ist mit Streuungen bei der Auswertung zu rechnen.

Ein weiteres Problem kann sich bei der Härtung dickerer Laminate [13.19] dadurch ergeben, dass wegen des Temperaturgefälles über der Laminatdicke unterschiedliche Härtegrade einstellen. Generell stellen sich bei der Herstellung dicker Laminate (max. 28 mm Dicke) folgende nachhaltige Effekte ein:

- Wegschwimmen der Fasern
- Abführen einlaminierter Luft
- Abführen flüchtiger Bestandteile
- Ondulieren der Einzellagen durch starken Harzfluss
- unkontrollierter Temperaturverlauf während der Aushärtung durch exotherme Reaktion
- Aufkochen des Harzes durch exotherme Reaktion
- stark unterschiedliche Fasergehalte

Am Beispiel dicker Laminate zeigen sich zusätzliche dickenbedingte Streuungsfaktoren, die bei der Auslegung von Bauteilen zu beachten sind. Dicken dieser Grössenordnung von ~ 20 mm werden mittlerweile z. B. in Tragstrukturen des Airbus verwirklicht.

13.6 Gesetzmässigkeiten des Streuungsverhaltens

13.6.1 Vorgehensweise zur Untersuchung des Streuungsverhaltens

Die Vorgehensweise bei der Untersuchung des Streuungsverhaltens ist in Abb. 13.6.1 schematisch dargestellt.

Streuungsverhalten von Faserverbundwerkstoffen

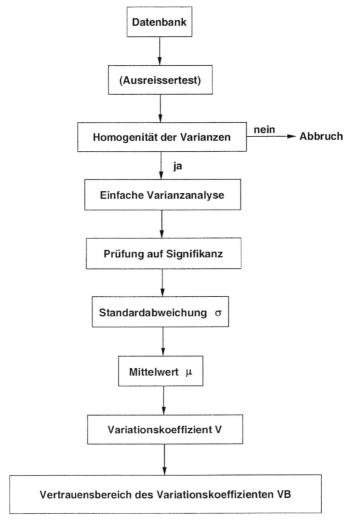

Abb. 13.6.1 Vorgehensweise bei der Analyse des Streuungsverhaltens [13.1]

Um Tendenzen im Streuungsverhalten zu erkennen, wurden zur Untersuchung die Variationskoeffizienten der einzelnen Prüfungen herangezogen. Der Variationskoeffizient ist als Quotient aus der Standardabweichung und dem Mittelwert definiert und stellt somit ein relatives Mass für die Streuung der Kennwerte dar, welches zum Vergleich geeignet ist [13.1]. Für die einzelnen Kennwerte wurde unabhängig von Material und Prüfort die Häufigkeit der beobachteten Variationskoeffizienten (s. Gl. (13.2) - (13.4)) aufgetragen.

Streuungsverhalten von Faserverbundwerkstoffen

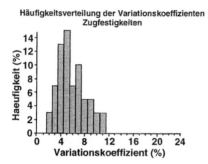
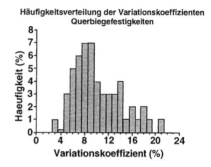
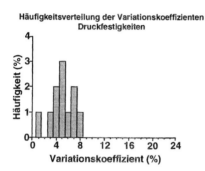
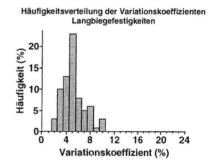
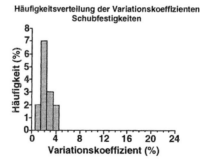

Abb. 13.6.2 Häufigkeitsverteilung der Variationskoeffizienten bei den Zug-, Druck-, Schub-, Langbiege- und Querbiegefestigkeiten [13.1]

Streuungsverhalten von Faserverbundwerkstoffen 399

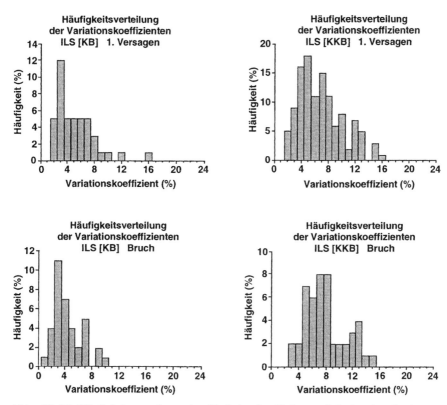

Abb. 13.6.3 Häufigkeitsverteilung der Variationskoeffizienten bei den interlaminaren Scherfestigkeiten 0° und 0°/±45° [13.1]

Die Abb. 13.6.2 bis Abb. 13.6.4 zeigen beispielhaft die Häufigkeitsverteilung der Variationskoeffizienten bei den Zug-, Druck-, Schub-, Langbiege- und Querbiegefestigkeiten sowie die Verteilung den interlaminaren Scherfestigkeiten als auch bei den Zug-, Druck-, Schub-, Langbiege- und Querbiegemoduln. Bis auf wenige Ausnahmen konnte bei den mechanischen Kennwerten ein typisches Streuungsverhalten nachgewiesen werden.

Bei den Druck- und Schubmodul-Kennwerten war wegen der geringen Datenmenge keine typische Schadenstendenz zu erkennen.

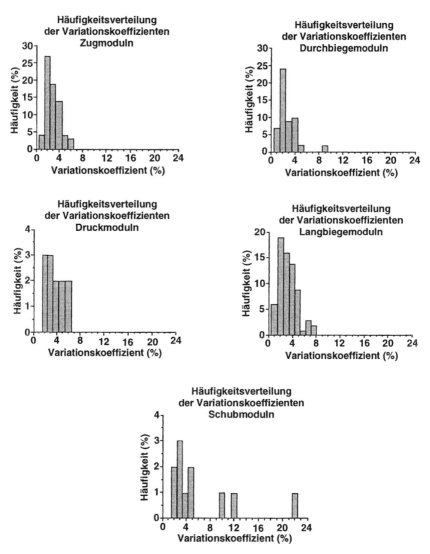

Abb. 13.6.4 Häufigkeitsverteilung der Variationskoeffizienten bei den Zug-, Druck-, Schub-, Langbiege- und Querbiegemoduln [13.1]

Bei den interlaminaren Scherfestigkeiten wurden neben den Bruchfestigkeiten auch das 1. Versagen (1. Unstetigkeit im Kraft-Verformungsdiagramm) ermittelt. Eine weitere Ausnahme bilden die ILS-KB und die ILS-KKB (Bruchversagen)-Kennwerte. Hier konnte wegen des breiten Streuungsbandes von ungefähr 6% ebenfalls keine Gesetzmässigkeit zu einem typischen Streuungsverhalten nachgewiesen werden.

Streuungsverhalten von Faserverbundwerkstoffen

Zugfestigkeit $\sigma_{\|zB}$				
Werkstoff: Fiberite 976 / T300				
Prüfort	Prepreg-charge	$\bar{x}$ N/mm²	s N/mm²	V %
A s. Abb. 13.1.1	C0-099	1593.88	108.60	6.8
	C0-215	1615.06	61.63	3.8
	C0-331	1683.00	72.90	4.3
	C2-023	1515.80	74.40	4.9
	C2-349	1617.70	73.10	4.5
	C2-349	1633.28	79.91	4.9
	C2-349	1367.02	146.98	10.8
	C2-436	1566.33	95.59	6.1
	C2-436	1430.45	156.86	11.0
	C2-436	1527.45	77.08	5.1
	C2-693	1459.40	128.90	8.8
	C3-616	1853.90	62.70	3.4
	C3-616	1467.20	51.20	3.5
	C4-437	1733.80	49.00	2.8
	m_i	1576.02	88.44	5.8
	s_i	129.14	34.42	2.7
	s_i/m_i	0.082	0.389	0.461
B	C2-270	1452.76	43.28	3.0
	C2-436	1566.28	98.89	6.3
	C2-762	1358.00	132.62	9.8
	C3-615	1691.00	72.71	4.3
	C3-616	1798.60	134.90	7.5
	C3-616	1792.00	106.80	6.0
	C3-731	1394.10	105.39	7.6
	C4-430	1518.06	103.39	6.8
	C4-430	1537.14	48.54	3.2
	C4-430	1499.52	37.86	2.5
	C4-437	1494.83	99.33	6.6
	C4-437	1489.51	92.00	6.2
	C4-437	1486.43	62.39	4.2
	C4-437	1499.92	32.19	2.2
	C4-437	1480.95	54.57	3.7
	C4-437	1574.98	24.17	1.5
	C5-222	1714.20	49.30	2.9
	C5-222	1556.10	90.10	5.8
	C5-222	1574.40	71.20	4.5
	m_i	1551.51	76.82	4.5
	s_i	120.43	33.35	2.2
	s_i/m_i	0.078	0.434	0.444

Abb. 13.6.5 Verbundkennwerte (Zugfestigkeit) des Systems Fiberite 976 / T300 ermittelt am Prüfort A und B

In Abb. 13.6.5 und Abb. 13.6.6 wurde für jeden mechanischen Kennwert die Anzahl der zur Untersuchung herangezogenen Variationskoeffizienten, der empirische Mittelwert, der Median und die Spannweite der beobachteten Variationskoeffizienten angegeben. Im Vergleich der Festigkeitswerte gegenüber den Modulwerten zeigt sich bei den Festigkeiten eine deutlich höhere Streuung. Der Variationskoeffizient ist bei den Festigkeiten im Mittel zwischen 4% und 10%, beim Modul im Bereich 2 bis 3%.

Die Vorgehensweise bei der Analyse des Streuungsverhaltens ist in Abb. 13.6.1 schematisch dargestellt. Alle zur Untersuchung der Streuungsverhalten eingebrachten Daten wurden in einer Datenbank abgespeichert. Dabei wurden alle verfügbaren Informationen über die ermittelten Kennwerte dokumentiert. Besonders kritische Einzelfälle wurden mit geeigneten statistischen Methoden untersucht.

Zugfestigkeit $\sigma_{\parallel zB}$				
Werkstoff: Fiberite 976 / T300				
Prüfort	Prepreg-Charge	$\overline{x}$ N/mm^2	s N/mm^2	V %
C s. Abb. 13.1.1	C2-346	1291.60	132.80	10.3
	C2-764	1415.00	46.36	3.3
	C3-732	1500.00	127.13	8.5
	m_i	1402.2	102.10	7.4
	s_i	104.79	48.35	3.6
	s_i/m_i	0.075	0.474	0.495
E	C9-095	1374.47	121.31	8.8
	C9-095	1629.01	112.09	6.9
	C9-095	1464.80	59.02	4.0
	C9-095	1262.77	92.04	7.3
	C9-262	1437.73	199.04	8.3
	m_i	1433.76	100.70	7.1
	s_i	134.03	26.00	1.9
	s_i/m_i	0.093	0.258	0.263
F	C3-616	1781.20	83.40	4.7
	C3-616	1825.70	66.50	3.6
	m_i	1803.45	74.95	4.2
	s_i	31.47	11.95	0.7
	s_i/m_i	0.017	0.159	0.178

Abb. 13.6.6 Verbundkennwerte (Zugfestigkeit) des Systems Fiberite 976 / T300 ermittelt am Prüfort C, E und F.

Streuungsverhalten von Faserverbundwerkstoffen

Aus dieser Datensammlung wurden Daten gleicher Randbedingungen ausgesucht, z. B. die Herstellungsbedingungen der Proben und deren Prüfbedingungen. Dazu gehören:
- Werkstoff
- Prepregdicke
- Laminataufbau
- Probengeometrie
- Fertigungsort
- Prüfeinrichtung
- Alterung
- Einfluss von Medien usw.

Untersucht wurde, ob die Varianzen der Einzelchargen einer gemeinsamen Grundgesamtheit angehören. Dies erfolgte mit den Homogenitätstests der Varianzen nach Bartlet und Cochran. Der Formalismus zu diesen Berechnungen ist [13.1] enthalten.

13.6.2 Begriffserklärungen zur Festlegung von geeigneten statistischen Methoden für die Faserverbundtechnik

- Streuung:
  Schwankung der Kennwerte einer Stichprobe

- Gesamtstreuung:
  Schwankung der Kennwerte mehrerer Stichproben, die zu einer Grundgesamtheit zusammengefasst werden.

- Eigenschaftstypische Streuung:
  Streuungsanteil der (Gesamt-) Streuung, der auf die Eigenschaft zurückgeführt werden kann.

- Prüfortspezifische Streuung
  Streuungsanteil der (Gesamt-) Streuung, der auf den Prüfort zurückgeführt werden kann.

- Materialspezifische Streuung:
  Streuungsanteil der (Gesamt-) Streuung, der auf das Material zurückgeführt werden kann.

- Stichprobe:
  Eine oder mehrere Einheiten, die aus der Grundgesamtheit oder aus Teilgesamtheiten entnommen werden.

- Grundgesamtheit:
  Gesamtheit der in Betracht gezogenen Einheiten (Stichproben).

- Gauss'sche Normalverteilung:
  Glockenförmige Mengenverteilung von Messwerten infolge der Vielzahl von Zufallseinflüssen.

- Zufallseinfluss:
  Einfluss, der in seiner Stärke nicht vorherbestimmbar ist.

- Spannweite R
  Differenz zwischen dem grössten und dem kleinsten Wert innerhalb einer Stichprobe.

- Median $\tilde{x}$
  Derjenige Wert in der nach der Grösse der Einzelwerte geordneten Reihe, der die Reihe halbiert.

- Arithmetischer Mittelwert:

$$\overline{x} = \frac{1}{n} \cdot \sum_{i=1}^{n} x_i \quad \text{(Lagemass einer Stichprobe)} \tag{13.2}$$

- Standardabweichung s:

$$s = \sqrt{\frac{1}{n-1} \cdot \sum_{i=1}^{n} (x_i - \overline{x})^2} \quad \text{(Streumass einer Stichprobe)} \tag{13.3}$$

- Varianz s^2:
  Das Quadrat der Standardabweichung einer Stichprobe.

- Variationskoeffizient V:

$$V = \frac{s}{\overline{x}} \quad \text{(relative Standardabweichung bezogen auf Mittelwert)} \tag{13.4}$$

- Mittelwert μ:
  Schätzwert aus der Summe der Stichprobenwerte für den Mittelwert der Grundgesamtheit.

- Standardabweichung σ:
  Schätzwert für die Standardabweichung der Grundgesamtheit.

- Vertrauensbereich:
  Der aus Stichprobenergebnissen berechnete Schätzbereich, der den wahren Wert des zu schätzenden Parameters mit der vorgegebenen Sicherheit S einschliesst.

- Aussagesicherheit ($1 - \alpha$):
  Der Mindestwert der Wahrscheinlichkeit für das Eintreffen einer Aussage (=statistische Sicherheit S).

- Irrtumswahrscheinlichkeit α:
  Der Höchstwert der Wahrscheinlichkeit für das Nichteintreffen einer Aussage.

- Signifikanztest:
  Mit einem Signifikanztest wird die Aussagesicherheit einer Hypothese überprüft; signifikant sein heisst bedeutend sein - im Gegensatz zu zufällig.

- Homogenitätstest:
  Mit einem Homogenitätstest (Test auf Gleichheit) prüft man, ob zwei unabhängig gewonnene Zufallsstichproben einer gemeinsam normalverteilten Grundgesamtheit entstammen.

- Nullhypothese H_0:
  Die Stichprobe entstammt der bekannten Verteilung, d. h. die Differenz zwischen Messwert und Parameter ist Null.

- Alternativhypothese:
  Die Stichprobe entstammt nicht der bekannten Verteilung.

- Varianzanalyse:
  Unter einer Varianzanalyse versteht man das Trennen der Gesamtstreuung in einzelne Komponenten (Streuungszerlegung).

- Korrelationsanalyse:
  Mit einer Korrelationsanalyse wird der Zusammenhang zwischen unterschiedlichen Kenngrössen untersucht.

Beispiele:
In [13.20] sind ausführliche Beispiele zur Auswertung der Prüfergebnisse von Faserverbunden enthalten. Dem Anwender dieser Methodik wird empfohlen, dieses Beiblatt zur DIN V65352 zu verwenden.

13.7 Beurteilung des Streuungsverhaltens der Faserverbundsysteme Fiberite 976/T300 und Code 69/T300

Ausgehend von der in diesem Kapitel beschriebenen Vorgehensweise wurde eine Einteilung der Daten nach Prüfort und Material vorgenommen, um die eigenschaftstypischen Streuungen der Kennwerte zu bestimmen. Die Beurteilung des Streuungsverhaltens war jedoch schwierig, da die Stichprobenanzahl der einzelnen Materialien bei den verschiedenen Prüforten unterschiedlich gross war. Aus diesem Grund unterscheiden sich zum Beispiel die Sicherheiten der in den Abb. 13.7.1 bis Abb. 13.7.4 angegebenen Variationskoeffizienten für verschiedene Prüforte bzw. Materialien. Dies wird jedoch bei der Angabe des Vertrauensbereiches für die ermittelten Variationskoeffizienten berücksichtigt. Mit zunehmendem Prüfumfang wird der Vertrauensbereich kleiner und damit die Eingrenzung des Variationskoeffizienten enger.

			Zugfestigkeit $\sigma_{\|zB}$							
Prüfort		Anzahl Stichproben	Homogenität der Varianzen				Standardabweichung	Mittelwert	Variationskoeffizient V	96 % VB	
			Cochran		Bartlett					V_{un}	V_{ob}
X		k	5 %	1 %	5 %	1 %	N/mm^2	N/mm^2	%	%	%
Fiberite 976/T300	A	14	+	+	+	+	91,91	1575,5	5,8	5,1	6,9
	B	19	+	+	-	+	84,34	1552,5	5,4	4,8	6,3
	C	3	+	+	+	+	108,07	1396,4	7,7	5,7	11,9
	E	5	+	+	+	+	103,95	1420,2	7,3	5,9	9,7
	F	2	+	+	+	+	75,64 [1]	1803,5	4,2	3,0	7,2
Code 69/T300	A	13	+	+	+	+	88.72	1546,5	5,7	5,0	6,8
	B	12	-	+	+	+	75,19	1469,8	5,1	4,4	6,1
	C	20	+	+	+	+	80,30	1585,8	5,1	4,5	5,8
	D	3	+	+	+	+	91,21	1781,0	5,1	3,8	7,7

zufälliger Unterschied (Nullhypothese angenommen) = +
gesicherter Unterschied (Nullhypothese abgelehnt) = -
1: σ^2 wurde aus s^2_g berechnet
X: Ortsbezeichnung siehe Abb. 13.1.1

Abb. 13.7.1 Ergebnis einer einfachen Varianzanalyse für das Streuungsverhalten der Zugfestigkeitswerte

Streuungsverhalten von Faserverbundwerkstoffen

			Druckfestigkeit $\sigma_{\parallel dB}$							96 % VB	
	Prüfort	Anzahl Stichproben	Homogenität der Varianzen				Standardabweichung	Mittelwert	Variationskoeffizient V		
			Cochran		Bartlett						
	X									V_{un}	V_{ob}
		k	5 %	1 %	5 %	1 %	N/mm²	N/mm²	%	%	%
Fiberite	A	4	+	+	+	+	63,7	1779,9	3,6	2,7	5,1
	E	4	+	+	+	+	89,64[1]	1403,9	6,4	5,1	8,6
Code	A	3	+	+	+	+	52,8	1410,1	3,7	2,8	5,6

zufälliger Unterschied (Nullhypothese angenommen) = +
gesicherter Unterschied (Nullhypothese abgelehnt) = −
1: σ^2 wurde aus s^2_g berechnet; X: Ortsbezeichnung siehe Abb. 13.1.1

Abb. 13.7.2 Ergebnis einer einfachen Varianzanalyse für das Streuungsverhalten der Druckfestigkeitswerte

			Langbiegefestigkeit $\sigma_{\parallel bB}$							96 % VB	
	Prüfort	Anzahl Stichproben	Homogenität der Varianzen				Standardabweichung	Mittelwert	Variationskoeffizient V		
			Cochran		Bartlett						
	X									V_{un}	V_{ob}
		k	5 %	1 %	5 %	1 %	N/mm²	N/mm²	%	%	%
Fiberite 976/ T300	A	9	+	+	+	+	94,61	1699,1	5,6	4,7	6,9
	B	17	+	+	+	+	105,54	1728,7	6,1	5,4	7,1
	C	7	+	+	+	+	62,8	1587,9	4,0	3,2	5,0
	E	7	+	+	+	+	82,46	1775,7	4,6	3,9	5,8
	F	2	+	+	+	+	68,0[1]	1730,1	3,9	2,7	6,7
Code 69/ T300	A	17	+	+	+	+	77,34	1690,6	4,6	4,0	5,3
	B	10	+	+	−	+	78,00	1712,2	4,6	3,9	5,6
	D	3	+	+	+	+	76,22	1858,3	4,1	3,1	6,2

zufälliger Unterschied (Nullhypothese angenommen) = +
gesicherter Unterschied (Nullhypothese abgelehnt) = −
1: σ^2 wurde aus s^2_g berechnet; X: Ortsbezeichnung siehe Abb. 13.1.1

Abb. 13.7.3 Ergebnis einer einfachen Varianzanalyse für das Streuungsverhalten der Langbiegefestigkeitswerte

			Querbiegefestigkeit $\sigma_{\perp bB}$						96 % VB	
Prüfort	Anzahl Stichproben	Homogenität der Varianzen				Standardabweichung	Mittelwert	Variationskoeffizient V		
		Cochran		Bartlett					V_{un}	V_{ob}
X	k	5 %	1 %	5 %	1 %	N/mm²	N/mm²	%	%	%
Fibe- A	6	+	+	+	+	13,58	105,24	12,9	10,4	16,9
rite B	8	+	+	+	+	10,48	112,09	9,4	7,8	11,7
976/ C	5	+	+	+	+	9,69 ¹	86,97	11,1	8,8	15,0
T300 E	7	+	+	+	+	7,77	93,73	8,3	6,9	10,4
Code A	14	-	-	-	-					
69/ B	11	+	+	+	+	8,17	97,72	8,4	7,1	10,1
T300 D	3	+	+	+	+	13,6	94,84	14,3	14,3	21,8

zufälliger Unterschied (Nullhypothese angenommen) = +
gesicherter Unterschied (Nullhypothese abgelehnt) = -
1: σ^2 wurde aus s^2_g berechnet
X: Ortsbezeichnung sie Abb. 13.1.1

Abb. 13.7.4 Ergebnis einer einfachen Varianzanalyse für das Streuungsverhalten der Querbiegefestigkeiten

Eine sinnvolle Analyse des Streuungsverhaltens der Querzug- und der Querdruckkennwerte der beiden Systeme Fiberite 976/T300 und Code 69/T300 konnte wegen zu geringer Datenbasis nicht durchgeführt werden.

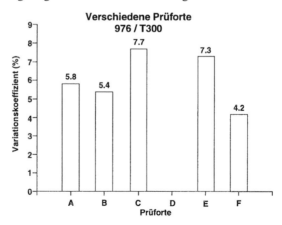

Abb. 13.7.5 Streuungen der Zugfestigkeiten des Systems Fiberite 976 / T300 in Abhängigkeit verschiedener Prüforte

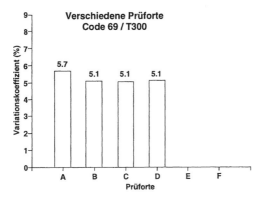

Abb. 13.7.6 Streuungen der Zugfestigkeiten des Systems Code 69 / T300 in Abhängigkeit verschiedener Prüforte

Nachfolgend wird am Beispiel der Zugfestigkeit die Definition der eigenschaftstypischen Streuung und Vorgehensweise bei der Ermittlung des Prüfortes und Materialeinflusses auf das Streuungsverhalten gezeigt.

In Abb. 13.7.5 und Abb. 13.7.6 sind die Streuungen der Zugfestigkeiten der beiden Systeme Fiberite 976/T300 und Code 69/T300 in Abhängigkeit der verschiedenen Prüforte dargestellt. In Abb. 13.7.7 werden für jedes Material die Werte der verschiedenen Prüforte in einem Balken zusammengefasst. Die Differenz zwischen Minimal- und Maximalwert stellt ein Mass für den Anteil des Prüfortes am Streuungsverhalten dar.

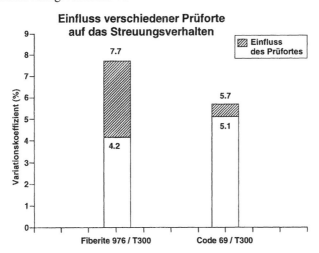

Abb. 13.7.7 Einfluss verschiedener Prüforte auf das Streuungsverhalten der Zugfestigkeiten von den Systemen Fiberite 976 / T300 und Code 69 / T300

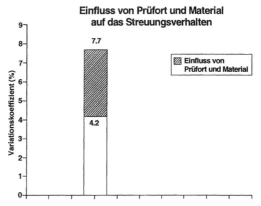

Abb. 13.7.8 Einfluss von Prüfort und Material auf das Streuungsverhalten von Zugfestigkeiten der beiden Systeme Fiberite 967 / T300 und Code 69 / T300

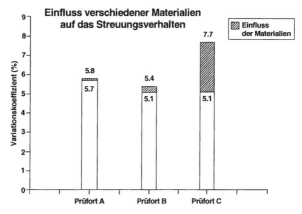

Abb. 13.7.9 Einfluss verschiedener Materialien (Fiberite 967 / T300 und Code 69 / T300) auf das Streuungsverhalten der Zugfestigkeiten

In Abb. 13.7.8 werden der kleinste und der grösste Wert aus Abb. 13.7.7 unabhängig vom Prüfort und vom Material in einem Balken zusammengefasst und somit der Einfluss von Prüfort und Material auf das Streuungsverhalten dargestellt. Der kleinste Wert dieser Darstellung wird als eigenschaftstypische Streuung definiert. Diese setzt sich aus der wahren eigenschaftstypischen Streuung sowie einer nicht näher erfassbaren Reststreuung, der natürlichen Streuung der Messwerte zusammen. Die wirkliche eigenschaftstypische Streuung kann höchstens den Wert der eigenschaftstypischen Streuung annehmen, wenn die Reststreuung Null wird. Im obigen Beispiel, dem Streuungsverhalten der Zugfestigkeiten liegen die Variationskoeffizienten je nach Material und Prüfort zwischen 4,2 und 7,7%. Dabei ist der kleinste Wert (4,2%) die eigenschaftstypische Streuung der Zugfestigkeit. Im Gegensatz zu Abb. 13.7.7 stellt der schraffierte Bereich in Abb. 13.7.9 zwischen Minimal- und Maximalwert den Einfluss verschiedener Materialien auf das Streuungsverhalten der Zugfestigkeiten dar. Trägt man jeweils die grösste Differenz zwischen Minimal- und Maximalwert aus Abb. 13.7.7 (Material Fiberite 976/T300) und Abb. 13.7.9 (Prüfort C) auf (siehe Abb. 13.7.10), so erhält man einen Vergleich über den Streuungseinfluss des Prüfortes bzw. des Materials. Der hier beschriebene Einfluss des Prüfortes bzw. des Materials auf das Streuungsverhalten stellt den für die Zugfestigkeiten ermittelten maximalen Streuungseinfluss dar. Bei diesem Beispiel ergibt sich also ein maximaler Einfluss des Prüfortes auf das Streuungsverhalten von Δv_{max} = 3,5%. Der maximale Einfluss des Materials ist bei einem Δv_{max} von 2,6% dagegen geringer.

Mit den bereits erwähnten Homogenitätstests (Bartlet und Cochran) konnte nachgewiesen werden, dass die kennwertspezifischen Varianzen der Festigkeitskennwerte je Prüfort und Material jeweils einer gemeinsamen Grundgesamtheit entstammen. Deshalb können alle Einzelwerte zusammengefasst und aus diesen der Mittelwert der jeweiligen Grundgesamtheit berechnet werden. Für die Kennwerte der Querbiegefestigkeiten und der interlaminaren Scherfestigkeiten (ILS-KB) des Systems Code 69/T300, ermittelt am Prüfort A, konnte keine Homogenität festgestellt werden. Die Standardabweichungen liegen in einem grossen Bereich.

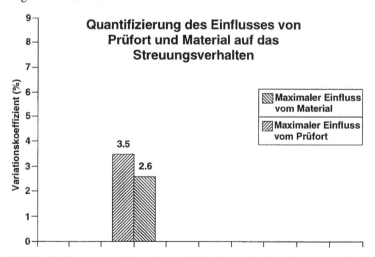

Abb. 13.7.10 Einfluss von Material und Prüfort auf das Streuungsverhalten der Zugfestigkeiten

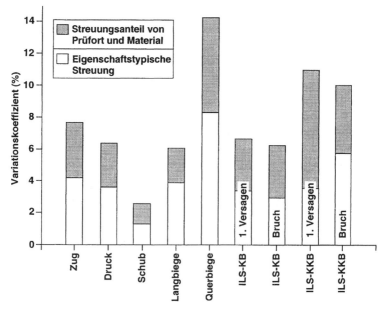

Abb. 13.7.11 Das Streuungsverhalten der Festigkeiten mit Faserrichtung quer oder gekreuzt zur Probenlängsachse

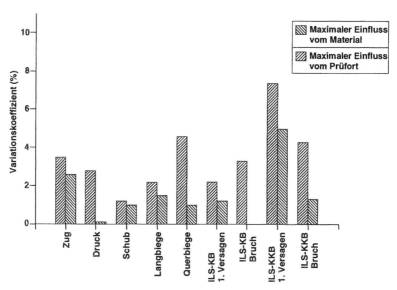

Abb. 13.7.12 Quantifizierung der Streuungsanteile von Prüfort und Material auf die Festigkeiten

Streuungsverhalten von Faserverbundwerkstoffen

Das Streuungsverhalten der Festigkeiten ist in Abb. 13.7.11 dargestellt. Bei den Eigenschaften aus Proben mit unidirektionalem Aufbau, bei denen Faserrichtung und Probenlängsachse übereinstimmen, zeigte sich eine eigenschaftstypische Streuung, die im Bereich von 3% bis 4% liegt. Diejenigen Eigenschaften, die an Proben ermittelt wurden, deren Faserrichtung quer oder gekreuzt zur Probenlängsachse verläuft, weisen dagegen eigenschaftstypische Streuungen auf, die zwischen 1,3% (Schubfestigkeit) und 8,3% (Querbiegefestigkeit) liegen.

Bei allen Festigkeitswerten ist festzustellen, dass das Streuungsverhalten mehr durch den Prüfort als durch das Material beeinflusst wird. Daraus ist zu bemerken, dass bei der Festlegung verschiedener Prüforte zuerst genau sämtliche die Prüfung beeinflussende Parameter abgestimmt werden müssen, um die Gesamtstreuung gering zu halten. Die unterschiedlich grossen Streuungsanteile vom Prüfort und Material auf das Streuungsverhalten sind in Abb. 13.7.12 dargestellt.

13.8 Bewertung des Streuungsverhaltens der wichtigsten Festigkeiten

Die statistische Auswertung des Streuungsverhaltens der Festigkeiten von Verbundwerkstoffen zeigt, dass in diesem Beispiel der Prüfort den wesentlichsten Anteil am Streuungsverhalten besitzt. Dagegen ist der Einfluss des Materials gering. Eine Reduzierung des Streuausmasses bedingt durch die verschiedenen Prüforte kann durch die Verwendung genormter Prüfvorrichtungen und festgelegter Auswertungsprogramme wie z. B. die DIN 29971 erzielt werden. Die eigenschaftstypischen Streuungen der

- Zugfestigkeit
- Druckfestigkeit
- Langbiegefestigkeit
- interlaminaren Scherfestigkeit-KB

liegen im Bereich von 3% bis 4%. Dagegen weisen die Kennwerte für die

- Schubfestigkeit
- Querbiegefestigkeit
- interlaminare Scherfestigkeit-KKB

kein einheitliches Streuungsverhalten auf.

Bei den Modulkennwerten ist jedoch auffällig, dass alle eigenschaftstypischen Streuungen in einem engen Bereich (1% bis 2,5%) liegen. Sie sind somit kleiner als die der Festigkeiten. Ein Problem bei der Ermittlung eines eigenschaftstypischen Streuungsverhaltens der ILS-Kennwerte stellt, wie bereits erwähnt, die Ermittlung des 1. Versagens dar. Zum einen kann nur schwer der Zeitpunkt des 1. Versagens anhand des Messschriebes ermittelt werden, und zum anderen ist nur bei einem Teil der Prüfungen ein 1. Versagen festzustellen. Dies führt zu einem nicht einheitlichen Versagensverlauf der Probe, was sich letztlich auch auf das Bruchversagen der Probe auswirkt. Es muss deshalb von einer eigenschaftstypischen Streuung der ILS-KKB-Werte von ~5,5%, basierend auf den

Bruchwerten, ausgegangen werden. Das unterschiedliche Streuungsverhalten der ILS-KB-Werte im Vergleich zu den KKB-Proben ist vermutlich in den unterschiedlichen Lagenaufbauten (unidirektional, multidirektional) begründet.

Ziel dieser Studie zum Streuungsverhalten der Kennwerte war die Bewertung der allgemeinen Übertragbarkeit des ermittelten Streuungverhaltens auf andere Systeme. Ist dies der Fall, dann kann man von einer Gesetzmässigkeit ausgehen, die es erlaubt, die an den beiden Standardsystemen Fiberite 976/T300 und Code 69/T300 gefundene Streuung auch auf neue Werkstoffe zu übertragen.

13.9 Untersuchung der Übertragbarkeit der Fasereigenschaften auf die Verbundeigenschaften am Beispiel der Zugfestigkeit

Wie schon angesprochen ist die 0°-Zugfestigkeit von unidirektionalen CFK-Laminaten nicht ausschliesslich von der Faser bestimmt, sondern auch stark von der Harzbruchdehnung und der Haftung zwischen Faser und Harz wie die Abb. 13.9.1 zeigt. Unterhalb dem Verhältnis Harzbruchdehnung/Faserbruchdehnung von ca. 1 werden die Laminateigenschaften von der Matrix bestimmt, oberhalb dieser Grenze bestimmt in der Regel die Faser die Festigkeit der Laminate. Die bei dieser Untersuchung verwendeten Harzsysteme unterscheiden sich vornehmlich in ihren Harzbruchdehnungen. Da die Harzsysteme nur in Verbindung mit Prepregs verfügbar waren, mussten diese indirekt ermittelt werden. Dies war möglich, weil in fast allen Laminateigenschaften, wie z. B. der Querzugfestigkeit die Harzbruchdehnung eine dominante Rolle spielt. Deshalb wurden die zur Untersuchung herangezogenen Harzsysteme nach Abb. 13.9.2 aufgrund der unterschiedlichen Harzbruchdehnungen in folgende vier Gruppen eingeteilt:

- spröde Harze (brittle)
- halbzähe Harze (semitoughened)
- zähe Harze (toughened)
- superzähe Harze (supertoughened)

Streuungsverhalten von Faserverbundwerkstoffen

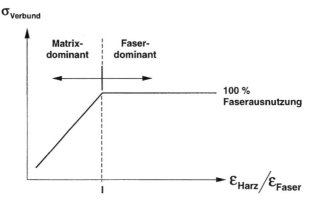

Abb. 13.9.1 Schematische Darstellung der Abhängigkeit der Harzbruchdehnung auf die Zugfestigkeiten

Klassifizierung der Harzsysteme						
Gruppe	System		Harzbruch-dehnung	Zugfestigkeit	E-Modul	Glasübergangs-temperatur
			[%]	[N/mm^2]	[kN/mm^2]	[°C]
Brittle	BMI	Sigri CI 1020	1.3	38	2.6	288
	EP	Code 69	1.1	41	4.1	210
Semi-toughened	EP	Fiberite 976	2.3	71	3.6	230
Toughened	EP	Ciba 6376	3.1			173
	EP	Krempel U214				192
	EP	Narmco 5245C	2.9	83	3.6	210
Super-toughened	Thermo-plast	ICI APC-2	5.0	92	3.6	143

Abb. 13.9.2 Übersicht über die zur Untersuchung herangezogenen Prepregsysteme und deren Zuordnung in das Gruppensystem

Dabei war zu klären, wie stark die Einflüsse sind, welche die Zugfestigkeit des Verbundes bestimmen und wie hoch der Grad der Faserausnutzung letztlich ist. Ausgehend von der vom Faserhersteller angegebenen Faserfestigkeit nach Abb. 13.9.3 ergibt sich bei 100% Faserausnutzung und einem Faseranteil von 60 Vol.% im unidirektionalen Verbund eine theoretische Festigkeit von:

- 2160 N/mm^2 bei der Faser T300
- 2700 N/mm^2 bei der Faser T400
- 3058 N/mm^2 bei der Faser T800
- 2334 N/mm^2 bei der Faser HTA7
- 2150 N/mm^2 bei der Faser AS4
- 2520 N/mm^2 bei der Faser C6000

Mechanische Kenngrössen der untersuchten Fasertypen						
Hersteller	Typ	Fasergruppe	$\varnothing$ [µm]	σ_{11} [N/mm^2]	E_{11} [kN/mm^2]	ε_{Bc} [%]
Toray	T300	HT	7	3600	230	1.5
	T400	HS	7	4500	250	1.8
	T800	IM	5	5096	294	1.7
Celion	C6000	HS	7	4196	235	1.7
Hercules	AS4	HT	7	3587	235	1.5
Enka/Toho	HTA7	HT	7	3890	238	1.4

Abb. 13.9.3 Übersicht über die mechanischen Eigenschaften der verwendeten C-Fasertypen

Ein Vergleich mit den tatsächlichen Werten zeigt, dass
- das spröde System nur auf 68% Faserausnutzung
- das halbzähe auf 72%
- das zähe auf 85% und
- das superzähe auf 92%

kommt.

Damit wird die in [13.1] und [13.6] gefundene Abhängigkeit der Zugfestigkeit von der Harzbruchdehnung bestätigt. Interessant wäre nun eine Auswertung dieser Untersuchung mit noch spröderen Harzsystemen.

Ein wesentliches Ergebnis der durchgeführten Untersuchungen zur Klärung des Streuungsverhaltens und der Übertragbarkeit auf andere, noch relativ unbekannte Systeme stellt klar, dass bei allen mechanischen Eigenschaften die Gesamtstreuung ohne Ausnahme in die zwei Streuungsanteile

- Eigenschaftstypischer Streuungsanteil und
- Prüfort- und materialspezifischer Streuungsanteil

aufgeteilt wird.

In Abb. 13.1.9 sind die Streuungsanteile gegenübergestellt. Dabei ist bemerkenswert, dass der prüfort- und materialspezifische Streuungsanteil, der ausserdem mit Fertigungseinflüssen behaftet ist, im Mittel ca. 50% beträgt. Die Ergebnisse dieser Untersuchung sind für verschiedene Bereiche von Bedeutung.

1. Abschätzung von Dimensionierungskennwerten (A- bzw B-Werte) anhand weniger Stichproben mit geringem Stichprobenumfang

Die zeit- und kostenaufwendige experimentelle Ermittlung mechanischer Eigenschaften fordert zwingend die Reduzierung des Prüfaufwandes bis zu einem noch zu tolerierenden Minimum.

Streuungsverhalten von Faserverbundwerkstoffen

Die Dimensionierungekennwerte lassen sich wie folgt errechnen:

$$x_{DIM} = \bar{x} - k \cdot s \tag{13.5}$$

dabei ist:
- k = f(n) = Abminderungsfaktor
- n = Probenzahl
- s = Standardabweichung
- $\bar{x}$ = Mittelwert

Der Abminderungsfaktor k zur Berechnung der A- und B-Werte ist vor allem bei niedrigen Probenzahlen stark von diesen abhängig. Die folgende Abb. 13.9.4 vermittelt verschiedene Einflüsse [13.1].

Fall 1 zeigt eine Stichprobe mit grosser Probenanzahl und kleiner Streuung, damit lassen sich die Laminateigenschaften sehr gut annähern. Im Fall 2 in Abb. 13.9.4 werden dagegen die tatsächlichen Eigenschaften der Verbunde wegen der grossen Streuung bei niedriger Probenanzahl nicht korrekt wiedergegeben.

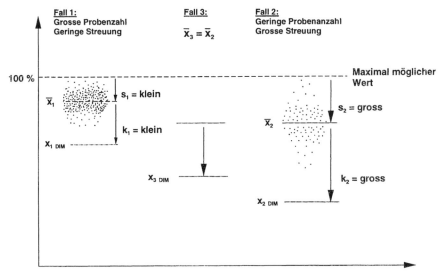

Abb. 13.9.4 Zusammenhang der Dimensionierungskennwerte und deren Streuung in Abhängigkeit von der Probenzahl

Aus [13.1] ist zu entnehmen, dass sich für jede Kombination von Eigenschaft, Prüfort und Material ein typisches Streuungsverhalten ermitteln lässt, das gleichzeitig auf einer grossen Probenanzahl n* basiert. Unter Berücksichtigung des prüfort- materialspezifischen Variationskoeffizienten v* lässt sich der Dimensionierungskennwert mit dem Mittelwert aus Fall 2 abschätzen (siehe Fall 3):

$$x_{3DIM} = \overline{x}_2 - k\left(n^*\right) s^* \qquad (13.6)$$

mit

$$s^* = \frac{\overline{x}_2 \cdot v^*}{100} \qquad (13.7)$$

Die Abb. 13.9.4 verdeutlicht, dass durch diese Vorgehensweise die Laminateigenschaften genauer abgeschätzt werden können.

2. Empirische Ermittlung von Kennwerten

Aus der physikalischen Kenntnis der mechanischen Eigenschaften von Faserverbundwerkstoffen muss es im Prinzip möglich sein, die Laminateigenschaften empirisch zu ermitteln. Grundlage dieser Annahme ist die Tatsache, dass sich die Eigenschaften von Verbundwerkstoffen prinzipiell ähnlich verhalten und die Interaktionen der Komponenten bekannt sind bzw. sich ermitteln lassen. Äussere Einflüsse wie Feuchte und Temperatur erschweren dies allerdings. Abweichungen der Absolutwerte verschiedener Systeme voneinander kann man dadurch eliminieren, dass sämtliche Werte z. B. auf den trockenen RT-Wert bezogen werden. Am Beispiel der 0°-Druckfestigkeit wird die Vorgehensweise kurz erläutert. Abb. 13.9.5 zeigt die typische Abhängigkeit der Druckfestigkeit über der Temperatur im trockenen Zustand und zeigt darüber hinaus, wie sich die Streuung insgesamt zusammensetzt.

Wie schon zuvor dargestellt, konnte im Mittel ein Streuungsanteil von 50% nachgewiesen werden, der nicht auf die entsprechenden Eigenschaften zurückzuführen ist. Mit einer einfachen Zerlegung der Streuung war es möglich, diesen Streuungsanteil nochmals nach Prüfort und Material aufzugliedern. Der Streuungsanteil versteht sich ungefähr im Verhältnis 3:2, so dass sich die in Abb. 13.9.6 dargestellte Aufteilung der Gesamtstreuung ergibt. Diese Aufteilung der Gesamtstreuung macht aber auch deutlich, dass es im Mittel einen prüfortabhängigen Streuungsanteil von ca. 30% gibt, der wesentlich auf systematische Fehler bei der mechanischen Prüfung zurückzuführen ist.

Streuungsverhalten von Faserverbundwerkstoffen 419

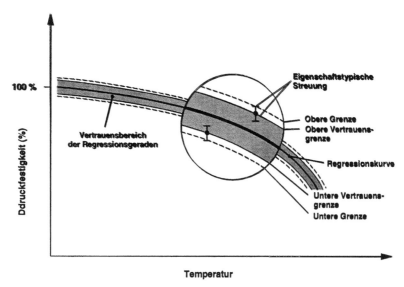

Abb. 13.9.5 Druckfestigkeiten von unidirektionalen Druckproben in Abhängigkeit von der Temperatur in trockenem Zustand [13.1]

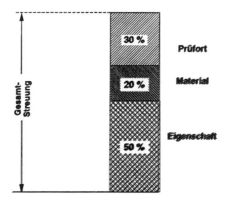

Abb. 13.9.6 Gegenüberstellung der Streuungsanteile an der Gesamtstreuung [13.1]

Fazit dieser Untersuchung ist, dass die Probenherstellung und Probenprüfung von entscheidender Bedeutung für die Reduzierung der Gesamtstreuung zu sein scheint. Allerdings werden durch die Reduzierung der Streuung nicht nur die Dimensionierungskennwerte positiv beeinflusst. Eine Korrelationsanalyse zwischen Mittelwert der Zugfestigkeit und Variationskoeffizient (Abb. 13.9.7 und Abb. 13.9.8) hat in 80% der Fälle zu einer negativen Korrelation geführt. Beim System Fiberite 976/T300 bedeutet dies, dass ~ 50% der Streuungszunahme durch eine Abnahme des Mittelwertes erklärt werden können.

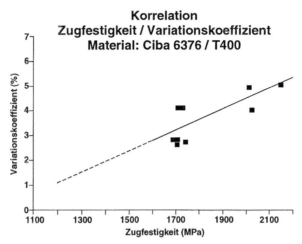

Abb. 13.9.7 Ergebnis der Korrelationsbetrachtung zwischen dem Mittelwert der Zugfestigkeit und dem Variationskoeffizienten am Beispiel des Systems Ciba 6376 / T400 ermittelt am Prüfort B

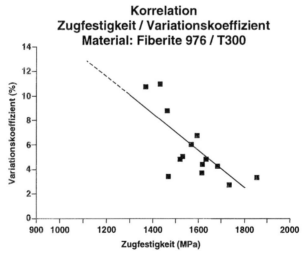

Abb. 13.9.8 Korrelation zwischen dem Mittelwert der Zugfestigkeit und dem Variationskoeffizienten am Beispiel des Systems Fiberite 976 / T300 am Prüfort A

Die Umkehrung dieses Ergebnisses bedeutet, dass eine Reduzierung der Streuung eine Zunahme des Mittelwertes nach sich zieht. Die Einflussnahme des Streuungsverhaltens auf die Kennwerte lässt sich in Abb. 13.9.9 schematisch darstellen.

Streuungsverhalten von Faserverbundwerkstoffen

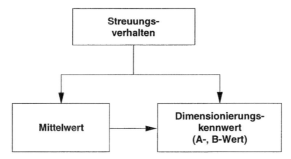

Abb. 13.9.9 Schematische Darstellung der Einflussnahme des Streuungsverhaltens auf die Kennwerte

Die durchgeführte Korrelationsbetrachtung hat eine direkte Bedeutung für eine Kurzqualifikation, wie sie in [13.16] vorliegt. So ist es denkbar, von Variationskoeffizienten auf Absolutwerte oder zumindest Faserausnutzungsgrade zurückzuschliessen. Darüber hinaus ergibt sich dadurch die Möglichkeit, die tatsächlichen Laminateigenschaften auch mit Mittelwerten aus Stichproben mit grosser Streuung besser abschätzen zu können.

Eigenschaften		Typische Streuung am Prüfort	
		Variationskoeffizienten (%)	
		Prüfort- und materialspezifischer Prüfort A	Eigenschaftstypisch
Festigkeiten	Zug	6.0	4.0
	Druck	3.5	3.5
	Schub	2.0	1.0
	Langbiege	5.0	3.5
	Querbiege	13.0	8.0
	ILS-KB	4.0	3.0
	ILS-KKB	6.5	5.5
Moduln	Zug	2.5	1.5
	Druck	3.5	2.5
	Schub	3.5	1.5
	Langbiege	3.5	1.5
	Querbiege	3.5	1.0

Abb. 13.9.10 Zusammenstellung der prüfort- und materialspezifischen Streuung (Prüfort A) und der eigenschaftstypischen Streuung für Verbundkennwerte [13.1] [13.16]

In Abb. 13.9.10 ist die prüfort- und materialspezifische Streuung am Prüfort A, sowie die eigenschaftstypische Streuung der Laminatwerte zusammengestellt. Die Gliederung und die Verknüpfung der vorliegenden Vorhaben "Kurzqualifikation" sind in Abb. 13.9.11 dargestellt. Abb. 13.9.12 erläutert dabei anhand der 0°-Zugfestigkeiten, wie sich ein Eckdatenprogramm zur schnellen, aber auch sicheren Abschätzung der Eigenschaften darstellt. Dieses Beispiel nach Abb. 13.9.12 zeigt überzeugend, dass man auch mit spekulativen Methoden und Abschätzungen sehr wohl zu tragfähigen Ergebnissen kommen kann. Die Vernetzung aller Einflussfaktoren kann dabei zu einem schnellen und auch kostengünstigen Ergebnis führen.

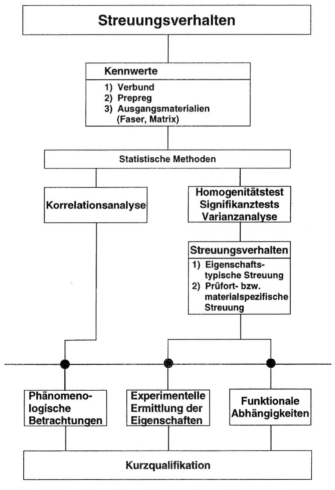

Abb. 13.9.11 Schnittstellen der Schwerpunkte „Streuungsverhalten" und der „Kurzqualifikation" von erforderlichen Kennwerten [13.1] [13.16]

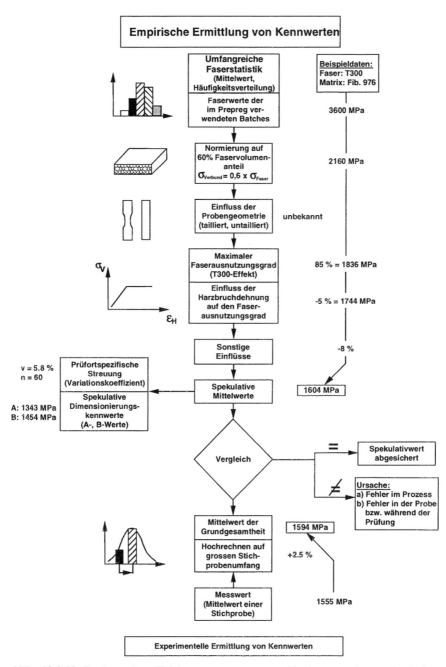

Abb. 13.9.12 Struktur eines Eckdatenprogrammes zur Abschätzung der mechanischen Eigenschaften am Beispiel der 0°-Zugfestigkeiten [13.1] [13.16]

Diese in Kapitel 13 dargestellte Vorgehensweise darf jedoch nicht dazu führen, mit spekulativen und experimentell ermittelten Kennwerten eine endgültige Dimensionierung durchzuführen. Die dargestellte Methode ist jedoch bestens geeignet für Vordimensionierungen und für parametrische Vergleiche, insbesondere auch für Kostenbelange.

Der Bericht [13.1] enthält sehr viele Versuchsergebnisse und die zugehörigen statistischen Werte, die für die Aufstellung einer Datenbank sehr geeignet sind. Mit zusätzlichen Daten ist das Ziel einer Kurzqualifikation erreichbar.

13.10 Literaturverzeichnis zu Kapitel 13

[13.1] Roth, S., Seyffert, C, Rothmund, P.: Streuungsverhalten unterschiedlicher Probentypen für die Ermittlung mechanischer Kenngrössen von Faserverbundwerkstoffen; Dornier GmbH Nr. SN10-628/88, 1988.

[13.2] DIN LN 29971

[13.3] Roth, S., Rother, M., Müller, C., Ziegmann, G.: Analytische und experimentelle Untersuchung zur Auswahl geeigneter Probenformen für die Ermittlung von CFK-Dimensionierungskennwerten, Dornier GmbH, Nr. SK50-507/85, 1985

[13.4] Handbuch Strukturberechnung HSB, Ausgabe A, 1973, Herausgeber: IASB (Industrie-Ausschuss-Struktur-Berechnungsunterlagen) München

[13.5] Guidelines for the Presentation of Data, Mill-HDBK-5C, Chapter 9, Ausgabe Dez. 1978

[13.6] FAR, Part 25: Air Worthiness Standards Transport Category Airplanes, Department of Transportation, Fed. Aviation Administration, USA, Ausgabe 1974.

[13.7] N.N. Methoden zur statistischen Auswertung der Prüfergebnisse bei der Qualifikation und der Abnahmeprüfung von Faserverbundwerkstoffen DIN 65352, Entwurf 1985

[13.8] Kächele, P., Ziegmann, G.: Einfluss der Streuung der mechanischen Kennwerte auf die Dimensionierung von CFK-Bauteilen. Vortrag Symposium CFK-Eigenschaften, Prüfung und Bewertung von kohlefaserverstärkten Kunststoffen, Mai 1984 WIM Erding.

[13.9] Kächele, P., Ziegmann, G., Müller, H.G.: Statistische Untersuchung der fertigungsbedingten Schwankungen der Qualität von CFK-Bauteilen am Beispiel der Serienfertigung der CFK-Bremsklappen. Dornier GmbH, Nr. SK50-507/85, 1985.

[13.10] Roth, S., Kächele, P.: Statistische Auswertung von Materialkennwerten zur Ermittlung des Fertigungseinflusses auf die Materialeigenschaften am Beispiel der Serienfertigung von CFK-Bremsklappen. Dornier GmbH, SK50-507/85, 1985.
[13.11] Roth, S: Streuung von mechanischen Kennwerten von CFK und ihre Ursache, DGLR-Symposium Darmstadt, 1978
[13.12] Stolle: Definition und Anwendung der A- und B-Werte, aus: Handbuch Strukturberechnung HSB, Ausgabe A, 1973, Nr. 120301
[13.13] N.N.: Methoden zur statistischen Auswertung der Prüfergebnisse bei der Qualifikation und der Abnahmeprüfung von Faserverbundwerkstoffen, DIN 65352, Entwurf 1985
[13.14] Vornorm DIN V 65352 Luft- und Raumfahrt, Verfahren zur statistischen Auswertung der Prüfergebnisse bei der Qualifikations- und Abnahmeprüfung von Faserverbundwerkstoffen, März 1987.
[13.15] Beiblatt zu DIN 65352 Luft- und Raumfahrt, Verfahren zur statistischen Auswertung der Prüfergebnisse bei der Qualifikation und Abnahme von Faserverbundwerkstoffen - Rechenbeispiele, März 1987
[13.16] Seyffert, C., Roth, S.: Kurzqualifikation I, Dornier GmbH, SK50-1002/87, 1987
[13.17] Ziegmann, G.: Einfluss des Grades der Härtung auf die Festigkeit und das Alterungsverhalten von Prüflaminaten aus kohlenstoffverstärktem Reaktionsharz-Formstoff. Dornier GmbH Nr. SK70-91/80, 1980.
[13.18] Ziegmann, G.: Oberflächenbehandlung von C-Fasern zur Verbesserung der Faser/Harz-Haftung
[13.19] Wandel, R., Schneider, H.: Untersuchung zur Festigkeit und Prüfung grossflächiger dickwandiger Beplankungen. Dornier GmbH, Nr. SK-70-976/80, 1980.
[13.20] Beiblatt zu DIN V65352 Luft- und Raumfahrt, Verfahren zur statistischen Auswertung der Prüfergebnisse bei der Qualifikation und Abnahme von Faserverbundwerkstoffen - Rechenbeispiele.

Die Forschungsberichte der ETH Zürich und der Fa. Dornier liegen den Verfassern vor.

14 Recycling von Faserverbundwerkstoffen und -bauteilen [14.1] [14.7]

Die Recyclingverfahren von Faserverbundwerkstoffen werden hauptsächlich von deren Komponenten Faser und Matrix bestimmt. Die wichtigsten Faserverbunde (Strukturwerkstoffe) sind:
- Glasfaserverstärkte Kunststoffe (GFK)
- Aramidfaserverstärkte Kunststoffe und Synthese faserverstärkte Kunststoffe (SFK)
- Kohlenstoffaserverstärkte Kunststoffe (CFK)

Als Matrices kommen vor allem duroplastische Systeme, aber zunehmend auch thermoplastische Matrices zur Anwendung.

In [14.1] wird die Problematik der Entsorgung von Abfällen, speziell von solchen aus langfaserverstärkten Kunststoffen behandelt. Neben den Werkstoffabfällen sind alle erforderlichen Hilfsstoffe wie Folien, Dichtmassen, Klebstoffe in die Recyclingprozesse einzubeziehen.

Nach [14.1] ist weltweit betrachtet Erdöl der wichtigste Rohstoff für die Kunststoffherstellung. Danach werden jedoch nur ungefähr 4 % des geförderten Erdöls zu Kunststoffen verarbeitet. Andere Rohstoffe, aus denen Kunststoffe hergestellt werden können (heute nur in geringen Mengen) sind z. B. Erdgas, Kohle und Holz (Cellulose) [14.1].

Werkstoff	Nettoverbrauch [kg / Kopf]
Kies und Sand	8'000
Zement	700
Eisen und Stahl	400
Holz	400
Papier und Karton	170
Kunststoffe	100
Glas	40
Aluminium	20

Abb. 14.1 Verbrauchsmengen verschiedener Werkstoffe in der Schweiz für das Jahr 1985 [14.1] [14.2]

Abfallklasse	Massenfluss [t]	Anteil Kunststoffe [%]	Kunststofffluss [t]
Siedlungsabfall	2'600'000	10	260'000
Bauschutt	1'600'000	2	30'000
Shredderabfälle	70'000	40	30'000
Kunststoffsammlung	25'000	100	25'000
Totalaufkommen Kunststoffabfälle			345'000
Kunststoff-Recycling	25'000	100	- 25'000
Total Kunststoffabfälle zur Behandlung. Davon:			320'000
• in die Verbrennung			220'000
• auf Deponien			100'000

Abb. 14.2 Abfall-Flüsse in der Schweiz 1987 (Schätzungen) mit besonderer Beachtung der Kunststoffflüsse [14.1] [14.5]

Abb. 14.1 zeigt die Nettoverbrauchsmengen in einem Jahr verschiedener Werkstoffe in kg/Kopf in der Schweiz. Man sieht also, dass die Mengen verbrauchter Kunststoffe nur eine marginale Rolle spielen. Den grössten Anteil an den zu entsorgenden Kunststoffabfällen (ca. 75 %) hat nach Abb. 14.2 der Siedlungsabfall.

14.1 Recyclingverfahren

Eine Übersicht über die prinzipiell möglichen Recyclingprozesse gibt Abb. 14.1.1:

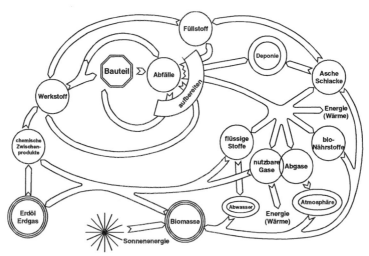

Abb. 14.1.1 Recyclingverfahren [14.1]

Wir unterscheiden drei grundlegend verschiedene Verfahren beim Recycling von Kunststoffen:

Bauteilrecycling: Darunter versteht man die Wiederverwertung ganzer Bauteile. Dies ist recyclingtechnisch der Idealfall.

Werkstoffrecycling: Aus dem bestehenden Werkstoff werden neue Bauteile gefertigt. Dies ist in grösserem Rahmen zum Beispiel durch ein Einschmelzen des Werkstoffs möglich. Beim Werkstoffrecycling bleibt die Chemie der Kunststoffe (Aufbau der Moleküle) im allgemeinen erhalten.

Abbauverfahren: Wir unterscheiden zwischen biologischen (Mithilfe von Organismen) und chemisch/thermischen Abbauverfahren. Abbauverfahren können auf der Produktseite zu petrochemischen Zwischenprodukten, zu Rohstoffen oder zu Energie führen. Bei den Abbauverfahren werden die einzelnen Kunststoffmoleküle zerstört. Je nach Ausrichtung der Verfahren können auch Produkte entstehen, die endgelagert werden müssen. Die Abbauverfahren bieten sich bei den Kunststoffen zusätzlich zu den anderen, von den Metallen her bekannten, Konzepten an.

Wenn die Materie aus Kunststoffabfällen nicht vollständig durch Recycling in geschlossenen Kreisläufen gehalten werden kann, entstehen Abfälle, die endgelagert werden müssen. Diese können gasförmige, flüssige oder feste Stoffe sein. Diese Stoffe sollten in ihrem chemischen Aufbau und in ihrer Konsistenz so beschaffen sein, dass sie ohne die Umwelt zu gefährden, an die Atmosphäre abgegeben (gasförmige Stoffe), in Gewässer eingeleitet (flüssige Stoffe) oder auf Deponien abgelagert (feste Stoffe) werden können.

Zum besseren Verständnis möglicher Recyclingverfahren werden nachfolgend die Stoffkomponenten von Faserverbundwerkstoffen und den dazu notwendigen Hilfsstoffen bei der Herstellung von Strukturbauteilen kurz charakterisiert.

Übergeordnet stehen drei Recyclingsysteme im Vordergrund, das mechanische, chemische und das thermische Recycling [14.1]. Dazu einige Anmerkungen: Die pure Glasfaser ist bezüglich Recycling kein Problem, sie belastet die Umwelt in keiner Weise, sie kann deponiert werden, ohne Umweltschäden zu hinterlassen. Die Synthesefasern, wie z. B. die Aramid-, Polyethylen-, Polyester-, Polyetheretherketonfaser, die Polyetherketon-, Polyetherimid- und die Polybenzothiazolfaser sind ausgesprochen zähe Fasern. Aramidfasern sind sehr schnittfest. Sie finden darum nicht nur Anwendung in Faserverbundwerkstoffen, sondern auch in Schutzkleidung jeglicher Art. Aramidfasern sind synthetische Fasern, die mehrheitlich aus PPTA (Poly-p-phenyleneterephthalamide bestehen [14.7]. Diese Moleküle sind aus Kohlenstoff (C, 54 Gew.-%), Sauerstoff (O_2, 27 Gew.-%), Stickstoff (N_2, 16 Gew.-%) und Wasserstoff (H_2, 3 Gew.-%) aufgebaut. Bei Abbauverfahren entstehen also aufgrund der C-, O- und H-Atome unproblematische Produkte. Auch der Stickstoff (N_2) kann bei modernen Abbauverfahren toleriert werden. Bei Aramidfasern werden ab 200 °C

Abbauvorgänge beobachtet [14.7]. Für das Recycling von GFK- und hauptsächlich SFK-Abfällen muss erwähnt werden, dass wegen deren Zähigkeit beim Shreddern zu kleinerem Abfallteilen grössere Probleme auftreten können.

Zunehmend werden in der KFZ-Industrie Naturfasern in erheblichen Mengen eingesetzt. Die Vorteile sind offensichtlich. Diese nachwachsenden Stoffe stehen praktisch unbegrenzt zur Verfügung. Allerdings wird zur Aufbereitung dieser Fasern auch Chemie eingesetzt. Der Hauptgrund für ein verstärktes Interesse an nachwachsenden Stoffen (z. B. Naturfasern) ist der bekannte Kohlendioxidkreislauf [14.3].

Übergeordnet müssen also mehrere Recyclingverfahren zur Anwendung kommen, denn Faserverbunde auf der Basis duroplastischer Systeme, also härtbarer Kunststoffe, sind gegenüber den thermoplastischen Matrices hinsichtlich Recycling schwieriger zu handhaben, da letztere ja im Prinzip beliebig oft aufschmelzbar sind, wodurch deren Wiederverwendung relativ einfach ist, jedoch als Material mit verringerten Eigenschaften (z. B. kurzfaserquasiisotrope Werkstoffe).

Für Faserverbundbauteile aus Kohlenstoffasern mit duroplastischen oder thermoplastischen Matrix-Systemen ergibt sich eine nahezu ideale Konstellation. Die Gründe dieser Aussage sind nachfolgend kurz skizziert:

Wegen den besonderen Eigenschaften der Kohlenstoffasern in Faserrichtung und quer dazu lassen sich Kohlenstoffaserverbunde problemlos shreddern und dann einer thermischen Verwertung zuführen. CFK weist einen Heizwert auf, der mit dem von Braunkohle vergleichbar ist. Die im Werkstoff gespeicherte Energie kann problemlos als Wärme wieder genutzt werden. In modernen Feuerungsanlagen erfolgt die Entsorgung praktisch rückstandsfrei [14.3].

Zusätzlich zu den bisher erläuterten Recyclingmöglichkeiten gibt es einen Prozess, der für sämtliche Faserverbunde (duroplastisch und thermoplastisch) anwendbar ist, indem man die zu entsorgenden Strukturen zunächst shreddert und danach zu möglichst feinem Pulver zermahlt.. Dieses so entstandene Material kann in bestimmter Menge duroplastischen Matrices oder auch anderen Werkstoffen (z. B. Zement, Asphalt) beigemischt und somit wieder verwendet werden. Hierbei treten natürlich Eigenschafsänderungen der Werkstoffe auf.

14.2 Abfälle aus faserverstärkten Kunststoffen

Bei der Anwendung von faserverstärkten Kunststoffen fallen abhängig vom Fertigungsverfahren verschiedene Abfälle an. Dabei ist zu unterscheiden zwischen Produktionsabfällen und Bauteilen nach Gebrauch. Bei den Produktionsabfällen ist weiterhin noch zwischen den Halbzeugabschnitten, Hilfsmaterialabfällen, Abfällen aus der Bauteilbesäumung und Ausschussbauteilen zu unterscheiden. Somit können die zu entsorgenden Teile in fünf Abfallgruppen eingeteilt werden:
- Produktionsabfälle- Halbzeug- Abschnitte
- Produktionsabfälle- Hilfsmaterialabfälle

Recycling von Faserverbundwerkstoffen und -bauteilen [14.1] [14.7]

- Produktionsabfälle- Bauteil- Abschnitte (gibt es nicht bei RTM)
- Produktionsabfälle- Ausschussbauteile
- Bauteile nach Gebrauch

Abfallart	Anteil am Produkt	Anfallen der Abfälle (wann?)	Art der Abfälle (wie ?)
Halbzeug-Abschnitte	0 - 30 %	heute	sortenrein
Hilfsmaterial-Abfälle	andere Mat.	heute	ev. vermischt
Bauteil-Abschnitte	0 - 40 %	heute	ev. vermischt
Ausschussbauteile	0 - 10 %	heute	ev. vermischt
Bauteile nach Gebrauch	40 - 95 %	später	ev. vermischt

Abb. 14.2.1 Betrachtete Abfallgruppen mit bei modernen Verarbeitungsverfahren von langfaserverstärkten Kunststoffen üblichen Anteilen (von der eingekauften Halbzeugmenge gerechnet), Zeitpunkt des Anfalls der Abfälle sowie Art, wie die Abfälle anfallen können [14.1]

Verarbeitungsverfahren	Halbzeug-Abschnitte
Nasslaminieren	Fasergelege; Harzreste
Duroplast-Pregtechnik (Autoklav)	Prepreg-Abschnitte
Thermoplast-Pregtechnik (Autoklav)	Prepreg- oder Platten-Abschnitte
Thermoplast-Pregtechnik (Heisspresse - in geschlossener Form)	Prepreg- oder Platten-Abschnitte
Thermoplast-Pregtechnik (Heisspresse - in Rahmen gespannt)	Prepreg - oder Platten Abschnitte
Diaphragma-Technik	Prepreg-Abschnitte
RTM-Verfahren	Fasergelege, Harzreste
Duroplast-Wickeltechnik	Fasergelege, Harzreste
Thermoplast-Wickeltechnik	„Prepreg-Band"-Abschnitte

Abb. 14.2.2 Übliche Halbzeugabschnitte, wie sie bei einigen praktizierten Fertigungsverfahren für faserverstärkte Kunststoffbauteile anfallen [14.1]

Abb. 14.2.1 zeigt die Abfallgruppen mit bei modernen Verarbeitungsverfahren von langfaserverstärkten Kunststoffen üblichen Anteilen und die Produktionsabfälle sowie die üblichen Halbzeugabschnitte (Verschnitt), wie sie für die praktizierten Verfahren nach Abb. 14.2.2 anfallen. Diese Gruppe von Produktionsabfällen entsteht beim Zuschneiden der Halbzeuge für die jeweiligen Fertigungsverfahren. Die Halbzeugabschnitte können mit wenig Aufwand sortenrein gesammelt werden, was das Recycling sehr erleichtert. Den verschiedenen Verarbeitungsverfahren für Faserverbundwerkstoffe können jeweils typische Formen von Halbzeugzuschnitten zugeordnet werden.

Eine weitere Gruppe von Abfällen bei der Herstellung von Faserbauteilen ergibt sich durch die notwendigen Hilfsmaterialien bei der Produktion. Hierunter versteht man alle im Laufe der Entstehung eines Bauteils eingesetzten Werkstoffe, die nicht selbst ein Teil des betreffenden Bauteils sind wie beispielsweise Thermoplastfolien. Es gibt aber Hilfsmaterialien, die wiederholt eingesetzt werden. Ein Beispiel dafür sind die Abdeckmatten aus Airpad, die bei der Härtung von Faserbauteilen, hergestellt im Prepreg-Autoklav-Verfahren, Standzeiten von einigen hundert Härtezyklen erlauben. Auf der anderen Seite werden in vielen Anwendungen bei der Herstellung von Bauteilen für jedes Bauteil Neumaterialien eingesetzt. Bei den verschiedenen Verfahren zur Verarbeitung von faserverstärkten Kunststoffen fallen unter anderem folgende Hilfsmaterialabfälle an, die in der Regel entsorgt werden müssen.

- Trägerfolien von Duroplastprepregs und -Klebefilmen.
- Vakuum- und Trennfolien, Saugschichten (Bleder) und Dichtkitt bei der Verarbeitung von Faserverbundwerkstoffen in Vakuumsäcken.
- Rührhölzer und Mischbecher beim Mischen von Harzen und Härter für Nasslaminiertechniken.
- Kunststoffbehälter, in denen Harze, Härter, Trenn- und Reinigungsmittel etc. angeliefert werden.
- Verschmutzte Lösungsmittel bei Reinigungsarbeiten.
- Kunststoffolien und verschiedenste Verpackungsmaterialien.
- Diaphragmafolien aus den Diaphragmaverfahren.

Hilfsmaterialien, die aus faserverstärkten Kunststoffen bestehen, wie z. B. Formwerkzeuge aus GFK, können hinsichtlich Recycling und Entsorgung wie andere Faserverbundwerkstoffe und Bauteile behandelt werden.

Bei den Fertigungsverfahren zur Herstellung von Faserverbundbauteilen [14.4] sollte man zur Minimierung von Abfällen und aus Kostengründen, insbesondere bei der Verwendung von CFK möglichst auf Endmass arbeiten. Bei der Prepregniederdrucktechnik und dem RTM- Verfahren sowie deren Abwandlungen sind diese Forderungen dabei in hohem Masse erfüllt. Trotzdem müssen nach wie vor Bauteilkonturen häufig mechanisch besäumt werden, dabei entsteht Abfall, der mechanisch oder auch thermisch entsorgt werden muss.

Beim Recycling von Werkstoff- und Bauteilabfällen ist grundsätzlich zwischen duroplastischen und thermoplastischen Matrices zu unterscheiden. Faserverbundbauteile mit duroplastischer Matrix lassen sich nicht mehr in ihren

Ausgangszustand zurückführen. Bei thermoplastischen Matrices ist dies im Gegensatz dazu praktisch beliebig oft möglich. So gesehen sollte man möglichst viele thermoplastische Matrices in Faserverbundbauteilen einsetzen. Das eigentliche Hemmnis für einen stärkeren Einsatz der Thermoplaste liegt in der schwierigen Umsetzung der oft komplexen Gestaltung dieser Bauteile.

14.3 Weitere Bemerkungen zur Entsorgung von Kunststoffen

Bei der Entsorgung faserverstärkter Kunststoffabfälle ist zu klären, welche Reststoffe geduldet und welche unter allen Umständen vermieden werden sollten.

14.3.1 Entsorgung von Fluor-Chlor-Kohlenwasserstoffen (FCKW)

FCKW unterstützen den Treibhauseffekt. Sie sind, wie auch andere Chlorverbindungen, wesentlich an der Zerstörung der ozonreichen Schutzschicht in der Stratosphäre beteiligt (Ozonloch). Deshalb ist es richtig, dass die Verwendung von FCKW als Treibgas bei der Herstellung von Kunststoffschäumen verboten wurde. Ausserdem sollten aus Entsorgungsanlagen (chemische/thermische Abbauverfahren, z. B. Müllverbrennungsanlagen) keine chlorhaltigen Abgase entweichen. In Anlagen, bei denen chlorhaltige Kunststoffe (z. B. PVC) eingegeben werden, muss daher das Chlor aus den Abgasen ausgewaschen werden. Solche Abgasbehandlungsanlagen sind jedoch sehr teuer. Die bei der Verbrennung von chlorhaltigen Kunststoffabfällen auftretende Salzsäure (HCl) gilt als extrem aggressiv gegenüber den verfahrenstechnischen Anlagen (verkürzte Lebensdauer). Es hat sich gezeigt, dass es nicht sinnvoll ist, die aus den obigen Überlegungen resultierenden zusätzlichen Kosten auf alle Abfälle umzuwälzen, deshalb werden zukünftig spezielle Anlagen zur Entsorgung chlorhaltiger Abfälle gebaut werden. Das bedeutet, dass chlorhaltige Kunststoffe wie PVC bei chemischen/thermischen Abbauverfahren extra als Sondermüll entsorgt werden müssen. Aus diesem Grund wird PVC bei Faserverbundbauteilen praktisch nicht eingesetzt.

Eine weitere Stoffgruppe, die sich sowohl beim Treibhauseffekt als auch bei der Ozonproblematik negativ auszeichnet, sind die Stickoxide (NO_x). Stickstoffverbindungen sind bei chemisch-thermischen Abbauverfahren unerwünscht. Um die NO_x-Verbindungen vermeiden zu können, wird in zukunftsweisenden Anlagen, die chemisch-thermische Abbauverfahren anwenden, mit reinem Sauerstoff (O_2) anstelle von Luft gearbeitet. Die Auswirkungen des Kohlendioxids (CO_2) auf die Umwelt, speziell auf den Treibhauseffekt, sind umstritten. Von vielen Wissenschaftlern wird der Abbau von Kunststoff zu CO_2 und Wasser (H_2O) (verbrennen) als die sauberste und umweltverträglichste Art der

Entsorgung dieser Werkstoffe betrachtet. Wenn Kunststoffe durch chemisch/thermische Abbauverfahren unter Optimierung der Energiegewinnung verwertet werden, entsteht CO_2. Durch die Nutzung dieser Energie können an anderer Stelle fossile Rohstoffe eingespart werden. Ein solches Vorgehen bei der Verwertung von Kunststoffabfällen ist auch bezüglich der CO_2 -Bilanz ökologisch vertretbar, gesamtheitlich betrachtet sogar sinnvoll.

Das Ablagern von Kunststoffabfällen ist problematisch. Es entstehen „Reaktoren", die man aus heutiger Sicht nicht kontrollieren kann und deren (Zwischen-) Produkte man nicht kennt. Deshalb ist die in der Schweiz [14.1] eingeschlagene Deponierungsstrategie, die eine Ablagerung von synthetischen, organischen Stoffen wie Kunststoffen ausschliesst, absolut sinnvoll. Dies gilt ganz besonders für kohlenstoffaserverstärkte Kunststoffe.

Kunststoffabfälle können also, wenn der Werkstoff nicht mehr sinnvoll in Recyclingkreisläufen gehalten werden kann, am umweltgerechtesten mit chemisch/thermischen Abbauverfahren unter Ausnutzung der Energie entsorgt werden. Dabei sollten die Abfälle möglichst nur aus den Elementen Kohlenstoff (C) und Wasserstoff (H_2) bestehen. Stickstoff (N_2) kann als in der Natur häufig vorkommendes Element in kleinen Mengen akzeptiert werden. Durch geschickte Verfahrensführung sollte jedoch darauf geachtet werden, dass der Stickstoff in Form von N_2 und nicht als Stickoxide (NO_x) anfällt($\rightarrow$ Katalysator).

Andere Elemente (z. B. Chlor, Schwefel) werden in Zukunft mit speziellen Verfahren aus den Prozessen entfernt werden müssen. Werkstoffe, in unserem Fall Kunststoffe und Fasern, die solche Elemente enthalten, müssen sehr wahrscheinlich als Sondermüll behandelt und separat entsorgt werden.

14.3.2 Weitere Entsorgungstendenzen von Kunststoffen und Faserverbunden durch Verbrennung

Nach [14.6] hatte Menges, der ehemalige Leiter des Kunststoffinstituts an der TH Aachen, 1991 von der Automobilindustrie den Auftrag, über eine sinnvolle Verwertung ausgedienter Kunststoffteile nachzudenken. Sein Recyclingkonzept sieht eine Verbrennung vor. Menges spricht dabei von einer Hochtemperatur-Umwandlungsanlage, die er zusammen mit dem ehemaligen Hüttendirektor R. Fischer entwickelte. Dieser Anlage entweichen nach [14.6] keinerlei Schadstoffe, nicht einmal das scheinbar unvermeidliche Treibhausgas Kohlendioxid. Menges und Fischer schwebt eine Verbrennung von Kunststoffen ohne Kamin vor. Die Abgase werden statt dessen zur Herstellung von Treibstoffen, chemischen Rohstoffen oder zu neuen Kunststoffen verwertet. Die Basisidee ist dabei, dass man zum Verbrennen von Kunststoffmüll nicht Luft, sondern reinen Sauerstoff verwendet, was viel effektiver ist. Allerdings sind Betreiber von Kraftwerken und Müllverbrennungsanlagen noch zurückhaltend, da sie die Kosten fürchten. So werden nach Menges und Fischer pro Tonne Abfall bei der Verbrennung etwa 1000 Kubikmeter Sauerstoff verbraucht. Da die Menge an Abgasen bei derart betriebenen Anlagen auf ganze 30 % sinkt - das Ballastgas Stickstoff, aus dem die Luft weitgehend besteht, muss nicht „durchgeschleppt" werden - , können die Randgasreinigungsanlagen erheblich kleiner ausfallen, zudem entstehen keine Stickoxide, deren Entfernung teuer ist.

Im Sauerstoffofen von Menges und Fischer könnten die Altöle, die nicht mehr in Raffinerien aufbereitet oder als Brennstoff in Zementfabriken und Kraftwerken verbrannt werden, zusätzlich nutzbringend verwendet werden. Da die Temperaturen bei 1600 Grad Celsius liegen, entgeht nicht das kleinste Giftmolekül der Vernichtung. Das Altöl, das im wesentlichen aus Kohlenstoff und Wasserstoff besteht, wird in die heissen Abgase gesprüht, die wiederum vor allem Kohlendioxid enthalten. In dieser Atmosphäre findet dann eine chemische Reaktion statt, bei der ein Gemisch aus Wasserstoff und Kohlenmonoxid entsteht, das sogenannte Synthesegas. Nach einer Reinigung, bei der Schwefel- und Chlorverbindungen sowie dampfförmige Schwermetalle entfernt werden, ist dieses Gas Ausgangsmaterial für eine Fülle von chemischen Prozessen, beispielsweise zur Produktion von Methanol. Die Wärmeenergie der Abgase lässt sich in einem Abhitzekessel noch zur Stromerzeugung nutzen. In einem Drehrohofen können praktisch sämtliche Shredderreste aus dem Autorecycling und auch Sondermüll verwertet werden.

Eine weitere Idee von Menges besteht darin, dass Kunststoffe den Part des Wasserstofflieferanten übernehmen, der Kohlendioxid in Synthesegas umwandelt. Allerdings muss dann der Kunststoffmüll vom übrigen Abfall separiert werden. Die Abfälle werden dann in einen Extruder gefüllt (beheizter Druckzylinder). Je nach Bedarf will Menges Wasserdampf, Sauer- oder Wasserstoff oder Luft dazu mischen. Bei einer Temperatur von rund 400° C entsteht eine dünnflüssige Masse, die zu einer Düse transportiert wird. Von dort schiesst der Flüssigkunststoff in die heissen Abgase eines Verbrennungsofens mit dem Ergebnis, dass wertvolles Synthesegas entsteht.

14.4 Literaturverzeichnis zu Kapitel 14

[14.1] Zogg, M.: Neue Wege zum Recycling von faserverstärkten Kunststoffen; Abhandlung zur Erlangung des Titels Doktor der technischen Wissenschaften der Eidgenössischen Technischen Hochschule Zürich, 1996
[14.2] N.N.: Mit der Natur im Bunde, Naturfasern, Pflanzenfasern für Verbundwerkstoffe; Daimler- Benz Hightechreport 2/95
[14.3] Billeisen, M.: Mit Kohle zu festen Strukturen ; Aerospace 2/96

[14.4] Flemming, M., Ziegmann, G., Roth, S.; Faserverbundbauweisen, Fertigungsverfahren mit duroplastischer Matrix; Springer-Verlag Berlin, Heidelberg, ISBN-3-540-61659-4, 1999

[14.5] Baccini, P.; Diener, H.: Kunststoffflüsse in der Schweiz; Swiss Plastics 13 (1991) Nr.3 Seite 51-72

[14.6] Kempkens, W.: Entsorgung: Kunststoff aus Verbrennungsgasen, Höllische Atmosphäre; Technik und Innovation Nr. 42, 11.10.1991

[14.7] Flemming, M., Ziegmann, G., Roth, S.; Faserverbundbauweisen - Fasern und Matrices, Springer-Verlag Berlin, Heidelberg, ISBN 3-540-58645-8, 1995

Die Forschungsberichte der ETH Zürich liegen den Verfassern vor.

15 Aktive Funktionswerkstoffe und -bauweisen

Da Faserverbundbauweisen Schichtstrukturen darstellen, ergibt sich die Möglichkeit, neben den optimalen Gestaltungsmöglichkeiten zwischen oder in die Schichten andere Werkstoffe oder Mikrostrukturen zu integrieren, z. B. aktive Werkstoffe bzw. Elemente, mit denen zusätzliche Funktionen wie beispielsweise Verformungen oder Bewegungen, erzeugt werden können. Dieses Gebiet wird auch mit „Struktronik" bezeichnet. In [15.1] wird von Elspass, W. und Flemming, M. das Gebiet ausführlich einschliesslich vieler weiterer Literatur erläutert, so dass wir uns hier im vorliegenden Buch sehr kurz fassen können und darüber hinaus jeweils auf [15.1] verweisen.

15.1 Beispiele für aktive Werkstoffe und Funktionsbauweisen

Die aktiven Materialien können wahlweise als Aktoren oder als Sensoren in Faserverbundbauteilen angewendet werden. Sie sind oft mit einem Regler verbunden.

Die Technologie der aktiven Strukturen verfolgt das Ziel, Konstruktionen mit anpassbaren Eigenschaften zu realisieren [15.1], [15.2], [15.3]. Derartige Eigenschaften beziehen sich auf die Festigkeit, Steifigkeit, Bewegungen und Verformungen, Stabilität sowie das Schwingungsverhalten. Die bisher geschilderten Strukturen aus Faserverbund werden durch adaptierte bzw. integrierte Aktivatoren und Sensoren, die manchmal mit einem Regelsystem verbunden sind, erweitert. Viele Strukturen sind extremen Umgebungsbedingungen, z. B. Temperaturen, ausgesetzt. Es besteht für sie jedoch die Bedingung exakter Formhaltung. Derartige Strukturen können mit aktiven Werkstoffen oder mit entsprechend integrierten aktiven Maschinenbauelementen gekoppelt mit einem Regler als Infrastruktur eine exakte Formhaltung erreichen.

Verschiedene Industrien können von der Anwendung integrierter aktiver Faserverbundbauweisen profitieren:
- Fahrzeugbau (Fahrwerke, Lärmreduzierung, integrierte Antennen, automatische Inspektion...)
- Luft- und Raumfahrt (Schadenserkennung, Schwingungskontrolle, Korrektur der Flügelgeometrie, Lärmreduzierung...)

- Biomedizin (Sonden, Implantate...)
- Robotik (Schwingungskontrolle, Geometrieadaption, Greifer...)

Die Idee der aktiven Bauweisen stammt, wie so oft in der Technik, aus der Natur. Aktivatoren übernehmen die Funktion der Muskeln, Sensoren die der Nervensysteme z. B. des menschlichen Körpers [15.6], [15.7]. Sie messen die Abweichung von der gewünschten Stellgrösse und korrigieren diese falls nötig und ermöglichen damit eine Leistungsfähigkeit, die passive Systeme nicht bieten können (Abb. 15.1.1). In vielen anderen Büchern, wie etwa in [15.7] für die Orientierung der Fledermäuse beschrieben, sind weitere Beispiele gegeben. Abb. 15.1.1 gibt einen Überblick über die prinzipielle Funktionsweise in Natur und Technik.

Derartige „intelligente" Strukturen erlauben die Zustände und Charakteristiken zu beeinflussen [15.5]. Solche Charakteristiken können mechanischer, thermischer, optischer, chemischer, elektrischer, magnetischer oder sogar biologischer Art sein.

Die Detektion und die Erkennung der Zunahme von Schäden könnte in naher Zukunft eine praktisch realisierbare Anwendung mit aktiven Strukturen sein, besonders für Strukturen mit langer Lebensdauer wie z. B. Kraftfahrzeuge.

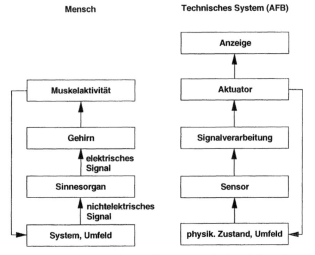

Abb. 15.1.1 Analogie des menschlichen Körpers und der aktiven bzw. intelligenten Strukturen [15.1]

Aktive Funktionswerkstoffe und -bauweisen

15.2 Aktuelle Beispiele zur Anwendung aktiver Funktionsbauweisen

Am Institut für Konstruktion und Bauweisen der eidgenössischen technischen Hochschule (ETH) Zürich sind viele Beispiele zur Anwendung aktiver Bauweisen entwickelt und erprobt worden. Sie sollen hier nicht näher beschrieben werden, da sie, kurz und verständlich gefasst, in [15.1] nachgelesen werden können. Ferner sind sie in detaillierten Berichten und Dissertationen verfügbar, die im Literaturverzeichnis benannt sind. Derartige Beispiele sind:

- die statische Verformungskontrolle am Beispiel eines flexiblen adaptiven Antennenreflektors [15.1, 15.8, 15.9, 15.10, 15.15, 15.16, 15.17, 15.18, 15.19, 15.20, 15.21]: eine mit aktiven Elementen ausgestattete schwach gekrümmte Schale aus CFK- Sandwich wurde auf ihre Verformbarkeit durch aktive Elemente genau untersucht.
- die hochgenaue Positionierung [15.1, 15.11, 15.12]: in einem viereckigen Rahmen mit Diagonalspeichen wurden aktive Elemente so angesteuert, dass exakte Minibewegungen zur genauen Positionierung ermöglicht wurden.
- die aktive Lärmreduzierung in Flugzeugen [15.1, 15.13, 15.14, 15.16, 15.17, 15.19, 15.20, 15.21, 15.22]: durch den erzeugten Lärm der Triebwerke und Triebwerksvibrationen werden die Felder der Rumpfbeplankung zum Schwingen angeregt, wodurch der Lärm teilweise in das Rumpfinnere übertragen wird. Durch das Anbringen von aktiven Sensoren und Aktivatoren an die Innenseite der Beplankung an definierte optimale berechnete Stellen kann in Verbindung mit einem Regler die Lärmübertragung in das Innere des Rumpfes gewichtsoptimal unterbunden werden.
- aktiver Adapter [15.1, 15.23]: hochgenaue technische Systeme müssen häufig sehr hohe Anforderungen der einzuhaltenden Form- und Richtungsbedingungen bei unterschiedlichen Umgebungsbedingungen einhalten. Oftmals reichen hierfür passive Entwicklungen nicht mehr aus oder lassen sich nur mit immensem Aufwand realisieren. In solchen Fällen stellt ein aktives Strukturkonzept eine attraktivere Alternative dar. Häufig kann ein aktiver Adapter der erste Schritt zu einer adaptiven Struktur sein, die die verlangten Anforderungen erfüllt.
  Aktive Adapter bieten folgende Vorteile:
    - die mechanische Auslegung des Adapters kann zunächst konventionell konstruiert werden,
    - das passive Verhalten der eigentlichen Struktur wird nicht verändert,

- der Adapter kann kompakt gebaut werden und ist einfach zu integrieren,
- im Reparaturfall kann der Adapter schnell ersetzt werden,
- es können die grade verfügbaren leistungsfähigsten Sensor-Aktivator-Systeme verwendet werden,
- die passive Grundkonstruktion kann in Metall oder Faserverbund ausgeführt werden.

Die Anzahl der Anwendungen oder Anwendungsbereiche, die intelligente Strukturen beeinflussen können, ist gross und das Potential ihrer Kommerzialisierung enorm. Dies könnte ein Schlüssel für die zukünftige Konkurrenzfähigkeit lohnkostenintensiver Industrienationen im internationalen Wettbewerb sein.

15.3 Aktive Werkstoffe und Funktionsbauweisen

Man unterscheidet zwischen verschiedenen aktiven Werkstoffen, deren Wirkprinzipien unterschiedlich sind.
Diese Werkstoffe werden eingeteilt in:

- Piezoelektrische Werkstoffe
  Hierzu gehören die Piezokeramiken und die piezoelektrischen Polymere.
- Piezostriktive Materialien
- Magnetostriktive Materialien
- Formgedächtnislegierungen

Die physikalischen Eigenschaften all dieser Werkstoffe sind in [15.1] ausführlich erklärt und gegenübergestellt, so dass wir uns hier auf einige kurze Bemerkungen beschränken können.

15.3.1 Wirkungsweise piezoelektrischer Werkstoffe

Das Gebiet der Piezoelektrizität beschreibt die Übertragbarkeit elektrischer Energie in mechanische und umgekehrt. Dieser Effekt wurde 1880 erstmals an Turmalinkristallen entdeckt. Im Laufe der Zeit gesellten sich weitere Kristalle wie z. B. Quarz, Steignettesalz, Lithiumniobat, Bariumtitanat u. a. dazu. Alle piezoelektrischen Kristalle haben in ihrem Gitteraufbau kein Symmetriezentrum bezüglich ihrer positiven und negativen Kristallionen. Dies unterscheidet sie von anderen Werkstoffen und deshalb sind sie beeinflussbar durch elektrische Einwirkungen. Derartige Werkstoffe werden bereits infolge ihrer Schwingungsgüte in vielen technischen Geräten, z. B. in Oszillatoren, Sensoren, Mikrophonen, Tonabnehmern oder Ultraschallsendern und -empfängern eingesetzt.

Eine grosse Beachtung setzte Mitte des 20. Jahrhunderts durch die Entdeckung des ferroelektrischen, polykristallinen Stoffes Bariumtitanat (BaTiO$_3$) ein, der sich nachträglich durch ein äusseres elektrisches Feld polarisieren lässt.. Infolge des keramischen Herstellungsprozesses lässt er sich relativ kostengünstig in praktisch beliebige geometrische Gebilde formen. Der Einsatzbereich solcher Werkstoffe bezüglich des aktiven Effektes endet bei der sogenannten Curietemperatur, die bei Bariumtitanat bei 120 °C liegt. Man hat mittlerweile für die unterschiedlichen Anforderungen eine Anzahl piezoelektrischer Werkstoffe zur Verfügung. Derartige Werkstoffe können als dünne Platten in Faserverbundwerkstoffe zwischen die Schichten integriert und angesteuert werden.

Es muss noch auf einen teilkristallinen Kunststoff, Polyvinylidenfluorid (PVDF) hingewiesen werden, der piezoelektrische Eigenschaften hat und in Form von Folien mit 6 bis 9 μm Dicke erhältlich ist. Er lässt sich gut in Schichtwerkstoffe integrieren, seine Wirksamkeit als Aktivator ist jedoch sehr begrenzt, wodurch er diesbezüglich den piezoelektrischen Keramiken weit unterlegen ist.

Der Aufbau und die Wirkungsweise von Piezokeramiken ist, wie bereits erwähnt, in [15.1] und [15.28] ausführlich erklärt. Die Literatur [15.1] gehört praktisch zur Serie der Bücher über Faserverbundbauweisen, erschienen im Springer Verlag, so dass wir in dem hier vorliegenden Buch nicht näher darauf eingehen brauchen.

Hervorzuheben ist noch, dass die Zusammenhänge zwischen den in piezoelektrischen Werkstoffen vorkommenden elektrischen und mechanischen Vorgängen berechenbar sind. Die ausführliche Herleitung dieser elektromechanischen Theorie kann [15.1] entnommen werden. Diese Theorie ist linear, obwohl, wie aus Versuchen an der ETH Zürich ersichtlich, die Vorgänge nicht linear sind. Die Ergebnisse bedürfen daher meist einer empirischen Kontrolle bzw. Korrektur [15.1].

Verformungen und Spannungen eines mit piezoelektrischen und Faserverbundwerkstoffen konstruierten Bauteils können mit der FEM berechnet werden. Die matriziellen Grundgleichungen können [15.1] entnommen werden, ebenso die Ergebnisse von berechneten Bauteilen. Mit einem gut durchdachten Elektroden-Design können deutliche Vorteile bezüglich der Richtung und der erreichbaren Grössenordnung der Dehnungen erreicht werden.

15.3.2 Piezoelektrische Polymere und ihre Anwendung mit Faserverbunden [15.1, 15.31]

Der piezoelektrische Effekt des Polymers PVDF (Polyvinylidenfluorid) wurde 1969 entdeckt. Der piezoelektrische Koeffizient entspricht ungefähr dem von Quarz. PVDF ist ein Thermoplast, der sich relativ gut an beliebige Formen anpassen lässt. Seine Eigenschaften basieren auf dem piezoelektrischen oder pyroelektrischen Effekt. Verbreitung in der Praxis hat dieses Material bisher hauptsächlich im Bereich des Oberflächenschutzes und zur Kabelisolation gefunden und als Sensor bzw. Aktuator, z. B. als Infrarotsensor,

Ultraschallwandler bis zu höchsten Frequenzen (24 GHz) und als Hydrophon zur Messung von Stosswellen. PVDF ist ein lineares Fluorkohlenwasserstoffpolymer. PVDF weist ein grosses Dipolmoment quer zur Kohlenstoffkette auf. Näheres zur Herstellung des Polymers ist [15.1] zu entnehmen.

PVDF-Filme sind sehr geeignet als Sensoren und das wird für Faserverbundstrukturen der Zukunft, z. B. für Kraftfahrzeugkarosserien aus Faserverbunden (siehe Vorwort), einen grossen und wichtigen Einfluss haben. Diese Aussage begründet sich auf Grund mehrere Vorteile, die diese Folien gegenüber anderen Möglichkeiten bieten. Das ist vor allem das einfache Zuschneiden und Anbringen bzw. Integrieren der Folien an bzw. in die Struktur, gleichgültig, ob die betreffende Stelle eben oder gekrümmt ist. Die zugehörige Auswertungshardware kann von der Struktur getrennt angebracht werden und beeinflusst daher nicht die Messergebnisse, was für Schwingungsmessungen besonders wichtig ist. Derartige Sensoren können an vielen Stellen der Struktur angebracht, z. B. aufgeklebt, werden und man erhält damit einen Gesamtüberblick über den Zustand der gesamten Struktur, wenn man die Ergebnisse mit einem Musterergebnis der unbenutzten Struktur vergleicht. Infolge des piezoelektrischen Effektes der PVDF-Folien, bei dem durch Dehnungen elektrische Spannungen an den Elektroden erzeugt werden, ist kein Aufbringen einer Speisespannung erforderlich, wie z. B. bei Dehnungsmessstreifen. Die Steifigkeit der sehr dünnen Folie ist gering, somit ist die Beeinflussung der Messergebnisse durch die mechanischen Parameter äusserst gering, ihre Sensoreffizienz aber sehr hoch, ungefähr fünfmal höher als bei einer Piezokeramik.

Viele derartige Versuche sind durchgeführt und in der Literatur, z. B. in [15.1] angegeben. Gerade für Faserverbundstrukturen ergibt sich damit eine wichtige Inspektionsmöglichkeit, da man die Messung auch an Stellen durchführen kann, an die man sonst gar nicht herankommt. Auch Nietreihen oder Schweissnähte sind auf diese Weise gut inspizierbar. Bei Stossbeanspruchungen an Metallstrukturen entstehen durch Plastizität meist sichtbare Verformungen (Beulen), was bei den Faserverbunden nicht der Fall ist. Hier sind es häufig unsichtbare Delaminationen. Mit PVDF-Filmen lassen sich derartige Phänomene sowie auch Schadensfortschritte erkennen.

Mit der Weiterentwicklung der Faserverbundtechnik wird die beschriebene Technik besonders wichtig, es muss jedoch bezüglich ihrer praktischen Anwendung noch weitere praxisnahe Forschung betrieben werden.

15.3.3 Elektrostriktive Materialien und ihre Bedeutung für Faserverbunde [15.1]

Die Elektrostriktion ist ein Festkörpereffekt ähnlich der Piezoelektrizität. Auch er wird durch ein elektrisches Feld erzeugt. Er tritt bei Kristallen mit einem Symmetriezentrum auf, z. B. bei Blei-Magnesium-Niobat (PMN) oder Blei-Lanthan-Zirkon-Titanat (PLZT). Anders als bei Piezomaterialien tritt dieser Effekt erst oberhalb der Curietemperatur auf, die bei diesen Materialien zwischen 10°C und 80°C liegt. Im Gegensatz zu piezoelektrischen Werkstoffen ist die Kennlinie für die Dehnung als Funktion der elektrischen Feldstärke symmetrisch, was aus Abb. 15.3.1 zu ersehen ist. Die Zustandsgleichung der Elektrostriktiven ähnelt sehr der der Piezoelektrizität, so dass letztere als Sonderfall der elektrostriktiven aufgefasst werden kann. Die zugehörige Theorie kann [15.1] entnommen werden. Elektrostriktive Materialien müssen nicht polarisiert werden, sondern sie polarisieren sich selbst und die Hystereseerscheinungen sind klein, was für manche Anwendungen, z. B. Positionierungsaufgaben, einen Vorteil darstellt. Nachteilig für die Anwendung ist jedoch eine starke Frequenzabhängigkeit. Die starke Temperatursensibilität der Dehnungen als Funktion der Feldstärke in einem recht kleinen Temperaturbereich stellt einen weiteren Nachteil dar.

Wahrscheinlich beruht auf diesem Grund die Tatsache, dass elektrostriktive Materialien nicht so gut im Handel zu bekommen sind und auch wesentlich seltener praktisch eingesetzt werden.

Weitere Einzelheiten bezüglich der Elektrostriktion können [15.1] und der dort angegebenen Literatur entnommen werden.

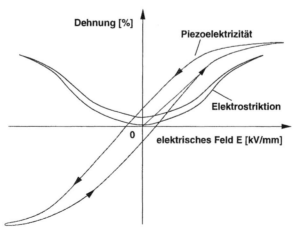

Abb. 15.3.1 Kennlinien für Piezoelektrizität und Elektrostriktion [15.1]

15.3.4 Magnetostriktive Materialien

Unter Magnetostriktion versteht man die Veränderung der Abmessungen eines Körpers durch starke Magnetfelder, welche die magnetischen Dipole ausrichten. Dies wird durch Ausrichten der Weiss'schen Bezirke in die Magnetisierungsrichtung erreicht. Aufgrund der aufwendigen Erzeugung der Magnetfelder hat die Magnetostriktion für Faserverbunde keine Bedeutung und soll deshalb hier auch nicht weiter behandelt werden. Es wird diesbezüglich auf die Literatur verwiesen [15.1, 15.32, 15.33, 15.34, 15.35].

15.3.5 Formgedächtnislegierungen und ihre Bedeutung für Faserverbunde [15.1, 15.36-41]

Formgedächtnislegierungen sind metallische Werkstoffe mit einer Formgedächtniseigenschaft. Der Effekt wurde erstmals in den 1930er Jahren entdeckt und Anfang der 60er Jahre durch das Auffinden des Shape-Memory-Effektes (SME) in Nickel-Titan-Legierungen stärker weiterverfolgt. Kommerziell haben sich nur Nickel-Titan- (NiTi) und Kupfer-Zink-Aluminium-(CuZnAl)-Legierungen durchgesetzt, da sie eine relativ grosse nutzbare Shape-Memory-Dehnung besitzen.

Der SME tritt, abhängig vom Material und dessen Zusammensetzung, bei verschiedenen Temperaturen ein durch die Umwandlung zwischen dem austenitischen in den martensitischen Zustand und umgekehrt. Mit diesen Zuständen sind unterschiedliche Gitterformen verbunden. Unterhalb der Umwandlungstemperatur ist die martensitische Phase stabil, darüber die austenitische Phase. Der SME tritt auf, weil sich bei Erwärmung die Kristallzellen aus der gekippten Form in die ungekippte zurückbilden. Die hierbei ausgeübte Kraft ist relativ gross und entspricht ungefähr der Festigkeit des Austenits. Die zur Deformation benötigte Vorspannung ist erheblich kleiner. Die Kristallstruktur wird bei dem Prozess nicht zerstört, daher ist der Vorgang beliebig wiederholbar. Nähere Einzelheiten dieses Memoryeffektes können [15.1] und [15.36-41] entnommen werden.

Der zu den Dehnungen führende Prozess kann nicht so spontan durchgeführt werden wie bei den Piezokeramiken.

Bei Funktionsbauweisen werden beispielsweise vorgespannte SMA-Fasern (Drähte) in das Laminat integriert. Selbstverständlich werden dadurch die Werkstoffkomponenten, z. B. der E-Modul des Faserverbundwerkstoffes, geändert. Diese Einbettung ist prinzipiell für Duro- und Thermoplaste möglich.

15.4 Die mechanische Interaktion zwischen aktiven Elementen und Faserverbundstrukturen [15.1]

Auch wenn man die Dehnung von als Aktuator verwendeten aktiven Werkstoffen kennt, die in den vorhergehenden Abschnitten erklärt wurden, so ist noch nicht klar, welche Wirkung sie auf die Faserverbundstruktur haben, in die sie integriert bzw. an die sie adaptiert sind. Daher wurden in [15.1] an einfachen Balkenstrukturen Berechnungen mit unterschiedlichen Berechnungsansätzen durchgeführt für den Fall der Dehnung und der Biegung einer Balkenstruktur. Im ersten Fall werden beide Aktuatoren auf Zug angeregt und im zweiten auf der einen Seite auf Zug und der anderen auf Druck (s. Abb. 15.4.1). Die beiden Rechenmodelle der Balkentheorie unterscheiden sich derart, dass beim einen die Dehnung im Aktuator als konstant angenommen wurde und im anderen als linear veränderlich, was im Biegefall der Wirklichkeit näher kommt. Zusätzlich wurde die Balkenstruktur auch noch in finite Elemente eingeteilt und mit der FEM berechnet und mit dem andern Berechnungsmodell verglichen. Die Gleichungen zur Anwendung der Balkentheorie wurden für den betrachteten Fall in [15.1] hergeleitet. Zusätzlich wurde untersucht, inwieweit die Klebeschichtdicke zwischen Aktuator und der Faserverbundstruktur einen Einfluss auf die Verformungen und Spannungen ausübt. Die Breite der Aktuatoren wurde in den Berechnungen gleich der Balkenbreite angenommen. Der Vergleich der Ergebnisse aus den beiden Berechnungsansätzen zeigt, dass bei definierten Elastizitätsmoduli des Aktuators und der Struktur nur noch das Dickenverhältnis

$$T = \frac{t_s}{t_a} = \frac{\text{Dicke der Struktur}}{\text{Dicke des Aktuators}} \qquad (15.1)$$

die Ergebnisse beeinflusst. Die Ergebnisse zeigen für das Modell mit zugelassener linearer Dehnung sowohl im Aktuator als auch in der Struktur eine im ganzen Bereich sehr gute Übereinstimmung mit den Ergebnissen der FEM, während bei dem Modell mit nur konstanter Dehnung im Aktuator erhebliche Differenzen unter einem Dickenverhältnis von T=5 auftreten.

Eine Klebeschicht vermindert infolge ihrer Schubdeformation die Wirksamkeit des Aktuators. Die Berechnungen zeigen den Einfluss der Klebeschichtdicke. Man sollte daher in der Praxis versuchen, mit sehr dünnen Klebeschichten auszukommen. Details über die Grösse des Einflusses können [15.1] entnommen werden. Es ist erwünscht, die maximal mögliche Deformation in die Struktur zu induzieren. Welche Unterschiede sich hierbei bei aufgeklebten zu integrierten Aktuatoren ergeben, ist ebenfalls in [15.1] rechnerisch nachgewiesen.

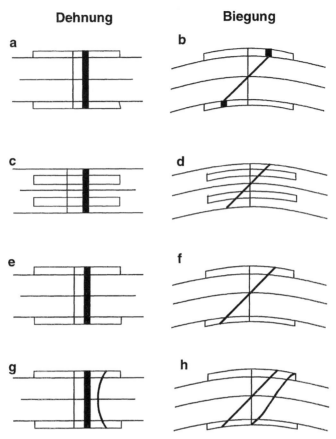

Abb. 15.4.1 Induzierte Dehnungsverteilungen in den verschiedenen Modellen; a,b: konstante Dehnungsverteilung; c,d: Bernoulli-Euler; g,h: Finite Elemente

Die bisherigen Ergebnisse waren mit der FEM bzw. der Balkentheorie erzielt worden. Selbstverständlich kann auch die Theorie dünner Laminate, wie sie in Kapitel 3 des vorliegenden Buches hergeleitet ist, zur Analyse herangezogen werden, um vor allem bezüglich der auftretenden Spannungen genauere Ergebnisse im Innern der Struktur, vor allem bei integrierten Aktuatoren zu erhalten. In [15.1] gibt es hierzu einige nähere Erläuterungen.

Auf die Integration von Struktur und Regelungsmodell soll im Rahmen dieses Buches nicht eingegangen werden, da dies kein spezielles Faserverbundproblem darstellt. Es wird diesbezüglich auf [15.1] und auf die Literatur der Regelungstechnik verwiesen, bzw. auf Literatur in der im Rahmen dieses Buches durchgeführten Beispiele (siehe Kapitel 5, [15.22], [15.13]), wo diese Problematik behandelt wurde.

15.5 Konstruktive Gestaltungs- und Fertigungsgesichtspunkte bei aktiven Faserverbundfunktionsbauweisen

Je grösser der Anforderungskatalog im Pflichtenheft an eine Konstruktion und die Möglichkeiten z. B. durch den Werkstoff [15.24] oder die Fertigungsmethoden [15.26] und die Halbzeuge und Bauweisen sind, um so mehr lohnt es sich, konstruktionsmethodisch [15.27], [15.42] vorzugehen. In [15.43] wird dies beispielhaft an Hand einer Faserverbundstruktur dargestellt. Faserverbunde eröffnen durch die vielen Möglichkeiten der Gestaltung und der anisotropen Auslegung besonders viele Facetten, die es zu beachten und zu nutzen gilt. Durch die in diesem Kapitel beschriebenen aktiven Funktionsparameter wird dieses Spektrum noch erweitert. Hierbei ist es sehr empfehlenswert, während des Konstruierens immer wieder Bewertungen durchzuführen. In [15.27] und [15.43] sind diesbezüglich die praktischsten Bewertungsmethoden erklärt, die sowohl für die geometrischen und physikalischen, wie auch für die fertigungstechnischen und wirtschaftlichen Auswirkungen auf die Konstruktion ihre Gültigkeit haben. Auch die Auswahl der aktiven Elemente und deren Integration und ihre Abhängigkeit von strukturinternen Rand-, Umwelt- und Betriebsbedingungen kann in die Bewertungsprozesse einbezogen werden.

Auf jeden Fall müssen bei der Fertigung von Funktionsfaserverbundteilen die Fertigungsparameter, insbesondere die Temperatur und der Verformungsgrad an der Stelle des Aktuators bzw. Sensors und die Beanspruchungsgrenzen der aktiven Elemente (z. B. die Curietemperatur) miteinander betrachtet werden. Daher haben im Zusammenhang mit den Funktionsbauweisen Matrixwerkstoffe mit niedrigen Aushärtungstemperaturen [15.24] eine besonders gute Eignung. Eventuell ist nach der Fertigung eine nochmalige Polarisation der aktiven Elemente erforderlich, deren Durchführbarkeit während der Konstruktion bereits gewährleistet werden muss.

In vielen Fällen erweisen sich Piezokeramiken als beste Lösung. Es muss beachtet werden, dass diese sehr spröde sind (Keramik!). Deshalb ist es sinnvoll, sie vor der Einbettung in das Laminat als „Modul" vorzubereiten, besonders, wenn es sich um ein geometrisch kompliziertes Elektrodendesign handelt. Die Trägerfolien sind nicht leitend und sorgen somit für die notwendige Isolation vom Kohlefaserlaminat. Sie werden mit der Piezokeramik zu einer Einheit verklebt.

Als mögliche fertigungstechnische Lösungen für die An- bzw. Einbringung an bzw. in das Laminat kommen die in Abb. 15.5.1 aus [15.1] dargestellten Möglichkeiten in Frage. Die Integralbauweise [15.25] zusammen mit dem Autoklavprozess, das bedeutet bei Funktionsbauweisen auch die Verklebung von Funktionselement mit der Struktur in einem Arbeitsgang, hat sich durch überschüssiges Harz bei der Aushärtung im Ofen oder Autoklaven als sehr guter und reproduzierbarer Prozess ergeben. Eine Verklebung im Rahmen der RTM-Technik [15.26] ist ebenfalls als möglich zu erachten.

Die Integration von Leiterbahnen in Faserverbunden mit Duroplastmatrix verursacht weder bezüglich der Festigkeit und erst recht nicht bezüglich der Steifigkeit grosse Veränderungen in der Faserverbundstruktur. Man muss jedoch beachten, dass nicht im Laufe der Zeit, besonders bei dynamisch belasteten Strukturen, örtliche Delaminationen eintreten. Leitender Lack oder Silberfarbe zur Verwirklichung der Leiterbahnen haben sich z. B. bei Verwendung von Prepregs nicht bewährt, da die Matrix in ihrer viskosen Phase beim Aushärten derartige Leiterbahnen in kleine Tröpfchen-Zonen auflöst, die keine Verbindung mehr miteinander haben. Das Problem der Leiterbahnen kann mit einem Kupferfolienband (Dicke ca. 25 µm) oder mit Aluminiumfolien (Dicke ca. 9 µm) gelöst werden. Oft genügen auch Kohlefaserbundstreifen. Bei Kohlefaserverbundkonstruktionen müssen die Leiterbahnen mit Isolierfolien, wie z. B. Kapton, versehen werden. Der Anschluss der Folien an die Elektroden der Piezokeramiken kann entweder durch blosses Auflegen erfolgen, wobei aber Vorsorge getroffen werden muss, dass beim Aushärten der Struktur kein Harz zwischen Elektrode und Leiterbahnen gelangen kann. Bei Verwendung von dünnen Keramiken, z. B. t = 0,125mm, was auch der Dicke einer Laminatschicht entspricht, kann es an den Rändern der Keramik zu einer Verringerung der Elektrodenabstände und damit zu einer Erhöhung des elektrischen Feldes kommen. Überschreitet man dadurch die zulässigen Grenzwerte für die Piezokeramik, kann eine örtliche Depolarisierung und damit eine Verschlechterung des Piezoeffektes eintreten.

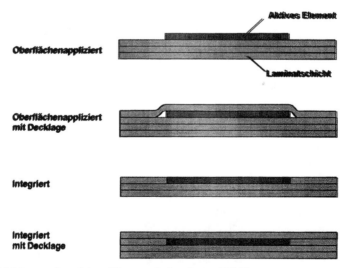

Abb. 15.5.1 Integration aktiver Elemente in Laminaten [15.1]

Aktive Funktionswerkstoffe und -bauweisen

An Stellen, wo die Aluminiumfolie mit dem Kupferband verbunden werden soll, ist es oft zweckmässig, das Aluminium mit einer selbstklebenden Kupferfolie zu versehen. Zusätzlich kann über die Piezokeramik ein PVDF- Film angebracht werden, so dass dieser als Sensor und die Keramik als Aktuator zusammen mit einer externen Elektronik als Regler funktionieren. Weitere Einzelheiten zur Integration der Piezoelemente und Leiterbahnen können [15.1] und [15.10] entnommen werden. Dies gilt auch für Strukturen, bei denen anstatt eines Duroplasten ein Thermoplast verwendet wird.

Konstruktion und analytische Details bei der Anbringung von Aktuatoren auf der Oberfläche von Faserverbundstrukturen sind in [15.1] erläutert und gegenübergestellt.

Insgesamt kann gesagt werden, dass die Verwendung aktiver Faserverbundstrukturen grosse Möglichkeiten für die Zukunft verspricht. Hierzu muss aber auch noch weitere anwendungsnahe Forschung, z. B. für den Einsatz im Kraftfahrzeugbau (automatische Inspektion), erfolgen.

15.6 Literaturverzeichnis zu Kapitel 15

[15.1] Elspass, W., Flemming, M.: Aktive Funktionsbauweisen, Eine Einführung in die Struktronik, Springer-Verlag, ISBN 3-540-63743-5;1998

[15.2] Crawley, E.F.: Intelligent Structures, a Technology Overview and Assessment, Advisory Group for Aerospace Reserch and Development Specialists, Meeting on smart Structures for Aircraft and Spacecraft, Lindau, Oct. 1992

[15.3] Rogers, C.A.: Intelligent material systems - the dawn of a new material age, Journal of Intelligent Systems and Structures; Vol. 4, 4-12, Jan.1993

[15.4] Elspass, W.: Aktive Faserverbund- Funktionsbauweisen, Habilitationsschrift Technische Universität Chemnitz- Zwickau, Nov. 1994

[15.5] Elspass, W., Flemming,M.: Neue integrierte Maschinenelemente durch aktive Funktionsbauweisen, International Conference on Engeneering Design, ICED 1995, Prag

[15.6] Elspass, W.: Aktive Funktionsbauweisen, Bauweisenseminar des IKB, ETH- Zürich, 1993

[15.7] Nachtigall, W.; Phantasie der Schöpfung; Faszinierende Entdeckungen der Biologie und Biotechnik; Verlag Hoffmann und Kampe 1974

[15.8] Elspass, W., Paradies, R.: Design, numerical Simulation, Manufacturing and experimental Verification of an adaptive Sandwich-Reflector, Northamerican Conference on Smart Materials and Structures, Orlando, 1994

[15.9] Elspass, W. Paradies, R., Hertwig, M.: An adaptive Sandwich Panel in In-Situ-Technique; 8th World Ceramics Congress, Florence, 1994

[15.10] Paradies, R.: Statische Verformungsbeeinflussung hochgenauer Faserverbundreflektorschalen mit Hilfe applizierter oder integrierter aktiver Elemente, ETH-Zürich, Dissertation Nr. 12003, 1997

[15.11] Baumann, D.G.: Hochauflösender Mechanismus zum Positionieren einer Struktur; Patentgesuch Nr. 1485/95-9; Bundesamt für geistiges Eigentum, Bern, 1995

[15.12] Baumann, D.G.; Entwicklung von piezoelektrischen Positionierelementen und deren Validierung mit einem Transmissions-Elektronenmikroskop; VDI Fortschrittsberichte Reihe 1 Nr. 323; VDI Verlag Düsseldorf; 2000

[15.13] Resch, M.: Effizienzsteigerung der aktiven Schwingungskontrolle von Verbundstrukturen mittels angepasstem Strukturdesign, Dissertation ETH- Zürich Nr. 12584, 1998

[15.14] Resch, M., Berg, H., Elspass, W.: System Identification and Vibration control for Composite Structures with embedded Actuators; SPIE 1995 Northamerican Conference on Smart Materials and Structures, San Diego USA, 1995

[15.15] Elspass, W.: Thermo Dimensional Stable Sandwich Structures, Dissertation Nr. 8744, ETH- Zürich

[15.16] Kuo, C.P.: Optical tests of an intelligently deformable mirror for Space- Telescope Technology, Jet-Propulsion Laboratory, Pasadena Calif. USA, 1992

[15.17] Kuo, C.P., Wada, B.K.: Composite deformable Mirror; SPIE Vol. 1114; 495-505, Active Telescope Systems, 1989

[15.18] Jones, R., Wykes, C.: Holographic and speckle Interferrometry; Cambridge Press, ISBN 0-521-34417-4

[15.19] Liu, C.H.: Structural Analysis and Design of adaptive lightweight Mirrors, Masterthesis, Massachusetts Institute of Technology, Space Engineering Research Center, 1993

[15.20] Loboda, G.G.: Performance Enhancements of segmented infrared Reflectors via quasistatic Shapecontrol, Masterthesis, Massachusetts Institute of Technology, Space Engeneering Research Center, 1992

[15.21] Schindler, K.: Messung des Verformungszustandes einer aktiven Struktur mit Hilfe integrierter Sensoren, Diplomarbeit an der ETH-Zürich, Institut für Konstruktion und Bauweisen

[15.22] Berg, H., Bivi, L.; Schwingungskontrolle und Modalanalyse faserverstärkter Kunststoffstrukturen mit integrierten Piezoelementen; Semesterarbeit Institut für Konstruktion und Bauweisen, ETH Zürich; 1994

[15.23] Elspass, W., Eerme, M., Paradies, R., Resch, M.: Design and Analysis and Test of an active tubular Interface, SPIE Smart Material and Structures, San Diego USA, 1995

[15.24] Flemming, M., Ziegmann, G., Roth, S.: Faserverbundbauweisen, Fasern und Matrices, Springer Verlag Berlin Heidelberg, ISBN 3-540-58645-8, 1995

[15.25] Flemming, M., Ziegmann,G., Roth, S.: Faserverbundbauweise, Halbzeuge und Bauweisen, Springerverlag Berlin Heidelberg, ISBN 3-540-60616-5, 1996

[15.26] Flemming, M. Ziegmann, G., Roth, S.: Faserverbundbauweisen, Fertigungsmethoden mit duroplastischen Matrices, Springerverlag Berlin Heidelberg

[15.27] Breiing, A., Flemming, M.: Theorie und Methoden des Konstruierens, Springerverlag Berlin Heidelberg, ISBN 3-540-56177-3, 1993

[15.28] Valvo Unternehmensbereich: Piezooxyde (PXE), Eigenschaften und Anwendungen, Bauelemente der Philips GmbH, ISBN 3-7785-1755-4

[15.29] Newnham, R.E., Rushan, G.R.: Electromechanical Properties of smart Materials, Journal of Intelligent Systems and Structures, Vol.4, 289-294, 1993

[15.30] Vehino, K.: Recent Developments of Piezoelectric Acuators for adaptive Structures, 3rd World Conference on Intelligent Structures, San Diego USA, 1992

[15.31] Galea, S.C., Chin, W.K., Paul, J.: Use of Piezoelectric Films in detecting and monitoring Damage in Composites, Journal of Intelligent Systems and Structures, Vol. 4, 330-336, 1993

[15.32] Clark, A.E.: High Power rare Earth magnetostrictive Materials, Journal of Intelligent Systems and Structures, Vol. 4, 70-75, 1993

[15.33] Lhermet, N. et al.: Design of Actuators based on biased magnetostrictive rare earthion Alloys, Journal of Intelligent Systems and Structures, Vol. 4, 337-342, 1993

[15.34] Hodges, F.H., Sewell, J.M.: Control of Terefenol Actuators, Conference on recent Advances in adaptive and sensory Materials and their Applications, Blacksburg, VA, 1992

[15.35] Goodfriend, M.J., Shoop, K.M., McMaster, O.D.,: Characteristics of the magnetostrictive Alloy Terfenol-D produced for the Manufacture of Devices, Conference on recent Advances in adaptive and sensory Materials and their Applications, Blacksburg, VA, pp 448-456, 1992

[15.36] Hodgson, D.E.: Using Shape- Memory- Alloys, Shape- Memory- Applications Inc., 1988

[15.37] Liang, C., Rogers, C.A.; Design of shape memory alloy actuators; Journal of Mechanical Design; Vol. 14; June 1992

[15.38] Liang, C., Rogers, C.A.; One-dimensional thermomechanical constituitive relations for shape memory materials; AIAA-90-1027-CP

[15.39] Liang, C., Rogers, C.A.; Design of shape memory alloy springs with applications in vibration control; Journal of Vibration and Acoustics; Vol. 115:129-135; 1993

[15.40] Maclean, B.J.; Patterson, G.J.; Misra, M.S.; Modelling of a shape memory integrated actuator for vibration control of large space structures. Recent advances in intelligent materials and structures; 1991

[15.41] Liang, C., Jia, J.; Rogers, C.A.; Behavior of shape memory alloy reinforced composites plates, part I: model formulations and control concepts; AIAA-89-1331-CP

[15.42] Pahl, G., Beitz, W.; Konstruktionslehre, Springer Verlag Berlin, 1997

[15.43] Flemming, M., Ziegmann, G.; Design and Manufacturing Concepts with modern anisotropic materials, SAMPE-Tagung, Switzerland, 1996

Die Forschungsberichte der ETH Zürich liegen den Verfassern vor.

16 Die elektrischen Eigenschaften von Faserverbunden und modifizierten Matrices [16.1]

16.1 Einführung

In vielen Gebieten des Maschinen- und Fahrzeugbaus werden heute die konventionellen metallischen Werkstoffe ersetzt durch faserverstärkte Kunststoffe. Diese Kunststoffe sind vielfach den Metallen ebenbürtig oder oft sogar in mechanischer Hinsicht überlegen. Sie kombinieren gute bis sehr gute mechanische Eigenschaften mit geringem Gewicht. Gleichzeitig haben auch die fallenden Kosten dieser Faserverbundwerkstoffe dazu geführt, dass heute vermehrt Komponenten oder ganze Baugruppen in dieser Technologie hergestellt werden. Neben den klassischen Einsatzgebieten der Luft- und Raumfahrt hält diese Technologie heute auch Einzug in den Fahrzeugbau und in den allgemeinen Maschinenbau.

Mit dem vermehrten Einsatz dieser Werkstoffe sind auch hinreichende Kenntnisse entstanden über deren mechanische Eigenschaften, deren Berechnung sowie über Konstruktions- und Fertigungsmöglichkeiten, weniger aber über die elektrischen und elektromagnetischen Eigenschaften und deren Beeinflussung.

Mit wachsender Komplexität und Leistungsfähigkeit von Maschinen entsteht zwangsläufig die Forderung, immer mehr physikalische Eigenschaften auf immer engerem Raum oder wenn möglich auch am gleichen Ort unterzubringen. In zunehmendem Masse sind also die multifunktionalen Eigenschaften von Konstruktionswerkstoffen gefordert gemäss Abb. 16.1.1:

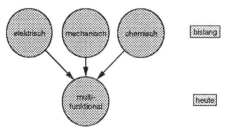

Abb. 16.1.1 Anforderungen an moderne Konstruktionswerkstoffe

454   Die elektrischen Eigenschaften von Faserverbunden und mod. Matrices

Während bislang die unterschiedlichen Anforderungen wie z. B. elektrische, mechanische oder chemische Beanspruchung von unterschiedlichen Werkstoffen erfüllt wurden, soll heute ein Werkstoff möglichst viele Funktionen in sich vereinen. Mit der Zunahme der Komplexität von Anlagen und Maschinen werden also an einen Konstruktionswerkstoff ganz neue Anforderungen gestellt.

Betrachtet man speziell die elektrischen Eigenschaften von Metallen und Verbundwerkstoffen, so zeigt sich insbesondere hier ein wesentlicher Unterschied. So sind metallischen Konstruktionswerkstoffe ausnahmslos gute elektrische Leiter, während die Verbundwerkstoffe eine weite Palette vom elektrischen Leiter bis hin zum Isolator aufweisen können. Dieses breite Spektrum lässt keine Klassifizierung in „gute" oder „schlechte" Eigenschaften zu, nicht zuletzt auch deswegen, weil die elektrischen Eigenschaften je nach Anforderung stark variieren können.

Gerade die elektrischen Eigenschaften der Verbundwerkstoffe sind es aber, die bisher noch nicht hinreichend untersucht worden sind, heutzutage aber eine wichtige Rolle spielen und immer stärker von Kunden und Anwendern hinterfragt werden.

Je nach Anwendungsgebiet werden die unterschiedlichsten Anforderungen gestellt. Überall dort, wo hohe elektrische Spannungen auftreten, sind insbesondere die isolierenden Eigenschaften von Interesse, da hierdurch der Schutz von Personen oder anderen elektrischen Einrichtungen gewährleistet wird. So ist beispielsweise bei Schienenfahrzeugen, die heute aus Verbundwerkstoffen hergestellt werden, die Frage der elektrischen Isolation von grosser Bedeutung. Hier muss auch im Störfall wie z. B. einem Fahrleitungsbruch ein ausreichender Schutz der Fahrzeuginsassen gewährleistet sein.

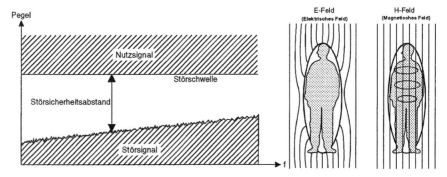

Abb. 16.1.2 Beeinflussung bei elektrischen Systemen und Organismen

Die elektrischen Eigenschaften von Faserverbunden und mod. Matrices

Anforderung	elektrischer Parameter	elektrische Anwendung	Einsatzgebiet
Isolation	ρ	Isolatoren	Fahrzeugbau, allgem. Maschinenbau, Elektrotechnik
Leiteigenschaften	ρ	Antennen, Reflektoren, Leiter	Nachrichtentechnik, Navigation, Verkehrstechnik
Abschirmung	ρ, μ, ε	Geräteschirmung,	Nachrichtentechnik, Kommunikationstechnik, Mess- und Regeltechnik, Werkzeugmaschinenbau; Medizintechnik, Fahrzeugbau
Absorption	ρ, μ, ε	Absorbermaterial	Fahrzeugbau, Luft- und Raumfahrt, Nachrichtentechnik

Abb. 16.1.3 Unterschiedliche Anforderungen an Verbundwerkstoffe

Eine konträre Anforderung an den Werkstoff wird gestellt, wenn elektrische Systeme abgeschirmt werden müssen, um nicht andere Systeme zu beeinträchtigen oder von diesen beeinträchtigt zu werden. Hier sind die elektrischen Werkstoffparameter ρ, μ und ε (siehe Abb. 16.1.3) so zu wählen, dass eine elektromagnetische Welle nicht durch den Werkstoff hindurchtreten kann. Bei einer ungenügenden Abschirmung durch den Werkstoff kann es zu gegenseitigen Beeinflussungen kommen, die in ihrer Auswirkung störend oder gar schädigend sein können.

Bei technischen Systemen lässt sich der Grad der störenden Beeinflussung quantifizieren, indem der Abstand zwischen Nutz- und Störsignalen angegeben wird. Wird dieser Abstand zu klein oder verschwindet er ganz, so sind technische Systeme nicht mehr ohne besondere Vorkehrungen nebeneinander zu betreiben.

Die Abb. 16.1.3 gibt einen Überblick darüber, welche unterschiedlichen Anforderungen an einen Konstruktionswerkstoff gestellt werden können:

Die elektrischen Kenngrössen des Materials müssen über einen weiten Frequenzbereich hinweg untersucht werden, um möglichst viele technische Anforderungen abdecken zu können, wie z. B. auch die oben angeführte Problematik der Abschirmung für beliebige Frequenzen.

Häufig können die gesuchten elektrischen Kenngrössen nicht direkt gemessen werden, sondern nur Hilfsgrössen, aus denen anschliessend die gewünschten Grössen errechnet werden müssen.

456 Die elektrischen Eigenschaften von Faserverbunden und mod. Matrices

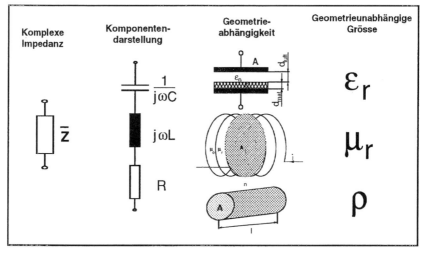

Abb. 16.1.4 Zur Herleitung der gesuchten Grössen

$\overline{Z}$ = komplexe Impedanz
L = Induktivität
C = Kapazität
R = Widerstand
ε_r = relative Dielektrizitätszahl

μ_r = relative Permabilitätszahl
ρ = spezifischer Widerstand

Im niederen Frequenzbereich, d. h. für Gleichspannungen und technische Industriefrequenzen, existieren Normen zur Ermittlung des elektrischen Widerstandes, alle anderen Kenngrössen aber müssen - insbesondere auch bei höheren Frequenzen - über nicht spezifizierte Messverfahren ermittelt werden. Die Hochfrequenztechnik kennt verschiedene Messverfahren zur Ermittlung komplexer Impedanzen und es werden hieraus Methoden ausgewählt, die es erlauben, aus diesen Impedanzen die geometrieunabhängigen Materialparameter μ und ε zu bestimmen. Um hierbei ein grosses Frequenzspektrum abzudecken, sind mehrere Methoden einzusetzen. Neben der Realisierbarkeit der Messaufbauten ist auch auf die Reproduzierbarkeit der Messergebnisse zu achten. Ausgewählte Messverfahren werden anschliessend realisiert und mit bekannten Materialien verifiziert.

Da die Vielzahl der heute eingesetzten Verbundwerkstoffe und deren Kombinationen in diesem Buch nicht abgedeckt werden kann, wird hier lediglich ein Harzsystem als ein wesentlicher Bestandteil eines Faserverbundwerkstoffes untersucht. Gleichzeitig ist dessen Modifikation durch Beimischung von beispielsweise Kohle, Graphit, Kohlekurzfasern oder Eisen die einfachste fertigungstechnische Möglichkeit, elektrische und mechanische Kenngrössen zu variieren. Das mit den Füllstoffen angereicherte Harzsystem wird mit den

Die elektrischen Eigenschaften von Faserverbunden und mod. Matrices 457

evaluierten Messmethoden vermessen. Hieraus entstehen für den jeweiligen Füllungsgrad und das verwendete Füllmaterial charakteristische elektrische Kennwerte, die für eine gezielte Anpassung eines Faserverbundwerkstoffes an die gestellte Anforderung herangezogen werden können. Eine nachfolgende Auswertung der Kennwerte hat zum Ziel, Berechnungsmöglichkeiten aufzustellen, die es erlauben, bei Kenntnis der elektrischen Kenngrössen der einzelnen Werkstoffe auf die entsprechenden Grössen des Verbundwerkstoffes zu schliessen.

Da jede elektrische Modifikation aber gleichzeitig auch die mechanischen Eigenschaften beeinflusst, muss diesem Sachverhalt durch mechanische Belastungstests Rechnung getragen werden. Durch diese Tests werden die für ein Material charakteristischen Grössen E-Modul, Querkontraktionszahl und Bruchfestigkeit ermittelt. Diese Werte stellen zusammen mit den elektrischen Grössen ein Kriterium dafür dar, welcher der untersuchten Füllstoffe am besten für eine Modifikation geeignet ist.

16.2 Beschreibung und theoretische Herleitung der eingesetzten Messverfahren

Ein Material lässt sich bezüglich seiner elektrischen Eigenschaften als eine elektrische Impedanz Z oder deren Kehrwert beschreiben:

$$\overline{Z} = R + j\omega L + \frac{1}{j\omega C} \; ; \; \overline{Y} = G + j\omega C + \frac{1}{j\omega L} \quad (16.1)$$

bei Reihenschaltung bei Parallelschaltung

Die Impedanz setzt sich aus einem Real- und einem Imaginärteil zusammen. Sie beschreibt das frequenzabhängige Verhältnis von Spannung und Strom und deren Phasenlage zueinander. In Abhängigkeit hiervon unterscheidet man in:
- ohmsche
- kapazitive
- induktive

Eigenschaften. Diese bewirken, dass die zeitliche Änderung von Spannung und Strom gegeneinander verschoben sein kann. Für eine Admittanz mit allen drei Eigenschaften ergibt sich der folgende zeitliche Verlauf:

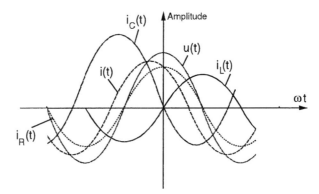

Abb. 16.2.1 Strom- und Spannungsverlauf an einer Admittanz

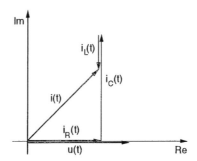

Abb. 16.2.2 Zeigerdiagramm einer komplexen elektrischen Impedanz

Unter einer Admittanz versteht man den Kehrwert der elektrischen Impedanz. Für eine vorgegebene Spannung u(t) entsteht an jeder „Eigenschaft" ein zugehöriger Strom $i_R(t)$, $i_L(t)$ und $i_C(t)$. Eine geometrische Addition der Amplitudenverläufe des Stroms ergibt eine resultierende Kurve i(t), die gegenüber der Spannung eine Verschiebung (= Phasenverschiebung) aufweist.

Der zeitliche Verlauf aus Abb. 16.2.1 kann in der komplexen Zahlenebene auch als Zeigerdiagramm dargestellt werden (Abb. 16.2.2).

Durch das Vermessen der zeitlichen Änderung von Spannung und Strom und deren Phasenverschiebung zueinander lässt sich eine komplexe Impedanz bestimmen. Durch Bestimmen der Impedanz sind somit auch Rückschlüsse auf die gesuchten Materialparameter ρ (= spezifischer Widerstand), ε_r (= relative Permittivitätszahl) und μ_r (= relative Permeabilitätszahl) möglich.

Betrachtet man die Eigenschaften eines Werkstoffes über einen weiten Frequenzbereich, so sind von diesen oben aufgeführten Materialparametern nicht immer alle gleich relevant. Insbesondere bei Gleichspannungen ist im eingeschwungenen Zustand nur der ohm'sche Anteil von Interesse, während mit steigender Frequenz der Imaginärteil der Impedanz an Bedeutung gewinnt.

Die elektrischen Eigenschaften von Faserverbunden und mod. Matrices 459

Abb. 16.2.3 Schienenfahrzeug aus Faserverbundwerkstoff

Durch die immer komplexer werdenden Geräte und Anlagen wird es notwendig, insbesondere die Isolations- bzw. Leiteigenschaften eines Verbundwerkstoffes zu kennen und diesen auszunutzen. Dies ist beispielsweise bei dem bereits in vorherigen Bänden erwähnten Schienenfahrzeug der Fall.

Das Fahrzeug ist komplett aus einer glasfaserverstärkten Sandwichbauweise hergestellt und wird im normalen Betriebszustand nicht mit einer elektrischen Spannung beaufschlagt. Die strengen Sicherheitsvorschriften für öffentliche Fahrzeuge sowie die Gesetze über die Produkthaftung machen es aber erforderlich, dass alle nur denkbaren Situationen sowohl in der normalen Verwendung als auch in einem Schadensfall überdacht werden müssen.

Durch eine genügende elektromagnetische Abschirmung muss daher beispielsweise sichergestellt sein, dass nicht andere elektrische Aggregate oder aber auch Personen geschädigt oder beeinträchtigt werden. Auch Betriebsstörungen oder Unfälle wie beispielsweise ein Fahrleitungsbruch müssen weitestgehend abgesichert werden. Neben den bekannten Crash-Versuchen ist das Fahrzeug bzw. das Material auch dahingehend zu untersuchen, wie es sich bei direkter Beaufschlagung mit einer Hochspannung verhält, d. h. wenn zum Beispiel der Fahrdraht direkt auf dem Wagenkasten aufliegt.

Die elektrostatische Auflage der Aussenflächen von Kunststoffen ist ein bekanntes Problem. Solche Aufladungen können elektrisch sehr störend sein, sie müssen deshalb durch leitende Materialien (Schichten) abgeleitet werden.

Von den wichtigsten Verstärkungsfasern auf polymerer Basis ist nur die Kohlefaser elektrisch leitend. Im Normalfall sind die für die Strukturkomponenten verwendeten Harzsysteme nicht leitend, allerdings gibt es leitende Harzsysteme, die jedoch mehr in der Elektronik Anwendung finden [16.33], [16.34].

Beim Einsatz nicht leitender Kunststoffteile an Aussenflächen von Fahrzeugen, Flugzeugen und Bahnsystemen muss die elektrostatische Auflage durch leitende Schichten abgeleitet werden. CFK ist elektrisch leitfähig, wenn auch nur begrenzt. Somit ist abzuklären, ob die Leitfähigkeit zur Ableitung der elektrostatischen Aufladungen ausreichend gross ist.

Wie bereits angesprochen, werden elektrisch nichtleitende Flugzeugbauteile durch die Luftreibung elektrostatisch aufgeladen. Die elektrische Spannung kann dabei so hohe Werte annehmen, dass Überschläge oder Durchschläge zu leitenden Teilen oder Medien anderer Ladung erfolgen, z. B. in die Geräte am Amaturenpanel. Die Überschläge haben dabei ein sehr breites Hochfrequenzspektrum, so dass der Funkverkehr bzw. alle über Hochfrequenz übertragene Signale stark gestört werden. Für Abladung elektrostatischer Aufladungen werden bei nichtleitenden Werkstoffen wie GFK und aramidfaserverstärkten Kunststoffen (AFK) Leitlacksysteme vorgesehen. Für den mit Einschränkungen leitfähigen CFK-Werkstoff gibt es wenig Unterlagen über den Schutz gegen elektrostatische Auflagung.

Für nichtleitende Kunststoffe wie GFK und AFK werden entsprechend der Deutschen Luftfahrt Norm „LN029576 Te13 - Elektrische Bordnetze für Luftfahrzeuge" Oberflächenwiderstände vorgeschrieben.

16.2.1 Ermittlung des Durchgangswiderstandes für Gleichspannungen nach IEC 93

Der Durchgangswiderstand eines Materials ist speziell bei der Frage der elektrischen Isolationseigenschaften von Interesse. Elektrische Isolationseigenschaften sind aber gemäss Messnorm insbesondere bei den üblichen Energieversorgungsfrequenzen (< 50 Hz) gefragt, so dass somit lediglich der ohm'sche Anteil der geschilderten Impedanz zum Tragen kommt.

Prinzipiell wird eine Widerstandsmessung derart durchgeführt, indem an zwei gegenüberliegenden planparallelen Flächen eines Materials zwei Elektroden angelegt werden und der elektrische Widerstand zwischen diesen Elektroden gemessen wird [16.32], [16.25].

Bei dieser einfachen Probenkontaktierung wird sowohl ein (gesuchter) Strom durch das Material als auch ein unerwünschter Strom über die Oberfläche des Materials gemessen, die zum insgesamt messbaren Widerstand beitragen. Diese Problematik lässt sich dadurch eliminieren, indem man eine der oben dargestellten Proben abschirmt, so dass die Oberflächenströme diese Elektrode nicht mehr erreichen können.

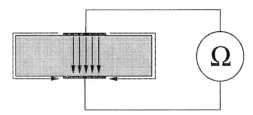

Abb. 16.2.4 Messfehler bei der einfachen Widerstandsmessung

Die elektrischen Eigenschaften von Faserverbunden und mod. Matrices 461

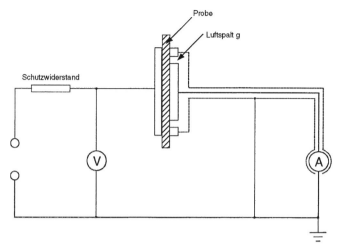

Abb. 16.2.5 Widerstandsmessung mit geschirmter Elektrode

Abb. 16.2.5 zeigt den modifizierten Versuchsaufbau aus Abb. 16.2.4.
Durch diese Massnahme der Abschirmung wird die wirksame Fläche A der Elektrode grösser als die eigentliche geometrische Fläche. Für ein homogenes Medium zwischen den Elektroden erhöht sich der wirksame Elektrodendurchmesser D um die Luftspaltbreite g zwischen der inneren Elektrode und der Schirmelektrode [16.8], [16.2]:

$$A = \frac{\pi \cdot (D+g)^2}{4} \qquad (16.2)$$

Bei dieser Gleichung sind jedoch noch keine Randeffekte berücksichtigt, d. h. die an den Rändern auftretenden Inhomogenitäten bewirken eine Verzerrung des elektrischen Feldes. Dieser Effekt kann durch den sogenannten Randfaktor berücksichtigt werden, der den wirksamen Elektrodenradius wieder verringert:

$$\delta = s \cdot \left[\left(\frac{2}{\pi}\right) \cdot \ln\left(\cosh\left(\frac{\pi}{4} \cdot \frac{g}{s}\right) \right) \right] \qquad (16.3)$$

mit:
- D = Elektrodendurchmesser
- g = Luftspaltbreite
- s = Dicke des zu vermessenden Materials

und damit:

$$A = \pi \cdot \left(r + \frac{g}{2} - \delta\right)^2 = \frac{\pi \cdot (D + g - 2\delta)^2}{4} \qquad (16.4)$$

Mit zunehmender Dicke des Materials wird jedoch der Einfluss des Randfaktors immer geringer, so dass in der europäischen Norm DIN IEC 93 (VDE 0303) zur Prüfung von festen elektrischen Isolierstoffen dieser Faktor nicht mehr berücksichtigt wird. Im Gegensatz dazu weist eine deutsche Norm DIN 53 482 noch unterschiedliche Nennwerte für die Messflächen bei unterschiedlichen Probendicken aus. Sie nimmt damit Rücksicht auf die Tatsache, dass gerade bei sehr dünnen Probenkörpern der Randeffekt durch die Elektroden nicht messbar wird. Bereits ab einer Materialdicke von 1 mm ist die maximal mögliche Gesamtfläche zu 98,7 % erreicht, während für kleinere Materialdicken ein starker Abfall zu der kleineren geometrischen Fläche auftritt.

Da bei dem in Abb. 16.2.5 dargestellten Messverfahren bei reinen Isolatoren sehr hohe Widerstandswerte zu erwarten sind, muss das Amperemeter in der Lage sein, auch noch sehr kleine Ströme detektieren zu können. Diese hohe Empfindlichkeit lässt sich üblicherweise nur mit Elektrometern erreichen.

16.2.2 Ermittlung des spezifischen Widerstandes nach der 4-Elektroden-Methode

Bei der Messung der Durchgangsleitfähigkeit wird die Methode der Vierpunktmessung eingesetzt [16.13]. Bei dieser Methode werden in den zu untersuchenden Werkstoff vier Elektroden gemäss der Abb. 16.2.6 integriert:

Durch Anlegen einer Spannung an die äusseren Elektroden fliesst durch den Probenkörper ein konstanter Strom. An den inneren Elektroden kann bedingt durch den Widerstand des Materials eine Spannung gemessen werden. Da bei einer Reihenschaltung von Widerständen der Strom an allen Stellen gleich ist, kann man den Widerstand zwischen den beiden mittleren Elektroden berechnen.

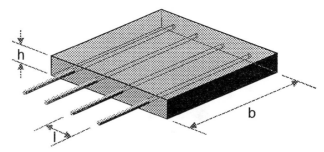

Abb. 16.2.6 Vierpunktmessung

16.2.3 Ermittlung des Oberflächenwiderstandes

Sollen stoffgefüllte Matrixmaterialien zur Beeinflussung elektromagnetischer Wellen eingesetzt werden, so ist auch der Oberflächenwiderstand [16.14], [16.16] des Materials von Interesse. Insbesondere bei steigenden Frequenzen wächst der Einfluss des Oberflächenwiderstandes durch das Auftreten des sogenannten Skin-Effektes bei Leitern. Hierbei ist das Innere eines Materials kaum noch für die Leitfähigkeit verantwortlich, sondern die Leitungsströme fliessen ausschliesslich aufgrund der geringen Eindringtiefe an der Oberfläche des Materials. Dieser Sachverhalt zeigt sich beispielsweise bei Hohlleitern, bei denen die Innenwände häufig versilbert sind, während das Material des Hohlleiters selbst häufig Messing ist. Insbesondere für den Einsatz von gefüllten Matrixmaterialien als Reflektor für elektromagnetische Wellen ist somit der Oberflächenwiderstand von Interesse. Aus kohlefaserverstärkten Kunststoffen hergestellte Antennenreflektoren werden deshalb häufig nochmals mit einer gut leitenden Schicht flammgespritzt, um eine entsprechend hohe Oberflächenleitfähigkeit zu erzielen.

Auch für den Einsatz als Isolationswerkstoff ist die Kenntnis des Oberflächenwiderstandes notwendig. Werden mehrere spannungsführende Punkte in einem Matrixmaterial integriert, so muss neben dem Volumenwiderstand auch der Oberflächenwiderstand die erforderlichen Mindestwerte aufweisen.

Prinzipiell ist die Messung des Oberflächenwiderstandes an einem Material derart durchführbar, dass an der Oberfläche zwei Elektroden angebracht werden und zwischen diesen Elektroden der elektrische Widerstand gemessen wird (Abb. 16.2.7). Um eine gleichmässige Feldverteilung auf der Oberfläche des Materials zu erzielen, bietet sich eine kreisförmige Elektrodenanordnung an.

Es ist jedoch nicht ausgeschlossen, dass sich, wie dargestellt, ein Teil der elektrischen Feldlinien auch im Material ausbreitet und somit die Messung des elektrischen Widerstandes verfälscht. Dieser störende Einfluss kann dadurch reduziert werden, indem man auf der gegenüberliegenden Seite des zu vermessenden Materials eine weitere geerdete Elektrode anbringt. Hierdurch wird das Feldbild der elektrischen Feldlinien wie folgt abgeändert (Abb. 16.2.8).

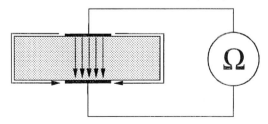

Abb. 16.2.7 Möglicher Messfehler bei der Ermittlung des Oberflächenwiderstandes

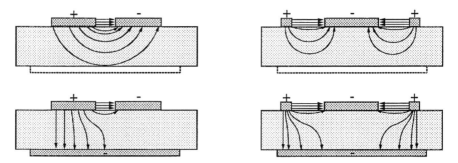

Abb. 16.2.8 Reduktion des Einflusses des Volumenwiderstandes

Nur noch ein geringer Teil der elektrischen Feldlinien gelangt durch das Material von der positiven zu der negativen Messelektrode. Der grösste Teil läuft zu der negativen Gegenelektrode hin und beeinflusst somit die Messung nicht mehr. Zur Messung des elektrischen Stromes muss das Amperemeter hinter die negative Messelektrode eingeschleift werden, da hier der Strom austritt, der tatsächlich über die Oberfläche des Materials fliesst. Bei bekannter angelegter Spannung U lässt sich hieraus der Oberflächenwiderstand R_G ermitteln. Da dieser eine Funktion der Elektrodengrösse ist und daher keinen geräteunabhängigen Wert darstellt, muss dieser Wert nochmals auf die verwendete Probengeometrie, d. h. auf den Durchmesser der inneren Elektrode und auf die Spaltbreite, normiert werden. Man erhält somit:

$$R_{OC} = \frac{d_m \cdot \pi}{g_b} \cdot R_G \qquad (16.5)$$

mit:

R_{OC}	=	spezifischer Oberflächenwiderstand
R_G	=	gemessener Widerstand in Ω
g_b	=	Breite des Spaltes
d_1	=	Durchmesser der inneren Elektrode
d_2	=	Durchmesser der Ringelektrode
d_m	=	mittlerer Durchmesser des Spaltes $d_m = \frac{d_1 + d_2}{2}$

16.2.4 Ermittlung der Dielektrizitätszahl für Frequenzen bis 15 MHz

Für die Messung der Dielektrizitätszahl geht man von der Faraday'schen Beobachtung aus, dass sich die Kapazität eines Kondensators erhöht, wenn der luftleere Raum zwischen den Platten mit einem Material (Dielektrikum) gefüllt wird [16.3]. Ein Mass für die Erhöhung der Kapazität stellt die relative Dielektrizitätszahl ε_r dar. Dabei beschränkt man sich auf einen Frequenzbereich, in dem die geometrischen Abmessungen der Probe sowie der Messanordnung klein gegenüber der Wellenlänge sind. Für diesen Fall kann nämlich die Probe als verlustbehafteter Kondensator aufgefasst und die relative Dielektrizitätszahl aus einer Admittanzmessung bestimmt werden.

Allgemein wird die Kapazität eines Kondensators wie folgt beschrieben:

$$C_m = \varepsilon_r \cdot \varepsilon_0 \cdot \frac{A}{d} \tag{16.6}$$

Hierbei ist:

$$C_0 = \varepsilon_0 \cdot \frac{A}{d} \tag{16.7}$$

C_0 ist dabei die Kapazität des luftgefüllten Kondensators.

Bedingt durch die Unstetigkeiten am Rande des Kondensators tritt auch eine Verzerrung des elektrischen Feldes auf und das zu vermessende Dielektrikum befindet sich dann an den Rändern nicht mehr in einem homogenen Feld. Diese Streukapazitäten und Verzerrungen des E-Feldes lassen sich praktisch ganz vermeiden, indem man das Dielektrikum nicht bis zum Rand hin untersucht, sondern die wirksame Messfläche verkleinert, wie dies in dem Abb. 16.2.9 dargestellt ist [16.5].

Ein Teil der oberen Elektrode wird abgetrennt und als elektrischer Schutzring auf Masse gelegt. Dabei wird die eigentliche Messelektrode konzentrisch von der Ringelektrode umgeben. Man spricht in diesem Zusammenhang dann auch von einer abgeschirmten Schutzringelektrode. Durch Abschirmung gehen die Streukapazitäten nicht mehr als Messfehler in die Messung ein. Es reduziert sich jedoch die wirksame Kondensatorfläche.

Für die Vermessung von leitfähigen Medien muss zudem ein Luftspalt zwischen dem Material und der einen Kondensatorplatte bestehen, um einen Kurzschluss durch das Material zu vermeiden (Abb. 16.2.10).

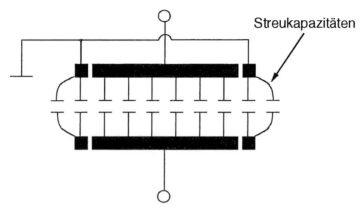

Abb. 16.2.9 Kondensator mit unterdrückten Streukapazitäten

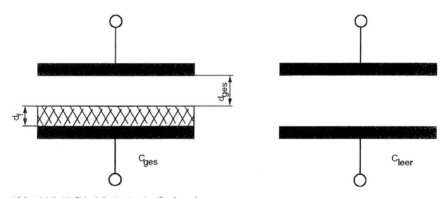

Abb. 16.2.10 Die Methode der Luftspaltmessung

Bei dieser Messmethode werden zwei Messungen durchgeführt bei gleichem Abstand d_{ges} der Kondensatorplatten. Dieser Abstand kann beliebig gewählt werden, jedoch so, dass das Testdielektrikum eingefügt werden kann und auch gleichzeitig noch ein Luftspalt vorhanden ist. Dieser Luftspalt isoliert jetzt das Dielektrikum von der einen Kondensatorfläche. Da Luft als Isolator verwendet wird, spielt es auch keine Rolle, an welcher Stelle zwischen den beiden Kondensatorplatten sich das zu vermessende Dielektrikum befindet. Ein möglicher Messfehler durch eine Lücke zwischen der Oberfläche des zu testenden Dielektrikums und der Plattenoberfläche ist somit ausgeschlossen.

Die elektrischen Eigenschaften von Faserverbunden und mod. Matrices

Eine Möglichkeit, die Dielektrizitätszahl getrennt nach Real- und Imaginärteil zu ermitteln, besteht in der Auswertung des Verlustfaktors D, der von einem Impedanzanalysator ermittelt werden kann.

Wie bereits beschrieben worden ist, kann die Dielektrizitätszahl aus zwei Messungen der Kapazität des Messkondensators wie folgt ermittelt werden [16.1]:

$$|\overline{\varepsilon_r}| = \frac{1}{1 + \frac{d_{ges}}{d_f}\left(\frac{C_{leer}}{C_{ges}} - 1\right)} \quad (16.8)$$

Diese Dielektrizitätszahl stellt den Betrag aus Real- und Imaginärteil der komplexen Dielektrizitätszahl dar. Für die Parallelschaltung eines idealen Kondensators und eines Verlustwiderstandes gilt der folgende Zusammenhang:

$$\overline{Y} = G_p + j\omega C_p \quad (16.9)$$

In einem Zeigerdiagramm dargestellt, lässt sich diese Admittanz in der komplexen Ebene wie folgt darstellen (Abb. 16.2.11):

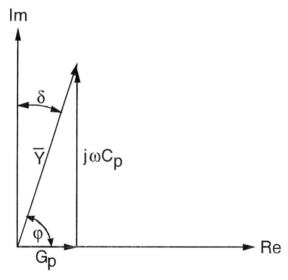

Abb. 16.2.11 Das Zeigerdiagramm des realen Kondensators

Man erhält als komplexe Dielektrizitätszahl:

$$\overline{\varepsilon_r} = \varepsilon_r' - j\varepsilon_r'' \qquad (16.10)$$

und

$$|\overline{\varepsilon_r}| = \sqrt{\varepsilon_r'^2 + \varepsilon_r''^2} \qquad (16.11)$$

In der z-Ebene ist der Verlustfaktor D wie folgt definiert:

$$D = \tan\delta = \frac{\varepsilon_r''}{\varepsilon_r'} = -\frac{\mathrm{Re}\{Z\}}{\mathrm{Im}\{Z\}} \qquad (16.12)$$

In dem Verlustfaktor D ist damit auch die Phaseninformation enthalten:

$$\varphi = \arctan D \qquad (16.13)$$

Die komplexe Dielektrizitätszahl berechnet sich hieraus wie folgt:

$$\varepsilon_r' = |\overline{\varepsilon_r}| \cdot \cos\varphi = |\overline{\varepsilon_r}| \cdot \cos(\arctan D) \qquad (16.14)$$

$$\varepsilon_r'' = |\overline{\varepsilon_r}| \cdot \sin\varphi = |\overline{\varepsilon_r}| \cdot \sin(\arctan D) \qquad (16.15)$$

Es werden jetzt ebenfalls wieder zwei Messungen durchgeführt und C_{leer} sowie D_{leer} und in dem nächsten Messdurchgang C_{ges} und D_{ges} ermittelt.

16.2.5 Ermittlung der Permeabilitätszahl für Frequenzen bis 15 MHz

Die Permeabilitätszahl beschreibt die Erhöhung der Induktivität einer Spule gegenüber Luft bei Einbringen eines ferromagnetischen Materials. Für die Ermittlung der permeablen Materialparameter im niedrigen Frequenzbereich werden analog zu der Kondensatormessung Spulen angefertigt. Bei den Spulen handelt es sich um Luftspulen, die mit dem zu untersuchenden Material gefüllt werden können. Diese Messmethode macht von der Tatsache Gebrauch, dass die Induktivität unabhängig von Strom oder Spannung ist, sondern allein von der Geometrie der Spule und den magnetischen Eigenschaften des Kernes bestimmt wird. Jede Spule besitzt dabei neben dem ohm'schen Widerstand des Leiters noch einen frequenzabhängigen Widerstand (induktiven Widerstand). Dieser induktive

Widerstand dient zum Aufbau eines magnetischen Feldes um die Drahtwicklungen herum. Das Einbringen eines Werkstoffes in dieses Magnetfeld der Luftspule kann eine sehr viel höhere (ferromagnetisch), eine geringfügig höhere (paramagnetisch) oder eine geringfügig niedrigere (diamagnetisch) Induktivität als im Vakuum ergeben [16.21].

Jede Windung einer solchen Spule liefert einen induktiven Beitrag zur Gesamtinduktivität. Sie erzeugt gleichzeitig aber auch einen ohm'schen Widerstand sowie ein elektrostatisches Feld, das einen Kapazitätscharakter voraussetzt.

Für die komplexe Admittanz dieser Schaltung gilt:

$$\frac{1}{Z} = \frac{1}{R_p} + j\omega C + \frac{1}{R_S + j\omega L} \quad (16.16)$$

Aus der Gleichung (16.16) lässt sich entnehmen, dass der technische Einsatz von Spulen nur im Frequenzbereich unterhalb der Resonanzfrequenz , also für $\omega < \omega_r$ erfolgt, da nur hier der induktive Anteil überwiegt. Bei einer idealen Spule hat man eine Phasenverschiebung zwischen Spannung und Strom von 90°. In Abhängigkeit der Verluste einer Spule wird dieser Wert allerdings niemals erreicht, sondern der tatsächliche Phasenwinkel wird immer darunter liegen. Die Verluste setzen sich dabei zusammen aus den ohm'schen Verlusten der Drahtwicklung, den Isolationsverlusten der Wicklung sowie aus den Kernverlusten des Materials.

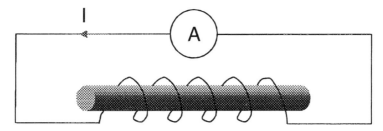

Abb. 16.2.12 Materialgefüllte Luftspule

Der Verlustfaktor ist dabei allgemein definiert als:

$$\tan\delta = \frac{\text{Re}\left\{\frac{1}{Z}\right\}}{\text{Im}\left\{\frac{1}{Z}\right\}} \qquad (16.17)$$

Für den Gesamtverlust einer Spule gilt demnach:

$$\tan\delta = \tan\delta_S + \tan\delta_P + \tan\delta_K \qquad (16.18)$$

Hierbei ist:

$\tan\delta_S$ = Ohm'sche Verluste durch die Wicklung
$\tan\delta_P$ = Isolationsverluste
$\tan\delta_K$ = Kernverluste

Die Kernverluste lassen sich wiederum aufteilen in die Wirbelstromverluste $\tan\delta_\omega$, Hystereseverluste $\tan\delta_H$, Nachwirkungsverluste $\tan\delta_N$ und Resonanzverluste $\tan\delta_R$.

Das oben beschriebene Messverfahren wird hier derart erweitert, dass neben der reinen Bestimmung der Induktivität auch noch der Verlustfaktor der Spule messtechnisch erfasst wird. Diese erweiterte Messung wird sowohl an der leeren Luftspule als auch an der materialgefüllten Spule durchgeführt [16.4].

Für die Impedanz der materialgefüllten Spule definiert man in der komplexen Schreibweise unter Vernachlässigung der ohm'schen Wicklungsverluste und deren Kapazität zueinander:

$$\overline{Z} = j\omega\mu_0 L\left(\mu' - j\mu''\right) \qquad (16.19)$$

Die komplexe Permeabilitätszahl berechnet sich dann als Quotient der komplexen Impedanzen zwischen der materialgefüllten Spule und der Luftspule:

$$\overline{\mu} = \frac{\overline{Z}_{\text{gefüllt}}}{Z_{\text{leer}}} \qquad (16.20)$$

Für die Impedanz der luftgefüllten Spule wird dabei definitionsgemäss davon ausgegangen, dass der Luftkern keine Verluste besitzt. Die obige Gleichung lässt sich daher auch schreiben als:

Die elektrischen Eigenschaften von Faserverbunden und mod. Matrices 471

$$\overline{\mu} = \frac{R_{\text{gefüllt}} + j\omega L_{\text{gefüllt}}}{j\omega L_{\text{leer}}} = \frac{L_{\text{gefüllt}}}{L_{\text{leer}}} - j\frac{R_{\text{gefüllt}}}{\omega L_{\text{leer}}} \qquad (16.21)$$

Zur Ermittlung der komplexen Permeabilitätszahl sind zwei Messungen notwendig, die bei einem identischen Anregungssignal erfolgen sollten. Dies bedeutet insbesondere, dass der anregende Strom bei beiden Messungen über die Frequenz konstant bleiben sollte, da andernfalls aufgrund

$$H = \frac{n \cdot I}{l} \qquad (16.22)$$

die magnetische Feldstärke H verändert wird. Während der Messung ist daher ständig der Strom zu überwachen und gegebenenfalls die Oszillatorspannung zu verändern, bevor ein Messwert für die Impedanz aufgenommen wird.

16.2.6 Ermittlung der Permittivität und Permeabilität für Frequenzen über 500 MHz

16.2.6.1 Allgemeine Herleitung der Materialparameter aus der Wellengleichung

Die Messungen der Werkstoffeigenschaften für höhere Frequenzen können nicht mehr wie dargestellt mit Messspulen und Messkondensatoren durchgeführt werden, da hier die Randeffekte (z. B. Streufeld oder Ohm'sche Verluste) so gross werden, dass sie einen gravierenden Einfluss auf die Messergebnisse haben. Aus diesem Grund werden die Messungen in einem Hohlleiter durchgeführt [16.10], [16.20]:

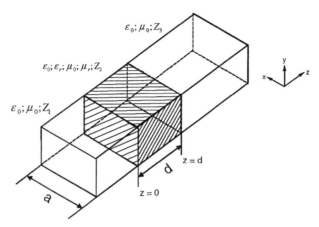

Abb. 16.2.13 Material in einem Hohlleiter

Die kleinste ausbreitungsfähige Welle in einem solchen Hohlleiter ist die H_{101}-Welle. Für die Wellengleichung in kartesischen Koordinaten gilt dabei:

$$\nabla^2 A + k^2 A = 0 \qquad (16.23)$$

Eine allgemeine Lösung dieser Wellengleichung für in z-Richtung unbegrenzte Medien lautet dabei [16.4]:

$$A_z^H = C \cdot \begin{Bmatrix} \sin k_x x \\ \cos k_x x \end{Bmatrix} \cdot \begin{Bmatrix} \sin k_y y \\ \cos k_y y \end{Bmatrix} \cdot e^{\pm j(k_z z \pm \omega t)} \qquad (16.24)$$

Für die Impedanz der magnetischen H-Welle als kleinste ausbreitungsfähige Welle erhält man hieraus:

$$Z_H = \frac{\mu_0 \mu_r}{\sqrt{\mu_0 \varepsilon_0 \mu_r \varepsilon_r - \left(\frac{\lambda_0}{2a}\right)^2 \cdot \mu_0 \varepsilon_0}} \qquad (16.25)$$

$$Z_0 = \sqrt{\frac{\mu_0}{\varepsilon_0}} \qquad (16.26)$$

Einsetzen liefert für die einzelnen Raumteile:

Die elektrischen Eigenschaften von Faserverbunden und mod. Matrices

$$Z_1 = \frac{\omega\mu_0}{k_{z1}} = \frac{Z_0}{\sqrt{1-\left(\frac{\lambda_0}{2a}\right)^2}}; \quad k_{z1}^2 = k_0^2 - \left(\frac{\pi}{a}\right)^2 \qquad (16.27)$$

$$Z_2 = \frac{\omega\mu_0}{k_{z2}} = \frac{Z_0 \cdot \mu_r}{\sqrt{\mu_r\varepsilon_r - \left(\frac{\lambda_0}{2a}\right)^2}}; \quad k_{z2}^2 = k_0^2 \mu_r \varepsilon_r - \left(\frac{\pi}{a}\right)^2 \qquad (16.28)$$

$$Z_3 = \frac{\omega\mu_0}{k_{z3}} = \frac{Z_0}{\sqrt{1-\left(\frac{\lambda_0}{2a}\right)^2}}; \quad k_{z3}^2 = k_0^2 - \left(\frac{\pi}{a}\right)^2 \qquad (16.29)$$

Mit:

$$k_0 = \omega\sqrt{\varepsilon_0\mu_0}; \quad Z_0 = \sqrt{\frac{\mu_0}{\varepsilon_0}}; \quad \lambda_0 = \frac{1}{f \cdot \sqrt{\mu_0\varepsilon_0}} \qquad (16.30)$$

Eine beschichtete Metallfläche stellt eine Sonderform eines dreischichtigen Mediums dar. Diese Anordnung ist auch unter dem Namen „Dällenbach Layer" bekannt. Sie stellt einen häufig anzutreffenden Sachverhalt dar, bei dem reflektierende Elemente hinter einer Kunststoffschicht angeordnet sind. Man hat für die beiden Fälle des Kurzschluss (Dällenbach-Layer) und des Abschluss mit der Wellenimpedanz des freien Raumes jeweils zwei unterschiedliche Gleichungen für die Eingangsimpedanz bzw. den Reflexionsfaktor erhalten. Diese Ergebnisse sind nochmals in der Abb. 16.2.14 zusammengefasst [16.22]:

$Z_3 = 0$	$Z_3 = Z_1$
$Z_e = Z_2 \cdot \tanh\gamma_2 l$	$Z_e = \dfrac{Z_1 + Z_2 \cdot \tanh\gamma_2 l}{1 + \dfrac{Z_1}{Z_2} \cdot \tanh\gamma_2 l}$
$R_1 = r = \dfrac{Z_2 \cdot \|\tanh\gamma_2 l\| - Z_1}{Z_2 \cdot \|\tanh\gamma_2 l\| + Z_1}$	$R_2 = r = \dfrac{(Z_2^2 - Z_1^2) \cdot \tanh\gamma_2 l}{(Z_1^2 + Z_2^2) \cdot \tanh\gamma_2 l + 2Z_1 Z_2}$

Abb. 16.2.14 Zusammenfassung der Ergebnisse

Umformen und Einsetzen liefert:

$$\overline{\mu}_r = \frac{\gamma_2 \cdot Z_2}{j \cdot \dfrac{2 \cdot \pi}{\lambda_0} \cdot Z_0} \qquad (16.31)$$

und:

$$\overline{\varepsilon}_r = \frac{Z_0}{j \cdot Z_2 \cdot \dfrac{2 \cdot \pi}{\lambda_0}} \cdot \left[\gamma_2 - \frac{\left(\dfrac{\pi}{a}\right)^2}{\gamma_2} \right] \qquad (16.32)$$

Den obigen Gleichungen ist zu entnehmen, dass sich bei Kenntnis der Impedanzen und Reflexionsfaktoren die komplexen Grössen $\overline{\mu}_r$ und $\overline{\varepsilon}_r$ ermitteln lassen. Bei den hier verwendeten Messgeräten ist es aber nicht möglich, Impedanzen und Reflexionsfaktoren direkt zu messen bzw. auszugeben. Es werden hier üblicherweise S-Parameter gemessen. Die voranstehenden Herleitungen sind deshalb noch auf die Ermittlung durch S-Parameter zu erweitern.

16.2.6.2 Materialvermessung unter Zuhilfenahme der S-Parameter

Zur Vermessung von Materialeigenschaften im Hochfrequenzbereich werden heute Netzwerkanalysatoren eingesetzt, die in der Lage sind, sogenannte S-Parameter zu ermitteln.

Die S-Parameter werden auch als Streuparameter bezeichnet und stellen einen Zusammenhang zwischen Spannung und Strom in einer mit dem zu vermessenden Medium gefüllten Messanordnung dar [16.1].

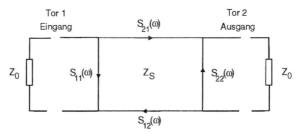

Abb. 16.2.15 Schematische Darstellung eines Zweitores

Die elektrischen Eigenschaften von Faserverbunden und mod. Matrices   475

Die einzelnen Grössen sind dabei wie folgt definiert:

$S_{11}(\omega)$ = Betriebsreflexionsfaktor des Eingangs
$S_{22}(\omega)$ = Betriebsreflexionsfaktor des Ausgangs
$S_{12}(\omega)$ = Betriebsübertragungsfaktor rückwärts
$S_{21}(\omega)$ = Betriebsübertragungsfaktor vorwärts

Es lässt sich zeigen, dass sich aus den S-Parametern die Materialkenngrössen (s. Abb. 16.1.4) wie folgt berechnen lassen:

$$\Gamma_{1/2} = \frac{S_{11}^{'2}(\omega) - S_{21}^{'2}(\omega) + 1}{2 \cdot S_{11}^{'}(\omega)} \pm \sqrt{\left[\frac{S_{11}^{'2}(\omega) - S_{21}^{'2}(\omega) + 1}{2 \cdot S_{11}^{'}(\omega)}\right]^2 - 1} \quad (16.33)$$

und:

$$T_{1/2} = \frac{S_{21}^{'2}(\omega) - S_{11}^{'2}(\omega) + 1}{2 \cdot S_{21}^{'}(\omega)} \pm \sqrt{\left[\frac{S_{21}^{'2}(\omega) - S_{11}^{'2}(\omega) + 1}{2 \cdot S_{21}^{'}(\omega)}\right]^2 - 1} \quad (16.34)$$

Bei der Berechnung des Reflexions- und des Transmissionskoeffizienten ist zu beachten, dass die Lösung einer quadratischen Gleichung mehrdeutig ist. Es ist deshalb immer die Lösung zu wählen, bei der der Betrag kleiner als 1 ist. Dies bedeutet nämlich, dass die reflektierte bzw. die durch Testmaterial hindurchgehende Leistung nicht grösser als die insgesamt eingestrahlte Leistung sein kann.

Es ist noch zu beachten, dass die Wellenlänge in einem Wellenleiter abhängig ist von seiner Form. Unter der „Cut-Off"-Wellenlänge versteht man die Wellenlänge, die maximal noch in einem Wellenleiter ausbreitungsfähig ist. Oberhalb dieser Wellenlänge können sich keine Wellen mehr ausbreiten. Die Wellenlänge wird bestimmt durch den Typ und die Geometrie des Wellenleiters. So tritt die „Cut-Off"-Wellenlänge typischerweise nur bei Hohlleitern auf, während bei koaxialen Wellenleitern gilt:

$$\mu_r = -j \cdot \frac{1}{2 \cdot \pi \cdot d} \cdot \frac{1+\Gamma}{1-\Gamma} \cdot \frac{1}{\sqrt{\frac{1}{\lambda_0^2} - \frac{1}{\lambda_C^2}}} \cdot \ln\left(\frac{1}{T}\right) \quad (16.35)$$

und:

$$\mu_r \varepsilon_r = -\left[\frac{\lambda_0}{2\cdot\pi\cdot d}\cdot\ln\left(\frac{1}{T}\right)\right]^2 \quad (16.36)$$

16.2.6.3 Einfluss der Probendicke auf das Messergebnis

Die Dicke der Proben sollte so gewählt werden, dass bei stark dämpfenden Testmaterialien der Einfluss der Abschlussimpedanz der Messanordnung noch messbar bleibt. Umgekehrt muss aber auch bei schwach dämpfenden Materialien die Dämpfung selbst noch messbar bleiben.

Neben diesen Gesichtspunkten ist auch noch zu berücksichtigen, dass die Gleichung (16.35) den Logarithmus einer komplexen Zahl beinhaltet. Dieser Logarithmus ist aber nur im Hauptzweig eindeutig.

Da der Transmissionskoeffizient T eine komplexe Zahl ist, gilt im Hauptzweig des Logarithmus:

$$\ln\frac{1}{T} = \ln\left|\frac{1}{T}\right| + j\varphi_0 \quad (16.37)$$

φ_0 ist dabei der Phasenwinkel der komplexen Zahl T. Liegt dieser Phasenwinkel im Bereich $-\pi < \varphi_0 \leq \pi$, so befindet man sich im Hauptzweig des natürlichen Logarithmus. Liegt der Phasenwinkel ausserhalb dieses Intervalls, so wird der Logarithmus mehrdeutig:

$$\ln\frac{1}{T} = \ln\left|\frac{1}{T}\right| + j\varphi_0 + j2k\pi \quad (16.38)$$

Durch diese Mehrdeutigkeit wird der Imaginärteil der gesuchten Grösse verfälscht. Der Faktor k ist dabei eine ganze Zahl aus der Menge der natürlichen Zahlen und abhängig von der Dicke der Probe.

16.2.6.4 Einfluss der Probenposition im Hohlleiter auf das Messergebnis

Neben der Probendicke geht auch noch die Lage der zu vermessenden Probe auf das Ergebnis ein. Üblicherweise existiert für diese Art der Messungen ein kurzes Hohlleiterstück, in das das zu vermessende Material eingesetzt werden kann. Eine typische Anordnung sieht somit folgendermassen aus:

Die elektrischen Eigenschaften von Faserverbunden und mod. Matrices

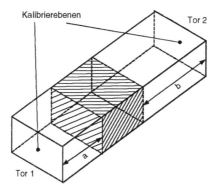

Abb. 16.2.16 Lage der Probe im Hohlleiter

Ist wie im vorliegenden Fall der Hohlleiter nicht komplett mit dem zu vermessenden Material ausgefüllt, so entsteht hierdurch ein räumlicher Abstand zwischen der Oberfläche des Materials und den Enden des Hohlleiters.

Bei Messungen mit Netzwerkanalysatoren wird zunächst immer ein Kalibriervorgang durchgeführt, um damit die Ungenauigkeiten des Messaufbaus zu eliminieren. Dies erfolgt dadurch, dass zunächst der Messaufbau ohne das zu vermessende Material vermessen und die Messergebnisse anschliessend abgespeichert werden. Bei den folgenden Vermessungen werden die so aufgenommen Messwerte wieder herausgerechnet, so dass sichergestellt ist, dass nur die Materialparameter aufgenommen werden. Es ist jetzt aber zu beachten, dass die Kalibrierung sich auf die Enden des Hohlleiters bezieht und deshalb immer dann ein Messfehler entsteht, wenn diese Enden nicht mit der Oberfläche des Materials übereinstimmen. Bei der Vermessung der S-Parameter mit dem Netzwerkanalysator entsteht dabei in erster Linie ein Phasenfehler, während die Fehler in dem Betrag (Dämpfung) vernachlässigt werden können.

Der Parameter S_{11} beschreibt die Reflexion der einfallenden Welle an der Oberfläche des Materials. Er wird üblicherweise nach Betrag und Phase von dem Netzwerkanalysator ausgegeben. Dabei geht der Ort der Reflexion, also der Abstand von der Kalibrierebene, in die Phasenlage ein, während die Grösse des reflektierten Anteils Einfluss auf den Betrag von S_{11} hat. Vernachlässigt man die Dämpfung im Hohlleiter durch die Luft auf der Länge a, so bleibt der Betrag von S11 annähernd konstant.

Der Parameter S_{12} beschreibt den Anteil der einfallen Welle, der durch das Material vom Tor 1 zum Tor 2 gelangt. Auch hier entsteht ein Phasenfehler, wenn die Oberflächen des Materials nicht mit den Kalibrierebenen übereinstimmen. Die durch unterschiedliche Dicke des Materials resultierende Dämpfung der Welle und damit der Einfluss auf den Betrag von S_{12} ist bereits in dem Transmissionskoeffizienten T (16.35) berücksichtigt, während der Einfluss auf die Phase noch eliminiert werden muss.

Gemäss [16.4] entsteht in beiden oben beschriebenen Fällen eine Phasenverschiebung, die sich über die folgenden Zusammenhänge berechnen lässt:

$$\text{Phasenverschiebung } \Delta\varphi_{11} = \frac{360° \cdot f_0 \cdot \sqrt{1-\left(\frac{f_c}{f_0}\right)^2}}{c} \cdot 2 \cdot a \qquad (16.39)$$

$$\text{Phasenverschiebung } \Delta\varphi_{21} = \frac{360° \cdot f_0 \cdot \sqrt{1-\left(\frac{f_c}{f_0}\right)^2}}{c} \cdot (a+b) \qquad (16.40)$$

mit: f_c = Cut-Off-Frequenz
f_0 = Messfrequenz
c = Lichtgeschwindigkeit
a = Abstand Materialoberfläche von Kalibrierebene an Tor 1
b = Abstand Materialoberfläche von Kalibrierebene an Tor 2

Diese so berechnete Phasenverschiebung wird zu der gemessenen Phase addiert.

16.3 Erstellung der Versuchsaufbauten und Probenkörper

Für die unter Kapitel 16.2 hergeleiteten und dargestellten Messverfahren werden hier die angefertigten Versuchsaufbauten und Probenkörper beschrieben. Zur Veränderung der elektrischen Eigenschaften wurden die Füllstoffe Russ, Kohlekurzfasern, Graphit und Ferrit verwendet.

Material	Dichte ρ g/cm³	Partikel- grösse	Hersteller
Kohlenstoff	0,6	21 nm	Columbian Chemicals (Conductex 975 Ultra)
Eisen	7,87	150 μm	Merck GmbH
Graphit	2,22		Brütsch & Rüegger
Kohlekurzfasern	1,74	250 μm	Swiss Composite Shop

Abb. 16.3.1 Verwendete Füllstoffe

Die elektrischen Eigenschaften von Faserverbunden und mod. Matrices

	Herstellerangaben	Zur Berechnung angenommener Wert
Dichte des Harzes LY5082	1,10 - 1,15 g/cm³	1,12 g/cm³
Dichte des Härters HY5083	0,9 - 0,95 g/cm³	0,92 g/cm³

Abb. 16.3.2 Verwendetes Matrixsystem

Für die Untersuchung der elektrischen Materialeigenschaften wird als Trägermaterial das häufig verwendete System Harz/Härter LY5082/HY5083 der Firma Ciba verwendet (Abb. 16.3.2). Die Beimischung des Füllstoffes erfolgt in Volumenprozent, jedoch wird aufgrund der einfacheren Handhabbarkeit in Massen umgerechnet. Hier gilt der folgende Zusammenhang:

$$\rho = \frac{m}{V} \qquad (16.41)$$

mit: m = Masse
 ρ = Dichte
 V = Volumen

Das Volumen des Füllstoffes $V_{Füll}$, welches dem gewünschten Volumenanteil V_x entspricht, berechnet sich hiermit über den folgenden Zusammenhang:

$$V_{Füll} = \frac{V_{Matrix}}{\frac{100\%}{V_x[\%]} - 1} \qquad (16.42)$$

Mit:

$$V_{Matrix} = V_{Harz} + V_{Härter} \qquad (16.43)$$

16.3.1 Versuchsaufbau zur Messung des Durchgangswiderstandes nach IEC 93

Für die in Kapitel 16.2.1 dargestellte Messmethode wird die nachfolgende Elektrodenanordnung erstellt [16.16]:

480 Die elektrischen Eigenschaften von Faserverbunden und mod. Matrices

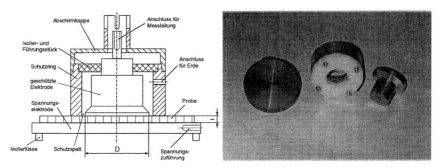

Abb. 16.3.3 Elektrodenanordnung zur Messung des Durchgangswiderstandes

Die zur Eliminierung des Oberflächenstromes notwendige Schutzringelektrode ist in der Abbildung deutlich zu erkennen. Sie weist an ihrem oberen Ende eine Teflonführung auf, durch welche die zu schützende Elektrode konzentrisch in der Mitte der Schutzringelektrode gehalten werden kann. Die Messelektrode erweitert sich zur Messungsseite hin, so dass die geforderte Schutzspaltbreite von 1mm erreicht wird. Weiterhin erkennbar ist die untere geerdete Elektrode, an die keine besondere Anforderung gestellt wird.

Da bei niedrigen Füllungsgraden des Probenmaterials sehr hohe Widerstände zu erwarten sind, ist der Einsatz eines einfachen Ohmmeters nicht mehr ausreichend, da der Innenwiderstand eines solchen Messgerätes bei der Spannungsmessung wesentlich kleiner ist als der zu vermessende Widerstand. Man muss daher für solche Messungen Elektrometer einsetzen, die durch ihren extrem hohen Eingangswiderstand nur geringe Messfehler verursachen. Der prinzipielle Messaufbau ist der folgenden Abbildung zu entnehmen:

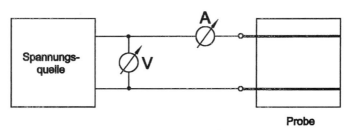

Abb. 16.3.4 Prinzipschaltbild der Messanordnung

Die elektrischen Eigenschaften von Faserverbunden und mod. Matrices

Es kommt bei dieser Anordnung eine stromrichtige Messung zum Einsatz, jedoch ist der Einfluss des extrem niedrigen Innenwiderstandes des Amperemeters gegenüber dem zu messenden Widerstand vernachlässigbar.

16.3.2 Versuchsaufbau zur Messung des spezifischen Widerstandes nach der 4-Elektroden-Methode

Gemäss der Herleitung aus Kapitel 16.2.2 müssen hier in die Proben noch vier Elektroden integriert werden, um die erforderlichen Messungen durchführen zu können [16.13]. Hieraus resultieren Probenkörper wie in Abb. 16.3.5 dargestellt:
Der Widerstand, der mit den einzelnen Messungen ermittelt werden kann, setzt sich zusammen aus den Kontaktwiderständen zwischen dem Material und den Elektroden sowie aus dem Widerstand des Materials selbst. Um die Kontaktwiderstände zu eliminieren, werden wie oben dargestellt mehrere Messungen durchgeführt.

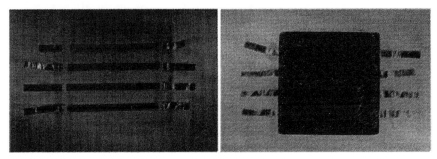

Abb. 16.3.5 Elektrodenanordnung in den Proben (reines Harz und 30 % Kohlenstoff)

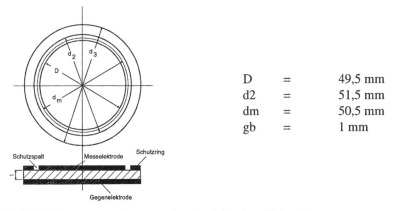

D   =   49,5 mm
d_2 =   51,5 mm
d_m =   50,5 mm
gb   =   1 mm

Abb. 16.3.6 Abmessungen der verwendeten kreisförmigen Elektroden

16.3.3 Versuchsaufbau zur Messung des Oberflächenwiderstandes

Zur Ermittlung des Oberflächenwiderstandes wird eine kreisförmige Elektrodenanordnung mit Dimensionen nach Abb. 16.3.6 verwendet [16.14], [16.15].

Um mit diesen Elektroden den tatsächlich über die Probenoberfläche fliessenden Strom zu erfassen, werden die Elektroden gemäss Abb. 16.3.7 verschaltet.

An die Ringelektrode wird der Pluspol der Gleichspannungsquelle gelegt und es kann von dort ein Strom zu der negativen inneren Elektrode sowie zu der negativen Gegenelektrode fliessen. Das Amperemeter ist jedoch nur in den Strompfad über die mittlere Elektrode eingeschleift, so dass nur der Strom über die Oberfläche des Probenkörpers erfasst wird. Der Strom durch das Material hindurch wird dagegen an dem Amperemeter vorbeigeleitet und beeinflusst die Messung nicht.

Bei dem Oberflächenwiderstand sind bei niedrigen Füllungsgraden sehr hohe Widerstandswerte zu erwarten, so dass das Amperemeter einen sehr niedrigen Innenwiderstand aufweisen muss. Es wird deshalb ein Elektrometer eingesetzt.

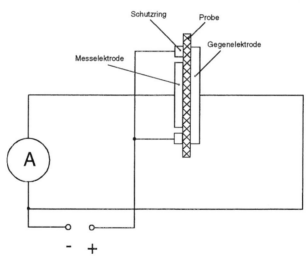

Abb. 16.3.7 Verschaltung der Elektroden

Die elektrischen Eigenschaften von Faserverbunden und mod. Matrices   483

Abb. 16.3.8 Verwendete Probenformen

Für die Vermessung werden kreisförmige Proben mit einem Durchmesser von 75 mm und ca. 5 mm Dicke eingesetzt.

16.3.4 Versuchsaufbau zur Messung der Dielektrizitätszahlen für Frequenzen unter 15 MHz

Die Ermittlung der permittiven Materialparameter erfolgt mit Hilfe des Messkondensators in zwei Schritten [16.17], [16.18], [16.19]. Zunächst wird die Impedanz des leeren Messkondensators gemessen und anschliessend die des teilweise stoffgefüllten Kondensators. Zwischen dem zu vermessenden Material und der einen Kondensatorplatte wird ein Luftspalt belassen, um hiermit einen Kurzschluss der Kondensatorplatten durch das leitfähige Material zu vermeiden. Sämtliche Messungen werden mit einem Impedanzanalysator durchgeführt, der es ermöglicht, die Messwerte getrennt nach Real- und Imaginärteil in einem Frequenzbereich zwischen 1 kHz und 15 MHz anzugeben. Höhere Frequenzen als 15 MHz sind bei dem verwendeten Aufbau nicht sinnvoll, da durch den offenen Aufbau des Messkondensators die Streuverluste und die damit verbundene Messungenauigkeit nicht mehr zu vernachlässigen sind. Der komplette Messaufbau ist nochmals in Abb. 16.3.9 wiedergegeben:

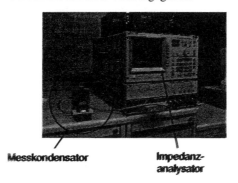

Abb. 16.3.9 Eingesetzter Messaufbau

Der Real- und der Imaginärteil der komplexen Permittivität kann nicht unmittelbar durch den Impedanzanalysator ermittelt werden, sondern es wird nach Kalibration mit Kurzschluss und Leerlauf für beide Messdurchgänge jeweils die komplexe Impedanz des Messaufbaus nach Betrag und Phase ermittelt. Hieraus kann dann der Real- und Imaginärteil der komplexen Permittivitätszahl über die folgenden Zusammenhänge ermittelt werden:

$$\varepsilon'' = \frac{d_{Mat}}{|Z_{Mat}| \cdot \omega \cdot \varepsilon_0 \cdot A} \cdot \cos(\varphi_{Mat}) \quad (16.44)$$

$$\varepsilon' = \frac{d_{Mat}}{|Z_{Mat}| \cdot \omega \cdot \varepsilon_0 \cdot A} \cdot \sin(-\varphi_{Mat}) \quad (16.45)$$

Mit: d_{Mat} = Dicke des zu vermessenden Materials
ω = Kreisfrequenz
A = wirksame Kondensatorfläche
ε_0 = Dielektrizitätszahl der Luft
$|Z_{Mat}|$ = Betrag der Impedanz des materialgefüllten Kondensators
φ_{Mat} = Phase der Impedanz des materialgefüllten Kondensators

In diesen Gleichungen muss dabei jeweils auch wieder $|Z_{Mat}|$ als auch φ_{Mat} aus den beiden durchgeführten Messungen des leeren und des stoffgefüllten Kondensators berechnet werden. Um die spätere Weiterverarbeitung mit externen Programmen weitestgehend zu vermeiden, wird von der Möglichkeit des Analysators Gebrauch gemacht, Berechnungen bereits dort durchzuführen. Hierdurch ist es dann möglich, dass direkt die gesuchten Grössen ε' und ε'' angezeigt und ausgegeben werden können. Zum Überprüfen des Messaufbaus wird als Testmaterial Teflon verwendet. Hier sollte ein $\varepsilon_r' = 2$ und ein $\varepsilon_r'' = 0$ gemäss Literaturangaben [16.31] messbar sein. Die durchgeführten Messungen zeigten eine sehr gute Übereinstimmung mit diesen Werten.

16.3.5 Versuchsaufbau zur Messung der Permeabilitätszahlen für Frequenzen unter 15 MHz

Zur Vermessung der permeablen Eigenschaften werden wie beschrieben Spulen verwendet. Das zu vermessende Material wird als Kern in diese Spule eingebracht und muss in seiner Geometrie dieser Spule angepasst sein.

Die elektrischen Eigenschaften von Faserverbunden und mod. Matrices

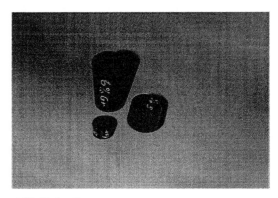

Abb. 16.3.10 Hergestellte Probenformen

Die Vermessung der Induktivität erfolgt mit Messspulen, die mit Hilfe des Impedanzanalysators ausgemessen werden können.

Bei dem Einsatz von Spulen ist allerdings zu beachten, dass diese immer nur bis zu einer gewissen Grenzfrequenz zu verwenden sind [16.1] und darüber hinaus einen kapazitiven Charakter annehmen. Die Wicklungen einer Spule weisen eine Kapazität zueinander auf, was sich auch aus der Gleichung (16.16) entnehmen lässt. Für die Messungen werden Spulen gemäss der folgenden Abbildung verwendet:

Abb. 16.3.11 Eingesetzte Testspulen

16.3.6 Versuchsaufbau zur Messung der Permeabilität und Permittivität für Frequenzen über 500 MHz

Für die Vermessung der Werkstoffeigenschaften im Mikrowellenbereich werden zunächst quadratische Grundkörper hergestellt. Die Permeabilität und Permittivität sind, wie bereits beschrieben, keine Konstanten, sondern sie weisen ein frequenzabhängiges Verhalten auf. Es ist zur Werkstoffcharakterisierung notwendig, diesen Verlauf in Abhängigkeit von der Frequenz aufzutragen. Zum Ausmessen dieser Eigenschaften wird ein Netzwerkanalysator verwendet, über den in Verbindung mit einem S-Parameter-Vorsatz der Eingangsreflexionsfaktor S_{11} und der Vorwärts-Übertragungsfaktor S_{21} ermittelt werden können. An den S-Parameter-Vorsatz wird ein Wellenleiter angeschlossen, der die zu untersuchenden Proben aufnehmen kann. Der Analysator wird von einem Computer angesteuert, der sowohl zum Einstellen der Messparameter als auch zur Datenerfassung dient. Da das Material über einen weiten Frequenzbereich bis hin zu einer oberen Frequenz von 18 GHz untersucht werden soll, werden vier unterschiedliche Wellenleiter verwendet, die man Abb. 16.3.12 entnehmen kann.

Jeder einzelne Wellenleiter-Messvorsatz muss vor Beginn der Messungen kalibriert werden, d. h. Fehler, die durch den Messaufbau entstehen, können hierdurch eliminiert werden. Der Analysator bietet hierzu die Möglichkeit, Messkurven als Kalibrationsdaten abzuspeichern und spätere Messungen als Relation hierzu auszuwerten. Im Anschluss an die Kalibrierung können die Probenkörper vermessen werden, indem sie über einen Probenhalter zwischen die beiden Hohlleiterebenen gebracht werden. Vom Analysator werden dann die gesuchten S-Parameter gemessen und ausgegeben.

Zur Überprüfung des obigen Messaufbaus wird zunächst ein Werkstoff vermessen, dessen elektrischen Materialparameter hinreichend bekannt und in der Literatur beschrieben sind. Für einen solchen Werkstoff bietet sich Teflon als Material an, da es zum einen leicht zu bearbeiten ist und zum anderen gemäss Literaturangaben [16.31] die folgenden Eigenschaften aufweisen sollte:

$$\varepsilon' = 2 \quad \varepsilon'' = 0; \quad \mu' = 0; \quad \mu'' = 0 \qquad (16.46)$$

Frequenzbereich [GHz]	Bezeichnung	Wellenleitertyp
0,5 - 3		koaxial
3,95 - 5,85	G-Band	Hohlleiter
8,2 - 12,4	X-Band	Hohlleiter
12,4 - 18	P-Band	Hohlleiter

Abb. 16.3.12 Verwendete Wellenleiter

Die elektrischen Eigenschaften von Faserverbunden und mod. Matrices

Die mit dem erstellten Versuchsaufbau gemessenen Grössen stimmen mit diesen obenstehenden Angaben überein.

16.4 Auswertung der durchgeführten Versuche

16.4.1 Messergebnisse des elektrischen Durchgangswiderstandes nach IEC 93

Der elektrische Durchgangswiderstand erlaubt die Zuordnung eines Werkstoffes zu der Gruppe der Leiter, der Halbleiter oder der Isolatoren. Die Grenzen zwischen diesen Bereichen sind fliessend und variieren in Abhängigkeit der spezifischen Anwendungsfälle. Eine grobe Übersicht über die Zuordnung ist in der Abb. 16.4.1 gegeben:

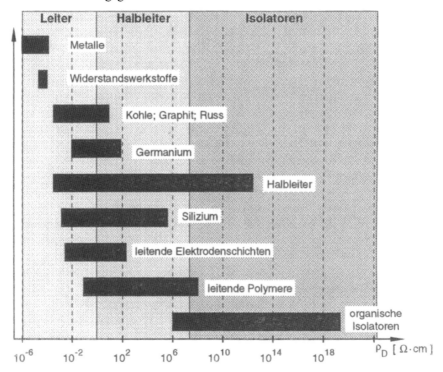

Abb. 16.4.1 Spezifischer Durchgangswiderstand [16.23]

Gemäss der Norm ist der spezifische Durchgangswiderstand wie folgt definiert:

$$\rho_D = \frac{R_D \cdot A}{a} \tag{16.47}$$

mit: R_D = gemessener Durchgangswiderstand in Ω
A = Nennwert der Messfläche der geschützten Elektrode in cm^2
a = Dicke der Probe in cm

Bei der Berechnung des spezifischen Widerstandes gemäss der obigen Definition geht die Grösse der Elektroden und ihr Abstand in das Messergebnis ein. Dabei ist zu beachten, dass die wirksame Elektrodenfläche nicht mit der geometrischen Elektrodenfläche übereinstimmen muss.

Die Messungen ergaben, dass in Abhängigkeit des jeweiligen verwendeten Füllstoffes bei gleichem Füllstoffanteil in Volumenprozent Unterschiede in dem spezifischen Durchgangswiderstand von nahezu drei Zehnerpotenzen erreicht werden können. Die mit Kohlekurzfasern gefüllten Matrixproben erreichen im Vergleich wesentlich niedrigere Werte als beispielsweise Graphit oder Eisen. Bei niedrigen Füllungsgraden und auch bei schlecht leitenden Füllstoffen ist deutlich der Polarisationseffekt eines dielektrischen Materials zu erkennen: der spezifische Durchgangswiderstand beginnt bei relativ kleinen Werten, steigt dann schnell an und nähert sich asymptotisch einem Endwert. Dieser Verlauf entsteht durch die Polarisation, d. h. in dem Material werden Dipole ausgerichtet und es kann deshalb zunächst ein höherer Strom fliessen. Sind alle Dipole ausgerichtet, so sinkt der Strom und der elektrische Widerstand steigt an. Mit zunehmender Leitfähigkeit des Materials ist keine Dipolausrichtung mehr möglich (Leiter haben keine Dipole) und der Polarisationseffekt verschwindet.

Trägt man den spezifischen Durchgangswiderstand zur Zeit t = 60 s über dem Füllstoffgehalt in Volumenprozent auf, so gelangt man zu der sogenannten Perkolationskurve. Für die untersuchten Werkstoffe erhält man dabei Verläufe gemäss Abb. 16.4.2.

Allen Kurven ist gemein, dass sie waagerecht aus der Ordinate austreten, d. h. bei sehr niedrigen Füllungsgraden ändert sich der spezifische Durchgangswiderstand nur sehr geringfügig. Erst wenn eine gewisse Schwelle (der sogenannte kritische Bereich) überschritten wird, so sinkt der spezifische Durchgangswiderstand rapide ab, um sich bei höheren Füllungsgraden wieder einem niedrigen spezifischen Durchgangswiderstand asymptotisch anzunähern.

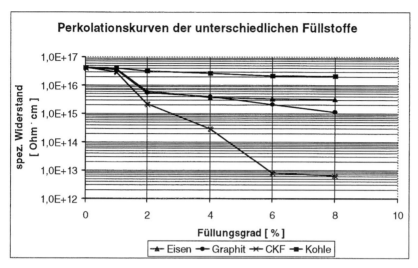

Abb. 16.4.2 Perkolationsverlauf des Durchgangswiderstandes

Bei niedrigen Füllungsgraden existieren zu viele weite Spalten zwischen den einzelnen leitenden Partikeln, als dass eine Leitfähigkeit durch Tunneln [16.27] oder durch den direkten Kontakt zwischen den Partikeln entstehen könnte. Der spezifische Durchgangswiderstand wird somit dominiert durch den spezifischen Widerstand der isolierenden Matrix. Ab der kritischen Konzentration sinkt dann aufgrund des direkten Kontaktes zwischen den Partikeln der Widerstand ab. Dieser Sachverhalt ist in der Abb. 16.4.3 nochmals schematisch wiedergegeben:

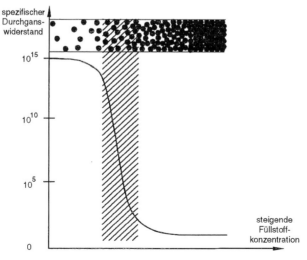

Abb. 16.4.3 Zusammenhang zwischen Perkolation und Füllungsgrad

Für das Absinken des spezifischen Durchgangswiderstandes sind im wesentlichen zwei Wirkmechanismen verantwortlich. Bei niedrigen Füllungsgraden berühren sich die leitfähigen Partikel noch nicht, d. h. es entstehen keine Strompfade durch den direkten Kontakt zwischen ihnen. Bei genügend kleinen Spalten zwischen den Partikeln ist es jedoch möglich, dass Elektronen durch den bekannten Tunneleffekt den schlechtleitenden Spalt überbrücken können und so eine Leitfähigkeit entsteht.

Steigt der Füllungsgrad an, so entsteht ein direkter Kontakt zwischen den Partikeln und damit leitfähige Bahnen, wie dies in der Abb. 16.4.4 dargestellt ist.

Die Ausprägung dieser leitenden Bahnen entsteht durch die Tendenz der Partikel zu einer linearen Agglomeration. Von einer gewissen Mindestkonzentration an gibt es im Material genügend Ketten aus Partikeln und dem elektrischen Strom stehen genügend leitfähige Pfade zur Verfügung.

Die bei dem kritischen Bereich vorhandene Füllstoffkonzentration ist zudem noch abhängig von der geometrischen Form der Partikel [16.24]. Setzt man die Längen und Seiten der Partikel ins Verhältnis, so können hier Quotienten zwischen 1 (Kugelform) und 500 (Kurzfasern) auftreten. Die einzelnen Füllstoffgeometrien lassen sich deshalb wie in der Abb. 16.4.5 annähern.

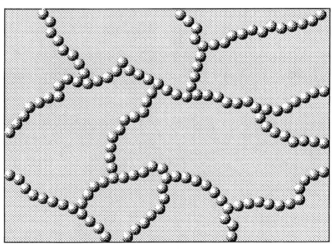

Abb. 16.4.4 Agglomeration von Füllstoffpartikeln

Die elektrischen Eigenschaften von Faserverbunden und mod. Matrices 491

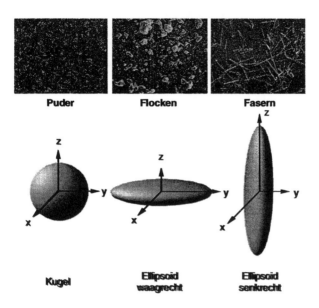

Abb. 16.4.5 Unterschiedliche Füllstoffgeometrien

Das Verhalten eines dotierten Polymers bei einem angelegten externen elektrischen Feld hängt ab vom Füllgrad und der Form des Füllstoffes. Hieraus ergibt sich ein mittlerer Abstand zwischen den Nachbarpartikeln.

Anhand von Perkolationsuntersuchungen wurde herausgefunden, dass bei asymmetrischen Füllstoffen die elektrischen Eigenschaften schon bei niedrigeren Füllungsgraden beeinflusst werden als bei symmetrischen Füllstoffen. Das von dem jeweiligen Partikel erzeugte elektrische Feld ist hier nämlich im Vergleich zu einer Kugel nicht mehr in allen drei Raumrichtungen gleich stark ausgeprägt, sondern es gibt gewisse Vorzugsrichtungen. Diese Depolarisation wird für die jeweilige Koordinatenrichtung durch den sogenannten Depolarisationsfaktor berücksichtigt [16.21].

Eine unsymmetrische Form des Füllstoffes begünstigt somit die Beeinflussung der Partikel untereinander und damit auch den spezifischen Durchgangswiderstand des Werkstoffes insgesamt. Für die oben getroffenen Annahmen eines Ellipsoides, das einmal in Richtung des elektrischen Feldes und einmal quer zur Richtung des elektrischen Feldes steht, ist das Verhältnis der elektrischen Potentiale in Richtung der grossen Halbachse gegenüber der kurzen Halbachse berechnet worden.

Ein ellipsoider Füllstoff bewirkt weiterhin, dass weniger Kontaktwiderstände zwischen den einzelnen Partikeln auftreten, wie dies in dem folgenden Bild dargestellt ist:

492   Die elektrischen Eigenschaften von Faserverbunden und mod. Matrices

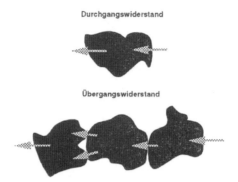

Abb. 16.4.6 Der Einfluss des intrinsischen Übergangswiderstandes

Der gemessene spezifische Durchgangswiderstand setzt sich nicht nur aus einem reinen Durchgangswiderstand zusammen, wie dies in der oberen Bildhälfte dargestellt ist, sondern durch die Aneinanderreihung der einzelnen Partikel entstehen intrinsische Übergangswiderstände, die um so grösser werden, je mehr Partikel zwischen den Prüfelektroden in Reihe geschaltet werden müssen. Faserförmige Füllstoffe bewirken hier, dass insgesamt weniger Übergangswiderstände auftreten. Der Übergangswiderstand selbst kann auch dadurch noch wesentlich erhöht werden, dass die einzelnen Partikel von der Matrix benetzt worden sind und daher kein direkter Kontakt zwischen dem Füllstoffmaterial besteht. Werden aber einzelne kugelförmige Füllstoffe wie z. B. Russ durch langkettige Füllstoffe wie Carbon-Kurzfasern ersetzt, so lässt sich der spezifische Durchgangswiderstand erheblich absenken.

Die Ermittlung des spezifischen Durchgangswiderstandes mit der dargestellten Messanordnung beinhaltet jedoch einen prinzipiellen Messfehler, der durch den Übergangswiderstand zwischen den Messelektroden und dem Material hervorgerufen wird. Bei der Prüfung von Kunststoffen, die mit Metallpulver oder Metallflocken gefüllt sind, kann es nämlich vorkommen, dass an der Oberfläche ein hoher Isolationswiderstand ermittelt wird, weil an der Oberfläche eine Füllstoffverarmung durch Sedimentation aufgetreten ist. Auch der umgekehrte Fall ist denkbar, indem eine einzige leitende Faser den spezifischen Durchgangswiderstand erheblich verfälschen kann. Bei den oben durchgeführten Messungen ist eine geringe Fehlerreduzierung dadurch erreicht worden, dass die Messungen mehrmals an unterschiedlichen Stellen der Probe durchgeführt wurden und jeweils auf Reproduzierbarkeit überprüft wurden.

16.4.2 Messergebnisse des elektrischen Durchgangswiderstandes nach der 4-Elektroden-Methode

Um den bei der genormten Messmethode auftretenden Übergangswiderstand zwischen Messelektrode und Werkstoff zu minimieren, sind bei dieser Methode die Daten über vier integrierte Elektroden erfasst worden. Diese Messmethode ist jedoch nicht in den Normen hinterlegt, da spezielle Modifikationen am Prüfling durchzuführen sind und somit eine Messung nicht nur durch aufgesetzte Elektroden durchführbar ist. Die Elektroden bestehen aus Kupferstreifen mit einer Breite von 6,5 mm und einer Dicke von 0,1 mm. Sie werden in dem quadratischen Probenkörper über die gesamte Länge von 100 mm integriert.

Durch kombinierte Messungen zwischen den einzelnen Elektroden ist es möglich, den Übergangswiderstand von den Elektroden in das Material sowie den spezifischen Widerstand der Elektroden selbst herauszurechnen.

Den Messungen kann man entnehmen, dass die integrierten Elektroden eine Erniedrigung des spezifischen Durchgangswiderstandes um ca. 2 Zehnerpotenzen bewirken können. Diese Erniedrigung ist vor allen Dingen darauf zurückzuführen, dass die Messelektroden nicht auf der Oberfläche des Probenkörpers aufsitzen, wo häufig eine Harzanreicherung und damit gleichzeitig auch eine Verarmung an Füllstoffen auftritt, sondern durch die Integration im Innern des Werkstoffes einen intensiven Kontakt aufweisen.

Auch hier kann man wieder den spezifischen Durchgangswiderstand über dem Füllstoffgehalt auftragen und es ergibt sich ein Verlauf gemäss Abb. 16.4.7.

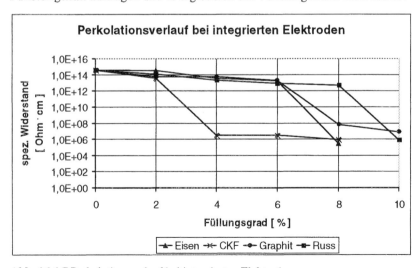

Abb. 16.4.7 Perkolationsverlauf bei integrierten Elektroden

Man erkennt aus diesen Kurven, dass sich die Kohlekurzfaser am besten dazu eignet, den spezifischen Durchgangswiderstand schon bei niedrigen Füllungsgraden spürbar abzusenken [16.28].

16.4.3 Messergebnisse des elektrischen Oberflächenwiderstandes

Mit dem beschriebenen Messaufbau sind die angefertigten Probenkörper vermessen worden. Trägt man die Messergebnisse nach einer Prüfzeit von 60 Sekunden in Abhängigkeit vom Füllungsgrad auf, so ergibt sich das untenstehende Diagramm. Eine Ausnahme in der Perkolation stellt hierbei Eisen als Füllstoff dar. Dieser Sachverhalt ist dadurch zu erklären, dass bei der Herstellung durch das hohe spezifische Gewicht des Eisens eine Sedimentation stattgefunden hat und damit die Oberfläche der Proben eine Verarmung an leitfähigem Füllstoff aufweist.

Man kann den Kurven aus Abb. 16.4.8 entnehmen, dass mit einer Füllung durch Kohlekurzfasern oder Graphit die grössten Widerstandsänderungen an der Oberfläche zu erreichen sind. Dies deckt sich mit den Beobachtungen aus Abb. 16.4.4 und gibt somit einen zusätzlichen Hinweis darauf, dass bei der Bestimmungsmethode des spezifischen Durchgangswiderstandes nach Kapitel 16.4.1 sehr stark der spezifische Oberflächenwiderstand eingeht.

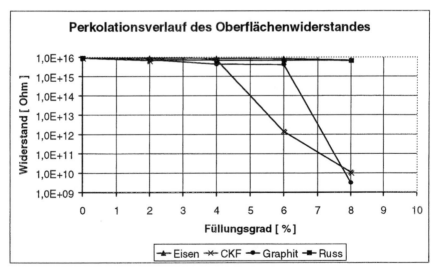

Abb. 16.4.8 Perkolation des Oberflächenwiderstandes

Die elektrischen Eigenschaften von Faserverbunden und mod. Matrices

Die zu Beginn der Messung auftretende Polarisation des Werkstoffes und der damit verbundene Anstieg des spezifischen Oberflächenwiderstandes ist insbesondere bei niedrigen Füllungsgraden zu erkennen. Durch den Zusatz von Graphit oder Kohlekurzfasern sinkt der spezifische Oberflächenwiderstand stark ab und die Polarisationseffekte verschwinden.

16.4.4 Messergebnisse der Dielektrizitätszahlen für Frequenzen unter 15 MHz

Mit dem beschriebenen Messaufbau werden die stoffgefüllten Matrixmaterialien vermessen.

16.4.4.1 Kohlenstofffüllung

Die Messungen zeigen, dass zwischen dem Füllungsgrad und dem Anstieg des Realteiles der Permittivität ein annähernd linearer Zusammenhang besteht. Für die rechnerische Bestimmung der Gesamtpermittivität des Verbundes lässt sich somit in Anlehnung an die Bestimmung des resultierenden E-Moduls eines Verbundwerkstoffes auch schreiben [16.19], [16.26], [16.1]:

$$\varepsilon_{r\,ges} = \varepsilon_{r\,Harz} \cdot V_{Harz} + \varepsilon_{r\,Füll} \cdot V_{Füll} \qquad (16.48)$$

Hierbei ist:
  V_{Harz} = Volumenanteil des Harzes
  $V_{Füll}$ = Volumenanteil des Füllstoffes

Weiterhin muss gelten, dass sich die beiden Volumenanteile zu einem (genormten) Gesamtvolumen ergänzen:

$$V_{ges} = V_{Harz} + V_{Füll} = 1 \qquad (16.49)$$

Eine weitere Möglichkeit zur rechnerischen Bestimmung der Gesamtpermittivität aus den Permittivitäten der beiden beteiligten Werkstoffe liefert eine Gleichung von Polder-Van Santen / de Loor [16.12]. Diese Gleichung geht davon aus, dass die Füllstoffe gleichmässig in der Matrix verteilt sind und sich das Material isotrop verhält:

$$\varepsilon_{r_{ges}} = \varepsilon_{r\,Harz} + \frac{V_{Füll} \cdot (\varepsilon_{r\,Füll} - \varepsilon_{r\,Harz})}{1 + \eta \cdot \left(\frac{\varepsilon_{r\,Harz}}{\varepsilon^*} - 1\right)} \tag{16.50}$$

mit:

η = Depolarisationsfaktor
$V_{Füll}$ = normierter Volumenanteil des Füllstoffes [0 ... 1]
$\varepsilon_{r\,Harz}$ = komplexe Dielektrizitätszahl des Matrixmaterials
$\varepsilon_{r\,Füll}$ = komplexe Dielektrizitätszahl des Füllstoffes
$\varepsilon_{r\,ges}$ = komplexe Dielektrizitätszahl des Verbundes

ε^* ist dabei die effektive Dielektrizitätszahl in unmittelbarer Umgebung des eingeschlossenen Füllstoffes. Für niedrige Füllungsgrade ($V_{Füll} \leq 0{,}1$) kann ε^* gleich der Permittivitätszahl der Matrix ε_{rHarz} gesetzt werden. Für höhere Füllungsgrade dagegen müssen Interaktionen zwischen den Partikeln berücksichtigt werden, so dass hier nicht mehr der Wert der Matrix angenommen werden darf. Hier ist dann ε^* gleich ε_{rges} zu setzen.

Gemäss [16.11] liegt aber Kohlenstoff nicht in einer kugelförmigen Gestalt vor, sondern er neigt grundsätzlich zu einer Kettenbildung, so dass selbst bei niedrigen Füllungsgraden nadelförmige Gebilde von ca. 150 nm vorhanden sind. Der Werkstoff kann daher von dem isotropen Verhalten abweichen. Setzt man für Russ nadelförmige Partikel an, dann kann man die obige Gleichung in Abhängigkeit vom Füllgrad aufspalten in drei Berechnungsvarianten:

$$\varepsilon_{r_{ges}} = \begin{cases} \varepsilon_{r\,Harz} \cdot \left[1 + 2 \cdot V_{Füll} \cdot \dfrac{\varepsilon_{r\,Füll} - \varepsilon_{r\,Harz}}{\varepsilon_{r\,Füll} + \varepsilon_{r\,Harz}}\right] & \text{für } \varepsilon^* = \varepsilon_{r\,Harz}\,;\ \varepsilon_{r\,ges} \to \varepsilon_{x,y} \\[1em] \varepsilon_{r\,Harz} + 2 \cdot V_{Füll} \cdot \varepsilon_{r\,ges} \cdot \dfrac{\varepsilon_{r\,Füll} - \varepsilon_{r\,Harz}}{\varepsilon_{r\,ges} + \varepsilon_{r\,Füll}} & \text{für } \varepsilon^* = \varepsilon_{r\,ges}\,;\ \varepsilon_{r\,ges} \to \varepsilon_{x,y} \\[1em] \varepsilon_{r\,Harz} + V_{Füll} \cdot (\varepsilon_{r\,Füll} - \varepsilon_{r\,Harz}) & \text{unabhängig von } \varepsilon^*\,;\ \varepsilon_{r\,ges} \to \varepsilon_z \end{cases} \tag{16.51}$$

Trägt man den Verlauf der Permittivität in Abhängigkeit vom Füllungsgrad und bei einer Frequenz von 10 MHz auf, so ergibt sich für den gemessenen Wert und den berechneten Werten der Verlauf nach Abb. 16.4.9:

Die elektrischen Eigenschaften von Faserverbunden und mod. Matrices

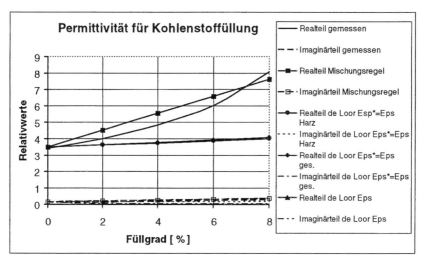

Abb. 16.4.9 Vergleich zwischen gemessenen (bei 10 MHz) und berechneten Werten

Hierbei wird die relative Dielektrizitätszahl des Harzes mit $\varepsilon_{Harz} = 3.5 + j\, 0.15$ und die des Kohlenstoffes mit $\varepsilon_{Füll} = 55 + j\, 3$ angesetzt. Man kann erkennen, dass der Verlauf der Dielektrizitätszahl für niedrige Füllungsgrade im Gegensatz zu dem Ohm'schen Anteil des Verbundwerkstoffes keinen Perkolationsverlauf aufweist, sondern durch einen linearen Zusammenhang gemäss Gleichung (16.48) anzunähern ist. Auch das Gleichungssystem nach [16.12] liefert nur für den Fall einer gerichteten Dielektrizitätszahl ε_{richt} ein mit den Messungen übereinstimmendes Ergebnis. Liegt diese Ausrichtung in Richtung des elektrischen Feldes im Messkondensator, so erhöht der Kohlenstoff im wesentlichen den Realteil der Permittivität, während der Imaginärteil nur geringfügig beeinflusst wird.

16.4.4.2 Graphitfüllung

Das Zufügen von Graphit ergibt einen merklich höheren Anstieg des Realteiles der Permittivitätszahl als bei der Kohlenstoffüllung. Über den hier vermessenen Frequenzbereich bis 15 MHz verlaufen die Werte weitestgehend konstant, es treten keine Resonanzeffekte auf.

Auch hier ist wieder bei einer Frequenz von 10 MHz ein linearer Anstieg in Abhängigkeit vom Füllungsgrad zu erkennen. Setzt man wieder für Harz $\varepsilon_{Harz} = 3{,}5 + j\, 0.15$ und für das Graphit $\varepsilon_{Füll} = 80 + j\, 5$, so kann man gemäss Gleichung (16.48) eine Annäherung an die tatsächlichen Messwerte finden.

Nach [16.12] lässt sich Gleichung (16.51) für ein scheibenförmiges Ellipsoid auch schreiben zu:

$$\varepsilon_{r_{ges}} = \begin{cases} \varepsilon_{r_{Harz}} \cdot \left[1 + V_{Füll} \cdot \left(1 - \dfrac{\varepsilon_{r_{Harz}}}{\varepsilon_{r_{Füll}}}\right)\right] & \text{für } \varepsilon^* = \varepsilon_{r_{Harz}}; \varepsilon_{r_{ges}} \to \varepsilon_z \\ \varepsilon_{r_{Füll}} \cdot \varepsilon_{r_{Harz}} \cdot \left[\varepsilon_{r_{Füll}} \cdot (1 - V_{Füll}) + V_{Füll} \cdot \varepsilon_{r_{Harz}}\right]^{-1} & \text{für } \varepsilon^* = \varepsilon_{r_{ges}}\ \varepsilon_{r_{ges}} \to \varepsilon_z \\ \varepsilon_{r_{ges}} = \varepsilon_{r_{Harz}} + V_{Füll} \cdot \left(\varepsilon_{r_{Füll}} - \varepsilon_{r_{Harz}}\right) & \text{unabhängig von } \varepsilon^*; \varepsilon_{r_{ges}} \to \varepsilon_{x,y} \end{cases} \quad (16.52)$$

Bei diesem Gleichungssystem wird davon ausgegangen, dass das Graphit eine scheibenförmige Geometrie aufweist.

Trägt man den Verlauf der Permittivität in Abhängigkeit vom Füllungsgrad und bei einer Frequenz von 10 MHz auf, so ergibt sich für den gemessenen und den berechneten Wert der Verlauf nach Abb. 16.4.10.

Auch hier ist zu erkennen, dass bei niedrigen Füllungsgraden die Gleichung nach [16.12] und die Gleichung (16.48) zusammenfallen und die beste Annäherung liefern.

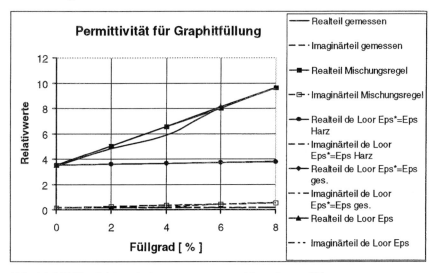

Abb. 16.4.10 Vergleich zwischen gemessenen und berechneten Werten

16.4.4.3 CKF-Füllung

Man erkennt hier einen wesentlich steileren Anstieg des Realteiles bei wachsenden Füllungsgraden als bei einer vergleichbaren Kohlenstoff-Füllung. Trägt man den Verlauf der Permittivität in Abhängigkeit vom Füllungsgrad und bei einer Frequenz von 10 MHz auf, so erhält man Abb. 16.4.11.

Ein Vergleich der erhaltenen Messwerte und der Berechnungsmöglichkeiten liefert keine zufriedenstellenden Ergebnisse. Da aber die höheren gemessenen Werte nicht durch ein höheres $\varepsilon_{Füll}$ der Kohlefasern zu erklären sind, die ja einen annähernd identischen Wert wie der reine Kohlenstoff aufweisen müssen, sind zusätzliche Effekte an den Messwerten beteiligt. Es kommt hier ein zusätzlicher Kondensatoreffekt zum Tragen [16.13], [16.1]. Dieser tritt auf, wenn sich die leitfähigen Partikel in bahnen- oder plattenförmigen Anordnungen anordnen, wie es in Abb. 16.4.12 dargestellt ist.

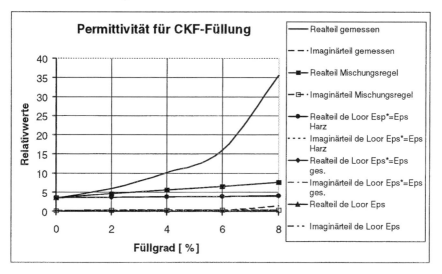

Abb. 16.4.11 Vergleich zwischen gemessenen (bei 10 MHz) und berechneten Werten

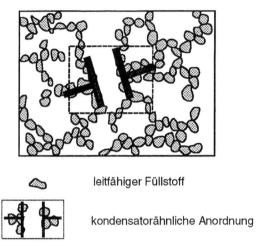

Abb. 16.4.12 Schematischer Aufbau eines Matrixsystems

Solche Gebilde können als verlustbehaftete Kondensatoren wirken. Für die durchgeführten Messungen bedeutet dies, dass durch die leitfähigen Kohlefasern zusätzliche „Kondensatorplatten" im Innern des Materials gebildet werden, wodurch die Gesamtkapazität ansteigt. Dies macht sich in der Auswertung der Ergebnisse als höhere Dielektrizitätszahl bemerkbar.

16.4.4.4 Eisenfüllung

Wird ein permeabler Werkstoff wie Eisen als Füllstoff verwendet, so ist ebenfalls die Bestimmung der Gesamtpermittivität nach der Mischungsregel (16.48) möglich. Eisen hat als elektrischer Leiter gemäss [16.7] ein $\varepsilon_r'=9+j0.1$, d. h. durch das Zumischen von Eisen als Füllstoff steigt die resultierende Permittivität nur geringfügig an. Dabei wird nur der Realteil der Permittivität beeinflusst, während der Imaginärteil unbeeinflusst bleibt.

Ein Vergleich zwischen den nach der Mischungsregel berechneten und den tatsächlich gemessenen Werten bei einer Frequenz von 10 MHz stellt sich folgendermassen dar:

Die elektrischen Eigenschaften von Faserverbunden und mod. Matrices 501

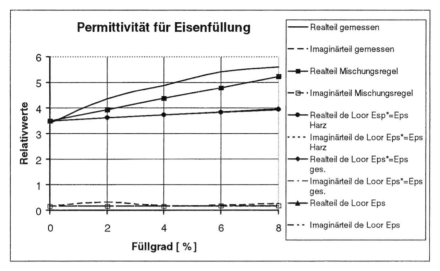

Abb. 16.4.13 Vergleich zwischen gemessenen und berechneten Werten

16.4.5 Messergebnisse der Permeabilitätszahlen für Frequenzen unter 15 MHz

Die angefertigten Proben werden nach der beschriebenen Methode vermessen. Es ergeben sich hierbei die folgenden Messergebnisse:

16.4.5.1 Kohlenstoffüllung, Graphitfüllung, CKF-Füllung

Bei Kohlenstoff-Füllung sowie bei Graphit- und Kohlekurzfaser-Füllung ist bei einer Änderung des Füllstoffgehaltes nur eine geringfügige Änderung in der Permeabilität zu erkennen. Sowohl der Real- als auch der Imaginärteil der Permeabilität bleiben im betrachteten Frequenzbereich nahezu unverändert. Die komplexe Permeabilitätszahl $\mu = \mu' + \mu''$ liegt bei allen Füllungsgraden bei $\mu \approx 1+j0$. Aufgrund der fehlenden permeablen Werkstoffe lassen sich somit nur die permittiven Eigenschaften verändern [16.1].

16.4.5.2 Eisenfüllung

Trägt man den Verlauf der Permeabilität in Abhängigkeit vom Füllungsgrad und der Frequenz auf, so ergeben sich die folgenden Verläufe:

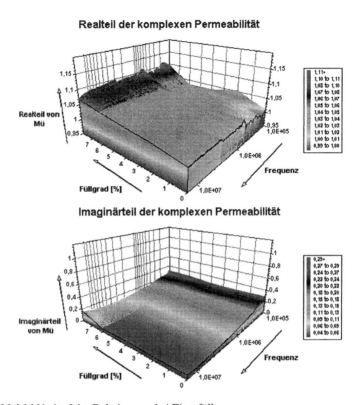

Abb. 16.4.14 Verlauf der Relativwerte bei Eisenfüllung

Man erkennt aus den Kurven, dass geringe Füllungsgrade an Eisen nur eine geringe Erhöhung der Permeabilität bewirken. Bei niedrigen Füllungsgraden sind die Eisenpartikel noch isoliert voneinander in der Matrix eingebettet. Dieser Sachverhalt ist vergleichbar mit dem in der Elektrotechnik verwendeten Begriff der Scherung. Er beschreibt die Einkerbung bzw. Durchtrennung von Eisenkernen bei Spulen mit dem Effekt, dass durch diese Scherung die Gesamtinduktivität der Spule sinkt. Die aus dem Eisen in den Isolator (Luftraum) austretenden Feldlinien erhöhen den magnetischen Widerstand und senken die Induktivität und damit auch die messbare Permeabilität. Der Nachweis hierfür lässt sich aus dem Durchflutungsgesetz ableiten [16.29].

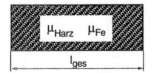 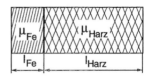

Abb. 16.4.15 Modellbildung zum Durchflutungsgesetz

Die diffus verteilten Eisenpartikel mit der Permeabilitätszahl μ_{Fe} werden modellmässig zu einer Länge l_{Fe} zusammengefasst, während die verbleibende Länge l_{Harz} die Permeabilität $l_{Harz} \approx 1$ besitzt. Der magnetische Fluss muss, gleichsam einem elektrischen Strom, in beiden Teilen gleich gross sein, da hier eine Reihenschaltung vorliegt.

$$\begin{aligned}\Phi_{Fe} &= \Phi_{Harz} = B_{Fe} \cdot A_{Fe} = B_{Harz} \cdot A_{Harz} \\ &= \mu_0 \cdot \mu_{Fe} \cdot H_{Fe} \cdot A_{Fe} = \mu_0 \cdot H_{Harz} \cdot A_{Harz}\end{aligned} \quad (16.53)$$

Hieraus erhält man:

$$H_{Harz} = \frac{\mu_{Fe} \cdot H_{Fe} \cdot A_{Fe}}{A_{Harz}} \quad (16.54)$$

Durch Vergleich einer materialgefüllten Spule mit einer reinen Luftspule erhält man schliesslich:

$$\mu_{Scher} = \frac{V_{ges}}{V_{Harz}} = \frac{V_{ges}}{V_{ges} - V_{Fe}} = \frac{V_{ges}}{V_{ges} \cdot \left(1 - \frac{V_{Fe}}{V_{ges}}\right)} = \frac{1}{1 - V_{Füll}} \quad (16.55)$$

Stellt man den Verlauf der Permeabilität in Abhängigkeit vom Füllgrad bei einer Frequenz von 10 MHz dar, so ergibt sich der folgende Verlauf:

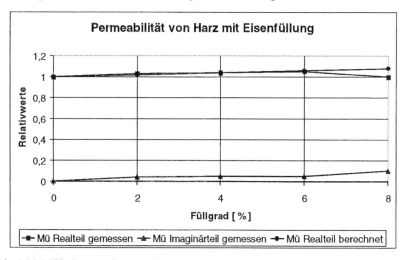

Abb. 16.4.16 Verlauf der Permeabilität

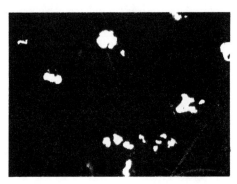

Abb. 16.4.17 Isoliert eingebettete Eisenpartikel bei einer 2 %-Eisenfüllung (250fach verg.)

Für grosse Scherungsfaktoren, wie sie bei den untersuchten Proben vorliegen, ist die Gesamtpermeabilität weniger abhängig von der Permeabilität mFe des Füllstoffes, sondern sie hängt im wesentlichen von dem Füllfaktor und dem Pressgrad des Füllstoffes ab.

Dieser Sachverhalt ist auch in [16.7] belegt, wo bei einem Füllungsgrad von 50% Eisen eine Permittivität von $\varepsilon_r=7+j0,2$ und eine Permeabilität von $\mu_r=5,5+j0,5$ angegeben wird.

In Abb. 16.4.17 erkennt man deutlich die isoliert eingebetteten Eisenpartikel, die bei dem hier dargestellten niedrigen Füllungsgrad keinen unmittelbaren Kontakt zueinander haben. Durch die Einbettung der Eisenpartikel entsteht die oben beschriebene starke Scherung der magnetischen Feldlinien, die um so stärker wird, je grösser der Bindemittelanteil ist. Gemäss [16.6] lässt sich somit ein maximaler Wert mit Eisenfüllung von $\mu_r = 10$ erreichen, wobei das Eisen selbst mit einem $\mu_{Fe} \approx 300$ anzusetzen ist.

Erst zu höheren Füllungsgraden hin ist eine Änderung der Permeabilität zu erkennen, wie hier bei einem Füllungsgrad von 8 % Eisen.

Die Messungen zeigen weiterhin, dass sich hier die bei der Permittivität gültige Mischungsregel nicht einsetzen lässt, somit auch kein linearer Zusammenhang zwischen dem Füllungsgrad und der Permeabilität besteht.

Aus den erhaltenen Messergebnissen lässt sich entnehmen, dass eine Erhöhung der permeablen Eigenschaften mit ferromagnetischem Material bei niedrigen Füllungsgraden nicht möglich ist. Wird dagegen der Volumenanteil erhöht, so steigt die Gesamtpermeabilität an, erreicht aber niemals den Wert des Füllstoffes selbst. Dies liegt darin begründet, dass selbst bei höchsten Füllungsgraden eine gewisse Benetzung der Eisenpartikel mit der isolierenden Matrix auftritt und somit immer eine Scherung verbleibt. Dieser Effekt lässt sich nur dadurch reduzieren, indem man die Partikelform selbst ändert, d. h. indem man beispielsweise von einer Pulverform des Füllstoffs zu einer Faserform übergeht. Für die magnetischen Feldlinien stehen dann längere Wege im Eisen zur Verfügung, so dass sich der Anteil der insgesamt auftretenden Spalte reduziert und damit auch der Einfluss der

Die elektrischen Eigenschaften von Faserverbunden und mod. Matrices 505

Scherung. Weiterführende Arbeiten sollten diesen Sachverhalt insbesondere bei niedrigen Füllungsgraden näher beleuchten. Gerade für die Forderung einer optimalen Ankopplung einer elektromagnetischen Ankopplung an das Material (Reflexionsfreiheit) reicht häufig schon eine geringfügige Erhöhung der Permeabilität aus, um einen sogenannten µ=ε-Absorber zu realisieren. Eine relative Permeabilität von $\mu = 3$ reicht aus, um in einer Harzmatrix annähernd den gleichen Wellenwiderstand wie im freien Raum zu erzielen.

16.4.6 Messergebnisse der Materialparameter µ und ε für Frequenzen über 500 MHz

Der prinzipielle Verlauf der Dielektrizitätszahl in Abhängigkeit von molekularen Wirkmechanismen ist in Abb. 16.4.18 dargestellt.

Wie in Abb. 16.4.18 dargestellt ist, besitzt ein dielektrisches Material unterschiedliche dielektrische Mechanismen, die die Gesamtpermittivität in Abhängigkeit von der Frequenz bestimmen. Jeder dielektrische Mechanismus besitzt eine charakteristische Resonanzfrequenz (Relaxationsfrequenz). Mit steigender Frequenz sinkt dabei der Einfluss der langsameren Mechanismen zugunsten der schnelleren Mechanismen.

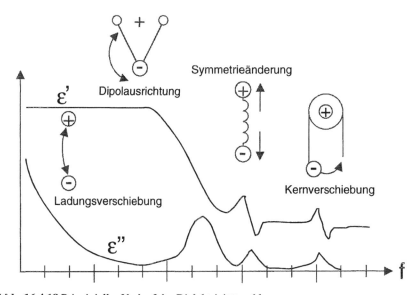

Abb. 16.4.18 Prinzipieller Verlauf der Dielektrizitätszahl

Die oben dargestellten vier unterschiedlichen Mechanismen lassen sich nochmals in zwei Hauptgruppen unterteilen, nämlich in die Gruppe der Polarisation durch Ausrichtung von Dipolen und in eine Gruppe der Polarisation durch Veränderung der atomaren Symmetriebedingungen.

Dipole entstehen immer dann, wenn sich Atome in einem Verbund ein oder mehr Elektronen teilen müssen. Dieser ständige Wechsel der Elektronen erzeugt eine Ladungsverschiebung und damit einen Dipolcharakter. Solange an dem Werkstoff kein äusseres elektrisches Feld anliegt, sind diese Dipole willkürlich angeordnet, so dass der Werkstoff nach aussen hin elektrisch neutral erscheint. Legt man ein elektrisches Feld an, so richten sich die Dipole aus und es entsteht eine Polarisation des Werkstoffes. Das Drehen der Dipole wiederum verursacht eine Änderung in dem Real- und dem Imaginärteil der Dielektrizitätszahl.

Eine Polarisation aufgrund der Änderung der atomaren Symmetriebedingungen tritt bei elektrisch neutralen Atomen auf, wenn aufgrund eines angelegten elektrischen Feldes der Atomkern aus seiner elektrisch neutralen Lage gegenüber den Elektronen verschoben wird. Diese Verschiebung tritt auf, wenn benachbarte positive und negative Ionen aufgrund eines elektrischen Feldes gedehnt werden, wie dies in Abb. 16.4.19 dargestellt ist [16.30].

Bei den hier untersuchten Werkstoffen liegen aber die Leitfähigkeiten so niedrig und damit die Relaxationszeiten so hoch, dass für auftretende Resonanzstellen nur geometrische Effekte verantwortlich sein können, nicht aber oben beschriebene Effekte, die erst bei höheren Leitfähigkeiten in den untersuchten Frequenzbereich hineinfallen.

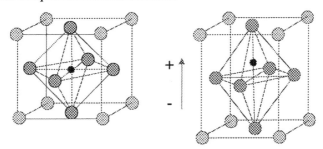

Abb. 16.4.19 Kubische und tetragonale Gitterstruktur

16.4.6.1 Kohlenstofffüllung

Die reine Harzprobe (0 % Kohlenstoff) weist einen weitestgehend konstanten Verlauf des Realteiles der Permittivität auf. Dieser liegt bei etwa $\varepsilon_r' = 3$. Der Imaginärteil ist im Rahmen der Messtoleranzen identisch Null. Die magnetischen Komponenten entsprechen denen eines Isolators, d. h. $\mu_r' = 1$ und $\mu_r'' = 0$.

Durch Hinzufügen von Kohlenstoff steigt der Realteil und der Imaginärteil der Permittivität an. Trägt man den Verlauf der Relativwerte in Abhängigkeit von der Frequenz und vom Füllungsgrad auf, so erhält man die folgenden Verläufe:

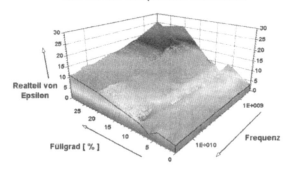

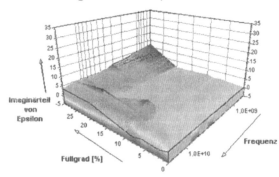

Abb. 16.4.20 Verlauf der Relativwerte bei einer Kohlenstoff-Füllung

508   Die elektrischen Eigenschaften von Faserverbunden und mod. Matrices

Man kann hier den linearen Anstieg des Realteiles und des Imaginärteiles der Permittivität erkennen, dabei herausragend die geometrische Resonanzstelle. Real- und Imaginärteil der Permeabilität bleiben von der Kohlenstoff-Füllung unbeeinflusst.

16.4.6.2 Graphitfüllung

Trägt man die Relativwerte in Abhängigkeit vom Füllungsgrad und der Frequenz auf, so erhält man die folgenden Verläufe:

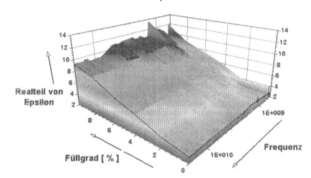

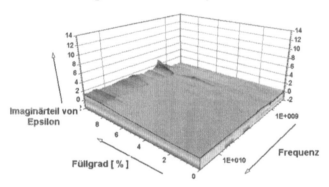

Abb. 16.4.21 Verlauf der Relativwerte für Graphitfüllung

16.4.6.3 Kohlekurzfaser-Füllung

In der dreidimensionalen Ansicht in Abhängigkeit vom Füllungsgrad und der Frequenz ergibt sich der Verlauf nach Abb. 16.4.22.

Man kann erkennen, dass durch das Einbringen der Kohlefasern eine charakteristische Resonanzstelle bei ca. 3 GHz entsteht, die durch die Induktivität der 250 µm langen Kohlekurzfasern und deren Kapazität zueinander geprägt wird.

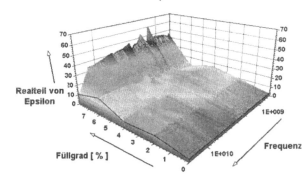

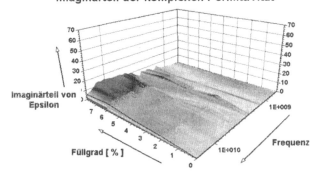

Abb. 16.4.22 Verlauf der Relativwerte für CKF-Füllung

510 Die elektrischen Eigenschaften von Faserverbunden und mod. Matrices

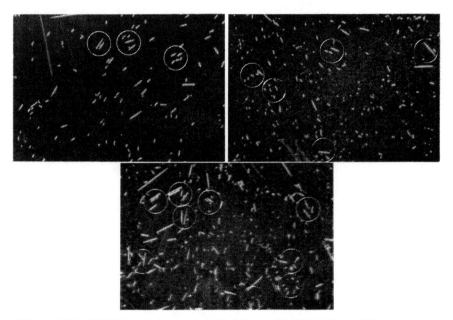

Abb. 16.4.23 Schliffbilder von Proben mit 2%, 4% und 6% CKF-Füllung (125x)

Wie schon bei den Messungen im niedrigen Frequenzbereich festgestellt wurde, ist auch hier gegenüber der reinen Kohlenstoff-Füllung ein starker Anstieg der Permittivität zu beobachten. Dies lässt sich auf die intrinsische Kapazität von zufällig nebeneinander liegenden Kohlefasern zurückführen, was sich nach aussen hin als grössere Permittivität darstellt. Dieser Sachverhalt ist auch aus den Schliffbildern (Abb. 16.4.23) der vermessenen Werkstoffe zu erkennen:

Die Aufnahmen zeigen Probenkörper mit Kohlekurzfaser-Füllung in 125facher Vergrösserung. Es sind dabei Füllungsgrade von 2, 4 und 6 Prozent dargestellt. Die Kohlekurzfasern sind in den Bildern als weisse Körper zu erkennen. Man erkennt zum einem deutlich den unterschiedlichen Füllungsgrad, aber auch die willkürliche Anordnung der Fasern. In die Probe ist ein willkürlicher Schnitt gelegt und dieser dann geschliffen, so dass einige Fasern in Längsrichtung sichtbar sind, andere dagegen angeschnitten wurden. Diese sind nur in Abhängigkeit vom Schnittwinkel als Ellipse oder als Kreis erkennbar.

Mit einem Kreis sind diejenigen Stellen markiert worden, an denen sich Fasern nahezu parallel gegenüberstehen und den oben beschriebenen Kondensatoreffekt hervorrufen können. Man kann hier ebenfalls erkennen, dass mit zunehmendem Füllungsgrad die Anzahl dieser intrinsischen Kondensatoren steigt, daher auch die nach aussen messbare Grösse der Permittivität.

16.4.6.4 Eisenfüllung

Trägt man den Verlauf der Relativwerte in Abhängigkeit von dem Füllungsgrad und der Frequenz auf, so ergeben sich die folgenden Verläufe:

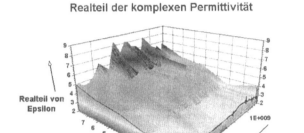

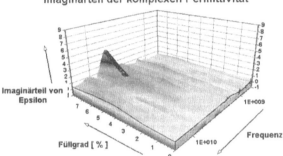

Abb. 16.4.24 Verlauf der Relativwerte für Eisenfüllung

Während durch den Zusatz von Eisen eine Veränderung der Permittivität zu erkennen ist, hat sich gezeigt, dass die Permeabilität nur geringfügig verändert wird.

16.4.7 Der Einfluss von Glasfasern auf die Permittivität

Nachdem das Verhalten der Dielektrizitätszahl und der Permeabilitätszahl von angereicherten Harzsystemen untersucht worden ist, muss der Einfluss einer Glasfaser-Verstärkung ermittelt werden. Es wird hierdurch der Tatsache Rechnung getragen, dass die bislang untersuchte Matrix allein noch nicht tragfähig ist und zur Aufnahme von mechanischen Belastungen zwingend eine Faserverstärkung notwendig ist.

Zum Vermessen standen Proben bereit, die jeweils nur in einer Koordinatenrichtung ihre Faserlängsrichtung hatten (Abb. 16.4.25). Diese Proben wurden in der bereits beschriebenen Messapparatur ausgemessen. Das Vermessen der angefertigten Proben lieferte die folgenden Ergebnisse für die drei Raumrichtungen:

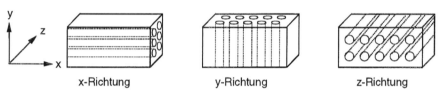

Abb. 16.4.25 Ausrichtung der Fasern in den Probenkörpern

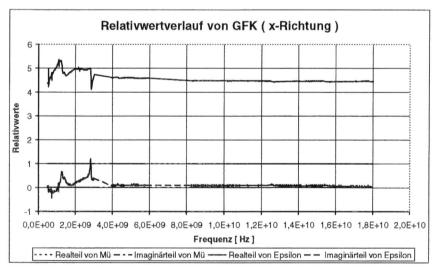

Abb. 16.4.26 Relativwertverlauf für Faserverlauf in x-Richtung

Die elektrischen Eigenschaften von Faserverbunden und mod. Matrices 513

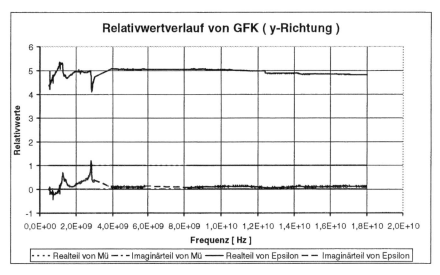

Abb. 16.4.27 Relativwertverlauf für Faserverlauf in y-Richtung

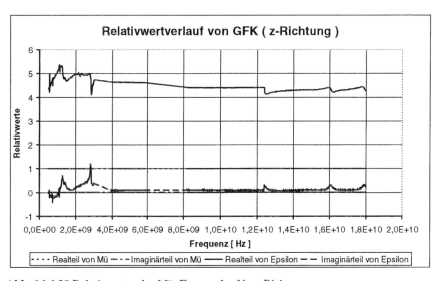

Abb. 16.4.28 Relativwertverlauf für Faserverlauf in z-Richtung

Den ermittelten Messkurven kann man entnehmen, dass sich die Permittivitätszahl des Glasfaserlaminates über den vermessenen Frequenzbereich von 500 MHz bis 18 GHz nur geringfügig ändert.

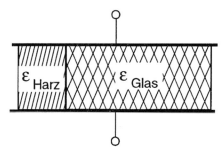

Abb. 16.4.29 Unterschiedliche Dielektrika im Kondensator

Zur Ermittlung der Gesamtpermittivität geht man von der Vorstellung aus, dass ein Kondensator mit zwei Materialien unterschiedlicher Permittivität angefüllt ist, wie dies in Abb. 16.4.29 dargestellt ist.

Dies lässt sich auch darstellen als Parallelschaltung zweier Kondensatoren, deren Gesamtkapazität die Summe der Teilkapazitäten ist:

$$\frac{\varepsilon_{ges} \cdot A_{ges}}{d} = \frac{\varepsilon_1 \cdot A_1}{d} \cdot \frac{\varepsilon_2 \cdot A_2}{d} \tag{16.56}$$

Der Plattenabstand d ist für beide Kondensatoren gleich, die Fläche A ist proportional den Faservolumenanteil bzw. dem Harzvolumenanteil. Normiert man diese Anteile auf 1, so gelangt man zu der bereits dargelegten Mischungsregel.

Hiermit ergibt sich eine gute Übereinstimmung mit den ermittelten Werten bei Faserausrichtungen in x- bzw. z-Richtung.

Die Permittivität bei einer Faserausrichtung in y-Richtung weist jedoch etwas höhere Werte bei der relativen Permittivitätszahl auf. Bei dieser Koordinatenrichtung liegen die Glasfasern parallel zu der Richtung des E-Feldes. Dies bewirkt, dass die Feldlinien des elektrischen Feldes von dem Medium mit der höheren Dielektrizitätszahl zum Teil geführt werden, wie dies in Abb. 16.4.30 dargestellt ist.

Durch diesen Verlauf der elektrischen Feldlinien in den Fasern nähert sich die gemessene Dielektrizitätszahl dem Wert des für die Fasern gemessenen Wertes, liegt also etwas höher als in den anderen beiden Raumrichtungen.

Werden anstelle der Glasfasern Kohlefasern eingesetzt, so sind die obigen Ergebnisse nicht mehr gültig. Die wesentlich bessere Leitfähigkeit der Kohlefasern bewirkt, dass schon wenige Lagen wie ein elektromagnetischer Reflektor (Spiegel) wirken.

Die elektrischen Eigenschaften von Faserverbunden und mod. Matrices

Abb. 16.4.30 Elektrische Feldlinien im Medium mit höherer Permittivität

16.5 Umsetzung der Messergebnisse auf reale Strukturen

Die in Kapitel 13.1 geschilderten Anforderungen an einen Werkstoff bedingen eine Anpassung seiner elektrischen Eigenschaften. Dabei sind insbesondere die in Abb. 16.1.3 dargestellten elektrischen Grössen zu berücksichtigen. Durch sie wird das Verhalten der magnetischen und elektrischen Feldkomponenten einer Welle im Material beschrieben. An der Grenzfläche und im Material selbst laufen dabei zwei unterschiedliche Wechselwirkungen ab, nämlich eine Reflexion und Absorption. An der Grenzfläche des Materials zum freien Raum ergibt sich eine Reflexion aufgrund der unterschiedlichen Impedanzen. Die Impedanz des Materials ist gegenüber der des freien Raumes um den Betrag

$$Z = \sqrt{\frac{\mu}{\varepsilon}} \qquad (16.57)$$

grösser. Um hier eine gute Impedanzanpassung des Materials an den freien Raum zu erreichen, sollte die folgende Bedingung erfüllt werden:

$$\mu = \varepsilon \qquad (16.58)$$

Man spricht in diesem Fall auch von einem $\mu=\varepsilon$-Absorber. Dieser stellt den Idealfall der Anpassung dar und kann in der Praxis nur schwer realisiert werden, so dass immer gewisse Reflexionen an der Oberfläche auftreten werden. Die

Schwierigkeiten beruhen im wesentlichen darauf, dass die Permeabilität bei niedrigen Füllungsgraden nur unwesentlich erhöht werden kann, höhere Füllungsgrade dagegen die mechanischen Eigenschaften des Werkstoffes zu stark reduzieren würden. Zieht man weiterhin in Betracht, dass Faserverbundwerkstoffe insbesondere dort eingesetzt werden, wo eine hohe mechanische Festigkeit mit niedrigem Eigengewicht gepaart werden soll, so erscheinen hohe Eisen-Füllungsgrade nicht sinnvoll, da das Gewicht drastisch ansteigen würde. Eine Verbesserung dieser Situation verspricht der Einsatz von faserförmigen permeablen Werkstoffen, mit denen es möglich sein wird, die Scherungseffekte zu reduzieren. Die Reflexion einer einfallenden elektromagnetischen Welle kann damit nochmals verringert werden.

Der in das Material eingedrungene Feldanteil pflanzt sich hier mit der Ausbreitungskonstante

$$k = \frac{\omega}{c} \cdot \sqrt{\mu \cdot \varepsilon} \qquad (16.59)$$

fort. Der Realteil der Wurzel gibt dabei die Phasenkonstante und der Imaginärteil die Dämpfungskonstante, also das Absorptionsverhalten, an.

Die Grössen μ und ε sind frequenzabhängig und man spricht in diesem Zusammenhang von der sogenannten Dispersion. Die Auswertung der Dispersionsverläufe zeigt, dass mit den untersuchten Materialien und Füllungsgraden keine ideale Reflexion zu erreichen ist, sondern dass diese Werkstoffkombinationen sich zum Einsatz von Absorbern eignen. Dabei entstehen die absorbierenden Eigenschaften hauptsächlich durch die dielektrischen Verluste, die permeablen Verluste sind aufgrund der schwer steigerbaren Permeabilität vernachlässigbar gering. Ein merklicher Anstieg der Permeabilität ist erst bei hohen Füllungsgraden zu erkennen, wo allerdings der Werkstoff abhängig von den Forderungen nur noch bedingt als Konstruktionswerkstoff eingesetzt werden kann.

Ein wichtiges Mass für die Charakterisierung eines Werkstoffes ist die Reflexionsdämpfung, die sich aus den ermittelten Werten für μ und ε nach Abb. 16.2.14 berechnen lässt. Um die absorbierenden Eigenschaften eines Materials zu ermitteln, setzt man geeigneterweise mit dem Dällenbach-Layer an, d. h. das absorbierende Material befindet sich vor einer ideal reflektierenden metallischen Platte. Dieser Sachverhalt kommt auch der Realität insofern nahe, als dass auch hier neben den Faserverbundwerkstoffen metallische Aggregate vorhanden sind. Die zugrundeliegende Anordnung sieht somit folgendermassen aus (Abb. 16.5.1):

Die elektrischen Eigenschaften von Faserverbunden und mod. Matrices

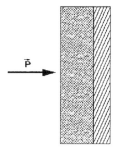

Abb. 16.5.1 Dällenbach-Layer

Die Reflexionsdämpfung berechnet sich hierbei über den folgenden Zusammenhang:

$$D = 20 \cdot \lg \frac{\sqrt{\frac{\mu}{\varepsilon}} \cdot \tanh\left[j\left(\frac{2 \cdot \pi \cdot f \cdot d}{c}\right) \cdot \sqrt{\mu \cdot \varepsilon}\right] - 1}{\sqrt{\frac{\mu}{\varepsilon}} \cdot \tanh\left[j\left(\frac{2 \cdot \pi \cdot f \cdot d}{c}\right) \cdot \sqrt{\mu \cdot \varepsilon}\right] + 1} \qquad (16.60)$$

mit:
D = Reflexionsdämpfung
μ, ε = Materialparameter
d = Dicke des absorbierenden Materials
c = Lichtgeschwindigkeit

Um eine genügende Dämpfung zu erreichen, müssen die Materialparameter, insbesondere die Permittivität, ausreichend hoch sein. Diese lässt sich durch einen entsprechenden Füllstoffgehalt einstellen, wobei der Eignung als Konstruktionswerkstoff enge Grenzen gesetzt sind. Weiterhin ist die Oberflächenleitfähigkeit ebenfalls vom Füllungsgrad abhängig. Dies hat zur Folge, dass eine einfallende Welle bei hoher Oberflächenleitfähigkeit aufgrund des Skin-Effektes nicht mehr in das Material eindringen kann und deshalb auch keine Absorption auftritt, sondern der grösste Anteil der einfallenden Welle reflektiert wird.

Um höhere Werte der Reflexionsdämpfung erreichen zu können, lässt sich die Tatsache ausnutzen, dass Geometrien aus Faserverbundwerkstoffen zumeist einen schichtweisen Aufbau besitzen gemäss der Abb. 16.5.2:

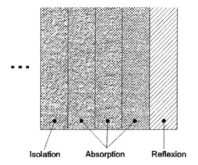

Abb. 16.5.2 Schichtweiser Aufbau von Faserverbundwerkstoffen

Durch diesen schichtweisen Aufbau wird es jetzt möglich, jeder einzelnen Schicht eine andere Funktion zuzuordnen. Denkbar ist hier beispielsweise, dass die äussere Schicht keinen leitenden Füllstoff erhält. Sie übernimmt in diesem Fall lediglich eine tragende Funktion und stellt gleichzeitig aufgrund der fehlenden Permeabilität und einer Permittivität von etwa $\varepsilon \approx 3$ einen annehmbaren Wert der Impedanz dar, so dass eine einfallende elektromagnetische Welle nur geringfügig reflektiert wird. Gleichzeitig stellt diese äussere Schicht aber auch aufgrund des hohen spezifischen Durchgangswiderstandes von $R_d = 10^{17}$ Ω/cm eine gute Isolierung dar. Die innenliegenden Schichten erhalten eine schrittweise höhere Anreicherung mit einem leitenden Füllstoff, so dass eine Absorption möglich ist. Für die Eingangsimpedanz einer solchen Anordnung gilt nach Abb. 16.2.14 der folgende Zusammenhang:

$$Z_{ein} = Z_n \cdot \frac{Z_{n-1} + Z_n \cdot \tanh(\gamma_n \cdot d_n)}{Z_n + Z_{n-1} \cdot \tanh(\gamma_n \cdot d_n)} \tag{16.61}$$

Dieser Zusammenhang ist nach der Anzahl der Schichten entsprechend öfters anzuwenden, um Z_{n-1}, Z_{n-2} usw. zu berechnen.

Auch hier lässt sich wieder die Reflexionsdämpfung berechnen über den folgenden Zusammenhang:

$$A = 20 \cdot \lg \left[\frac{Z_{ein} - Z_0}{Z_{ein} + Z_0} \right] \tag{16.62}$$

Prinzipiell stellt sich aber auch bei diesem Schicht-Absorber die Problematik, dass die einzelnen Schichten dem gewünschten Frequenzbereich angepasst werden müssen, um Resonanzen zu vermeiden.

Die elektrischen Eigenschaften von Faserverbunden und mod. Matrices

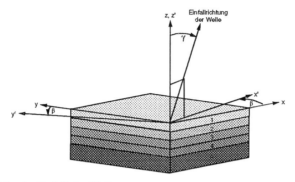

Abb. 16.5.3 Schiefer Einfall der Welle

Bei den obigen Berechnungen der Reflexionsdämpfung ist davon ausgegangen worden, dass man einen senkrechten Einfall der elektromagnetischen Welle vorliegen hat. Ist dies nicht der Fall und weist das Material kein isotropes Verhalten auf (z. B. durch Kohle-Langfasern), so muss die Dielektrizitätszahl und Permeabilitätszahl in allen Raumrichtungen ermittelt werden.

Für ein elektrisch orthotropes Material wäre in diesem Fall die Permittivitäts- und Permeabilitätszahl durch einen Tensor zu ersetzen. Für jede der Schichten müsste dann bekannt sein:

$$\varepsilon_n = \varepsilon_0 \begin{bmatrix} \varepsilon_{xx} & \varepsilon_{xy} & 0 \\ \varepsilon_{yx} & \varepsilon_{yy} & 0 \\ 0 & 0 & \varepsilon_{zz} \end{bmatrix}; \quad \mu_n = \mu_0 \begin{bmatrix} \mu_{xx} & \mu_{xy} & 0 \\ \mu_{yx} & \mu_{yy} & 0 \\ 0 & 0 & \mu_{zz} \end{bmatrix} \quad (16.63)$$

Bei der Anreicherung mit pulverförmigen Füllstoffen oder ungerichteten Kurzfasern kann jedoch das Material als hinreichend isotrop angesehen werden.

Die in Abb. 16.5.3 erklärte Technologie wird mit grossem Erfolg bei den Tarnflugzeugen angewendet und wird dort auch als Stealth-Technologie bezeichnet. Derartig ausgelegte Flugzeuge sind mit Radar nicht mehr oder nur schwer ortbar, da elektromagnetische Wellen, die sie treffen, nicht reflektiert sondern absorbiert werden.

16.6 Literaturverzeichnis zu Kapitel 16

[16.1] Kunz, A., „Charakterisierung und Beeinflussung der multifunktionalen Eigenschaften von Konstruktionswerkstoffen", Dissertation ETH Zürich Nr. 12756, 1998

[16.2] Endicott, H.S., „Guard-Agp Correction for Guarded-Electrode Measurements and Exact Equations for the Two-Fluid Method of Measuring Permittivity and Loss", Journal of Testing and Evaluation, JTAVE, Vol. 4, No. 3, May 1976, pp. 188-195

[16.3] Han-Ki-Chul et al., „Dispersion Characteristics of the Complex Permeability-Permittivity of Ni-Zn-Ferrite-Epoxy Composites", Journal of Material Science 30, 1995

[16.4] Piefke, G., „Feldtheorie I", Bi Hochschultaschenbücher Zürich, 1. Auflage 1973

[16.5] Rost, A., „Messung dielektrischer Stoffeigenschaften", Vieweg-Verlag Braunschweig, 1. Auflage 1978

[16.6] Hoeft,H., „Passive elektronische Bauelemente", Huethig Verlag, Heidelberg, 1977

[16.7] „Dispersion characteristics of the complex permeability-permittivity of ferrite-epoxy composites", Journal of materials science 30 (1995), pp. 3567 - 3570

[16.8] Lauritzen, J.I., „The Effective Area of a Guarded Electrode", Annual Report, Conference on Electrical Insulation. MAS-NRC Publication 1141, 1963

[16.9] T. Flemming; „Vergleich der mechanischen Eigenschaften und des Umformverhaltens zwischen gerichteten kurz- und langfaserverstärkten Thermoplasten"; Dissertation der Technischen Universität München; 1994

[16.10] „Materials Measurement - Measuring the dielectric constant of solids with the HP 8510 network analyzer"; Hewlett Packard product note 8510-3; 1.August 1985

[16.11] Datenblatt Columbian Chemicals Company; http://www.columbianchemicals.com/

[16.12] F.T. Ulaby; „Microwave Remote Sensing III";

[16.13] K.L. Wenderoth; „Leitfähige Polymermischungen zur Abschirmung elektromagnetischer Wellen"; VDI Fortschrittberichte Reihe 5, Nr. 144; VDI-Verlag 1988

[16.14] DIN 53482 Bestimmung der elektrischen Widerstandswerte; Beuth Verlag GmbH

[16.15] DIN Taschenbuch Nr. 18; Kunststoffe, Prüfnormen über mechanische, thermische und elektrische Eigenschaften; Beuth Verlag Berlin 1980
[16.16] Messnorm IEC 93; 1980; Beuth Verlag GmbH; 10772 Berlin
[16.17] HP 16451 B Dielectric Test Fixture; Operation and Service Manual; Hewlett Packard 1993
[16.18] „Dielectric constant measurement of solid materials"; Application note 380-1; Hewlett Packard 1989
[16.19] Han-Ki-Chul, Hyung Do Choi, Tak Jin Moon; „Dispersion characteristics of the complex permeability-permittivity of Ni-Zn ferrite-epoxy composites"; Journal of Material Science 30, 1995
[16.20] O. Zinke, H. Brunswig; „Hochfrequenztechnik"; Springer Verlag Berlin, 1995
[16.21] M. Mandel; „Physika 27"; 1961
[16.22] H. Mühlbauer; „Berechnungen und Messungen zur Reflexionsdämpfung von Ferrit-Absorbern"; Vortrag gehalten auf der EMV '94
[16.23] H.J. Mair, S. Roth; „Elektrisch leitende Kunststoffe"; Carl Hanser Verlag München 1986
[16.24] Halid S. Göktürk, Thomas J. Fiske, Dilhan M. Kalyon; „Effects of Particle Shape and Size Distributions on the Electrical and Magnetic Properties of Nickel/Polyethylene Composites"; Journal of Applied Polymer Science, Vol. 50, No. 10, 10. Dez. 1993
[16.25] H.G. Klein; „Thermoplastische Kunststoffe mit elektrischer Leitfähigkeit und Abschirmung"; Vortrag gehalten auf der EMV '88
[16.26] James V. Masi; „Composite Shielding, Modeling and Verification"
[16.27] Stuart M. Lee; „International Encyclopedia of Composites"; VCH Verlag New York; Vol. 1, pp. 469; 1990
[16.28] Andreas Dau; „Untersuchung von Verbundstrukturen für den Einsatz als Bipolarplatten in Brennstoffzellen"; Diplomarbeit ETH Zürich WS 97/98
[16.29] Horst Clausert, Gunther Wiesemann; „Grundgebiete der Elektrotechnik I"; Verlag Berliner Union GmbH, Stuttgart 1978
[16.30] „Piezoxide (PXE) Eigenschaften und Anwendungen"; Valvo Unternehmensbereich Bauelemente
[16.31] A.M. Nicolson, G.F. Ross; „Measurement of the Intrinsic Properties of Materials by Time-Domain Techniques"; IEEE Transactions on Instrumentation and Measurement, Vol. IM-19, No. 4, November 1970
[16.32] ASTM D 257 - 93; „Standard Test Methods for DC Resistance or Conductance of Insulating Materials"; Annual Book of ASTM Standards Vol. 10, 1993

[16.33] H. Heike; „Verhalten kohlefaserverstärkter Kunststoffe unter Beanspruchung mit Blitzstossspannungen"; TH Braunschweig in Zusammenarbeit mit der DFVLR

[16.34] H. Schneider, H. Tischendorf; „Ableitung elektrostatischer Aufladung bei CFK-Bauteilen"; Bericht Dornier GmbH Nr. SK70-576/79

Die Forschungsberichte der ETH Zürich liegen den Verfassern vor.

17 Crashverhalten von Faserverbundwerkstoffen und -strukturen

17.1 Einführung zum Crashverhalten von FVK-Proben und FVK-Strukturen

Da aus heutiger Sicht immer mehr Faserverbunde insbesondere aus CFK im Kfz-Bereich zur Anwendung kommen [17.1] [17.2], hat die Frage der Crash-Sicherheit von Kraftfahrzeugen aus CFK bei der Autoherstellung einen sehr hohen Stellenwert bekommen. Die Anforderungen an die Sicherheit von Kraftfahrzeugen sind in letzter Zeit deutlich gestiegen, was dazu führte, dass neue Möglichkeiten und Verbesserungen zum Tragen kommen mussten.

Metallische Strukturen versagen unter Crash-Belastung vorwiegend durch Beul-, Falt- und Bruchversagen, bei denen die Crash-Energie durch Fliessen bzw. Plastifizierung des Werkstoffes verzehrt wird. Im Gegensatz dazu sind es bei Faserverbundwerkstoffen logischerweise eine Vielzahl von komplexen mikro- und makromechanischen Bruchvorgängen, verbunden mit Beul- und Faltvorgängen, die zum Energieverzehr beitragen. Fraglos verlangt der Einsatz von CFK in crash-beanspruchten Strukturen genaue Kenntnisse über:

- Deformationsverhalten unter Last
- Versagensverhalten
- Kraft-Wegkennung bei Stossbelastung
- Energieabsorption

Die grösste Herausforderung zeigt sich in der Bewältigung der extrem komplexen Crash-Problematik, insbesondere beim PKW. Um frühzeitig die richtigen Schwerpunkte bei der Entwicklung neuer Fahrzeuge zu sehen, wird folgerichtig auf die Ergebnisse von Unfallauswertungen zurückgegriffen [17.7]. Aus einer Statistik von Mercedes-Benz ergibt sich folgendes Bild:

- Frontalkollisionen ~ 60 %
- Seitenaufprall ~ 20 %
- Überschlag ~ 10 %
- Heckaufprall ~ 10 %

Demzufolge ist der Frontalaufprall die häufigste Unfallart. Es ergab sich bei einer u. a. statistischen Unfallforschung nach [17.6], dass sich 75 % aller Frontalkollisionen unterhalb von 15 km/h ereignen. Nach [17.5] müssen bei allen Aufprallarten folgende Kriterien erfüllt sein:

- Erhalten des Überlebensraumes
- Geringe Insassenverletzungswerte
- Grossflächige Konstruktion energieabsorbierender Zonen
- Gewährleistung der Funktionen der Rückhaltesysteme
- Bergungsmöglichkeit der Insassen
- Dichtheit der Kraftstoffanlage

Beim Aufprall eines Fahrzeuges auf ein starres Hindernis wird die Energie ΔE durch die Verschiebung der Massen (ΔE_{kinet}), elastische Rückfederung (ΔE_{elast}) und durch plastische Formänderung (ΔE_{plast}) absorbiert. Mathematisch sind diese Zusammenhänge wie folgt ausgedrückt [17.6]:

$$\Delta E = \frac{1}{2} \cdot M v_0^2 = \sum \left(\Delta E_{kinet} + \Delta E_{elast} + \Delta E_{plast} \right) \qquad (17.1)$$

Dabei ist:

M = Fahrzeugmasse [kg]
v_0 = Aufprallgeschwindigkeit [m/s]
ΔE = Aufprallenergie [J = Nm]

Die Gestaltung von energieabsorbierenden Werkstoffen sowie von Strukturbauteilen wird von folgenden Faktoren bestimmt:

- Deformationsverhalten
- Massenspezifische Energieaufnahme
- Kraft-Weg-Kennung

Das Deformationsverhalten der Strukturen nimmt dabei einen hohen Stellenwert ein. Bei Blechstrukturen bedeutet dies, dass sich bei der Deformation möglichst viele enge Falten bilden und sich dabei das Bauteil optimal deformiert. Zusätzliche Schwierigkeiten in der Fahrzeugentwicklung ergeben sich aus der Tatsache, dass sich viele in Abb. 17.1.1 gezeigten Abhängigkeiten im Rahmen der Crash-Vorgänge im Automobil unterschiedlich überlagern.

Crashverhalten von Faserverbundwerkstoffen und -strukturen

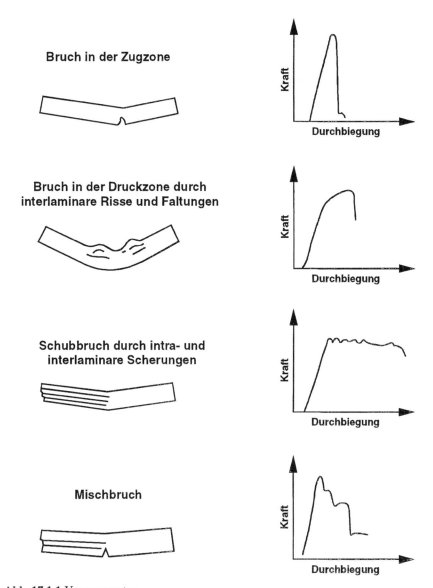

Abb. 17.1.1 Versagensarten

Weitere Probleme in der Fahrzeugentwicklung ergeben sich dadurch, dass viele der in Abb. 17.1.1 aufgezeigten Crash-Vorgänge gegenläufig sind. Deshalb ist es zwingend erforderlich, zwischen hoher Fahrzeugsicherheit, geringem Gewicht, geringstmöglichen Abgas- und Geräuschemissionen und unverändert hoher Transportleistung einen ausgewogenen Kompromiss zu finden, der alle Anforderungen erfüllt.

Um diese komplexe Problematik zu verbessern, ist es notwendig, neue Fahrzeugkonzepte zu entwickeln. Diese erhält man, indem verstärkt neue Werkstoffe und zugehörige Fertigungsverfahren im Automobilbau eingeführt werden. Die Bauteil-Multifunktionalität im Automobilbau führt zwangsläufig zu einer immer grösseren Bedeutung in der Konstruktion.

Im wesentlichen werden heute mehrere Schwerpunkte zur Entwicklung von neuen Karosserien und den damit verbundenen Verfahren und Werkstoffen verfolgt. Man versucht, das Bestehende aus der grossen Erfahrung, z. B. Metalltechnologien, zu übertragen und selbsttragende Karosseriekonzepte in ihren Eigenschaften hinsichtlich Masse, Steifigkeit und Festigkeit zu optimieren. Diesbezüglich ist auch die konsequente Anwendung von Aluminium (z. B. bei Audi) im Karosseriebau ein sehr gutes Beispiel. Bedingt durch die Materialeigenschaften von Aluminium sind neue Karosseriekonzepte (space frame Technik) entstanden.

Einen weiteren Weg ergibt die konsequente Ausnutzung der mechanischen Eigenschaften der Faserverbundwerkstoffe im Automobilbau. Faserverbundwerkstoffe zeigen gegenüber konventionellen Werkstoffen vielfältige Vorteile. Neben den in anderen Kapiteln aufgezeigten Vorteilen erhofft man sich auch Vorteile im Bereich des Energieabsorptionsvermögens. Textilverstärkte Thermoplaste oder Duroplaste zeigen dabei neue Gestaltungsmöglichkeiten. Gewebe- oder gestrickverstärkte Thermoplaste und Duroplaste weisen neben hervorragender Drapierfähigkeit und geringen Kosten auch hervorragende Crash-Eigenschaften auf [17.3].

Fast alle Autoren verwenden für grundsätzliche Untersuchungen zylindrische Prüfkörper, die axial gecrasht werden. Die Ergebnisse verschiedener Untersuchungen zeigen dabei übereinstimmend, dass Faserverbundwerkstoffe bei geeigneten Laminataufbauten den metallischen Konstruktionswerkstoffen im Crash- und Energieabsorptionsverhalten deutlich überlegen sind. Bei Faserverbundwerkstoffen sind es ausser Beul- und Faltvorgängen mikro- und makromechanische Bruchvorgänge wie Faser- und Matrixbruch, Ausknicken von Fasern, Delaminationen, Versagen der Matrix und der Faser sowie Haftung zwischen Faser und Matrix (siehe Abb. 17.1.2).

Crashverhalten von Faserverbundwerkstoffen und -strukturen

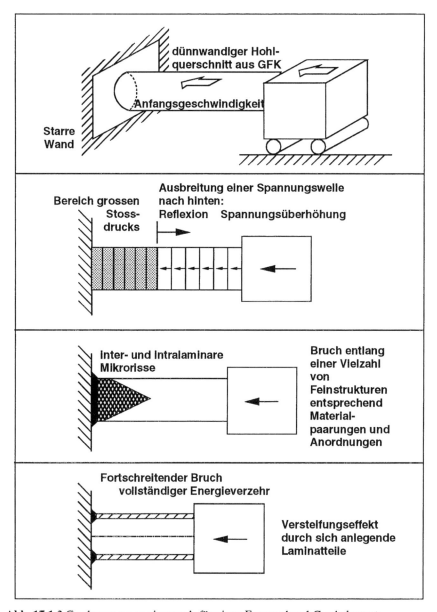

Abb. 17.1.2 Crashvorgang an einem rohrförmigen Faserverbund-Crashelement

Abb. 17.1.3 zeigt das typische Kraft-Verformungs-Diagramm für zylindrische Crash-Elemente aus Metall und Faserverbunden [17.6]:

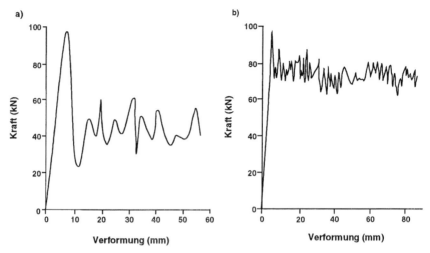

Abb. 17.1.3 Typische Kraft-Verformungsdiagramme für Zylinder unter Crash-Belastung: a) metallische Zylinder, b) Faserverbundwerkstoff-Zylinder [17.6]

Abb. 17.1.4 zeigt einen schematischen Schnitt durch die Crashfront eines Faserverbundrohres. Die Stauchkraft wirkt auf das Rohrende und bewirkt, dass sich das Material nach aussen und innen drückt. Dadurch treten starke Biegekrümmungen auf, die zur Delamination der Laminatschichten im Bereich der Crashfront führen. Der entstehende, innere Keil erzeugt einen axialen Riss in der Rohrwand, dessen Ausbreitung durch eine innere und äussere Umfangswicklung kontrolliert wird. Ein Schlüsselfaktor zur Erreichung einer hohen Energieabsorption ist dabei die Minimierung des Krümmungsradius R an der Crashfront [17.6].

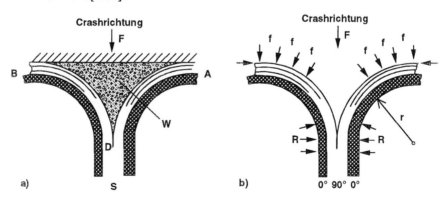

Abb. 17.1.4 Schematischer Schnitt durch die Wand eines Faserverbundrohres

17.2 Grundlegende Betrachtungen zum Crash- und Energieabsorptionsverhalten von Faserverbundwerkstoffen

Da umfassende Crash-Versuche sehr teuer sind, ist man bestrebt, die erforderlichen Untersuchungen mit möglichst einfachen Crash-Elementen durchführen zu können, obwohl dadurch der Versuch einer Gesamtbruchzelle nicht ersetzt werden kann [17.4] [17.5].

Insbesondere wurden in [17.4] [17.5] [17.8] umfangreiche Grundlagen zum Thema Crash und Absorptionsverhalten für alle wichtigen Verstärkungsfasern durchgeführt.

Abb. 17.1.3 zeigt das typische Kraft-Verformungs-Verhalten eines metallischen Crash-Zylinders und eines Faserverbundzylinders. Dabei ist festzustellen, dass die wesentlichen Einflussfaktoren die Faser, die Matrix und die Haftung zwischen Faser und Harz betreffen. Hinzu kommen natürlich auch der Fasergehalt, die Faserorientierung und die Schichtfolge. Eine der häufigsten Forderungen an Energieabsorptionsstrukturen ist die kontrollierte, progressive Deformation bzw. Zerstörung [17.6].

So werden bei metallischen, axial beanspruchten, dünnwandigen Hohlkörpern gezielte Verformungen in Form von Sicken und Kerben eingebracht. Mit solchen Massnahmen lässt sich ein Faltprozess einleiten und eine optimale Energieabsorption erzielen.

In Abb. 17.1.2 ist dieser progressive Crash-Vorgang beispielhaft an einem Faserverbundrohr dargestellt. Das Faserverbundwerkstoff-Crashelement prallt mit einer Aufprallenergie

$$E = \frac{1}{2} \cdot M \cdot v_0^2 \qquad (17.2)$$

auf eine starre Wand. Die dabei auftretende Spannungswelle

$$\sigma_0 = \rho \cdot c \cdot v_0 \qquad (17.3)$$

breitet sich mit Schallgeschwindigkeit c im Laminat aus. Nach wiederholter Reflexion der Spannungswelle an der starren Wand und an der Masse des Aufprallkörpers und der damit verbundenen Erhöhung der Stossdruckspannung versagt das Laminat im Bereich hohen Stossdruckes. Es bildet sich eine fortschreitende Bruchfront, bis die Aufprallenergie vollständig aufgezehrt ist [17.6].

17.3 Untersuchungen zum Crash-Verhalten von Busstrukturen aus Faserverbundwerkstoffen [17.9]

Die nachfolgenden Betrachtungen zum Thema Crash-Verhalten von strassengebundenen Personenfahrzeugen setzen voraus, dass diese einen hohen Anteil von faserverstärkten Kunststoffen an der tragenden Struktur beinhalten.

Mit der Entwicklung einer Omnibusstruktur [17.2] [17.9] aus GFK konnte unter dem Markenzeichen Neoplan die erste Omnibuszelle aus Kunststoffen, hauptsächlich aus GFK 1988 in den Verkehr gebracht werden. Neben den üblichen Testfahrten unter extremen Bedingungen wurden beim Überschlagtest nach Abb. 17.3.1 nach der Spezifikation ECE 66 an einer Buszelle von einer Rampe keinerlei bleibende Verformungen festgestellt. Der Überlebensraum wurde nicht beeinträchtigt. Der Kippwinkel betrug bei den Messungen mehr als 60°. Abb. 17.3.2 zeigt den Rohbauaufbau des Metroliner Neoplan in Sandwichbauweise.

Abb. 17.3.1 Bus nach bestandenem Überschlagtest

Abb. 17.3.2 Rohaufbau der Busstruktur

Beim Seitenaufprall wurde eine 1800 kg schwere Limousine (Metallbauweise) völlig demoliert, beim Metroliner wurden jedoch nur leichte, einfach zu reparierende Delaminationen festgestellt. Der Bus ist in einer teildifferenzierten Bauweise hergestellt.

Es stellt sich nun die Frage, inwieweit sich dieses positive Crash-Verhalten der Neoplan-Buszelle aus GFK auf andere Faserverbundstrukturen übertragen lässt. Das Crash-Verhalten von Fahrzeugen aus überwiegend metallischen Werkstoffen wurde in vielen und aufwendigen Programmen untersucht. Durch Computersimulationen lässt sich das Unfallverhalten eines gesamten Fahrzeuges früher, schneller und kostengünstiger ungefähr abschätzen, genau jedoch nur durch kostspielige, aussagefähigere Crash-Tests. Die virtuelle Crash-Simulation erfordert eine extrem hohe Rechenleistung mit Hilfe eines recht umfangreichen Finite-Element-Modells. Mit derartigen Rechenmodellen lassen sich die sehr komplexen Komponenten des Fahrzeugs abbilden, ihre in Abhängigkeit stehenden, komplizierten Crash-Vorgänge jedoch leider nur annähern. Die Vorteile der Simulation sind:

- verkürzte Entwicklungszeiten
- kostengünstiger als reale Crash-Tests
- schnelleres Durchspielen konstruktiver Varianten

Trotz dieser positiven Darstellung der Simulation des Crash-Verhaltens von Fahrzeugen kann man auf reale Crash-Tests nicht völlig verzichten, u. a. auch deshalb, weil der Gesetzgeber reale Crash-Tests vorschreibt.

17.4 Grundlegende Begriffe und Aussagen für die Konstruktion von mittragenden Crash-Strukturen

17.4.1 Einführung

Es gibt eine grosse Anzahl von Patenten, die sich mit der Crash-Problematik befassen. Diese beziehen sich überwiegend jedoch nur auf einfache Proben, wie z. B. die Flach- oder Rohrprobe. In Kraftfahrzeugen kommen jedoch Kombinationen von Bauteilen in Crash-Strukturen zum Tragen, so dass die gezielte Auslegung einer Crash-Struktur sich weitaus schwieriger darstellt.

Prinzipiell unterscheidet man zwischen vier verschiedenen Bruchmodi, die in einer Struktur einzeln oder kombiniert auftreten können. In Abb. 17.1.1 [17.10] sind diese bildlich erläutert.

Um einen klaren, wiederholbaren Crash-Fortschritt zu erzeugen, muss konstruktiv durch Sollbruchstellen der Rissbeginn eingeleitet werden. Hierfür sind Laminatschwachstellen verschiedenster Art gut geeignet.

Bei der Zerstörung der Faserverbund-Crash-Strukturen infolge der Energieabsorptionsmechanismen spielen u. a. auch Reibungseffekte z. B. zwischen den delaminierten Schichten eine beachtliche Rolle. Diese Tatsache macht eine rechnerische Vorhersage besonders schwierig und unsicher.

17.4.2 Ertragbare, spezifische Energieabsorption

Das Verhalten von Werkstoffen als Energieabsorber wird mit Hilfe des Quotienten aus absorbierter Energie und zerstörter Probenmasse definiert. Hierbei ist der Begriff der Crash-Spannung von besonderer Bedeutung. Die massenspezifische Energieabsorption E_{spez} ergibt sich mit folgender Gleichung:

$$E_{spez} = \frac{E}{M_{Cr}} = \frac{E \cdot l_0}{s \cdot M} \quad [J/g] \tag{17.4}$$

und die spezifisch ertragbare Crash-Spannung σ_{spez} mit:

$$\sigma_{spez} = \frac{P_m}{F \cdot \rho} \quad [J/g] \tag{17.5}$$

wobei:

E	=	absorbierte Energie [J]
M_{Cr}	=	zerstörte Probenmasse
M	=	Probenmasse
F	=	Probenquerschnittsfläche [mm^2]
ρ	=	Laminatdichte [g/cm^3]
l_0	=	Probenlänge [mm]
s	=	Schädigungstiefe [mm]
P_m	=	mittlere Crashlast [N]

Aus dem Kraftverformungsdiagramm gemäss Abb. 17.1.3 [17.6] können einige der Werte für die Gleichungen (17.4) und (17.5) entnommen werden. Hierbei ist wiederum hervorzuheben, dass diese Werte für einfache Crash-Strukturgeometrien leichter definiert werden können als für komplexe Strukturen.

Crashverhalten von Faserverbundwerkstoffen und -strukturen 533

17.4.3 Allgemeine Aussagen zur Konstruktion von Crash-Strukturen

Folgende, allgemeingültige Aussagen können als Hilfe für die Konstruktion definiert werden:
1. Geschlossene Profile eignen sich als Crash-Strukturen besser gegenüber offenen. Diese Aussage wurde durch viele Studien bestätigt.
2. Crash-Elemente können mit Geweben und Gestricken mit zusätzlichen armierten UD-Gelegen ausgelegt werden. Hierdurch können in der dritten Dimension Verstärkungseffekte zusätzlich erzielt werden. Durch das hiermit zusammenhängende „Ondulieren" der Gewebe- bzw. Gestrickfasern in Kraftrichtung können zusätzliche Effekte bezüglich des Kraftniveaus und des Absorptionsvermögens entstehen.
3. Mehrkammersysteme, wie sie in [17.12] untersucht wurden, zeigen hinsichtlich der spezifischen Energieaufnahme keine besonderen Vorteile und weisen häufig kein kontrolliertes Crash-Verhalten auf.
4. Anstatt mit geschlossenen Profilen zu arbeiten. kann man auch zwei offene Hutprofile zu einem geschlossenen Absorberelement verbinden. Dies bringt insbesondere für faserverstärkte Thermoplaste Vorteile bei der Fertigung. Die erreichbaren, spezifischen Absorptionsenergien sind ähnlich denen der geschlossenen Profile [17.13].
5. Sandwichstrukturen, bestehend aus zwei Deckschichten, verbunden mit einem Schaum-, Waben- oder Holzkern, können als Absorber verwendet werden [17.14] [17.15]. Es ist jedoch darauf zu achten, dass kein globales Beulen, örtliches Schubversagen oder vorzeitiges Ablösen der Deckhaut eintritt. Da Sandwichstrukturen häufig gewisse Fertigungsunstetigkeiten (besonders an den Rändern) aufweisen, ist mit grösseren Streuungen zu rechnen. Das Absorptionsvermögen von Sandwichstrukturen ist relativ niedrig.
6. Mit kontrollierter Umstülpung eines z. B. gewickelten Faserverbundrohres, welches am Ende durch eine Flansch geführt ist (Abb. 17.4.1), lassen sich sehr gute Crash-Eigenschaften erreichen (40 % Gewichtsreduktion gegenüber Alu und 10 % Enegieabsorptionserhöhung) [17.16]. Die Umstülpung muss kontrolliert an einer vorgegebenen Stelle beginnen. Erreicht wird diese immer durch eine gezielte Schwachstelle am Crash-Element. Diesen Vorgang nennt man Trigger.

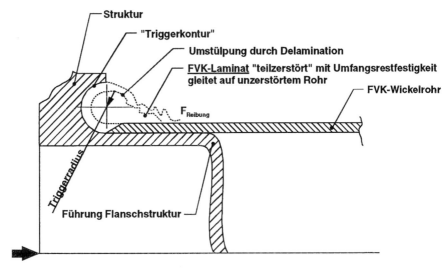

Abb. 17.4.1 Faserverbund-Crash-Rohrelement

7. Symmetrische und unsymmetrische Kegel (Abb. 17.4.2) können vorteilhaft als Crash-Absorber verwendet werden, da sie auch auf nichtaxiale Beanspruchung ein günstiges Absorptionsverhalten zeigen. Die noch erlaubten Kegelwinkel hängen vom Laminataufbau ab und dürfen nicht zu gross gewählt werden [17.18]. Beim Kegelabsorber ist es nicht erforderlich, konstruktiv ein Triggern zu berücksichtigen, da der Versagensbeginn automatisch beim kleinsten Querschnitt beginnt. Der Winkel der angreifenden Kraft darf jedoch den Verjüngungswinkel nicht überschreiten (Abb. 17.4.2). Ausführliche Untersuchungen über derartige Absorber wurden in [17.17] durchgeführt.

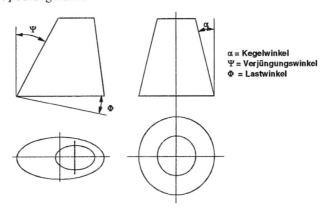

Abb. 17.4.2 Kegel mit aussermittiger und regelmässiger Geometrie

8. Das Verhältnis des Rohrdurchmessers zur Wanddicke spielt insofern eine Rolle, dass sich bei zu dünnen Wandstärken ein frühzeitiges örtliches Beulen einstellt und bei zu dicken Wandstärken ein Herausbrechen von Laminatteilen eintritt. Beides verringert das spezifische Absorptionsvermögen.
9. Die Energieabsorption kann sowohl durch höhere Matrix- als auch höhere Faserbruchdehnungen wesentlich gesteigert werden. Dadurch erzielt man mit thermoplastischen Matrixsystemen z. T. wesentliche verbesserte Crash-Eigenschaften gegenüber duroplastischen Systemen.
10. Je höher die Kristallinität in der Matrix desto geringer ist die Crash-Energieabsorption. Für Thermoplaste erfordert dies eine möglichst schnelle Abkühlung der Matrix bei der Fertigung. Bei Duroplasten wird bei langsamen Abkühlen des Bauteils eine grössere Vernetzung der Matrix erreicht, was zu einer Erhöhung der Absorption führt. Nachträgliches Tempern verstärkt diesen Effekt.
11. Der Laminataufbau (Reihenfolge einzelner Schichten mit unterschiedlicher Faserrichtung) hat einen bedeutenden Einfluss auf das beim Crash entstehende Kraftniveau und die Absorptionsfähigkeit. Laminate mit nur 0°-Lagen neigen zu stark streuenden Ergebnissen und sind damit ungeeignet. Mit Umfangswicklungen (90°-Lage) können die in Kraftrichtung liegenden Lagen gestützt werden. Das optimale Verhältnis liegt bei 90°-Lagen (1 Anteil) zu 0°-Lagen (3 Anteile), wobei die 0°-Lagen in der Mitte und die 90°-Lagen innen und aussen angeordnet sein sollten.
12. Bezüglich sämtlicher Crash-Ursachen ist zwischen quasistatischen (z. B. 0,001 m/sec Belastungsgeschwindigkeit) und dynamischen Versuchen zu unterscheiden. Die das Crash-Verhalten wesentlich besser beschreibenden dynamischen Versuche liefern meist geringere Energieabsorptionen infolge des unterschiedlichen Bruchvorgangs.
13. Crash-Elemente können mit sämtlichen Fasertypen gemischt (Hybrid) hergestellt werden. Versuche [17.19] [17.20] [17.21] haben gezeigt, dass die besten Ergebnisse erreichbar sind, wenn die UD-Lagen zwischen den aussen und innen die stützenden Gewebelagen (± 45°) z. B. aus Kevlar angeordnet sind.
14. Crashvorgänge, bei denen an der Krafteinleitungsstelle und/oder beim kontrollierten Zerstören des Laminates grosse Reibungen entstehen, beeinflussen die Absorption wesentlich. Dieser komplexe Vorgang ist einer der Gründe, weshalb rechnerische Vorhersagen sehr schwierig sind. Die Reibungsvorgänge sind jedoch einigermassen wiederholbar, so dass die Streuung der Ergebnisse in Grenzen bleibt. Die konstruktive Auslegung der Crash-Struktur hat diesbezüglich einen wesentlichen Einfluss.
15. Die Temperatur hat auf das Crash-Verhalten für den im Maschinenbau üblichen Temperaturbereich keinen wesentlichen Einfluss. Die Temperatureigenschaften von Matrixsystemen und Fasern sind in [17.17]

ausführlich beschrieben. Auf jeden Fall muss darauf geachtet werden, dass die maximal im Betrieb vorkommende Temperatur, bei der ein Crash eintreten kann, unterhalb der Glastemperatur der Matrix liegt. Die unterschiedlichen Faser-Harz-Systeme zeigen jedoch eine unterschiedliche Anfälligkeit bezüglich des Crash-Verhaltens bei unterschiedlichen Temperaturen. Dies gilt insbesondere für thermoplastische Systeme.

16. Schaumfüllungen von Rohren führen zu einer schlechteren Energieabsorption, es sei denn, dass sie bei zu geringen Wandstärken das frühzeitige örtliche Beulen verhindern.
17. Je höher die Faser-Matrix-Haftung, umso grössere Crash-Absorptionswerte können erreicht werden.
18. Profilbleche z. B. in Sinusform werden im Flugzeugbau als Unterbodenstruktur mit Absorptionsvermögen angewendet. Ihr Absorberverhalten ist neben dem Laminataufbau stark vom Öffnungswinkel der Sinusform anhängig [17.22], da bei zu grossen Öffnungswinkeln ein globales Beulen eintritt. Bei optimaler Auslegung können spezifische Energieabsorptionen ähnlich denen bei zylindrischen Rohren erreicht werden.

17.5 Crash-Simulation von Faserverbundbauteilen

17.5.1 Einleitung

Wie bereits erwähnt stellt die Simulation des Crash-Vorgangs mit Hilfe des Computers eine bedeutende Hilfe bei der Entwicklung von Strukturen dar. Ebenfalls erwähnt wurde bereits, dass die Vorgänge gerade für komplexe, aber auch schon für einfache Strukturen äusserst kompliziert, z. B. durch Absplittern von Strukturteilen und durch verschiedenste Reibungseffekte, ablaufen. Durch den Schichtaufbau von Faserverbundbauteilen stellt sich der Crash-Vorgang nochmals erheblich schwieriger gegenüber Metallstrukturen dar.

17.5.2 Erläuterungen zur Berechnung des Crash-Vorganges

Grundlage für die FEM-Berechnung von dynamisch belasteten Strukturen ist die diskretisierte Bewegungsgleichung:

$$M\ddot{u} + C\dot{u} + Kn = P_{extern} \tag{17.6}$$

M = Masse
C = Dämpfung
K = Steifigkeiten
ü = Beschleunigungen
u̇ = Geschwindigkeiten
u = Verschiebungen
P_{extern} = äussere Kräfte

Für die Crash-Simulation von komplexen Strukturen treten komplizierte Interaktionen zwischen den Bauteilen der Struktur auf. Darüber hinaus handelt es sich bei diesem Vorgang um grosse Verformungen. Ferner müssen unterschiedlichste Kontaktprobleme während des Crash-Vorganges Berücksichtigung finden. Das alles macht die Berechnung eines Crash-Vorganges für Faserverbundstrukturen äusserst kompliziert und aufwendig. Je nach verwendetem Gleichungssystem, welche bei den unterschiedlichen Programmen verwendet wurden, steigt die Rechenzeit quadratisch oder kubisch mit der Elementezahl. Letztere ist jedoch, um einigermassen vernünftige Ergebnisse zu erhalten, relativ gross zu wählen, damit die zu berechnende Struktur engmaschig modelliert werden kann. Ein Beispiel zeigt Abb. 17.5.1.

Für die Berechnung relativ dünnwandiger Strukturen werden allgemein Schalenelemente verwendet, da diese die Biegung berücksichtigen, was bei der Verwendung von Scheibenelementen nicht der Fall ist. Volumenelemente sind für grosse Strukturen häufig zu aufwendig. Bei den anisotropen Schalenelementen sind die in Kapitel 3 erklärten Annahmen gemacht. Bei diesen wird der Schichtverbund als Kontinuum betrachtet, d. h. dass die einzelnen Schichten miteinander absolut verbunden sind. Bei Crash-Vorgängen wird gegen diese Annahme erheblich verstossen, was zu einer weiteren, für Faserverbunde zutreffenden, Unsicherheit der Ergebnisse beiträgt. Das durch Crash zerstörte Laminat stellt vor allem bei der Verwendung relativ steifer Fasern (CFK) kein Kontinuum mehr dar.

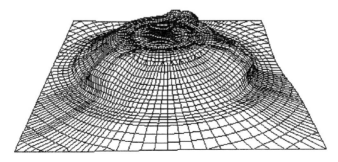

Abb. 17.5.1 Typische Crash-Simulation

17.5.3 Erklärungen zu Crash-Simulationsprogrammen

Für die Berechnung von Crash-Vorgängen existieren die Programme LS-DYNA, CONDAT-DYNA3D, PAM-CRASH und KRASH.

Das Programm LS-DYNA enthält Materialmodelle, die für Faserverbunde mit Einzelverstärkungen speziell entwickelt wurden. In [17.24] und [17.23] sind diese detailliert erklärt. Hierbei handelt es sich um Schalenelemente mit der zusätzlichen Annahme, dass diese ab einer bestimmten berechneten Verformung an der Crash-Front im finiten Netz gelöscht werden in Übereinstimmung mit der praktischen Erfahrung, dass dieser Strukturbereich sich an der Kraftübertragung nicht mehr beteiligt. Durch Vergleich zwischen Experiment und Berechnung wurden unter diesen Voraussetzungen teilweise gute Übereinstimmungen erreicht, was aber keinesfalls verallgemeinert werden darf. In naher Zukunft muss auf diesem Gebiet weiter geforscht werden und es müssen weitere Vergleiche zwischen Versuch und Berechnung durchgeführt werden. Erst dann kann behauptet werden, dass mit diesem Simulationsprogramm eine sichere Prognose für Crash-Strukturen aus Faserverbunden möglich ist.

Mit dem Programm CONDAT-DYNA3D wurden ähnliche Berechnungen mit Volumenelementen durchgeführt [17.25] unter zusätzlicher Berücksichtigung von Delaminationen durch Lösen der Knoten zwischen den Schichten [17.26]. Hierbei entsteht zusätzlich wie zu erwarten ein immenser Rechenaufwand, der fast nicht akzeptabel ist.

Das Programm PAM-CRASH wird wie das bereits kurz vorgestellte Programm LS-DYNA ebenfalls zur Berechnung von Crash- und Impact-Vorgängen verwendet. Ihm liegen Materialmodelle zugrunde, die in [17.27] zusammenfassend beschrieben sind. Für Faserverbundstrukturen wird ein sogenanntes Bi-Phase-Modell verwendet, dem ein Spannungs-Dehnungs-Diagramm entsprechend Abb. 17.5.2 zugrunde liegt. Bekanntlich wird bei CFK-Laminaten die Bruchlast bei ca. 2 % Dehnung erreicht. Beim Crash trägt der geschädigte Bereich jedoch weiterhin mit, was im Bi-Phase-Modell berücksichtigt wird. In PAM-CRASH wird dieser Parameter meist mit 0,5 angesetzt, was auch aus Abb. 17.5.2 ersichtlich ist. Dieses Modell ist sowohl für UD-Laminate als auch für Gewebe verwendbar und zwar sowohl unter Anwendung von Volumenelementen als auch Schalenelementtypen.

Strukturbereiche, die geringere Spannungen aufweisen, dürfen zur Verringerung des Rechenaufwandes mit einem gröberen Netz idealisiert werden. In den diesbezüglichen Veröffentlichungen [17.28] [17.29] wird darauf hingewiesen, dass die Simulation permanent mit Versuchen verglichen und durch Änderung von Parametern angeglichen werden soll.

Crashverhalten von Faserverbundwerkstoffen und -strukturen 539

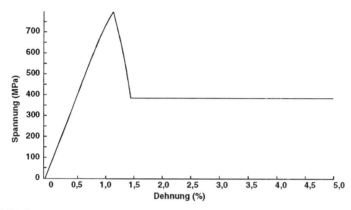

Abb. 17.5.2 In PAM-CRASH verwendetes Damage-Spannungs-Dehnungs-Diagramm für CFK-Laminate für das Bi-Phase-Modell

Das Programm PAM-CRASH beinhaltet umfangreiche Programmteile mit bruchmechanischen Berechnungsvorgängen für die Rissausbildung und Energiefreisetzung. Die bereits erwähnten beträchtlichen Reibungseinflüsse werden in der Simulationsberechnung berücksichtigt. Für die praktische Berechnung von grösseren Strukturen werden meist nur Schalenelementtypen verwendet, da mit Volumenelementen der Rechenaufwand extrem steigt. Abschliessend sei noch darauf hingewiesen, dass oft der Crash-Vorgang von Versuch und Simulation gut übereinstimmen, die dabei auftretenden Maximalkräfte jedoch stark voneinander abweichen.

17.6 Literaturverzeichnis zu Kapitel 17

[17.1] Sigolotto, C.: CFK im Automobilbereich. Anlagen und Einrichtungen für die Composite-Fertigung. Brochure von Dornier GmbH, Fertigungszentrum Friedrichshafen, 2000
[17.2] Büler, O., Neoplan; Metroliner in Carbon-Design. Firma Neoplan Nr. 00412
[17.3] Ollers,: Semesterarbeit vorgelegt im Sommersemester 1994 am Institut für Konstruktion und Bauweisen, Vorsteher: Prof. M. Flemming, Betreuer: M. Niedermeier, M. Hintermann.
[17.4] Kindervater, C. M.: Crash-Verhalten von Strukturelementen aus Aluminium und Faserverbundwerkstoffen. DFVLR-Nachrichten, Heft 42 Juni 1984.
[17.5] Kindervater, C. M.: Compression Crash-Energie Absorption Behavior of Composite Laminates. Conference on Advanced Materials Research and Development for Transport. Strassburg, Nov. 1985.

[17.6] Maier: Experimentelle Untersuchung und Simulation des Crash-Verhaltens von Faserverbundwerkstoffen. Dissertation des Fachbereichs Maschinenwesen der Universität Kaiserslautern, 1990.

[17.7] Frei, P., Kaeser, R., Hafner, M., Schmid, M., Dragan, A., Wingeier, L., Muser, M. H., Niederer, P. F., Walz, F. H.; Crashworthiness and Compatibility of Low Mass Vehicles in Collisions, SAF Tech. Paper Ser. 97 0122, 1997

[17.8] Kindervater, C. M.: Energy Absorbing Qualities of Fiber Reinforced Plastic Tubes. Paper presented at National Specialists Meeting Composites Structures of the America Helicopter Society, March 23-25, 1983, Philadelphia, USA.

[17.9] Bühler, O. P.: Neue Aera im Omnibusbau - Metroliner in Carbon Design. Das Buskonzept der Zukunft, die erste freitragende Omnibuszelle aus Faserverbundstoffen. Herausgeber: Gottlob Anwärter GmbH & Co. Stuttgart-Möhringen, Germany, 1989.

[17.10] Rothmund, P, Seyffert, C.: Streuungsverhalten. Dornier-Bericht SN10-628/88-1988.

[17.11] Flemming, M., Ziegmann, G., Roth, S.; Faserverbundbauweisen - Fasern und Matrices; Springer Verlag, Berlin, Heidelberg, ISBN 3-540-58645-8, 1995

[17.12] Karbhari, V. M., Locurcio A. P.: Progressiv Crash Response of Hybrid Felt/Fabric Composite Structures. Journal of Reinforced Plastics and Composites Vol 16, No. 3/1997.

[17.13] Breuer, U., Ostgathe, M., Kerth, S., Neitzel, M.: Fabric Reinforced Thermoplastics Composites - A Challenge for Automotive Applications, Proc. of the XXVI Congress FISITA 96, 17.-21.06.1996, Prague, 1996.

[17.14] Brachos, V., Neogi, D., Douglas, C.D.: Analysis of Edge Loaded Sandwich Panels - Energy Absorption Characteristics.

[17.15] Neogi, D., Brachos, V., Douglas, C.: Composite Cored Trapezoidal Sections - Design for Enhanced Energy Absorption, 41st International SAMPE Symposium, March 24 - 28 1996, S. 785 - 795

[17.16] Dyckhoff, J., Haldenwanger, H. G.: Entwicklung eines crashcompatiblen Faserverbundkunststoff-Trägers. Kunststoffe im Automobilbau - variabel für die Zukunft. S 257 - 275, VDI-Verlag GmbH, Düsseldorf 1999.

[17.17] Fleming, D. C., Vizzini, A. J.: Crashworthiness of Truncated Composite Cones Under Side Loads. 16th European Rotorcraft Forum, Glasgow, Scotland, Sept. 18 - 21, 1990.

[17.18] Price, J. N., Hull, D.: Axial Crashing of Glass Fibre-Polyester Composite Cones. Composite Science and Technology. 28 (1987). S. 211 - 230.

[17.19] Farley, G. L., Bird, R. K., Modlin, J. T.: The Role of Fiber and Matrix in Crash Energy Absorption of Composite Materials. Journal of American Helicopter Society, 34 (1989) Heft 2 p. 52 - 58.
[17.20] Thuis, H. G. S. J., Metz, V. H.: The Influence of Trigger Configurations and Laminate Layup on the Failure Mode of Composite Crash Cylinders, Composite Structures 25 (1993), S. 47 - 53.
[17.21] Peijs, A. A. J. M., van Klinken, E. J.: Hybrid Composites based on Polyethylene and Carbon Fibres. Part V: Energy Absorption under quasi-state Crash Conditions, Journal of Materials Science Letters 11 (1992), S. 520 - 522
[17.22] Kindervater, C. M., Georgi, H.: Composite Strength and Energy Absorption as an Aspect of Structural Crash Resistance, Structural Crashworthiness and Failure, S. 189 - 235, 1993 Elsevier Science Publishers LTD, ISBN 1-85166-969-8.
[17.23] Schweizerhof, K., Münz, T.: Crashsimulation von Bauteilen aus Faserverbundwerkstoffen - Möglichkeiten und Grenzen. S. 13 - 21.
[17.24] Schweizerhof, K., Weimar, K., Münz, T., Rottner, T.: Crashworthiness Analysis with Enhanced Composite Material Models in LS-DYNA - Merits and Limits. 16. CAD_FEM Users' Meeting, 7. - 9. Okt. 1998, Bad Neuenahr - Ahrweiler.
[17.25] Vinckier, D.: A Numerical Method for the Impact and Penetration of Thermoplastic Woven Fabric Composites. Third International Conference on Composites Engineering; New Orleans, July 21 - 26, 1996.
[17.26] Thomas, K., Vinckier, D.: Numerical Simulation of a High Velocity Impact on Fiber Reinforced Materials. SMIRT Post-Conference Seminar, Bundesanstalt für Materialforschung und -prüfung, Berlin 23. - 24.8.1993.
[17.27] Haug, E., Jamijan, M.: Industrial Crashworthiness Simualtion of Automotive Structures and Components Made of Continuous Fibre Reinforced Composite and Sandwich Assemblies. 27th ISATA, Electric Hybrid & Alternative Fuel Vehicles and Supercars, Int. Symp. On Automotive Technol. and Automation, Aachen, 31.10. - 4.11.1994, S. 753 - 760.
[17.28] Kisielewicz, L. T., Andoh, K.: Computer-Aided Micro-Damaging and Fracturing Characterization of Composite Materials for Non-Linear Structural Analysis and Crash Simulations. Advanced Composite Materials II, p. 257 - 261.

[17.29] Urich, D., Pickett, A. K., Haug, E., Bianchini, J.: Crash Simulation and Verification for Metallic, Sandwich and Laminate Structures. AGARD Conference Proceedings, Energy Absorption of Aircraft Structures as an Answer of Crashworthiness, Neuilli sur Seine, 1988, S. 18.1 - 18.18.

[17.30] Kohlgrüber, D.: Numerische Crashsimulation von Strukturen aus endlosfaserverstärkten Faserverbunden (Strukturknotcn aus CfK/SfK Geweben). Berechnung von Faserverbundstrukturen unter Anwendung numerischer Verfahren. 13.- 14.3.1996, München.

[17.31] Flemming, M., Ziegmann, G., Roth, S.; Faserverbundbauweisen - Halbzeuge und Bauweisen, Springer Verlag, Heidelberg, Berlin, ISBN 540-0616-5, 1996

[17.32] Hamada, H., Ramakrishna, S.: Effect of Testing Temperature on the Energy Absorption Behaviour of Carbon Fiber/PEEK Composite Tubes, Journal of Reinforced Plastics and Composites, Vol. 15, January 1996.

[17.33] Dehn, A., Maier, M.: Temperatureinfluss auf das Energieabsorptionsverhalten von CFK-Crashelementen. Kunststoffe 89 (1999) 6, Karl Hanser Verlag, München.

[17.34] Farley, G. L.: Effect of Fiber and Matrix Maximum Strain on the Energy Absorption of Composite Materials, Journal of Composite Materials, Vol. 20 July 1986, S. 322 - 334

[17.35] Dehn, A.: Herstellung und Erprobung von Crashelementen aus Faserverbundkunststoffen mit duromerer und thermoplastischer Matrix, Diplomarbeit Universität Kaiserslautern, 1995.

[17.36] Kohlgrüber, D., Kamoulakos, A.: Validation of Numerical Simulation of Composite Helicopter Sub-floor Structures under Crash Loading. American Helicopter Society 54th Annual Forum, Washington D.C., May 20 - 22, 1998.

[17.37] Deletombe, E., Delsart, D., Fabis, J., Johnson, A. F.: Enhanced Composite Material Law for Energy Absorption Modelling of Anti-Crash Components in Aeronautics. Proc. of the International Crashworthiness Conference, 1998. Dearborn, Michigan.

Die Forschungsberichte der ETH Zürich und der Fa. Dornier liegen den Verfassern vor.

18 Weitere Kriterien und Einsatzmöglichkeiten bei Verwendung von faserverstärkten Kunststoffen

Nachfolgend werden noch einige bisher in diesem Buch nicht behandelte unterschiedliche Eigenschaften von Faserverbunden und deren Auswirkungen auf verschiedenste Gebieten erklärt.

18.1 Verbesserte Tragflügelstreckungen durch den Einsatz von CFK als Beispiel für Sekundäreffekte

Die Flugzeuggewichte sind durch immer mehr Bauteile aus kohlenstoffaserverstärkten Kunststoffen z.T. beträchtlich gesenkt worden. Das bedeutet höhere Zuladung bei gleichem Startgewicht.

Nach [18.1] ist ein wichtiges Kriterium für die aerodynamische Bewertung von Flugzeugen die Gleitzahl, sie ist das Verhältnis von Auftrieb zu Luftwiderstand. Es ist also das Ziel aller Flugzeugbauer, den Auftrieb gross und den Luftwiderstand klein zu halten.

Verkehrsflugzeuge wie z. B. der Airbus A320 haben Gleitzahlen um 17 und Segelflugzeuge der Standardklasse hingegen von 40-50. Eine Gleitzahl von 50 bedeutet, dass das Flugzeug im reinen Gleitflug je 50 m Strecke nur 1m an Höhe verliert. Diese auffallende Diskrepanz der Gleitzahlen von Segel- und Verkehrsflugzeugen ist dadurch begründet, dass Segelflugzeuge weniger Luftwiderstand besitzen. Um dies zu verstehen [18.1], muss man den Luftwiderstand genauer betrachten. Er besteht im wesentlichen aus zwei etwa gleich grossen Anteilen: den auftriebsabhängigen induzierten Widerstand und den auftriebsunabhängigen Reibungswiderstand. Je grösser der Auftrieb ist, desto grösser ist der induzierte Widerstand, genau gesagt ist er dem Quadrat des Auftriebs proportional.

Bei gleichem Auftrieb vermindert sich der induzierte Widerstand mit wachsender Flügelstreckung - das ist das Verhältnis von Spannweite zur mittleren Flügeltiefe (Länge des Flügelprofils). Kommt man wieder auf den Vergleich zwischen Segel- und Verkehrsflugzeug zurück, ist festzustellen:

Segelflugzeuge haben Tragflügelstreckungen bis zu 30, Verkehrsflugzeuge nur solche von ungefähr 10. Der induzierte Widerstand für Segelflugzeuge liegt folglich um zwei Drittel unter dem von Verkehrsflugzeugen mit gleichem Auftriebsbeiwert. Allerdings lässt sich die Streckung nicht beliebig anheben, ohne dass Probleme mit der Bauweise der Tragflügel auftreten.

Bei Segelflugzeugen hat man diese Schwierigkeiten durch die Verwendung von CFK- und GFK-Werkstoffen in den Griff bekommen. Auch für Verkehrsflugzeuge versprechen die CFK-Werkstoffe zusammen mit einer neuen Konstruktionsbauweise eine deutliche Erhöhung der Streckung auf 12 bis 14. Noch höhere Werte sind allerdings wegen der Flattergefahr nicht ohne weiteres möglich. Da aber CFK eine grössere Steifigkeit bei geringerem Gewicht mit sich bringt, kann der Flatterpunkt zu höheren, nicht mehr kritischen Geschwindigkeiten verschoben werden [18.2]. Dieses Beispiel zeigt, dass insbesondere durch den Einsatz von CFK eine wesentliche Verbesserung eines Gesamtsystems, in diesem Falle ein Flugzeug, möglich ist. Deshalb ist es nach [18.2] logisch, dass die Tragflügel des Megaliner von Daimler-Benz Aerospace folgerichtig aus CFK hergestellt werden sollen. Ausserdem lässt sich auch das Schwingfestigkeitsverhalten des Flügels beeinflussen, was für die Lebensdauer (s. Kap. 9) des Flugzeuges von grosser Bedeutung ist.

18.2 Brandverhalten und Feuerfestigkeit von CFK-Strukturen [18.10]

Für die Beurteilung des Brandverhaltens von Werkstoffen, also auch von Faserverbunden, gibt es eine ganze Reihe, zum grossen Teil sich gegenseitig ergänzende Vorschriften. Dies sind die DIN 4014 (Teil 1), die DV/899/35, die DIN 53438, die DIN 75200, die DIN 5510 (vorbeugender Brandschutz) sowie die DIN 4102 (Teil 2).

Nach [18.9] erfasst die Bundesbahnprüfung DV/899/35 von den genannten Normen das Brandverhalten am weitestgehenden, da sie bei brennbaren Baustoffen eine Aussage über das Qualm- oder Rauchverhalten der Werkstoffe mit beinhaltet. Der Toxizität der Brandgase wird grosse Bedeutung beigemessen. Zu beurteilen sind sowohl die Matrix als auch die verwendete Faser.

18.2.1 Richtlinien und Anforderungen zum Brandverhalten

In letzter Zeit werden, verursacht durch einige Brandunfälle, die Richtlinien über die Anforderungen an das Brandverhalten strenger gehandhabt. UP-Laminate werden nach DIN 4102 - Teil 2 als schwer entflammbar eingestuft. Bei üblichen Laminatdicken von > 1 mm werden die diesbezüglichen Vorschriften im Wesentlichen erfüllt.

Weitere Kriterien bei Verwendung von faserverstärkten Kunststoffen

Die meisten Laminate bestehen aus härtbaren Harzen wie z. B. UP-Harzen. Schwer entflammbare Laminate erhält man durch Hinzufügen von Aluminumhydroxid. Hierbei ist allerdings zu beachten, dass die mechanischen Eigenschaften je nach Mischungsgrad negativ beeinflusst werden. Ungesättigte Polyester-Harzformstoffe (UP) zersetzen sich im Falle eines Brandes unter starker Rauchentwicklung. Diese Gase sind korrosiv und toxisch. Durch Halogen und phosphorhaltige Zusätze kann das Brandverhalten verbessert werden.

Das Brandverhalten von Werkstoffen für Kraftfahrzeuge wird nach DV 899/35 (Brandverhalten fester Stoffe) und neuerdings nach DIN 5510 (vorbeugender Brandschutz) geprüft und beurteilt.

Nachzuweisen sind dabei die Brennbarkeit und die Brandnebenerscheinungen (Rauchbildung, Tropfbarkeit). Desweiteren wird die Korrosivität und Toxozität der Brandgase überprüft (Orientierung an ATS 1000.001 Amerikanische Norm).

Im folgenden wird angegeben, wie die Werkstoffe bezüglich ihres Brandverhaltens zu prüfen sind:
- Untersuchung von Proben auf Brennbarkeit, Qualmentwicklung und Tropfbarkeit, (z. B. im Brandschacht der Bundesbahn).
- Differenziert wird bei der Beflammung zwischen vertikaler (V-Test), schräger (W-Test) und horizontaler (H-Test) Probenanordnung.
- Unterschieden wird zwischen der Beflammungsanordnung und -dauer.

Beispiel 1 (siehe Abb. 18.2.1)
V-Test: Beflammung unte 45° in 20 mm Entfernung an der Probenunterkante, Beflammungszeit 3 Minuten.

Beispiel 2
H-Test: Beflammung unter 65° in 20 mm Entfernung von der Probenunterseite, Beflammungszeit 2 Minuten.

Beispiel 3
Als weitere Vorschrift gilt die Prüfung von brennbaren Stoffen nach DIN 53438 Teil 3 (Verhalten beim Beflammen mit einem Brenner, Flächenbeflammung)
V-Test: Flächenbeflammung eines senkrechten Probenkörpers unter 45° an der unteren Messmarke, Beflammungszeit 15 Sekunden.

Anforderungsklassen (siehe Abb. 18.2.2)

Je nach Brandverhalten wird ein bestimmter Faserverbund einer bestimmten Klasse zugeteilt. Falls das Brandverhalten einer Struktur von Bedeutung ist, muss die Klasse im Anforderungskatalog für das Bauteil enthalten sein.

546 Weitere Kriterien bei Verwendung von faserverstärkten Kunststoffen

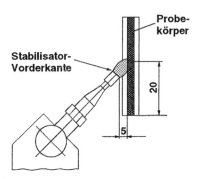

Abb. 18.2.1 Versuchsaufbau

	Klasse
Die obere Messmarke wird von der Flammenspitze des brennenden Probenkörpers nicht erreicht (der Probenkörper erlischt vorher von selbst).	F1
Die Flammenspitze des brennenden Probenkörpers erreicht die obere Messmarke in 20 oder mehr Sekunden.	F2
Die Flammenspitze des brennenden Probenkörpers erreicht die obere Messmarke in weniger als 20 Sekunden.	F3

Abb. 18.2.2 Anforderungsklassen

Brennbarkeits-grade	Verhalten der Stoffe beim Brandtest	Anteil der verbrannten Oberfläche
B4 nicht brennbar	Entflammt infolge seiner natürlichen Eigenschaften nicht, verkohlt und verascht nicht.	--
B3 schwer brennbar	Entflammt schwer, brennt von sich aus im allgemeinen nur äusserst zögernd bzw. nicht weiter oder verbrennt bzw. verkohlt nur bei zusätzlicher Wärmezufuhr mit geringer Geschwindigkeit.	bis 75 %
B2 brennbar	Entflammt und brennt, auf seine Entzündungstemperatur gebracht, im allgemeinen schnell bzw. von selbst weiter.	76 - 90 %
B1 leicht brennbar	Entflammt sehr leicht und verbrennt ohne zusätzliche Wärmequelle sehr schnell mit grosser Flamme.	91 - 100%

Abb. 18.2.3 Brennbarkeitsgrade

Prüfverfahren: Die Brennbarkeit aus Abb. 18.2.3 wird grundsätzlich nach dem V-Test bestimmt. Für B1 und B2 kann auch nach dem H-Test geprüft werden (Textilien, Teppichbeläge, Polsterstoffe u. ä.).

18.2.2 Möglichkeiten zur Verbesserung des Brandverhaltens

Die Matrix:
Neben den bereits erwähnten klassischen Massnahmen zur Verbesserung des Brandverhaltens wie z. B. bromierte und durch Substanzen dotierte Harzsysteme gibt es noch weitere Möglichkeiten, das Brandverhalten zu verbessern. Dazu gehören hochtemperaturfeste duromere Harzsysteme (z. B. duromere Polyimide) und hochtemperaturfeste Verstärkungsfasern, aber auch hochtemperaturfeste Folien, die in die Faserverbunde als Funktionsschichten integriert werden können.

Aufgrund von Untersuchungen stellen sich CFK-Strukturen wesentlich besser dar als Aluminium-Strukturen. Bei den Untersuchungen wurden modifizierte und dotierte Harzsysteme verwendet. Dabei kommen oft Phenolharz-modifizierte Systeme, die selbstlöschende Eigenschaften besitzen, zur Anwendung. Dieses Feld der modifizierten Harze wird mittlerweile gut beherrscht.

Wie bereits erwähnt, ist die Qualmentwicklung (Abb. 18.2.4) und der Tropfbarkeitsgrad (Abb. 18.2.5) ein weiterer Beurteilungsmassstab.

Qualmentwicklungsgrad	Qualmentwicklung des Stoffes	Zulässige Sichttrübung im Brandschacht in %
Q4	Qualmt nur sehr wenig	bis 10
Q3	Qualmt und russt mässig	11 - 40
Q2	Qualmt und russt stark	41 - 70
Q1	Qualmt und russt sehr stark	71 - 100

Abb. 18.2.4 Qualmentwicklungsgrade

Tropfbarkeitsgrad	Tropfenbildung und Verformung des Stoffes
T4	Verformt und erweicht nicht, bildet keine Trpfen
T3	Verformt stark, erweicht zonenweise oder bildet anstelle von Tropfen langgezogene Fäden
T2	Tropft nicht brennend ab
T1	Tropft brennend ab

Abb. 18.2.5 Tropfbarkeitsgrade

Die Fasern:
Zum Komplex Brandverhalten von Faserverbundwerkstoffen gehören auch die Versteifungsfasern, deren Brand- und Wärmeverhalten kurz dargestellt wird.

Fasern wie die Keramikfasern, die Siliziumkarbisfasern, Aluminiumoxisfasern und z. B. die Bornitridfasern sind sehr temperaturfest und damit bezüglich des Brandverhaltens sehr gut geeignet.

Die thermische Beständigkeit der Kohlefaser, die auf der Schmelzbarkeit des Kohlenstoffes bis 3600 °C beruht, ist hervorragend. In nicht oxidierender Atmosphäre bleiben die Eigenschaften bis 2000 °C unverändert. Durch diese spezifische Eigenschaft ist es möglich, relativ feuerfeste Faserverbundwerkstoffe zu entwickeln. Der Ansatz dazu können dichte C-Fasergewebe bzw. auch andere textile Fasergebilde sein. Aus diesem Grund ist die Feuerbeständigkeit von CFK gegenüber Aluminium wesentlich besser.

Darüber hinaus gibt es auch noch Verstärkungsfasern auf polymerer Basis, die weit über 400 °C einsetzbar sind. Die Molekülketten dieser Polymere bzw. Fasern zeichnen sich durch eine sehr hohe Steifigkeit und geringe Viskoelastizität aus. Wegen ihrer hohen Steifigkeiten bilden die Moleküle hochgeordnete Strukturen. Es handelt sich dabei um aromatische, heterozyklische Stabmoleküle. Der thermische Abbau dieser Fasern liegt zwischen 600 und 700 °C [18.8].

Zusammenfassende Bemerkungen:
Aus dem günstigen Brandverhalten vieler Fasern ergibt sich ein Vorteil der Faserverbunde gegenüber anderen Werkstoffen, indem bei einem Brand zwar eventuell das Matrixsystem Schaden erleidet, das Fasergerüst jedoch erhalten bleibt. Dadurch wird z. B. auch die Brandfortpflanzung stark behindert und der Durchbrennwiderstand wesentlich erhöht.

Zum Brandverhalten ist abschliessend festzustellen, dass es mehrere Möglichkeiten gibt, dieses aktiv zu verbessern. Die dazu angesprochenen Verstärkungsfasern und Matrixwerkstoffe sind in [18.8] umfassend beschrieben.

18.3 Korrosionsverhaltenseigenschaften [18.5,18.6]

Prinzipiell zeigen Faserverbunde eine grosse Resistenz gegenüber allen Korrosionserscheinungen. Trotzdem müssen einige Probleme bei der Konstruktion und Fertigung beachtet werden, damit keine unbeabsichtigten Schäden im Laufe der Zeit entstehen. Auf diese wird im Folgenden eingegangen.

Grundsätzlich kann man das Gebiet der Korrosion in zwei Gruppen aufteilen:

1. die Korrodierung von Metallstrukturen in Verbindung mit Faserverbunden infolge Schwitzwasser, salzhaltigen Flüssigkeiten und SO_2-haltiger Atmosphäre.
2. die Schädigung von gefügten Kohlenstoffaserverbunden mit Metallen durch Elektrokorrosion.

Was die erste Gruppe angeht, so sind besonders Metallwabenkerne von Sandwichkonstruktionen gefährdet, in denen Korrosionsschäden unbemerkt entstehen und sich ausbreiten können. Auch andere metallische Fügeteile, z. B. Deckbleche, Randprofile usw. können korrodieren, ohne dass zunächst die Schäden sichtbar werden. Diese Art der Korrosion ist jedoch nicht faserspezifisch. Sie tritt mehr oder weniger in allen Sandwichkonstruktionen auf und kann inzwischen durch konstruktive Massnahmen und Schutz der Waben (Abdichtung) wirksam bekämpft werden.

Zur zweiten Gruppe ist es wichtig zu wissen, dass der elektrische Potentialunterschied von Kohlenstofffasern zu Aluminium und anderen metallischen Werkstoffen etwa 1 Volt beträgt. Diese Tatsache erschien zunächst an den vielen CFK/Alu- Verbindungen - denn ein praxisgerechtes Bauteil besteht häufig aus Faser- und Metallkomponenten- eine ernste Gefahr für diese Bauweise darzustellen.(Abb. 18.3.1)

Abb. 18.3.1 Korrosion verschiedener Metallniet-Faserverbund-Verbindungen

Zur Vermeidung von Metallkorrosion genieteter CFK-Alu-Verbindungen wurden viele Tests durchgeführt. Verschieden geschützte Proben wurden in einem Kurzzeittest einer Salznebel- und SO_2-Atmosphäre ausgesetzt. Zum Einsatz kamen Nieten aus Al, St und Ti. In nachfolgenden Langzeittests wurden die in dem Kurzzeittest als positiv ermittelten Massnahmen an Zugscherproben verwirklicht und einer kombinierten Klima-, Salznebel-, und SO_2-Beaufschlagung unterzogen. Bei den genieteten Proben kamen folgende Niettypen zum Einsatz:
- Al-Senkschraub-Niet mit Al-Schraubkopf,
- St-Senkschraub-Niet mit Al-Schraubkopf,
- Ti-Senkschraub-Niet mit Al-Schraubkopf.

Ein Teil der Niete wurde vor dem Setzen mit Reibkorrosionsschutzmittel beschichtet. Die Untersuchungen ergaben bei den salznebelbeaufschlagten Nietproben eine stärkere Korrosion bzw. Salzablagerung am Niet als bei den SO_2- beaufschlagten.

Wie Mikro- Schliffbilder zeigten, wurden ohne Schutzmassnahmen sämtliche Niettypen durch Elektrokorrosion unter einer solch extremen Umgebung beschädigt. Als wirksamste Gegenmassnahmen für alle drei Typen erwies sich, Niet- und Fügeteile mit Dichtmittel zu schützen. Nach dieser Massnahme konnten keine sichtbaren Schäden mehr festgestellt werden. Parallel untersuchte zusätzlich lackierte Proben erwiesen sich als resistent gegenüber praktisch vorkommenden agressiven Medien. CFK-Verbindungen mit Al-Nieten sind korrosionsgefährdeter als die mit Ti- bzw. St-Nieten. Bei sämtlichen Versuchen konnte festgestellt werden, dass nicht die Faserverbundkomponente, sondern die Metallkomponente korrodierte (s. Abb. 18.3.1). Bei geklebten CFK-Al- Zug-Scherproben (lackiert und unlackiert) konnten nach Salznebel- und SO_2-Beaufschlagung keine Festigkeitsänderungen infolge Galvano-Korrosion festgestellt werden, bei Langzeittests (mehrere Jahre) gab es jedoch vereinzelt Probleme.

Es ist immer zweckmässig, Faserverbundkomponenten mit anderen Faserverbundkomponenten zu verbinden und nicht mit Metallkomponenten. Ist dies jedoch nicht möglich, so empfiehlt es sich, zwischen eine CFK-Struktur und eine Metallstruktur eine oder zwei GFK-Schichten an die Verbindungsstelle zu legen und diese Stelle zusätzlich z. B. durch Lacke oder Dichtmittel von der Atmosphäre zu isolieren.

Allgemein lässt sich sagen, dass Faserverbundstrukturen eine wesentlich grössere Resistenz gegenüber Korrosion haben als Metallstrukturen, wenn die oben beschriebenen Massnahmen Beachtung finden. Bei grössere Lasten tragenden, mit Faserverbunden verklebten Metallbeschlägen muss Abschnitt 19.2 beachtet werden.

Ein weiteres zu beachtendes Phänomen ist die Sensibilität von Matrixwerkstoffen und Fasern jeglicher Art gegenüber UV-Strahlung. Diesbezüglich wird auf [18.8] verwiesen. Bei den heute für Strukturbauteile verwendeten Matrixwerkstoffen und Fasern - mit Ausnahme der Kevlarfaser - ist diese Gefahr nicht zu befürchten. Sollten neuartige, im chemischen Aufbau unterschiedliche Systeme verwendet werden, sind jedoch diesbezügliche Grundlagenversuche zu empfehlen.

Eine besondere Aufmerksamkeit muss auf die Verwendung von Reinigungsmitteln und deren Verträglichkeit mit den Matrixwerkstoffen gegeben werden. Es ist immer durch entsprechende einfache Tests zu überprüfen, dass das für eine Neukonstruktion verwendete Matrixsystem keine chemische Reaktion mit den zur Anwendung kommenden Reinigungsmitteln eingeht.

18.4 Wärmeausdehnungsverhalten von C-Fasern und CFK- Verbunden (siehe auch Kapitel 3).

Begründet durch die Tatsache, dass sich die Kohlenstofffasern in Faserrichtung in Abhängigkeit der Temperatur praktisch nicht ausdehnen (sihe Abb. 3.4.1), in vielen Fällen sich sogar zusammenziehen, lassen sich durch das Schichten z. B. von C-Faserpreplagen relativ einfach ausdehnungsfreie Schichtwerkstoffe herstellen. In der Luft- und Raumfahrt sind ausdehnungsfreie Strukturen und Werkstoffe nicht mehr wegzudenken. Allein die Tatsache, dass z. B. im Orbit sehr viele Justierungen zur Aufrechterhaltung von Positionen erforderlich sind, rechtfertigt den Einsatz von ausdehnungsfreien Bauweisen. Die Abb. 18.4.1 zeigt eine nach diesem Prinzip aus CFK-Vollprofilen aufgebaute Gitterantenne.

Aber auch auf vielen anderen Gebieten sind ausdehnungsfreie Strukturen von grosser Bedeutung, z. B. im Kraftfahrzeugbau. Bei der Herstellung und Entwicklung von Fahrzeugen ergeben sich beim Zusammenbau der einzelnen Komponenten allein durch die Raumtemperaturschwankungen in den Werkstätten erhebliche Toleranzprobleme. Diesem wird in der KFZ-Industrie dadurch begegnet, dass Vorrichtungen aus ausdehnungsfreiem CFK aufgebaut werden. Ansonsten müssen die Temperaturen der Arbeitsräume in engen Toleranzen gehalten werden.

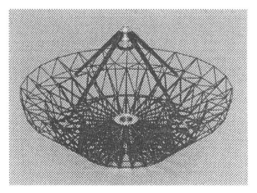

Abb. 18.4.1 Gitterantenne, aufgebaut aus CFK-Vollprofilen

18.5 Blitzschutzeigenschaften und Schutz gegen elektrostatische Aufladung [18.5] [18.6]

Im Freien stehende Geräte können von Blitzen getroffen werden. Bei Flugzeugen definiert man dabei drei Zonen unterschiedlicher Blitzgefährdung (FAA-AC 20-53), die in Abb. 18.5.1 dargestellt sind. Dabei ist die

Zone 1: Die Zone höchster direkter Blitzeinschlagswahrscheinlichkeit

Zone 2: Die Zone, aus der infolge der Relativbewegung des Luftfahrzeuges nach einem Einschlag in Zone 1 weitere Einschläge erfolgen können

Zone 3: Die Zone ohne Einschläge. In dieser Zone ist jedoch ein zerstörungsfreier Stromdurchgang für Blitzströme zu gewährleisten.

Nun werden oft grade an den Stellen, die der Zone 1 angehören, faserverstärkte Kunststoffe eingesetzt, die je nach Faserart unterschiedlich geschützt werden müssen.

Fasertypen, die elektrisch nichtleitend sind, wie z. B. Glasfasern, werden bevorzugt als Zone-1-Bauteile für Radome oder Flügelendkappen verwendet. Hier können trotzdem Blitze einschlagen (siehe Abb. 18.5.2).

Abb. 18.5.2 zeigt drei Beispiele von Blitzschäden in der Zone 1.

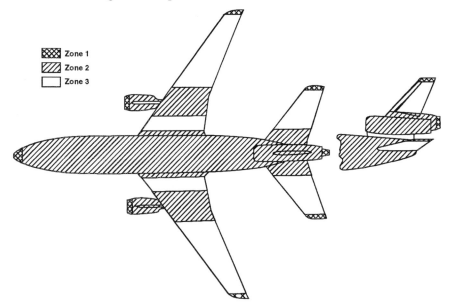

Abb. 18.5.1 Blitzzonen an einem Flugzeug

Weitere Kriterien bei Verwendung von faserverstärkten Kunststoffen

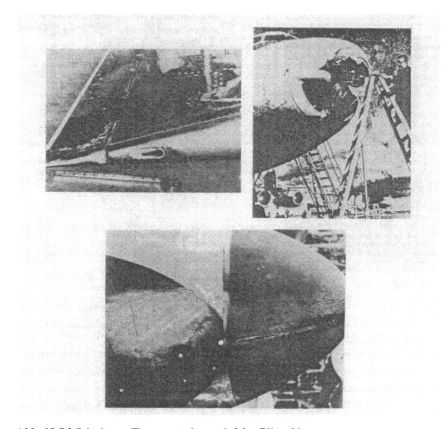

Abb. 18.5.2 Schäden an Flugzeugstrukturen infolge Blitzschlag

Links oben ist ein Blitzeinschlag in eine Metallstruktur (Flügelende) gezeigt, der relativ geringe Schäden verursacht hat. Rechts oben zeigt den Schaden an einem ungeschützten Radom infolge Blitzeinschlag. Das Teilbild rechts unten gibt die äusserlich sichtbaren Schäden an einem durch Blitzschutz-Folienstreifen geschützten Jet-Star-Radom wieder. Der Schaden ist durch Ableitung des Blitzstroms gering.

Diese Ergebnisse können auf den allgemeinen Maschinenbau übertragen werden.

Faserverbundwerkstoffe mit elektrisch leitfähigen Fasern (hier CFK- und BFK-Werkstoffe) werden elektrothermisch zerstört, wenn z. B. infolge eines Blitzschlages sich innerhalb der Fasern hohe elektrische Ströme ausbilden können. Diese Zerstörung führt zu ausserordentlich hohen Festigkeitseinbusen des Laminates bzw. zu Werkstoffveränderungen innerhalb des betroffenen Bereichs. Damit besteht die Gefahr, dass das getroffene Bauteil sofort ausfällt oder wegen der geminderten Festigkeit durch die normalen mechanischen Belastungen anschliessend zerstört werden kann.

Aus diesem Grund müssen bei Faserverbundwerkstoffen Schutzsysteme gegen Blitzfolgeschäden eingesetzt werden. Diese Schutzsysteme sollten - angepasst an die Lage des Bauteile - so beschaffen sein, dass sie im Fall höchster Blitzstärke die innerhalb der Faserstruktur fliessenden Ströme schnell weiterleiten können.

Abb. 18.5.3 zeigt ein Seitenruder, welches durch viele im Bodenversuch ausgelöste Blitze beschädigt wurde. Dieses Ruder ist durch einen blitzableitenden Rahmen (= Metallendleiste + Metallendrippen + Metallverbindung zu den Lagerbeschlägen) geschützt. Man erkennt, dass die Blitze an den Rändern fast keinen Schaden verursachen, während jene in der ungeschützten Beplankung, je nach Blitzstärke grössere Beschädigungen nach sich ziehen. In der Praxis ist zu erwarten, dass die Blitze immer an den Rändern einschlagen, wenn ein Blitzableiter vorhanden ist.

Der werkstoffgerechte Einsatz von Faserverbundwerkstoffen lässt grosse Strukturgewichtsreduktionen einzelner Bauteile erwarten. Diese Gewichtsersparnis wird jedoch um den zusätzlichen Gewichtsanteil gemindert, den ein Blitzschutzsystem erfordert.

Um die Wirtschaftlichkeit von Faserbauteilen im Vergleich zu entsprechenden Bauteilen in Metallbauweise nicht zu stark zu verschlechtern, dürfen derartige Schutzsysteme nur geringe Zusatzgewichte und Zusatzkosten verursachen. Daneben gelten noch die Forderungen, dass die Schutzsysteme die Eigenschaften der verwendeten Strukturwerkstoffe nicht verändern und nach Möglichkeit alle Kontrollverfahren unbeeinflusst durchführen lassen.

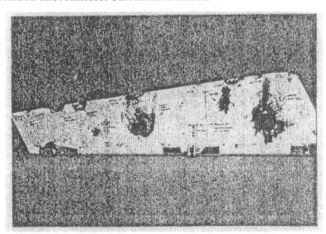

Abb. 18.5.3 CFK-Seitenruder nach Blitzversuchen

Weitere Kriterien bei Verwendung von faserverstärkten Kunststoffen

Seit Einführung der elektrisch leitfähigen faserverstärkten Kunststoffe ist dieses Schutzproblem bekannt. Die Schutzsysteme der ersten Generation, vornehmlich metall- oder kohlenstoffpigmentierte Deckschichten, waren nach den anfänglichen Forderungen als ausreichend anzusehen. Die Steigerung der später geforderten Testhöchstwerte bedingte erweiterte Schutzmassnahmen.

Integrierte Schutzsysteme erwiesen sich anhand von Versuchen als ungeeignete Lösungen. Alle derzeitig bestehende Schutzsysteme, die unter Testbedingungen ausreichend sind, sind additiv zum faserverstärkten Kunststoff auf die Oberfläche der Struktur aufgebracht. Durch Aufbringen geeigneter Leiterfolien auf die Struktur wird ein ausreichenden Schutz erreicht und durch geeignete Formgebung und geringste Materialdicke das Schutzsystem möglichst leicht gehalten.

Abb. 18.5.4 zeigt verschiedene Folienanordnungen zur Optimierung des Blitzschutzes für ein Höhenleitwerk. Der zur Zeit am meisten verwendete Blitzschutz ist jedoch ein dünnes Aluminium- oder Kupfernetz, welches als äussere Schicht auf das Bauteil möglichst über die gesamte Fläche aufgebracht wird.

Es muss jedoch dafür gesorgt werden, dass die Folien oder Netze an einem metallischen Blitzableiter angeschlossen sind, um den bei einem Einschlag entstehenden Strom weiterleiten zu können.

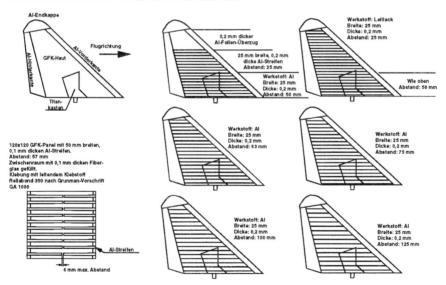

Abb. 18.5.4 Verschiedene Folienanordnungen zur Optimierung des Blitzschutzes eines Höhenleitwerkes

Die zur Zeit gebräuchlichen Testmethoden charakterisieren ein Blitzschutzsystem dann als ausreichend, wenn das Schutzsystem eine Zerstörung der Struktur verhindert und unter der jeweils definierten elektrischen Testbelastung mehr oder weniger allein betroffen bleibt. Oberflächliche Schäden am Faserverbundwerkstoff werden ebenfalls als zulässig angesehen. Ein Vergleich von konkurrierenden Systemen wurde messtechnisch allgemein nicht durchgeführt. Die qualitative Aussage, dass ein System die normierte Testbelastung übersteht oder nicht, wird als Bewertungsbasis angewandt.

Das hier Beschriebene bezüglich der Blitzschutzfolien bzw. -netze auf der Oberfläche der Bauteile dient gleichzeitig der Ableitung von elektrischen Spannungen durch elektrostatische Aufladung der Bauteile und als Blitzschutz.

Es muss ferner dafür gesorgt werden, dass zwischen der Struktur und dem Blitzschutzsystem keine Korrosion entsteht.

18.6 Wärmedämmung und Wärmeleitung durch den Einsatz von C- Fasern

Grundsätzlich lassen sich C-Fasern in Kohlenstofffasern auf Pech- und auf PAN-Basis einteilen. Dabei ist das Wärmedämmpotential der „Pechfaser" gegenüber der PAN-Faser weit höher einzuschätzen. Wie Abb. 18.6.1 zeigt, ist die thermische Leitfähigkeit von Pechfasern gegenüber PAN-Fasern und Metallen weit höher. Diese sehr hohe Leitfähigkeit bei Raumtemperatur gilt jedoch nur in Faserrichtung und ist durch hohe kovalente Bindungen begründet. Die hexagonalen Schichten des Kristalls werden in der C-Richtung nur durch van-der-Waals-Kräfte zusammengehalten (Abb. 18.6.2) [18.8]. In dieser Richtung, also senkrecht zur Faserachse, ist die Wärmeleitfähigkeit praktisch Null [18.8]. Diese Anisotropie der Kohlenstofffasern ist offensichtlich bei Fasern aus Pech ausgeprägter als bei Fasern aus PAN. Da die Wärmeleitfähigkeit von Pechfasern in Querrichtung praktisch gegen Null geht, ergeben sich idealerweise grosse Möglichkeiten zur Wärmedämmung. So sind Behältnisse wie z. B. Kühlbehälter mit sehr guten Wirkungsgraden möglich. Hieraus erkennt man, dass bei der Entwicklung von Tragstrukturen zusätzlich noch andere Funktionen integriert werden können. Das anisotrope Verhalten der Kohlefaser beschränkt sich nicht nur auf die mechanischen Eigenschaften und die Wärmeleitfähigkeit sondern auch auf deren elektrische Leitfähigkeit und elektrischen Widerstand (siehe auch Kapitel 16).

Weitere Kriterien bei Verwendung von faserverstärkten Kunststoffen

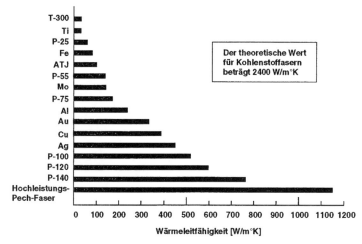

Abb. 18.6.1 Thermische Leitfähigkeit von Kohlenstoffasern und Metallen. T300 Kohlenstoffaser HAT-Type auf PAN-Basis, P Kohlenstoffasern auf Pechbasis, alle Werte bei Raumtemperatur [18.8]

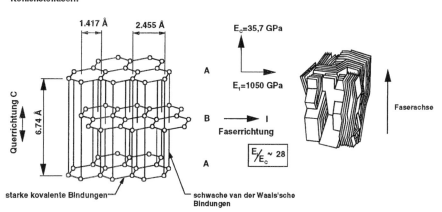

Abb. 18.6.2 Gitteraufbau des Kohlenstoffeinkristalls und schematische Darstellung der Bandstruktur von graphitierten Kohlenstoffasern [18.8]

18.7 Literaturverzeichnis zu Kapitel 18

[18.1] Körner, H.: Laminarflügelstreckung durch CFK, Spektrum der Wissenschaft, Dez.1989

[18.2] N.N.: Flügel für den Giganten, Acrospace Magazin in der Daimler Aerospace AG, CFK- leichter Flügel für schwere Flugzeuge, 2-1998

[18.3] Blumberg, H., Hillermeier, K., Scholten, E.: Stand und Entwicklung der Kohlenstoffasern, Temax Fibers GmbH, Wuppertal, April 2000

[18.4] N.N.: Feuerbeständigkeit von CFK gegenüber Aluminium, Aerospace Magazin der Daimler Aerospace AG, 1998

[18.5] Flemming, M.: Skript der Bauweisenvorlesung an der ETH Zürich, Institut für Konstruktion und Bauweisen, 1996

[18.6] Flemming, M.: Entwicklung und Anwendungsmöglichkeit von Bauweisen aus faserverstärkten Werkstoffen; 7. Jahrestagung der Deutschen Gesellschaft für Luft- und Raumfahrt e.V., Kiel 1974, Vortrag 74-117

[18.7] Ashton, J.E., Halpin, J.C., Petit,P.H.: Primer on Composite Materials Analysis, Technomic Pub. 750 Summer St., Stanford Conn. 06901

[18.8] Flemming, M., Ziegmann, G., Roth, S.: Faserverbundbauweisen - Fasern und Matrices, Springer Verlag Berlin, Heidelberg, New York 1995

[18.9] Scholz, D.: Schwerentflammbare und raucharme GF-UP-Harze; BASF Ludwigshafen

[18.10] Sigelotto, C.: Dornier-Bericht Brandverhalten von Faserverbunden, 1993

Die Forschungsberichte der Fa. Dornier liegen den Verfassern vor.

19 Untersuchungen zum Langzeitverhalten von CFK-Komponenten

In den vorherigen Kapiteln wurden vor allem CFK-Werkstoffe sowie die daraus entwickelten Bauteile bzw. Bauteilkomponenten im Ursprungszustand eingehend untersucht. Häufig wird jedoch die Frage gestellt, wie sich der Faserverbundwerkstoff und die diesbezüglichen Bauteile nach längerer Einsatzzeit besonders in unterschiedlichen Klimata verhalten. Deshalb wurden im Rahmen eines „Komponenten-Erprobungsprogrammes" die hochbeanspruchten CFK-Bremsklappen des Alpha-Jet in einer Langzeiterprobung untersucht [19.1] [19.2]. Abb. 19.1 zeigt die ausgefahrenen Klappen am Alpha-Jet. Die Bremsklappe des Alpha-Jet war das erste hochbeanspruchte Flugzeugbauteil in CFK-Bauweise in Europa.

Abb. 19.1 Ausgefahrene Bremsklappen am Alpha-Jet

19.1 Bauteil-Auswahl-Kriterien

Die wichtigsten Punkte für diese Entscheidung waren:
- die Bremsklappe war ein Serienteil mit einem neuen Werkstoff
- die Klappe ist in einer differenzierten Bauweise hergestellt und durch Nieten und Kleben zusammengefügt.
- Die Einführung der Bremsklappe erfolgte parallel mit der Einführung des Alpha-Jet bei der deutschen Luftwaffe im Jahr 1980.
- Die Klappe ist ein Sekundärbauteil, jedoch aber extrem hoch belastet (Manöverbremsklappe)
- die Klappe wird in sehr unterschiedlichen Klimata eingesetzt (siehe Erprobungsstandorte Abb. 19.1.1).

Erprobungsstandorte:
- Fürstenfeldbruck mit gemässigtem Festlandklima 70 - 75 % r. F.
- Husum mit maritimem Klima 80 - 85 % r. F.
- Beja (Portugal) mit subtropischem Klima 40 - 45 % r. F.

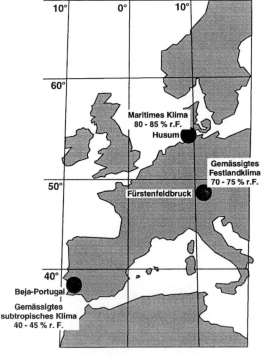

Abb. 19.1.1 Geographische Lage der Erprobungsstandorte [19.1 - 19.5]

Untersuchungen zum Langzeitverhalten von CFK-Komponenten

Ziel dieses umfangreichen Programmes war es, Aufschlüsse über das Langzeitverhalten von CFK unter verschiedenen Einsatzbedingungen zu erhalten. Dazu gehörten die Fügetechniken wie Kleben und Nieten sowie das Verhalten des Werkstoffes über lange Zeit.

Dieses umfangreiche Programm sah neben den regelmässig durchzuführenden, zerstörungsfreien Prüfungen wie z. B. Impedanzmessungen auch zerstörende Prüfungen an ausgetauschten Klappen und deren Komponenten vor. Dabei wurde unter anderem auch untersucht, in wie weit sich Klebeverbindungen, Werkstoffeigenschaften und das Bauteilverhalten unter Klimaeinfluss und Betriebsbeanspruchung verändern [19.3].

Überprüft wurden mehrere Klappen, die unterschiedlich lang im Einsatz waren. Abb. 19.1.2 zeigt das Langzeituntersuchungsprogramm bezüglich der Inspektionen und des Austauschens einiger Klappen zu Testzwecken.

Die Bewertung erfolgte durch den Vergleich der Ergebnisse aus den Werkstoff- und Bauteilprüfungen mit den Eigenschaften, die an den neuen Referenzklappen gemessen wurden. Derartige wichtige Untersuchungen sind höchst selten.

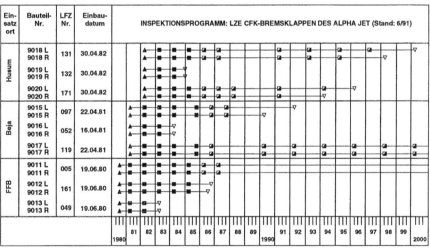

Abb. 19.1.2 Inspektionsprogramm Langzeiterprobung CFK-Bremsklappen des Alpha-Jet

19.2 Langzeiterprobungs-Ergebnisse

Im folgenden werden die Ergebnisse der Werkstoffuntersuchungen an einer Bremsklappe, die über 1166 Flugstunden in Beja im Einsatz war, zusammengefasst [19.1].

Die Klappe war neun Jahre in subtropischem Klima in der Langzeiterprobung und zeigte im Vergleich mit früher getesteten Bremsklappen die bisher höchste Flugstundenzahl auf. Zur Ermittlung der Basiskennwerte wurden Zug-, ILS-, Lang- und Querbiegeprüfungen durchgeführt. Abb. 19.2.1 zeigt eine Übersicht über die Probenentnahme für die Bestimmung der Basiskennwerte. Abb. 19.2.2 zeigt eine Übersicht über das durchgeführte Versuchsprogramm.

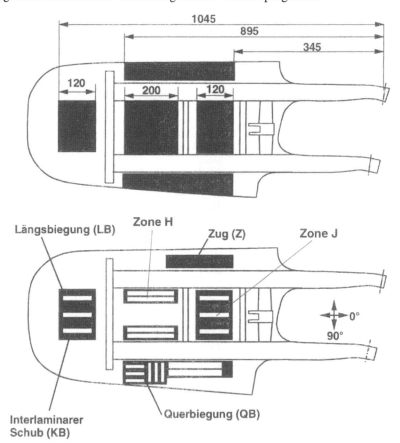

Abb. 19.2.1 Übersicht Probenentnahme für die Bestimmung der Basiskennwerte [19.1]

Untersuchungen zum Langzeitverhalten von CFK-Komponenten

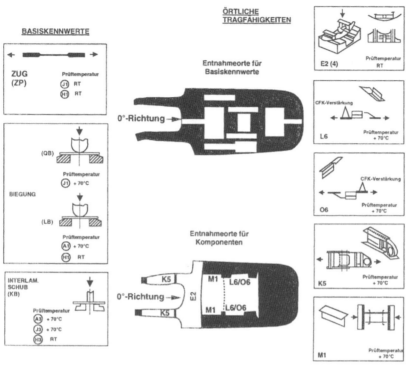

Abb. 19.2.2 Übersicht Versuchsprogramm [19.1]

Testergebnisse der Basiskennwerte in der Schale

Proben-Nr.	Dicke d	Breite b	Bruch-kraft F_B	Versagens-spannung σ_{Vers}	Bruch-spannung σ_{Br}	Anfangs-E-Modul E_α	Bruch-dehnung ε_{Br}	Querkon-traktion
	[mm]	[mm]	[N]	[MPa]	[MPa]	[GPa]	[µm/m]	-
H2/1	4.19	9.38	26750	412.2	681.4	71.24	9500	0.18
H2/2	4.20	9.37	27200	462.5	690.7	67.76	10100	0.19
H2/3	4.21	9.35	28800	475.1	731.8	66.17	11000	0.19
H2/4	4.19	9.41	29900	423.6	759.4	66.84	11300	0.16
Mittelwert				443	716	68.0	10500	0.18
Standardabweichung				30.2	36.4	2.3	800	0.01
Variationskoeffizient [%]				6.8	5.1	3.3	7.9	7.9

Prüfung: Zug
Prüftemperatur RT
Bremsklappen-ID-Nr. 9015R
Entnahmebereich Schalenmitte
Zone H2

Abb. 19.2.3 Prüfprotokoll Zugprüfung Schalenmitte [19.1]

Testergebnisse der Basiskennwerte in der Schale

Proben-Nr.	Dicke d	Breite b	Bruch-kraft F_B	Versagens-spannung σ_{Vers}	Bruch-spannung σ_{Br}	Anfangs-E-Modul E_α	Bruch-dehnung ε_{Br}	Querkon-traktion
	[mm]	[mm]	[N]	[MPa]	[MPa]	[GPa]	[µm/m]	-
J2/1	4.13	9.36	26400	419.1	682.9	68.98	9600	0.15
J2/2	4.14	9.38	25259	345.1	650.2	70.48	9300	0.18
J2/3	4.07	9.39	26850	413.4	702.6	71.61	10000	0.18
J2/4	4.11	9.36	24500	395.1	636.9	71.14	9100	0.18
Mittelwert				393	668	70.6	9500	0.17
Standardabweichung				33.6	30.0	1.2	390	0.02
Variationskoeffizient [%]				8.6	4.5	1.6	4.1	8.7

Prüfung: Zug
Prüftemperatur RT
Bremsklappen-ID-Nr. 9015R
Entnahmebereich Schalenmitte
Zone J1/J2

Abb. 19.2.4 Prüfprotokoll Zugprüfung Schalenrand

Abb. 19.2.3 und Abb. 19.2.4 zeigen beispielhaft Prüfprotokolle aus Zugproben aus der Schalenmitte.

Die Testergebnisse dieser Zugprüfungen zeigen Streuungen im üblichen Rahmen, d. h. es konnten keine Alterserscheinungen gemessen werden. Für die anderen gemessenen Werte (ILS, Biegung, Komponenten) sind die Ergebnisse zusammenfassend beschrieben worden.

Untersuchungen zum Langzeitverhalten von CFK-Komponenten

- Die Zugfestigkeit (siehe Abb. 19.2.3 und Abb. 19.2.4) und die Zugmoduli entsprachen den jeweiligen Referenzwerten oder lagen darüber. [19.5] [19.6].
- Sämtliche ILS-Mittelwerte lagen in einem Bereich von ± 5% der Referenzkennwerte.
- Die Bruchspannungen aus der Langbiegeprüfung lagen ca. 10% bis 15% über den jeweiligen Referenzwerten, die E-Moduli haben sich nicht verändert. Sämtliche Kennwerte lagen im Bereich der Referenzmessungen.
- Bei der Querbiegeprüfung wurde die Referenz-Querbiegefestigkeit erreicht, jedoch zeigte sich beim Modul ein Abfall um 40%. Tendenziell konnte man bei den Erprobungsklappen mit zunehmender Flugstundenzahl bzw. mit zunehmenden Einsatzjahren eine Abnahme des Querbiegemoduls erkennen. Der Grund dieser Abnahme konnte nicht zufriedenstellend interpretiert werden.
- Zur Bestimmung von Komponenten wurden Lochleibungsprüfungen, Zugscherprüfungen von Klebeverbindungen und Druckprüfungen durchgeführt. Die Lochleibungsprüfung ergab eine Versagenslast bzw. Lochleibungsfestigkeit von ~ 85% der jeweiligen Referenzwerte. Die Bruchlast betrug 92% der Referenzbruchlast, sie lag im unteren Bereich der ermittelten Bruchlasten aus der Erprobung in anderen Klimazonen.
- Die Zugscherprüfung der CFK/CFK-Klebeverbindungen zeigten bei 3 Proben zu 100% und bei einer Probe zu 75% interlaminares Versagen. Die Bruchlasten und die Zugscherfestigkeiten der Klebeverbindung zwischen Bremsklappenschale und Holm entsprachen im Mittel den Referenz-Kennwerten. Die Scherfestigkeiten zwischen den Holmwinkeln und dem Holmwinkeldruckgurt wiesen im Mittel einen Abfall von ca. 24% gegenüber den Referenzwerten auf. Dieses Verhalten wurde an 3 Erprobungsklappen festgestellt.
- Die Zugscherprüfung der Klebeverbindung Beschlag/Holmsteg (K5-Probe) zeigte für die Unterholm- bzw. Oberholmprobe im Mittel eine Bruchlast bzw. eine Zugscherfestigkeit von ca. 24% der jeweiligen Referenzwerte. Hier zeigt sich, dass die Klebeverbindung CFK/Aluminium nicht sicher bezüglich ihres Langzeitverhaltens ist. Eine zusätzliche Nietverbindung gewährleistete jedoch die volle Kraftübertragung im Bereich Beschlag/Holmsteg. Hieraus ergibt sich das wichtige Ergebnis, dass Verklebungen zwischen Faserverbunden und Metallen, zumindest mit Aluminium, bezüglich ihres Langzeitverhaltens kritisch zu betrachten sind. Die Ursachen hierfür müssen in weiteren Forschungsprogrammen untersucht werden.
- Die Druckfestigkeiten zeigen im Bereich des Unterholms einen Abfall von ca. 9% und im Bereich des Oberholms von ca. 15% verglichen mit den Referenzwerten.

Der Druckmodul der Unterholmprobe entspricht dem Referenzmodul, derjenige der Oberholmprobe ist ca. 10% höher als der Referenzmodul.
- Die Messung der Feuchteaufnahme ergab bei einer Bremsklappe einen Feuchtegehalt von ~ 1,0% bezüglich Masse zum Zeitpunkt der

Bauteilanlieferung. Die Bremsklappen weisen nach einer Einsatzzeit von ca. 9 Jahren bezüglich der Feuchte einen Gleichgewichtszustand zu einem mittleren Klima der Erprobungsorte bzw. der Lagerorte auf.

19.3 Zusammenfassende Beurteilung

Als Fazit dieser doch sehr aufwendigen und seltenen Untersuchungen an Proben, Bauteilabschnitten und Bauteilen konnte gezeigt werden, dass die seit 1980 bei verschiedenen Verbänden im Einsatz befindlichen CFK-Klappen des Alpha-Jet im Rahmen des bereits erwähnten Komponentenerprobungsprogramms wichtige Erkenntnisse gebracht haben, die für die Faserverbundtechnik weitreichende und überwiegend positive Auswirkungen zeigten und dadurch das Vertrauen in den CFK-Werkstoff erheblich verbessert haben.

Es wurden im Laufe der Einsatzzeit von ca. 20 Jahren verschiedene Veränderungen im Werkstoff festgestellt, die jedoch keine Auswirkungen auf die Einsatzsicherheit der Bremsklappen hatten.

Das einzig negative Ergebnis, nämlich die Klebeverbindung des Lagerbeschlags aus Aluminium mit den CFK-Holmen kann, mit Vorbehalt, so erklärt werden, dass durch die eindringende Feuchtigkeit in das Laminat im Laufe der Zeit auf der Metallklebefläche eine Oxydschicht entsteht. Damit erhält man eine Klebeverbindung CFK-Aluminiumoxyd, die wesentlich weniger hält. Solche Verbindungen müssen also, wenn sie hoch belastet sind, zusätzlich genietet werden.

Falls weitere Details zu den Versuchen erwünscht sind, können diese den in der Literatur angegeben Berichten entnommen werden, die bei den Verfassern dieses Buches vorhanden sind.

19.4 Literaturverzeichnis zu Kapitel 19

[19.1] Rothmund, P.; Werkstoffuntersuchungen an im Flugbetrieb beanspruchten CFK-Klappen des Alpha-Jet; Dornier Luftfahrt GmbH; Berichts-Nr. SY30-113992; Friedrichshafen

[19.2] Boche, H. et al; Bremsklappe des Alpha-Jet in Carbon-Epoxy; Vortrag Nr. 74-119; 7. Jahrestagung Kiel; Sept. 1974;

[19.3] Conen, H., Kaitatzidis, M.; Werkstoffuntersuchungen an im Flugbetrieb beanspruchten CFK; Endbericht Okt. 1979; Phase I (RüFo 5) Dornier GmbH, BMVg Auftrags-Nr. T/RF52/70024/62203

[19.4] Andersen, H.; Langzeiterprobung von CFK-Bauteilen an Alpha-Jet Bremsklappe, Phase III; Zwischenbericht Dornier Luftfahrt GmbH Berichts-Nr. SK50-8/85-1985; Friedrichshafen

[19.5] Rothmund, P.; Langzeiterprobung CFK-Bauteile WS Alpha-Jet; Endbericht SY30-1186/91-1991; Dornier Luftfahrt GmbH; Friedrichshafen

Die Forschungsberichte der Fa. Dornier liegen den Verfassern vor.

20 Das Beulverhalten und die Tragfähigkeit im Nachbeulbereich von CFK-Strukturen

20.1 Einleitung

Faserverbunde sind bei der Verwendung von Kohlefasern im Vergleich zu Metallen relativ spröde. Sie verhalten sich nicht plastisch. Es stellt sich daher die Frage, bis zu welchem Beul-Überschreitungsgrad, das heisst, bis zu welchem Vielfachen der Beulspannung bis zur Bruchspannung ein Beulen der Struktur erlaubt ist bzw. ob überhaupt ein Beulen der meist dünnwandigen Struktur zugelassen werden darf.

Es soll daher im vorliegenden Buch in der Hauptsache nicht die anisotrope Beultheorie, die in anderer Literatur oder in Computerprogrammen als Kontinuumstheorie oder Diskontinuumstheorie vorhanden ist, wiedergegeben werden, sondern es soll über diesbezüglich sehr seltene Versuchsergebnisse im Vergleich zu theoretischen Ergebnissen berichtet werden [20.1] [20.2] [20.3] [20.6] [20.7] [20.13] [20.16] [20.17].

20.2 Zur Geometrie der Versuchsteile

In der Literatur [20.1] [20.2] [20.3] [20.6] [20.7] [20.13] [20.16] [20.17] wurden unversteifte Sandwichplatten und mit Stringern (Längsaussteifungen) sowie mit Querrippen versteifte ebene, aus Kohlefaserverbund hergestellte Platten untersucht. Sie wurden mit Druckkräften (Typ I) (siehe Abb. 20.2.4) und z. T. auch mit kombinierten Druck-Schubkräften belastet (Typ II) (siehe Abb. 20.2.3). Für die kombiniert auf Druck und auf Schub zu belastenden Platten wurden aus Gründen der komplizierten Lasteinleitung grosse Platten benötigt. Die in einer speziell für derartige Versuche entwickelte Maschine erlaubte eine maximale Plattengrösse von 700 x 1060 mm, wobei das Messfeld der Platten wesentlich kleiner war (siehe Abb. 20.2.3).

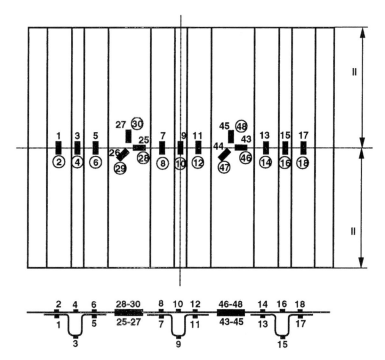

Abb. 20.2.1 Messstellen der mit Hutstringern versteiften CFK-Platten, (Typ I), [20.7]

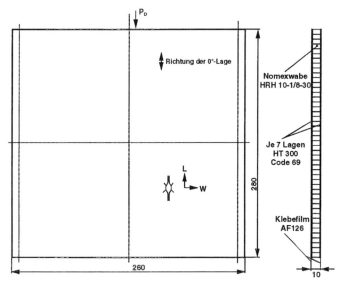

Abb. 20.2.2 Aufbau der wabenversteiften CFK-Platten [20.7]

Die Platten wurden bei sämtlichen Versuchen mit zahlreichen Dehnungsmessstreifen bzw. Rosetten auf beiden Plattenseiten ausgerüstet, um das Verformungsverhalten und damit auch den Beulbeginn genau erfassen zu können. Ein Beispiel zeigt Abb. 20.2.1. Die Plattendimensionierung wurde jeweils so gewählt, dass vor dem Bruchversagen das Beulen stattfand, um mit Sicherheit ein Stabilitätsversagen zu erhalten. Für die Hautfelder wurden zum grossen Teil HT-Fasern (T300), für einige auch HM-Fasern (200 SC) verwendet, für die Stringer immer die HT-Faser. Für die Matrix wurde mit Code 69 gearbeitet.

Insgesamt wurden unversteifte Sandwich-CFK-Platten, (s. Abb. 20.2.2), mit Z-Stringern versteifte Platten (Abb. 20.2.3) sowie mit Hutstringern versteifte CFK-Platten (Abb. 20.2.4) berechnet und im Versuch getestet.

Bei allen Plattentypen wurden unterschiedliche Abmessungen und Lagenanordnungen untersucht, um den diesbezüglichen Einfluss auf die kritischen Beulspannungen und Bruchspannungen zu erhalten. Für die mit Hutstringern versehenen Platten gibt Abb. 20.2.4 sowie Abb. 20.2.5 einen Überblick. Für einige unversteifte Platten sind die geometrischen Werte der Abb. 20.2.6 zu entnehmen.

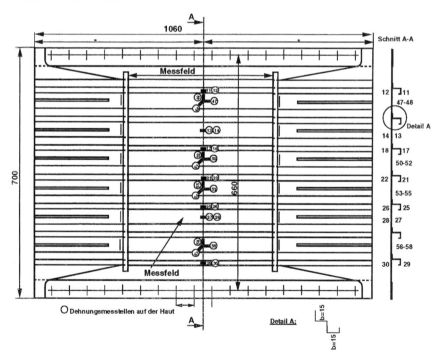

Abb. 20.2.3 Messstellenplan der stringerversteiften CFK-Platte vom Typ II [20.7]

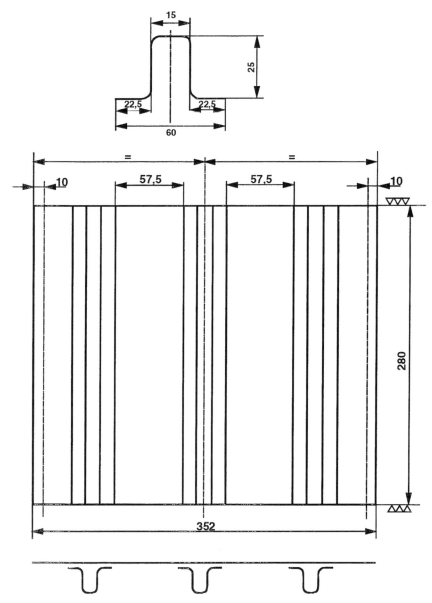

Abb. 20.2.4 Mit Hutstringern versteifte CFK-Platte, (Typ I), [20.7]

Die in den Abbildungen verwendeten Plattenbezeichnungen sind folgendermassen aufgebaut:

Beispiel: CFK-HT/1,0/E2.1
CFK-HT: Werkstoff
1,0 = Seitenverhältnis a/b bezogen auf das Messfeld
E2 = Laminataufbau
1 = lfd. Platten-Nr. einer bestimmten Plattenart.

Platten-Bezeichnung	Seitenverhältnis a/b	Soll-Abmessungen des Beulfeldes a x b x s [mm]	gemessene mittlere Plattendicke s [mm]	Laminataufbau	Plattengewicht
CFK-HT/0,84/HV/B/1,5/B.1	0,80	280x332x1,75	1,69	B	0,516
CFK-HT/0,84/HV/B/1,5/B.2	0,80	280x332x1,75	1,71	B	0,520
CFK-HT/0,84/HV/B/1,5/B.3	0,80	280x332x1,75	1,69	B	0,510
CFK-HT/1,17/SV/S1.1	1,17	280x240x11,75	11,73	S1	0,274
CFK-HT/1,17/SV/S1.2	1,17	280x240x11,75	11,73	S1	0,272
CFK-HT/1,17/SV/S1.3	1,17	280x240x11,75	11,76	S1	0,273

Abb. 20.2.5 Zusammenstellung der mit Hutstringern versteiften und Sandwich-CFK-Platten (Typ I)

Platten-Bezeichnung	Seitenverhältnis a/b	Soll-Abmessungen des Beulfeldes a x b x s [mm]	gemessene mittlere Plattendicke s [mm]	Laminataufbau	Plattengewicht
CFK-HT/1,0/E1.1	1,0	300x300x3,0	2,92	E1	0,432
CFK-HT/1,0/E1.2	1,0	300x300x3,0	2,92	E1	0,428
CFK-HT/1,0/E1.3	1,0	300x300x3,0	2,90	E1	0,430
CFK-HT/2,0/D1.1	2,0	300x150x3,0	2,87	D1	0,225
CFK-HT/2,0/D1.2	2,0	300x150x3,0	2,86	D1	0,225
CFK-HT/2,0/D2.1	2,0	300x150x3,0	2,87	D2	0,226
CFK-HT/2,0/D2.2	2,0	300x150x3,0	2,86	D2	0,226
CFK-HT/2,0/D3.1	2,0	300x150x3,0	2,85	D3	0,224
CFK-HT/2,0/D3.2	2,0	300x150x3,0	2,85	D3	0,224
CFK-HT/1,0/E2.1	1,0	300x300x2,0	2,02	E2	0,298
CFK-HT/1,0/E2.2	1,0	300x300x2,0	2,02	E2	0,229
CFK-HT/1,0/E2.3	1,0	300x300x2,0	2,01	E2	0,300
CFK-HT/1,0/E3.1	1,0	300x300x1,5	1,50	E3	0,222
CFK-HT/1,0/E3.2	1,0	300x300x1,5	1,51	E3	0,223
CFK-HT/1,0/E3.3	1,0	300x300x1,5	1,53	E3	0,229
CFK-HT/2,0/G2.1	2,0	300x300x3,25	3,26	G2	0,261
CFK-HT/2,0/G2.2	2,0	300x300x3,25	3,23	G2	0,260
CFK-HT/2,0/G2.3	2,0	300x300x3,25	3,31	G2	0,260
CFK-HT/2,0/G2.4	2,0	300x300x3,25	3,29	G2	0,258

Abb. 20.2.6 Zusammenstellung einiger unversteifter CFK-Platten (Typ I) [20.7]

Symmetrieebene

A ....0°/0°/+45°/+45°/90°/-45°/-45°
B ....+45°/+45°/90°/-45°/-45°/0°/0°
C ....90°/+45°/0°/-45°/90°/+45°/0°/+45°/0°/0°/-45°/0°/+45°/0°/-45°/0°/-45
D1 ..+45°/0°/-45°/0°/+45°/0°/-45°/90°/+45°/0°/-45°/0°
D2 ..+45°/-45°/+45°/-45°/+45°/-45°/0°/0°/0°/0°/0°/90°
D3 ..90°/0°/0°/0°/0°/0°/+45°/-45°/+45°/-45°/+45°/-45°
E1 ..+45°/0°/-45°/0°/+45°/0°/-45°/0°/+45°/0°/-45°/0°
E2 ..+45°/0°/-45°/0°/+45°/0°/-45°/0°
E3 ..+45°/0°/-45°/0°/+45°/0°
E4 ..+45°/0°/-45°/0°
E5 ..+45°/0°/-45°/+45°/0°/-45°/0°
G1 ..0°/+45°/0°/-45°/0°/+45°/0°/-45°/0°/90°/0°
G2 ..+45°/0°/-45°/+45°/0°/-45°/90°/+45°/0°/-45°/+45°/0°/-45°

Abb. 20.2.7 Lagenanordnungen [20.7]

Die Laminatanordnungen sind aus Abb. 20.2.7 zu entnehmen.

Der Abstand der Hutstringer wurde so festgelegt, dass das freie Hautfeld zwischen den Stringern dem des Z-Stringers entsprach. Die Laminatanordnung von Haut und Stringern war jeweils gleich.

Für die wabenversteiften Sandwichplatten sind die Abmessungen und der Aufbau Abb. 20.2.2 zu entnehmen, wobei auch hier unterschiedliche Laminatanordnungen verwendet wurden. Die unversteiften Platten lieferten als Ergebnis den Einfluss der Plattendicke und der Laminatanordnung über die Plattendicke auf die Stabilität und das Versagensniveau. Jeweils drei Platten mit den Dicken 1,0 und 1,5 mm und zwei Platten mit der Dicke 1,75 mm sollten das theoretische Ergebnis bestätigen, in welchem Masse mit abnehmender Plattendicke die Beulkraft abnimmt, der Beulüberschreitungsgrad jedoch zunimmt.

Die mit Z-Stringern versteiften CFK-Platten hatten eine Gesamtabmessung von 1060 x 700 mm. Sie wurden durch sieben Z-Stringer versteift, deren Anschlussbreite und Anschlussart zur Haut variiert wurde (siehe Abb. 20.3.7). Sowohl die Stringer als auch die Haut waren aus dem HT-Material T300 mit dem Harz Code 69 gefertigt und die Prepreglagen nach der Anordnung „A" und „B" festgelegt (siehe Abb. 20.2.7). Die Z-Stringer wurden mit dem Klebefilm AF126 mit den Hautfeldern verklebt, andere wurden genietet oder geklebt und genietet (siehe Abb. 20.3.7). Zwei Metallrippen begrenzten ein Messfeld von der Grösse a x b = 450 x 600 mm. Die gleichen Werkstoffe und der gleiche Klebefilm wurden bei den mit Hutstringern versteiften Platten verwendet.

20.3 Der Vergleich zwischen Theorie und Versuch

Sämtliche Versuchsplatten wurden im Messfeld mit zahlreichen Dehnmessstreifen und Rosetten ausgestattet (siehe Abb. 20.2.1). Durch die Vielzahl der Messstellen auf der Plattenober- und -unterseite konnte genau der Beulbeginn und die Beulart festgestellt werden, indem an einigen Messstellen ab einer bestimmten Belastung die gemessene Dehnung nicht mehr linear mit der Belastung verlief. Abb. 20.3.1 zeigt beispielhaft eine solche Messstellenauswertung. Die Berechnungen wurden zum Teil mit einem, auf anisotrope, versteifte Platten weiterentwickelten, kontinuumsmechanischen Verfahren (siehe Abschnitt 20.4) und zum anderen auch mit anisotropen FEM-Verfahren durchgeführt. Die Versuchs- und theoretischen Ergebnisse sind in Tabellen aufgelistet, die u. a. den folgenden Inhalt haben:

Plattennummer; rechnerische Beulkraft = P_{Kro}; Beulkraft im Versuch = P_{Kr}; Bruchkraft im Versuch = P_{Br}; Verhältnis P_{Kr} / P_{Kro}; Beulüberschreitungsgrad = P_{Br} / P_{Kr}; Gewichtsbezogene Bruchkraft = P_{Br} / G; Beulfaktor K_D

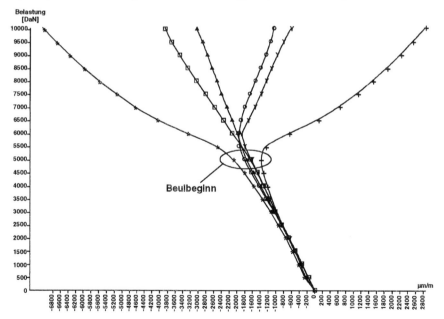

Abb. 20.3.1 Dehnungsverlauf an verschiedenen Dehnmessstellen einer CFK-Platte in Abhängigkeit von der Belastung [20.7]

Vor der Ergebnisbesprechung werden diese in verschiedenen Tabellen aufgeführt.

Abb. 20.3.2 zeigt die Ergebnisse einiger unversteifter CFK-Platten.

Plattenbezeichnung	rechnerische Beulkraft PKro [daN] der Haut	gemittelte Beulkraft PKr [daN] der Haut (Standardabw.)	Bruchkraft PBr [daN] im Versuch	$\frac{P_{Kr}}{P_{Kr0}}$	$\frac{P_{Br}}{P_{Kr}}$	$\frac{P_{Kr}}{G}$ [daN/kg]	$\frac{P_{Br}}{G}$ [daN/kg]	Beulfaktor KD [10000 N/mm2]
CFK-HT/1,0/E1.1	1.914	2.600 (0)	7.120	1,358	2,74	6.018	16.481	3,13
CFK-HT/1,0/E1.2	1.914	2.000 (200)	7.200	1,045	3,60	4.673	16.822	2,40
CFK-HT/1,0/E1.3	1.849	2.000	8.400	1,082	4,20	4.651	19.535	2,46
CFK-HT/2,0/D1.1	3.635	4.000 (0)	7.750	1,100	1,94	17.778	34.444	2,53
CFK-HT/2,0/D1.2	3.589	*)						
CFK-HT/2,0/D2.1	4.389	4.500 (0)	7.400	1,025	1,64	19.911	32.743	2,85
CFK-HT/2,0/D2.2	4.343	4.250 (353)	6.800	0,978	1,60	18.805	30.088	2,72
CFK-HT/2,0/D3.1	2.724	3.500 (0)	7.500	1,284	2,14	15.625	33.482	2,27
CFK-HT/2,0/D3.2	2.724	3.350 (212)	7.000	1,229	2,09	14.955	31.250	2,17
CFK-HT/1,0/E2.1	609	700	4230	1,15	6,04	2349	14195	2,55
CFK-HT/1,0/E2.2	614	600	4200	0,98	7,0	2007	14047	2,18
CFK-HT/1,0/E2.3	602	500	4770	0,83	9,54	1667	15900	1,85
CFK-HT/1,0/E3.1	253	200	2740	0,79	13,7	901	12342	1,78
CFK-HT/1,0/E3.2	259	200	2730	0,77	13,65	897	12242	1,74
CFK-HT/1,0/E3.3	269	200	2815	0,74	14,08	873	12292	1,68
CFK-HT/2,0/G2.1	5425	5000	10500	0,92	2,1	19157	40230	2,16
CFK-HT/2,0/G2.2	5301	5000	10000	0,94	2,0	19231	38461	2,23
CFK-HT/2,0/G2.3	5704	5500	10880	0,96	1,98	21154	41846	2,27
CFK-HT/2,0/G2.4	5602	5500	11000	0,98	2,0	21318	42636	2,32
CFK-HT/1,0/E4.1	69	*	1.200	-	17,4	-	8.451	-
CFK-HT/1,0/E4.2	71	*	1.065	-	15,0	-	7.448	-
CFK-HT/1,0/E4.3	70	*	1.275	-	18,2	-	8.979	-
CFK-HT/1,0/E5.1	384	*	2.950	-	7,7	-	11.569	-
CFK-HT/1,0/E5.2	371	*	2.270	-	6,1	-	9.008	-
CFK-HT/2,0/G1.1	2.798	3.000	9.800	1,07	3,27	13.575	44.344	1,94
CFK-HT/2,0/G1.2	2.828	3.000	8.500	1,06	2,83	13.514	38.288	1,92
CFK-HT/2,0/G1.3	2.770	3.000	9.970	1,08	3,32	13.575	45.113	1,96
CFK-HT/2,0/G1.4	2.798	3.500	8.030	1,25	2,29	15.837	36.335	2,26

*) Durch Defekt an der Zerreissmaschine vorzeitig zu Bruch
* von Anfang an Biegung

$$K_D = P_{Kr}\frac{b}{s^3} \; ; \; b = \text{Plattenbreite}, \; s = \text{Plattendicke}$$

Abb. 20.3.2 Zusammenfassung einiger Ergebnisse bezüglich der Beulkräfte der unversteiften Platten (Typ I) [20.6]

Das Beulverhalten und die Tragfähigkeit von CFK-Strukturen 577

Plattenbezeichnung		rechnerische Beulkraft PKro [daN] der Haut	Beulkraft PKr [daN] der Haut (Standardabw.)	Bruchkraft PBr [daN] im Versuch	$\frac{P_{Br}}{P_{Kr}}$	$\frac{P_{Kr}}{G}$ [daN/kg]	$\frac{P_{Br}}{G}$ [daN/kg]	Plattentyp
CFK-HT/0,84/	Haut	10.700	11.000	23.200	2,10	22.869	48.233	
HV/B/1.0K.1	Stringer		*					Z-
CFK-HT/0,84/	Haut	11.670	11.000	26.000	2,36	22.964	54.280	Stringer
HV/B/1.0K.2	Stringer		*					
CFK-HT/0,84/	Haut	19.860	18.000	32.000	1,78	32.143	57.143	
HV/B/2.0K.1	Stringer		*					
CFK-HT/0,84/	Haut	21.900	18.000	32.000	1,78	31.972	56.838	
HV/B/2.0K.2	Stringer		20.000		1,60	35.524		Hut-
CFK-HT/0,84/	Haut	13412	14000	26000	1,86	27132	50388	Stringer
HV/B/1.5K.1	Stringer		*		-	-		
CFK-HT/0,84/	Haut	13894	14000	25200	1,8	26923	48462	
HV/B/1.5K.2	Stringer		*		-	-		
CFK-HT/0,84/	Haut	13412	14000	25700	1,84	27451	50392	
HV/B/1.5K.3	Stringer		*		-	-		
CFK-HT/1,17/WV/S1.1		13.400	**	10.500	-	-	39.773	
CFK-HT/1,17/WV/S1.2		13.400	**	11.000	-	-	41.667	
CFK-HT/1,17/WV/S1.3		13.400	**	11.000	-	-	41.667	Sand-
CFK-HT/1,17/SV/S1.1		14000	**	10800	-	-	39416	wich
CFK-HT/1,17/SV/S1.2		14000	**	10600	-	-	38971	
CFK-HT/1,17/SV/S1.3		14000	**	11000	-	-	40293	

* kein Stringerbeulen; ** kein Beulen zu beobachten

Abb. 20.3.3 Zusammenfassung der Ergebnisse der versteiften Platten (Typ I) [20.7]

	CFK-Platten unversteift CFK-Platten versteift, Typ 1	CFK-Platten versteift, Typ II
$E_\parallel$	141 000	134 000
$E_\perp$	9 024	8 655
$G_\#$	5 598	5 598
$\nu_{\parallel\perp}$	0,35	0,28

Anmerkung: Diese Werte für die Berechnung unterscheiden sich jeweils entsprechend der Wareneingangsprüfung

Kennwerte der Wabe:

E	140,6
G_L	49,2
G_W	24,6

Abb. 20.3.4 Elastomechanische Kennwerte in N/mm^2 für die Laminate

Platten-Bezeichnung	Rechnung σ_{krit} [N/mm^2]	P_{krit} [N]	Versuch P_{krit} [N]
CFK-HT/1,0/E2.1	9,42	6 089	7 000
CFK-HT/1,0/E2.2	9,47	6 137	6 000
CFK-HT/1,0/E2.3	9,31	6 018	5 000
CFK-HT/1,0/E3.1	5,27	2 530	2 000
CFK-HT/1,0/E3.2	5,34	2 585	2 000
CFK-HT/1,0/E3.3	5,49	2 688	2 000
CFK-HT/2,0/G2.1	97,89	54 251	50 000
CFK-HT/2,0/G2.2	96,39	53 010	50 000
CFK-HT/2,0/G2.3	101,22	57 043	55 000
CFK-HT/2,0/G2.4	100,00	56 015	55 000

Abb. 20.3.5 Kritische Beulspannungen und Beullasten einiger unversteifter CFK-HT-Platten [20.7]

Abb. 20.3.3 zeigt die Ergebnisse einiger mit Hut- und Z-Stringern versteiften und einiger sandwichversteiften Platten.

Abb. 20.3.4 zeigt die elastomechanischen Kennwerte der Materialien für die CFK-Platten vom Typ I und II.

Abb. 20.3.5 zeigt die kritischen Beulspannungen und Beullasten einiger unversteifter CFK-HT-Platten.

Eine Zusammenfassung sämtlicher in der Theorie und im Versuch erhaltenen Beul- und Tragfähigkeits-Ergebnisse zeigt:

für die unversteiften CFK-Platten bei reiner Druckbelastung Abb. 20.3.6.
für die versteiften CFK-Platten bei reiner Druckbelastung Abb. 20.3.7.
für die von Druck/Schub ($\sigma/\tau = 3,7$) kombiniert belasteten versteiften Platten Abb. 20.3.8.

Bei den Abb. 20.3.6 bis Abb. 20.3.8 wurden jeweils die Mittelwerte eines Plattentyps eingetragen, während in den vorhergehenden Abbildungen sämtliche Werte enthalten sind, um einen Einblick über die Streuung der Ergebnisse zu erhalten.

Das Beulverhalten und die Tragfähigkeit von CFK-Strukturen 579

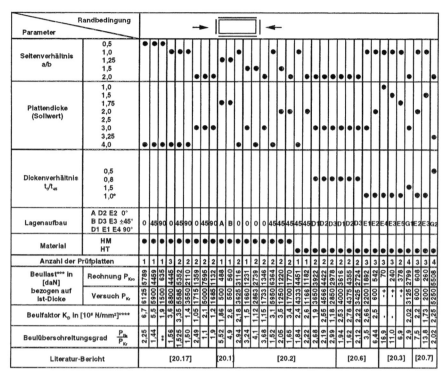

Abb. 20.3.6 Stabilität von unversteiften CFK-Platten mit gelenkigen Rändern bei reiner Druckbelastung [20.7]

Wie bereits erwähnt, wurden sämtliche Platten, soweit dies die extra für diese Versuche entwickelte Versuchsmaschine zuliess, nach Feststellung der Beulgrenze bis zum Bruch weiter gefahren. Ein Beispiel eines Bruches einer mit Z-Stringern versteiften Testplatte zeigt Abb. 20.3.9 für die Hautseite und Abb. 20.3.10 für die mit Stringern versteifte Seite. Man erkennt, dass der Bruch durch die angeklebten Z-Stringer hindurchgeht, da diese infolge ihrer recht geringen Torsionssteifigkeit ab einer bestimmten Beulüberschreitung aus ihrer Lage kippen und damit das Beulen nicht mehr genügend behindern. Die sehr steifen, aufgenieteten Querrippen hingegen begrenzen den Beulbereich. Die Abb. 20.3.9 gibt auch einen Einblick in die in viele voneinander getrennten Krafteinleitungsstellen, die für eine kombinierte Druck-/Schubbelastung erforderlich waren, um zu realistischen Ergebnissen zu kommen.

580 Das Beulverhalten und die Tragfähigkeit von CFK-Strukturen

Parameter	Randbedingung	→ ▢ ←															
Material	HM	●	●	●	●	●											
	HT	●[1]	●[1]	●[1]	●[1]	●[1]	●	●	●	●	●	●	●	●	●	●	●
Versteifung	Z-Stringer	●	●	●	●	●	●	●									
	Hut-Stringer									●	●	●	●		●		
	Waben								●							●	●
Anschlussbreite des Stringers an die Haut	1,0·b	●								●	●				●		
	1,5·b		●	●			●	●									
	2,0·b				●	●						●	●				
Anschlussart	geklebt	●	●		●	●		●	●	●	●	●	●	●	●	●	●
	genietet			●													
	geklebt + genietet						●										
Lagenaufbau	A	●	●	●	●												
	B						●	●	●		●	●	●	●	●	●	●
	C									●							
Anzahl der Prüfplatten		1	1	1	1	1	1	1	4	1 H	1 S	2 H	2 S	3 H	3 H	3	
Beullast* in [daN] bezogen auf Ist-Dicke	Rechnung P_{Kro}	11954	11954	11954	11954	11708	7353	7133	18206	9970	17870	11185	20880		13400	13573	14000
	Versuch P_{Kr}	11000	11000	9000		16000	11000	10750	16000	10000 12200	18000 20000	11000	18000 20000	**	14000	**	
Beulüberschreitung $\frac{P_{Br}}{P_{Kr}}$		1,14	1,2	1,56		1,13	1,76	1,54	1,24	2,3 1,92	1,77 1,8	2,23	1,78 1,6		1,83		
Literatur-Bericht		[20.1]				[20.2]			[20.6]		[20.3]			[20.7]			

1) Platte aus HM-Material, Stringer aus HT-Material
● durchgeführt
* bei mehreren Platten -> Mittelwerte
** kein Beulen zu beobachten

H ... Haut
S ... Stringer
HM = High modulus
HT = High tensile

Abb. 20.3.7 Stabilität von versteiften CFK-Platten mit gelenkigen Rändern bei reiner Druckbelastung [20.7]

Sämtliche Resultate stammen aus einem mehrjährigen Forschungsprogramm der Firma Dornier und geben einen guten Überblick über das Beulverhalten von unversteiften und versteiften ebenen CFK-Platten und auch über die Streuung der Ergebnisse. Gerade weil es sich bei CFK um einen nicht plastizierenden Werkstoff handelt, der häufig bei Strukturen mit dünnen Wandstärken verwendet wird, sind diese Untersuchungen von besonderer Wichtigkeit.

Von grossem Interesse sind auch die Vergleiche von Theorie und Versuch für die beulkritische Last (P_{Kro}, P_{Kr}), für den Beulfaktor K_D und vor allem für den möglichen Beulüberschreitungsgrad P_{Br}/P_{Kr}, d. h. wieviel höher eine Platte nach Beulbeginn belastet werden darf, bevor sie bricht.

Das Beulverhalten und die Tragfähigkeit von CFK-Strukturen

Parameter	Randbedingung	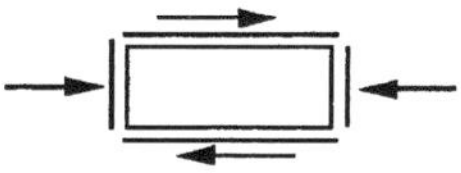						
Material	HM	●	●	●	●			
	HT	●[1)]	●[1)]	●[1)]	●[1)]	●	●	●
Versteifung	Z-Stringer	●	●	●		●	●	
	Hut-Stringer				●			●
Anschlussbreite des Stringers an die Haut (s. Abb. 20.2.3 und 20.3.4)	1,0·b	●	●					
	1,5·b			●	●	●	●	●
Lagenaufbau	A	●	●					
	B			●	●	●	●	●
Anzahl der Prüfplatten		1	1	2	1	2	2	2
Beullast* $\frac{Druck}{Schub}$ in [daN]	Rechnung P_{Kro}	–	–	$\frac{32806}{8200}$	$\frac{28764}{7190}$	19060	26040	54000
	Versuch P_{Kr}	$\frac{20000}{5000}$	$\frac{17660}{4420}$	$\frac{30000}{7500}$	$\frac{28000}{7000}$	28000**	$\frac{26000}{26000}$	$\frac{48000}{48000}$
Beulüberschreitung $\frac{P_{Br}}{P_{Kr}}$		1,4	1,4	1,28	1,25	1,28	1,44	2)
Literatur-Bericht		[20.16] S. 202	[20.17] S. 13	[20.1] S. 181	[20.1] S. 181	[20.2] S. 173	[20.3]	[20.7]

1) Platte aus HM-Material / Stringer aus HT-Material   2) kein Bruch

Abb. 20.3.8 Stabilität von Druck-Schub ($\sigma/\tau=3{,}7$)-beaufschlagten versteiften CFK-Platten mit gelenkigen Rändern [20.7]

Es ergab sich, dass sowohl für die unversteiften als auch für die versteiften Platten die rechnerische Vorhersage (nach einer verbesserten anisotropen Beultheorie) recht gute Übereinstimmung zeigte, obwohl es auch einige Ausnahmen gibt. Während bei den unversteiften Platten die Theorie meist auf der sicheren Seite liegt, ist es bei den versteiften Platten umgekehrt.

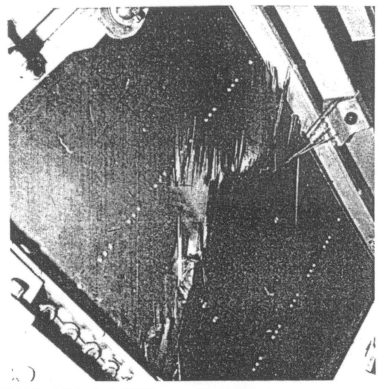

Abb. 20.3.9 Bruchbilder der 1. CFK-Platte vom Typ II, Hautseite

Abb. 20.3.10 Bruchbild der 1. CFK-Platte vom Typ II, Stringerseite

Wie erwartet zeigte sich, dass der Beulüberschreitungsgrad bei Faserverbunden nicht so hoch ist wie man das von den dünnwandigen, metallischen Blechen gewohnt ist. Der Hauptgrund hierfür ist die fehlende Plastizität. Daher treten auch die Brüche bei CFK-Strukturen spontaner auf. Der Beulüberschreitungsgrad liegt im Mittel bei den unversteiften Platten zwischen 1,5 und 2,5 und bei den versteiften Platten zwischen 1,2 und 2. Das heisst, nach dem ersten Beulen kann eine dünne Platte noch um das 1,5 bis 2,5fache bzw. 1,2 bis 2fache belastet werden, bevor sie bricht. All diese Aussagen zeigen, dass dünnwandige CFK-Strukturen recht genau dimensioniert werden müssen, damit die erforderliche Sicherheit gegeben ist.

Ein weiteres, wichtiges Ergebnis war, dass das Ersetzen der torsionsweichen Z-Stringer durch Hutstringer eine Erhöhung der Beullast um nahezu 100% erbrachte. Auch die Anschlussbreite der Stringer an die Haut ist ein wichtiger Parameter.

20.4 Theoretische Grundlagen

20.4.1 Die Stabilitätsgrenze der versteiften, anisotropen Platte

Die mit Längsstringern versteifte Platte kann man als orthotrope Platte mit exzentrischer Längsversteifung betrachten. Bei der Formulierung wird die Vorgehensweise allgemeingültig gehalten. Die Herleitung muss für die hier im Versuch belasteten Rechteckplatten exzentrisch angeordnete, torsionsweiche Stringer, eine allseits gelenkige Lagerung in einem ausgeglichenen Verbundaufbau bei einer konstanten Druck-/Schub-Beanspruchung beinhalten.

Diese Vorgehensweise empfiehlt sich, um gegebenenfalls eine:
- Erweiterung bezüglich der Randbedingungen
- den Einfluss der die Lösung beeinflussenden Parameter, Werkstoffe, Lagenaufbau, Plattenabmessungen, Stringerabmessungen und Belastungsarten

verfolgen zu können.

Neben den klassischen Lösungsansätzen der Kontinuumsmechanik [20.19], [20.20], [20.22], [20.23] ist die Energiemethode ein geeignetes Verfahren zur Ermittlung kritischer Beullasten [20.23], [20.24], die hier ausschliesslich betrachtet werden soll.

Ihre Anwendung setzt voraus, dass der Membran- und der Biegespannungszustand entkoppelt sind. Diese Annahme ist berechtigt, wenn die Dehnsteifigkeiten gross sind gegenüber den Biegesteifigkeiten, was bei normalen Zellstrukturen immer der Fall ist.

Die Aussage des Energiesatzes setzt voraus, dass die Änderung der inneren Arbeiten gleich der Änderung der äusseren Arbeiten ist:

$$dA_i + dA_a = 0 \tag{20.1}$$

Dies ist gleichbedeutend mit einer Gleichgewichtsaussage. Vernachlässigt man in Übereinstimmung mit obiger Annahme von der Entkopplung der Membran- und Plattenzustandsgrössen die Arbeiten auf den Membranverschiebungen, so ergeben sich für die Arbeiten, wenn man die Plattenbelastung p zu Null setzt:

$$A_i = \frac{1}{2} \iint \left(m_x \cdot w'' + 2 \cdot m_{xy} \cdot w'^* + m_y \cdot w^{**} \right) dx\, dy \tag{20.2}$$

Das Beulverhalten und die Tragfähigkeit von CFK-Strukturen

$$A_a = \frac{1}{2} \int \int \left[(n_x \cdot w')^2 + 2 \cdot n_{xy} \cdot w'^* + n_y \cdot (w^*)^2 \right] dx\, dy \qquad (20.3)$$

Dabei sind die Membranschnittgrössen noch als positive Werte im Sinne der Vorzeichendefinition eingeführt. An die Plattenverschiebungen w(x, y) muss die Forderung gestellt werden, dass sie die Randbedingungen und die kinematischen Verträglichkeitsbedingungen erfüllen müssen.

Ersetzt man in (20.2) die Plattenschnittgrössen über das Elastizitätsgesetz der zu berechnenden Platte durch die Plattenverschiebungen in der Form:

$$m_x = -\left(B_{11} \cdot w'' + B_{12} \cdot w^{**} + B_{13} \cdot w'^*\right) \qquad (20.4)$$

$$m_y = -\left(B_{21} \cdot w'' + B_{22} \cdot w^{**} + B_{23} \cdot w'^*\right) \qquad (20.5)$$

$$m_{xy} = -\left(B_{31} \cdot w'' + B_{32} \cdot w^{**} + B_{33} \cdot w'^*\right) \qquad (20.6)$$

So geht Gleichung (20.2) über in die Form:

$$A_i = \frac{1}{2} \int \int \left(B_{11} (w'')^2 + 2 \begin{pmatrix} B_{12} w'' w^{**} + B_{33} (w'^*)^2 + \\ + 2 w'^* (B_{13} w'' + B_{23} w^{**}) \end{pmatrix} \right) dx\, dy \qquad (20.7)$$

Führt man geeignete Ansatzfunktionen für w, z. B. in der Form:

$$w(x,y) = \sum^{(m)} \sum^{(n)} A_{mn} \cdot f(x,m) \cdot g(x,n) \qquad (20.8)$$

in Gl. (20.2) und Gl. (20.3) ein, und bildet entsprechend GL. (20.1) die Differentiale $\delta A_i / \delta A_{mn}$ und $\delta A_a / \delta A_{mn}$, so lassen sich diese Ausdrücke stets durch ein Matrixprodukt aus Matrix und A_{mn}-Vektor darstellen:

$$\frac{\partial A_i}{\partial A_{mn}} = [D] \cdot \{A_{mn}\} \qquad (20.9)$$

$$\frac{\partial A_a}{\partial A_{mn}} = [N] \cdot \{A_{mn}\} \qquad (20.10)$$

Setzt man voraus, dass sich alle Membranschnittgrössen gleichermassen mit dem Faktor λ ändern und führt man durch Vorzeichenumkehr labilisierende Membranschnittgrössen ein, so folgt Gl. (20.1) mit Gl. (20.9) und Gl. (20.10) in Form eines Eigenwertproblems

$$[[D]-\lambda[N]]\cdot\{A_{mn}\}=0 \qquad (20.11)$$

Der niedrigste Wert λ gibt das kritische Vielfache des vorgegebenen Membranspannungszustandes an.

Bei konkreter Anwendung, wie sie im folgenden Abschnitt für den in Abschnitt 20.4.1 skizzierten Sonderfall vorgenommen wird, werden folgende Teilaufgaben notwendig:
- Ermittlung des Membranspannungszustandes
- Bestimmung des Elastizitätsgesetzes der Platte, d. h. Bestimmung der B_{mn}-Werte aus (20.4 - 20.6)
- Wahl eines geeigneten Verformungsansatzes (20.8) für w und Integration der Formänderungsarbeiten
- Differentiation dieser Arbeiten nach den Konstanten des Verformungsansatzes (20.9)
- Konstituierung und Lösung des Eigenwertproblems (20.11)

20.4.2 Lösung des Beulproblems für das in 20.4.1 definierte Beispiel

20.4.2.1 Geometrie und charakteristische Daten der Platte

Um in übersichtlicher Form die Entwicklung darstellen zu können, wird hier bewusst die in einer Richtung exzentrisch versteifte, anisotrope Rechteckplatte mit gelenkiger Lagerung unter konstanter Belastung gewählt. Sie stellt auch einen in der Praxis häufig vorkommenden Sonderfall dar. Sie ist anwendbar für die im Rahmen dieses Kapitels untersuchten versteiften Platten.

Das Beulverhalten und die Tragfähigkeit von CFK-Strukturen

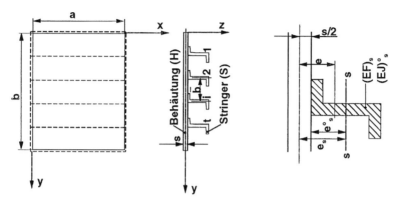

Abb. 20.4.1 Geometrie und charakteristische Daten der Platte

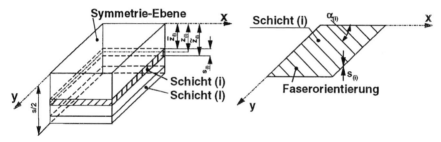

Abb. 20.4.2 Transformationsmatrix

Behäutung:
Es handelt sich um eine anisotrope Platte mit ausgeglichenem Verbund. Die relativ zur Plattendicke vorhandenen Dehn- und Biegesteifigkeiten werden über die Dehnsteifigkeit der Einzelschichten unter Beachtung ihrer Lage im Bezugssystem (relative Dicke, Faserrichtung, relativer Abstand von der Mittelfläche) aus den Elastizitätsdaten im faserparallelen Bezugssystem bestimmt (siehe Kapitel 3, 4, 5).

Es gilt:

$$\delta_{(i)} = \frac{s_{(i)}}{s} \text{ ; Membransteifigkeit} \tag{20.12}$$

Für die Transformationsmatrix gilt:

$$[T_{(i)}] = \begin{bmatrix} c^2 & s^2 & 2cs \\ s^2 & c^2 & -2cs \\ -cs & cs & (c^2 - s^2) \end{bmatrix}_{(i)} \tag{20.13}$$

Membransteifigkeit der Einzelschicht:

$$[E(i)] = \begin{bmatrix} \dfrac{E_{\parallel}}{1 - \nu_{\perp\parallel} \nu_{\parallel\perp}} & \dfrac{E_{\parallel} \nu_{\parallel\perp}}{1 - \nu_{\perp\parallel} \nu_{\parallel\perp}} & 0 \\ \dfrac{E_{\perp} \nu_{\perp\parallel}}{1 - \nu_{\perp\parallel} \nu_{\parallel\perp}} & \dfrac{E_{\perp}}{1 - \nu_{\perp\parallel} \nu_{\parallel\perp}} & 0 \\ 0 & 0 & 2G_{+} \end{bmatrix} \tag{20.14}$$

Relative, resultierende Membransteifigkeit des Verbundes:

$$[\overline{E}] = 2 \sum^{(i)} [T(i)]^{-1} [E(i)][T(i)] \cdot \delta(i) \tag{20.15}$$

$$[\overline{E}] = \begin{bmatrix} \overline{E}_{11} & \overline{E}_{12} & 0 \\ \overline{E}_{12} & \overline{E}_{22} & 0 \\ 0 & 0 & \overline{E}_{33} \end{bmatrix} \tag{20.16}$$

Relative, resultierende Biegesteifigkeit des Verbundes:

$$[\overline{D}] = 2 \sum^{(i)} [T(i)]^{-1} [E(i)][T(i)] \cdot \delta(i) \cdot$$
$$\cdot \left(\delta(i)^2 + 3 \left(\delta(i) + 1 - 2 \sum_{k=1}^{(i)} \delta(k) \right)^2 \right) \tag{20.17}$$

Das Beulverhalten und die Tragfähigkeit von CFK-Strukturen

$$[\overline{D}] = \begin{bmatrix} \overline{D}_{11} & \overline{D}_{12} & 0 \\ \overline{D}_{12} & \overline{D}_{22} & 0 \\ 0 & 0 & \overline{D}_{33} \end{bmatrix} \quad (20.18)$$

Stringer/Versteifungen:
Es wird eine äquidistante Stringerversteifung vorausgesetzt, jeder Stringer hat gleiche elastische Eigenschaften und gleiche Grösse; sie sind torsionsweich.

Stringerzahl	t	
Fläche	$(EF)_s$	(20.19)
Statisches Moment bezogen auf die Hautschlussebene	$(ES)_s$	(20.20)
Schwerpunktsabstand von der Hautanschlussebene	$e_s^o = \dfrac{(ES)_s}{(EF)_s}$	(20.21)
Trägheitsmoment bezogen auf die Schwerpunktsachse	$(EI)_s^0$	(20.22)
Trägheitsradius	$i_s^o = \sqrt{\dfrac{(EI)_s^o}{(EF)_s}}$	(20.23)
Verbundquerschnitt:		
Haut-Stringer-Verhältnis	$\rho = \dfrac{t(EF)_s}{s \cdot b \cdot \overline{E}_{11}}$	(20.24)
Gesamtfläche parallel zu den Stringern	$(EF)_g = s \cdot b \cdot \overline{E}_{11}(1+\rho)$	(20.25)
Gesamtschwerpunkt bezogen auf die Mittelfläche	$e = \left(\dfrac{s}{2} + e_s^o\right) \cdot \dfrac{\rho}{\rho+1}$	(20.26)

20.4.2.2 Bestimmung des Membranspannungszustandes und des Elastizitätsgesetzes

Mit der Entkopplung aus Membran- und Biegezustand folgt die Aufteilung des Normalkraftflusses in Stringer-Richtung unter der Annahme konstanter Dehnung an den Rändern x = 0, x = a über der Bauhöhe:

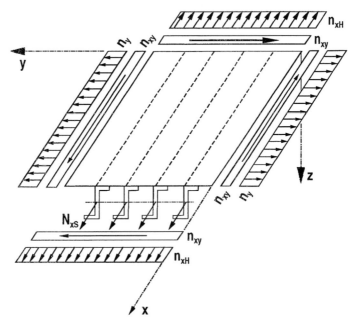

Abb. 20.4.3 Die zu berechnende Platte und ihre Belastung

Für den Hautanteil gilt:

$$n_{xy} = n_x \cdot \frac{1}{1+\rho} \tag{20.27}$$

Für den Stringeranteil gilt:

$$n_{xs} = n_x \cdot \frac{\rho}{1+\rho} \cdot \frac{b}{t} \tag{20.28}$$

Hautanteile:

$$m_x = -\frac{s^3}{12}\left(\overline{D}_{11} \cdot w'' + \overline{D}_{12} \cdot w^{\bullet\bullet}\right) \tag{20.29}$$

$$m_y = -\frac{s^3}{12}\left(\overline{D}_{12} \cdot w'' + \overline{D}_{22} \cdot w^{\bullet\bullet}\right) \tag{20.30}$$

$$m_{xy} = -\frac{s^3}{12}\overline{D}_{33} \cdot w'^{\bullet} \qquad (20.31)$$

Stringeranteil:

$$M_{xs(i)} = -\frac{s^3}{12} \cdot \frac{(EI)_s^o}{s^3} \cdot 12\left(1 + \left(\frac{e_s}{i_s^o}\right)^2 \cdot \frac{1}{1+\rho}\right) \cdot w'' \qquad (20.32)$$

20.4.2.3 Wahl eines geeigneten Verformungsansatzes für w und Integration der Formänderungsarbeiten

Für die gelenkig gelagerte Platte kann der Ansatz:

$$w(x,y) = \sum_{(m)}\sum_{(n)} A_{mn} \cdot \sin\left(m\frac{\pi}{a}x\right) \cdot \sin\left(n\frac{\pi}{b}y\right) \qquad (20.33)$$

gewählt werden, da er die vorgegebenen Forderungen erfüllt.
Nach Substitution von Gl. (20.29) bis Gl. (20.32) in Gl. (20.2) sowie in GL. (20.3) können die Formänderungsarbeiten unter Beachtung der zu Gl. (20.33) gehörigen Integrationsregeln bestimmt werden.

Integrationsregeln	m + n = gerade Zahl	m + m = ungerade Zahl
$\int \sin\left(m\frac{\pi}{a}x\right) \cdot \sin\left(n\frac{\pi}{b}x\right) dx$	0	$\frac{a}{2}$
$\int \cos\left(m\frac{\pi}{a}x\right) \cdot \cos\left(n\frac{\pi}{b}x\right) dx$	0	$\frac{a}{2}$
$\int \sin\left(m\frac{\pi}{a}x\right) \cdot \cos\left(n\frac{\pi}{b}x\right) dx$	0	$\frac{2a}{\pi} \cdot \frac{m}{m^2-n^2}$

Abb. 20.4.4 Integrationsregeln

Nach Ausführung der Integrationen und Einführung einiger Abkürzungen folgen für die Formänderungsarbeiten

$$A_i = \frac{s^3}{12} \cdot \left(\frac{\pi}{b}\right)^2 \cdot \frac{1}{\alpha} \cdot \left(\frac{\pi}{2}\right)^2 \cdot \frac{1}{2} \cdot$$

$$\sum_{(m)}\sum_{(n)} A_{mn}^2 \left(\left(\frac{m^2}{\alpha}\right)^2 \Omega D_1 + 2(mn)^2 D_3 + \left(n^2\alpha\right)^2 D_2\right) \quad (20.34)$$

$$A_a = \left(\frac{\pi}{2}\right)^2 \cdot \frac{1}{2} \left[\begin{array}{l} \displaystyle\sum_{(m)}\sum_{(n)} A_{mn}^2 \left(\frac{m^2}{\alpha} \cdot \omega \cdot n_x + n^2 \cdot \alpha \cdot n_y\right) + \\ + n_{xy} \cdot \frac{32}{\pi^2} \cdot \sum_{(m)}\sum_{(k)}\sum_{(n)}\sum_{(l)} A_{mn} \cdot A_{kl} \cdot \frac{mk}{k^2 - m^2} \cdot \frac{\ln}{n^2 - l^2} \end{array}\right] \quad (20.35)$$

mit den Abkürzungen:

$$\alpha = \frac{a}{b} \quad (20.36)$$

$$D_1 = \overline{D}_{11} \quad (20.37)$$

$$2D_3 = 2\left(\overline{D}_{12} + \overline{D}_{33}\right) \quad (20.38)$$

$$D_2 = \overline{D}_{22} \quad (20.39)$$

$$\Omega = \left(1 + \frac{\Delta D_1}{D_1} \cdot \frac{2}{t} \cdot \sum_{i=1}^{t} \sin^2\left(n\pi \cdot \frac{i}{t+1}\right)\right) \quad (20.40)$$

$$\omega = \left(1 + \rho \cdot \frac{2}{t} \cdot \sum_{i=1}^{t} \sin^2\left(n\pi \cdot \frac{i}{t+1}\right)\right) \cdot \frac{1}{1+\rho} \quad (20.41)$$

Das Beulverhalten und die Tragfähigkeit von CFK-Strukturen 593

$$\Delta D_1 = \frac{12}{s^3} \cdot \frac{t}{b} \cdot (EI)_s^o \left(1 + \left(\frac{e_s}{i_s^o}\right)^2 \cdot \frac{1}{1+\rho}\right) \quad (20.42)$$

Dabei geben die Beziehungen (20.40) bis (20.41) den Einfluss der diskreten Versteifungen an.

20.4.2.4 Differenzierung der Arbeiten nach den Konstanten des Verformungsansatzes und Konstituierung sowie Lösung des Eigenwertproblems

Nach Differentation von (20.34) und (20.35) und Einfügung dieser Differentiale in die Energieaussage (20.1) folgt mit den zusätzlichen Abkürzungen:

$$\kappa = \alpha^2 \sqrt{\frac{D_1}{D_2}} \quad (20.43)$$

$$\beta = \frac{2D_3}{\sqrt{D_1 D_2}} \quad (20.44)$$

die zur Bildung des Eigenwertproblems wesentliche Gleichung

$$\frac{s^3}{12} \cdot \left(\frac{\pi}{b}\right)^2 \cdot \sqrt{D_1 D_2} \cdot \frac{1}{\alpha}\left(m^4 \cdot \frac{\Omega}{\kappa} + (mn)^2 \beta + n^4 \cdot \kappa\right) A_{mn} -$$
$$-\lambda \left[\begin{array}{l}\left(m^2 \cdot \frac{\omega}{\alpha} \bar{n}_x + n^2 \cdot \alpha \cdot \bar{n}_y\right) A_{mn} + \\ + mn \cdot \frac{32}{\pi^2} \cdot n_{xy} \sum_{(k)}\sum_{(l)} A_{kl} \cdot \frac{k}{k^2-m^2} \cdot \frac{l}{n^2-l^2}\end{array}\right] = 0 \quad (20.45)$$

aus der sich nach Einsetzen der natürlichen Zahlen für m, n, k, l und i in Ω bzw. ω das Eigenwertproblem in der Form (20.11) ergibt.
Dabei lassen sich einige charakteristische Merkmale erkennen:
- Glieder des Biegeterms besetzen fast ausschliesslich die Hauptdiagonale der Matrix [D] in (20.11);

- die normalkraftbehafteten Terme besetzen ebenfalls nur die Hauptdiagonale der Matrix [N] in (20.11);
- der schubbehaftete Term hingegen besetzt nur Elemente der [N]-Matrix ausserhalb der Hauptdiagonalen. Dabei ergibt sich aufgrund der beschränkten Kombinationsmöglichkeiten, die aus den Integralen nach Abb. 20.4.4 herrühren, für k + m sowie l + n stets eine ungerade Zahl, darin eingeschlossen die Fälle k ≠ m und l ≠ n, eine Entkopplung des Gleichungssystems in zwei unabhängige Teile für die Kombinationen

  m + n = gerade Zahl →System 1
  m + n = gerade Zahl → System 2

  Nach [20.24] liefert bei einem isotropem Material für ein Seitenverhältnis α = a/b < 2 nur für System 1 kritische Werte, während bei anderen Verhältnissen beide Systeme untersucht werden müssen.
- Die Auswertung des Summenausdrucks in Ω und ω in Gleichung (20.40) und (20.41) zeigt zwei beachtenswerte Merkmale:
  - für n = t + 1 und jedes ganzzahlige Vielfache davon liefert die Summation den Wert Null,
  - für jedes n ≠ t + 1 liefert die Summation eine Konstante, die nur von t abhängig ist;

für n = j (t + 1), j = 1, 2, ...gilt:

$$\Omega = 1 \qquad (20.46)$$

$$\omega = \frac{1}{1+\rho} \qquad (20.47)$$

für n ≠ t + 1 gilt:

$$\Omega = \left(1 + \frac{\Delta D_1}{D_1} \cdot \frac{2}{t} \cdot C(t)\right) \qquad (20.48)$$

$$\omega = \frac{1 + \rho \cdot \frac{2}{t} \cdot C(t)}{1+\rho} \qquad (20.49)$$

Wegen der Beschaffenheit des Schubanteils innerhalb der Matrix [N], die im Sonderfall

$$\overline{n}_x \equiv \overline{n}_y \equiv 0, \ \overline{n}_{xy} \neq 0 \quad (20.50)$$

auf eine singuläre Matrix führt, soll das Eigenwertproblem nach Division durch λ in die Form:

$$[\mu \cdot [D] - [N]]\{A_{mn}\} = 0 \quad (20.51)$$

überführt werden. Der kritische Wert μ als Ergebnis der Rechnung liefert dann das kritische Vielfache des labilisierenden Membranspannungszustandes für μ_{max}

$$\lambda = \frac{1}{\mu_{max}} \cdot \frac{s^3}{12} \cdot \frac{\pi^2}{ab} \cdot \sqrt{D_1 D_2} \quad (20.52)$$

Eine geschlossene Lösung für (20.52) lässt sich bei beliebiger Belastung nicht mehr angeben, so dass letztlich GL. (20.22) immer gelöst werden muss. Ausgenommen davon ist der wichtige *Sonderfall*

$$\overline{n}_x \neq 0, \ \overline{n}_{xy} = \overline{n}_y \equiv 0 \quad (20.53)$$

In diesem Sonderfall bestehen beide Matrizen [D] und [N] nur aus Diagonal-Matrizen, so dass sich folgende Beziehung ergibt:

$$\frac{s^3}{12} \frac{\pi^2}{ab} \sqrt{D_1 D_2} \left\{ m^4 \cdot \frac{1}{\kappa} + m^2 n^2 \cdot \beta + n^4 \cdot \kappa \right\} - \lambda \cdot \frac{m^2}{\alpha} \cdot \overline{n}_x \omega = 0 \quad (20.54)$$

Diese Gleichung lässt sich direkt nach $\lambda \cdot \overline{n}_x$ auflösen; man erkennt sofort, dass sich das kleinste λ für n = 1 ergibt, so dass direkt folgt:

$$n_{xk} = \frac{s^3}{12} \cdot \left(\frac{\pi}{b}\right)^2 \sqrt{D_1 D_2} \cdot \omega \cdot$$
$$\cdot \left[\left(\frac{m}{\alpha}\right)^2 \sqrt{\frac{D_1}{D_2}} \cdot \Omega + \frac{2 D_3}{\sqrt{D_1 D_2}} + \left(\frac{\pi}{m}\right)^2 \sqrt{\frac{D_2}{D_1}} \right] \quad (20.55)$$

Der Minimalwert für n_{xk} ergibt sich aus

$$\frac{\partial n_{xk}}{\partial \alpha} = 0 \qquad (20.56)$$

bei

$$\alpha = \sqrt[4]{\Omega \cdot \frac{D_1}{D_2}} \qquad (20.57)$$

mit

$$n_{xk_{min}} = \frac{s^3}{12}\left(\frac{\pi}{b}\right)^2 \cdot \sqrt{D_1 D_2} \cdot \frac{\omega}{\sqrt{\Omega}} \cdot \left[(1+\Omega) + 2 \cdot \frac{D_3}{\sqrt{D_1 D_2}}\right] \qquad (20.58)$$

Die minimale Normalkraft ist nach Gl. (20.58) auch von der Halbwellenzahl m in Kraftrichtung unabhängig.

Mit den übrigen möglichen Vereinfachungen bezüglich der Plattenkonfiguration und des Werkstoffes lassen sich hieraus entsprechende Sonderfälle ableiten. Für die unausgesteifte isotrope Platte geht Gl. (20.58) schliesslich in die bekannte Beulformel über:

$$n_{xk_{min}} = \frac{s^3}{12} \cdot \left(\frac{\pi}{b}\right)^2 \cdot \frac{E}{1-v^2} \cdot 4 \qquad (20.59)$$

20.4.3 Zusammenfassung und Ausblick

Die Gleichung für die in Abb. 20.4.1 dargestellte gelenkig gelagerte, in einer Richtung durch exzentrisch angeordnete Stringer versteifte anisotrope Rechteckplatte führt durch Variation der Zähler m, n, k, l auf das Eigenwertproblem (20.51).

Die Vielfalt der Parameter
- Dehn- und Biegesteifigkeiten von Platte und Stringern, eingeschlossen Schichtfolge und Faserrichtung sowie Materialkonstanten,
- Plattenabmessungen, Stringerteilung,
- Lastkombinationen

macht eine geschlossene Lösung ausser im Sonderfall $\bar{n}_x \neq 0, \bar{n}_{xy} = \bar{n}_y = 0$, und auch hier nur sehr global, unmöglich.

Das Beulverhalten und die Tragfähigkeit von CFK-Strukturen 597

Aus diesem Grunde ist es sinnvoll ein EDV-Programm zu erstellen, mit dessen Hilfe Parameteruntersuchungen durchgeführt werden können und somit das theoretische Gewichtsoptimum gefunden werden kann.

20.4.4 Die Berücksichtigung der Stringertorsion [20.6]

Im Rahmen von [20.6] wurde der Einfluss der Stringertorsion auf die Berechnung der Beulspannung kontinuumsmechanisch untersucht, um den Vergleich zwischen Berechnung und Versuch weiter zu verbessern. Die hergeleiteten Gleichungen wurden deshalb um diesen Einfluss erweitert.

Generell kann gesagt werden, dass der Torsionseinfluss von Z-Stringern wegen ihrer sehr geringen Torsionssteifigkeit keinen grossen Einfluss auf die Ergebnisse ausübt.

Die theoretische Mitnahme der Torsionssteifigkeit der Hutstringer in den kontinuumsmechanischen Ansätzen brachte jedoch keinen Erfolg, was sich aus den Vergleichen zwischen Versuch und Theorie zeigte. Die so ermittelten, rechnerischen Beullasten waren ausnahmslos zu hoch. Da die Beulform durch Funktionen angenähert wird, die die Plattenneigung am Stringeranschluss (Linie in Mitte des Hutstringers) mit dem Verdrehwinkel des Stringers gleichsetzt, wird die Torsionsbehinderung anscheinend „überschätzt". Es ist jedoch bekannt, dass man mit detaillierten FEM-Berechnungen diesen Einfluss gut berücksichtigen kann und somit zu guten Ergebnissen kommt. Hierbei werden die Stringer in ihrer wirklichen Form berücksichtigt und nicht auf eine einfache Linie konzentriert.

20.5 Schlussbemerkungen

Wie aus der theoretischen Herleitung der Gleichungen für P_{kr} hervorgeht, ist die kritische Beullast von der dritten Potenz der Wandstärke abhängig. Sie ist also sehr sensibel gegenüber Wandstärketoleranzen. Abhängig von den diesbezüglichen Genauigkeiten der Prepregdicken und den gewählten Fertigungsverfahren - z. B. Autoklavtechnik oder RTM-Technik - treten Wandstärkeabweichungen in der Faserverbundtechnik im 1/10-mm-Bereich auf, die sich auf die Beulergebnisse auswirken. Dies haben die Beulversuche auch eindeutig gezeigt. Beim Vergleich zwischen Theorie und Versuch müssen aber immer die tatsächlich gemessenen Wandstärken verwendet werden.

Für die unterschiedlichen Fasertypen, bei der Kohlefaser z. B. HT und HM, sind gewisse Mindestwerte für die Werkstoffkennwerte also z. B. $E_{\parallel}$ und $E_{\perp}$ festgelegt. Diese werden jedoch bei den gelieferten Fasern z. T. wesentlich überschritten. Diese Werte beeinflussen natürlich die kritischen Beullasten. Beim Vergleich zwischen Theorie und Praxis müssen daher die durch die

Wareneingangskontrolle gemessenen Werte verwendet werden und nicht die nach Norm festgelegten Mindestwerte.

In den hier vorgelegten Versuchs- und Theoriewerten wurden auch versteifte Platten untersucht. Diese wurden kombinierten Druck-Schublasten und auch reinen Drucklasten unterworfen. Als Stringer wurden Z- oder Hutprofile verwendet. Diese hatten drei unterschiedliche Anschlussbreiten und auch unterschiedliche Fügungen (geklebt, genietet, geklebt und genietet). Die Versuchsergebnisse zeigten die von der Anschlussbreite beeinflussten kritischen Beullasten. Diesen Einfluss zu beachten ist aus zwei Gründen sehr wichtig. Zum einen könnte bei „nur Nieten" ein vorzeitiges Beulen in der Platte zwischen den Nieten eintreten, welches dann schneller zum Gesamtbeulen der Struktur führt. Zum anderen treten beim Beginn des Beulens oder kurz davor im Versuch Kräfte senkrecht zur Platte, also in z-Richtung auf, die in der Theorie nicht berücksichtigt sind ($\sigma_z = 0$). Wenn durch diese Kräfte ein Vorzeitiges Ablösen des Stringers von der Platte eintritt, so ist in diesem Bereich ein frühzeitiges Beulen zu erwarten. Da in z-Richtung zwischen der Platte und den Stringern keine Fasern vorhanden sind, d. h. nur die Matrix und der Klebefilm mit den entsprechend geringen Festigkeiten wirkt, muss der Stringeranschlussbreite besondere Beachtung beigemessen werden, selbstverständlich auch der Tatsache, dass die Klebung einwandfrei ist. Ganz besonders fällt der eben beschriebene Einfluss ins Gewicht, wenn man nicht nur die Beulgrenze, sondern die Tragfähigkeit, d. h. den beim Bruch ermittelten Beulüberschreitungsgrad betrachtet. Die Versuchsergebnisse haben gezeigt, dass die in den diesbezüglichen Normen angegebenen Anschlussbreiten häufig nicht ausreichen.

Die Versuchsergebnisse zeigen unter anderem auch, dass der Laminataufbau, also die Reihenfolge der Schichten mit unterschiedlichen Faserrichtungen, eine ganz entscheidende Rolle spielt. Das war allerdings auch zu erwarten. Bei der Dimensionierung dünnwandiger Strukturen ist die Lagenfolge daher ein sehr wichtiger Parameter.

Kapitel 20 zeigt praxisnahe Versuchsergebnisse, die in vielen Varianten, durchgeführt bei der Firma Dornier, für versteifte und unversteifte CFK-Platten mit vielen unterschiedlichen Laminataufbauten und Geometrien sowie unterschiedlichen Belastungen durchgeführt wurden. Der Vergleich mit theoretischen Ergebnissen ergab, mit welcher Genauigkeit Theorie und Praxis übereinstimmen.

Die Unsicherheit bei CFK-Strukturen bezüglich des Beulproblems und der Tragfähigkeit im Nachbeulbereich konnte damit durch viele Beispiele einwandfrei geklärt werden.

20.6 Literaturverzeichnis zu Kapitel 20

[20.1] Flemming, M.; Uhse, W.; Locher, F.; Hanze, E.; Rose, D.; W.; Waibel, P.: Untersuchung des Stabilitätsverhaltens und der Versagenskriterien bei faserverstärkten ebenen stringerversteiften Platten; Dornierbericht Nr. 2.02/9C, ZTL, 1977

[20.2] Flemming, M.; Uhse, W.; Locher, F.; Rother, M.; Guten, T.; Waibel, P.:Untersuchung des Stabilitätsverhaltens und der Versagenskriterien bei faserverstärkten ebenen stringerversteiften Platten; Dornierbericht Nr. 2.02/10C, ZTL, 1978

[20.3] Flemming, M.; Uhse, W.; Locher, F.; Rother, M.; Vogt, W.; Waibel, P.; Wortmann, H.: Untersuchung des Stabilitätsverhaltens und der Versagenskriterien bei faserverstärkten ebenen stringerversteiften Platten; Dornierbericht Nr. 2.02/12C, ZTL, 1980

[20.4] Fix, R.; Rother, M.: Berechnung von Stabilitätsgrenzen und Vorspannproblemen mit der Methode der Finiten Elemente (Programm COSA-Fest); Donierbericht T/RF43/60009/61040, 1978

[20.5] Handbuch Strukturberechnung der deutschen Luftfahrtindustrie, Ausgabe A, 45130-01, 1970

[20.6] Flemming, M.; Uhse, W.; Locher, F.; Rother, M.; Vogt, W.; Waibel, P.: Untersuchung des Stabilitätsverhaltens und der Versagenskriterien bei faserverstärkten ebenen stringerversteiften Platten; Dornierbericht Nr. 2.02/11C, ZTL, 1979

[20.7] Flemming, M.; Uhse, W.; Locher, E.; Rother, M.; Vogt, W.; Waibel, P.: Untersuchung des Stabilitätsverhaltens und der Versagenskriterien bei faserverstärkten ebenen stringerversteiften Platten; Dornierbericht Nr. 2.02/13C, ZTL, 1981

[20.8] Klöppel, Scheer: Beulwerte ausgesteifter Rechteckplatten; Verlag Ernst und Sohn; Berlin 1960

[20.9] Engineering Sciences Data, Item 71015

[20.10] Advanced Composites Design Guide Analysis; North American Rockwell Corporation, 3rd Edition.

[20.11] Schapitz, E.: Festigkeitslehre für den Leichtbau; VDI-Verlag Düsseldorf, 1963

[20.12] Timoschenko, G.: Theory of Elastic Stability, Edition McGraw-Hill

[20.13] Henze, E.; Roth, S.: Practical Finite Element Method of failure prediction for composite material structures; AGARD Specialists meeting, München 1974

[20.14] MIL-Handbook 23A

[20.15] Willey, B. Th.: Instabiliy of Glass Fiber Reinforced Plastic Panels under Axial Comprestion; USAAVLABS Technical Report 69-48

[20.16] Flemming, M.; Locher, E.; Rother, M.; Vogt, W.; Waibel, P.: Untersuchung des Stabilitätsverhaltens und der Versagenskriterien bei faserverstärkten ebenen stringerversteiften Platten; Dornierbericht Nr. 2.02/7C, ZTL, 1975

[20.17] Flemming, M.; Locher, E.; Rother, M.; Vogt, W.; Waibel, P.: Untersuchung des Stabilitätsverhaltens und der Versagenskriterien bei faserverstärkten ebenen stringerversteiften Platten; Dornierbericht Nr. 2.02/8C, ZTL, 1976

[20.18] Harris, G. Z.: Composite Materials and their applications in Aeronautics RAE Technical Report 69091

[20.19] Giencke, E.: Einfluss der Steifen-Exzentrizität - Biegung und Stabilität orthotroper Platten; Bericht aus dem Institut für Luftfahrttechnik der TH Darmstadt

[20.20] Giencke, E.: Über die Berechnung regelmässiger Konstruktionen als Kontinuum; Stahlbau, Heft 1 + 2, 1964

[20.21] Giencke, E.: Die Grundgleichungen für die orthotrope Platte; Stahlbau, Heft 6, 1955

[20.22] Wagner, H.: Zum Beulproblem einseitig längsversteifter Rechteckplatten; ZFW 15, Heft 5, 1967

[20.23] Pflüger, A.: Stabilitätsprobleme der Elastostatik; Springer-Verlag, 1964

[20.24] Timoshenko/Gere;: Theory of Elastic Stability; International Student Edition McGraw-Hill

Die Forschungsberichte der Fa. Dornier liegen den Verfassern vor.

Sachwortverzeichnis

A-Kennwert 385, 387-389, 391, 416
A-Matrix 55
ABD-Matrix 52, 53, 55, 57, 62, 64, 93, 103, 104
Abfallgruppen 430, 431
Abgasbehandlungsanlagen 433
Abhängigkeit d. A-Wertes 389
Abhängigkeiten-funktionale 395
Abkürzungen 6, 9
Ableitung v. Blitz 553
Abschätzung d. mech. elast. Eigenschaften 77-87
Abschimung-elektromag.455, 459
Absorber (elektr.) 515, 516
Absorberelemente 533
Absorptionsverhalten (Crash) 529, 533, 534, 535
Absorption (elektr.) 515, 518
Absorption a. d. Oberfläche 305
Absorption d. Matrix 305
Abstand zw. Nutz-u. Störsignalen 455
Adamson-Effekt 310
Adapter, aktiver 439
adaptive Aktoren 437, 438
adaptive Sensoren 437, 438
Additive thermoplastische 308
Admittanz 458, 467, 469
Admittanzmessung 465
Agglomeration 490
Airpad 432
aktive Funktionsbauweisen 437-451
aktive Funktionswerkstoffe 437-451
aktive Werkstoffe 440
aktiver Adapter 439
Aktuator 437, 445
Alpha-Jet 391
Alternativhypothese 331
Aluminium 3, 4, 6, 214, 215
Aluminium-Lithium 214
Aluminiumfolien 448
Aluminiumoxidfaser 4
amorphe Thermoplaste 159, 246
Amplitude 267

Amplitudenkollektiv 288
Analogien zwischen Natur u. Technik 11-29
Analysator 255
Anforderung an Matrix 158
Anforderungen an Verbundwerkstoffe (elektrische) 455
Anforderungen an Brandverhalten 544
Anforderungen-Fasermat. 159, 160
Anforderungskatalog 447
Anforderungsklassen (Brand) 545, 546
anisothroper Laminataufbau (allg.) 64, 65
anisotrop 43, 57-66, 84
anisotrope Werkstoffe 11, 23
Ankopplung (elektromagn.) 505
anodische Oxidation v. CFK-Fasern 245
Anorganische refraktorische Nichtmetalle 2
Anorganische Nichtmetalle Silikatgläser 2
Anorganische Werkstoffe 1,
Anschlussart (Beulen) 574
Anschlussbreite (Beulen) 574, 598
Antennenreflektor, flexibel
adaptiv 439
Aramidfasern 1, 217, 225, 251
Arbeitsaufnahmevermögen 339
Atombindung 1
Atommasse 1
Aufladung (elektrostat.) 459, 556
Aufprallenergie 524, 529
Aufprallgeschwindigkeit 524
Aufprallkörper 529
Ausdehnungskoeffizient 43
ausfallsichere Bemessung 269
Ausnutzung-Faserfestigk. 248
Auswahlkrit. Langzeitverhalten 560, 561
Ausweitung-Schadensfläche 183
Autoklav 91
Avivageanteil 247-249
Avivagetypen 247, 248, 249

B-Kennwerte 372, 387, 391, 416
Back-up-System 390
balancierter unsymmetrischer Winkelverbund 60, 61

Bälkchen 13, 15, 17, 18, 21
Balkenstrukturen 445
Bauteil-Multifunktionalität 526
Bauteile 333-370
Bauteilrecycling 429
Beeinfl. elktromagn. Wellen 463
Beflammungsdauer 545
Beflammungszeit 545, 546
Befllammungsanordnung 545
Beimischungen (elektr.) 456
Belastungskollektiv 284
Bemessung-ausfallsichere 269
Berechnung dünnwand. Laminate 31-56
Berechnung-Crash 536
Berechnung-Spannung-Festigkeit 91
Berechnungsbeispiele 67-110
beschichtete Metallfläche 473
Beschichtung 253
Bestimmung-Ermüdungsfest.282-302
Betriebsbeanspruchung 283
Betriebsfestigkeitsversuch 283-287
Betriebslasten 286
Betriebslastenablauf 288
Betriebsschäden 341
Betriebsschäden: Werkzeuge, Hagel-Steinschlag, Vogelschlag, 343
Bettungsmasse 6
Beul-Überschreitungsgrad 569, 575, 583, 598
Beul-und Faltvorgänge (Crash) 523, 526
Beul-und Tragfähigkeitsergebnisse 576-580
Beulbeginn 571, 575
Beulbereich 579
Beulbruchbilder 582, 583
Beulen 95
Beulfaktor 575, 576, 580
Beulgrenze 579, 598
Beulkraft (rechnerische) 575, 576, 577
Beulkraft (Versuch) 575, 576, 577
Beullasten(kritische) 584, 597, 598
Beulspann.(kritische) 571, 578, 580
Beulstabilität unverst. Platten 573, 579, 580
Beultheorie 569-596
Beulverhalten 569-600
Beurteilung gewichtbez. Kenn-grössen 221
Bewertungen 447
Bewertungsmethoden 447
Bezugskoordinatensystem 40
Bi-Phase-Modell 538
Biege-, Zug-, Scher-, Druckfestigk.250
Biegeprüfung 388
Biegespannungszust. 584-586
Biegesteifigkeit 588,
Biegevorrichtung 376

Bindemittel-Harz-Faser 219
Bindungen zwischen Atomen u. Molekülen 1
Biokompatibilität 27
Biomechanik 12
Biotechnologie 217
Bismaleinimid 231
Blitzableiter 554, 555
Blitzfolgeschäden 554
Blitzgefährdung 552
Blitzschutz 27
Blitzschutz-Folien 553, 555
Blitzschutz-Streifen 553
Blitzschutzeigensch. 552-556
Blitzschutznetze 555
Blitzschutzsysteme 554
Blitzzonen 552, 553
Blutgefässsystem 17
BMI-System 323
Boeing-Spezifikation BSS 7260 326
Bolzenverbindungen 217
Borfaser 6
Botanik 22
Brandfortpflanzung 548
Brandnebenerscheinungen 545
Brandverhalten 544-548
Bravais/Korrelationsbetr. 324
Bremsklappe aus CFK 559
Brennbarkeit 545
Brennbarkeitsgrade 546
Brewster' sches Gesetz 255
Bruch-u. Versagensspann. d. ungekerbten CFK-Proben 357
Bruch-und Versagensspann. gekerbter Proben 360, 363
Bruchanfälligkeit 16
Bruchbedingung bez. auf Wirkebene 141
Bruchbedingungen 145, 149
Bruchdehnungen 240, 385
Bruchebene 134, 143
Bruchenergie 329
Bruchfront 529
Bruchkörper-Tsai-Hill-Krit .120
Bruchkraft (Beulen) 575
Bruchlastspielzahl-Mittelwert 280, 284
bruchmech. Berechnungsvorgänge (Crash) 539
Bruchmechanik 354
Bruchmodi 138
Bruchspannungen 571
Bruchtyp-Krit. v. Puck 122, 123, 132-151
Bruchvorgänge (Crash) 523, 526
Bruchwiderstand 134, 136, 141, 144
Bruchzähigkeitswerte 367

Sachwortverzeichnis

Bruchzigarre 132

C-Fasergruppen-Kenngrössen 225
C-Fasern 333, 395
C-Randatome 243
CA-Technologie 21
CAI-Probe 327
CAI-Werte 328, 329
CFK-Füllung 499-501
CFK-Haighdiagramme 275
CFK-Laminate 241, 333, 353, 364
CFK-Prepreg Fiberite 321
CFK-Prepreg Sigri 321
CFK-Proben 356, 383
CFK-Recycling 427, 429
CFK-Rumpfheck d. Do 328 v. Dornier 317, 318
CFK-Verbunde 232, 351
CFK/GFK 351
CFK/SFK 351
chem./therm.-Abbauverfahren 433
Chemikalienbeständigk. 335
Chitin 25
Chlorverbinungen 435
CIBA 6376/T400 375
Code 69/T300/ 375
Compression after Impact 326, 330
Computerflugzeug Do 328/, 317, 318
Computersimulation (Crash) 531
Coronabehandlung 225, 250, 251
Cramer' sche Regel 93
Crash-Balastung 523
Crash-Berechnung 536
Crash-Energie 523
Crash-Fortschritt 532
Crash-Sicherheit 523
Crash-Simulation 531, 536-539
Crash-Vorgänge 525, 527, 535
Crasheigenschaft 533
Crashelement 527, 529, 533
Crashfront 528, 538
Crashprognose 538
Crashrichtung 528
Crashsimulationsprogramme 538
Crashverhalten (Busstrukturen) 530
Crashverhalten 523-542
Crashversuche 535
Curietemperatur 441, 443
Cut-Off-Wellenlänge 475

D-Matrix 55
Dällenbach-Layer 473, 516, 517
Damage tolerance 336

Dämpfung 475, 477
Dämpfungskonstante 516
Datenbank 394, 397
Dauergebrauchstemp. 158
Deformation anisotr. Laminate 57-66
Deformationsverhahlten (Crash)523, 524
Dehn-Scher-Kopplung 60
Dehnmessstreifen (Beulen) 575
Dehnungen 35
Dehnungsbeziehungen /orthotrop 43
Dehnungserhöhung 222, 251, 253, 258, 259, 260
Dehnungskoeffizienten 36-39
Dehnungsmessstreifen Beulen 571
Dehnungssteifigkeiten 52
Dehnungsüberhöhung d. Harzmatrix 258
Dehnungsverhalten-Duroplaste 235
Dehnungsverträglichkeit 78
Dehungsüberhöhung 223, 263
Delamination d. Laminatschichten (Crash) 528
Delaminationen 56, 95, 138, 343-345, 442
Delaminationen u. Risse 341
Delaminationsbruch 231
Delaminationsfläche 190
Delaminationswachstum 95
Depolarisation 491
Depolarisationsfaktor 491, 496
Deponierungsstrategie 434
diamagnetisch 469
Diaphragmatechnik 205
dickwandige Laminate 55, 56
dielektrische Mechanismen 505
dielektrische Verluste 516
dielektrisches Material 505
Dielektrikum 465, 466
Dielektrizitätszahl 465, 467, 468, 483, 495, 496, 497, 500, 505, 514
Diffision innerh. d. Matrix 305
Diffusionskoeffizient 307, 308
Dimensionen (Umrechnungsfaktoren) 6
Dimensionierung 35, 111-156, 382, 598
Dimensionierungsempfehlungen 153-154
Dimensionierungskennwerte 382, 386, 416
DIN 29971 /321
DIN 65352 / 372, 391
DIN EN 2562/ Biegefestigk.248
DIN EN 65380/ Druckfestigk.248
Dipole 488, 506
Dipole-magnetische 444
Dipolmoment 442
Dispersion 516
DMA=Dynamische, Mech. Analyse 322, 325

Do 328/, 317, 318
Drehzahl-kritische 98
Dreipunkt-Biegeprüfung 388
Druck-Schubbelastung 579, 581, 584
Druckbeanspruchung 346
Druckfestigkeit 248, 232, 259, 321,
Druckfestigkeit n. Impact f. unterschiedl.
Harzsysteme 347
Druckproben 346, 379
Druckspannung 315
Druckspannung abh. v. Feuchte 316
Druckspannung abh. v. Temp. 315, 316
Druckverhalten b. Feuchte 316
Druckvorrichtung m. Kegelschuss 379
Dünnwandige Laminate 31-56, 60
Durchbrennwiderstand 548
Durchflutungsgesetz (elektr.) 502
Durchgangsleitfähigkeit 462
Durchgangswiderstand (elektr.) 460, 679,
480, 487, 488, 489, 492, 493
Durchschläge-Überschläge 460
Durchschlagschäden v.Laminaten 353
Duromere allg.1, 2, 8
Duroplaste-Dehnungsverhalten 235
dynamische Eigenschaften 269

E-Glasfaser 333
E-Modul 5, 84, 262, 384
Ebener Spannungszustand 43-46
Eckdatenprogramm 393
Eigensch. spezif.-mech. 161, 416
Eigensch. v. Kohlenstoffasern 161
Eigensch.-unidir.-Verbunde quer
z. Faserr. 258
Eigenschaften 371
Eigenschaften dynam. 269
Eigenschaften elektrisch 454
Eigenschaften permittiv 501
Eigenschaften piezoelektr. 441
Eigenschaften, isolierende 454
Eigenschaften-elektr. 4457
Eigenschaften-elektr. v. Faserverbunden 453-521
Eigenwertproblem (Beulen) 593-596
Einbeinstand 20
Einfluss d. Verstärkungsfasern quer zur
Faserrichtung 258-263
Einfluss d. Probengeom. auf Dimenionierung
382
Einfluss v. feuchtwarmen Klima a. d.
Laminateigenschaften 305-319
Einflussfaktoren (Crash) 529
Eingangsimpedanz 473

Einheitkollektiv 285
Einheitslastfälle-Knochen 21
Einkristalle 2
Einlagenzugprobe 382
Einstabmodell 170
Einstufen-Wöhlerversuch 267
Einstufenbelastung 267
Einzelschicht unidirektional 32, 33
Eisenfüllung 500-506, 511
Eisenpartikel 502, 504
elastische Rückfederung 524
Elastizitätsgesetz 86, 589-591
Elastizitätskennwerte 18
Elastizitätsmodul 5, 84, 262, 384
Elastizitätstheorie, anisothrop 31-56
elektr. Impedanz 457, 458
elektr. Kenngrössen 455, 456
elektr. Leitfähigkeit 159
elektr. Widerstand 456
elektr. Eigenschaften v. Faserverbunden 453-521
elektr. neutrale Atome 506
elektrische Eigenschaften 454, 457
elektrische Impedanz 457
elektrische Isolation 454
elektrisches Feld 441, 443, 506
Elektroden (Kupferstreifen) 493
Elektroden-Design 441, 447
Elektroden-kreisförmig 481
Elektrodenanordn.-kreisförm. 463
Elektrokorrosion 549
elektromag. Felder 224
elektromag. Welle 455, 516
elektromagnet. Abschirmung 459
elektromech. Theorie 441
Elektrometer 462, 480, 482
elektrostatische Auflading 459
elektrostatisches Feld 469
Elektrostriktion 443
Elektrostriktive Materialien 443
Elementzahl (Crash) 537
Endokutikula 25, 28
Endoprothesen 21
energieabsorbierender Werkstoff (Crash) 524
Energieabsorption (Crash) 523, 532, 526, 528,
529, 532, 535
Energieaufnahme (massenspez.) 524
Energiemethode 584-600
Entsorgung v. Kunststoffen 433
Entsorgunstendenzen 434
Epoxidharze 56, 231, 238, 250, 306
Ermüdungsfestigkeit 267, 302, 382

Sachwortverzeichnis

Ermüdungsverh. kurzfaserverst. Thermopl. 183-204
Ermüdungsverh. kurz-u. langfaser-Ermüdungsversuche 184
Ermüdungsverhalten 267-304
Ermüdungsvorhersage 201-204
Erosion 27, 335
Erosionsbeständigkeit 335
Ersatzmodul 98
Erweichungsbeginn v. CFK m. organ. Matrix 312
Erweichungstemp. als Funktion d. Klimabeding. 312-314
Erweichungstemperaturen 307, 311, 317, 336, 337
exakte Formhaltung 437
Exokutikula 25

F-Test 330
Fachwerkstrukturen 78
Fahrleitungsbruch 459
Fahrzeuginsassen 454
Fail safe 336
Falt-und Beulvorgänge (Crash) 523, 526
Faser-Matrix-Haftung (Crash) 536
Faser-pull-out 197
Faserausnutzung 230
Faserbruch 135
Faserdurchmesser 3, 5, 235
Faserknicken-symetrisch 231
Faserkosten 221,
Fasermodellplatten 256, 257
Fasern (thermischer Abbau) 548
Fasern 6, 7, 395, 444
Fasern i. Verbund querbelastet 241
Fasern und Garne-Cellulose 6
Fasern und Garne-Aramid 6
Fasern und Garne-Asbest 6
Fasern und Garne-Glas 6
Fasern und Garne-Kohlenstoff 6
Fasern und Garne-Polyamid 6
Fasern und Garne-Polyester 6
Faseroberflächenbehandl. 253
Fasersbruch (FB) 122
Faserspez. Probleme 221
Faserstrukturen 445-449
Faserverbund-Natur u. Technik 11-29
Faserverbunde i. versch. Branchen 216
Faserverbundstrukturen Natur u. Technik 11-29
Faserverbundwelle 99

Faserverbundwerkstoffe 7, 31, 83, 96, 113-156, 213-265, 321, 333-370, 371-425, 391, u.a.
Faservolumengehalt 165, 259
Faserzylinderquerschnittsfläche 35
Fatigue-Modulus-Konzept 298
Fehlstellen i. Faserverbundwerkstoffen 341
Fehlstellen i. Laminat d. Fertigungseinflüsse 341
Feldelektrisches 441, 443
Feldlinien 463
Femur 12, 13, 18
Fequenzabhängigkeit 443
ferroelektrisch 440
ferromagn. Material 468
Fertigung-Probleme 396
Fertigungsfehler 341
fertigungstechnische Lösungen f. Funktionsbauweisen 447
Festigkeit-Spannung 91
Festigkeits-theoretische u. exp. 3, 5
Festigkeitsberechnungen 111-156
Festigkeitsbeurteilung 95
Festigkeitshypothesen 111-156
Festigkeitsver. bezügl. Streuung 412
Festigkeitsverhalten (Kurz-, Langfaserverb.) 199
Festigkeitszuwachs 201
Festigkshypoth. f. Metalle111-113
Feuchte 41, 42, 54, 91, 393
Feuchtigkeitsaufnahme 306, 309, 316
Feuerbeständigkeit 547
feuerfeste Faserverbundwerkstoffe 548
Feuerfestigkeit 544-548
Fiberite 976/T300 u. Code 69/T 300 / 375, 409
Fiberite 976/T300/ 375
Fiberite hy E 1076 E 380
Fiberite-Klimabeding. 313
Fick'sche Gleichung 305, 306, 307
Filme-PVDF 442
Finite-Element-Methode (FEM-Anw.) 12, 17, 18, 21, 55, 82, 86
Flachproben ohne Taillierung 382
Flachsfasern 216
flattern 544
flexible, adaptive Antennenreflektoren 439
Fliessmechanismen 205
Formänderungsarbeiten 591-593
Formgedächtnislegierungen 440, 444
Formzahlen 282
Fortpflanzungsgeschwindigk. 255
Frequenzanpassung 518

Frequenzbereich, 456
Füllstoff (leitfähig) 500, 518
Füllstoff (symetrisch) 491
Füllstoffe (faserförmig) 492
Füllstoffe 456, 457, 478, 479, 488, 493, 496, 497
Füllstoffgehalt 488, 489, 517
Füllstoffgeometrien 490, 491
Füllungsgrad 457, 488, 490, 491, 495, 498, 499, 502-504, 507-511, 516, 517
Füllungsgrad-Perkolation 489
Funktions-u.-Kombinationswerkstoffe 216
Funktionsbauweise 447
Funktionsbauweisen i. Natur u. Technik 11-29

Galvanokorrosion 550
Garnspreizbarkeit 247
Gebrauchstemperatur Duromere u. Thermoplaste 7, 8
gekerbt-ungekerbt-Proben 276, 360, 363, 358, 357
Gesamtpermitivität 495, 505
Gesamtverlust einer Spule 470
Gesetzmässigkeiten d. Streuungsverhalten 396
Gestaltänderungsenergiehypothese 112
Gestricke 526
Gewebe 526,
Gewichtseinsparungspoteniale 216
Gewichtsvergleich 109
GFK multidirektional 224
GFK-Recycling 427
Giessharze 229
Gitteraufbau (Kohlenstoff) 557
Gitterstruktur 506
Glasfasern 3, 216, 217, 222, 225
Glasfaserverstärkung (elektr.) 512, 513
Glasübergangstemperatur u. mech. Eigenschaften 306, 307, 311, 312, 321-325
Glasvolumenanteil 259
Gleitzahl 543
Glycoproteinen 16
Gradientenwerkstoff 7
Graphitfüllung 497-499, 501, 508
Graphitgitter 243
Grenzdehnung 95
Grenzflächen-Matrixversagen 253
grundlegende Aussagen f. Crash-Strukturen 531-536

Haftfestigkeit zw. Faser u. Harz 221
Haftmittel/auf Chrom-Silanbasis 242

Haftung zw. Fasern u. Matrixsystemen 340
Haftversagen 254
Hagelschlag 335, 343
Haighdiagramme 275-278
Halbleiter 487
halbzähe Matrix 251
Halbzeugabschnitte 431
Halbzeugfertigung 341
Hartballistik 225
Härte MOHS 2
Härtungstemperaturen 258
Harzbruchdehnungen 227, 232, 237, 238, 251, 330, 415
Harze duromere 258, 306
Harzkosten 221
Harzmatrix (Anforderungen) 336
Harzplatte m. eingelag. Aluscheiben (Modellplatte) 261
Harzsysteme nach Impact 347
Harzsysteme-Klassifizierung 239
Häufigkeiten 284
Hauptspannungen 12, 14, 255
Hauptspannungrricht. (Spannungsoptik) 255
Haut-Stringer-Verhältnis 589-591
Hautanteil 590
Helme 225
Herleitung d. Messverfahren 457
Herstellung Kurzfaserprepregs 165
High strain (HS-Faser) 339
High tension (HT-Faser) 328, 329, 333
Hilfsmaterialabfälle 432
Histologischer Umbau 15
Hochfrequenzspektrum 460
Hochfrequenztechnik 456
hochgenaue Positionierung 439
Hohlfaser 257
Hohlleiter 463, 471, 472, 477
Hohlleiterebene 486
Hohlniete 25
Hohlträger-Stachel 22
Hohlträger-Strohhalm 22
Hohlwelle 24, 88
homogenes Material 31
HS-Faser 328, 329, 333
Hüftgelenk 21
Hutstringer 533, 567, 571-574, 577, 578, 583, 598
Hybridbauteile 351
Hydroxylapatit 16,
Hypoth. gegen Bruch v. Puck 95, 109
Hypoth. d. Varianzhomogenität 331
Hypothese-Kirchhoff'sche 47, 48, 49

Sachwortverzeichnis

Hypridaufbau (Crash) 535
Hystereseerscheinungen 443
Hystereseverluste 470

ILS-Festigkeiten 248, 316, 317
ILS-Prüfung 376
IM-Faser 328, 329
Imaginäranteil d. Impedanz 458
Immobilisation 18
Impact Energie 326, 345, 3346
Impactschaden 336
Impactverhalten 391
Impedanz 456, 457, 460, 470, 471, 474, 483
Impedanz-Imaginäranteil 458
Impedanz. elektr. 457
Impedanzanalysator 483, 484, 485
Impedanzanpassung 515
Imperfektionen 5, 6
Implantatchirurgie 17
Imprägnierfähigkeit 247
induktive Eigensch.457
induktiven Widerstand 468
Induktivität 468, 470, 502
Induktivität einer Spule 468
induzierter Widerstand 543
Infrarotsensor 442
innere Kräfte senkrecht z. Platte 598
Insektenkutikula 25
Inspektionsprogr.(Langzeitverh.) 561
Integration aktiver Elemente i. Laminaten 448
Integration d. Piezoelemente u. Leiterbahnen 449
Integration v. Leiterbahnen 448
integrierte Aktoren 437, 438, 445
integrierte Sensoren 437, 438
integrierte, aktive Maschinenbauelemente 437
intelligente Strukturen 438
Interaktion-benachb. Fasern 172
Interaktion zwischen aktiven Elementen u. Faserstrukturen 445-449
Interaktionen zw. Bauteilen (Crash) 537
Interface 252
Interface-Faser-Harz 219
Interlam. Scherfestigk. als Funktion d. Lunkeranzahl 343
interlaminare Scherfestigk.248, 251, 321, 340, 343, 376
intrinsische Kondensator 510
Invarianten 127
Ionen (pos. u. neg.) 506
Isochromaten 255, 256
Isochromatendichte 257
Isoklinen 255

Isolation (elektrisch)454
Isolationseigensch.454, 459, 460
Isolationsverlust 469
Isolationswerkstoff 463
Isolator 487, 507
Isolierfolien 448
isotrope Materialien11, 31
Isotropie 219

K-Faktor (bei Kurzfaserlamin.)175
Kalziumphosphat 16
Kapazität 470
Kapazität eines Kondensators 465
kapazitive Eigensch. 457
Kapillarwirkung 305
Kardanwelle 88-109
Kegel als Crash-Element 534
Kenndaten Polyetherimid 162
Kenngrössen elektr. 455, 456
Kennwert A (Material) 387, 388, 389
Kennwerte Druckspannung (als Funkt. d.Temperatur) 315
Kennwerte Zugspannung (als Funkt. d. Temperatur)315
Keramik 7
Kerbeinflusszahlen 355, 356, 366
Kerben, 353
Kerbenempfindlichkeit 278
Kerbfaktor 279
Kerbformen 353, 354, 355
Kerblänge 362
Kerbwirkungszahlen 282
Kernverlust d. Materials (elektr.)469
Ketten aus Partikeln 490
Kirchhoff'sche Hypothese 47, 48, 49
Klassifizierung v. Harzsystemen 239
Klassisches orthropes-sym. Laminat 57, 58
Klebefilm 574, 598
Klebeschichtdicke 445
Klebeverbindung 56
Klebeverbindungen bezügl. Langzeitverhalten 561
Klima-Laminateigenschaften 305-319
Klimabedingungen 309, 313, 314
Knochen 12, 13, 16, 17, 20, 21
Knochenfragmente13
Knochensektor 19
Knochenstruktur 11, 13, 15
Kohlefaserverbundstreifen 448
Kohlekurzfaserfüllung (elektr.)501, 510
Kohlekurzfasern gefüllte Matrixproben 488
Kohlenstoffasern 22, 222, 225, 245
Kohlenstoffasern Eigensch. 161

Kohlenstoffasern/oberflächenbeh. 244
Kohlenstoffüllung 495-501, 507, 510
Kollagenfibrillen 16
Kombinationswerkstoff 7
Kompakta 16
Kompatibilitätsbedingung 33
komplexe Impedanz 458
Kondensator 465, 483, 484, 510, 514
Kondensatoreffekt 499, 500
Kondensatorfläche 465
Kondratieff-Zyklen 217
Konstantklima 309
Konstruktionsempfehlungen (Crash) 533
Konstruktionsmethodik 447
konstruktive Gestaltung 351
konstruktive Gestaltungs-u. Fertigungsgesichtspunkte bei aktiven Faserverbundfunktionsbauweisen 447-452
Kontaktprobleme (Crash) 537
Kontaktwiderstände 481
Kontinuum 35
Koordinatensystem, global 40, 45
Koordinatentransformation 39-41,
Koordinatentransformatione 92
Kopplungseffekte B-Matrix 57-66
Kopplungsmatrix B 57-66, 93
Kopplungssteifigkeiten 52
Korrelation zw. feuchtwarm u. Impact 348
Korrelation-Risszähigkeit 233
Korrelation-Schubmodulkurve-mech. Eigenschaften 325
Korrelationsbetrachtungen 321-332, 372, 373, 392
Korrelationskoeffizient 235, 323
Korrosion (Chemisch) 549
Korrosionserscheinungen 548, 549, 556
Korrosionsschäden 549, 556
Korrosionsverhaltenseigensch. 548-551
Korrosivität durch Brand 545
Kortikalis 13, 16
Kostenentwicklung v. Faserverb. 228
Kraft-Weg-Kennung (Crash) 524, 528, 532
Kraft/Verformungsverh. unterschiedl. Harzsysteme Tendenzen 337
Krafteinleitung (Beulen) 579
Krafteinleitung (Crash) 535
Krafteinleitungsbereich 13
Kraftfahrzeugkarosserien, 47
Kraftfluss 15, 23
Kraftübertragundsmechanismus 173
Kraftübertragungsbereich 13
Kraftverformungsverhalten (Crash) 528, 529, 532

kreisförmige Elektrodenanord. 463, 481
Krempel U214/HTA7 375
Kreuzverbund-unsymetrischer 61
Kriechdehnung zeitabhäng. 235
Kriechen-viskoelastisches 235
Kristalldefekte i. Graphit 243
kristalline Thermopl. 159, 535
Kriterium v. Hashin f. Bruch 124-132
kriterium v. Puck f. Bruch 132
Kriterium-max.-Spannungen 115-117
Krümmungen 52, 57-66
Krümmungssteifigkeiten 52
Kunststoffabfälle 429, 434
Kunststoffe-duromer 7
Kunststoffe-Kurzzeichen 9
Kunststoffe-thermoplastisch 7
Kupferfolienband 448,
kurz-langfaserverst. Thermoplaste 157-211
Kurz-u. Langfaserproben 166, 167
Kurzfasermaterialien gerichtete 163
Kurzfasern (Carbon, elektr.) 492
Kurzfasern 157
Kurzfaserprepreg 157, 165
Kurzfaserverbundstrukturen Modellansätze 170-182
Kurzfaserverbundwerkstoff 157-211
Kurzqualifikationsprogramm 391, 392, 393
Kurzzeichen-Kunststoffe 9
Kutikula 25

Lack-leitender 448
Ladungsverschiebung 506
Lagenaufbau 107, 108, 352
Lamellenknochen 16
Laminat-orthotrop, symmetrisch 57, 59
Laminataufbau 68, 71, 352, 526, 574, 598
Laminatbelastung 90
Laminate 6, 31-56, 57-64, 83, 241, 242, 306, 327, 448
Laminate, (gekerbt), 365, 366
Laminateigenschaften b. feuchtwarmen Klima 221, 305-319
Laminatmodell 178, 258, 259
Laminattheorie 31-56
Laminier-u. Giessharze 229
Lang-u. Kurzfaserproben 166, 167
Langfaserverbundproben 166-169
langfaserverst. Thermopl. 157-211
Längsschnitt-Modell 139-148
Langzeiterprob.-Ergebnisse 562-566
Langzeitverhalten v. CFK 559-567
Lärmreduzierung 439
Lasteinleitung 569

Sachwortverzeichnis

Lastkollektive 285
Lebensdauerabsch-Palmgren Miner 287-293
Lebensdauerhypothesen 294
Lebenszyklen v. Produkten 213-215
LEID: Low Energy Impact damage 336
Leiteigenschaften 459
leitende Schichten 459
Leitender Lack 448
Leiter (elektr.) 487
Leiterbahnen 448, 449
leitfähige Kohlefasern 500
leitfähiger Füllstoff 500
Leitfähigkeit (elektr.) 459, 489, 490
Leitfähigkeit (thermisch) 556, 557
Leitlacksysteme 460
Linienlast 99
Lochkerben 361, 365
Lochproben 359
Lösungen-fertigungstech.(intellig Werkstoffe) 447
Luftfeuchtigkeit 311
Luftreibung 460
Luftspule-materialgefüllt 469
Lunkeranzahl 343

magn. Widerstand 502
Magnesiumlegierungen 214
magnet. Fluss 503
Magnetfeld 469
Magnetische Dipole 444
magnetische Eigenschaften 468
magnetische Feldstärke H 471
magnetostriktive Materialien 440, 444
Manöverbremsklappe d. Alpha Jets 391
Marco-Starkey-Modell 297
Marktanteile v.Faserverb.216
Maschinenbauelemente integrierte 437
massenspez. Energieaufnahme 524
Master-Bruchfläche 142
Master-Bruchkörper 139-148
Material-ferromagn. 468
Materialabhängigkeit 410, 411, 412
materialgefüllte Luftspule 469
Materialhauptachsen 90
Materialhauptachsensystem 40
Materialien-elektrostriktive 443
Materialien-magnetostriktive 440, 444
Materialien-pieziotriktive 440
Materialkoordinaten 40, 92, 94
Materialkoorditensystem 40, 100
Matrix-Werkstoff 7, 8, 56, 158, 251, 229, 305-319
Matrixbruchdehnung 78, 252

Matrixmat. als Reflektor 463
Matrixproben m. Kohlekurzfasern gefüllt 488
Matrixspez. Probleme 221
Matrixversagen 253
Mech. temperaturabh. Eigenschaften v. Faserverbundwerkst. 213-265
mechanische Eigensch. d. C-Fasertypen 161, 416
Mehrkammersysteme (bez. Crash) 533
Mehrschichttheorie 31-56, 85, 86, 91
Membranbelastung 52
Membrankräfte 53
Membranschnittgrössen 585, 586
Membranspannungszust. 584-589
Membransteifigkeit 588
Membransteifigkeit 89
Memory-Effekt 308, 309
Merkmale v. faserverst. Kunststoffen 221
Messelektrode 465
Messquerschnitt 358, 363, 364
Messspulen 485
Messverfahren (elektr.) 456, 457
Messverfahren-Herleitung 457
Metalle-plastische 2
Metalle-refraktorische 2
Metallfäden-Aluminium 6
Metallfäden-Molybdän 6
Metallfäden-Ni-Cr-Stahl 6
Metallfäden-Stahl 6
Metallfäden-Titan 6
Metallfäden-Wolfram 6
Metallfläche-beschichtete 473
Metallflocken 492
Metallpulver 492
Methode-4-Elektroden / 462
Mikrobeulen 231
Mikromech. Modelle 173
Mikrorisse 305
Mikrorissfeld 227
Mikrowellenbereich 486
Mindestkonzentration 490
Miner-Regel 287
Minibewegung 439
Mischungsformeln 79
Mischungsregeln 79, 172, 181, 500, 504
Mittelebene 52, 53
Mittelspannung 267
Mittelwert 397
Mittelwert-Bruchlastspielzahl 280
mittlere Crashlast 532
mittragende Crash-Strukturen 531
Mizellen 25
Modell m. quadr. Packung 258

Modellanalogie 256,
Modellansätze Kurzfaserverbundstruk.170-182
Modellplatten 256, 257
Modi bei Zwischenfaserbrüchen 137-138
Modifikation v. Füllstoffen 457
modifizierte Kunststoffe (elektrisch) 453-521
Mohr'scher Spannungskreis 86, 220
Morphologie-Klassifikation 13
Müllverbrennungsanlagen 433, 434
multidirekt. Flachproben 382
multidirektionalen CFK-Laminate 33, 34, 83, 353, 386
Muskulatur 18

Nachbeulbereich 569-600
Narmco 5245C/T800/ 375
Nassoxidation 245
Natur und Technik 11
Natur-Faserverbund 11-29
Naturfaser-Recycling 430
Naturstrukturen 12
Neigungswinkel d. Bruchebene 148
Netzwerkanalysator 477, 486
neutrale Lage d. Atomkerns 506
nominierte Kerblänge 362
Normalspannungshypothese 11
numerische Berechnung Faserverb. Beispiele 67-110

Ober-Unterspannung 267, 268
Oberflächenbehandl. v. C-Fasern 340
Oberflächenbehandlung 242, 250
Oberflächenbehandlungsverfahren f. Kohlenstoffasern 244, 245
Oberflächenleitfähigkeit 463, 517
Oberflächenströme 460, 480
Oberflächenwiderstand 460, 463, 464 482, 494
Oberschenkelknochen 12, 13
ohm'sche Eigensch. 457
ohm'sche Wicklungsverluste 470
ohm'scher Verlust 469
ohm'scher Widerstand 468, 469
Ondulationen /Fasern 342, 533
organische Makromolekulare Thermoplaste 1, 2
organische Makromolekulare Duromere (vernetzt) 2
Orthochinon 25
Orthogonal 31
orthotrop 33, 43, 57, 58, 83
Ossäre Strukturanalyse 17

Osteoklasten 16
Osteon 16
Osteozyten 16
Ouerzugfestigkeit-Temperat. 240
Oxidation Thermische 244
Oxidative Verfahren 244, 245

Palmgren-Miner Regel 287-293
Panzerungen 225
Paradoxe vier 1, 2, 5,
Paradoxon 3
paramagnetisch 469
Parmater-S 474, 475, 486
Partikel (leitfähig) 490
Partikelform 504
Partikelinteraktion 496
Peasson/Korrelationsbetr. 324
PEEK 246, 248, 249.
PEI 246
Percent-Failure-Regel 296
Perkolation u. Füllungsgrad 489, 494
Perkolationskurve 488, 493, 494
Permeabilität 468, 470, 471, 484, 486 501-505, 516
Permeabilitätszahl-relative 458, 519
permeabler Werkstoff 500, 516
permittive Eigenschaften 501
Permittivität 471, 486, 495-501 507-515, 517, 519
Permittivitätszahl 458, 484, 496 497, 501, 519
PES 246, 248, 249
Phasenfehler 477
Phaseninformation 468
Phasenkonstante 516
Phasenverschiebung 458, 469, 478
Phasenwinkel 469, 476
Physikalische Eigenschaften 222
piezoelekt. Eigenschaften 441
piezoelektr. Effekte 442
piezoelektr. Polymere 441
Piezoelektrische Werkstoffe 440, 441
Piezoelektrizität 440
Piezoelemente 441
Piezokeramik 441, 447
piezostriktive Materialien 440
Plasmabehandlung 250, 251
plastische Formänderung (Crash) 524
Platte mit Belastung (Beulen) 590
Platte mit exentr. Längsversteif. 584
Platten unverst. Beulstabilität 573, 579, 580
Platten unversteift 573
Plattenschnittgrössen 585

Sachwortverzeichnis

Plattensteifigkeiten 53
Plattenverschiebungen 585, 586
Polarisation 447, 495, 506
Polarisationseffekt eines dielektrischen
Materials 488
Polarisationsfolien 255
Polarisator 255
polarisieren 443
Polyesterharze 231
Polyetheretherketon 246
Polyetherimid 246
Polyethersulfon 246
Polyethylenfasern 217, 222, 225, 250
Polyimidharze 231
polykristallin 440
Polymere-piezoelektr, 441
Polyphenylsulfid 246
Polysaccharid 25
Positionierung 439, 443
Potentialunterschied (elektr.) 549, 550
PPS 246
Prepreg 374, 375
Prepregprozess 342
Presstechnik 205
Proben i. Abhängigk. v. Messquerschnitt 363
Proben lochgekerbt 365
Proben schlitzgekerbt 361, 366
Proben-gekerbt-ungek. 276
Probengeom. Risswachstum 349
Probentypen/Kerbformen 354
Produktionsabfälle-Recycling 432
Pruduktionsabfälle 432
Prüfbedingungen 275
Prüfortabhängigkeit 409, 410, 411, 412
Pseudo-orthotrop Sym. Laminat 59, 60
Puck'sche Bruchhypothesen 95, 109
139, 219
PVDF-Folie 442

Qualifikation 390
Qualitätssicherungskonzept 387-389
Qualmentwicklung 545, 547
Qualmentwicklungsgrade 547
Quasi-Qualifikation 390
Quellkoeffizient 42, 91
Quellverhalten 42
Quer-Druckbeanspruchung 137-139
Quer-Zugbeanspruchung 136, 137
Quer/Längs-Schubbeanspruchung 137
Quer/Quer-Schubbeanspruchung 136
Queraussteifungen 24
Querbeanspruchung 220
querbelastete Fasern 241

Querelastizitätsmodul 242
Querkontraktionszahl 78, 79
Quermodul 258
Querschliffbild 7
Querzugbelastung 258
Querzugbruchdehnungen 258, 261, 262
Querzugdehnung 254, 258
Querzugfestigkeit 136, 137, 222, 223, 250, 258, 321
Querzugrohrproben 262

R-Werte 268, 276
Rail shear-Test 86, 87
Randatome-C 243
Randfaktor 461, 462
Rauchentwicklung 545
Rechenaufwand (Crash) 538
Rechenmodell-Knochen17, 21
Rechenmodell 259
rechnerische Vorhersage bei Crashvorgängen 535
Rechteckplatte (exzentr. versteift, anisotr.) 586-589
Recycling v. Faserverbunden 427-436
Recyclingverfahren 428, 429
Reduzierung d. Versuchsaufwandes f. eine Qualifikation 390
Reflektionsdämpfung 516-518
Reflektor 463
Reflexion 477, 515, 516
Reflexions-u. Transmissionskoeffizient 475
Reflexionsfaktoren 473, 474
Reflexionswelle 529
refraktorisch 1, 2
Regressionsanalysen 393, 395
Reibkorrosionsschutzmittel 550
Reibungseffekte (Crash) 532, 535, 536
Reibungswiderstand 543
Reinharzbruchdehnung 227, 233, 235, 254
Relativ-Miner-Regel 289, 290
relative Permeabilitätszahl 458
relative Permittivitätszahl 458
Reservefaktoren 134, 141, 142, 148
Resistenz gegenüber Korrosion 550
Resonanz 518
Resonanzeffekt 497
Resonanzfrequenz 469
Resonanzverluste 470
Restdruckfestigkeit nach CAI-Stossbelastung 328, 329
Restfestigkeitsmodell 302
Restfestigkeitsverhalten 191-203
Reststeifigkeiten 191-203

Reststeifigkeitsmodell 302
Restzugfestigk. gekerbter Proben 359
Restzugfestigkeiten 362, 367
Resultierende Laminatkräfte-momente 50
Reutermatrix 45
Ringelektrode 465, 482
Rissart 132
Rissausbildung (Simulation) 536-539
Rissausbreitungsverh. 342, 349
Rissbeginn (Crash) 532
Rissbild 189
Rissbildung b. Faserverbunden 226, 223, 396
Risse u. Delaminationen 341
Rissfeld 279
Rissfortschrittsverhalten 234, 279
Risslängen 186, 201
Risswachstum 187, 201, 349
Risswachstum i. Abhängigk. v. Risszähigkeit 232, 233, 234, 350
Röhrenknochen 13
Rosenprobe 86
Rosetten (Beulen) 575
Roving 25
RTM-Verfahren 205
Rumpfheck Do 328/, 318

S-Parameter 474, 475, 486
Safe life 336
Sandwichbauweise 459
Sandwichplatten 569, 571, 574
Sandwichstrukturen (Crash) 533
Sättigungskonzentration v. Wasser 309, 311
Schadensentwicklung 271
Schadensfläche 329
Schadensformen 185, 186
Schadenstoleranz v. Faserverbundwerkstoffen u. Bauteilen 333-370
Schädigung bei Betriebslasten 288
Schädigungsmechanismen 270
Schädigungstiefe (bei Crash) 532
Schalenbauweise i. Natur u. Technik 25-27
Schalenelemente (Crash) 537, 539
Schalenkomponente 25
Schaumfüllungen (Crash) 536
Scheibenelemente (Crash) 537
Scherfestigk.-interlaminare 248, 249, 251, 316, 340, 343, 399, 400
Scherung (elektr.) 502, 516
Schichten-leitende 459, 518
Schichtenfolge (Beulen) 598
Schichtspannungen 50, 94, 106, 107
Schichtstrukturen 25, 26
Schichtverbund (Crash) 537

Schirmelektrode 461
Schlagbeanspruchung 353
Schlagzähigkeit 225, 335, 336, 337, 347, 351, 352
Schlichte 247
schlitzgekerbte Proben 361, 366
Schmelzpunkt 2
Schmelztemperatur 1
Schrittmachertechnologien 214, 215
Schrumpfspannungen 261
Schubfestigkeiten abh. v. Temp. 316, 317
Schubmodul abh. v. mech. Eigensch.325
Schutz d. Fahrzeuginsassen 454
Schutz gegen elektrost. Aufladung 552-556
Schutzringelektrode 480
Schwerentflammbare Laminate 545-546
Schwingungsformen 267
Schwingungsmessungen 442
Schwingunsfestigkeitsverhalten 280
Seitenaufprall 531
Sekundäreffekte 543, 544
selbstlöschende Eigenschaften 547,
senkrecht z. Platte (innere Kräfte) 598
Sensoreffizens 442
Sensoren 437, 442
SFK-Recycling 427
SFK=Synthesefaser (Schlagzäh.)351
Shear-lag-model 174, 182
Sicherheitsfaktoren 106
Sicken 529
Signifikanz 397, 405
Silanbasis/Chrom 242
Simulation-Crash 536-539
Simulationsprogramme (Crash) 538-539
Skin-Effekt 463, 517
Sklerotin 25
SMA-Faser 444
Sollbruchstelle(bez. Crash) 532
Sondermüll 433
Spaltbreite 464
Spannungen (Mehrschichtth.)31-56
Spannungen(erlaubte)111-156
Spannungs-Dehnungskoeffizienten 36-39
Spannungs-Dehnungsbeziehungen 36-56
Spannungs-Dehnungsverh.224, 253
Spannungs-Dehnungsverhalten unterschiedl. Verstärkungsfasern 338
Spannungs-Dehnungsverlauf-Laminat 48
Spannungsamplitude267, 285
Spannungsanalyse (Beispiele) 67-110
Spannungsgradienten 256, 257
Spannungshorizont 280
Spannungshypothesen 111-156

Sachwortverzeichnis

Spannungskonzentr. faktor 171-179
Spannungskonzentration 173, 279, 342
Spannungsniveau im Knochen15, 17
Spannungsoptik 254
Spannungsverhältnis 267
Spannungswelle 529
spezifisch.-mech.-Eigenschaften 161
spezifischer Durchgangswiderst. 487, 488
spezifischer Widerstand 458, 481, 488, 489
Splitterschutz, 225
Spongiosa-Struktur 13, 19
Spröde Matrix 251
Spulen 468, 484, 485
Stabilität 569-600
Stabilitätsversagen 571, 574, 579
Stahlproduktion 213
Standardabweichung 385, 386, 397
statistische Methoden (Begriffserklärung) 403-405
statistische Unfallforschung 524
Stealth-Technologie 519
Steifigkeitsabfall bei Reststeifigk. 198, 202, 203
Steifigkeitskoeffizient 44, 46
Steifigkeitssmatrix 46
Steifigkeitsverhalten 198
Steinschlag 335, 343
Stellgrösse 438
Stossdruckspannung 529
Stossenergien 353
Strength-Degradation-Modell 295
Streukapazität 465
Streumass 281
Streuparameter 474
Streuungsanteil (eigenschaftstypisch) 380
Streuungsanteil /Prüfort-u. Materialspez. 380
Streuungsanteile /Gegenüberst. 381
Streuungsanteile 280
Streuungsverhalten v. Faserverbundwerkstoffen 371-425
Stringer 569
Stringerablösen 598
Stringeranteil 590, 591
Stringertorsion 597
Stringerverst. CFK-Platte 571, 570, 572
Strompfad 490
Struktronik 437
Struktur Auf-u. Abbau(Natur) 15, 17
Strukturanalyse-Ossäre 17
Strukturen-intelligente 438
Strukturfehler 5
Strukturmodifikation 17
Summenhäufigkeit 285

Summenkurve 284
superzähe Matrix 251
symetrisches klassisches Laminat 59, 63, 64
Symmetrieebene 31, 33
Systemkoordinaten-Schichtspannungen 94

Tapes 33
Technologieschübe 217
Teilfolgen (Ermüdung) 287
teilkristalline Thermopl. 159
Temperatur 41, 54, 91, 315-317, 393
Temperaturabh.-Querzugfest. 240
temperaturabh. Eigenschaften 213-265
Temperaturabhängigk. v. Matrixsystemen 229
Temperatureffekt (feucht-warm)308
Temperatureinfluss bei Crash 535
Temperatureinsatzgrenzen 229
Temperatursensibilität 443
Tensorindizierung (Mehrschichtth.)35
Termoplaste amorphe 246
Thermische Oxidation 244
thermomech. Eigenschaften 321
thermooxidative Faserbehandl. 340
Thermoplast. Matrixsysteme 158
Thermoplasteigenschaften 207
Thermoplasten 8, 34, 157-211
Thermoplastfolien-Recycling 432
thermoplastische Additive 308
Toxoxität der Brandgase 545
Trabekel 15, 17
Tragfähigkeit 135, 569-600
Tragflügelstreckung 543, 544
Trägheitsmoment (Hohlwelle) 23, 24
Transformation d. Knochen 17
Transformationsmatrix 39, 92, 100, 587, 588
Transmissionskoeffizient (elektr.)476, 477
Treppenkurve 284
triggern bei Crash 533, 534
Tropfbarkeit 545, 547
Tsai-Hill-Pauschalkriterium 117-120
Tsai-Wu-Pauschalkriterium 121, 122
Tunneleffekt 490

Übergangswiderstand (intrinsischer) 492, 493
Überlebenswahrscheinlichk. 280
Überschläge-Durchschläge 460
Überschlagtest 530
Überschreiungsgrad 569, 574, 575, 583, 598
Ultraschallwandler 442
Ultrastruktur-knöcherne 16
Umformmechanismen 205-207
Umformprozess 205
Umformtechniken 158, 205

Umformverhalten 205
Umgebuungsbedingungen 305
Umrechnungsfaktoren 8
Umstülpung (Crash) 533
Umwelt 6, 427-436
Unfallsauswertung 523
Unsymetrischer Kreuzverbund 61, 62, 63
unsymetrischer Winkelverbund 60
untaillierte Flachproben 382
Unter-u. Oberspann. 267
Untersuchung d. Streuungsverh. 396-425

Valenzen gerichtete 1
Varianzanalyse 397, 406, 407, 408
Varianzhomogenität 331, 397
Variationskoeffizient b. unterschiedl. Festigkeiten 397, 398, 412
Verbrauchsmengen (Recycling) 427, 428
Verbrennung v. Faserverbunden 433
Verbundstruktur 5
Verbundwerkstoffe (elektr. Anforderungen) 455
Verdrillung 60
Verfahren Oxidative 244, 245
Verformungsansatz (bei Beulen) 591-593
Verformungskontrolle (m. Aktoren) 439
Verformungsverh. v. Laminaten 57-66
Vergleich, Theorie-Praxis (Beulen) 578-581, 597
Vergleichsspannung 111, 112
Verlust-ohm´scher 469
Verlustfaktor 467, 468, 469, 470
Versagensarten 377, 525
Versagensarten b.d. ILS-Prüfung 376, 377
Versagensbilder b. Druckbeanspruchung v. Druckproben 346
Versagenskriterien 111-156
Versagensverh.(Schlagbeanspr.)352
Versagensverhalten (Crash) 523
verst. Thermoplaste (Ermüdung) 197-201
Verstärkungsfasern 6, 7
Verstärkungsfasern-Zugfestigkeit 5
Verteilungsformen (Ermüdung)285
Verteilungskurve (Ermüdung) 284
Verträglichkeitsbeding.(Beulen) 585
virtuelle Crash-Simulation 531
Visible-non-visible Grenze 336
Viskoelastisches Kriechen 235
vivo-Bedingungen (in-vivo) 21
Vogelschlag 335, 343
Voigt'sches Modell 235, 236, 237
Volumenanteil (Harz, Füllstoffe) 495, u.a.
Volumenelemente (Crash) 537, 539

Volumenwiderstand 463

Wareneingangskontrolle 378, 382, 388, 598
Wärmeausdehnungskoeffizient 42, 43
Wärmeausdehnungsverhalten 551
Wärmedämmpotential 556
Wärmedämmung 556
Wärmeformbeständigkeit 229, 305, 307, 335, 337
Wärmeleiteigensch.159, 557, 556
Wärmescherungskoeffizienten 54
Wasseraufnahme 27, 305-319
WE-Wareneingangskontrolle 382, 388
Wechselklima 309
Weibulldichtefunktion 297
Weichballistik 225
Welle-elektromagn.455, 516, 463, 519
Welleneinfallswinkel 519
Wellengleichung 471, 472
Wellenimpedanz 473
Wellenlänge 475
Wellenleiter 475, 486
Wendetangente (Kunststoff unter Temperatur u. Feuchte) 229, 230
Werkstoffe generell 213-218
Werkstoffe-aktive 437-451
Werkstoffe-piezoelektr. 440, 441
Werkstoffeigenschaften 6
Werkstoffgruppe-anorganische nichtmetallische 1
Werkstoffgruppe-Aramide 1
Werkstoffgruppe-Duromere 1, 2,
Werkstoffgruppe-makromolekulare 1
Werkstoffgruppe-metallische 1
Werkstoffrecycling 427-436
Werkstoffverhalten 392
Whisker 2
Wickelwelle 88, 105
Wicklungsverluste-ohm´sche 470
Widerstand (magn.) 502
Widerstand induktiv 468
Widerstand-elektr. 456, 458, 468, 469, 481, 488, 493
Widerstandmessung 460
Winkelverbund-balancierter 60, 61
Wirbelstromverlust 470
Wirkebene 135, 136, 144
Wirksamkeit d. Aktuators 445
Wöhlerlinien 267, 268, 273, 274, 279
Wolffsches Gesetz d. Transformation 17, 21

Z-Stringer (versteifte Platten)571, 574, 577, 578, 579, 583, 598

Sachwortverzeichnis

Zerrüttungseffekt 279
Zerstörung (elektrotherm.) 553
Zufallslasten 284, 287
Zugfestigkeit CFK-Proben (gemessen) 223, 340, 356
358, 363, 383, 401, 402, 415

Zugfestigkeiten abh. v. Temp. 315
Zugproben 86, 378
Zukunftstechnologien 213, 215
Zwei-Phasensysteme 5
Zweibeinstand 20
Zwischenfaserbruch 22, 113-156
Zwischenfaserbruchkriterien 113-156

Printed by Printforce, the Netherlands